氧化铝生产工艺

毕诗文　主　编
于海燕　副主编

化学工业出版社
·北京·

图书在版编目（CIP）数据

氧化铝生产工艺/毕诗文主编．—北京：化学工业出版社，2006.1（2025.5 重印）

ISBN 978-7-5025-7811-4

Ⅰ. 氧…　Ⅱ. 毕…　Ⅲ. 氧化铝-生产工艺　Ⅳ. TF821

中国版本图书馆 CIP 数据核字（2005）第 127578 号

责任编辑：窦　臻　　　装帧设计：潘　虹

责任校对：王素芹

出版发行：化学工业出版社（北京市东城区青年湖南街 13 号　邮政编码 100011）

印　　装：北京机工印刷厂有限公司

787mm×1092mm　1/16　印张 21¼　字数 523 千字　2025 年 5 月北京第 1 版第 14 次印刷

购书咨询：010-64518888　　　售后服务：010-64518899

网　　址：http://www.cip.com.cn

凡购买本书，如有缺损质量问题，本社销售中心负责调换。

定　　价：56.00 元

前　　言

我国铝土矿资源特点是高铝高硅的中低品位的一水硬铝石矿，采用的生产方法是烧结法和联合法，联合法中的拜耳法（溶出温度高，苛性钠浓度大）也不同于国外处理三水铝石型铝土矿的拜耳法（溶出温度低，苛性钠浓度小），所以，我国氧化铝生产与国外相比能耗高，成本高。

为此，多年来我国从事该领域的科研人员对铝土矿的溶出过程、赤泥沉降性能和铝酸钠溶液的分解过程进行了大量的研究，不断开发出适合我国铝土矿资源特点的新成果、新技术，以降低我国氧化铝生产成本，参与国际市场竞争。

东北大学氧化铝研究室曾得到国家自然科学基金委员会、国家“十五”攻关项目、国家重点基础研究规划项目（973）和中国铝业公司的支持，取得了一些研究成果，同时，一直跟踪和关注国内外氧化铝生产技术发展动态。因此，本书不仅系统地介绍了烧结法和拜耳法生产氧化铝基本理论和工艺，还将我们多年来的研究成果和国内外生产氧化铝新技术及发展动态进行了归纳和总结，融为一体，内容丰富而翔实，具有实用价值。本书是根据工矿企业技术人员和大学本科生教学的需要而编著的，全书共二十章。

本书由东北大学氧化铝工艺与材料研究室毕诗文（第1、第2、第7、第10、第20章），于海燕（第3～第6章、第9章、第12章），杨毅宏（第8章、第13～第19章），翟秀静（第11章）编著。全书由毕诗文和于海燕分别任主编和副主编，负责统一校阅定稿。

由于编者水平有限，书中不妥之处在所难免，敬请读者给予批评指正。

编著者

2005年11月于东北大学

目　录

第1章 绪论

1.1 氧化铝工业的发展

由于铝及其合金具有许多优良性能，而且铝的资源又很丰富，因此，铝工业自问世以来发展十分迅速。1890年至1900年，全世界金属铝的总产量约为2.8万吨，到20世纪50年代中叶，铝的产量已超过铜而居有色金属之首位，产量仅次于钢铁。1990年世界原铝产量为1600多万吨（此外还有占铝总消耗量20%左右的再生铝），约占世界有色金属总产量的40%；而2003年世界原铝产量达到2800万吨。

表1-1给出了20世纪90年代世界铝产量和我国铝产量。

表1-1 世界铝产量和我国铝产量统计 单位：万吨

年份	1995	1996	1997	1998	2001	2002	2003
世界原铝产量	1974	2079	2179	2266	2447	2609	2800
我国原铝产量	171.0	190.0	217.8	241.8	339.5	436.0	550.0
全球原铝消费量	2030	2085	2201	2219	2382	2523	2717
我国原铝消费量	191	204	218	240	465	425	520
我国进口铝锭	38.8	36.6	28.8	30.6	13.0	20.6	49.0

冰晶石-氧化铝熔体电解仍然是目前工业生产金属铝的惟一方法，所以铝生产包括从铝矿石生产氧化铝以及电解炼铝两个主要过程。每生产1t金属铝消耗近2t氧化铝。因此，随着电解炼铝的迅速增长，氧化铝生产也迅速发展起来。

世界各地和部分国家的氧化铝产量见表1-2和表1-3。

表1-2 各地区氧化铝产量对比表 单位：万吨

地区＼年份	1996	1997	1998	1999	2000	2003
欧洲	951.4	989.9	1020.1	1042.9	1109.9	1136.3
非洲	62.2	52.7	50.0	56.9	54.1	72.3
亚洲	548.4	668.1	727.5	796.6	883.0	846.7
北美	588.4	622.3	651.5	592.0	547.6	520.4
中南美	933.4	998.9	1058.3	1087.0	1150.3	1226.2
大洋洲	1335.9	1347.9	1385.8	1462.0	1571.5	1655.0
合计	4419.7	4679.8	4893.2	5037.4	5316.4	5456.9

表 1-3　2001 年世界氧化铝产量前五位的国家

国　家	澳大利亚	中　国	美　国	牙买加	巴　西
产量/(万吨/年)	1634.6	474.7	416.9	353.5	350.7
占全球比例/%	30.2	8.8	7.7	6.52	6.47

90%以上的氧化铝是供电解炼铝用，因此，氧化铝工业的盛衰主要取决于电解炼铝工业的发展状况。电解炼铝以外使用的氧化铝称之为非冶金用氧化铝或多品种氧化铝。世界上非冶金用氧化铝的开发十分迅速，并在电子、石油、化工、耐火材料、精密陶瓷、军工、环境保护及医药等许多高新技术领域取得广泛的应用。1989 年世界非冶金用氧化铝产量 314.8 万吨，1990 年 340 万吨，2003 年达到 465 万吨。目前非冶金用氧化铝达 300 多种。

世界第一个用拜耳法生产氧化铝的工厂投产于 1894 年，日产仅 1 吨多。一百多年来，随着世界铝需求量的增加，氧化铝工业发展很快，2003 年世界氧化铝总产能已达到 6331 万吨，总产量为 5922 万吨，其中冶金级氧化铝产量达到 5457 万吨，非冶金级氧化铝产量达到 465 万吨。氧化铝工业的发展，促使其生产技术和装备水平不断提高。

首先，工厂的生产规模不断扩大。生产规模的扩大，生产工艺的改进，使生产设备日益大型化和高效化。溶出设备的单台体积已达 $420m^3$，分解槽单台为 $4500m^3$，单层沉降槽直径达 30～40m，压力式赤泥过滤机为 $270m^2$，真空式为 $100m^2$，叶滤机为 $400m^2$ 等。

设备大型化有利于工艺过程的自动监测和控制。以现代微机为基础的监控装置和生产过程的计算机管理系统的应用，为氧化铝厂提高劳动生产率、降低原材料消耗和节能提供了巨大潜力。

另外，在流程和工艺上也有许多变化和提高。氧化铝生产技术的进步，集中表现在能耗和劳动力消耗大幅度降低，使生产成本下降。在 20 世纪 50 年代初期，每吨氧化铝的综合能耗为 30GJ，人工消耗在 10 个工时以上；到了 80 年代初期，能耗降到 13GJ，人工消耗 0.9～1.6 工时；到了 2000 年，每吨氧化铝的综合能耗降到 9～12GJ。

1.2　我国氧化铝工业

1.2.1　我国氧化铝工业的发展

建国以来，我国氧化铝工业从无到有，从小到大，取得了很大成绩，先后建立了山东、郑州、贵州三个氧化铝厂。特别是在国家优先发展铝的方针的指导下，陆续建成了山西、中州、平果等重点氧化铝企业，我国六大氧化铝基地已基本形成，其基本状况见表 1-4。

(1) 山东铝厂　1954 年 7 月 1 日，我国第一个氧化铝厂——山东铝厂（烧结法）投产，当时年产量仅为 3.5 万吨；1955～1990 年先后经四次扩建，产能由 3.5 万吨增至 50 万吨；1993 年，利用印尼三水铝石矿建小拜耳法厂 6 万吨，总计 56 万吨；2001 年产量已达 80 万吨；2003 年产量为 95 万吨。

(2) 郑州铝厂　于 1965 年投产，年产量为 20 万吨，经 1966～1986 年两期扩建，产能由 20 万吨增至 62 万吨；1999 年完成四期扩建，产能达 80 万吨；2001 年产能为 100 万吨；2003 年产量为 137 万吨。

(3) 贵州铝厂　于 1978 年完成一期建设，拜耳法投产，其产能为 15 万吨；1989 年完成二期建设，形成完整的混联法体系，产能达 40 万吨；2002 年产量为 65 万吨；2003 年产量超过 75 万吨。

（4）山西铝厂　1987 年一期烧结法投产，产能 20 万吨；1992 年完成二期混联法，产能达 70 万吨；1994 年形成产能 120 万吨；2002 年产量为 136 万吨；2003 年产量超过 140 万吨，是目前国内最大的氧化铝厂。

（5）中州铝厂　1992 年一期烧结法投产，产能 20 万吨；2001 年达到 50 万吨；2002 年产量为 80 万吨；2003 年产量为 85 万吨。

（6）平果铝厂　1995 年一期拜耳法投产，产能 30 万吨，计划最终规模 120 万吨，2002 年产量为 45 万吨；2003 年产量超过 68 万吨。2001 年与美铝合资，现由中铝公司和美铝共同控股。

表 1-4　我国六大氧化铝厂主要情况（2003 年）

厂　名	生产方法	投产时间	产量/万吨	碱耗/(kg/t_{AO})	综合能耗/(GJ/t_{AO})
山东铝厂	烧结法为主	1954 年	95.03	81.2	36.66
郑州铝厂	混联法	1965 年	137.50	63.0	29.38
贵州铝厂	混联法	1978 年	75.21	68.1	38.16
山西铝厂	混联法	1987 年	141.60	58.2	33.72
中州铝厂	烧结法为主	1992 年	85.10	62.3	40.12
平果铝厂	拜耳法	1995 年	68.90	64.5	12.61
总计	—	—	603.34	—	—

我国氧化铝工业自 1954 年起始以来，发展迅速，基本以每十年翻一翻的速度飞速发展，2002 年产量突破 500 万吨，2003 年产量突破 600 万吨。

我国氧化铝产量及发展速度见表 1-5。

表 1-5　我国氧化铝产量的变化

年　份	1954	1966	1970	1980	1985	1990	1994	1999	2001	2002	2003
产量/万吨	3.5	45.8	52.7	85.5	102.4	146.4	184.7	384.2	468.77	544	609.4

1.2.2　我国氧化铝生产所取得的主要技术成就

我国氧化铝工业从 1954 起始，在不到 50 年的时间里，不仅产量增加超过了 170 倍，在技术方面也取得了卓有成效的进步，其主要技术成就如下。

① 独创了适合当时我国国情的混联法工艺，同时用拜耳法处理高品位铝土矿，用烧结法处理低品位铝土矿，取得比采用单一拜耳法或单一烧结法生成氧化铝更好的经济效果。

② 烧结法熟料烧成强化技术，包括生料浆配料、非饱和配方、石灰配料、生料加煤脱硫技术和熟料窑热工自动控制技术。

非饱和配方是与饱和配方比较而言的。烧结法生产氧化铝发明时的基本原理是在烧结过程中实现两个化学反应，其中的摩尔比分别为：

$$[Na_2O]/[Al_2O_3]=1.0,\ [CaO]/[SiO_2]=2.0$$

该配比可以保障反应物恰好结合。在生产实践中为取得较好的熟料质量及溶出指标，控制配比逐步调整形成熟料配比（N/R）只有 0.92～0.96，大大低于常规 1.0 的基本要求的配方，已成为我国烧结法氧化铝生产的重要工艺技术。

石灰配料是相对石灰石配料而言的。烧结法氧化铝生产技术发明时，配料需要的 CaO 是以石灰石（$CaCO_3$）方式加入的，在烧结过程中先发生石灰石的分解反应，再发生烧成反应完成 $2CaO \cdot SiO_2$ 的结合，增加了熟料窑内的反应热，也影响了熟料窑的产能，改用石灰配料则直接发生烧成反应完成 $2CaO \cdot SiO_2$ 的结合，不仅提高了熟料窑的产能，而且稳定熟料窑的操作，提高了熟料质量。

生料加煤还原烧结是在生料配料过程中，添加一定量的煤，在烧结过程中起还原作用，将硫酸钠中的高价硫还原为负二价硫，使其生成硫化亚铁进入赤泥，从而达到降低纯碱消耗的目的，该技术已成为我国烧结法氧化铝生产的独特工艺技术。

回转窑热工自动控制是 20 世纪 90 年代伴随着计算机技术广泛应用开发的新技术，全部熟料窑操作控制参数进入微机化管理，实现了回转窑烧成带温度的自动检测与模糊逻辑控制，可提高产能 5%、降低煤耗 5%、降低黄料率 3%，是现代技术改造传统装备的典范。

③ 烧结法熟料溶出技术，包括低苛性分子比溶出技术、高碳酸钠浓度二段磨溶出技术。

低苛性分子比溶出技术主要是为了克服溶出过程 $2CaO \cdot SiO_2$ 的二次反应，使净溶出率得到提高。因为该二次反应速度与溶液的苛性氧化钠浓度关系密切，生产过程中希望较高的氧化铝浓度，因此必须降低苛性比，以达到降低苛性氧化钠、减少二次反应的目的。

熟料二段磨溶出技术是针对传统一段磨溶出的问题实施的技术改进，可以实现一次溶出赤泥的快速分离，有效避免溶出过程二次反应损失，提高氧化铝和氧化钠的溶出率达 4%以上，还可以极大地提高溶出磨的能力，同时更加易于溶出磨的操作。

④ 粗液脱硅技术，包括间接加热连续脱硅技术、加石灰乳深度脱硅技术和 HCAC 脱硅技术。

间接加热连续脱硅是指加热蒸汽与被加热溶液不直接接触而进行的脱硅技术，不仅避免了蒸汽对溶液的稀释，而且实现了连续操作；操作的劳动强度减轻，操作的稳定性提高，脱硅指数的控制更加稳定，同时可以在脱硅及蒸发过程节约大量的新蒸汽消耗，还可以提高设备的运转效率。

深度脱硅技术是 20 世纪 80 年代开发的专有技术，是在传统脱硅的基础上进一步加深脱硅程度，达到大幅度提高精液质量（A/S）的要求，可使精液的 A/S 由 450 提高到 1000 以上，对于确保氧化铝质量至关重要，也是连续碳酸化分解技术应用的重要支撑技术之一。

HCAC 脱硅技术是脱硅用石灰乳在加入脱硅前，先与部分粗液合成水合铝硅酸钙，增加其活化能后再加入粗液进行脱硅，可以以较少的石灰乳消耗和较短的作业时间，并在较低的作业温度下完成脱硅作用，同时可获得较高的精液质量，从而减少脱硅氧化铝的循环量。

⑤ 富矿强化烧结工艺。

原中南工业大学杨重愚教授等在试验研究的基础上提出了两组分两段烧结法新工艺，突破了烧结法不能处理高铝硅比原料的传统观念。

在此基础上，通过对富矿强化烧结法的生料配方、熟料烧成及溶出、赤泥分离及粗液脱硅、高浓度碳酸化分解等过程的系统研究，建立了和传统烧结法有着本质不同的物料平衡以及工艺技术指标体系，初步形成了富矿强化烧结法生产氧化铝新工艺。

富矿强化烧结法对不同铝硅比的含铝原料有广泛的适应性，允许生料配方在较大的范围内波动。用富矿强化烧结法处理高铝硅比矿石，可在不增加大量设备投资的情况下大幅度提高烧结法产量，降低生产成本。

⑥ 拜耳法强化溶出技术，包括管道化溶出、单管预热—压煮器间接加热溶出、管道

预热——停留罐溶出技术、混联法中的拜耳法不平衡溶出和双流法溶出技术等。

⑦ 赤泥絮凝沉降分离技术，包括大直径平底沉降槽技术、深锥高效沉降槽技术。

⑧ 分解技术，包括高浓度二氧化碳分解技术、连续碳酸化分解技术、碳酸化分解生产砂状氧化铝和晶种分解生产砂状氧化铝工艺技术。

高浓度二氧化碳分解技术是与石灰配料技术同步实施的，避免了使用窑气分解因浓度低所需的大量输送问题，同时可以加快碳分的分解速度、提高二氧化碳的利用率，特别有利于提高产品的质量。

连续碳酸化分解技术是对间断碳酸化分解工艺的彻底改变，也是20世纪90年代开发应用的新技术，将原有的间断碳酸化分解的分解槽，经过串联改造成4～5个分解槽一组使用，实现分解过程的连续操作、连续分解，提高了设备的产能、提高了二氧化碳的吸收率、减轻了操作者的劳动强度，尤其重要的是氢氧化铝的分解机理发生了重大变化，已经不是单纯的碳酸化分解，具有混合分解的模式，不仅改善了产品的化学质量，更为重要的是改善了产品的物理质量，分解所得氢氧化铝为具有附聚型、高比表面积、粗颗粒的产品，成为生产砂状氧化铝的成熟技术，已经在多个厂家得到推广应用。

⑨ 氧化铝焙烧技术，包括美铝Mark型闪速焙烧炉、丹麦气体悬浮燃烧炉、循环流态化焙烧炉。

⑩ 五效管式降膜——强制循环蒸发器蒸发技术。

降膜蒸发器在氧化铝生产过程中得到应用，使得蒸发过程操作稳定、蒸发汽耗大幅度降低（50%），过程实现微机控制，浓度指标控制稳定，有利于氧化铝生产的均衡提高。

⑪ 铝酸钠溶液成分电导率法在线实时检测技术。它是通过在两个温度下测定铝酸钠溶液两个电导率值，然后在计算机上求解方程得到铝酸钠溶液的苛性碱和氧化铝浓度值。它可以在每5s内准确地给出一组测定值。中国铝业山西分公司将这一技术用在了拜耳法配料的循环母液苛性碱和氧化铝浓度在线检测，这就实现了循环母液浓度的实时检测，实现了对生产的及时指导和调整。经5个月的运行，使循环母液的苛性碱浓度合格率从原来的57%提高到71%。循环母液的苛性碱浓度平均值有所提高，提高了拜耳法的循环效率。该技术也为氧化铝生产的湿法过程的自动化控制打下了基础。这一成果是由东北大学在实验室研究的基础上，先后又与原贵州铝厂和山西铝厂合作完成，已获专利并通过专家技术鉴定。

⑫ 串联联合法生产氧化铝工艺。

⑬ 石灰拜耳法生产氧化铝工艺（1998年通过鉴定）。

⑭ 正浮选选矿拜耳法生产氧化铝工艺（1999年通过鉴定）。

1.2.3 我国氧化铝工业存在的主要问题

我国氧化铝生产与国外氧化铝生产存在的主要差距表现在以下几方面。

（1）我国生产方法主要是流程复杂的混联联合法和烧结法　生产方法主要取决于矿石的A/S。国外铝土矿多为A/S高的三水铝石，因此生产方法是流程简单的拜耳法，而我国铝土矿主要是中、低品位的难溶的一水硬铝石，生产方法除广西分公司为拜耳法外其他厂均为流程复杂的混联联合法或烧结法。

（2）生产规模偏小、技术装备水平较低　我国六大氧化铝厂，2002年总产量为544万吨，平均规模为90万吨，2003年总产量为604万吨，平均规模为100万吨。而澳大利亚的平均规模在230万吨以上，产能最大的格拉斯通氧化铝厂，年产氧化铝370万吨。

装备上，除了高压溶出引进了先进管道化溶出装置和控制系统，氧化铝焙烧引进了先进的流态化焙烧系统外，其余各工序多为规模小、比较落后的装备及技术，各过程的自动检测与自动控制水平比较低。

(3) 能耗高、生产成本高　表 1-6 给出 2002 年我国氧化铝厂和国外氧化铝厂能耗对比。

表 1-6　国内外氧化铝厂能耗对比

典　型　厂	生产方法	铝土矿类型	数据年份	综合能耗/(GJ/t_{AO})
山东铝厂	烧结法	一水硬铝石	2002	37.34
郑州铝厂	混联法	一水硬铝石	2002	30.69
山西铝厂	混联法	一水硬铝石	2002	33.20
平果铝厂	拜耳法	一水硬铝石	2002	13.68
法国铝业	拜耳法	三水铝石＋一水软铝石	2002	13.48
宾加拉(奥)	拜耳法	三水铝石	2002	11.17
圣·尼古拉(希腊)	拜耳法	一水软铝石	2002	14.59
施塔德(法国)	拜耳法	三水铝石	2002	9.57

由表可见，能耗之高低，主要取决于生产方法。我国广西分公司的拜耳法能耗与国外拜耳法相近，而烧结法与联合法生产能耗约是国外拜耳法平均能耗的 2～4 倍。世界上能耗最低的生产方法是以德国 VAW 为代表的管道化溶出技术，能耗仅为 8.6GJ/t_{AO}。

表 1-7 给出了我国各氧化铝厂家成本与澳大利亚氧化铝厂的对比分析。

表 1-7　我国氧化铝企业成本与澳大利亚氧化铝厂的对比分析　　单位：美元

成本项目	山东	郑州	中州	平果	贵州	山西	澳洲平均	西方平均
铝土矿	35.7	32.2	17.9	30.3	33.5	31.3	19.77	38.7
运费	—	—	—	—	—	—	3.31	8.1
碱和石灰	19.9	18.1	15.9	11.9	18.7	19.8	17.34	14.6
能源	83.4	78.8	99.7	51.3	70.9	55.6	26.49	25.9
劳动力	5.7	6.7	6.4	2.5	10.0	7.8	21.19	23.3
其他	33.8	46.1	76.6	52.9	36.1	44.1	16.56	31.7
使用权	—	—	—	—	—	—	1.92	—
经营成本	178.5	181.9	216.5	148.9	169.2	158.6	106.58	142.3

我国铝土矿属于一水硬铝石，较三水铝石难以处理，加上目前我国氧化铝企业装备水平较低，因此能耗较高，加上我国的氧化铝企业是在计划经济体制下建设起来的，除平果铝厂外，企业半社会现象严重，管理层次多，管理费用居高不下，因此，我国氧化铝的生产成本较高。

总之，目前我国氧化铝企业的经营成本比澳大利亚氧化铝厂的平均经营成本高约 60～70 美元/吨，世界上生产成本最低的是澳大利亚 worsley 氧化铝厂，成本约为 70 美元/吨。这就是国内氧化铝产品销售价格由进口氧化铝价格决定的原因之一。

(4) 产品氧化铝质量不高，多为中间状氧化铝　目前国内冶金级氧化铝产品多为中间状氧化铝，产品粒度较细，产品的磨损指数较大，要很好地满足电解铝工业的要求，还要进一步完善和稳定砂状氧化铝生产技术。

(5) 工艺流程长，建设投资大　对于大、中型氧化铝厂建设工程，混联法单位产品的建设投资比常规拜耳法高 20%以上。由于生产流程长、装备水平低、生产的自动控制及管理水平较低，劳动生产率低。

总之，我国氧化铝工业目前存在的主要问题归纳起来有以下几方面：由于以混联法生产工艺为主，处理中低品位铝土矿而造成氧化铝生产流程长、能耗高、生产成本高、产品质量较差、劳动生产率低、建设投资大。

1.3　氧化铝生产基本方法

1.3.1　电解炼铝对氧化铝的质量要求

电解炼铝对氧化铝的质量要求：一是氧化铝的纯度，二是氧化铝的物理性质。

氧化铝的纯度是影响原铝质量的主要因素，同时也影响电解过程的技术经济指标。

如果氧化铝中含有比铝更正电性元素的氧化物（Fe_2O_3、SiO_2、TiO_2、V_2O_5 等），这些元素在电解过程中将首先在阴极上析出而使铝的质量降低。同时，如果电解质中含有磷、钒、钛、铁等杂质，还会使电流效率降低。

如果氧化铝中含有比铝更负电性的元素（碱金属及碱土金属）的氧化物，则在电解时这些元素将与氟化铝反应，造成氟化铝耗量增加。根据计算，氧化铝中 Na_2O 含量每增加 0.1%，每生产 1t 铝需多消耗价格昂贵的氟化铝 3.8kg。

因此，电解炼铝用的氧化铝必须具有较高的纯度，其杂质含量应尽可能低。氧化铝质量与生产方法有关，拜耳法生产氧化铝的纯度要高于烧结法。

我国氧化铝的质量标准列于表 1-8。

表 1-8　我国氧化铝的质量标准

等级	化学成分/%				
	Al_2O_3 ≥	杂质 ≤			
		SiO_2	Fe_2O_3	Na_2O	灼烧
一级	98.6	0.02	0.03	0.55	0.8
二级	98.5	0.04	0.04	0.60	0.8
三级	98.4	0.06	0.04	0.65	0.8
四级	98.3	0.08	0.05	0.70	0.8
五级	98.2	0.10	0.05	0.70	1.0
六级	97.8	0.15	0.06	0.70	1.2

注：本表摘自 GB 8178—87。

对氧化铝的物理性质，从 20 世纪 70 年代中期以后才受到广泛的重视，而且要求越来越严格。70 年代初期以前，美洲国家用三水铝石矿为原料，以低浓度碱溶液溶出，生产砂状氧化铝。欧洲则用一水铝石矿为原料以高浓度碱溶液溶出，生产面粉状氧化铝。到 70 年代中期，电解炼铝采用了大型中间下料预焙槽和干法烟气净化技术，并得到推广应用。这种电解槽电流效率高、电耗低、环境污染轻而生产率高，但对氧化铝的物理性质要求严格。对氧化铝物理性质的主要要求是：粒度较粗而均匀，强度较高，比表面积大。另外对安息角、堆积密度和流动性也都有一定要求。而砂状氧化铝很好地满足了这些物理性质的要求。表 1-9 给出了不同类型氧化铝的物理性质。因此，20 世纪 70 年代中期开始，一些生产面粉状氧化铝的工厂也改为生产砂状氧化铝。

我国生产的氧化铝，粒度界于面粉状和砂状之间，称之为中间状氧化铝。20 世纪 80 年代以来，我国对砂状氧化铝的生产工艺进行了大量研究，为发展我国的砂状氧化铝生产工艺打下了基础。

表 1-9　不同类型氧化铝的物理性质

物理性质	氧化铝类型		
	面粉状	砂状	中间状
$\leqslant 44\mu m$ 的粒级含量/%	20～50	10	10～20
平均直径/μm	50	80～100	50～80
安息角/(°)	>45	30～35	30～40
比表面积/(m^2/g)	<5	>35	>35
密度/(g/cm^3)	3.90	≤3.70	≤3.70
堆积密度/(g/cm^3)	0.95	>0.85	>0.85

1.3.2　氧化铝生产方法

氧化铝生产方法大致可分为四类，即碱法、酸法、酸碱联合法和热法。但目前用于工业生产的几乎全属于碱法。

1.3.2.1　碱法

碱法生产氧化铝的基本过程如图 1-1 所示。

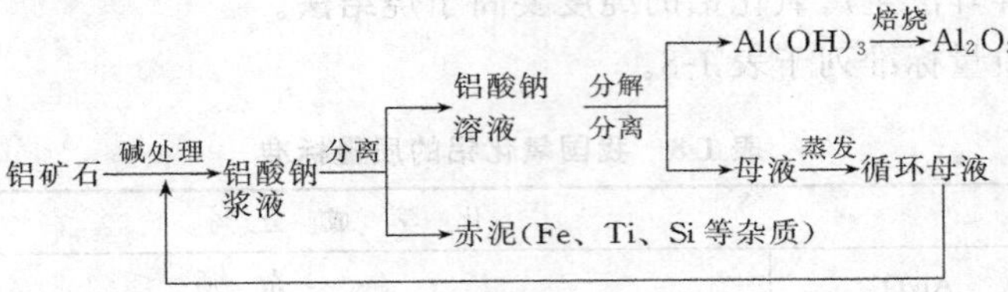

图 1-1　碱法生产氧化铝基本过程

碱法生产氧化铝，是用碱（NaOH 或 Na_2CO_3）来处理铝矿石，使矿石中的氧化铝转变成铝酸钠溶液。矿石中的铁、钛等杂质和绝大部分的硅则成为不溶解的化合物，将不溶解的残渣（由于含氧化铁而呈红色，故称为赤泥）与溶液分离，经洗涤后弃去或综合利用，以回收其中的有用组分。纯净的铝酸钠溶液分解析出氢氧化铝，经与母液分离、洗涤后进行焙烧，得到氧化铝产品。分解母液可循环使用，处理另外一批矿石。

碱法生产氧化铝又分为拜耳法、烧结法和拜耳-烧结联合法等多种流程。

(1) 拜耳法　拜耳法是 K. J. Bayer 于 1889～1892 年提出的，故称之为拜耳法，它适于处理低硅铝土矿，尤其是在处理三水铝石型铝土矿时，具有其他方法所无可比拟的优点。目前，全世界生产的氧化铝和氢氧化铝，有 90%以上是采用拜耳法生产的。

拜耳法的两大过程：即分解与溶出。

① 铝酸钠溶液的晶种分解过程　分子比较低的（约 1.6 左右）铝酸钠溶液在常温下，添加氢氧化铝作为晶种，不断搅拌，溶液中的 Al_2O_3 便以氢氧化铝形式慢慢析出，同时溶液的分子比不断增大。

② 溶出　析出大部分氢氧化铝后的溶液，称之为分解母液，在加热时，又可以溶出铝土矿中的氧化铝水合物，这就是利用种分母液溶出铝土矿的过程。

交替使用以上两个过程就可以一批批地处理铝土矿，得到纯的氢氧化铝产品，构成所谓拜耳法循环。

拜耳法的实质是如下反应在不同条件下交替进行的。

$$Al_2O_3 \cdot (1或3)H_2O + 2NaOH + aq \rightleftharpoons 2NaAl(OH)_4 + aq \quad (1\text{-}1)$$

拜耳法的特点是：

① 适合高 A/S 矿石，$A/S>9$；

② 流程简单，能耗低，成本低；

③ 产品质量好，纯度高。

拜耳法分类：由于铝土矿的类型不同，在世界上形成了两种不同的拜耳法方案。

① 美国拜耳法 以三水铝石型铝土矿为原料。由于三水铝石型铝土矿中的 Al_2O_3 很容易溶出，因而采用低温、低碱浓度溶出（一般情况下为 Na_2O 110g/L 以下），溶出的温度为140～145℃，停留时间不足1h，分解初温高（60～70℃），种子添加量较小（50～120g/L），分解时间30～40h，产品为粗粒氢氧化铝，但产出率低，仅为40～45g/L。这种氢氧化铝焙烧后得到砂状氧化铝。

② 欧洲拜耳法 以一水软铝石型铝土矿为原料。采用高温、高碱浓度溶出，苛性钠浓度一般在200g/L以上，溶出温度达170℃，停留时间约2～4h。经稀释后，将苛性钠浓度高达150g/L的溶液进行分解。分解时，分解初温低（55～60℃或更低），种子添加量较大（如200～250g/L），分解时间50～70h，产出率高达80g/L，但得到的氢氧化铝颗粒细，焙烧时飞扬损失大，得到面粉状氧化铝。为了适应电解对氧化铝的要求，现今的欧洲拜耳法已是在高温高碱浓度溶出，低温、高固含、高产出率的分解条件下生产砂状氧化铝了。

（2）烧结法 碱石灰烧结法的基本原理是，使炉料中的氧化物经过高温烧结转变为铝酸钠（$Na_2O \cdot Al_2O_3$）、铁酸钠（$Na_2O \cdot Fe_2O_3$）、原硅酸钙（$2CaO \cdot SiO_2$）和钛酸钙（$CaO \cdot TiO_2$），用水或稀碱液溶出时，铝酸钠溶解进入溶液，铁酸钠水解为 NaOH 和 $Fe_2O_3 \cdot H_2O$ 沉淀，而原硅酸钙和钛酸钙不溶成为泥渣，分离除去泥渣后，得到铝酸钠溶液，再通入 CO_2 进行碳酸化分解，便析出 $Al(OH)_3$，而碳分母液（主要成分为 Na_2CO_3）经蒸发浓缩后可返回配料烧结，循环使用。$Al(OH)_3$ 经过焙烧即为产品 Al_2O_3。

碱石灰烧结法的特点：

① 适合于低 A/S 矿，A/S 3～6；

② 流程复杂、能耗高、成本高；

③ 产品质量较拜耳法低。

（3）联合法 拜耳法和碱石灰烧结法是目前工业上生产氧化铝的主要方法，它们各有其优缺点和运用范围。而当生产规模较大时，采用拜耳法和烧结法的联合生产流程，可以兼有两种方法的优点，而消除其缺点，取得比单一的方法更好的经济效果，同时可以更充分利用铝矿资源。联合法可分为并联、串联和混联三种基本流程，它主要适用于 A/S 7～9 的中低品位铝土矿。

表1-10对以上三种方法进行了总结。

表1-10 不同氧化铝工艺对矿石质量要求

工艺方法	矿石质量要求	备注
拜耳法	国外：Al_2O_3 40%～60%，$SiO_2<5\%\sim7\%$，$A/S>7\sim10$，Fe_2O_3 无限制 国内：$Al_2O_3>50\%$，$A/S>8$	工艺简单，成本低，但对矿石质量要求高
烧结法	$Al_2O_3>55\%$，$A/S>3.5$，$Fe_2O_3>10\%$，$F/A\geqslant0.2$	能处理低品位矿石，但能耗高
联合法	$Al_2O_3>50\%$，$A/S>4.5$，$Fe_2O_3>10\%$	能充分利用矿石资源，但工艺流程复杂，能耗高

1.3.2.2 酸法

即用硝酸、硫酸、盐酸等无机酸处理含铝原料而得到相应铝盐的酸性水溶液。然后使这些铝盐或水合物晶体（通过蒸发结晶）或碱式铝盐（水解结晶）从溶液中析出，亦可用碱中和这些铝盐水溶液，使其以氢氧化铝形式析出。煅烧氢氧化铝、各种铝盐的水合物或碱式铝盐，便得到氧化铝。

1.3.2.3 酸碱联合法

先用酸法从高硅铝矿中制取含铁、钛等杂质的不纯氢氧化铝，然后再用碱法（拜耳法）处理。其实质是用酸法除硅，碱法除铁。

1.3.2.4 热法

适于处理高硅高铁铝矿，其实质是在电炉或高炉内进行矿石的还原熔炼，同时获得硅铁合金（或生铁）与含氧化铝的炉渣，二者借密度差分开后，再用碱法从炉渣中提取氧化。

第2章 铝土矿

2.1 铝土矿的化学组成及矿物组成

铝在地壳中的平均含量为8.7%（折成氧化铝为16.4%），仅次于氧和硅，而居于第三位，在金属元素中则位居第一。由于铝的化学性质活泼，所以其在自然界中仅以化合物状态存在。地壳中的含铝矿物约有二百五十多种，其中约40%是各种铝硅酸盐。

铝矿物绝少以纯的状态形成工业矿床，基本都是与各种脉石矿物共生在一起的。在世界许多地方蕴藏着大量的铝硅酸盐岩石，其中，最主要的铝矿物列于表2-1中。

表2-1 主要含铝矿物

名称与化学式	含量/%			密度/(g/cm³)	莫氏硬度
	Al_2O_3	SiO_2	Na_2O+K_2O		
刚玉 Al_2O_3	100			4.0～4.1	9
一水软铝石 $Al_2O_3 \cdot H_2O$	85			3.01～3.06	3.5～4
一水硬铝石 $Al_2O_3 \cdot H_2O$	85			3.3～3.5	6.5～7
三水铝石 $Al_2O_3 \cdot 3H_2O$	65.4			2.35～2.42	2.5～3.5
蓝晶石 $Al_2O_3 \cdot SiO_2$	63.0	37.0		3.56～3.68	4.5～7
红柱石 $Al_2O_3 \cdot SiO_2$	63.0	37.0		3.15	7.5
硅线石 $Al_2O_3 \cdot SiO_2$	63.0	37.0		3.23～3.25	7
霞石 $(Na,K)_2O \cdot Al_2O_3 \cdot 2SiO_2$	32.3～36.0	38.0～42.3	19.6～21.0	2.63	5.5～6
长石 $(Na,K)_2O \cdot Al_2O_3 \cdot 6SiO_2 \cdot 2H_2O$	18.4～19.3	65.5～69.3	1.0～11.2		
白云母 $K_2O \cdot 3Al_2O_3 \cdot 6SiO_2 \cdot 2H_2O$	38.5	45.2	11.8		2
绢云母 $K_2O \cdot 3Al_2O_3 \cdot 6SiO_2 \cdot 2H_2O$	38.5	45.2	11.8		
白榴石 $K_2O \cdot Al_2O_3 \cdot 4SiO_2$	23.5	55.0	21.5	2.45～2.5	5～6
高岭石 $Al_2O_3 \cdot 2SiO_2 \cdot 2H_2O$	39.5	46.4		2.58～2.6	1
明矾石 $(Na,K)_2SO_4 \cdot Al_2(SO_4)_3 \cdot 4Al(OH)_3$	37.0		11.3	2.60～2.80	3.5～4.0
丝钠铝石 $Na_2O \cdot Al_2O_3 \cdot 2CO_2 \cdot 2H_2O$	35.4		21.5		

铝土矿是目前氧化铝生产中最主要的矿石资源，世界上99%以上的氧化铝是用铝土矿为原料生产的。铝土矿中氧化铝的含量变化很大，低的在40%以下，高者可达70%以上。与其他有色金属矿石相比，铝土矿可算是很富的矿。

铝土矿主要用于氧化铝生产（约90%），但也用于人造刚玉、耐火材料及水泥等生产。

铝土矿是一种组成复杂、化学成分变化很大的含铝矿物，主要化学成分为Al_2O_3、SiO_2、Fe_2O_3、TiO_2；少量的CaO、MgO、S、Ga、V、Cr、P等等。

铝土矿中的氧化铝主要以三水铝石 [$Al(OH)_3$]，或者以一水软铝石 [γ-AlO(OH)] 及一水硬铝石 [α-AlO(OH)] 状态存在，其性质如表 2-2 所示。

表 2-2　三水铝石、一水软铝石、一水硬铝石性质

项　　目	三水铝石	一水软铝石	一水硬铝石
化学分子式	$Al_2O_3 \cdot 3H_2O$ 或 $Al(OH)_3$	$Al_2O_3 \cdot H_2O$ 或 AlOOH	$Al_2O_3 \cdot H_2O$ 或 AlOOH
氧化铝含量/%	65.36	84.97	84.98
化合物水含量/%	34.6	15	15
晶系	单斜晶系	斜方晶系	斜方晶系
莫氏硬度	2.3～3.5	3.5～5	6.5～7
密度/(g/cm³)	2.3～2.4	3.01～3.06	3.3～3.5

依据铝土矿中上述铝矿物的含量，一般可将铝土矿分为三水铝石型、一水软铝石型、一水硬铝石型和各种混合型，如三水铝石-一水软铝石型，一水软铝石-一水硬铝石型等，有的一水硬铝石型铝土矿中还含有少量刚玉。

铝土矿中除 Al_2O_3 以外，还含有多种杂质。

铝土矿的质量主要取决于其中氧化铝存在的矿物形态和有害杂质含量，不同类型的铝土矿其溶出性能差别很大。衡量铝土矿质量，一般考虑以下几个方面。

① 铝土矿的铝硅比。铝硅比是指矿石中 Al_2O_3 含量与 SiO_2 含量的质量比，一般用 A/S 表示。

氧化硅是碱法（特别是拜耳法）生产氧化铝过程中最有害的杂质，所以铝土矿的铝硅比越高越好。目前工业生产氧化铝用铝土矿的铝硅比要求不低于 3.0～3.5。

② 铝土矿的氧化铝含量。氧化铝含量越高，对生产氧化铝越有利。

③ 铝土矿的矿物类型。铝土矿的矿物类型对氧化铝的溶出性能影响很大。其中，三水铝石型铝土矿中的氧化铝最容易被苛性碱溶液溶出，一水软铝石型次之，而一水硬铝石的溶出则较难。另外，铝土矿类型对溶出以后各湿法工序的技术经济指标也有一定的影响。因此，铝土矿的类型与溶出条件及氧化铝生产成本有密切关系。

在实际应用中，评价铝土矿质量的指标，对三水铝石型铝土矿而言，主要是其中的有效氧化铝（available alumina）和活性氧化硅（reactive silica）的含量。有效氧化铝是指在一定的溶出条件下能够从矿石中溶出到溶液中的氧化铝量。活性氧化硅是指在生产过程中能与碱反应而造成 Al_2O_3 和 Na_2O 损失的氧化硅。因为这两种氧化物可以各种各样的矿物形态存在于矿石中，在一定的溶出条件下，有些矿物能够与碱溶液反应，有些则不能。所以有效氧化铝和活性氧化硅的含量与矿石中总的氧化铝含量和总的氧化硅含量在实际生产中是不相同的。例如一水硬铝石在溶出三水铝石矿的条件下不与碱溶液反应，是无法溶出的，即使它的含量高，也不能计入有效氧化铝的含量。同样，矿石中以石英形态存在的氧化硅，在此溶出条件下则是不与碱溶液反应的惰性氧化硅，也不计入活性氧化硅之内。对一水铝石型矿而言，通常是以其中 Al_2O_3 含量和铝硅比来判别其质量。因为在一水铝石矿溶出条件下，铝土矿中 Al_2O_3 可看成全部是有效的，而 SiO_2 可看成全部是活性的。氧化铁一般对拜耳法生产的影响不大，主要是增加了赤泥量；但红土型三水铝石及一水软铝石矿中的铁矿物一部分是以针铁矿和铝针铁矿的形态存在，对溶出率、赤泥沉降性能以及碱损失都有不利影响。矿石中其他有害杂质如硫、碳酸盐及有机物等，其含量越低越好。

2.2 铝土矿矿石结构特点

铝土矿矿床按其成因，可分为红土型、岩溶型和齐赫文型三种主要的地质类型。红土型铝土矿在其形成过程中，其母岩首先要经过红土化作用，进而沉积风化或经搬运-沉积再风化。红土型铝土矿在世界铝土矿储量中占的比例较大，并且，大多数红土型铝土矿为地表矿床，容易露天开采，且大多为三水铝石型铝土矿，其开采利用率较高。岩溶型铝土矿的形成主要是含铝的岩石被含有 SO_4^{2-} 或 CO_3^{2-} 等具有较强的腐蚀分解作用的溶液分解，使岩石中的不同元素随溶液的流动而沉积到不同的方位，经风化等形成铝土矿床。地下开采的铝土矿主要属岩溶型铝土矿。齐赫文型矿床全部由搬运了的铝土矿物组成，沉积于铝硅酸盐岩石的表面，其形成过程在沉积和保留等方面需要许多有利条件的配合，所以只能形成小型的铝土矿区。

铝土矿由于其成分不同及其生成地质条件的变化，具有各种颜色和结构形状，常见的有以下几种。

① 粗糙状（土状）铝土矿　其特点是表面粗糙，一般常见颜色有灰色、灰白色、浅黄色等。

② 致密状铝土矿　其特点是表面光滑致密，断口呈贝壳状，颜色多为灰色、青灰色，其中高岭石含量较高，铝硅比较低。

③ 豆鲕状铝土矿　其特征是表面呈鱼子状或豆状，胶结物主要是粗糙状铝土矿，其次为致密状铝土矿，颜色多为深灰色、灰绿色、红褐色或灰白色。豆粒或鲕粒在矿石中的比例各地不一定。鲕粒的构造比较复杂，一般由二至七层以上的同心圆组成，这些同心圆可为同一矿物，也可以是不同的矿物。鲕心的成分也不相同，如河南铝土矿鲕心为水云母，山西则为一水硬铝石，而广西则为一水软铝石，此外，也有为高岭石及石英碎屑的，这种矿石品位一般较低。

一般来说，矿石越粗糙，铝硅比越高；相反，矿石越致密，铝硅比也就越低。豆鲕状质地坚硬者，铝硅比也较高。

铝土矿中的铝矿物在微观结构方面也具有各种不同的特征，即所谓的多晶性和特殊性，即在铝土矿中的一种矿物可以有不同的结晶度和微观结构。溶出过程一般是按结晶度的好坏渐进的，结晶度差的氧化铝水合物总是更快地溶出。结晶度包括晶体大小和结晶完整程度，即与晶格中的位错和类质同晶替代作用的程度有关。

铝土矿的结构特征不同，加之其脉石含量、形态和分布状态的不同，造成了铝土矿性能的不同，铝土矿的结构特征对溶出动力学有很大的影响。

2.3 世界铝土矿概况

铝土矿中除含氧化铝外，还含有 SiO_2、Fe_2O_3、TiO_2、CaO 等多种杂质。世界铝土矿矿石类型及化学成分见表 2-3。

世界铝土矿资源丰富，资源保证程度很高。按世界铝土矿产量（1.3～1.5 亿吨/年）计算，静态保证年限在 200 年以上。2002 年世界上已探明的铝土矿储量约为 250 亿吨，储量基础约为 340 亿吨。主要分布在南美洲（33%）、非洲（27%）、亚洲（17%）、大洋洲（13%）

表 2-3 世界铝土矿矿石类型及化学成分

国家	化学成分/%					主要矿物
	Al_2O_3	SiO_2	Fe_2O_3	TiO_2	LOI(灼减)	矿石类型
澳大利亚	25～58	0.5～38	5～37	1～6	15～28	三水铝石 一水软铝石
几内亚	40～60.2	0.8～6	6.4～30	1.4～3.8	20～32	三水铝石 一水软铝石
巴西	32～60	0.95～25.8	1.0～58.1	0.6～4.7	8.1～32	三水铝石
中国	50～70	9～15	1～13	2～3	13～15	一水硬铝石
越南	44.4～53.2	1.6～5.1	17.1～22.3	2.6～3.7	24.5～25.3	三水铝石 一水硬铝石
牙买加	45～50	0.5～2	16～25	2.4～2.7	25～27	三水铝石 一水软铝石
印度	40～80	0.3～18	0.5～25	1～11	20～30	三水铝石
圭亚那	50～60	1～8	17～26	2.5～3.5	13～27	三水铝石
希腊	35～65	0.9～9.3	7～40	1.2～3.1	19.3～27.3	一水硬铝石 一水软铝石
苏里南	37.3～61.7	1.6～3.5	2.8～19.7	2.8～4.9	29～31.3	三水铝石 一水软铝石
南斯拉夫	48～60	1～8	17～26	2.5～3.5	13～27	一水硬铝石 一水软铝石
委内瑞拉	35.5～60	0.9～9.3	7～40	1.2～3.1	19.3～27.3	三水铝石
前苏联	36～65	1～32	8～45	1.4～3.2	10～14	软、硬铝石 三水铝石
匈牙利	50～60	1～8	15～20	2～3	13～20	一水软铝石 三水铝石
美国	31～57	5～24	2～35	1.6～6	16～28	三水铝石 一水铝石
法国	50～55	5～6	4～25	2～3.6	12～16	一水硬铝石 一水软铝石
印度尼西亚	38.1～59.7	1.5～13.9	2.8～20	0.1～2.6		三水铝石
加纳	41～62	0.2～3.1	15～30			三水铝石
塞拉利昂	47～55	2.5～30				三水铝石

和其他地区（10%）。几内亚、澳大利亚两国的储量约占世界储量的一半，南美的巴西、牙买加、圭亚那、苏里南约占世界储量的四分之一。此外，据近年的报道，越南和印度也有丰富的铝土矿资源，越南储量在 40～50 亿吨，印度储量为 24 亿吨。

随着金属铝用量的不断扩大，铝土矿的开采量也不断增加。1990 年，世界铝土矿的产量为 11285 万吨。主要的铝土矿生产国有澳大利亚、几内亚、巴西和牙买加等。2001 年，以上四国的铝土矿产量约占全球产量的 70%。

2.4 我国铝土矿概况

中国铝土矿资源具有以下几个特点。

① 储量集中于煤或水电丰富的地区，有利于开发利用。山西、贵州、河南和广西壮族自治区储量最高，合计占全国总储量的85.5%，这四个地区又有着丰富的煤炭和水电资源，具有发展铝工业的有利条件。

② 矿床类型以沉积型为主，坑采储量比重较大。在已探明的储量中，属岩溶型矿床的占全国储量的92.25%，齐赫文型矿床储量为6.21%，红土型矿床储量占1.54%。在这些储量中适于坑采的占全国总储量的45.49%，完全露采的储量占24.32%，适于露采和坑采结合的储量占29.79%。

③ 一水硬铝石型铝土矿占绝对优势。已探明的铝土矿储量中，一水硬铝石型铝土矿储量占全国总储量的98.46%，三水铝石型矿石储量只占1.54%。

一水硬铝石型铝土矿绝大部分具有高铝、高硅、低铁的突出特点，铝硅比值偏低。据统计，铝硅比值大于9的矿石量占一水硬铝石量的18.6%，在6～9之间的矿石量占25.4%，4～6的矿石量占48.6%，小于4的矿石量占7.4%。我国各省区的铝土矿平均品位见表2-4。

表2-4　我国各省区的铝土矿平均品位

地　　区	Al_2O_3/%	SiO_2/%	Fe_2O_3/%	A/S
山西	62.35	11.58	5.78	5.38
贵州	65.75	9.04	5.48	7.27
河南	65.32	11.78	3.44	5.54
广西	54.83	6.43	18.92	8.53
山东	55.53	15.8	8.78	3.61

我国铝土矿资源并不十分丰富。图2-1给出了世界铝土矿储量的国家分布。我国铝土矿储量只占世界储量的1.5%。世界铝土矿的人均储量为4000千克，而我国只有283kg。有资料报道了我国45种主要矿产对2010年需求的保证程度，有10种矿产属于不能保证的，其中包括铝土矿。按着目前氧化铝产量的增长速度和铝土矿开采、利用中的浪费，即使考虑到远景储量，我国的铝土矿的保证年限也很难达到50年。所以，应积极进行我国铝土矿资源的勘查并合理开采和利用现有的铝土矿资源，以保证我国氧化铝工业的可持续发展。

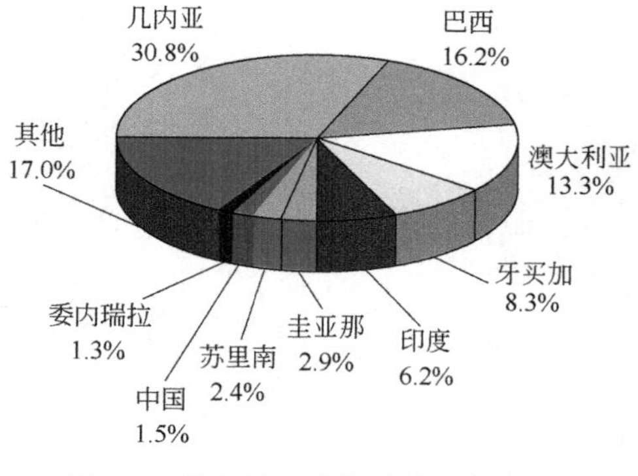

图2-1　世界铝土矿储量的国家分布
1999年世界铝矿石储量为250亿吨，
中国数据为2000年审定储量

我国铝土矿中的一水硬铝石，按其晶体形态及其物化性质，大致可分为两大类。

① 粒状晶体。约占其总量的95%，晶体粒度一般在0.009～0.055mm，呈灰白、黑、棕褐、红棕色等，莫氏硬度6.68，密度3.25～

3.55g/cm^3，大量的光谱分析表明，矿物结晶程度好，粒度大。

② 板状和板柱状晶体。具有这种晶体结构的铝土矿在各矿区均有很少的产出，平果和阳泉矿区稍多些。这种晶体粒度一般在0.08～0.16mm，最大的0.35mm，无色、透明、呈斜方柱状晶体。

第3章 铝酸钠溶液

3.1 Na_2O-Al_2O_3-H_2O 系

研究氧化铝在氢氧化钠溶液中的溶解度与溶液浓度和温度的关系以及不同条件下的固相、液相组成，对氧化铝生产有重大意义。Na_2O-Al_2O_3-H_2O 系平衡状态图可以具体表示各成分及温度的关系。

氧化铝在氢氧化钠溶液中的溶解度，通常以克/升（g/L）表示。

对于 Na_2O-Al_2O_3-H_2O 系平衡状态图，国内外已有很多研究，体系平衡状态图可以用直角坐标表示，也可以用等边三角形表示。

3.1.1 30℃下的 Na_2O-Al_2O_3-H_2O 系

用直角坐标表示的30℃下的 Na_2O-Al_2O_3-H_2O 系平衡状态等温截面图如图3-1所示。

图3-1中 *OBCD* 曲线是依次连接各个平衡溶液的组成点得出的，即氧化铝在30℃下的氢氧化钠溶液中的溶解度等温线。

图3-1的溶解度等温线可以认为是由 *OB*、*BC* 和 *CD* 三个线段组成的，各线段上的溶液分别和某一定的固相保持平衡，自由度为1。*B* 点和 *C* 点是两个无变量点，表示其溶液同时和某两个固相保持平衡，自由度为零。

对30℃下的 Na_2O-Al_2O_3-H_2O 系的研究证明，与 *OB* 线上的溶液成平衡的固相是三水铝石，所以 *OB* 线是三水铝石在氢氧化钠溶液中的溶解度曲线，它表明随着 NaOH 溶液浓度的增加，三水铝石在其中的溶解度越来越大。

BC 线段是水合铝酸钠 $Na_2O\cdot Al_2O_3\cdot 2.5H_2O$ 在 NaOH 溶液中的溶解度曲线，*B* 点上的溶液同时与三水铝石和水合铝酸钠保持平衡。水合铝酸钠在 NaOH 溶液中的溶解度随溶液中 NaOH 浓度的增加而降低。

CD 线是 $NaOH\cdot H_2O$ 在铝酸钠溶液中的溶解度曲线。*C* 点的平衡固相是水合铝酸钠和一水氢氧化钠；*D* 点是 $NaOH\cdot H_2O$（53.5% Na_2O，46.5% H_2O）的组成点。

E 点是 $Na_2O\cdot Al_2O_3\cdot 2.5H_2O$ 的组成点，其成分是48.8% Al_2O_3，29.7% Na_2O，21.5% H_2O。在 *DE* 线上及其右上方皆为固相区，不存在液相。

图中 *OE* 线上任一点的 Na_2O：Al_2O_3 的摩尔比都等于1。实际的铝酸钠溶液的 Na_2O：Al_2O_3 摩尔比是没有小于或等于1的。所以，实际的铝酸钠溶液的组成点都应位于 *OE* 连线的右下方，即只可能存在于 *OED* 区域的范围内。

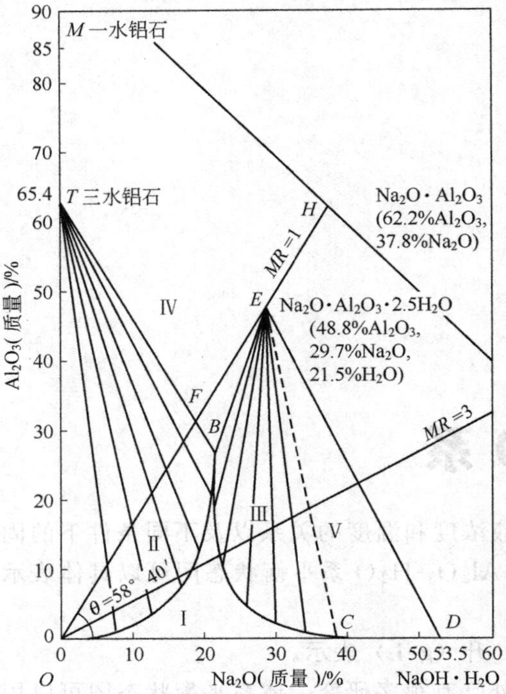

图 3-1　30℃下的 Na_2O-Al_2O_3-H_2O 系平衡状态等温截面图

该体系平衡状态等温截面图，由各物相组成点及各固相在溶液中的溶解度曲线分为几个区域，各区域的组成及其特征分别讨论如下。

（1）*OBCD* 区　该区域的溶液对于 $Al(OH)_3$ 和水合铝酸钠来说，处于未饱和状态，具有溶解这两种物质的能力，当溶解 $Al(OH)_3$ 时，溶液的组成将沿着原溶液的组成点与 *T* 点（$Al_2O_3·3H_2O$ 含 Al_2O_3 65.4%，H_2O 34.6%）的连线变化，直到连线与 *OB* 线的交点为止，即这时溶液已达到溶解平衡浓度。原溶液组成点离 *OB* 线越远，其未饱和程度越大，达到饱和时，所能够溶解的 $Al(OH)_3$ 数量越多。当其溶解固体铝酸钠时，溶液的组成则沿着原溶液组成点与铝酸钠的组成点正点的连线变化（如果是无水铝酸钠则是 *H* 点，*H* 点为无水铝酸钠的组成点，$Na_2O·Al_2O_3$ 含 Al_2O_3 62.2%，Na_2O 37.8%）直到 *BC* 线的交点为止。

（2）*OBTO* 区　该区为 $Al(OH)_3$ 过饱和的铝酸钠溶液区，组成处于该区的溶液具有可以分解析出三水铝石结晶的特性。在分解过程中，溶液的组成沿原溶液的组成点与 *T* 点（三水铝石组成点）的连线变化，直到与 *OB* 线的交点为止即达到 $Al(OH)_3$ 在溶液中的平衡溶解度。不再析出三水铝石结晶，原溶液组成点离 *OB* 线越远，其过饱和程度越大，能够析出的三水铝石数量越多。

（3）*BCEB* 区　该区为水合铝酸钠过饱和的铝酸钠溶液区，处于该区的溶液具有能够析出水合铝酸钠结晶的特性，在析出过程中，溶液的组成则沿着原溶液组成点与 *E* 点（水合铝酸钠的组成点）连线变化，直到与 *BC* 线的交点为止，不再析出水合铝酸钠。原溶液的组成点离 *BC* 线越远，其过饱和程度越大，能够析出的水合铝酸钠数量越多。

（4）*BETB* 区　该区为同时过饱和的 $Al(OH)_3$ 和水合铝酸钠溶液区。处于该区的溶液具有同时析出三水铝石和水合铝酸钠结晶的特性。在析出过程中，溶液的组成则沿着原溶液的组成点与 *B* 点（溶液与三水铝石、水合铝酸钠同时平衡点）连线变化，直到 *B* 点组成点为止，不再析出三水铝石和水合铝酸钠。析出三水铝石与水合铝酸钠的数量，可以根据上述连线与两物相组成点 *E*、*T* 连线 *ET* 的交点，再按杠杆原理计算。

（5）*CDEC* 区　该区为同时过饱和水合铝酸钠和一水氢氧化钠的溶液区，处于该区的溶液具有同时析出水合铝酸钠和一水氢氧化钠结晶的特性，在析出结晶过程中，溶液的组成则沿着原溶液的组成点与 *C* 点（溶液与水合铝酸钠和一水氢氧化钠同时平衡点）的连线变化，直到 *C* 点为止，不再析出这两种固相，析出两种固相的数量，也可根据杠杆原理计算。

其他温度下 Na_2O-Al_2O_3-H_2O 系的各区域特征基本与 30℃下的 Na_2O-Al_2O_3-H_2O 系的特征相同。

3.1.2　其他温度下的 Na_2O-Al_2O_3-H_2O 系

许多研究者通过对不同温度下的 Na_2O-Al_2O_3-H_2O 系平衡状态的研究，得出在不同温度下的 Na_2O-Al_2O_3-H_2O 系平衡状态等温截面图，如图 3-2 所示。

从图 3-2 中可以看出，不同温度下的溶解度等温线都包括两条线段，左支线随 Na_2O 浓度增大，Al_2O_3 的溶解度呈增加趋势。右支线则随 Na_2O 浓度的增大而 Al_2O_3 溶解度下降，这两个线段的交点，即在该温度下的 Al_2O_3 在 Na_2O 溶液中的溶解度达到的最大点，这是由于 Na_2O-Al_2O_3-H_2O 系在不同温度下，随着溶液成分的变化，与溶液平衡的固相组成发生了变化的结果。

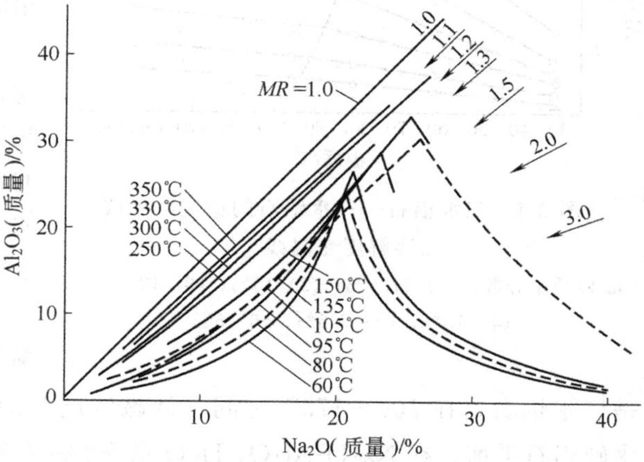

图 3-2　不同温度下的 Na_2O-Al_2O_3-H_2O 系平衡状态等温截面图

随着温度的升高，溶解度等温线的曲率逐渐减小，在 250℃ 以上时曲线几乎成为直线，并且由其两条溶解度等温线所构成的交角逐渐增大，从而使溶液的未饱和区域扩大，溶液溶解固相的能力增大，同时溶解度的最大点也随温度的升高向较高的 Na_2O 浓度和较大的 Al_2O_3 浓度方向推移。

不同条件下的 Na_2O-Al_2O_3-H_2O 系，其平衡固相也相应改变。

在苛性碱原始浓度相同的溶液中溶解三水铝石，绘制的 Na_2O-Al_2O_3-H_2O 系的溶解变温曲线如图 3-3 所示。曲线在 100～150℃之间是不连续的，这说明 Na_2O-Al_2O_3-H_2O 系约在 100℃以上，三水铝石不再是稳定相，这是由于 $Al(OH)_3$ 转变为 AlOOH 的结果。如将右侧线段向低温外推，则与左侧曲线的交点即为 $Al(OH)_3 \rightarrow$ AlOOH 的近似转变温度。

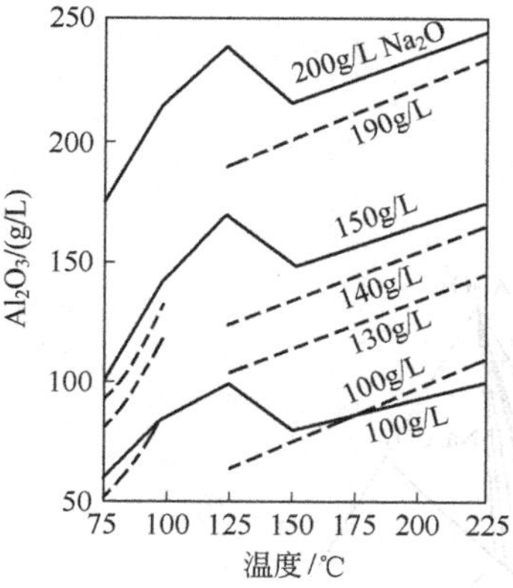

图 3-3　Na_2O-Al_2O_3-H_2O 系溶解变温曲线

—— H. Ginsberg 和 F. Wrigge 的数据；--- G. Bauerneister 和 W. Fnida 的数据

过去的研究认为，在 Na_2O-Al_2O_3-H_2O 系中三水铝石约在 130℃以上转变为一水软铝石，但根据对 Al_2O_3-H_2O 系状态图的较近期的研究证明，一水软铝石在较低温度范围内处于介稳状态，其稳定相是一水硬铝石，只是由于动力学上的原因，一水软铝石向一水硬铝石转变的速度极慢，所以它仍然能够在固相中存在。

为确定 Na_2O-Al_2O_3-H_2O 系中三水铝石-一水硬铝石稳定区界限，魏菲斯（K. Wefers）曾利用等量的三水铝石和一水硬铝石的混合物为固相原料进行了溶解试验。当混合物中存在有大量的稳定相作为晶种时，则不致生成过饱和溶液；如果两种固相中有一相在所研究的温度-浓度范围内是不稳定的，它就会被溶解消耗（转变为稳定相），而其中稳定的化合物则相对增长，直至建立溶解平衡为止。在等温零变量点处，这两种固相的作用相同。

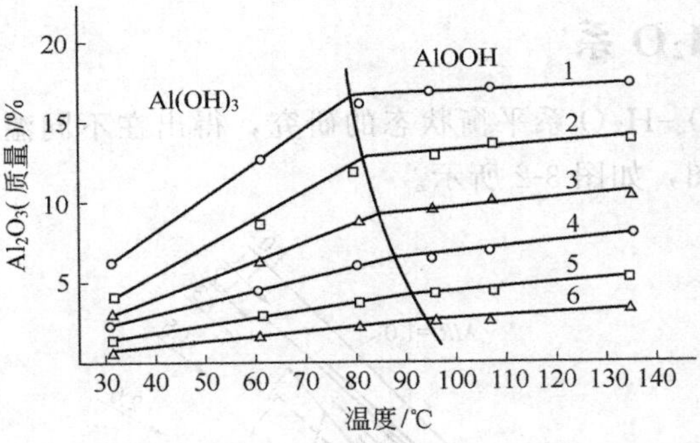

图 3-4 三水铝石—一水铝石的稳定区界线和溶解度变温线

Na_2O 质量分数：(1) 17.5%；(2) 15%；(3) 12.5%；(4) 10%；(5) 7.5%；(6) 5%

Na_2O-Al_2O_3-H_2O 系中三水铝石-一水硬铝石稳定区界线和溶解度变温线如图 3-4 所示。当稳定区分界线外延至 Na_2O 浓度为零时，则可看出转变温度与由 Al_2O_3-H_2O 系中相应的转变温度相当一致。

随着碱浓度的提高，分界线向低温方向移动，即其转变温度降低。在 Na_2O 浓度为 20%～22%的溶液中，三水铝石向一水硬铝石的转变温度约为 70～75℃。这时平衡溶液中的 Al_2O_3 含量约为 23%，溶液的组成位于溶解度等温线的最大点处。

所以可以认为，Na_2O-Al_2O_3-H_2O 系等温线左侧线段溶液的平衡固相，在 75℃以下是三水铝石，在 100～175℃之间，低碱浓度时溶液与三水铝石处于平衡，高浓度下则与一水硬铝石平衡。在 Na_2O-Al_2O_3-H_2O 系等温线右侧线段溶液的平衡固相为水合铝酸钠 $Na_2O \cdot Al_2O_3 \cdot 2.5H_2O$。

水合铝酸钠在其饱和溶液中，在 130℃以下是稳定的化合物，高于 130℃时发生脱水，以无水铝酸钠 $NaAlO_2$ 形式作为平衡固相出现。

利用等边三角形表示的 Na_2O-Al_2O_3-H_2O 系状态图的等温截面图如图 3-5 所示，可以

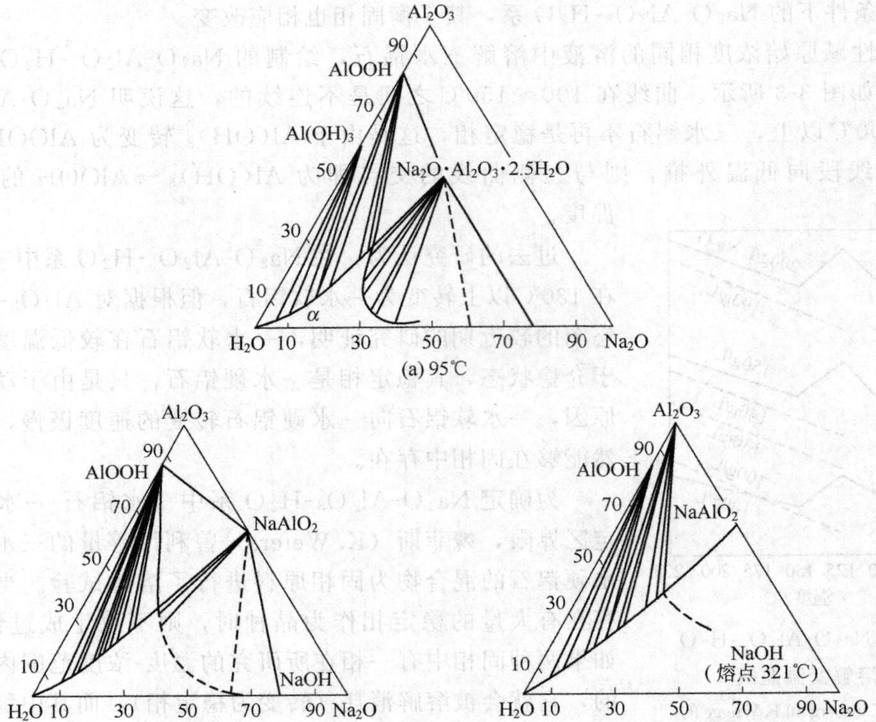

图 3-5 Na_2O-Al_2O_3-H_2O 系状态图的等温截面图

更清楚地表示不同温度下的溶解度及其平衡固相的变化。

在构成此三元系的 Na_2O-H_2O 二元系中，存在下列化合物：$NaOH \cdot 2H_2O$(<28℃)、$NaOH \cdot H_2O$(<65℃)、NaOH(321℃熔化)。

三水铝石在浓碱溶液中，当温度在 75℃以下时才具有最大的溶解度，而且也是在此温度下才保持为平衡固相，大于 75℃则出现一水硬铝石作为平衡固相。在 75～100℃之间的三元系左侧线段的某一溶液可以同时与两个固相处于平衡，形成零变量［图 3-5（a）］。

Na_2O-Al_2O_3-H_2O 系在 140～300℃之间，其平衡固相不发生变化，图 3-5（b）为其 150℃时的等温截面图，一水硬铝石 AlOOH、$NaAlO_2$ 和 NaOH 都是稳定固相，未饱和溶液区（即溶解区）随温度的升高而扩大，到 321℃以上时，三元系的平衡固相又发生变化。在 321℃ NaOH 熔化，在 330℃，该体系中发现新的零变量点，一水硬铝石和刚玉同时与组成为 20% Na_2O 和 25% Al_2O_3 的溶液处于平衡。

350℃时，一水硬铝石、刚玉和溶液的零变量点已推至 12% H_2O、15% Na_2O 和 25% Al_2O_3 处。这说明随温度的升高，一水硬铝石的稳定区迅速变小［如图 3-5（c）所示］。

如果将零变量点位置外推到 Na_2O 0%时则可得出由一水硬铝石-刚玉的转变温度 360℃。

在 360℃以上，在 Na_2O-Al_2O_3-H_2O 系整个浓度范围内的稳定固相就只有刚玉，无水铝酸钠和氧化钠。

应当指出，在以一水软铝石为原始固相的研究中，在相同的温度（如 200℃以上）和低碱浓度条件下，一水软铝石的溶解度大于一水硬铝石。根据相律，在此条件下只能有一种平衡固相，即一水硬铝石，一水软铝石的溶解度应该认为是介稳溶解度。由于一水软铝石转变为一水硬铝石的速度相当慢，介稳平衡的溶液变为平衡溶液的速度也极小，所以一水软铝石溶解度的测定值仍具有实际意义。

拜耳法生产氧化铝就是根据 Na_2O-Al_2O_3-H_2O 系平衡状态等温截面图的溶解度等温线的上述特点，使铝酸钠溶液的组成总是处于Ⅰ、Ⅱ区内，即氢氧化铝处于未饱和状态及过饱和状态。利用较高浓度的苛性碱溶液在较高温度下溶出铝土矿中的氧化铝，然后，再经稀释和冷却，使溶液处于氧化铝过饱和而结晶析出。

3.1.3　铝酸钠溶液中 Na_2O 与 Al_2O_3 比值

铝酸钠溶液中的 Na_2O 与 Al_2O_3 比值，可以用来表示铝酸钠溶液中氧化铝的饱和程度以及溶液的稳定性，是铝酸钠溶液的一个重要特征参数。它在氧化铝生产中是一项重要的技术指标。

对于这一比值，不同国家的表示方法不尽相同。比较普遍的是采用铝酸钠溶液中的 Na_2O 与 Al_2O_3 的摩尔数之比，一般写作 Na_2O：Al_2O_3 摩尔比，另有不同国家采用 Al_2O_3：Na_2O 质量比表示。

我国采用 Na_2O：Al_2O_3 摩尔比表示铝酸钠溶液中 Na_2O 与 Al_2O_3 比值。称为铝酸钠溶液的“分子比”，以 *MR* 表示：

$$MR=\frac{Na_2O(\text{摩尔数})}{Al_2O_3(\text{摩尔数})} \tag{3-1}$$

当铝酸钠溶液中 Al_2O_3 或 Na_2O 浓度以百分浓度或克/升（g/L）浓度表示时：

$$MR=1.645\times\frac{[Na_2O]}{[Al_2O_3]} \tag{3-2}$$

式中　1.645——Al_2O_3 或 Na_2O 的分子量比值；

[Na_2O]——溶液中 Na_2O 浓度，%或 g/L；

[Al_2O_3]——溶液中 Al_2O_3 浓度，%或 g/L。

铝酸钠溶液的分子比在 Na_2O-Al_2O_3-H_2O 系直角坐标平衡状态等温截面图上，可用从坐标原点引出的直线表示。

分子比相同的溶液其组成点在同一直线上，这样的直线称为等分子比直线。

在 Na_2O-Al_2O_3-H_2O 系各溶解度曲线上的任一组成点，表明铝酸钠溶液在一定温度及苛性碱浓度下，具有固定的 Na_2O∶Al_2O_3 分子比，称为该条件下的平衡分子比。

在实际生产氧化铝过程中，铝酸钠溶液分子比（*MR*）等于1或小于1的铝酸钠溶液是不存在的。因而，实际铝酸钠溶液的组成点在 Na_2O-Al_2O_3-H_2O 系平衡状态图上总是位于分子比等于1的等分子比直线的右下方。

3.2 铝酸钠溶液的稳定性

在氧化铝生产过程中的铝酸钠溶液，绝大部分处于过饱和状态，其中包括种分母液。而过饱和的铝酸钠溶液结晶析出氢氧化铝，在热力学上是自发的不可逆过程，如果生产过程控制不好，就会造成氧化铝的损失。所以研究铝酸钠溶液的稳定性，对生产过程有重要意义。所谓铝酸钠溶液的稳定性，是指从过饱和的铝酸钠溶液开始分解析出氢氧化铝所需时间的长短。铝酸钠溶液过饱和程度越大，其稳定性也越低，影响铝酸钠溶液稳定的主要因素是如下几方面。

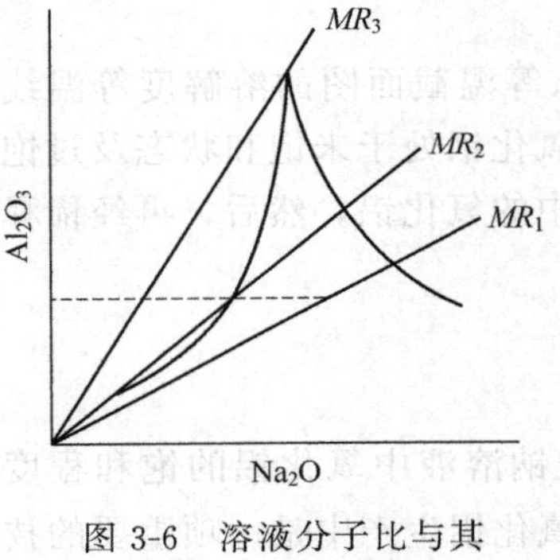

图 3-6　溶液分子比与其稳定性的关系

（1）铝酸钠溶液的分子比　在其他条件相同时，溶液的分子比越低，其过饱和程度越大，溶液的稳定性越低，如图 3-6 所示。

对于同一个 Al_2O_3 浓度，当分子比为 MR_1 时溶液处于未饱和状态，尚能溶解 Al_2O_3，而当分子比降低变为 MR_2 时，溶液则处于平衡状态，而当分子比再降低为 MR_3 时，溶液处于过饱和状态，溶液呈不稳定状态，将析出 $Al(OH)_3$。随着分子比增大，溶液开始析出固相所需的时间也相应延长。这种分解开始所需的时间称为“诱导期”。

（2）铝酸钠溶液的浓度　由 Na_2O-Al_2O_3-H_2O 系平衡状态等温截面图可知，在常压下，随着溶液温度的降低，等温线的曲率越大，所以当溶液分子比一定时，中等浓度（Na_2O 50～160g/L）铝酸钠溶液的过饱和程度大于更稀或更浓的溶液。其表现为中等浓度的铝酸钠溶液稳定性最小，其诱导期最短。例如，铝酸钠溶液分子比为 1.7 时，Na_2O 浓度为 50～160g/L 时，在室温下经 2～5d，开始析出 $Al(OH)_3$；Na_2O 浓度为 160～250g/L，需经 14～30d；Na_2O 浓度为 25g/L 时，需更长时间 $Al(OH)_3$ 才开始分解。

（3）溶液中所含的杂质　普通的铝酸钠溶液中含有某些固体杂质，如氢氧化铁和钛酸钠等，极细的氢氧化铁粒子经胶凝作用长大，结晶成纤铁矿结构，它与一水软铝石极为相似，因而起到了氢氧化铝结晶中心的作用。而钛酸钠是表面极发达的多孔状结构，极易吸附铝酸钠，使其表面附近的溶液分子比降低，氢氧化铝析出并沉积于其表面，因而起到结晶种子的作用，这些杂质的存在，降低了溶液的稳定性。而若经净化后的铝酸钠溶液（如采用超速离心机将铝酸钠溶液作离心处理，将溶液含有的直径大于 20mm 的粒子除去），其稳定性将明显提高。然而工业铝酸钠溶液中的多数杂质，如 SiO_2、Na_2SO_4、Na_2S 及有机物等，却使工业铝酸钠溶液的稳定性有不同程度的提高。SiO_2 在溶液中能形成体积较大的铝硅酸根络合离子，而使溶液黏度增大。碳酸钠能增大 Al_2O_3 的溶解度，有机物不但能增大溶液的黏度，而且易被晶核吸附，使晶核失去作用，因此，这些杂质的存在，又使铝酸钠溶液的稳定性增大。

3.3　铝酸钠溶液的物理化学性质

多年来，为了探索铝酸钠溶液的结构和满足生产、设计的需要，便于实现生产过程的自动控制，许多科学工作者对铝酸钠溶液的物理化学性质，如铝酸钠溶液的密度、黏度、电导率、蒸汽压及溶液的热化学性质等进行了研究测定。

3.3.1　铝酸钠溶液的密度

铝酸钠溶液的密度主要受苛性碱浓度、氧化铝浓度、温度等的影响，在 20℃时铝酸钠溶液的密度可以通过图 3-7 所示的铝酸钠溶液的密度计算图来算出。

按图 3-7 所示，从 Na_2O 某一浓度的溶液含量点（在水平坐标上），引一垂直线，使其与通过垂直坐标轴上的表示溶液中 Al_2O_3 含量那个点的水平线相交，交点所在的斜线的上端，表示坐标上需求的溶液密度。在 Na_2O 浓度 140～230g/L，Al_2O_3 浓度 60～130g/L，Na_2O_C 浓度 10～20g/L，温度 40～80℃内，常压下，通过对工业铝酸钠溶液密度的试验测定，建立了铝酸钠溶液密度计算公式：

$$\rho = 1.055 + 9.640\times10^{-4}N + 6.589\times10^{-4}A + 5.1761\times10^{-4}N_C - 3.242\times10^{-4}T \tag{3-3}$$

式中　ρ——铝酸钠溶液密度，g/cm^3；

N——溶液苛性碱浓度，g/L；

A——溶液氧化铝浓度，g/L；

N_C——碳酸碱浓度，g/L；

T——温度，℃。

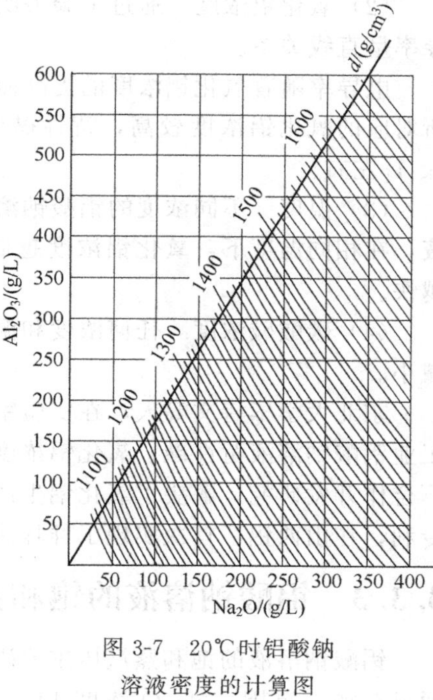

图 3-7　20℃时铝酸钠溶液密度的计算图

铝酸钠溶液的密度随溶液苛性碱浓度、氧化铝浓度、温度等因素的变化而不同。

3.3.2　铝酸钠溶液的电导率

考虑到生产实际的铝酸钠溶液浓度范围，通过对苛性碱浓度、氧化铝浓度及温度等因素在 Na_2O 浓度 140～230g/L，Al_2O_3 浓度 60～130g/L，Na_2O_C 浓度 10～20g/L，温度 40～80℃，对其电导率影响的试验研究，归纳出电导率经验公式为：

$$y=0.2799+1.647\times10^{-3}N_k-7.476\times10^{-4}A-1.686\times10^{-3}N_C-2.905\times10^{-3}T-7.938\times10^{-5}N_k^2+5.88810^{-5}T^2+3.493\times10^{-5}N_k-3.116\times10^{-5}AT \quad (3\text{-}4)$$

式中 y——铝酸钠溶液的电导率，S/m；

N_k——铝酸钠溶液 Na_2O 浓度，g/L；

A——铝酸钠溶液 Al_2O_3 浓度，g/L；

N_C——铝酸钠溶液 Na_2O_C 浓度，g/L；

T——温度，℃。

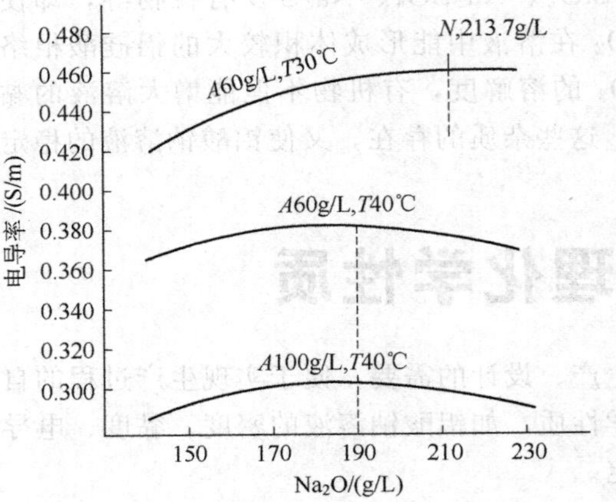

图 3-8 电导率与苛性钠浓度的关系

影响铝酸钠溶液电导率的主要因素有如下几方面。

（1）苛性钠浓度 图 3-8 为 25℃时不同浓度的铝酸钠溶液的电导率与溶液浓度的关系。当铝酸钠溶液的 Al_2O_3、碳酸碱的浓度和温度一定时，电导率与 Na_2O 浓度关系为：当苛性碱浓度较低时，电导率随着苛性碱浓度的增加而增大；而苛性碱浓度较高时，电导率随苛性碱浓度的增加而减小；在某一定的 Na_2O 浓度下，有一最大值。

（2）氧化铝浓度 通过试验表明，当苛性碱浓度和温度一定时，溶液中氧化铝浓度和电导率呈直线关系。

电导率随着氧化铝浓度的提高而降低。另外苛性碱浓度较高的铝酸钠溶液，同一电导率所对应的氧化铝浓度较高，苛性碱浓度每高 5g/L，同一电导率所对应的氧化铝浓度升高 2g/L 左右。

（3）温度 不同浓度的铝酸钠溶液电导率随着温度的升高而增大；同一苛性碱浓度的溶液，在相同温度下，氧化铝浓度越低，电导率越大；并且其电导率随着温度的提高增加的越快。

（4）碳酸碱浓度 任何浓度和温度下的铝酸钠溶液的电导率都随着碳酸碱浓度的增加而减小。

东北大学毕诗文等人，在实验室多年研究的基础上，提出了通过溶液电导率的测量实现工业铝酸钠溶液苛性碱、氧化铝浓度在线实时检测的思路和方案。先后与贵州铝厂和山西铝厂合作开发研究，解决了氧化铝生产中苛性碱与氧化铝浓度在线实时检测的难题，获得发明专利，在山西铝厂首次实现了拜耳法循环母液在线实时检测的工业应用。

3.3.3 铝酸钠溶液的饱和蒸汽压

铝酸钠溶液的饱和蒸汽压主要决定于溶液中的 Na_2O 浓度，而 Al_2O_3 浓度的影响很小。通过在如下范围：Na_2O 浓度 140～230g/L，Al_2O_3 浓度 60～130g/L，Na_2O_C 浓度 10～20g/L，温度 40～80℃内进行的蒸汽压试验数值测定，结果建立了如下方程：

$$p=69.45+0.4968N_k-4.649T-0.01358N_kT+0.1043T^2 \quad (3\text{-}5)$$

式中 p——铝酸钠溶液的饱和蒸汽压，1.013×10^3 Pa；

N_k——铝酸钠溶液 Na_2O 浓度，g/L；

T——温度，℃。

由方程中可见，在测定范围内，饱和蒸汽压主要取决于铝酸钠溶液中苛性碱的浓度和温度。

苛性钠浓度对铝酸钠溶液的饱和蒸汽压的影响如图 3-9 所示。由图 3-9 可见，饱和蒸汽压随 Na_2O 浓度的增大而降低。

温度对饱和蒸汽压的影响如图 3-10 所示。温度与饱和蒸汽压呈抛物线性关系，并且在所研究的温度范围内，蒸汽压随温度的升高而增大。

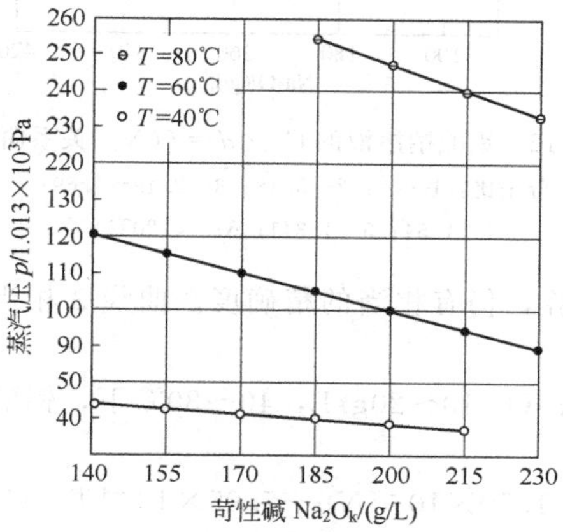

图 3-9　蒸汽压与苛性钠浓度的关系

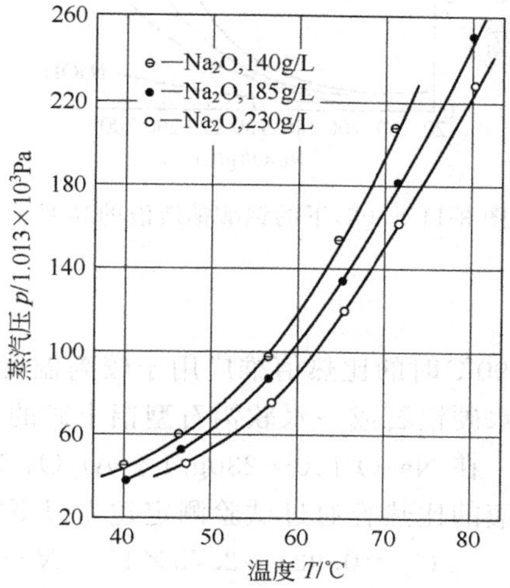

图 3-10　蒸汽压与温度的关系曲线

3.3.4　铝酸钠溶液的黏度

铝酸钠溶液的黏度比一般电解质溶液要高得多。黏度大小受苛性碱浓度、氧化铝浓度、温度等因素影响。

无论溶液的组成如何，溶液的黏度随 Al_2O_3 浓度的提高而增大，随苛性碱浓度的提高而增大；随着溶液浓度的提高和 $Na_2O:Al_2O_3$ 摩尔比的降低，溶液黏度急剧升高，高浓度的溶液尤为显著。铝酸钠溶液的浓度和摩尔比与溶液黏度的关系变化如图 3-11。溶液中的 Na_2O_C 浓度的提高又使黏度在一定程度上增大。铝酸钠溶液的黏度的对数与绝对温度的倒数呈直线关系：

$$\lg y = f\left(\frac{1}{T}\right) \tag{3-6}$$

3.3.5　铝酸钠溶液的热容及热焓

铝酸钠溶液的热容决定于溶液的组成，在氧化铝生产中，如果溶液的组成 Na_2O 和 Al_2O_3 浓度的单位为 g/L；比热容的单位为 kJ/(kg・℃)，则单位容积（L 或 m^3）的铝酸钠溶液的热容等于比热容与溶液密度的乘积，即 $C_p d_0$。所以，不同摩尔比的铝酸钠溶液的热容与溶液组成的关系可写成 $C_p d = f(N)$ 的形式，N 为铝酸钠溶液中 Na_2O 浓度。

图 3-12 为不同 $Na_2O:Al_2O_3$ 摩尔比的单位容积（L）铝酸钠溶液的 $C_p d = f(N)$ 关系的曲线。

曲线数据采取自 20℃的密度和 90℃的比热值（曲线 6 取自 20℃时 NaOH 溶液的热容）。由于 C_p 与温度的关系不大，直至 300℃时，溶液的平均比热容随温度的变化也不大，所以

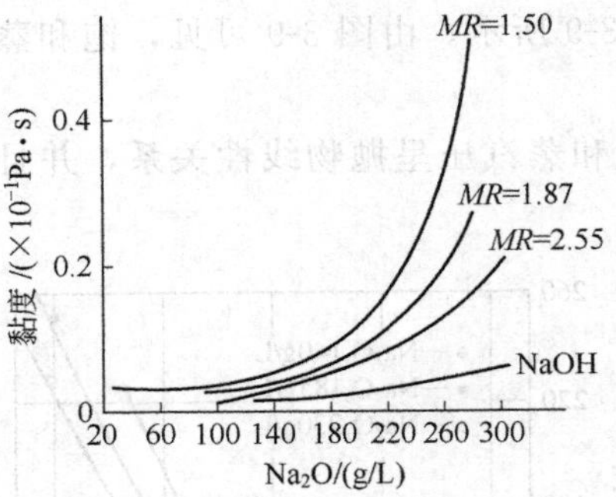

图 3-11　30℃下的铝酸钠溶液的黏度

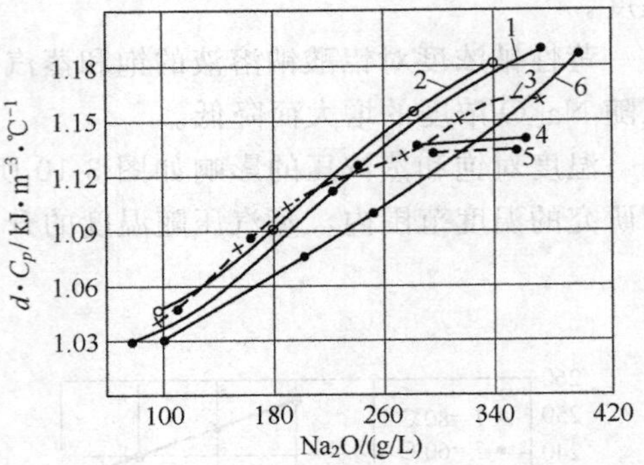

图 3-12　铝酸钠溶液的 $C_p \times d = f(N)$ 关系曲线

分子比：1—∞；2—3.48；3—2.49～1.69；4—1.54；5—1.341；6—∞(20℃)

将 90℃时的比热值推广用于较高温度范围内的热计算，仍有相当的精确度。曲线 3 相当于一水硬铝石或一水软铝石型铝土矿的高压溶出条件。

在 Na_2O 140～230g/L，Al_2O_3 60～130g/L，Na_2O_C 10～20g/L，40～80℃下，铝酸钠溶液的比热容通过试验测定建立以下方程：

$$C_p = 0.921 - 2.75 \times 10^{-4} N - 2.45 \times 10^{-4} A - 1.70 \times 10^{-3} N_C + 5.65 \times 10^{-4} T \tag{3-7}$$

式中　C_p——溶液比热容，J/(g·℃)；

N——以 Na_2O 表示的苛性碱浓度，g/L；

A——Al_2O_3 浓度，g/L；

N_C——以 Na_2O 表示的 Na_2CO_3 浓度，g/L；

T——溶液温度，℃。

铝酸钠溶液的热焓，可通过以下方程计算

$$H = (C_p \times d) t V \times 1000 \tag{3-8}$$

式中　H——铝酸钠溶液的热焓，kJ；

C_p——铝酸钠溶液的比热容，J/(g·℃)；

d——铝酸钠溶液的密度，g/cm³；

t——铝酸钠溶液的温度，℃；

V——铝酸钠溶液的体积，m³。

3.3.6　氧化铝水合物在碱溶液中的溶解热

根据 Na_2O-Al_2O_3-H_2O 系溶解度等温线数据和溶解过程的反应式，求得反应平衡常数，绘制出 $K = f(N)$ 曲线，用作图法外推至 Na_2O%为零处，得到不同温度下的 K 值，溶解反应热可用以下公式计算：

$$\lg K = \frac{\Delta H}{4.575T} + C \tag{3-9}$$

式中　ΔH——溶解热，kJ/mol；

C——常数；

T——温度，K。

由上述公式可计算出的氧化铝水合物平均溶解热：

三水铝石　　602.1kJ/kg_{AO}；
拜耳石　　429.7kJ/kg_{AO}；
一水软铝石　　390.37kJ/kg_{AO}；
一水硬铝石　　640.15kJ/kg_{AO}。

铝酸钠溶液的物理化学性质与一般溶液相比，具有许多特殊性，这与铝酸钠溶液在不同条件下所具有的溶液结构不同有关。

3.4 铝酸钠溶液结构

铝酸钠溶液的结构是氧化铝生产化学和用碱法生产氧化铝所要研究的重要理论课题。早在20世纪30年代，人们就开始对铝酸钠溶液结构问题进行研究，但铝酸钠溶液的结构和性质与许多常见电解质溶液有很大差别，如密度、黏度、电导率和饱和蒸汽压等与组成的关系曲线都具有明显的特殊性，而且在分解过程中，铝酸钠溶液又不断变化，因而虽经多年研究，对铝酸钠溶液的结构仍不甚了解，曾一度出现“百家争鸣”的局面。近年来，在传统的电化学、物理化学等常规测试手段之外，又采用了大量的现代研究方法，如红外线吸收光谱、紫外线吸收光谱、拉曼光谱、核磁共振、X射线和超声波谱法等可以直接的近似判断离子结构的分析方法使得对铝酸钠溶液结构的研究取得了重大进展。根据研究结果，溶液中的铝酸钠实际上完全离解为钠离子和铝酸阴离子，而我们所说的铝酸钠溶液的结构，指的正是铝酸阴离子的组成及结构。

关于铝酸阴离子的结构，许多研究者已提出了许多可能的结构，它大致可分为三种：

① 铝酸钠溶液是单纯铝酸离子存在下的真溶液；

② 在铝酸钠溶液中，存在加水分解的氢氧化铝溶胶状胶体；

③ 铝酸钠溶液虽为真溶液，但离子是以较复杂的状态存在的。

上述三种见解，如根据铝酸钠溶液的部分特性来看，每一种都可认为是正确的，但从铝酸钠溶液的全部特性来看，由于铝酸钠溶液的内部结构是随溶液中碱浓度、克分子比、温度等条件而变化，故不能将三种见解笼统地归为一种。

3.4.1 胶体说

关于在过饱和铝酸钠溶液中存在有胶体分散的氢氧化铝问题，引起了很大的争论。以B·Д Лонамарев为代表的研究人员认为$Al(OH)_3$的溶解过程是按下列途径进行：粗分散→胶体分散→分子分散，并通过电凝聚现象证明了铝酸盐溶液中存在有氢氧化铝胶体粒子。

Lanaspese和Eyraud对静置两昼夜的铝酸钠溶液用高速离心机分离净化后发现，这种溶液即使在苛性比很低的情况下也极为稳定，从而认为在均一的介质中不能自发形成$Al(OH)_3$的结晶胚胎。因而铝酸钠溶液的分解只能是带到溶液中的或溶液中原有晶核引起的，从而证明铝酸钠溶液中存在有胶体分散的$Al(OH)_3$。

然而，下里纯一郎等多数研究者对于在铝酸钠溶液中存在有胶体分散$Al(OH)_3$的假说提出异议，因为这种假说与很多观察到的现象相矛盾，而且用超倍显微镜对铝酸钠溶液进行详细研究后，并未发现有胶体粒子存在。

C. и. Кузнецов认为Lanaspese的实验并不能完全排除溶液自发成核的可能性，而且净化溶液后，其稳定性增加可能是因为去掉了杂质而排除了铝酸盐溶液分解的基本原因。

Пономарев在溶液中通入交流电后并不是引起铝酸盐溶液中 $Al(OH)_3$ 的胶凝，而是引起杂质［主要是 $Fe(OH)_3$］的胶凝。因而，他们的研究均不能作为 $Al(OH)_3$ 胶体存在的确切理由。而且，大量的试验结果也否认了溶液中存在有胶体粒子。

3.4.2 络合离子说

目前多数研究人员认为铝酸钠溶液的大部分性质与典型的真实溶液相似，但铝酸离子是简单离子、还是简单络离子或是更为复杂的离子却众说纷纭，尚无定论。

3.4.2.1 基本铝酸离子

P. Lanaspese等研究者把铝酸离子看做是络合离子：$Al(OH)_4^-$，$Al(OH)_5^{2-}$，$Al(OH)_6^{3-}$。Пазухин根据 $Al(OH)_3$ 的结晶结构推测溶液中的铝酸离子为 $Al(OH)_6^{3-}$，他认为铝酸离子是在溶解 $Al(OH)_3$ 时形成的，而三水铝石的晶格中最小的有序组合是八面体离子 $Al(OH)_6^{3-}$，OH^- 离子向三水铝石中渗透，使得八面体组合之间的键遭到破坏，而 $Al(OH)_6^{3-}$ 离子转入溶液，但他们并无试验依据。

下里纯一郎通过测定铝酸钠溶液的黏度、电导率、密度等物理性质，认为铝酸离子有 AlO_2^- 和 $Al(OH)_4^-$ 两种形态，在低温低碱浓度范围内，$Al(OH)_4^-$ 的晶格结构和三水铝石的晶格结构相似，且铝酸离子与氢离子键合作用明显。在浓度大、过饱和度高的区域内，铝酸离子有明显的络合作用，接近非解离状态；并进一步指出，在从过饱和到饱和状态的过程中，可能存在有聚合离子。

目前，随着现代研究法的引入，如红外、紫外、拉曼光谱以及核磁共振谱的采用，人们对四面体构型铝酸根离子是铝酸钠溶液中的主导离子这一点已取得共识。然而对于高浓度铝酸钠溶液中是否存在 $Al(OH)_4^-$ 之外的其他离子以及这些离子存在的形式仍然不能取得统一。

Moolenaar用Raman光谱法证明在高浓度铝酸钠溶液中也存在 $Al(OH)_4^-$ 离子，且随着浓度的升高，$Al(OH)_4^-$ 发生二聚反应，Al原子间以氧桥Al—O—Al（对应 $540cm^{-1}$ 峰）连接，反应式如下：

$$2Al(OH)_4^- = [(HO)_3Al-O-Al-(OH)_3]^{2-} + H_2O \qquad (3\text{-}10)$$

陈念贻通过研究铝酸钠溶液的紫外光谱发现，铝酸钠溶液的紫外光谱随制备方法和放置时间不同而异，并根据吸收波谱的变化推断在高苛性比的铝酸钠溶液中除含有 $Al(OH)_4^-$ 离子外，还有少量 $Al(OH)_6^{3-}$ 离子存在。又因为 $Al(OH)_6^{3-}$ 对铝酸钠溶液中游离NaOH的活度有很大影响，因而陈念贻通过测量铝酸钠溶液中NaOH的活度系数，并根据溶液的结构模型，经计算该模型对应的NaOH活度系数发现，在苛性比不太高（如 $\alpha_K = 2.0$ 左右）时，$Al(OH)_6^{3-}$ 仅为少量成分，大多数铝酸离子为 $Al(OH)_4^-$ 及其聚合离子（如 $[(OH)_3Al—O—Al(OH)_3]^{2-}$）。用核磁共振法研究高苛性比铝酸钠溶液结构，证明苛性比较高的浓铝酸钠溶液核磁共振谱较宽，但仍在四配位铝的范围内，未见六配位铝范围内有明显的峰，说明虽可能有 $Al(OH)_6^{3-}$ 生成，但浓度不高，这与洪梅的观点一致。

洪梅测量了工业用浓度范围内铝酸钠溶液在不同浓度、温度和制备历史条件下 ^{27}Al 核磁共振谱，发现其位置在 $(70\sim80)\times10^{-6}$ 之间，即均在四配位 ^{27}Al 的化学位移范围，中等浓度以下溶液的化学位移在 $80\mu m/m$ 附近，高 Al_2O_3 浓度溶液化学位移移向高场 $70\mu m/m$。经测定其紫外光谱发现，除 $Al(OH)_4^-$（对应 $625cm^{-1}$ 峰）外，还含有Al—O—Al键的多核阴离子（对应540cm^{-1}和710cm^{-1}峰）。高Al_2O_3浓度的溶液中含Al—O—Al键的多核络阴离子的峰和$Al(OH)_4^-$相叠加，使化学位移移向高场。

E. K. Lippincott等通过研究铝酸钠溶液的拉曼、紫外光谱及核磁共振谱也发现铝酸钠溶液中存在$Al(OH)_4^-$、$Al(OH)_6^{3-}$、$[(HO)_3—Al—O—Al(OH)_3^-]^{2-}$（或写成$[Al_2O(OH)_6]^{2-}$）离子，但主要以$Al(OH)_4^-$形式存在。

Carreira等认为在pH＞12.5的铝酸钠溶液中铝酸根离子以AlO_2^-形式存在（对应630cm^{-1}峰）。Waters等认为在pH8.4～12.5范围内的铝酸钠溶液中存在着—OH桥连接的铝酸聚阴离子（Raman光谱，对应380cm^{-1}峰），且该结构中Al原子具有八面体构型。

Watling总结前人的研究成果，认为铝酸根离子既有四面体构型，也有八面体构型，且铝原子通过—O—、—OH—桥连接起来。三水铝石中的八面体构型的铝原子以—OH—桥连接，而从铝酸根离子到三水铝石晶体的转变，包括了发生在过饱和溶液中均相成核过程中铝酸根离子由四面体构型向八面体构型的转变。这一过程可能是通过形成某种中间状态的齐聚阴离子而进行的。

总之，由以上研究结果可以肯定，在中等浓度溶液中，占统治地位的基本铝酸离子为四面体构型的$Al(OH)_4^-$离子。

3.4.2.2 聚合铝酸离子

$Al(OH)_4^-$离子的聚合倾向已为许多研究者所发现，并且认为聚合离子是从过饱和到饱和的过程中发生的，$Al(OH)_4^-$离子的聚合按下式进行，同时分离出OH^-离子：

$$2Al(OH)_4^- \rightleftharpoons Al_2(OH)_7^- + OH^- \tag{3-11}$$

而电化学研究结果证明，铝酸离子的形式电核数等于1，因此多核一价离子是不可能存在的。因而，这种聚合途径的可能性很小。

С. И. Кузнецов提出了新的聚合途径，即铝酸离子$Al(OH)_4^-$最初结合成曲链，而不释放出OH^-离子。曲链进一步封闭成环，其组成为六个八面体$Al(OH)_6^{3-}$离子，成分相当于$Al_6(OH)_{24}^{6-}$。

R. J. Moolennar和J. C. Evans采用红外和拉曼光谱对铝酸钠溶液进行分析，发现$Al(OH)_4^-$随浓度增加而聚合成$Al_2O(OH)_6^{2-}$，在6mol/L溶液中两种形式的离子共存。

下里认为在饱和区域内，存在着$Al_m(OH)_{3m+n}^{n-}$聚合离子。Jǎnos Zámbó通过研究铝酸钠溶液的整体性质（密度、黏度、体积收缩、OH^-活度、水活度、绝热蒸发热）并借助X光衍射手段，认为溶液中的含铝离子以$[Al(OH)_4 \cdot 2H_2O]^- \cdot 8H_2O$形式存在，且该离子在溶液中随$Na_2O$浓度的增加进一步脱水发生二聚、六聚反应：

$$2[Al(OH)_4 \cdot 2H_2O]^- \cdot 8H_2O \rightleftharpoons [Al_2(OH)_8 \cdot 2H_2O]^{2-} \cdot 12H_2O + 6H_2O \tag{3-12}$$

$$6[Al(OH)_4 \cdot 2H_2O]^- \cdot 8H_2O \rightleftharpoons [Al_6(OH)_{24}]^{6-} \cdot 24H_2O + 36H_2O \tag{3-13}$$

С. и. Кузнецов提出了高浓度铝酸钠溶液铝酸离子脱水聚合的假说，当Na_2O＞150g/L时，发生铝酸离子的脱水：

$$Al(OH)_4^- \rightleftharpoons AlO(OH)_2^- + H_2O \tag{3-14}$$

由于$AlO(OH)_2^-$结构极不对称而发生聚合，生成结构上对称的复杂的聚合离子群：

$$m[AlO(OH)_2^-] \rightleftharpoons AlO(OH)_2]_m^{m-} \tag{3-15}$$

当Na_2O＜150～180g/L，分子比低时，发生如下聚合：

$$n\text{Al(OH)}_4^- \longrightarrow \text{Al}_n\text{(OH)}_{4n}^{n-} \longrightarrow \frac{n}{6}\text{Al}_6\text{(OH)}_{24}^{6-} \longrightarrow \text{三水铝石} \quad (3\text{-}16)$$

在一定浓度下，铝酸钠溶液可具有准结晶结构，即主要由 $Al(OH)_4^-$ 离子构成有序组合，而 $Al(OH)_4^-$ 离子间彼此通过氢键连结在一起，形成准结晶结构的有利条件是溶液具有较低的苛性比，因为低苛性比的溶液比较可能发生聚合作用。

综上所述，当溶液浓度较高时，铝酸钠溶液存在有二聚或多聚的链状和环状聚合铝酸阴离子。

3.4.3 水化离子说

许多研究者认为铝酸根离子在溶液中以水化离子的形式存在。因为水分子是一种具有很大偶极距的极性分子，因而水分子和铝酸离子、Na^+ 离子之间在静电作用下将发生水化并形成水化离子。铝酸离子的水化是以铝酸负离子为核心，水的极性分子的正极被吸引而发生定向排列，形成水分子对铝酸负离子的空间包围。水化离子的通式可以写作 $[Al(OH)_4]^{-1}\cdot(H_2O)_x$。而且在强碱铝酸盐溶液中除含有四面体 $Al(OH)_4^-$，还含有八面体 $[Al(OH)_4\cdot(H_2O)_2]^-$ 离子，二者之间为同分异构体。但前者的存在已被证明，而后者是一种配位数为 16 的八面体变形，并无试验证明。

Pearson 指出 $[Al(OH)_4\cdot(H_2O)_2]^-$ 水化离子中，水分子与铝酸离子之间是依靠氢键结合起来的。紫外光谱法和水解平衡分析法等方法的研究证明水化发生在低浓度范围内，当浓度提高时，将发生水化离子的脱水，因而在高浓度只存在脱水的铝酸离子。这与 János Zámbó 的观点相似。Zámbó 认为铝酸钠溶液中存在下列基团：$[Na\cdot 4H_2O]^+$、$[OH\cdot 4H_2O]^-$、$[Al(OH)_4\cdot 2H_2O]^-\cdot 8H_2O$，当 Na_2O 浓度升高时，$[Al(OH)_4\cdot 2H_2O]^-\cdot 8H_2O$ 脱水而发生聚合现象：

$$2[\text{Al(OH)}_4\cdot 2\text{H}_2\text{O}]^-\cdot 8\text{H}_2\text{O} \rightleftharpoons [\text{Al}_2\text{(OH)}_8\cdot 2\text{H}_2\text{O}]^{2-}\cdot 12\text{H}_2\text{O}+6\text{H}_2\text{O} \quad (3\text{-}17)$$

$$6[\text{Al(OH)}_4\cdot 2\text{H}_2\text{O}]^-\cdot 8\text{H}_2\text{O} \rightleftharpoons [\text{Al}_6\text{(OH)}_{24}]^{6-}\cdot 24\text{H}_2\text{O}+36\text{H}_2\text{O} \quad (3\text{-}18)$$

$$[\text{Al(OH)}_4\cdot 2\text{H}_2\text{O}]^-\cdot 8\text{H}_2\text{O}+[\text{OH}\cdot 4\text{H}_2\text{O}]^- \rightleftharpoons [\text{Al(OH)}_4\cdot 2\text{H}_2\text{O}]^-\cdot 8\text{H}_2\text{O}\cdot \text{OH}^-\cdot 2\text{H}_2\text{O}+2\text{H}_2\text{O} \quad (3\text{-}19)$$

$$[\text{Al}_6\text{(OH)}_{24}]^{6-}\cdot 24\text{H}_2\text{O}+2[\text{OH}\cdot 4\text{H}_2\text{O}]^- \rightleftharpoons [\text{Al}_6\text{(OH)}_{24}]^{6-}\cdot 24\text{H}_2\text{O}\cdot 2\text{OH}^-\cdot 4\text{H}_2\text{O}+4\text{H}_2\text{O} \quad (3\text{-}20)$$

总之，在工业铝酸钠溶液中，水化在低浓度范围内发生，随着溶液浓度的提高，水化离子发生脱水，在高浓度溶液中只存在脱水的铝酸离子。

3.4.4 缔合离子说

铝酸钠溶液也是一种缔合型电解质。当溶液中的两种不同电荷的离子彼此接近到某一临界距离使它们之间的库仑吸引能大于热运动时，它们就形成缔合的新单元。Pearson 用核磁共振法证明了缔合离子对的存在。形成的缔合离子对有以下几种形式：

$$\text{Na}^+ + \text{Al(OH)}_4^- = \text{Na}^+\text{Al(OH)}_4^- \quad (3\text{-}21)$$

$$n\text{Na}^+ + [\text{Al(OH)}_4]^{n-} = \text{Na}_n^{n+}[\text{Al(OH)}_4]^{n-} \quad (3\text{-}22)$$

这种缔合离子对很坚固，是一种外球型络合物，只在高碱铝酸盐溶液中形成，并伴随有吸热效应，因此，提高浓度有利于形成缔合离子对。

缔合离子对主要存在于高碱的未饱和铝酸钠溶液中不占优势。

总之，关于铝酸阴离子的结构，尽管存在许多争议，但根据近年来较为肯定的研究结果，可以认为：

① 在中等浓度的铝酸钠溶液中，铝酸根离子以 $Al(OH)_4^-$ 形式存在；

② 在稀溶液中且温度较低时，以水化离子 $[Al(OH)_4^-](H_2O)_x$ 形式存在；

③ 在较浓的溶液中或温度较高时，发生 $Al(OH)_4^-$ 离子脱水，形成 $[Al_2O(OH)_6]^{2-}$ 二聚离子，在 150℃以下，这两种形式的离子可同时存在；

④ 铝酸钠溶液是一种缔合型电解质溶液，在碱浓度较高时，溶液中将存在大量缔合离子对，且浓度越高，越有利于缔合离子对的形成。

第 4 章 拜耳法的原理和基本工艺流程

4.1 拜耳法的原理

所谓的拜耳法是因为 K.J. 拜耳在 1889～1892 年提出而得名的。几十年来它已经有了许多改进，但仍然习惯地沿用这个名称。

拜耳法用于处理低硅铝土矿，特别是用在处理三水铝石型铝土矿时，流程简单，作业方便，其经济效果远非其他方法所能媲美。目前全世界生产的氧化铝和氢氧化铝有 90%以上是用拜耳法生产的。

拜耳法包括两个主要过程，也就是拜耳提出的两项专利。一项是他发现 Na_2O 与 Al_2O_3 摩尔比为 1.8 的铝酸钠溶液在常温下，只要添加氢氧化铝作为晶种，不断搅拌，溶液中的 Al_2O_3 便可以呈氢氧化铝徐徐析出，直到其中 Na_2O 与 Al_2O_3 的摩尔比提高到 6 为止，这也就是铝酸钠溶液的晶种分解过程。另一项是他发现已经析出了大部分氢氧化铝的溶液，在加热时，又可以溶出铝土矿中的氧化铝水合物，这也就是利用种分母液溶出铝土矿的过程。交替使用这两个过程就能够一批批地处理铝土矿，从中得出纯的氢氧化铝产品，构成所谓拜耳循环。

拜耳法的实质就是下面反应在不同条件下的交替进行：

$$Al_2O_3 \cdot (1\text{或}3)H_2O + 2NaOH + aq \underset{\text{种分}}{\overset{\text{溶出}}{\rightleftharpoons}} 2NaAl(OH)_4 + aq \tag{4-1}$$

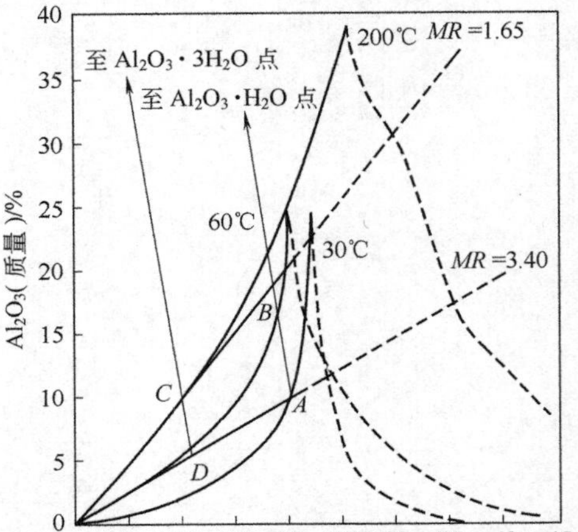

图 4-1 Na_2O-Al_2O_3-H_2O 系中的拜耳法循环图

拜耳法的实质也可以从 Na_2O-Al_2O_3-H_2O 系的拜耳法循环图（图 4-1）得到了解。用来溶出铝土矿中氧化铝水合物的铝酸钠溶液（即循环母液）的成分相当于图中 A 点。它在高温（在此为 200℃）下是未饱和的，具有溶解氧化铝水合物的能力。在溶出过程中，如果不考虑矿石中杂质造成的 Na_2O 损失，溶液的成分应该沿着 A 点与 $Al_2O_3 \cdot H_2O$（在溶出一水铝石矿时）或 $Al_2O_3 \cdot 3H_2O$（在溶出三水铝石矿时）的图形点的连线变化，直到饱和为止。溶出液的最终成分在理论上可以达到这条线与溶解度等温线的交点。在实际的生产过程中，由于溶解时间的限制，溶出过程在此之前的 B 点便告结束，B 点就是溶出后溶液的成分。为了从其中析出氢氧化铝，必须要降低它的稳定性，为此加入赤泥洗液将其稀释。由于溶液中 Na_2O 和 Al_2O_3 的浓度同时降低，故其成分由 B 点沿等分子比线改变为 C 点。在分离泥渣后，降低温度（如降低为60℃），使溶液的过饱和程度进一步提高，往其中加入氢氧化铝晶种便发生分解反应，析出氢氧化铝。在分解过程中溶液成分沿着 C 点与 $Al_2O_3 \cdot 3H_2O$ 的图形点的连线变化。如果溶液在分解过程中最后冷却到30℃，种分母液的成分在理论上可以达到连线与30℃等温线的交点。在实际的生产过程中，也由于时间的限制，分解过程是在溶液成分变为 D 点，即其中仍然过饱和着 Al_2O_3 的情况下结束的。如果 D 点的分子比与 A 点相同，那么通过蒸发，溶液成分又可以回复到 A 点。由此可见，A 点成分的溶液经过这样一次作业循环，便可以由矿石提取出一批氢氧化铝，而其成分仍不发生改变。图中 AB、BC、CD 和 DA 线表示溶液成分在各个作业过程中的变化，分别称为溶出线、稀释线、分解线和蒸发线，它们正好组成一个封闭四边形，即构成一个循环过程。实际的生产过程与上述理想过程当然有差别，主要是存在着 Al_2O_3 和 Na_2O 的化学损失和机械损失，溶出时有蒸汽冷凝水使溶液稀释，而添加的晶种又往往带入母液使溶液的分子比有所提高，因而各个线段都会偏离图中所示位置。在每一次作业循环之后，必须补充所损失的碱，母液才能恢复到循环开始时的 A 点成分。

根据拜耳法循环，可以计算出生产1t氧化铝，在循环母液中所必须含有的碱量。这一碱量不包括碱损失，只指流程中循环使用的碱量，故称为循环碱量，以 N 表示，单位为吨（t）。

假设每生产1t氧化铝，循环母液中的 Al_2O_3 含量为 A_m 吨，Na_2O（循环碱量）的含量为 N 吨，其分子比 $(MR)_m=1.645\dfrac{N}{A_m}$。溶出以后，所得铝酸钠溶液中的 Al_2O_3 含量增加为 A_a 吨，$A_a=A_m+1$，但其中 Na_2O 仍为 N 吨，其分子比为

$$(MR)_a=1.645\frac{N}{A_a}=1.645\frac{N}{1+A_m} \tag{4-2}$$

因此

$$A_m=\frac{1.645N}{(MR)_m} \tag{4-3}$$

$$A_a=1+A_m=\frac{1.645N}{(MR)_a} \tag{4-4}$$

$$A_a-A_m=1=1.645N\left[\frac{1}{(MR)_a}-\frac{1}{(MR)_m}\right]=1.645N\left[\frac{(MR)_m-(MR)_a}{(MR)_m\cdot(MR)_a}\right] \tag{4-5}$$

所以

$$N=0.608\frac{(MR)_m\cdot(MR)_a}{(MR)_m-(MR)_a}(\mathrm{t/t_{AO}}) \tag{4-6}$$

N 的倒数，即 $\dfrac{1}{N}=E$，称为循环效率。它表示1tNa_2O 在一次作业循环中所生产出的 Al_2O_3 量（t）。

$$E=1.645\cdot\left[\frac{(MR)_m-(MR)_a}{(MR)_m\cdot(MR)_a}\right](\mathrm{t/t_{Na_2O}}) \tag{4-7}$$

如果循环母液中 Na_2O 的浓度为 n_m（kg/m^3），稀释后的铝酸钠溶液中的 Na_2O 浓度为

n_a(kg/m³)，那么每生产 1tAl_2O_3 所需的循环母液体积为 $V_m=\frac{1000N}{n_m}$(m³)，而稀释后铝酸钠溶液体积为 $V_a=\frac{1000N}{n_a}$(m³)。

在实际生产中，由于存在碱损失，设其量为 $N_{损}$ (t/t_{AO})，循环母液中的碱含量应该更多些，即等于$\left(N+N_{损}\frac{(MR)_a}{(MR)_m-(MR)_a}\right)$。这是因为母液中含有 Al_2O_3 这些本身也要占有碱的缘故。

提出循环碱量和循环效率的目的，在于说明拜耳法作业的效果是与母液及溶出液的分子比 $(MR)_m$ 和 $(MR)_a$ 有很大的关系。同时，溶液数量还与溶液的浓度有关。$(MR)_m$ 越大，$(MR)_a$ 越小，生产 1tAl_2O_3 所需的循环碱量就减小，而循环效率越高。如果提高溶液的浓度，那么循环的溶液数量便随之减少。所以，循环效率是分析拜耳法的作业效果和改革途径的重要指标。

4.2 拜耳法的基本流程

图 4-2 是拜耳法生产氧化铝的基本工艺流程。每个工厂由于条件不同，可能采用的工艺流程会稍有不同，但原则上它们没有本质的区别。

从拜耳法生产的基本工艺流程，我们可以把整个生产过程大致分为如下主要的生产工序：原矿浆制备、高压溶出、溶出矿浆的稀释及赤泥的分离和洗涤、晶种分解、氢氧化铝分级与洗涤、氢氧化铝焙烧、母液蒸发及苏打苛化等。

4.2.1 原矿浆制备

原矿浆制备是氧化铝生产的第一道工序。所谓的原矿浆制备，就是把拜耳法生产氧化铝所用的原料，如铝土矿、石灰、铝酸钠溶液等按一定的比例配制出化学成分、物理性能都符合溶出要求的原矿浆。对原矿浆制备的要求是：

① 参与化学反应的物料要有一定的细度；

② 参与化学反应的物质之间要有一定的配比和均匀混合。

因此原矿浆制备在氧化铝生产中具有重要作用。能否制备出满足氧化铝生产要求的矿浆，将直接影响到氧化铝的溶出率，影响赤泥沉降性能、种分分解率以及氧化铝的产量等技术经济指标。

原矿浆制备工序的主要技术指标：有铝硅比、矿浆细度、液固比、氧化钙添加量、补充碱量、循环母液浓度、配料分子比等。

4.2.2 高压溶出

溶出是拜耳法生产氧化铝的两个主要工序之一。溶出的目的在于将铝土矿中的氧化铝水合物溶解成铝酸钠溶液。溶出效果好坏直接影响到拜耳法生产氧化铝的技术经济指标。

溶出工艺主要取决于铝土矿的化学成分及矿物组成的类型。

溶出过程的主要技术条件和经济指标有：溶出温度、溶出时间、Al_2O_3 溶出率、碱耗、热耗等。

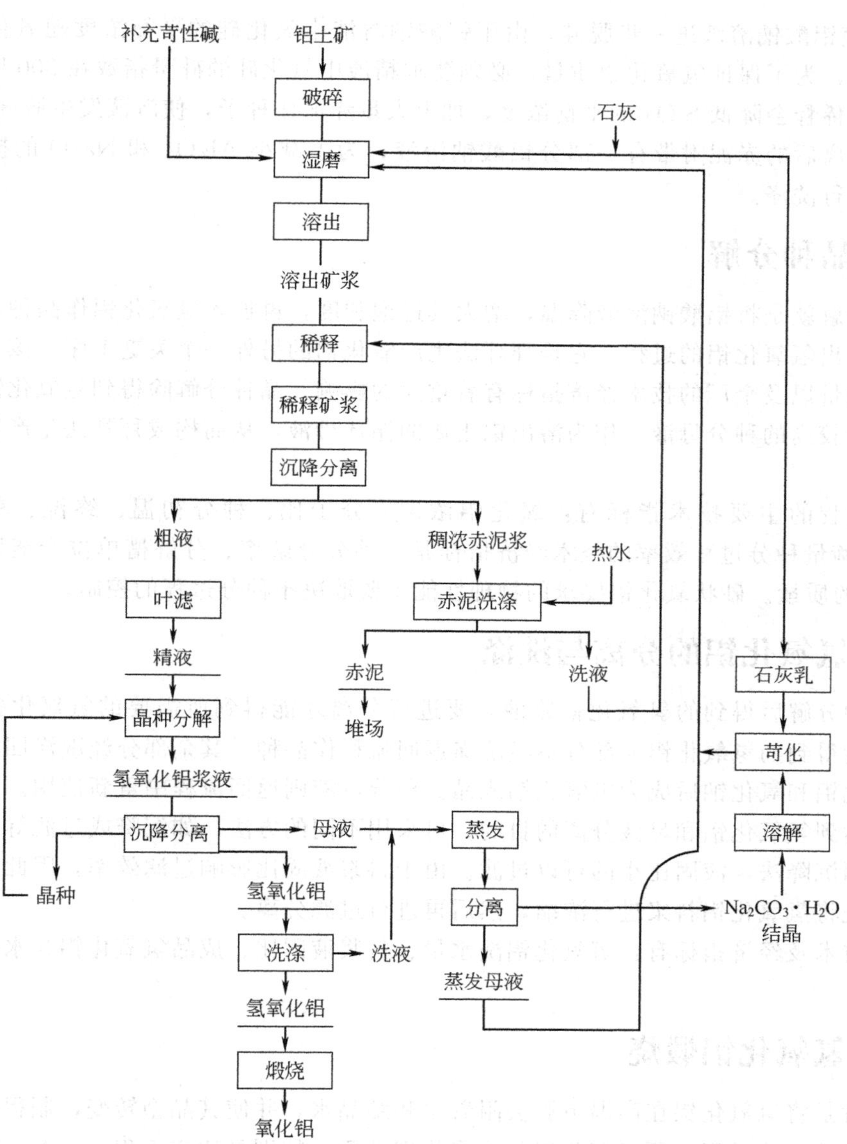

图 4-2　拜耳法生产氧化铝的基本工艺流程

4.2.3　溶出矿浆的稀释及赤泥的分离洗涤

所谓赤泥就是溶出铝土矿得到的泥渣，由于其中常常含有大量氧化铁，呈红色，习惯上称为赤泥。

溶出矿浆稀释的目的如下。

① 溶出矿浆是由铝酸钠溶液和赤泥组成，是铝土矿与铝酸钠溶液在高温下反应的产物。当溶出过程结束后为了进行后面的分解过程，溶出矿浆的稳定性就不能太大，否则不便于分解过程的进行。为了促进铝酸钠溶液发生分解，就必须进行溶出矿浆的稀释。

② 由于溶出后的矿浆要进行赤泥沉降分离，对溶出矿浆进行稀释，可降低铝酸钠溶液的黏度，以便于赤泥的沉降分离。

③ 促使铝酸钠溶液进一步脱硅。由于铝酸钠溶液中氧化硅的平衡浓度随氧化铝浓度的升高而增大，为了保证氢氧化铝质量，必须要求精液中氧化硅的硅量指数在300以上。对铝酸钠溶液的稀释会降低 SiO_2 的平衡浓度，加上大量赤泥作种子，使溶液发生脱硅反应。

由于分离后的赤泥附带有一部分铝酸钠溶液，为了减小 Al_2O_3 和 Na_2O 的损失，所以要对赤泥进行洗涤。

4.2.4 晶种分解

晶种分解就是将铝酸钠溶液降温，增大其过饱和度，再加入氢氧化铝作晶种，并进行搅拌，使其析出氢氧化铝的过程。它是拜耳法生产氧化铝的另外一个关键工序。该工序对产品的产量、质量以及全厂的技术经济指标有着重大的影响。晶种分解除得到氢氧化铝外，同时得到苛性比较高的种分母液，作为溶出铝土矿的循环母液，从而构成拜耳法生产氧化铝的闭路循环。

种分过程的主要技术指标有：氧化铝浓度、分子比、种分初温、终温、种子比、分解时间等。衡量种分过程效率的技术经济指标是，种分分解率、分解槽单位产能以及所得的 $Al(OH)_3$ 的质量。砂状氧化铝要求的物理性能主要取决于种分过程的控制。

4.2.5 氢氧化铝的分离与洗涤

经晶种分解后得到的氢氧化铝浆液，要进行分离才能得到所需要的氢氧化铝和种分母液。分离后得到的氢氧化铝大部分不经洗涤返回流程作晶种，其余部分经洗涤回收氢氧化铝附带的氧化铝和氧化钠后成为氢氧化铝成品。种分母液则返回流程中重新使用。

为了达到氢氧化铝和母液分离的目的，可采用不同的方法，如沉降或过滤等。料浆液固比大的可用沉降法，液固比小的可以过滤。由于料浆液固比影响过滤效率，因此，在一般情况下，都先将氢氧化铝料浆进行浓缩，然后再进行过滤分离。

主要技术及经济指标有：氢氧化铝洗水量、料浆液固比、成品氢氧化铝含水率、过滤机产能等。

4.2.6 氢氧化铝煅烧

煅烧就是将氢氧化铝在高温下脱去附着水和结晶水，并使其晶型转变，制得符合电解要求的氧化铝的工艺过程。所以氧化铝的许多物理性质，特别是比表面积、α-Al_2O_3 含量、安息角、密度等主要决定于煅烧条件。粒度和强度与煅烧条件也有很大关系。煅烧过程对氧化铝产品的杂质（主要是 SiO_2）含量也有影响。

煅烧产品的质量指标有：化学纯度、灼减、α-Al_2O_3 含量、粒度和安息角等。煅烧过程的技术及经济指标有：煅烧温度、燃料消耗量、产量等。

4.2.7 种分母液的蒸发及一水苏打的苛化

蒸发的主要目的是排除流程中多余的水分，保持循环系统中液量的平衡，使母液蒸发浓缩到符合拜耳法溶出铝土矿配制原矿浆的要求。

进入生产流程中的水分主要有：

① 赤泥洗水；

② 氢氧化铝洗水；

③ 原料带入的水分；

④ 蒸汽直接加热的冷凝水。

除随赤泥带走以及在氢氧化铝煅烧等过程排除水分外，流程中多余的水分由蒸发工序排除。

铝土矿中含有少量的碳酸盐（如石灰石、菱铁矿等），铝土矿溶出时加入的石灰也因煅烧不完全而含有少量石灰石。碳酸盐与高浓度苛性碱溶液作用生成碳酸钠。铝酸钠溶液中的 NaOH 吸收空气中的 CO_2 也会生成碳酸钠。

$$2NaOH+CaCO_3+aq \longrightarrow Na_2CO_3+Ca(OH)_2+aq \tag{4-8}$$

这个反应称为反苛性化反应。

拜耳法生产过程中的苛性碱，由于在浸出过程中产生反苛化作用以及铝酸钠溶液吸收空气中的 CO_2，有约 3%左右转变为碳酸碱，这些碳酸碱在蒸发过程中以固相一水碳酸钠析出。为减少苛性碱的消耗，将碳酸钠进行处理，以回收苛性碱：

$$Na_2CO_3 \cdot H_2O+Ca(OH)_2 \longrightarrow 2NaOH+CaCO_3+H_2O \tag{4-9}$$

这就是一水苏打的苛化。

第5章 铝土矿中氧化铝的溶出

铝土矿溶出的目的是将其中的氧化铝充分溶解而进入铝酸钠溶液，所以研究铝土矿中的氧化铝在溶出过程的行为，是提高氧化铝生产效率、降低成本的关键。本章主要讨论铝土矿中氧化铝在拜耳溶出过程中的行为，从而为实际的生产过程提供理论基础。

5.1 液-固多相反应

铝土矿的溶出过程就是铝土矿与铝酸钠溶液进行反应的过程。这种反应属于液-固多相反应。为了更好地了解铝土矿溶出过程的特点，有必要首先对液-固多相反应的一般特征进行了解。

对于一般的液-固反应，反应包括下列步骤：

① 流体反应物在主流体中通过固体颗粒表面的扩散层的传质；

② 流体反应物在固体表面上的吸附；

③ 在固体表面上发生的化学反应；

④ 流体产物由固体表面上的解吸，并通过固体产物向流体的扩散。

如果固体反应物是多孔的，则还存在着流体反应物的孔隙扩散传质。

由此看来，非均相反应要比均相反应复杂得多，它不仅需要对化学反应速度进行研究，而且还需要对物理迁移现象进行研究。所以非均相反应与均相反应的区别首先在于速度方程式的复杂化，在速度方程中除一般的化学动力学项外，还必须包括有表示传质速度的项。

设 $V_1, V_2, \cdots, V_n$ 是单个步骤的速度，如果这些过程是平行发生的，则整个速度就大于任一单个过程的速度，总速度为：

$$V_{总} = \sum_{i=1}^{n} V_i \tag{5-1}$$

如果整个过程是由一系列单个步骤串联而成，则在稳态时，所有的步骤将具有同样的速度，此时总速度为：

$$V_{总} = V_1 = V_2 = \cdots = V_n \tag{5-2}$$

以液-固反应为例，设一固体颗粒与液相发生反应，液相反应物 A 在液体本体中的浓度为 C_{AO}，在反应界面上的浓度为 C_{AS}，由于液体反应物 A 在反应界面上被固体反应物 B 所消耗，所以 $C_{AS} < C_{AO}$。也就是说在液体主体与反应界面上存在着浓度差 $\frac{C_{AO} - C_{AS}}{\delta}$，$\delta$ 表示固相产物层的厚度。若界面上进行的化学反应速度要比 A 向相界面上的传质速度大，则

在反应界面上 A 的消耗速度要比因存在着浓度梯度而向反应界面输送 A 的速度大，其结果是反应界面上 A 的浓度下降，从而造成反应速度减慢而传质速度加快。二者之间的速率就这样自动调节，直到二者的速度相等为止。反过来，若反应速度比扩散传质速度为慢，则随着过程的进行，浓度梯度就会减少，即传质的推动力减少，扩散速度将变得缓慢，而化学反应速度加快，直到二者的速度变得相等。

对传质步骤

$$V_{传}=k_g(C_O-C_S) \tag{5-3}$$

式中　k_g——传质系数。

对化学反应步骤

$$V_{反}=f(C_S) \tag{5-4}$$

在稳态时有 $V_{传}=V_{反}$，即

$$k_g(C_O-C_S)=f(C_S) \tag{5-5}$$

$f(C_S)$ 是化学反应速度与反应物浓度的关系式，根据实际化学反应的机理可确定的 $f(C_S)$ 式子，如：

一级不可逆反应

$$V_{反}=k_{反}C_S \tag{5-6}$$

二级不可逆反应

$$V_{反}=k_{反}^{+}C_S^2 \tag{5-7}$$

一级可逆反应

$$V_{反}=k_{反}^{+}C_S-k_{反}^{-}C_b \tag{5-8}$$

式中　$k_{反}$——化学反应速度常数；

$k_{反}^{+}$——正反应的速度常数；

$k_{反}^{-}$——逆反应的速度常数。

将 $f(C_S)$ 的式子确定后代入方程（5-4），然后解方程（5-3）、（5-4）、（5-5），可得整个过程的反应速率。

上面是传质速度与化学反应速度相差不大时的情况。但当二者的速度相差很悬殊时，情况就不一样了，此时二者的速度不是自动调节，而是一个步骤的速度被另一个步骤（缓慢的步骤）所限制。

下面来看这两种情况。

（1）化学反应控制步骤　在上面的讨论中，如果化学反应速度很慢，那么由于在稳态时有 $V_{传}=V_{反}$，所以由于化学反应速度的限制，传质速率也会变慢。即 C_O-C_S 非常小，此时可以近似地看作 $C_O=C_S$，即在反应界面上反应物的浓度与流体本体中的浓度相等，此时总的过程速率：

$$V_{总}=V_{反}=f(C_O) \tag{5-9}$$

即整个反应过程受化学反应步骤控制。

（2）传质控制步骤　在上面的讨论中，如果传质速率非常小，即 k_g 非常小，则由于传质速率的限制，化学反应的速率也非常小，此时的 C_S 可近似看作零，则总的过程速度为：

$$V_{总}=V_{传}=k_g(C_g-C_S)=k_gC_O \tag{5-10}$$

即整个反应过程受传质步骤控制。

显然，这两种情况只有当二者的速率相差很悬殊时，才是正确的，而在一般情况下，化

学反应的速率与传质的速率是相互制约的，速率方程式需要解方程（5-3）、（5-4）、（5-5）式共同决定。

由于液-固反应的复杂，液-固反应模型的建立必须考虑如下因素：

① 固体一开始是多孔，还是无孔的；

② 反应是否形成附带着的固体产物层；

③ 如果有固体产物层，它是多孔的还是致密的；

④ 固体产物层占有的体积比固体反应物的体积是增加还是减少。

5.2 铝土矿的溶出性能及动力学

虽然在目前的氧化铝生产中所采用的原料统称为铝土矿，但铝土矿并不是一种化学成分稳定、结晶形态一致的单一类矿物。根据氧化铝在铝土矿中的不同结晶形态，铝土矿可以分为：三水铝石型、一水软铝石型、一水硬铝石型以及它们之间相互共生的混合型。对于某一类型的铝土矿，虽然它们的氧化铝的结晶形态相同，但它们的化学成分又会因不同的产地而有所不同。

不同类型的铝土矿由于其氧化铝存在的结晶状态不同，所以与铝酸钠溶液的反应能力自然就会不同，即使同一类型的铝土矿，由于产地的不同，它们的结晶完整性也会有所不同，其溶出性能也就会不同，下面对不同类型的铝土矿的溶出性能进行讨论。

5.2.1 三水铝石型铝土矿

在三水铝石型铝土矿中，氧化铝主要以三水铝石（$Al_2O_3\cdot 3H_2O$）的形式存在。在所有类型的铝土矿中，三水铝石型铝土矿是最易溶出的一种铝土矿，在溶出温度超过 85℃时，就会有三水铝石的溶出，随着温度的升高，三水铝石矿的溶出速度加快。通常情况下，三水铝石矿典型的溶出过程是温度为 140～145℃、Na_2O 浓度为 120～140g/L，矿石中的三水铝石能迅速地进入溶液，满足工业生产的要求。

当三水铝石矿与未饱和的铝酸钠溶液接触后，发生的化学反应如下：

$$Al(OH)_3+NaOH+aq \longrightarrow NaAl(OH)_4+aq \tag{5-11}$$

当铝酸钠溶液达到饱和时，溶出过程将会停止。如果改变条件使铝酸钠溶液过饱和，则会发生铝酸钠溶液的分解，即：

$$NaAl(OH)_4+aq \longrightarrow NaOH+Al(OH)_3+aq \tag{5-12}$$

所以，实际上三水铝石的溶出反应是一个可逆的化学反应，反应的化学方程式可表示为：

$$Al(OH)_3+NaOH+aq \rightleftharpoons NaAl(OH)_4+aq \tag{5-13}$$

关于三水铝石在铝酸钠溶液中溶解的机理，库兹涅佐夫认为当溶液中有大量的 OH^- 离子存在时，它可以侵入到三水铝石的晶格中，切断晶格之间的键，于是形成游离的 $Al(OH)_6^{3-}$ 离子团扩散到溶液中，这段过程可表示为：

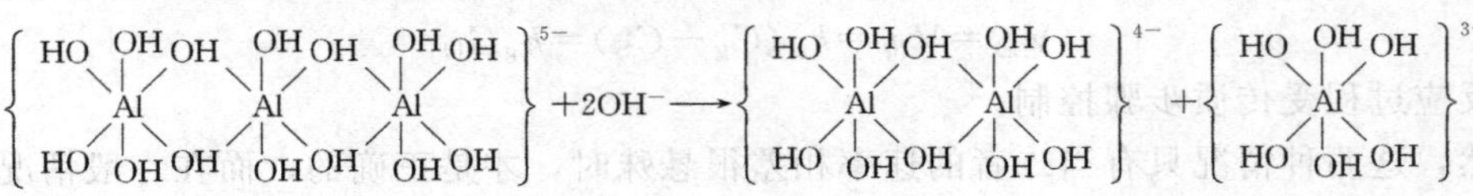

(5-14)

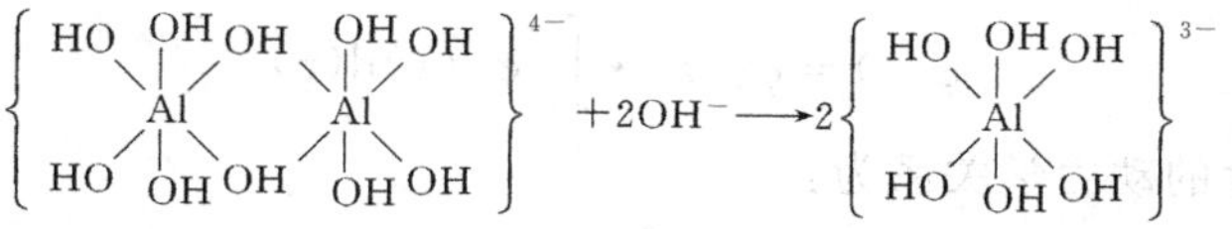

(5-15)

$Al(OH)_6^{3-}$ 离子在溶液中的 OH^- 含量较少时，会离解成 $Al(OH)_4^-$ 和 OH^-：

$$Al(OH)_6^{3-} \longrightarrow Al(OH)_4^- + 2OH^- \tag{5-16}$$

卡尔维（Kalvet）则持有不同的观点，他不认为 $Al(OH)_6^{3-}$ 是溶出反应的中间产物，却认为氢氧化铝分子是中间产物，他用干涉仪证明铝酸钠溶液中有半径为 22～24nm 的粒子，并认为它是氢氧化铝分子（半径 23nm）。他认为溶出过程是首先生成氢氧化铝分子，扩散到溶液中，然后再和 OH^- 相作用。赫尔曼特有类似的看法，他认为溶解的第一步是自结晶上分裂出氢氧化铝分子。这些氢氧化铝分子被吸附在结晶表面，当某些分子获得较大动能时，则自结晶表面吸附层进入溶液。

关于三水铝石溶出过程的动力学，常用过程速度与瞬时浓度和饱和浓度的差值成比例的方程来作为相似过程的动力学数学模型。因为当铝酸钠溶液达到饱和浓度时，溶出的速度为零，即三水铝石不再溶出。这种动力学数学模型的缺点在于这种速度由动力学平衡状态确定，而没有考虑过程的机理。

有人研究了铝酸钠溶液的分解过程，得出了分解过程的动力学方程，他们认为对该方程进行变化后可用来描述三水铝石的溶出过程。如图 5-1（a）所示。

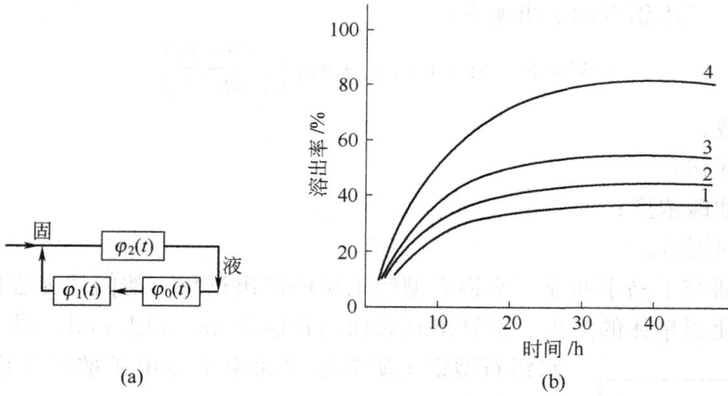

图 5-1　三水铝石溶出过程示意图（a）和三水铝石溶出曲线图（b）

1—40℃；2—50℃；3—65℃；4—105℃

他们认为三水铝石的溶解过程由三个环节构成，分别用反应时间分布函数 $\varphi_0(t)$，$\varphi_1(t)$ 和 $\varphi_2(t)$ 来描述。$\varphi_2(t)$ 是三水铝石的溶出反应时间分布函数，$\varphi_0(t)$ 是溶出逆反应析出的诱导期的反应时间分布函数，$\varphi_1(t)$ 是铝酸钠溶液析出三水铝石的反应时间分布函数。

$$\varphi_0(t)=\delta(t-\tau) \tag{5-17}$$

$$\varphi_1(t)=K_1 \cdot e^{-k_1 t} \tag{5-18}$$

$$\varphi_2(t)=K_2 \cdot e^{-k_2 t} \tag{5-19}$$

式中　τ——诱导期；

t——溶出时间；

K_1、K_2——各阶段的有效速率常数。

在此情况下，总的反应时间分布函数：

$$\varphi(t)=\varphi_2(t)\cdot\int_t^{\infty}\varphi_1(\tau)\mathrm{d}(\tau) \tag{5-20}$$

而最终溶液相对浓度的动力学关系为：

$$C(t)\int_0^t\varphi(\tau)\mathrm{d}\tau \tag{5-21}$$

对分布函数进行积分变换，得到三水铝石溶出的动力学关系方程：

$$C(t)=\begin{cases}1-\mathrm{e}^{-k_1t}\leqslant\tau\\1-\mathrm{e}^{-k_2\tau}+\dfrac{K_2\mathrm{e}^{-k_2\tau}}{K_1+K_2}\left[1-\mathrm{e}^{-(k_1+k_2)(t-\tau)}\right]\ t>\tau\end{cases} \tag{5-22}$$

根据上式计算的三水铝石溶出曲线绘于图 5-1（b）中，根据阿累尼乌斯公式（E_1 约 7.2kJ/mol，E_2 约 40.96kJ/mol）计算了温度 105℃的速度常数值 $K_1=0.142$/h 和 $K_2=0.065$/h。

江岛、辰彦等研究了纯三水铝石在碱液中的溶出速度，他们认为三水铝石的溶出率随时间呈抛物线形式增加，由颗粒表面积与其质量关系导出的速度公式为：

$$1-(1-f)^{1/3}=Kt \tag{5-23}$$

式中　f——溶出率。

可见在任何碱浓度情况下，反应初期为直线关系。三水铝石的溶出速度与苛性碱浓度成比例的增加，而溶出搅拌转速对溶出速度的影响不大。他们得出三水铝石的溶出速度常数为 3.81×10^{-2}/min，表面活化能为 81.93kJ/mol。从表面活化能可以看出三水铝石的溶出是由化学反应控制。三水铝石的溶出速率：

$$V=K\cdot A\cdot C_{\mathrm{NaOH}}\cdot\exp\left(\frac{-19600}{1.987T}\right) \tag{5-24}$$

式中　K——常数；

A——表面积；

C_{NaOH}——苛性碱浓度；

T——绝对温度。

他们同时还研究了马来西亚三水铝石型铝土矿的溶出过程。他们认为这种铝土矿的溶出反应不同于氢氧化铝单体的溶出。推算出其表面活化能为 43.89kJ/mol。得出的结论是，三水铝石型铝土矿的溶出速率不是由扩散过程而是由化学反应过程控制。

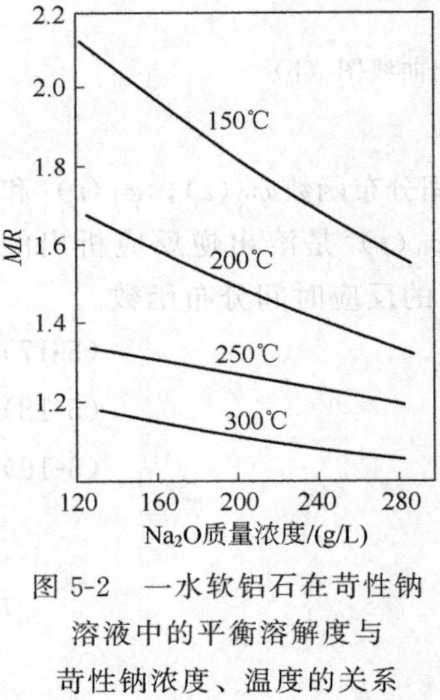

图 5-2　一水软铝石在苛性钠溶液中的平衡溶解度与苛性钠浓度、温度的关系

5.2.2　一水软铝石的溶出

相对三水铝石矿来讲，一水软铝石矿的溶出条件要苛刻得多，它需要较高的温度和较大的苛性碱浓度才能达到一定的溶出速率。一水软铝石型铝土矿的溶出温度至少需要 200℃，然而生产上实际采用的温度一般为 240～250℃，溶出液的浓度通常是 180～240g/L 的 Na_2O，产品通常是粉状氧化铝，这是欧洲式拜耳法工艺的主要特征。

关于一水软铝石在苛性钠溶液中的溶出性能，已有大量的研究资料。在 Na_2O 为 120～300g/L 时，不同温度下的平衡溶解度与苛性钠含量的关系见图 5-2。溶液的平衡分子比随温度和 Na_2O 浓度的增加而降低。即随着温度升高，Na_2O 浓度的增加，溶液中 Al_2O_3 的平衡溶解度就会增加。

然而，不同作者研究得出的一水软铝石的溶解度并不一致，如在 260℃，相同的 Na_2O 浓度，溶液的平衡苛性比在 1.33～1.55 之间，不同研究者对不同试样获得的结果不一致。这种差别可能是铝土矿的某些还没有确定的特殊性能影响了溶解度，如结晶完整度等。

关于一水软铝石在铝酸钠溶液中的溶出动力学，江岛、辰彦等研究了纯一水软铝石在碱液中的溶出速度，他们认为与三水铝石一样，一水软铝石的溶出率随时间呈抛物线形式增加，从速度公式 $1-(1-f)1/3=kt$ 可见，在任何碱液情况下，溶出初期的溶出率与时间都是直线关系，并得出一水软铝石的溶出速度常数为 3.07×10^{-4}/min，推导的表面活化能为 71.48kJ/mol，从表面活化能可以看出一水软铝石的溶出过程受化学反应控制。得到的一水软铝石的溶出速率方程为：

$$V=K\cdot A\cdot C_{\mathrm{NaOH}}\cdot \exp\left(\frac{-17100}{1.987T}\right) \qquad (5\text{-}25)$$

式中 K——常数；

A——表面积；

C_{NaOH}——苛性碱浓度；

T——绝对温度。

而 I. Korcsmaros 认为一水软铝石矿的溶出过程属于外扩散控制，并认为在动力学方程的建立过程中应考虑单位体积溶出液中加入矿石与反应的 Al_2O_3 的极限（即进料分子比的极限作用）。他给出下式表示速率：

$$\frac{\mathrm{d}C_{\mathrm{A}}}{\mathrm{d}t}=\frac{D}{r}S(C_{\mathrm{At}}-C_{\mathrm{A}})(C_{\mathrm{Ae}}-C_{\mathrm{A}}) \qquad (5\text{-}26)$$

式中 D——扩散系数，m^2/s；

r——扩散层厚度，m；

C_{At}——溶出条件下的最大溶解度；

C_{Ae}——平衡浓度；

C_{A}——溶液中铝酸钠浓度；

S——传质过程的比表面积，m^2/kmol。

5.2.3 一水硬铝石型铝土矿的溶出

在所有类型的铝土矿中，一水硬铝石型铝土矿是最难溶出的。

一水硬铝石的溶出温度通常在 240～250℃，溶出液浓度为 240～300g/L Na_2O。我国的铝土矿主要是一水硬铝石型铝土矿，所以我国的科技工作者主要对一水硬铝石的溶出过程研究得比较多。

关于一水硬铝石的溶出性能，研究人员曾对我国不同地区一水硬铝石矿的溶出特性进行了广泛的研究。表 5-1 列出了广西、河南、贵州、山西四个地区的一水硬铝石矿的溶出性能。矿石被粉磨至相近粒级分布，大于 0.15mm 的小于 15%，大于 0.071mm 的小于 30%，碱液浓度为 Na_2O=230g/L，[CaO]/[TiO_2]=2.0，溶出温度为 245℃和 260℃。从表中可以看出，各地的一水硬铝石的溶出速度不同，山西的一水硬铝石溶出速度最快，广西的一水硬铝石溶出速度最慢。由于试验中 Na_2O 浓度、初始 Al_2O_3 浓度、配料苛性比、温度等条件相同，所以可以认为影响一水硬铝石溶出速度的是一水硬铝石晶体的一次和二次晶粒度、折射

表 5-1　不同地区一水硬铝石矿对比溶出性能

矿石类别	溶出结果	溶出温度/℃							
		245				260			
		溶出时间/min							
		30	60	90	120	30	45	60	90
平果矿	溶出赤泥 A/S	2.11	1.66	1.37	1.28		1.38	1.31	1.07
	相对溶出率/%	87.11	92.33	95.70	96.75		95.59	96.40	99.19
	溶出液 MR	1.69	1.63	1.61	1.60		1.62	1.61	1.62
新安矿	溶出赤泥 A/S	1.69	1.22	1.07	1.04		1.07	1.06	0.96
	相对溶出率/%	90.71	97.04	99.06	99.46		99.06	99.19	100.54
	溶出液 MR	1.65	1.61	1.59	1.58		1.59	1.59	1.59
修文矿	溶出赤泥 A/S	1.46	1.15	1.13	1.11		1.15	1.09	1.04
	相对溶出率/%	95.76	98.62	98.8	98.99		98.62	99.45	99.63
	溶出液 MR	1.64	1.59	1.58	1.58		1.61	1.60	1.60
孝义矿	溶出赤泥 A/S	1.11	1.03	0.98	0.94	0.99		0.95	
	相对溶出率/%	96.73	99.12	100.58	101.75	100.29		101.46	
	溶出液 MR	1.61	1.57	1.56	1.56	1.60		1.60	

率、晶面是否被共生矿浸染或包裹等原因。

关于一水硬铝石的溶出动力学，国内外的一些研究者大多数认为一水硬铝石型铝土矿的溶出由各种杂质矿的固体产物层扩散控制，或由反应物的扩散控制。

N. S. Maltz 等推导出一水硬铝石的溶出活化能为 1.25×10^{7} J/mol，所以认为溶出过程由扩散阶段控制。

N. S. Marltz 用下式表示溶出速率：

$$-\frac{\mathrm{d}C_{\mathrm{A}}(\text{固})}{\mathrm{d}t}=KSI \tag{5-27}$$

式中　K——传质系数；

S——反应面积；

I——浓度差。

M. ТурийСкий 给出下式来表示一水硬铝石的溶出：

$$\frac{\mathrm{d}C_{\mathrm{A}}}{\mathrm{d}t}=DS(C_{\mathrm{Hac}}-C_{\mathrm{A}}) \tag{5-28}$$

式中　C_{Hac}——饱和浓度。

以上都是一水硬铝石溶出扩散的公式。国内也有许多人认为一水硬铝石铝土矿的溶出过程中扩散是控制步骤。

我们对一水硬铝石的溶出也进行了详细的研究。首先我们确定了一水硬铝石溶出过程中的表面化学反应。因为影响多相反应的因素较多，所以为了确定一水硬铝石与铝酸钠溶液的化学反应方程式，我们采用低温溶出、等溶出率处理数据等措施来消除扩散、反应面积等因素对反应过程的影响。试验证明，一水硬铝石溶出的化学反应为可逆反应，化学反应速率对氢氧根离子为一级正反应，对铝酸根离子浓度为一级逆反应，低温时一水硬铝石溶出过程的速度方程式为：

$$V=K_{+}C_{\mathrm{N}}-K_{-}C_{\mathrm{A}}=K_{+}(C_{\mathrm{N}}-C_{\mathrm{A}}/K_{\mathrm{E}}) \tag{5-29}$$

式中　K_{+}——正反应的速率常数；

K_{E}—铝土矿溶出反应的平衡常数；

K_-——逆反应的速率常数；

C_A——AlO_2^- 浓度；

C_N——OH^- 浓度。

同时还研究了温度在 173～250℃之间，一水硬铝石溶出过程的活化能。在温度为 173～250℃时，一水硬铝石溶出过程的活化能为 83.8kJ/mol，逆反应的活化能为 54.6kJ/mol，溶出过程处于表面化学反应控制阶段。

对于铝土矿的溶出过程，过去的研究都是按无孔隙颗粒的液-固反应来处理，用以描述这一动力学过程的是所谓收缩未反应核模型，即认为铝土矿颗粒是致密无孔的或者有孔但内扩散速度非常慢，所以溶出反应只发生在未反应核的外表面，随着反应的进行矿物颗粒由表及里地被消耗，未反应核半径逐渐收缩，直至反应完全。

然而，我们对广西平果一水硬铝石矿进行的研究表明，广西一水硬铝石型铝土矿是多孔的，这类铝土矿的溶出反应不能用收缩未反应核模型来模拟。

图 5-3 和图 5-4 分别是广西矿在 265℃温度下溶出 20min 和 60min 的赤泥颗粒在光学显微镜下观察并进行了微机图像处理后的颗粒图形。

图 5-3 广西平果矿溶出 20min 后的赤泥颗粒图形

图 5-4 广西平果矿溶出 60min 后的赤泥颗粒图形

我们对广西矿的溶出过程建立了多孔颗粒的液-固反应模型。

① 在低温时，化学反应速度要比传质速度和孔隙扩散慢得多。即液相反应物离子能够扩散到颗粒的内部而不至于被消耗完。反应的速度方程式为：

$$\begin{aligned} V &= K_+ S_V C_N - K_- S_V C_A \\ &= K_+ S_V (C_N - C_A/E_E) \\ &= K_+ \left(\frac{\varepsilon_0}{r_0}\right) \frac{(2G-3\xi)\xi}{G-1} (C_N - C_A/K_E) \end{aligned} \tag{5-30}$$

式中 K_+——正反应速率常数；

K_-——逆反应速率常数；

S_V——铝土矿的表面积；

C_N——OH^- 浓度；

C_A——AlO_2^- 浓度；

K_E——反应的平衡常数；

ε_0——为铝土矿的孔隙率；

r_0——为铝土矿中孔隙的初始半径；

ξ——铝土矿中任一时刻时孔隙半径与初始半径之比；

G——常数，它可由方程 $\frac{4}{27}\varepsilon_0 G^2 - G + 1 = 0$ 求出。

② 当溶出温度升高时，化学反应速度增加，液相反应物离子扩散到固体颗粒内部的可能性相对减少，孔隙扩散和化学反应在决定过程的速度上起着重要作用，外传质和其他步骤与之相比要快得多。此时的动力学方程为：

$$V=\{D_e S_V[(K_+ + K_-)C_N^2 - 2TK_- C_N]\}^{1/2} \tag{5-31}$$

式中 D_e——OH^-的扩散系数；

T——常数；

其他符号与前式相同。

③ 当溶出温度进一步升高时，铝土矿颗粒表面的化学反应速度就会急剧增加，因为化学反应的速度常数受温度的影响很大。此时，由于化学反应的速度很大，以至于液相反应物的离子一穿过铝土矿的液膜层，就会立即与固相反应物作用，此时，总的溶出速度受外传质速度的控制，其动力学方程为：

$$V=\{D_e S_V[(K_+ + K_-)C_{NS}^2 - 2TK_- C_{NS}]\}^{1/2} + K_+ f C_{NS} - K_- f(T - C_{NS}) \tag{5-32}$$

式中 C_{NS}——铝土矿表面的OH^-离子浓度；

f——外表面的粗糙因子。

郑州轻金属研究院研究了一水硬铝石型铝土矿溶出过程的动力学，认为溶出过程的反应动力学方程为：

$$V=KS[(C_N - C_A)/K_E] \tag{5-33}$$

$$K=1/[1/K_1 + 1/K_{m(N)} + 1/(K_E K_{m(A)})] \tag{5-34}$$

式中 K_1——正反应速度常数；

$K_{m(N)}$、$K_{m(A)}$——氢氧根离子与铝酸根离子的传质系数；

K——表观速度常数；

S——反应表面积；

C_N、C_A——溶液中氢氧根和铝酸根离子的摩尔浓度；

K_E——溶出反应的平衡常数。

他们测定了平果矿的溶出表观活化能。在温度为224～242℃时，表观活化能为89.5kJ/mol，反应为动力学控制区。在温度为242～268℃时，表观活化能为44.4kJ/mol，传质步骤逐渐对反应速度产生不可忽略的影响。

由于铝土矿动力学研究的复杂性，所以许多研究者希望用试验方法通过回归来计算出溶出的数学模型。下式是研究了贵州铝土矿的溶出，用多因素和正交试验得到的溶出过程中溶出率的数学模型：

$$\eta_A = 401.3923 + 3.0769X_A - 0.1763X_A^2 - 3.7425X_B + 0.0081X_B^2 + 0.7743X_C - 0.0015X_C^2 + 0.181X_D - 0.0011X_D^2 \tag{5-35}$$

式中 X_A——氧化钙添加量；

X_B——溶出温度；

X_C——苛性碱浓度；

X_D——溶出时间。

根据此方程可以绘出氧化铝溶出率与CaO添加量、苛性钠浓度和溶出温度的关系图，如图5-5和图5-6所示。

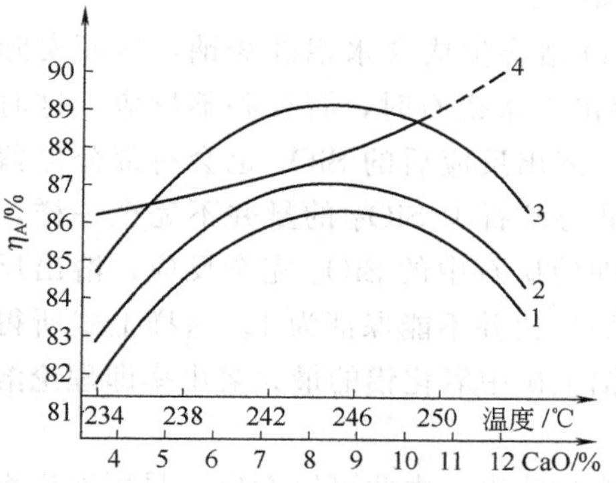

图 5-5　氧化铝溶出率（η_A）

与温度和石灰添加量的关系

1—210g/L Na_2O，τ=80min，温度=234℃；

2—210g/L Na_2O，τ=80min，温度=242℃；

3—210g/L Na_2O，τ=80min，温度=250℃；

4—210g/L Na_2O，τ=80min，CaO=9%

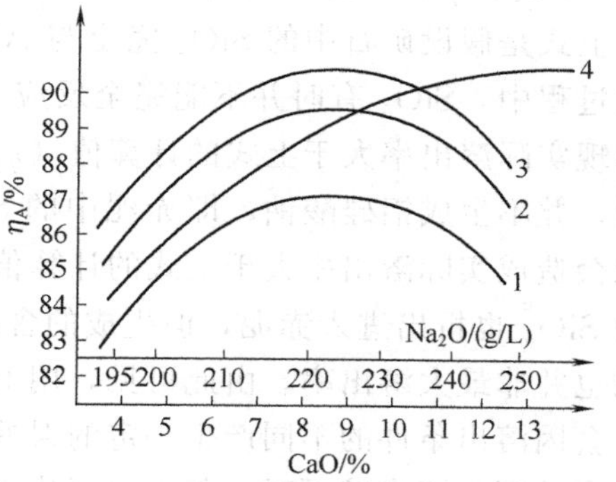

图 5-6　氧化铝溶出率（η_A）

与浓度（Na_2O）和石灰添加量的关系

1—溶出温度 242℃，溶出时间 τ=80min，Na_2O=210g/L；

2—溶出温度 242℃，溶出时间 τ=80min，Na_2O=230g/L；

3—溶出温度 242℃，溶出时间 τ=80min，Na_2O=250g/L；

4—溶出温度 242℃，溶出时间 τ=80min，CaO=9%

5.3　氧化铝的溶出率、Na_2O 损失率及赤泥产出率

5.3.1　氧化铝的溶出率

铝土矿溶出过程中，由于溶出条件及矿石特性等因素的影响，矿石中的氧化铝并不能完全进入溶液。实际反应后进入到铝酸钠溶液中 Al_2O_3 与原料铝土矿中 Al_2O_3 总量之比，称为氧化铝的溶出率。

$$\eta_{实}=\frac{Q_{矿}A_{矿}-Q_{泥}A_{泥}}{Q_{矿}A_{矿}}\times100\% \tag{5-36}$$

式中　$Q_{矿}$、$Q_{泥}$——矿石量和赤泥量；

$A_{矿}$、$A_{泥}$——矿石及赤泥中氧化铝的含量，%。

由于铝土矿中含有许多杂质，而这些杂质中主要是 SiO_2，SiO_2 在铝土矿的溶出过程中与氧化铝、氧化钠生成铝硅酸钠。它的分子式大致相当于 $Na_2O \cdot Al_2O_3 \cdot 1.7SiO_2 \cdot nH_2O$（$n\leqslant2$）。其中 Al_2O_3 和 SiO_2 的质量正好相等。即 $A/S=1$，如果矿中的全部 SiO_2 都转变为这种含水铝硅酸钠，每 1kg SiO_2 就会造成 1kg Al_2O_3 的损失。所以铝土矿能达到的最大溶出率为：

$$\eta_{理}=\frac{A-S}{A}\times100\%=\left(1-\frac{1}{A/S}\right)\times100\% \tag{5-37}$$

式中　A——铝土矿中的 Al_2O_3 含量，%；

S——铝土矿中的 SiO_2 含量，%。

这种最大溶出率又称为理论溶出率（$\eta_{理}$）。可见矿石的 A/S 越高，$\eta_{理}$ 越高，矿石的利用率就越高；矿石 A/S 降低，则 $\eta_{理}$ 就低，赤泥的数量增大，原料的利用率低。例如矿石

$A/S=7$ 时，$\eta_{理}=85.7\%$；而 $A/S=5$ 时 $\eta_{理}$ 只有 80%。

上式是假设矿石中的 SiO_2 完全与 Al_2O_3、Na_2O 结合生成含水铝硅酸钠，然而实际的溶出过程中，SiO_2 有时并不能完全反应。例如在溶出三水铝石时，石英并不反应，这时就会出现实际溶出率大于上式的计算值（$\eta_{理}$）。另外，溶出反应后的 SiO_2 也会有部分停留在溶液，并不生成铝硅酸钠，即赤泥中的 SiO_2 绝对量与矿石中 SiO_2 的量并不完全一样，这样也会造成实际溶出率大于上式的计算值。还有，即使矿石中的 SiO_2 完全反应，溶出反应后的 SiO_2 也析出进入赤泥，但生成的含硅矿物的 A/S 比并不能保证为 1。这样上式所得的结果也并非最大溶出率。由此可见，用上式来计算铝土矿中氧化铝的最大溶出率即理论溶出率，会因溶出条件的不同产生一定的误差。

在处理难溶出矿石时，其中的氧化铝常常不能充分溶出。由此可以看出，只用溶出率并不能说明某一种作业条件的好坏，因为矿石本身就会造成溶出率的差别。为了消除这种矿石的本身品位（A/S）不同造成的影响。通常采用相对溶出率作为比较各种溶出作业制度效果好坏的标准之一，它是实际溶出率与理论溶出率的比值，即

$$\eta=\frac{\eta_{实}}{\eta_{理}} \tag{5-38}$$

当实际溶出率达到理论溶出率时，相对溶出率达到 100%。有时也以赤泥作为比较的依据。当相对溶出率达到 100%时，赤泥中只有以 $Na_2O \cdot Al_2O_3 \cdot 1.7SiO_2 \cdot nH_2O$ 形态存在的 Al_2O_3，其 A/S 为 1。在氧化铝溶出不完全时，由于赤泥中还含有未溶解的氧化铝水合物，赤泥的 A/S 就会大于 1，溶出率与矿石及赤泥的铝硅比的关系如下：

$$\eta_{实}=\frac{(A/S)_{矿}-(A/S)_{泥}}{(A/S)_{矿}}\times 100\% \tag{5-39}$$

$$\eta_{相}=\frac{(A/S)_{矿}-(A/S)_{泥}}{(A/S)_{矿}-1}\times 100\% \tag{5-40}$$

上式实际上是以硅为内标即溶出前后硅的量不变化，通过矿石溶出前后铝硅相对含量的变化来计算溶出率。当矿石中硅的含量较低，而铁的含量较高时，可以以铁为内标（即矿石中的铁全部转入赤泥中），通过矿石溶出前后铝、铁相对含量的变化率计算实际溶出率：

$$\eta_{实}=\frac{(A/F)_{矿}-(A/F)_{泥}}{(A/F)_{矿}}\times 100\% \tag{5-41}$$

5.3.2 赤泥的产出率及碱耗

用铝土矿生产氧化铝的废弃物是赤泥。每处理 1t 铝土矿所生成的赤泥量，称为铝土矿的赤泥产出率。赤泥的产出率可以利用铝土矿中的 SiO_2 含量与赤泥中 SiO_2 含量的比值来确定。

$$\eta_{泥}=\frac{S_{矿}}{S_{泥}} \tag{5-42}$$

式中　$S_{矿}$、$S_{泥}$——铝土矿和赤泥中 SiO_2 含量，%。

从上式可以看出铝土矿中硅含量越低、赤泥中硅含量越高，则赤泥的产出率就越低。

在铝土矿的溶出过程中，除了 SiO_2 将部分 Na_2O 带入赤泥外，杂质也会与铝酸钠溶液作用，生成一些不溶物进入赤泥，这样就会造成 Na_2O 进入赤泥，产生 Na_2O 的损失。生产每吨氧化铝，造成 Na_2O 的损失量称为碱耗。当然在氧化铝生产过程中造成 Na_2O 损失的原因很多，如：生产过程中的跑冒滴漏，产品 Al_2O_3 中带走 Na_2O 等，在这里主要讨论赤泥

带走的 Na_2O 的损失。

铝土矿中的杂质主要是 SiO_2，SiO_2 在溶出过程中会生成含水铝硅酸钠等物质。如果生成的含水铝硅酸钠的分子式大致相当于 $Na_2O \cdot Al_2O \cdot 1.7SiO_2 \cdot nH_2O$。则每 1kg 的 SiO_2 会造成 0.608kg 的 Na_2O 的损失，则每溶出 $1tAl_2O_3$，由于生成钠硅渣而造成的 Na_2O 的最低损失量为：

$$[Na_2O]_{损失}=\frac{0.608S}{A-S}\times 1000=\frac{608}{A/S-1}\ (kgNa_2O/tAl_2O_3) \tag{5-43}$$

可见矿石的 A/S 越高，损失 Na_2O 就越小；矿石的 A/S 降低，则损失 Na_2O 就会增加。但是单纯从 A/S 比上也不能完全说明 Na_2O（损失）的高低，因为有的矿石中的 SiO_2 在溶出条件是非活性的，这部分 SiO_2 不参与反应，也就不能造成 Na_2O 的损失。另外由于溶出条件的不同，矿石的 A/S 相同时，其 Na_2O（损失）也未必一样，因为溶出条件的不同会造成赤泥中物相组成的变化。例如在添加石灰的溶出过程中，会有水化石榴石生成，这样会降低碱的损失。

造成 Na_2O 损失的另一个原因是 TiO_2，它也会在溶出过程中与 Na_2O 反应造成 Na_2O 的损失。当然其他微量组分，如氟、钒、磷、镓和有机物在溶出过程中也会造成 Na_2O 的损失，但由于它们的含量很少，可以忽略这些成分的影响。

造成 Na_2O 损失的另一个重要原因是赤泥附液带走的 Na_2O。由于在赤泥的分离洗涤过程中不可能把附带的 Na_2O 完全洗去，则必然会造成 Na_2O 的损失，洗涤效果越差，Na_2O 损失就越大。

5.4　溶出过程的配料计算

从前面可知，只要铝酸钠溶液的分子比 MR 没有达到溶出条件下的平衡分子比，它就有溶出铝土矿中氧化铝的能力。但在实际生产过程中，铝土矿溶出时，并不能达到平衡分子比。因为铝酸钠溶液的分子比越接近其平衡分子比，铝土矿溶出的推动力就越小，溶出速率就越慢，溶出相同量的氧化铝所需的时间要比溶出开始时所需的时间增加几倍。所以为了提高工业生产的效率，溶出过程中铝酸钠溶液的分子比不能达到其平衡分子比。另外，如果在铝土矿溶出时，铝酸钠溶液的分子比很低，则在溶出后的操作工序中由于铝酸钠溶液稳定性的降低，有可能导致氧化铝的水解损失。所以实际生产过程中，要控制铝酸钠溶液的分子比。

那么为了得到预期的溶出效果，必须通过配料计算确定铝土矿、石灰和循环母液的比例，制取合格的原矿浆。

假设矿石的组成为：Al_2O_3，$A\%$；SiO_2，$S_{矿}\%$；TiO_2，$T\%$；CO_2，$C_{矿}\%$。循环母液中 Na_2O 和 Al_2O_3 的浓度分别为 n_k 和 a g/L，溶出配料分子比为 MR，石灰添加量为干矿石质量的 $W\%$，石灰中 CO_2 含量为 $C_{灰}\%$，石灰中 SiO_2 含量为 $S_{灰}\%$。由于添加石灰，赤泥中 Na_2O/SiO_2 的质量比为 b，Al_2O_3 的实际溶出率为 η_A。

当用循环母液来溶出铝土矿时，因为循环母液中含有一定数量的氧化铝，这部分氧化铝已与部分苛性碱结合成铝酸钠，所以在溶出时循环母液中的这部分苛性碱不能参与溶出铝土矿中氧化铝的反应，这部分苛性碱称之为惰性碱（$n_{k惰}$）。把参与溶出反应的苛性碱称为有效苛性碱（$n_{k效}$），由于循环母液中的氧化铝在溶出后也要达到溶出液的分子比。所以，每立方米循环母液中惰性碱量为：

$$n_{k惰}=\frac{a\times MR}{1.645} \tag{5-44}$$

因此有效的苛性碱为：

$$n_{k效}=n_k-n_{k惰}=n_k-\frac{a\times MR}{1.645} \tag{5-45}$$

溶出后的赤泥中，SiO_2 带走的 Na_2O 为：

$$(S_{矿}+S_{灰}\times W\%)\times b \tag{5-46}$$

溶出过程中由于 CO_2 造成的苛性碱转化成碳碱量为：

$$1.41(C_{矿}+C_{灰}\times W\%) \tag{5-47}$$

溶出过程中，处理 1t 铝土矿中氧化铝需要的苛性碱为：

$$0.608\times A\times\eta_A\times MR \tag{5-48}$$

所以溶出过程中，1t 铝土矿需要的苛性碱为：

$$0.608\times A\times\eta_A\times MR+(S_{矿}+S_{灰}\times W\%)\times b+1.41(C_{矿}+C_{灰}\times W\%) \tag{5-49}$$

则每吨铝土矿需要的循环母液量为：

$$V=\frac{0.608\times A\times\eta_A\times MR+(S_{矿}+S_{灰}\times W\%)\times b+1.41(C_{矿}+C_{灰}\times W\%)}{n_k-\dfrac{a\times MR}{1.645}} \tag{5-50}$$

如果矿石、石灰和母液的计量很准确，配碱操作就可根据下料量来控制母液加入量。在实际生产过程中也可以利用原矿浆的液固比来进行配料计算。用同位素密度计自动测定原矿浆液固比，再根据原矿浆液固比的波动来调节加入母液量。

液固比（L/S）是指原矿浆中液相质量（L）与固相质量（S）的比值。

$$L/S=\frac{V\times d_L}{(1+W)} \tag{5-51}$$

式中 V——每吨铝土矿应配入的循环母液量，$m^3/t_{矿}$；

d_L——循环母液的密度，t/m^3；

W——石灰添加量占铝土矿的质量分数，%。

原矿浆的液固比又是它的密度 d_p 的函数

$$d_p=\frac{L+S}{\dfrac{L}{d_L}+\dfrac{S}{d_S}}$$

$$d_p\left[\frac{L}{d_L}+\frac{S}{d_S}\right]=L+S$$

$$d_p\left[\frac{1}{d_L}\frac{L}{S}+\frac{1}{d_S}\right]=\frac{L}{S}+1$$

$$\frac{L}{S}\left[\frac{d_p}{d_L}-1\right]=\left(1-\frac{d_p}{d_S}\right)$$

所以
$$\frac{L}{S}=\frac{d_L(d_S-d_p)}{d_S(d_p-d_L)} \tag{5-52}$$

式中 d_S——固相的密度，t/m^3；它和母液密度都应该是固定的。

由放射性同位素密度计测定出原矿浆的密度，便可求出 L/S，进而可控制配料操作。

5.5 影响铝土矿溶出过程的因素

在铝土矿溶出过程中，由于整个过程是复杂的多相反应，所以影响溶出过程的因素比较多。这些影响因素可大致分为铝土矿本身的溶出性能和溶出过程作业条件两个方面。

铝土矿的溶出性能指用碱液溶出其中的 Al_2O_3 的难易程度，难易是相对而言的。结晶物质的溶解从本质上来说是晶格的破坏过程，在拜耳法溶出过程中，氧化铝水合物是由于 OH^- 离子进入其晶格而遭到破坏的。各种氧化铝水合物正是由于晶形、结构的不同，晶格能也不一样，而使其溶出性能差别很大。除了矿物组成以外，铝矿的结构形态、杂质含量和分布状况也影响其溶出性能。所谓结构形态是指矿石表面的外观形态和结晶度等。致密的铝土矿几乎没有孔隙和裂缝，它比起疏松多孔的铝土矿来说，溶出性能差得多。疏松多孔铝土矿的溶出过程中，反应不仅发生在矿粒表面，而且能渗透到矿粒内部的毛细管和裂缝中。但是铝土矿的外观致密程度与其结晶度并不一样，例如，有时土状矿石由于其中一水硬铝石的晶粒粗大反而比半土状和致密的铝土矿的溶出性能差。

铝土矿中的 TiO_2、Fe_2O_3 和 SiO_2 等杂质越多，越分散，氧化铝水合物被其包裹的程度越大，与溶液的接触条件越差，溶出就越困难。

下面主要讨论溶出过程作业条件的影响。

5.5.1 溶出温度的影响

温度是溶出过程中最主要的影响因素，不论反应过程是由化学反应控制或是由扩散控制，温度都是影响反应过程的一个重要因素，因为化学反应速率常数和扩散速率常数与温度都有密切的关系：

$$\ln K = -\frac{E}{RT} + C \tag{5-53}$$

$$D = \frac{1}{3\pi\mu\delta} \times \frac{RT}{N} \tag{5-54}$$

式中　K——化学反应速率常数；
E——化学反应的活化能；
C——常数；
R——气体常数；
T——热力学温度，K；
D——扩散速率常数；
μ——溶液黏度；
δ——扩散层厚度；
N——常数。

从上面两个式子可以看出，升高温度，化学反应速率常数和扩散速率常数都会增大，这从动力学方面说明了提高温度对于增加溶出速率有利。

在前式中，E 是活化能恒为正值，C 为常数。采用 Na_2O 浓度为 200g/L 的铝酸钠溶液溶出欧洲一水软铝石型铝土矿的结果表明，温度从 200℃提高到 225℃，法国铝土矿的溶出速率提高 2.5 倍，希腊铝土矿的溶出速率提高 5 倍；其规律是温度每升高 10℃，溶出速率

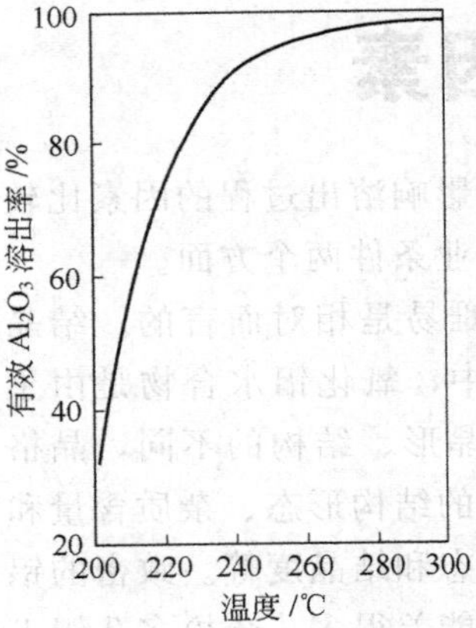

图 5-7 有效氧化铝溶出率和溶出温度的关系

90min，200g/L Na_2O，分子比为 1.6，CaO 添加量为 7.9%

约提高 1.5 倍，溶出设备的产能因此也显著提高。

从 Na_2O-Al_2O_3-H_2O 系溶解度曲线可以看出，提高温度后，铝土矿在碱溶液中的溶解度显著增加，溶液的平衡分子比明显降低，使用浓度较低的母液就可以得到分子比低的溶出液，由于溶出液与循环母液的 Na_2O 浓度差缩小，蒸发负担减轻，使碱的循环效率提高。此外，溶出温度提高还可以使赤泥结构和沉降性能改善，溶出液分子比降低也有利于制取砂状氧化铝。

温度在溶出天然的一水硬铝石型铝土矿时所起的作用比溶出纯一水硬铝石矿物时更加显著。因为在溶出铝土矿时会有钛酸盐和铝硅酸盐保护膜的生成，提高温度使这些保护膜因再结晶而破裂，甚至不加石灰也有良好的溶出效果。

提高温度使矿石在矿物形态方面的差别所造成的影响趋于消失。例如，在 300℃以上的温度下，不论氧化铝水合物的矿物形态如何，大多数铝土矿的溶出过程都可以在几分钟内完成，并得出近于饱和的铝酸钠溶液。

但是，提高溶出温度会使溶液的饱和蒸汽压急剧增大，溶出设备和操作方面的困难也随之增加，这就使提高溶出温度受到限制。图 5-7 是广西平果矿有效氧化铝溶出率与溶出温度的关系。

5.5.2 搅拌强度的影响

众所周知，对于多相反应，整个反应过程由多个步骤组成，其中扩散步骤的速率方程为：

$$\frac{dC}{d\tau}=KF(C_O-C_S)=\frac{F}{3\pi\mu d\delta}\frac{RT}{N}(C_O-C_S) \tag{5-55}$$

式中 μ——溶液的黏度；

d——扩散质点的直径；

F——相界面面积；

C_O——溶液主体中反应物的浓度；

C_S——反应界面上反应物的浓度；

R——气体常数；

T——绝对温度；

N——阿伏伽德罗常数；

δ——扩散层厚度。

从方程中可以看出，减少扩散层的厚度将会增大扩散速度。强烈的搅拌使整个溶液成分趋于均匀，矿粒表面上的扩散层厚度将会相应减小，从而强化了传质过程。加强搅拌还可以在一定程度上弥补温度、碱浓度、配碱数量和矿石粒度方面的不足。

在管道溶出器和蒸汽直接加热的高压溶出器组中矿粒和溶液间的相对运动是依靠矿浆的流动来实现的。矿浆流速越大，湍流程度越强，传质效果越好。在蒸汽直接加热的高压溶出器组中，矿浆流速只有 0.0015～0.02m/s，湍流程度较差，传质效果不太好。

管道化溶出器中矿浆流速达 1.5～5m/s，雷诺系数达 10^5 数量级，有着高度湍流性质，成为强化溶出过程的一个重要原因。在间接加热机械搅拌的高压溶出器组中，矿浆除了沿流动方向运动外，还在机械搅拌下强烈运动，湍流程度也较强。

当溶出温度提高时，溶出速度由扩散所决定，因而加强搅拌能够起到强化溶出过程的作用。此外，提高矿浆的湍流程度也是防止加热表面结疤、改善传热过程的需要，在间接加热的设备中这是十分重要的。矿浆湍流程度高，结疤轻微时，设备的传热系数可保持为8360kJ/(m²·h·℃)，比有结疤时大约高出10倍。

5.5.3　循环母液碱浓度的影响

当其他条件相同时，母液碱浓度越高，Al_2O_3 的未饱和程度就越大，铝土矿中 Al_2O_3 的溶出速度越快，而且能得到分子比低的溶出液。高浓度溶液的饱和蒸汽压低，设备所承受的压力也要低些。但是从整个流程来看，种分后的铝酸钠溶液，即蒸发原液的 Na_2O 浓度不宜超过 240g/L，如果要求母液的碱浓度过高，蒸发过程的负担和困难必然增大，所以从整个流程来权衡，母液的碱浓度只宜保持为适当的数值。

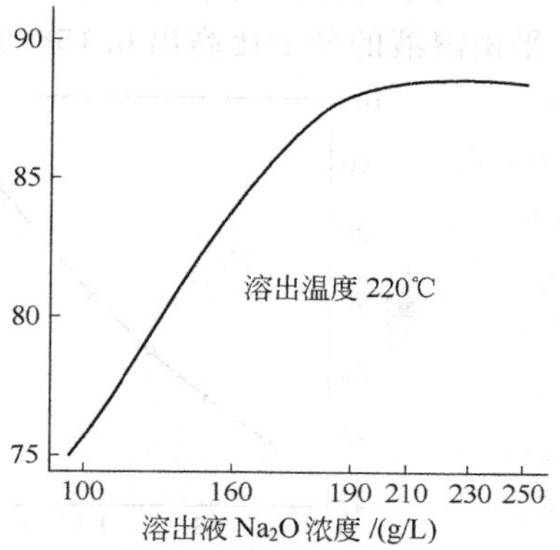

图 5-8　碱液浓度对铝土矿溶出率的影响

图 5-8 是溶出温度为 220℃时碱液浓度对澳大利亚韦帕矿溶出率的影响，从图中可以看出增大碱浓度对 Al_2O_3 的溶出率有一定影响。

在蒸汽直接加热的溶出器中，蒸汽冷凝水使原矿浆稀释。Na_2O 浓度为 280～300g/L 的母液，由于蒸汽稀释以及一部分 Na_2O 转化为碳酸钠及含水铝硅酸钠，溶出后的料浆中 Na_2O 浓度仅为 230～250g/L；在间接加热设备中，消除了稀释现象，母液的碱浓度可以降低到 220g/L。如果采用更高的溶出温度，Na_2O 浓度还可以进一步降低。

广西平果矿氧化铝溶出率和初始苛性碱浓度的关系示于图 5-9 和图 5-10。

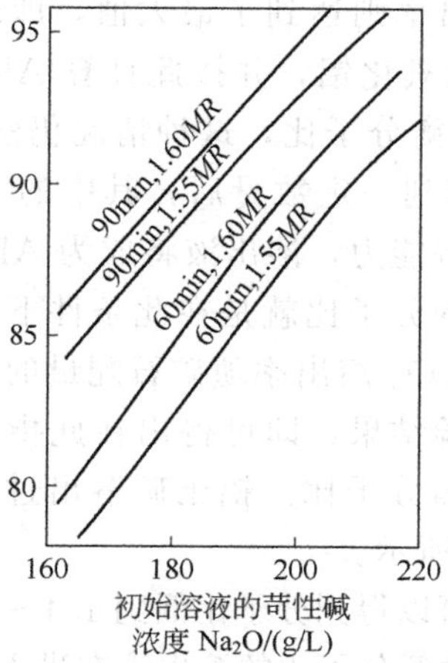

图 5-9　250℃下氧化铝的溶出率

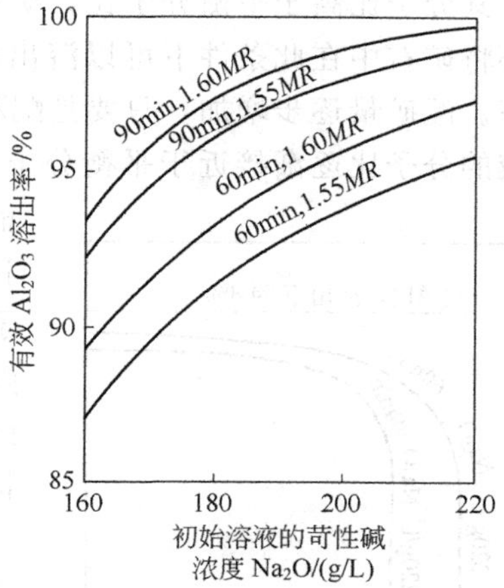

图 5-10　260℃下氧化铝的溶出率

5.5.4　配料分子比的影响

在溶出铝土矿时，物料的配比是按溶出液的 *MR* 达到预期的要求计算确定的。预期的

溶出液 MR 称为配料 MR。它的数值越高，即对单位质量的矿石配的碱量也越高，由于在溶出过程中溶液始终保持着更大的未饱和度，所以溶出速度必然更快。但是，这样一来循环效率必然降低，物料流量则会增大。这种关系表示于图 5-11 中。由图可见，当配料分子比由 1.8 降低到 1.2 时，溶液流量可以减少为原来的 50%。从循环碱量公式 $N=0.608\times\frac{(MR)_m\times(MR)_a}{(MR)_m-(MR)_a}$ $(t/t_{Al_2O_3})$ 可以看出，为了降低循环碱量，降低配料分子比较提高母液分子比的效果更大。所以在保证 Al_2O_3 的溶出率不过分降低的前提下，制取分子比尽可能低的溶出液是对溶出过程的一项重要要求。低分子比的溶出液还有利于种分过程的进行。

为了保证矿石中的 Al_2O_3 具有较高的溶出速度和溶出率，配料分子比要比相同条件下平衡溶液的分子比高出 0.15～0.20。随着溶出温度的提高，这个差别可以适当缩小。

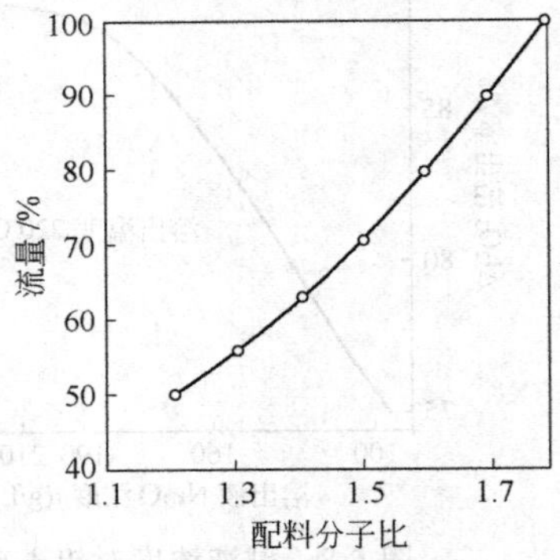

图 5-11　配料分子比与拜耳法物料流量的关系

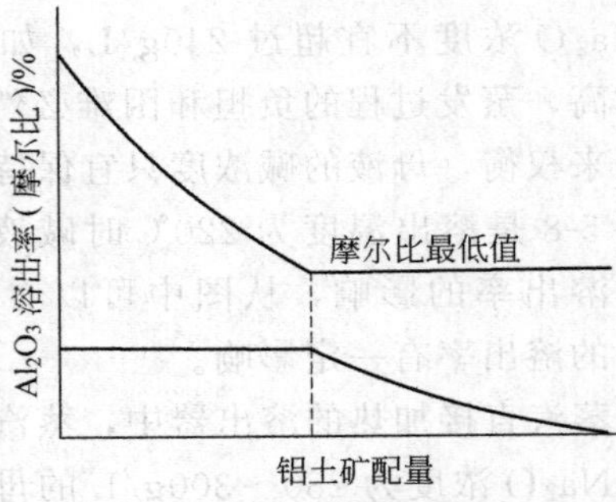

图 5-12　铝土矿溶出过程的典型特性曲线

由于生产中铝酸钠溶液中含有种种杂质，所以它的平衡分子比不同于 Na_2O-Al_2O_3-H_2O 系等温线所示的数值，需要通过试验来确定。试验是用小型高压溶出器按指定条件溶出矿石，并保证充分的溶出时间，使溶出过程不受动力学条件的限制。在试验中固定循环母液量，逐次增加矿石的配量，当矿石配量很少时，其中 Al_2O_3 全部溶出后，溶出液仍是未饱和的，其分子比高于平衡分子比，矿石中 Al_2O_3 的溶出率则达到了最大值，即理论溶出率。国外将矿石中在此条件下可以溶出的氧化铝称为有效氧化铝，并按此计算 Al_2O_3 的相对溶出率。配矿量逐步增加，只要是配料分子比还高于平衡分子比，这种情况仍然能保持，但溶出液的分子比逐渐接近于平衡分子比。当矿石配量达到一定数量后，其中的 Al_2O_3 含量超过了溶液的溶解能力，溶出液将成为 Al_2O_3 的饱和溶液，此时溶液的分子比就是在此条件下的平衡分子比。矿石中的 Al_2O_3 溶出率随矿石配量的增加逐渐降低。整理各次试验结果，即可得出在此指定条件下的铝酸钠溶液的平衡分子比。铝土矿溶出过程的典型特性曲线如图 5-12 所示。

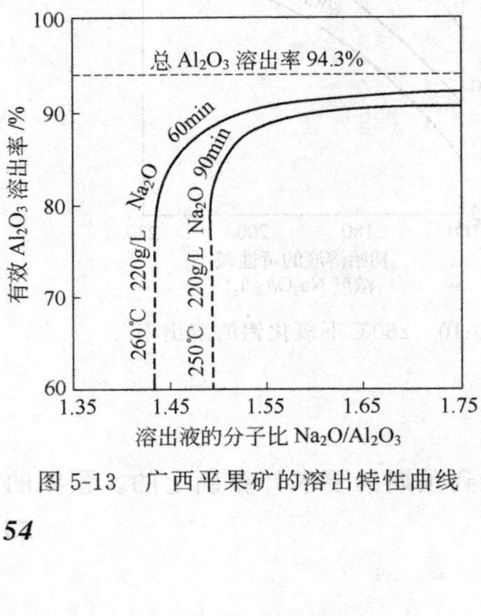

图 5-13　广西平果矿的溶出特性曲线

提高溶出温度可以得到分子比低到 1.4～1.45 的溶出液，为了防止这种低分子比的溶出液在进入种分之前发生大量的水解损失，可以往第一次赤泥洗涤槽中加入适当数量的种分母液，使稀释后的溶出浆液的分子比提高到 1.55～1.65，以保证溶液有足够的稳定性。采用这样的措施后，由于循环母液用量减少，可使高压溶出和母液蒸发的蒸汽消耗量减少15%～20%。

图 5-13 是广西平果矿溶出液的分子比与溶出率的关系。

5.5.5　矿石细磨程度的影响

对某一种矿石，当其粒度越细小时，其比表面积就越大。这样矿石与溶液接触的面积就越大，即反应的面积增加了，在其他溶出条件相同时，溶出速率就会增加。另外矿石的磨细加工会使原来被杂质包裹的氧化铝水合物暴露出来，增加了氧化铝的溶出率。溶出三水铝石型铝土矿时，一般不要求磨得很细，有时破碎到 16mm 即可进行渗滤溶出。致密难溶的一水硬铝石型矿石则要求细磨。然而过分的细磨使生产费用增加，又无助于进一步提高溶出速率，而且还可能使溶出赤泥变细，造成赤泥分离洗涤的困难。

表 5-2 是不同细度的韦帕铝土矿在溶出温度为 220℃、溶出液 Na_2O 为 230g/L 条件下的溶出结果。从表中可以看出对于三水铝石型铝土矿，矿石细度过小对溶出效果没有好的影响。

表 5-2　磨细度对韦帕铝土矿溶出率的影响

筛　析/%		Ⅰ	Ⅱ	Ⅲ	Ⅳ
粒度/mm	>3	10.4	1.4		
	3～1	56.3	22.6	9.7	
	1～0.1	23.2	30.5	54.5	34.3
	<0.09	10.1	25.4	35.8	65.7
溶出率/%		100.2	100.3	99.8	99.2

在采用蒸汽直接加热的连续作业高压溶出器组时，粗粒矿石在其中很快沉降，远低于规定的溶出时间，Al_2O_3 的溶出率显著下降。在采用这种设备处理一水硬铝石型铝土矿时，要求矿石在 100# 筛（0.147mm）上的残留量不超过 10%，160# 筛（0.095mm）上的残留量不超过 20%。

图 5-14 为不同粒度平果矿在铝酸钠溶液中的溶出效果。试验条件为 Na_2O 152.0g/L，Al_2O_3 80.5g/L，Na_2O_C 21.0g/L，*MR* 3.11，从图可以看出粗颗粒的铝矿的溶出效果要比细颗粒的差。二种粒级的混矿溶出效果相当于其中各单一粒级溶出效果的加权平均值。

图 5-15 是不同粒度的山西矿在母液中的溶出率随时间的变化曲线。从图中可以看出，在较短的时间内，各粒级的溶出率有较明显的差别，当溶出时间较长时，各粒级的溶出率差别很小。因此相对来讲，粒度对山西矿溶出率的影响不显著。

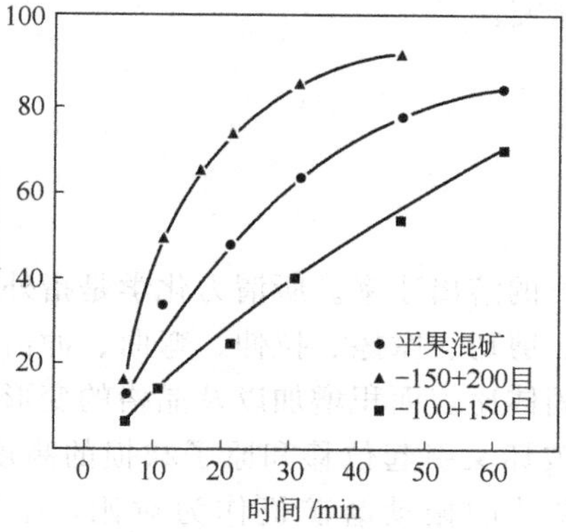

图 5-14　不同粒级的平果矿溶出率曲线

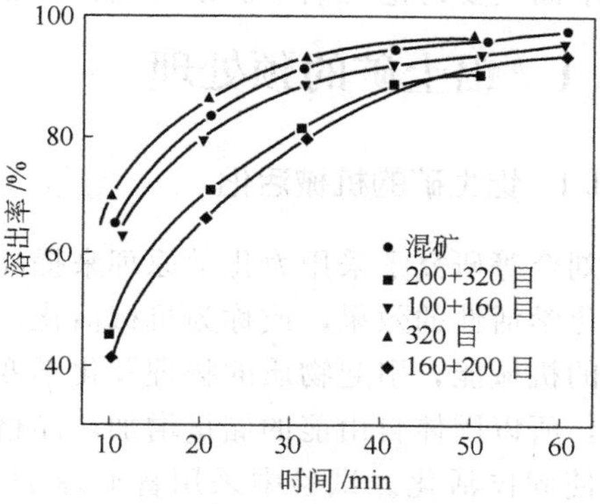

图 5-15　不同粒级的山西矿的溶出率曲线

5.5.6 溶出时间的影响

铝土矿溶出过程中，只要 Al_2O_3 的溶出率没有达到最大值，那么增加溶出时间，Al_2O_3 的溶出率就会增加。图 5-16 是溶出时间对铝土矿溶出率的影响。从图中可以看出，韦帕铝土矿的成分是三水铝石和一水软铝矿，在溶出条件下，5min 就可达到最大溶出率，所以增加溶出时间对其溶出率不产生影响；也门的内哥罗铝土矿的成分是一水软铝石和一水硬铝石，它的溶出速率较慢，所以增加溶出时间能使 Al_2O_3 的溶出率增加。

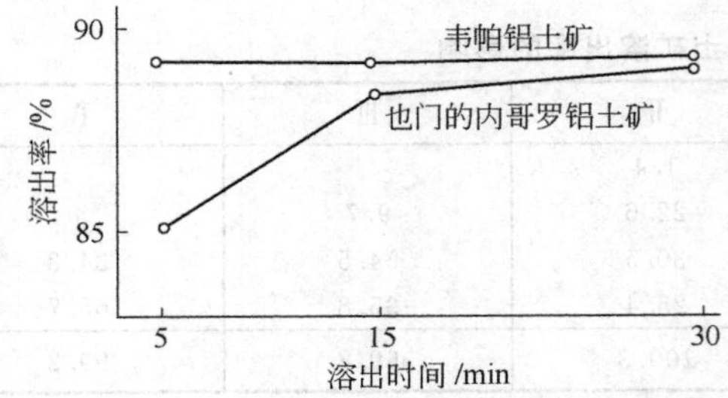

图 5-16 溶出时间对铝土矿溶出率的影响

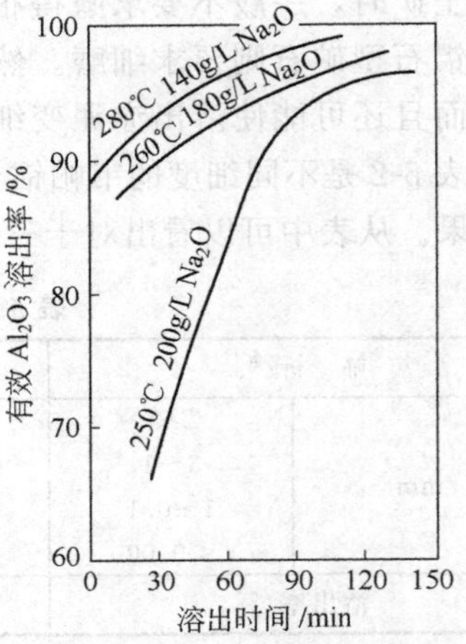

图 5-17 氧化铝溶出率与溶出时间的关系

图 5-17 是广西平果一水硬铝石型铝土矿的溶出率与溶出时间的关系。从图上可以看出，当溶出温度为 250℃时，溶出时间对溶出率影响很大。当溶出温度提高后，溶出时间对溶出率的影响相对减弱。

5.6 铝土矿溶出过程的强化

提高铝土矿的溶出效率，降低生成过程的消耗，是氧化铝生产和科研人员一直追求的目的。为了强化铝土矿的溶出，许多学者都进行了研究，对铝土矿溶出过程的强化研究主要集中在三个方面：铝土矿的预处理、添加剂和溶出条件。关于溶出条件方面在上节中已有涉及，下面主要讨论对铝土矿预处理和添加剂方面的研究。

5.6.1 铝土矿的预处理

5.6.1.1 铝土矿的机械活化

刘今等研究了采用力化学原理来提高一水硬铝石的溶出速率。所谓力化学是指外加机械能对化学活性的效果，或称为机械活化；利用压缩、剪切、摩擦、拉伸、弯曲、冲击及其他种类的机械能，引起物质的物理及化学变化。由于固体比表面积增加以及晶格的变形或部分破坏，所以固体自由能的储量增加，晶格的变形和破坏又引起位移和原子缺损的高度集中，从而使固体活化。试验中采用普通球磨机和特殊设计的振动磨矿机作为对比，把铝土矿磨到通过了 10# 筛。然后对两种磨矿机得到的矿粉进行溶出试验，图 5-18 和图 5-19 是

NaOH 浓度和 $NaAlO_2$ 浓度与时间的关系曲线和溶出率与溶出时间关系曲线。从图 5-18 可见，振动磨矿溶出液 Na_2O 浓度下降比普通球磨矿快，其溶出液 $NaAlO_2$ 浓度增加比普通球磨矿快。

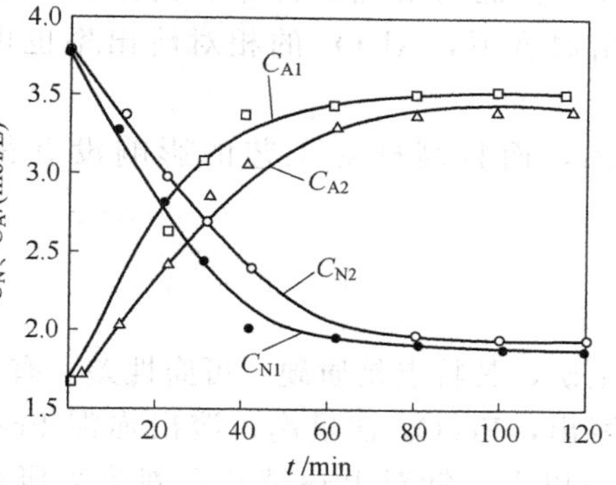

图 5-18 浓度-时间曲线

C_{N1}，C_{N2}——振动磨矿和普通球磨磨矿溶出过程中溶液 NaOH 浓度；
C_{A1}，C_{A2}——振动磨矿和普通球磨磨矿溶出过程中溶液 $NaAlO_2$ 浓度

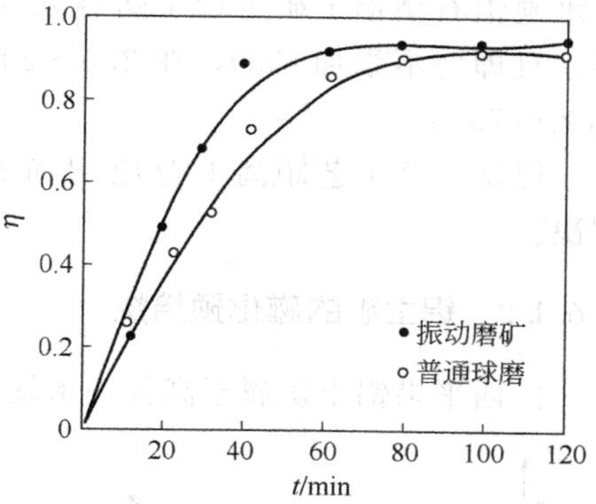

图 5-19 η-t 曲线

从图 5-19 可见，由于力化学的作用效果，使矿石的溶出率增加了。在反应初期这种效果尤为明显，而最终的溶出率并无明显变化。对溶出后的赤泥进行了电子探针分析，认为力化学作用后的赤泥孔隙增加，孔隙变大，与没有力化学作用的赤泥有明显不同。可以认为经过力化学处理过的矿粉的溶出属于整体反应核模型，而没有经过力化学处理过的矿粉的溶出属于收缩未反应核模型。

5.6.1.2 铝土矿的预焙烧

一水硬铝石型铝土矿难以溶出，拜耳法溶出时，必须采用较高的温度、较高的苛性碱浓度和较长的时间，而赤泥的铝硅比（A/S）仍然较高，在 2 左右，这样就使得氧化铝生产的技术经济指标落后，改善铝土矿的溶出性能是解决这一问题的根本途径。国内外的许多研究结果都证明，将铝土矿在适当的条件下加以焙烧是提高其中氧化物化学活性的有效办法。矿石加热时，其中矿物发生脱水、分解、晶型转变等反应，结构破坏，新的结晶来不及形成或有序程度很低，矿石内孔隙增大，都会使其中各组分的反应能力明显提高。如在 500℃左右焙烧一水硬铝石所得的 α-Al_2O_3，其化学活性与自然界产生的刚玉或在 1200℃煅烧氢氧化铝所得的 α-Al_2O_3 迥然不同，也与焙烧前的一水硬铝石不同，即前者的活性要比后者大得多，所以在适当温度下焙烧一水硬铝石能够加速溶出过程，提高氧化铝的溶出率。

对广西平果矿进行的焙烧试验结果表明：经 500～625℃焙烧后，一水硬铝石脱水并转变为无定形氧化铝和结晶差的刚玉，化学活性增加。焙烧矿孔隙率和比表面积的增大，使得溶出更顺利。如以 Na_2O 为 200g/L，MR 为 3.20 的母液，按配料 MR 为 1.6，石灰添加量为原矿质量的 7.5%，在 200℃溶出 50min，原矿 Al_2O_3 的溶出率仅为 50%，而在 525℃下焙烧 25min 的焙烧矿的 Al_2O_3 溶出率达到 91%以上。由此提出了一个新的工艺流程：块矿→压力碎矿→悬浮焙烧→湿磨配料→拜耳溶出。该工艺对提高氧化铝的回收率，降低溶出温度和碱量是有实际意义的。同时焙烧破坏了杂质矿物，特别是钛矿物与一水硬铝石相互包

裹的结构，增大了孔隙率和反应表面，从而强化了 Al_2O_3 的溶出反应和石灰与钛矿物的作用。

赵恒勤等对河南新安矿、贵州清镇矿、山西孝义矿和山西孝义西河底高铝矿等低铁一水硬铝石型铝土矿进行了焙烧强化溶出的研究。证明焙烧矿比原矿的溶出性能要好得多，且即使不添加 CaO，在 230～240℃的溶出温度下，Al_2O_3 的相对溶出率也可以达到 70%～75%。

但是，该工艺距离工业应用尚有较大距离，而且高硅对工艺的影响没有得到根本解决。

5.6.1.3 铝土矿的磁化预焙烧

广西平果铝土矿属于高铁一水硬铝石型铝土矿，其特点是质硬，可磨性差，有一部分氧化铝难溶出，Fe_2O_3 含量高，溶出赤泥 Fe_2O_3 含量可达 30%以上，针对上述特点，刘汝兴研究了广西平果铝土矿的磁化预焙烧，试验采用 CO 为还原剂，焙烧温度为 650℃，焙烧时间为 30～60min，焙烧后得到的矿石，氧化铝溶出率和可磨性较好。图 5-20 是焙烧矿和原矿的氧化铝溶出率与溶出温度的关系。焙烧条件为 10%CO+10%CO_2、温度 650℃、时间 45min；溶出条件为 Na_2O 165g/L、溶出时间为 60min。从图中可以看出，焙烧后的铝土矿的氧化铝溶出率均高于原矿的氧化铝溶出率。对溶出后的赤泥进行了磁选试验，结果表明预焙烧矿石拜耳法溶出后的赤泥，具有比较好的磁选性能，产品精矿的 Fe_2O_3 含量达 69.60%，可作为炼铁原料。赤泥磁选工艺流程如图 5-21。

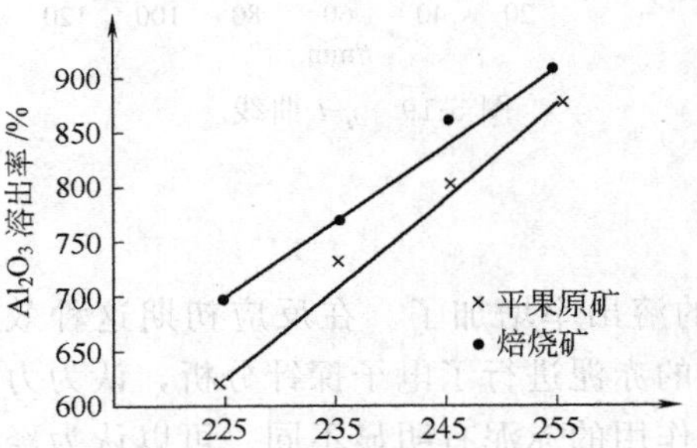

图 5-20 焙烧矿和原矿的氧化铝溶出率与溶出温度的关系

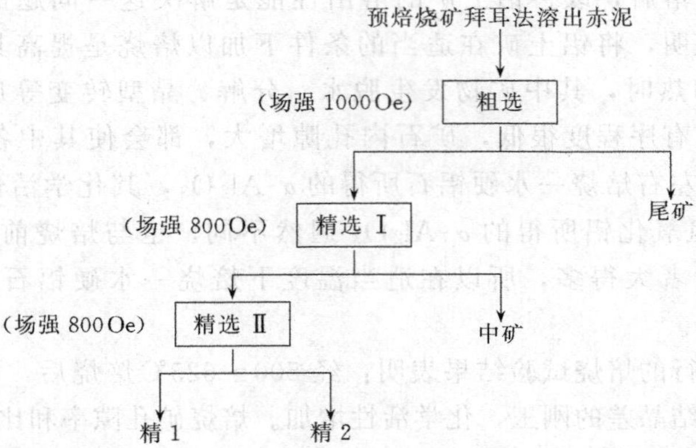

图 5-21 赤泥磁选工艺流程

5.6.1.4 铝土矿的焙烧预脱硅

铝土矿的焙烧预脱硅属化学选矿方法，即将铝土矿在较高温度下焙烧后碱浸脱硅，脱硅精矿再施以拜耳法处理，而富含硅的碱浸液与精矿分离，另行处理。焙烧预脱硅过程如下式所示：

$$Al_2O_3 \cdot 2SiO_2 \cdot 2H_2O \xrightarrow{450 \sim 600℃} Al_2O_3 \cdot 2SiO_2 + 2H_2O \tag{5-56}$$

$$Al_2O_3 \cdot 2SiO_2 \xrightarrow{900 \sim 1050℃} \gamma\text{-}Al_2O_3 + 2SiO_2 \tag{5-57}$$

$$3\gamma\text{-}Al_2O_3 + 2SiO_2 \xrightarrow{1200℃} 3Al_2O_3 \cdot 2SiO_2 \tag{5-58}$$

焙烧矿溶出脱硅和石灰处理含硅溶液的反应是：

$$2NaOH + SiO_2 + aq \longrightarrow Na_2SiO_3 + H_2O + aq \tag{5-59}$$

$$Na_2SiO_3 + Ca(OH)_2 + H_2O + aq \longrightarrow 2NaOH + CaO \cdot SiO_2 \cdot H_2O \downarrow + aq \tag{5-60}$$

南斯拉夫曾对本地的一水硬铝石矿进行了预脱硅试验，其原矿 A/S 为 4.2，脱硅精矿 A/S 达到 21.1，脱硅率达 80.5%，而 Al_2O_3 损失率仅为 1.3%，可见效果相当好。但实际操作起来有两个难点：一是高温下焙烧要控制好，要使一水硬铝石既不生成结晶完整的刚玉，以保证其具有一定化学活性，在精矿溶出时有良好的溶出性能，又要保证在碱浸脱硅时不溶出；二是要使高岭石分解出的 γ-Al_2O_3 结晶较好，不会在碱浸脱硅时与 NaOH 反应造成 Al_2O_3 损失。

另外，如果铝土矿中铁含量高，不宜用这种焙烧预脱硅的方法，因为铁会促进莫来石 $3Al_2O_3 \cdot 2SiO_2$ 的生成，有害于预脱硅。

我国低铁的一水硬铝石-高岭石型铝土矿适合采用这种焙烧预脱硅-拜耳法溶出工艺。当然，该工艺本身还要通过试验研究进一步完善。

5.6.1.5　铝土矿的焙烧压力预脱硅-过量石灰拜耳法浸出

焙烧预脱硅-拜耳法溶出工艺中存在两个问题：①为了保证较高的脱硅率，焙烧矿碱浸脱硅时，需要较大的配料液固比，一般为 10～50，致使设备处理矿石的能力很低；②碱浸脱硅的时间比较长。

为了解决如上问题，山东铝厂提出了焙烧压力脱硅-过量石灰拜耳法浸出工艺。

① 焙烧矿碱浸脱硅时，借助加压（294.2kPa）提高了碱浸温度，使脱硅配料比（L/S）降低，脱硅时间锐减至 15min。

② 含 Na_2CO_3 的 NaOH 溶液浸出焙烧矿，纯碱与焙烧矿中 CaO 反应生成 $CaCO_3$，避免了 CaO 与 Na_2SiO_3 反应生成硅灰石转入铝精矿引起脱硅率降低。另外，纯碱可以分解循环碱液中的浮游物硅灰石：

$$CaO \cdot SiO_2 \cdot H_2O + Na_2CO_3 = Na_2SiO_3 + CaCO_3 + H_2O \tag{5-61}$$

从而可使工业脱硅效率得以稳定。

③ 将脱硅后的精矿进行过量石灰拜耳法浸出。常规拜耳法浸出时石灰添加量为 4%～5%，过量石灰拜耳法则需添加 15%～20%的石灰。

试验结果表明碱耗随石灰配量的递增而锐减。在石灰加入量为 15%～20%时，拜耳法赤泥中氧化钠含量由 11.4%降至 3%以下，与现行烧结法厂相当，可以用作生产水泥的原料，碱耗却为烧结法的一半。

过量石灰拜耳法赤泥的沉降和压缩性能很好。但是，该工艺必须控制好铝土矿焙烧和过量石灰拜耳法浸出的技术条件，以获得氧化铝溶出率与石灰拜耳法碱耗的最佳化，达到好的综合经济效益。

一般说，经焙烧预脱硅后的精矿都较难溶出，往往需要较高的碱液浓度和更高的溶出温度，该方案距离工业应用还有一定距离。要在完善工艺和最佳操作条件的同时，与其他工艺进行综合经济效益和社会效益的全面比较。

5.6.1.6 铝土矿的高温氢处理

K. R. Sandgren 等对牙买加铝土矿在拜耳法溶出前的高温氢处理进行了研究，由于这种铝土矿的杂质主要是 Fe_2O_3，且主要以针铁矿存在，这样的矿石溶出后的赤泥沉淀性能很差；另外这种铝土矿中含有 0.2%的有机碳，主要是腐殖酸盐和灰黄霉酸，在溶出过程中这些有机物质分解成草酸盐积累在循环的拜耳溶液中，使溶液的有机碳浓度达到 9g/L 或者更高。草酸盐的存在阻碍了分解过程的进行，并降低了氧化铝的质量。作者希望通过对铝土矿的高温氢处理，使铝土矿的三价铁部分地还原为磁铁矿（Fe_3O_4），使溶出赤泥易于磁性分离。同时高温处理过程会使铝土矿中的有机碳发生热分解转化为 CO_2。

试验证明，在处理温度高于 260℃以上时，针铁矿开始转变为磁铁矿，而且随着温度的升高转化率增加，当处理温度达到 340℃时出现了最佳的磁特性。在氢的高温处理过程中有机碳的热分解也会发生，而且温度越高，有机碳的分解就越快。试验证明，有机碳的分解是由于加热引起的。但是当处理温度高于 300℃，可能会引起 Al_2O_3 溶出率的下降，且温度越高，时间越长，Al_2O_3 的溶出率下降得就越多，所以在对铝土矿的高温氢处理过程中要把握适当的条件。

5.6.2 溶出过程的添加剂

关于添加石灰可以强化一水硬铝石型铝土矿的溶出过程的观点，已被各国学者普遍接受，并已在工业上得到普遍应用。由于添加石灰不仅使溶出的速率加快，提高氧化铝的溶出率，而且可降低赤泥中的碱含量。因此，目前工业上不只是处理一水硬铝石型铝土矿而且在处理一水软铝石型铝土矿时，也普遍添加石灰。在处理一水硬铝石型矿石的拜耳法工厂中，石灰添加量一般为 3%～5%，而在混联法工厂有时其添加量高达 8%～10%。实践表明，增大石灰添加量，Al_2O_3 的溶出速度提高，碱耗明显降低，但 Al_2O_3 溶出率并不明显降低，图 5-22 是溶出一水硬铝石时石灰添加量与 Al_2O_3 溶出率、碱耗的关系。

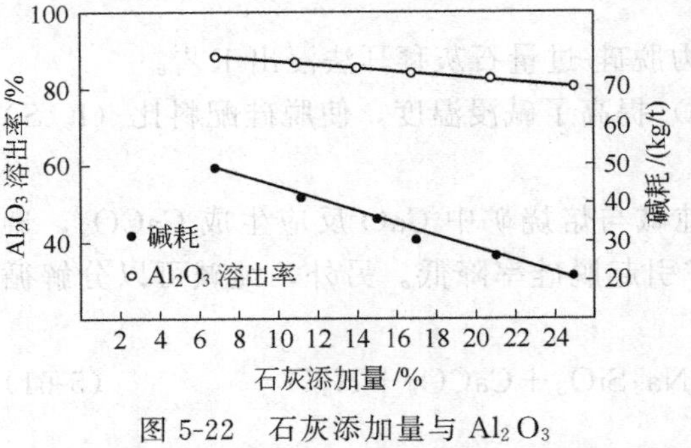

图 5-22 石灰添加量与 Al_2O_3 溶出率、碱耗的关系

H. Merecier 等研究了添加石灰对一水硬铝石和一水软铝石混合型铝土矿溶出过程的影响。图 5-23 是溶出率与石灰添加量的关系。试验条件为 250℃，50min，Na_2O 220g/L，溶出液 R_P 0.55。

从图 5-23 可以看出，当石灰添加量在 5%以下时，添加石灰可使铝土矿中 Al_2O_3 的溶出率急剧上升，当石灰的添加量超过 5%时，铝土矿中 Al_2O_3 的溶出率就从最高点缓慢下降。从 Al_2O_3 溶出率的角度来说，添加石灰有一个最佳比例。但是可以看出，即使石灰添加量超过 5%，Al_2O_3 的溶出率的降低也很小。

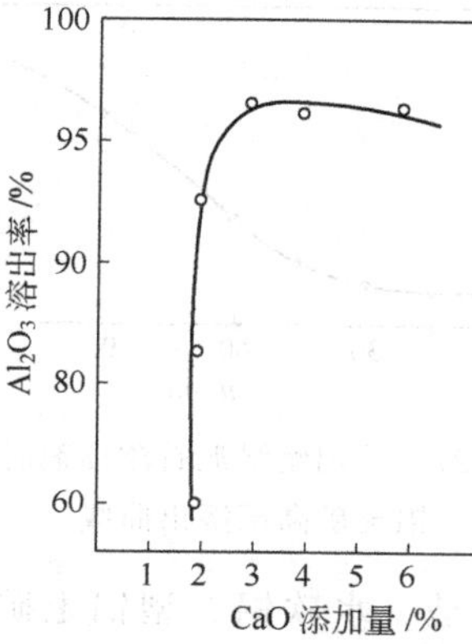

图 5-23　溶出率与石灰添加量的关系

溶出条件：250℃；Na_2O 220g/L

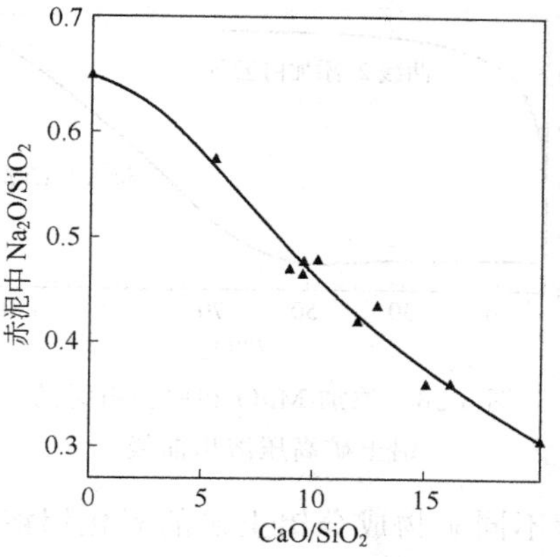

图 5-24　赤泥中不溶解的碳酸钠（以 Na_2O 计）与石灰添加量（和 SiO_2 相适应）的关系

图 5-24 是赤泥中的 Na_2O 与石灰添加量的关系，从图中可以看出，随着石灰添加量的增加，碱耗明显降低。Na_2O/SiO_2 的质量比只与 CaO/SiO_2 有关，与含硅量没有任何关系，但当 SiO_2 含量较高时，要保持同样的 CaO/SiO_2 就要添加更多的 CaO，反而造成 Al_2O_3 溶出率降低。

陈万坤等研究了石灰的活性对一水硬铝石型铝土矿溶出过程的影响，认为石灰的活性对一水硬铝石的溶出影响很大，在石灰的活性很低时，它对一水硬铝石的溶出几乎不起催化作用，贮存一年多的石灰与新鲜的石灰在 260℃、Na_2O 220g/L、溶出时间为 60min 时，氧化铝溶出率相差近 40%。图 5-25 是石灰活性对溶出率的影响，从图中可以看出，石灰的活性对溶出效果有明显的影响，Al_2O_3 的相对溶出率可以相差 20%左右，溶出时间愈短，苛性碱浓度愈低，这种影响愈大。

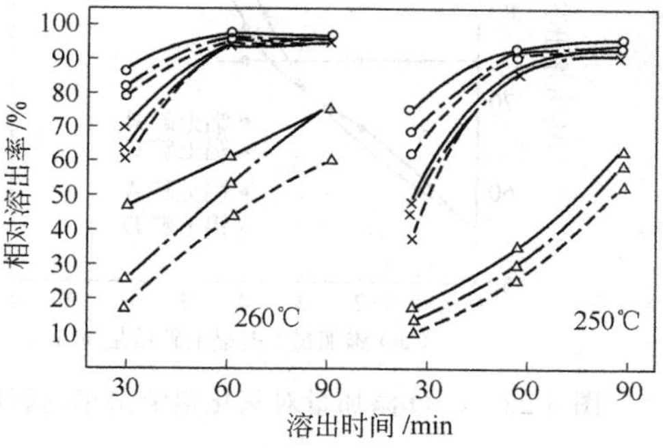

图 5-25　石灰活性对溶出率的影响

○—1 号石灰；×—2 号石灰；△—3 号石灰

——— Na_2O 200g/L；—·— Na_2O 180g/L；

----- Na_2O 160g/L

曹蓉江等研究了添加剂对一水硬铝石溶出过程的影响，图 5-26 是添加 MgO 和白云石时铝土矿的溶出曲线，溶出液成分为：Al_2O_3 100g/L，Na_2O 200g/L，Na_2O_C 6g/L，*MR*3.29，温度为 523K。

从图中可以看出，曲线 1 有大约 1h 的诱导期，其长短可通过 MgO 添加剂和温度进行控制；曲线 2 表示当白云石添加量为铝土矿质量的 12%时氧化铝的溶出率（η）与时间的关系。图 5-27 是 523K 时鲕绿泥石添加量为 20%时，Al_2O_3 的溶出率与时间的关系图。

可以认为使用氧化镁或白云石作添加剂时，TiO_2 的阻滞作用会因 $MgFe_2(Al,Si,Ti)O_4$ 的结晶而逐渐消除。

通过分析，认为赤泥中存在着稳定的工艺矿物——镁绿泥石和铁绿泥石。在碱液中结晶的镁绿泥石含 Ti 量较低，而铁绿泥石的含 Ti 量较高，因此如果用量充足，鲕绿泥石 $Fe_4Al_2Si_3O_{10}(OH)_8 \cdot nH_2O$ 应该是拜耳法的有效添加剂。

L. Paspaliaris 等研究了添加剂对拜耳法一水硬铝石型铝土矿溶出的影响。图 5-28 是

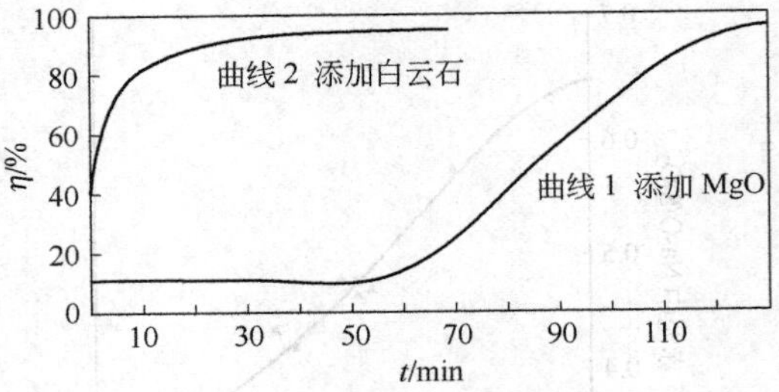

图 5-26 添加 MgO 和白云石时的铝土矿高压溶出曲线

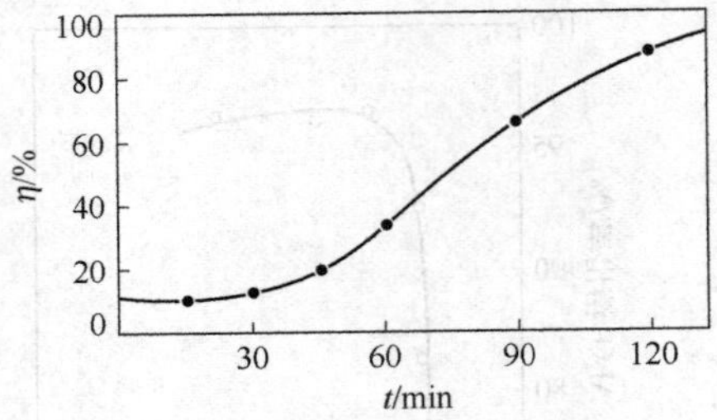

图 5-27 采用鲕绿泥石添加剂时的铝土矿高压溶出曲线

CaO 对不同矿物成分铝土矿的氧化铝溶出率的影响，A、B 是一水软铝石型铝土矿，A 矿中含有少量一水硬铝石，C、D 矿是一水硬铝石型铝土矿。溶出条件为 250℃，Na_2O 210g/L，Al_2O_3 110.5g/L，反应时间 90min，从图中可以看出，CaO 对一水软铝石型铝土矿的氧化铝溶出率无影响。相反，对一水硬铝石型铝土矿来说，加入 CaO 可以使氧化铝的溶出率直线上升，当 CaO 的添加量为 5%～7%时，氧化铝的溶出率从 55%增加到 90%以上。

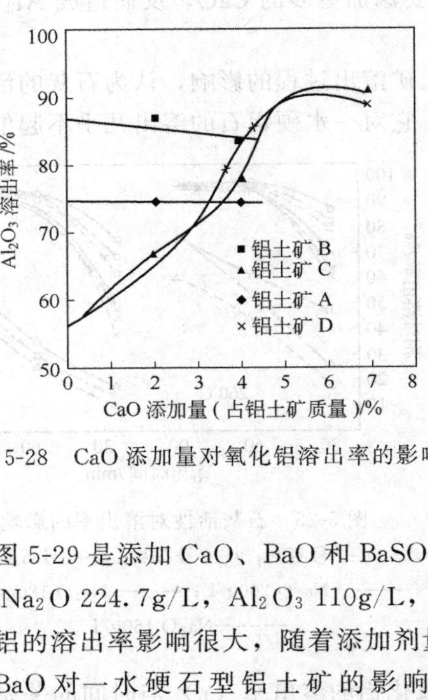

图 5-28 CaO 添加量对氧化铝溶出率的影响

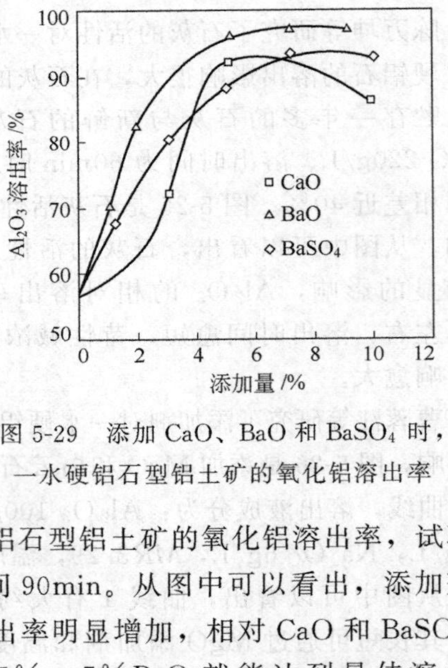

图 5-29 添加 CaO、BaO 和 $BaSO_4$ 时，一水硬铝石型铝土矿的氧化铝溶出率

图 5-29 是添加 CaO、BaO 和 $BaSO_4$ 时，一水硬铝石型铝土矿的氧化铝溶出率，试验条件为 Na_2O 224.7g/L，Al_2O_3 110g/L，Rp0.49，时间 90min。从图中可以看出，添加剂对氧化铝的溶出率影响很大，随着添加剂量的增加，溶出率明显增加，相对 CaO 和 $BaSO_4$ 来说，BaO 对一水硬石型铝土矿的影响最大，添加 5%～7%BaO 就能达到最佳溶出率(97%)。而添加 5% CaO、7% $BaSO_4$ 也能达到相近的氧化铝溶出率，分别为 93%和 94%。添加剂之间的最大区别在于：当加入过量 CaO 时氧化铝的溶出率会下降，而 BaO 和 $BaSO_4$ 过量时，则不会导致溶出率的下降。通过对赤泥的研究证明，当 CaO 添加量超过 5%时，有 $3CaO \cdot Al_2O_3 \cdot 6H_2O$ 生成消耗了溶液中的氧化铝，从而引起氧化铝溶出率的下降。而添加 BaO 和 $BaSO_4$ 并没有在赤泥发现任何钡铝化合物，而只有 $BaO \cdot TiO_4$ 生成，所以添加 BaO 和 $BaSO_4$ 不会造成铝的损失。

图 5-30 是添加 5%CaO 和 5%BaO 在不同的温度下的氧化铝的溶出率。从图中可以看

出，在试验的温度下，添加 BaO 与 CaO 均能达到较高的氧化铝溶出率。

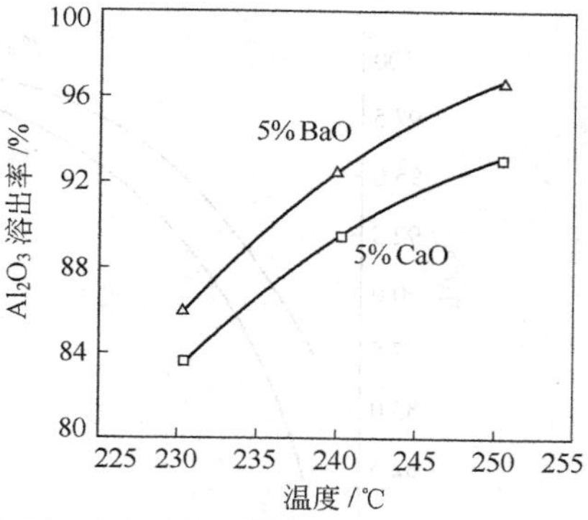

图 5-30 添加 5%CaO 或 5%BaO 时不同温度下的氧化铝溶出率

张伦和等研究了不同添加剂对一水硬铝石型铝土矿拜耳法溶出的影响，图 5-31 和图5-32分别为不同温度下各种矿石添加剂对铝土矿溶出率的影响。从图上可以看出煅白、麦饭石、绿泥石、煅菱对一水硬铝石的溶出均有催化作用，效果最好的是煅白，当添加量为 7%时，效果最佳。随着麦饭石、煅菱、绿泥石添加量的增大，其氧化铝溶出率提高，但提高幅度不大，即使添加量为 20%～30%，其氧化铝溶出率也只有 50%～60%，从赤泥分析来看，添加麦饭石、白云石，溶出赤泥中的钙钛矿较高，添加白云石、菱镁矿，赤泥中除钙钛矿外，还含有水镁石和铝镁硅酸盐。绿泥石含有微量的 CaO，赤泥中就可避免生成大量坚硬的钙钛矿，因此，从改善结疤性质来说，绿泥石效果最佳。

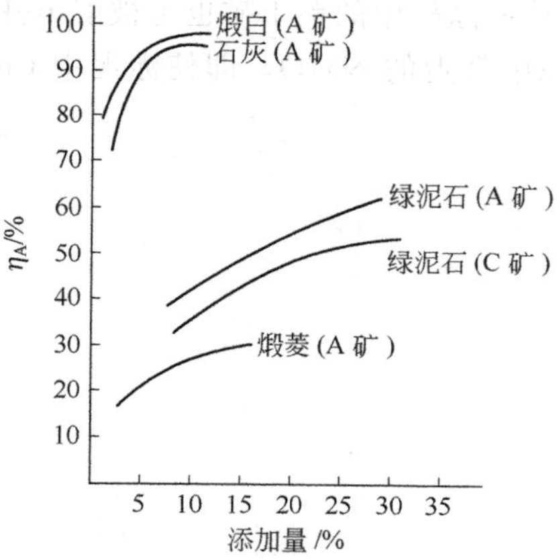

图 5-31 245℃下各种矿石添加剂不同添加量对铝土矿氧化铝溶出率的影响曲线

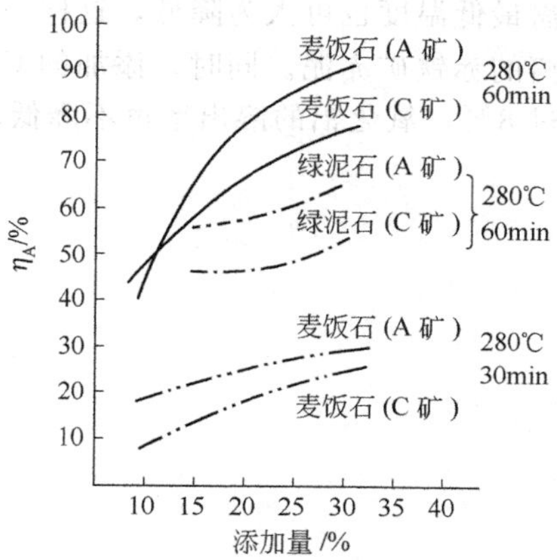

图 5-32 280℃下各种矿石添加剂的添加量对氧化铝溶出率的影响曲线

图 5-33 和图 5-34 分别为煅白在 245℃、280℃下对一水硬铝石型铝土矿溶出动力学的影响曲线，从图中可以看出，当溶出温度为 245℃时煅白的催化作用高于石灰，但当溶出温度为 280℃时，煅白的催化作用反而不如石灰。

作者还对 MgO、BaO、$BaSO_4$ 作添加剂进行了研究。试验证明 MgO、BaO、$BaSO_4$ 对一水硬铝石的溶出有催化作用，其中 BaO 的效果要比其他两种要好，但无论是 MgO、$BaSO_4$ 或是 BaO，它们对一水硬铝石的催化作用都比不上石灰，这与 I. Paspaliaris 的研究结果不符。

作者还研究了合成催化剂对铝土矿溶出性能的影响，在一定的条件下，以碱液、石灰、赤泥或矿浆为原料制得的钙铝水化石榴石合成催化剂对一水硬铝石型铝土矿的溶出，具有明显的效果，与相同条件下添加石灰相比提高氧化铝溶出率 2%～4%，降低苛性分子比 0.03～0.11。

K. Solymar 等研究了添加 CaO 和 Na_2SO_4 对一水软铝石的影响，认为在处理针铁矿化

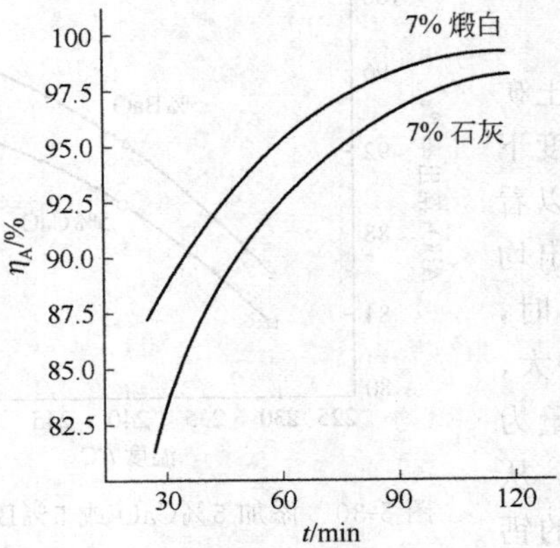

图 5-33　245℃下，添加煅白添加剂的铝土矿溶出动力学曲线

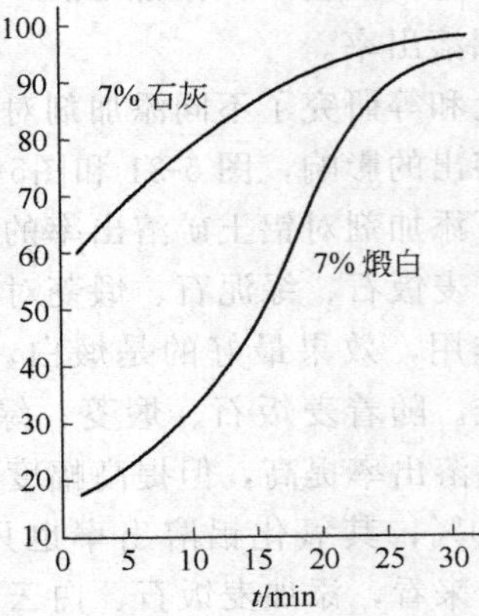

图 5-34　280℃下，添加煅白添加剂的铝土矿溶出动力学曲线

铝土矿和非针铁矿化铝土矿时 CaO 和 Na_2SO_4 的存在，能加速针铁矿向赤铁矿的转化，转化所需最低温度也可大为降低，这样一来，结合于针铁矿晶格中的铝土矿也可被溶出并形成易分离的赤铁矿赤泥。同时，添加的 CaO 会降低赤泥中带走的 Na_2O，即使赤泥中 CaO 含量超过 8%，氧化铝的溶出率也不降低。

第6章 铝土矿中各种杂质在溶出中的行为

6.1 含硅矿物在溶出过程中的行为

众所周知，硅矿物是碱法生产氧化铝中最有害的杂质，它包括蛋白石、石英及其水合物、高岭石、伊利石、鲕绿泥石、叶蜡石、绢云母、长石等铝硅酸盐等矿物。

含硅矿物在溶出时首先被碱分解，以硅酸钠的形态进入溶液——溶解反应；然后硅酸钠与铝酸钠溶液反应生成水合铝硅酸钠（钠硅渣）进入赤泥——脱硅反应。以高岭石为例，这两个阶段反应如下：

$$Al_2O_3 \cdot 2SiO_2 \cdot 2H_2O + 6NaOH + aq \longrightarrow 2NaAl(OH)_4 + 2Na_2H_2SiO_4 + aq \tag{6-1}$$

$$xNa_2H_2SiO_4 + 2NaAl(OH)_4 + aq \longrightarrow Na_2O \cdot Al_2O_3 \cdot xSiO_2 \cdot nH_2O + 2xNaOH + aq \tag{6-2}$$

式（6-1）称为溶解反应，式（6-2）称为脱硅反应。

生产中含硅矿物所造成的危害是：

① 引起 Al_2O_3 和 Na_2O 的损失；

② 钠硅渣进入氢氧化铝后，降低成品质量；

③ 钠硅渣在生产设备和管道上，特别是在换热表面上析出成为结疤，使传热系数大大降低，增加能耗和清理工作量；

④ 大量钠硅渣的生成增大赤泥量，并且可能成为极分散的细悬浮体，极不利于赤泥的分离和洗涤。

6.1.1 硅矿物的溶出

铝土矿中硅矿物的存在形态不同，它们与铝酸钠溶液的反应能力也不同。蛋白石无定形，化学活性大，不但易溶于 NaOH，而且能被 Na_2CO_3 溶液分解。高岭石是二氧化硅在铝土矿中存在的主要形态，它在较低温度下（70～95℃）就可与碱液反应。伊利石又称水白云母，分子式为 $KAl_2[(Si \cdot Al)_4O_{10}](OH)_2 \cdot nH_2O$，在 Na_2O 浓度为 225g/L 的铝酸钠溶液中，温度达到 180℃以上，才能明显地反应；在温度 250℃时，可在 20min 内完全分解并转变为钠硅渣。鲕绿泥石的分子式为 $[Fe_4Al_2Si_3O_{10}(OH)_8 \cdot nH_2O]$，它是八面体晶型矿物。分子式中的 Fe^{2+} 可被 Mg^{2+} 取代。近似化学式为 $(Fe^{2+}, Mg, Fe^{3+})_5Al[AlSi_3O_{10}](OH,O)_8$，在 220℃下，$Na_2O$ 浓度为 200g/L 的溶液中仍较稳定，在 160～280℃溶出铝土矿时，鲕绿泥石溶解不显著。溶出时，鲕绿泥石的溶解度随其中铁的氧化程度不同而不同，氧化程度越高，鲕绿泥石的稳定性越大。正方晶系的鲕绿泥石比单斜晶系的稳定。前苏联的北乌拉尔铝土矿中氧化硅主要以鲕绿泥石存在，溶出温度235℃，Na_2O 浓度 232g/L，溶出液 MR1.62，CaO 添加量为矿石质量的 5%～8%，溶出 90min，SiO_2 的分解率为 25%～50%。叶蜡石的分子式为 $Al_2(Si_4O_{10})(OH)_2$，它在 150℃以上的温度下才能被铝酸钠溶液完全分解。石英的化学活性小，结晶良好的石英即使在 260℃下与铝酸钠溶液的反应也是很缓慢的。在常压下溶出三水铝石矿时，当矿石粒度在 250μm 左右时，石英对氧化铝的生产过程没有什么危害。石英在碱液中的溶出性能除受反应温度、结晶度好坏的影响外，还受粒度影响。一般认为 100 目左右的石英，在温度低于 125℃和 Na_2O 浓度在 12%左右的溶液中，反应不强烈；在 180℃与浓铝酸钠溶液作用，+60 目的无明显反应，−270 目的则全部反应。在 260℃溶出的赤泥中，甚至还有没溶出的石英存在。

6.1.1.1 高岭石与碱液的作用

图 6-1 所示的是前苏联 **И. Г. Гюцнцн** 等对高岭石在 105℃、分子比 1.6 的铝酸钠溶液中溶解的结果。从图中可以看出反应初期，二氧化硅溶解速度超过铝硅酸钠生成速度，所以溶液中 SiO_2 含量增加。直至 SiO_2 含量渐达最大值，相当于二氧化硅在该条件下的亚稳溶解度。在此点上，二氧化硅的溶解速度与含水铝硅酸钠的生成速度相等。随着反应时间延长，含水铝硅酸钠的生成速度大于其溶解速度，溶液中的二氧化硅含量逐渐降低。

有的文献指出：在常压溶出三水铝石矿时，当溶液的分子比在 2.0～2.2 以下时，高岭石不参与反应。利用这一性质，有可能抑制高岭石的危害作用。从上述试验数据看，这种可能性是不存在的。

高岭石溶解反应属于一级反应，这可从 $\lg(a-x)$ 与时间 τ 的函数直线关系看出，见图 6-2。

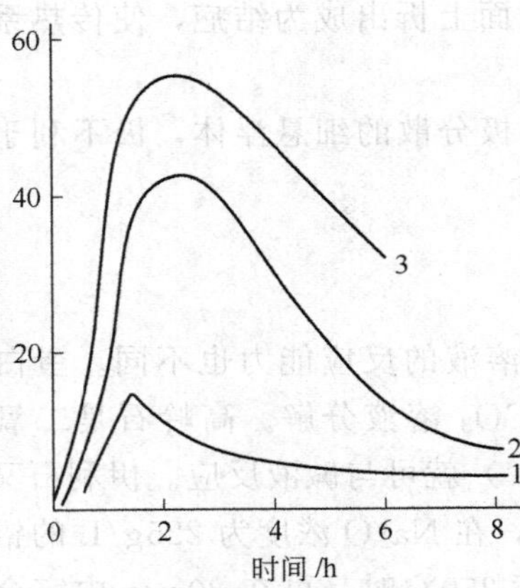

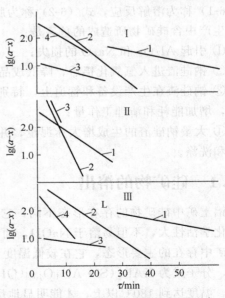

图 6-1　用铝酸钠溶液处理北澳涅加铝土矿时溶液中 SiO_2 含量与时间关系曲线

1—Na_2O 140g/L；2—Na_2O 200g/L；3—Na_2O 240g/L

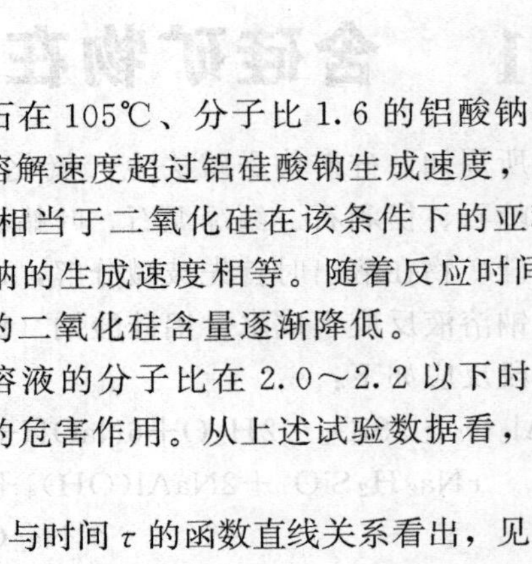

图 6-2　高岭石溶解反应的 $\lg(a-x)$ 与 τ 的关系曲线

Ⅰ—在苛性碱溶液中；Ⅱ—在母液中；Ⅲ—在循环溶液中

1—80℃；2—105℃；3—205℃；4—240℃

高岭石在不同条件下的分解速度和活化能如表 6-1 所示。

表 6-1　高岭石在不同条件下的分解速度和活化能

t/℃	τ_1/min	碱溶液 150g/L Na_2O		铝酸盐溶液 150g/L Na_2O，$MR=3.5$		循环溶液 $MR=3.5$	
		速度/[×10^4 mol/(L·min)]	E/(×4.18kJ/mol)	速度/[×10^4 mol/(L·min)]	E/(×4.18kJ/mol)	速度/[×10^4 mol/(L·min)]	E/(×4.18kJ/mol)
80	1	40	12.0	15	12.0	40	10.0
	30	25	11.5	12	10.0	30	10.0
	45	10	10.0	10	9.0	28	9.8
	60	3	10.0	8		2	5.9
	90	3	8.1		6.0		
	120	3	4.3	8	3.8	2	2.7
	180	3	4.5	8	10.0	2	2.6
105	1	60	10.0	50	9.0	100	10.0
	30	50	10.0	40		70	10.0
	45	40	10.0	30	6.0	63	5.9
	60	30	5.2	20		63	2.0
	90	30	9.8		4.5		
	120	20	3.6	10	3.2	63	2.0
	180	10	3.6	10	14.0	63	2.0
205	1	1000	10.0	1700	5.9	600	10.0
	30	900	9.0	900	4.9	450	5.5
	45	600	4.0	17	5.0	20	4.9
	60	430	4.0	17	4.5	3	4.9
	120	30	2.25	17	2.8	3	5.0
	180	30	4.0	17	15.7	3	4.9
240	1	1000	18.0	2500	8.0	2900	18.0
	5			1100			
	10					17	9.6
	15	500	7.5			17	2.3
	30	500	7.5		5.0		
	45	10	4.0	17	4.9	17	4.0
	60	10	4.5	17	5.0	17	4.5
	120	10	4.5	17	2.8	17	3.2
	180	10	4.9	17	2.8	17	3.0

G. I. Roach 等指出高岭石的溶出速度受其结晶形式及表面积的影响，如图 6-3 所示。图中 1、2、3 分别表示铝土矿中高岭石、纯高岭石和密实型高岭石的溶解度曲线。从图中可清楚地看出溶出率为 20％时，三种高岭石的反应速度有很大差别，铝土矿中高岭石比纯高岭石的反应速度快 2 倍，纯高岭石的反应速度比密实型高岭石的反应速度快 1.4 倍。纯高岭石比密实型高岭石有较高的比表面积，纯高岭石的比表面积为 16m^2/g，而密实型高岭石的比表面积为 8m^2/g。

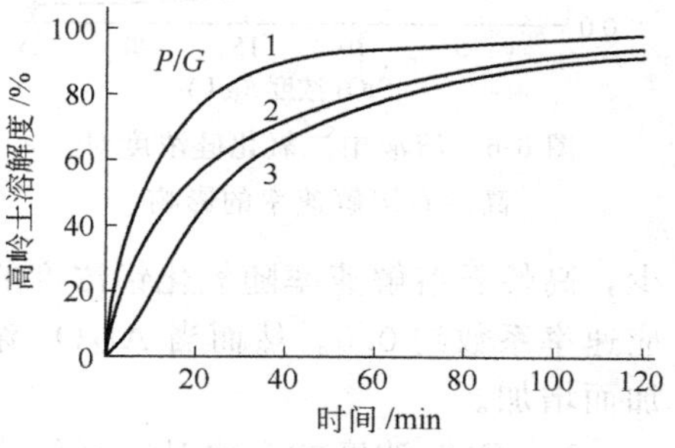

图 6-3　在 95℃下于苛性碱溶液中溶出的三种高岭石溶解曲线

1—铝土矿高岭石；2—纯高岭石；3—密实型纯高岭石

经电镜分析发现纯高岭石中含有平板型和管状型两种结构，而密实型高岭石只有平板型结构。管状结构的高岭石（多水高岭石）要比平板结构的高岭石溶解得快。纯高岭石溶出残渣的X射线衍射分析数据与密实型高岭石的数据更接近，就说明了这个问题。

试验结果表明，粒度对溶出速度的影响不是太大，对于纯高岭石在95℃下，170μm和650μm的溶出结果表明它们的溶出速率相差1.6倍。按它们粒度的大小来说，它们应该有4倍的差别。密实型高岭石在80℃时，Na_2O 106g/L，18μm和40μm的溶出结果表明它们的溶出率相差很小，而按照粒度的大小来说，它们应该有2倍的差别。试验表明粒度对溶出率的影响很小。原因是由于这些矿物具有多孔性，所以粒度对其影响不大。

图6-4是纯高岭石和密实型高岭石在合成铝酸钠溶液中溶出的阿累尼乌斯（Arrhenius）图。这两种高岭石的图形都是直线，且斜率一样，反应活化能为93kJ/mol，对铝土矿中硅矿物的研究表明其活化能为99kJ/mol。考虑到试验误差，这两个数据应是一致的。这么高的活化能说明溶出反应受化学反应控制。试验表明，在150℃的温度下，反应也不受扩散控制的影响。

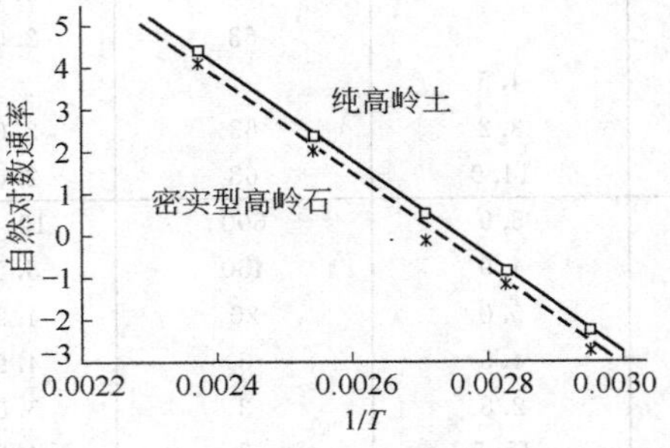

图6-4　纯高岭石和密实型高岭石在合成铝酸钠溶液中溶出的阿累尼乌斯图

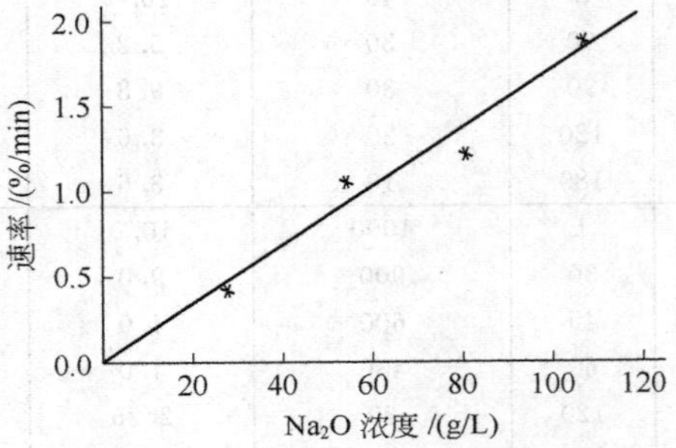

图6-5　95℃下游离苛性碱浓度对纯高岭石溶解速率的影响

图6-5是溶液中游离苛性碱浓度对纯高岭石溶解速率的影响，在95℃温度下，游离苛性碱浓度从25g/L提高到106g/L，溶解速率增加约5倍，可见，游离碱浓度对溶解速率有较大影响。

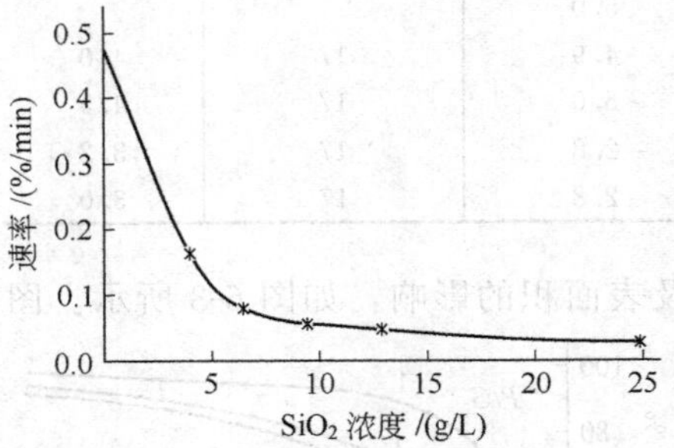

图6-6　溶液中二氧化硅浓度对高岭石溶解速率的影响

溶液中SiO_2的浓度对高岭石溶解速率的影响见图6-6。在80℃下，SiO_2浓度从0增加到5g/L，反应速率约降低0.4%，在反应温度120℃和150℃的情况下，也有类似的影响。

试验还表明溶液中Al_2O_3浓度对高岭石溶出率有影响。G. I. Droach研究结果表明，在氧化铝浓度较高和较低时对高岭石的溶解速率的影响不同。在低氧化铝苛性碱溶液中高岭石溶解度随Al_2O_3浓度增加而减少，高岭石溶解速率随氧化铝浓度的增高而显著降低，氧化铝浓度从0变到10g/L，降低反应速率系数约0.5。然而当Al_2O_3浓度为25g/L以上时，氧化硅溶解度随氧化铝浓度的增加而增加。

Na_2CO_3浓度的变化对二氧化硅溶出速率无大影响。

6.1.1.2　伊利石与碱液的作用

伊利石在国外氧化铝生产工艺中被看作是非活性SiO_2，而在我国氧化铝生产工艺条件下，伊利石难于用预脱硅方法脱除，而在预热温度下大量反应，因此构成了对预热器传热效率的严重威胁。所以对伊利石在各种条件下的行为进行深入了解，有很重要的意义。

图 6-7 所示为伊利石在不同温度下的反应率曲线。从图中可见，在 150℃以下，伊利石几乎不发生反应；180℃时，反应速度仍比较小，反应时间 20min，反应率仅 20%左右，且随时间延长增长十分缓慢。温度在 200℃以上，伊利石反应速度迅速增加，250℃时，20min 伊利石几乎已完全反应。这表明伊利石在铝酸钠溶液中的反应受温度影响极大。

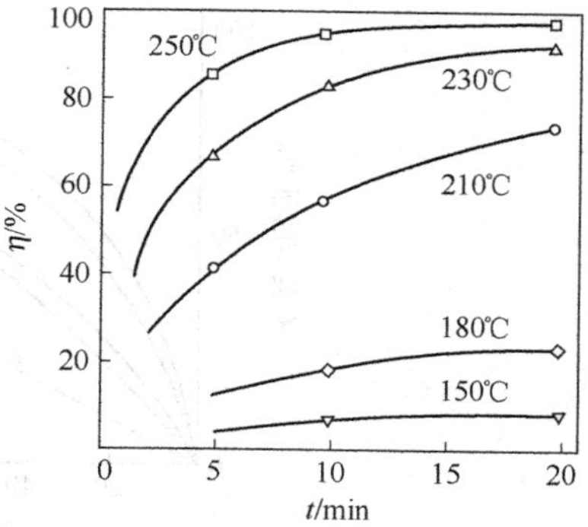

图 6-7　不同温度下伊利石的反应率曲线

试验测出不同反应率下伊利石表观活化能 E，反应率为 60%时，E=95.0kJ/mol；反应率为 70%时，E=97.4kJ/mol。由此可以推断，伊利石在 210～250℃的预热过程中反应处于表面化学反应动力学控制阶段，因而离子扩散传质不是影响反应速度的重要因素。由于活化能高，温度对反应速度影响甚大，因此在高温预热管道的反应随温度升高而迅速加快，导致结疤增加。

溶液中 K_2O 的含量对伊利石的反应率有影响，随着溶液中 K_2O 含量增加，伊利石反应率大大下降，但随温度升高，由于 K_2O 浓度不同引起反应速度的差别趋于缩小。当溶液中 K_2O 浓度升高时，有使方钠石析出速度减缓的作用，这是由于溶液中 K_2O 含量较高时，生成的方钠石中存在一定量钾，有可能是钾以类质同晶形式进入方钠石晶格中，钾离子进入方钠石可使其结构稳定，较难向钙霞石转化。

溶液中含有杂质 Na_2SO_4 能使伊利石反应速度大大增加，特别对于含钾溶液，这一效果更加明显。Na_2SO_4 还可促进钙霞石的生成。有可能反应过程中 SO_4^{2-} 同时进入钙霞石。SO_4^{2-} 的存在稳定了钙霞石的结构，使难于生成钙霞石的含 K_2O 溶液中析出以钙霞石为主的产物。由于这一产物的生成，使 SiO_2 浓度大大下降，而使含 K_2O 溶液下降幅度更大，这样极有利伊利石的溶解过程。

添加 CaO 对伊利石的反应有一定促进作用，而且温度越高，这种作用越明显。添加石灰对含 K_2O 溶液中伊利石反应的加速作用较不含的更大。产物的 X 衍射分析证实，添加 CaO 的溶液中反应产物出现大量水化石榴石，而方钠石含量大大下降。由于大量水化石榴石消耗了相当部分伊利石溶出的 SiO_2，并使溶液中 SiO_2 保持较低浓度，导致 CaO 具有促进伊利石溶解的作用。

添加 MgO 使伊利石反应率下降，添加量越大，下降幅度也越大，因此 MgO 可减缓伊利石的溶解。

从上面研究结果可以看出，如采取适宜的工艺，提高溶液中 K_2O 含量，降低 Na_2SO_4 浓度，在添加 CaO 的同时适当配入少量 MgO，会对伊利石的溶解反应产生抑制作用，减缓其反应速度，从而减轻预热器加热结疤。

6.1.1.3　石英与碱液的作用

铝矿石中的石英在低温下不易溶解于溶液中，但在高温下也同铝酸钠溶液作用，从而造成碱和氧化铝的损失。图 6-8 表示 110～240℃温度范围内石英的溶解曲线。试验所用铝土矿

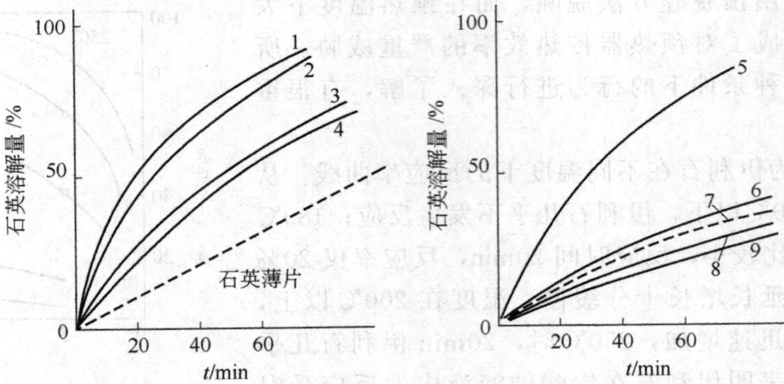

图 6-8 石英溶解曲线

曲线号	温度/℃	溶液浓度/(g/L)		
		K-Na_2O	Al_2O_3	F-Na_2O
1	220	160	128	82
2	240	135	154	42
3	220	125	130	46
4	220	220	92	38
5	230	127	137	44
6	220	91	84	40
7	190	144	130	65
8	180	158	125	81
9	180	127	100	66

注：K 表示 Na_2O 苛碱浓度；F 表示 Na_2O 游离 NaOH 浓度。

分别为澳大利亚一水铝石型铝土矿和东南亚三水铝石型铝土矿。

石英的溶解速度与溶液中存在的石英量成正比。石英的溶解反应属于一级，这表示铝矿中石英的表面不是平坦的。可以认为铝土矿中石英的溶解速度与石英的表面积成正比。石英的溶解速率随 OH^- 浓度与石英表面积的增加而增高的事实，以及表观活化能为 82.35kJ/mol，说明石英与拜耳法溶液的反应受石英表面间的化学反应控制。

6.1.2 铝酸钠溶液中硅矿物析出的平衡固相

从铝酸钠溶液中析出的水合铝硅酸钠，因生成条件的不同而有不同的组成和结构。其组成和结构主要受溶液 Na_2O 浓度和温度的影响，并受到洗涤程度的影响，而受 Al_2O_3 浓度的影响较小。最初析出的水合铝硅酸钠将逐渐变为更加稳定的形态。

图 6-9 是 80℃时的 Na_2O-Al_2O_3-SiO_2-H_2O 系状态图（忽略 SiO_2 的溶解度）。从图中可以看出析出的平衡固相与溶液中 Al_2O_3 浓度和 Na_2O 浓度的关系。

曲线 A_1A_2 为 Al_2O_3 在 NaOH 溶液中的平衡溶解度曲线，曲线 A_1A_2 与 $B_1C_1B_2$ 之间的平衡固相是Ⅲ，曲线 $B_1C_1C_2$ 以下的平衡相为Ⅳ，曲线 $B_2C_1C_2$ 范围内的平衡固相为Ⅵ。

根据结晶结构的分析，相Ⅲ属于 A 型沸石，组成相当于 $Na_2O \cdot Al_2O_3 \cdot 2.5SiO_2 \cdot (2.25\sim4)H_2O$。沸石是天然水合铝硅酸盐类的一族。它们的组成包括 Al_2O_3 和 SiO_2，以及一个或几个与铝硅酸盐结构的负电荷相平衡的阳离子和水化的水，最普通的阳离子是钠和钙离子。它们在结构上的特点是：当加热沸石时，水分可连续不断地被驱逐，脱水后，原来晶体的结构仍保持完整无损，结果成为一种具有开口空穴的网状结构，因此，它所含的水不是它结构的一部分。脱水后的沸石放置在潮湿的空气中，可以吸收同量的水分子恢复到脱水前的性状，而且还可以吸收 H_2S、NH_3、CO_2 以及酒精分子填补原来水分子的位置。沸石族矿物还有进行阳离子交换的性质，是最先用作阳离子交换剂的。

A 型沸石是一种与天然沸石在很多方面相似的合成碱金属铝硅酸盐。其化学组成根据生成条件有所变化，一般可写成：$Na_2O \cdot Al_2O_3 \cdot 2SiO_2 \cdot nH_2O$。

试验证明，沸石在较低的浓度（如 5% Na_2O）的 NaOH 溶液中加热是稳定的，在 10%的 NaOH 溶液中，经许多小时后，它不可逆地转变为合成方钠石。

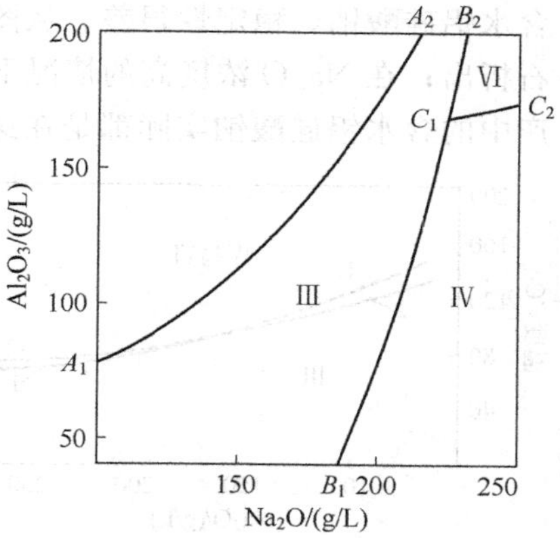

图 6-9　80℃时的 Na_2O-Al_2O_3-SiO_2-H_2O 系状态图

相Ⅳ和Ⅵ为合成方钠石族化合物。Ⅳ为 $3(Na_2O \cdot Al_2O_3 \cdot 2SiO_2) \cdot pNaOH \cdot mH_2O$，称为羟基方钠石；Ⅵ为 $3(Na_2O \cdot Al_2O_3 \cdot 2SiO_2) \cdot NaAl(OH)_4 \cdot nH_2O$，称为铝酸盐方钠石，在氧化铝生产中含水铝硅酸盐实际上都是在这个区域生成的。自然界的方钠石族矿物，组成可用下列通式表示：$3(Na_2O \cdot Al_2O_3 \cdot 2SiO_2) \cdot (Na_2,Ca)[Cl_2、SO_4、CO_3、(OH)_2、S_x \cdots]$。在天然矿物中，附加盐为氯化物的称为方钠石，为硫酸盐的称黝方石，为硫化物的称青金石，它们都属于等轴晶体，但晶格参数不同；附加盐为碳酸盐的称钙霞石，它属六方晶系。

所谓合成方钠石族化合物是指与天然方钠石族矿物同样结晶结构的合成矿物。在不含其他盐类杂质的 Na_2O-Al_2O_3-SiO_2-H_2O 系中，在较高温度下，脱硅产物的附加盐，按照溶液的浓度及苛性比，可能是 NaOH（碱性方钠石），$NaAl(OH)_4$（铝酸盐方钠石）或 $NaAl(OH)_4 \cdot NaOH$ 则叫作“碱性”和“羟基”方钠石族化合物。合成矿物结晶结构与天然方钠石相同者叫碱性方钠石；结晶结构与天然黝方石相同者叫碱性黝方石；结晶结构与天然钙霞石相同者叫碱性钙霞石。

当溶液中含有其他盐类杂质（CO_3^{2-}，SO_4^{2-} 等）时，则无论脱硅产物的附加阴离子与相应的天然矿物是否相同，则都根据其结晶结构命名，如：脱硅产物含 CO_3^{2-}，但其结晶结构与方钠石相同，则亦叫方钠石。

方钠石是立方晶体，晶胞边长 $a=8.9\times10^{-10}$ m。标准黝方石结构与方钠石极为相似，亦为立方晶体，但 $a=9.1\times10^{-10}$ m。钙霞石则是六方晶体（$a=12.67\times10^{-10}$ m，$c=5.18\times10^{-10}$ m）。从图 6-9 可观察到在较低的苛性碱浓度下，铝酸钠溶液中硅矿物析出的平衡相是 A 型沸石；在较高碱浓度和较高 *MR*（较低 Al_2O_3 浓度）情况下析出的平衡固相是碱性方钠石 $3(Na_2O \cdot Al_2O_3 \cdot 2SiO_2) \cdot pNaOH \cdot mH_2O$；在较高苛性碱浓度，较低 *MR* 情况下（或较高 Al_2O_3 浓度）析出的是铝酸盐方钠石 $3(Na_2O \cdot Al_2O_3 \cdot 2SiO_2) \cdot NaAl(OH)_4 \cdot nH_2O$。

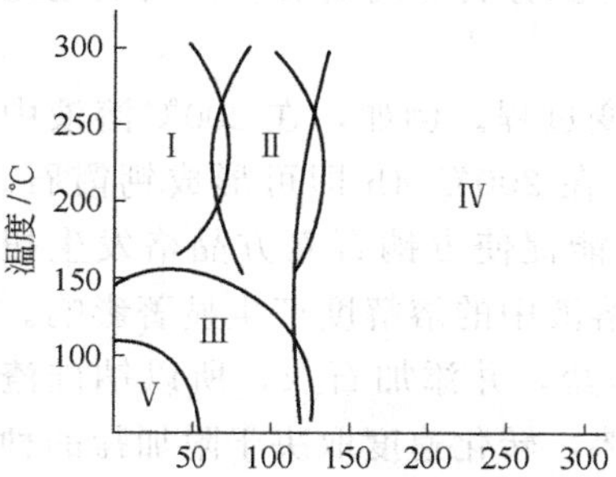

图 6-10　含水铝硅酸钠在铝酸钠溶液中的结晶区

图 6-10 表示在 Na_2O 为 50～500g/L，摩尔比为 4～14 的铝酸钠溶液中，析出的含水铝硅酸钠的形态。图中Ⅰ、Ⅱ、Ⅲ区均为方沸石，Ⅳ区为碱性方钠石，Ⅴ区为无定性

含水铝硅酸钠，稳定性很差。从图中可看出在 Na_2O 浓度低的区域内铝硅酸钠是以 A 型沸石析出；在 Na_2O 浓度高的情况下是以碱性方钠石的形态析出，这个区域最大，在氧化铝生产中的含水铝硅酸钠实际都是在这个区域生成的。这和图 6-9 的结论是相同的。

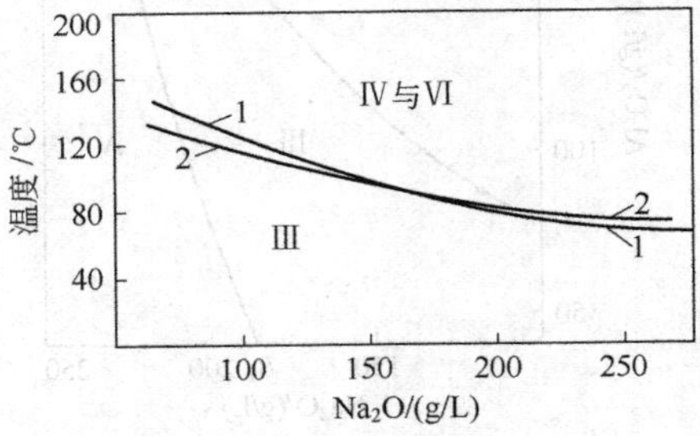

图 6-11　相Ⅲ、相Ⅳ、相Ⅵ的生成区
1—$MR=4$；2—$MR=2$

图 6-11 表明各平衡固相形成的温度和 Na_2O 浓度的范围。图中表明了在 120℃以上时，该状态下的Ⅲ区即不存在；温度 60℃以下时，相Ⅳ和相Ⅵ消失。也就是说在该条件下（$MR=2$ 或 $MR=4$，Na_2O 浓度在 100～250g/L），在较高温度条件下生成碱性方钠石或铝酸盐方钠石；而在较低温度下生成沸石。随温度升高，相Ⅲ转变为Ⅳ和相 V 的反应是不可逆的。但相Ⅲ在一定条件下仍为一平衡相，它是在温度低于 60℃时，在低浓度的溶液中得到的。

其他资料的研究结果表明，所有温度下的一般规律是：在低浓度（50～100g/L Na_2O）的铝酸钠溶液中生成的水合铝硅酸钠中 SiO_2 含量较高 [$SiO_2/Al_2O_3=2.3$～4（摩尔比）]，随着 Na_2O 浓度提高，SiO_2 数量减少。在 350g/L 的 Na_2O 浓度条件下，$SiO_2/Al_2O_3=1.8$（摩尔比）。温度不同，生成的铝硅酸钠只是晶格常数不同。在低碱浓度区随浓度的升高，生成的水合铝硅酸钠依次为无定性、沸石型和方钠石型；在高碱浓度区生成的只能是碱性方钠石型水合铝硅酸钠。

阿布拉莫夫认为在低温区（<100℃）同上述结论相近。温度在 100℃以上时，苛性比值较低时，主要物相为铝酸盐方钠石，当溶液浓度提高时，与铝酸盐方钠石同时结晶析出的还有碱性方钠石。随溶液苛性比值提高，铝酸盐方钠石和钙霞石结晶析出。在低苛性比值情况下提高溶液浓度，碱性方钠石和钙霞石同时结晶析出。

总结前面研究结果，对 Na_2O-Al_2O_3-SiO_2-H_2O 系在较高温度下脱硅产物的相组成就比较清楚了。在温度 110～300℃范围内，溶液苛性比值 1.65～1.70 时，当 Na_2O 浓度>15%时，Na_2O-Al_2O_3-SiO_2-H_2O 系的平衡固相为 3（$Na_2O\cdot Al_2O_3\cdot 2SiO_2$）$\cdot 2NaOH\cdot 2H_2O$，相当于相Ⅳ；当 Na_2O 浓度为 5%～15%时为 3（$Na_2O\cdot Al_2O_3\cdot 2SiO_2$）$\cdot 2NaAl(OH)_4\cdot 2H_2O$，相当于相Ⅵ。这些铝酸盐的低温（110～250℃）变体为碱性方钠石，高温变体为碱性钙霞石。

试验表明，在不含 CO_3^{2-} 的铝酸钠溶液中，200℃的脱硅产物的初晶具有碱性方钠石-黝方石结构。延长时间或提高脱硅温度，脱硅产物的结构向碱性黝方石方向发展，最后明显地重结晶为碱性钙霞石。

铝酸钠溶液中有其他盐类杂质的存在，则会加速上述转变过程。例如，在 200℃溶液中含硫酸盐和磷酸盐能加速形成黝方石的转变；含草酸钠时，在 200℃ 4h 即可形成钙霞石。可以认为较大的阴离子（CO_3^{2-}，SO_4^{2-}，$C_2O_4^{2-}$）的存在，能促使方钠石立方晶格发生扭变，而转变为更为稳定的矿物变体，从而对氧化硅在铝酸钠溶液中的溶解度产生显著影响。

工业铝酸钠溶液中常含有 Na_2CO_3、Na_2SO_4 及 NaCl 等盐，并添加石灰，所以钠硅渣组成和结构互不相同。合成的方钠石都有向钙霞石转化的趋势，转化速度取决于附加盐的种类，是按 $OH^-\rightarrow CO_3^{2-}\rightarrow SO_4^{2-}$ 的次序增大的。赤泥中钠硅渣含有上述附加盐后，结合的 Na_2O 和 Al_2O_3 都有所减少，赤泥沉降性能也得到改善。这是因为得到的是更加稳定的方钠石的缘故。

确定水合铝硅酸钠的实际组成，必须用热水对赤泥进行充分洗涤。也可以使用酒精洗涤。在工业生产中，由于洗涤条件的变化，往往使在相同条件下得到的钠硅渣成分不恒定。

用热水充分洗涤方钠石时，可以得到相当于沸石 A 的化学组成 $Na_2O \cdot Al_2O_3 \cdot 2SiO_2 \cdot nH_2O$，而不破坏晶格的原有结构。根据这一钠硅渣化学组成，则由于铝土矿中氧化硅而引起的 Na_2O 和 Al_2O_3 的损失各为：$Al_2O_3/SiO_2=0.85$，$Na_2O/SiO_2=0.516$（皆为质量比）。根据不同的溶出条件，由于有方钠石族其他矿物的生成，实际上赤泥中 Al_2O_3/SiO_2（质量比）可为 0.85～1.15，而 Na_2O/SiO_2 为 0.68 的比值基本不变。

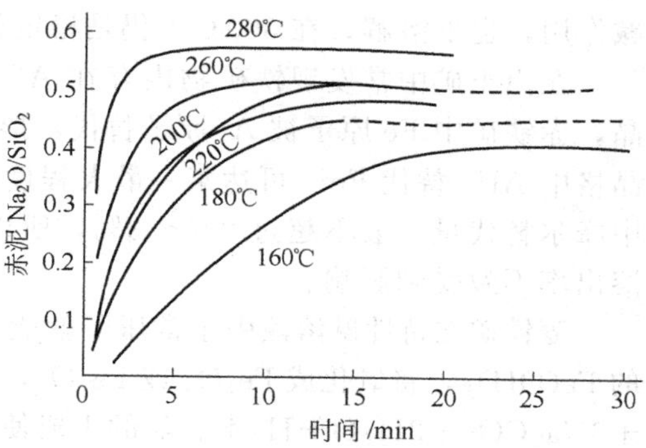

图 6-12 溶出温度与赤泥中 Na_2O/SiO_2 比的关系

在使用合成铝酸钠溶液时，方钠石化学式中附加阴离子主要是 $Al(OH)_4^-$，而 OH^- 较少。如果根据方钠石族化合物的总化学式来看，在用合成铝酸钠溶液时，所得方钠石中 Al_2O_3/SiO_2 的分子比最大可达 1∶1.5（不考虑结合 OH^-），其平均数约为 1∶1.7。在平衡条件下，溶液的苛性比越低，则生成方钠石中 Al_2O_3 含量越高。

溶出温度与赤泥中 Na_2O/SiO_2 比的关系如表 6-2 和图 6-12 所示。

表 6-2 溶出温度与赤泥中 Na_2O/SiO_2 比的关系

温度/℃	Na_2O/SiO_2	温度/℃	Na_2O/SiO_2
160～180	0.4	280	0.55
200～220	0.45	310	0.65
240～260	0.50		

6.2 含铁矿物在溶出过程中的行为

铝土矿中含铁矿物最常见的是氧化物，主要包括赤铁矿 α-Fe_2O_3、水赤铁矿 α-Fe_2O_3(aq)、针铁矿 α-FeOOH 和水针铁矿 α-FeOOH(aq)、褐铁矿 $Fe_2O_3 \cdot nH_2O$ 以及磁铁矿 Fe_3O_4 和磁赤铁矿 γ-Fe_2O_3。含铁矿物除了常见的氧化物外，还有硫化物和硫酸盐、碳酸盐及硅酸盐矿物。铁的存在形式与铝土矿类型有关。

一般一水硬铝石铝土矿中的硫化铁高于一水软铝石和三水铝石中的含量，三水铝石中常含菱铁矿。在铝土矿中也含有少量绿泥石，它们是铁镁的铝硅酸盐。

我国铝土矿中铁主要以赤铁矿形式存在，广西平果铝土矿中铁主要以针铁矿形式存在，某些高硫铝土矿中含有较多黄铁矿。这些含铁矿物常常以 0.1μm 到几个微米的细小颗粒和主要矿物混合在一起。氧化铝溶出后，所有铁矿物全部残留在赤泥之中，成为赤泥的重要组成部分，使其沉降性能受到影响，而未能从溶液中滤除的氧化铁，则成为成品 $Al(OH)_3$ 被铁污染的来源。

6.2.1 铁矿物在溶出过程中的行为

赤铁矿是三水铝石矿中经常遇到的铁矿物，在拜耳法溶出过程中赤铁矿实际上不与苛性碱作用，也不溶解，在300℃下仍是稳定相。

在铝土矿中常发现铁矿物内存在 Al^{3+} 和 Fe^{3+} 的类质同晶现象。赤铁矿与刚玉可以同晶，赤铁矿中Fe原子被Al原子替代，形成铝针铁矿。铝针铁矿的化学式为（Fe_{1-Ax}）$_2O_3$，晶格中 Al^{3+} 替代 Fe^{3+} 可达某一最大程度，最大替代程度可以形成 $Fe_{1.75}Al_{0.25}O_3$。赤铁矿中摩尔替代量一般不超过2%～3%，所以以赤铁矿为主的含铁矿物的低铁铝土矿，Al_2O_3 溶出率不致受到影响。

菱铁矿在苛性碱溶液中于常压下就能分解，生成 $Fe(OH)_2$ 和 Na_2CO_3。反苛化作用生成的 $Fe(OH)_2$，将氧化成 Fe_2O_3 或 Fe_3O_4，并放出氢气。反应式为 $3FeCO_3+6NaOH \xlongequal{} Fe_3O_4+3Na_2CO_3+2H_2O+H_2\uparrow$。氢的生成使高压溶出器内不凝性气体增加。

铝土矿溶出时，黄铁矿也能溶解于铝酸钠溶液，生成硫化钠、硫代硫酸钠、硫酸钠和磁铁矿，上述过程与溶出温度和苛性碱浓度有关。

绿泥石，即由分子式 $Fe_4Al_2Si_3O_{10}(OH)_8 \cdot nH_2O$ 表示的鲕绿泥石。在溶出过程中或多或少溶解，这主要与矿石产地、溶出温度等因素有关。绿泥石在高压溶出时，与碱液反应生成含水铝硅酸钠和高度分散的氧化亚铁。氧化亚铁与水反应生成氢气，使高压溶出器内不凝性气体增加。反应如下：

$$3FeO+H_2O \xlongequal{} Fe_3O_4+H_2\uparrow \tag{6-3}$$

钛铁矿的强衍射峰为2.74，在 Na_2O 150g/L和245℃不加CaO溶出时不起反应而转入赤泥；在添加CaO，温度为143℃溶出时，钛铁矿被分解，其中钛生成钛水化石榴石，铁生成 $Fe(OH)_3$ 进入赤泥。反应式如下：

$$3Ca(OH)_2+yFeO\cdot TiO_2+2xAl(OH)_4^-+yOH^-+aq \longrightarrow$$

$$3CaO\cdot xAl_2O_3\cdot yTiO_2\cdot(3x-2y+3)H_2O+(2x+y)OH^-+yFe(OH)_3+\frac{1}{2}yH^2\uparrow+aq \tag{6-4}$$

在温度低于245℃和不加CaO时，磁铁矿不发生化学反应。根据资料，磁铁矿在260℃的温度下仍是稳定相。

三水铝石中通常含有针铁矿，有些铝土矿的铁矿物以针铁矿为主，针铁矿在热谱上370℃有一个清楚的脱水吸热峰。

针铁矿在铝酸钠溶液中的溶解度，在 Na_2O 浓度介于150～250g/L，Al_2O_3 浓度介于62～103g/L的铝酸钠溶液中，α-FeOOH的平衡溶解度表现为温度的函数，如图6-13所示。溶解度曲线说明被溶解的铁能在沉降或分解过程中重新沉淀。它与温度是指数增长关系，在室温下的平衡溶解度接近零，温度升高后，其溶解度增大。

针铁矿在200℃以下，在铝酸钠溶液中缓慢溶解，当温度高于200℃，针铁矿晶格脱水，溶解速度急剧增大。

针铁矿的平衡溶解度还是溶液的组成的函数，平衡溶解度与游离 Na_2O 浓度间关系示于图6-14。从图中可看出游离 Na_2O 浓度越高，针铁矿的平衡溶解度越大，当游离苛性碱浓度相同时，铁在铝酸钠溶液中的等温溶解度远大于在纯NaOH溶液中的溶解度。

在 Fe_2O_3-H_2O 系，针铁矿可以脱水，不可逆地转变为赤铁矿，这两种矿物的平衡温度为70℃。但这时的转变速度非常缓慢，试验结果表明，针铁矿在铝酸钠溶液中也是这样，有文献指出针铁矿在加热到200℃以上时，仍没有转变为赤铁矿。当温度高于210℃的溶出条件下，针铁矿有可能较迅速地转变为赤铁矿。在铝酸钠溶液中，针铁矿完全转变为赤铁矿与溶液的温度和铝针铁矿中铝类质同晶替代铁的数量及铝酸钠溶液的分子比有关。有资料报道，针铁矿在拜耳法260℃，不加石灰条件下，相变为赤铁矿和磁铁矿，长时间处理，可全

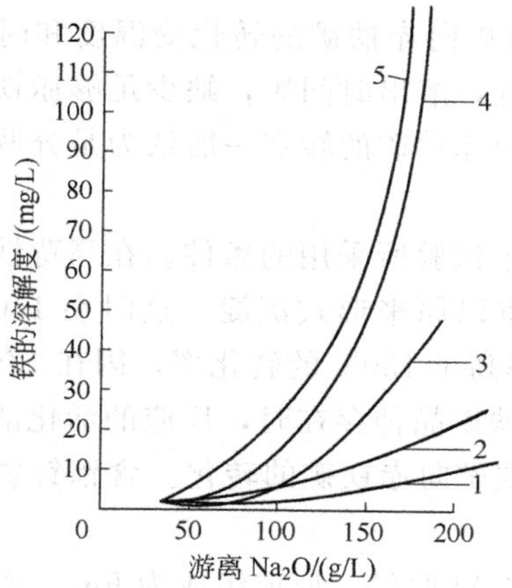

图 6-13　铁在苛性碱溶液中的溶解度与温度的关系

1—纯 Na_2O，150℃；2—纯 Na_2O，200℃；

3—Na_2O/Al_2O_3，150℃；

4—Na_2O/Al_2O_3，180℃；

5—Na_2O/Al_2O_3，200℃

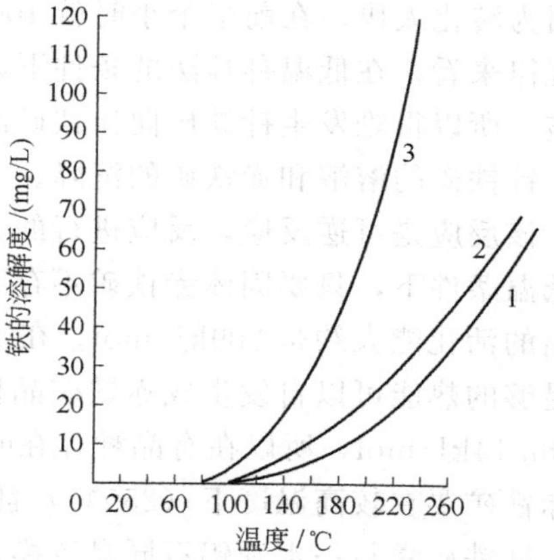

图 6-14　铁在苛性碱溶液中的溶解度与游离 Na_2O 的关系

1—Na_2O 150g/L；2—Na_2O 200g/L；

3—Na_2O 250g/L

部转化为磁铁矿。反应可按下式进行：

$$2FeOOH + aq \longrightarrow Fe_2O_3 + H_2O + aq \tag{6-5}$$

$$6FeOOH + aq \longrightarrow 2Fe_3O_4 + \frac{1}{2}O_2 + 3H_2O + aq \tag{6-6}$$

有关针铁矿向赤铁矿转化的温度及其他影响因素，P. Basu 对这方面的问题进行了研究。P. Basu 所做试验表明，在空气中，在 300～550℃，96h 条件下，针铁矿可以转化为赤铁矿；在铝酸钠溶液中，温度高于 175℃条件下，针铁矿也可以转变为赤铁矿。采用水热法将针铁矿转化为赤铁矿，如图 6-15 和 6-16 所示。在 175℃条件下，针铁矿就可以部分转化为赤铁矿，200℃时，转化的速度很快，而且可以 100%转化为赤铁矿，这与有的文献结果

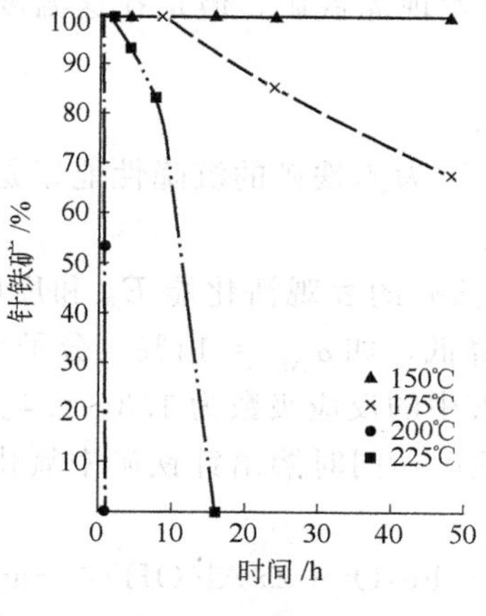

图 6-15　针铁矿转化等温线

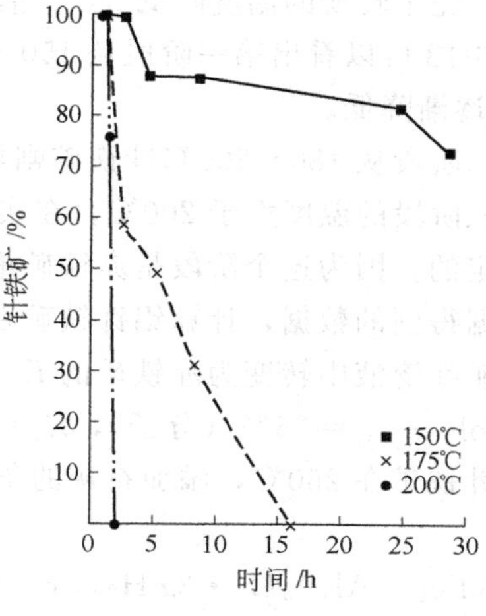

图 6-16　针铁矿-赤铁矿混合物的转化等温线

α-$FeOOH \rightleftharpoons [NaFeO_2] \rightleftharpoons \alpha$-$Fe_2O_3$

有出入。针铁矿与赤铁矿的混合物中针铁矿的转化率在225℃和250℃的等温线没有绘出，是因为转化太快，在前半个小时就100%转化。从针铁矿向赤铁矿的转化受温度和时间的影响规律来看，在低温拜耳法的条件下，由于反应温度低，溶出时间短，缺少足够赤铁矿作为晶核，所以很难发生针铁矿向赤铁矿的转变。针铁矿向赤铁矿的转变一般认为是分两步进行的：针铁矿的溶解和赤铁矿的沉降。

该反应是可逆反应，反应进行的方向和速率取决于试验所采用的条件。在高苛性碱浓度和低温条件下，只要固体赤铁矿不存在，α-FeOOH将以原来形式沉淀。这时在150℃下计算出的活化能大约是209kJ/mol。在175℃时的转化率高于150℃的转化率，因在175℃下具有足够的热能可以自发生成赤铁矿晶核，在有固体赤铁矿晶种存在时，反应的活化能降低到约96.14kJ/mol，所以在有晶种存在时，更易发生针铁矿向赤铁矿的转化。含铝针铁矿转化为赤铁矿要在较高温度下（250℃）且转化速率很慢。

针铁矿常与一水硬铝石同晶置换，针铁矿中Fe被Al取代，形成组成为$Fe_{1-x}Al_xOOH$的铝针铁矿。原子取代量值最高为0.33，可以形成$Fe_{0.67}Al_{0.33}OOH$的铝针铁矿。据资料，针铁矿与一水硬铝石属于同一空间群，针铁矿晶格常数$a=4.59$，$b=10.0$，$c=3.03$；一水硬铝石晶格常数为$a=4.40$，$b=9.42$，$c=2.84$。由于这种情况，成矿时同晶置换很容易发生。铝离子置换出针铁矿中铁离子而进入针铁矿晶格，构成铝针铁矿。铝针铁矿中的Al_2O_3在常规高压溶出条件下（230～240℃）是很难溶出的，同时针铁矿具有高分散性，这又使赤泥的沉降和压缩性能变坏，进而造成碱和氧化铝的附液损失。

如果铝土矿中存在针铁矿［FeOOH］和铝针铁矿［Fe(Al)OOH］，其分散度很高，比表面积很大，则还有一种不利的情况是降低赤泥的沉降速度和压缩速度，增加碱损失。究其原因是溶液被强烈地吸附在铝针铁矿和铝赤铁矿的细分散粒子表面上。所以对于铝针铁矿和水合铝赤铁矿含量高的铝土矿来说，铁的化合物并非是一种简单的惰性杂质，这些化合物在很大程度上决定着Al_2O_3的回收率、赤泥沉降性能及其赤泥带走的碱的量。铝针铁矿也能转变为赤铁矿，转化率与溶液的温度和铝替代铁的数量$\alpha_{Al\%}$有关。

图6-17表示铝针铁矿完全转变为赤铁矿的温度与试样中铝替代铁的数量$\alpha_{Al\%}$（分子百分数）的关系。铝针铁矿在溶液中的稳定性随类质同晶替代值的增加而降低。$\alpha_{Al\%}$增加1%（分子），完全转变的温度降低5℃。铝酸钠溶液分子比对其影响也很明显。

图6-18可以看出第一阶段从150～180℃范围内没有发现赤铁矿，但是在这温度范围内α_{Al}%值逐渐降低。

第二阶段从180～200℃针铁矿剧烈地转变为赤铁矿。

第三阶段的温度大于200℃，在实用方面很有意义，因为赤铁矿的沉降性能正是在这个阶段决定的。因为这个阶段是赤铁矿重结晶和变粗阶段。

根据得到的数据，计算铝针铁矿在溶液中转变为赤铁矿的表观活化能E_a和反应级数，铝针铁矿在溶液中转变为赤铁矿的E_a随$\alpha_{Al\%}$的增加而降低，如$\alpha_{Al\%}=14\%$（分子），$E_a=42kJ/mol$，$\alpha_{Al\%}=25\%$（分子），$E_a=35kJ/mol$。在溶液中的反应级数为1.3～1.4。

铝针铁矿在250℃，添加石灰的条件下，相变为赤铁矿，同时溶出针铁矿中氧化铝，反应如下：

$$(Fe_{1-x}Al_x)_2O_3 \cdot 3xH_2O + 2xOH^-aq \longrightarrow (1-x)Fe_2O_3 + 2xAl(OH)_4^- + aq \quad (6\text{-}7)$$

匈牙利铝土矿中含针铁矿约15%～20%，其中铝的替代程度达25%（分子），溶出率因此降低4%～8%。我国广西平果铝土矿中铁也主要以针铁矿形式存在。由于同晶置换进入

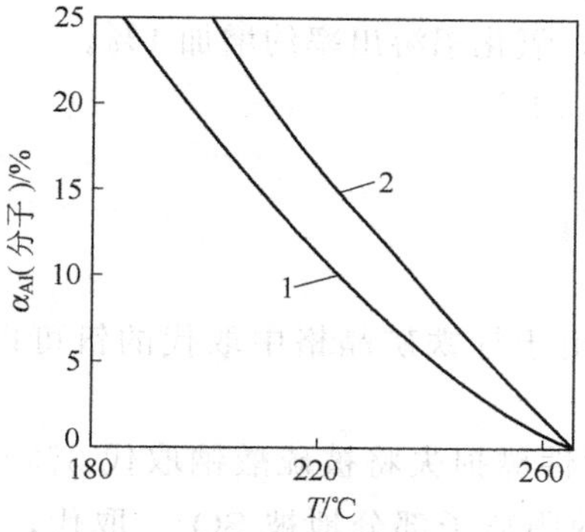

图 6-17 铝针铁矿的 $\alpha_{Al\%}$ 对其完全转化为赤铁矿的温度的影响

1—铝酸钠溶液 *MR* 为 3.43；2—铝酸钠溶液 *MR* 为 1.74

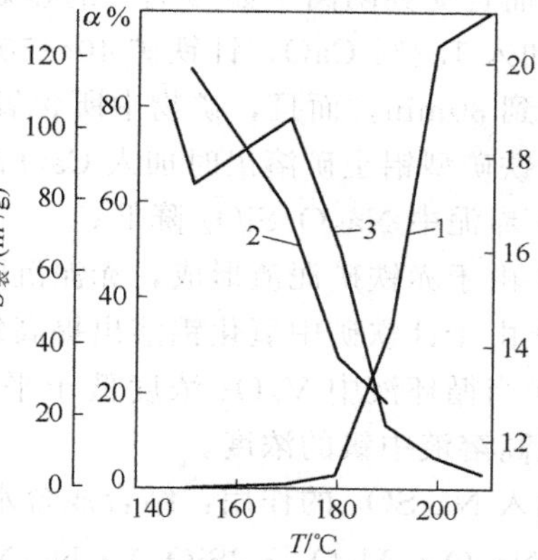

图 6-18 温度对铝针铁矿转变成赤铁矿的影响

1—转变的程度；2—铝针铁矿 α_{Al}；3—试样比表面积

到针铁矿晶格中的 Al_2O_3 为 1%左右，铝进入到针铁矿中数量很少，因此，平果矿中 α-$Fe_{0.95}Al_{0.05}OOH$ 的存在对 Al_2O_3 溶出影响不大。提高温度和添加石灰可以促使针铁矿转变为赤铁矿，使其中 Al_2O_3 得以溶出并改善赤泥沉降性能。大量添加石灰，将生成铁铝水化石榴石 $3CaO \cdot (Al、Fe)_2O_3 \cdot xSiO_2 \cdot (6-x)H_2O$。提高温度使细分散的铝针铁矿转变成大约大于 10μm 有棱角并结晶良好的赤铁矿。

匈牙利在 20 世纪 70 年代就研究了如何使铝土矿中针铁矿更好地转化为赤铁矿，其方法是：

① 在 300℃以上（管道化溶出器中）不加添加剂；

② 在 250℃以上加入 CaO；

③ 在 230～250℃同时加入 CaO 和催化剂。

匈牙利加入 CaO 和 Na_2SO_4 可以使针铁矿转化为赤铁矿的温度及反应时间大大降低（230～240℃，30min），还可以同时加入 Fe^{2+}、Mn^{2+} 和 Mg^{2+}。

铝土矿中最重要的铁矿物是赤铁矿和针铁矿，铝土矿中铁矿物在溶出过程中并不是一种无关紧要的矿渣物质，它能够影响工艺过程、氧化铝的溶出率、赤泥的分离性能及洗涤性能，也就是说影响苛性碱的损失，而且铁矿物的数量和性质还将影响氧化铝厂的产能。总之，赤铁矿被看作是一种有利的铁矿物，而水合针铁矿（针铁矿、磁赤铁矿、纤铁矿）则被看成是不利的化合物。

针铁矿型铝土矿不利影响如下：

① 由于针铁矿晶格中 Al 的取代而降低了氧化铝的溶出率，产生 $Fe_{1-x} \cdot Al_x \cdot OOH$，式中 $x=0$～0.33，用这种矿，氧化铝溶出率常降低 2%～3%左右；

② 对赤泥分离和沉降不利；

③ 溶解苛性碱损失大。

这些不利影响可以通过把针铁矿转化成赤铁矿而消除。除了添加 CaO 的办法外，还可以采用同时添加 CaO+NaCl 或 $CaO+Na_2SO_4$ 的方法。研究认为溶出时不仅加入 CaO 而且加入 3～5g/L Na_2SO_4，在 235℃经过 40min，铝土矿中针铁矿几乎全部转化为赤铁矿。这可能因为加入 SO_4^{2-} 后，生成了复杂的中间化合物，这些复杂的化合物的性质不仅受 Ca^{2+}

阳离子而且受到阴离子如 SO_4^{2-} 的显著影响。试验结果表明，在 Na_2O 200g/L，*MR*1.40，235℃加入 1.3% CaO，针铁矿 40～50min 内转变为赤铁矿；但在硫酸钠也加入进去后，时间可降到 30min，而且，矿物中所含氧化铝全部溶解，氧化铝溶出率约增加 1%。

针铁矿型铝土矿溶出时加入 CaO 的作用（245℃以上）：

① 赤泥中 Na_2O/SiO_2 降低；

② 由于赤铁矿泥渣形成，赤泥沉降性能得到改善；

③ 由于针铁矿中氧化铝溶出提高氧化铝溶出率；

④ 当循环液中 V_2O_5 浓度低于平衡溶解度时，由于针铁矿晶格中取代的钒可以回收，故可提高溶液中钒的浓度。

加入 Na_2SO_4 的作用：结合成含水铝硅酸钠的苛性碱损失将被硫酸钠取代 8%～10%，在 3（$Na_2O \cdot Al_2O_3 \cdot 2SiO_2$）$\cdot Na_2X$ 化学式中 X 的阴离子部分地被 SO_4^{2-} 取代，以代替 OH^- 和 CO_3^{2-}。

同时加入 CaO 和 Na_2SO_4 的作用：

① 加快针铁矿向赤铁矿的转化速度，同时降低温度约 10℃；

② 溶出液的分子比降低，因此循环效率提高；

③ 氧化铝溶出率提高；

④ 由于含有水合铝硅酸钠的硫酸盐更加迅速苛化，所以苛性碱损失进一步减少。

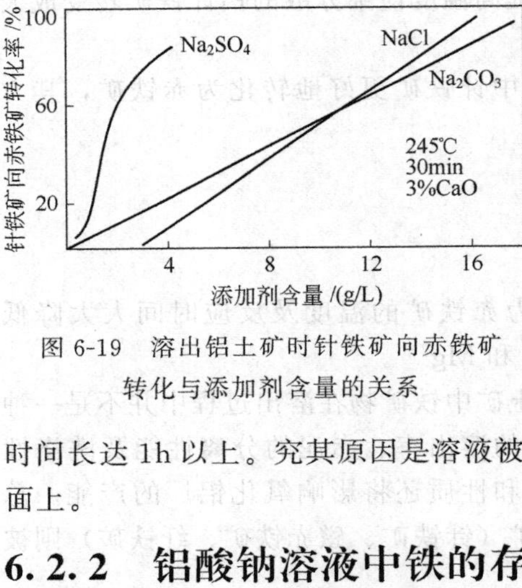

图 6-19　溶出铝土矿时针铁矿向赤铁矿转化与添加剂含量的关系

南斯拉夫铝土矿溶出时，针铁矿向赤铁矿转化的效果与添加剂的含量关系如图 6-19 所示。

从针铁矿转化为赤铁矿的观点来看，下述阴离子具有类似影响：$1SO_4^{2-}=5CO_3^{2-}=10Cl^-$，$Fe^{2+}$ 和 Mn^{2+} 对针铁矿向赤铁矿的转化也具有催化作用。

矿石中含铁矿物以赤铁矿为主，溶出后赤泥浆液有较好的沉降性能，以针铁矿和铝针铁矿为主的矿石，其分散度高，比表面积很大，赤泥浆液沉降性能很差，有的沉降速度很慢，有的没有清液层，时间长达 1h 以上。究其原因是溶液被强烈地吸附在铝针铁矿和铝赤铁矿的细分散粒子的表面上。

6.2.2　铝酸钠溶液中铁的存在形式

经控制过滤后的铝酸钠溶液中仍含有一定数量的氢氧化铁或氧化铁，其总量不超过 4～5mg/L。研究表明，工业铝酸钠溶液中约有 2～3mg/L 的铁以溶解铁酸钠的形式存在，主要是由铁矿物，如赤铁矿和针铁矿按下式溶解进入溶液：

$$Fe_2O_3+2OH^-+3H_2O+aq \longrightarrow 2Fe(OH)_4^-+aq \quad (6\text{-}8)$$

$$Fe_2O_3 \cdot H_2O+2OH^-+2H_2O+aq \longrightarrow 2Fe(OH)_4^-+aq \quad (6\text{-}9)$$

铁酸钠的平衡溶解度在室温下接近零，而在较高温度下迅速增长。有关研究资料指出，在 Na_2O 为 50～100g/L 的碱液中，铁是以 $(Fe \cdot aq)^{3+}$ 络合离子形态存在，溶液中 Na_2O 浓度增大，OH^- 便可进入络合离子内层代替水分子；在碱液浓度更高的溶液中，络合离子最终转变为羟基铁酸根离子 $Fe(OH)_4^-$，进入溶液。

溶出温度和 Na_2O 浓度越高进入溶液中的铁量也越多，当溶液温度降低时，这些铁又析出成为极小的微粒。溶出液中铁量也有和 SiO_2 相似的情况，即矿石中铁含量越高，溶出液中铁量反而越少，这是因为溶液中的铁可以在铁矿物颗粒上析出。最近有资料报道，在溶液中加入异羟肟酸盐等添加剂，促使溶液中微粒铁化合物的絮凝和附聚，沉降后溢流不需过滤，成品中铁含量大大下降。

铝酸钠溶液中的铁含量主要取决于矿石中含铁矿物的类型和粒度。溶液中除了含有 2～3mg/L 以铁酸钠形式溶解的铁，在生产溶液中还有细度在 3μm 以下的含铁矿物微粒，其数量可达溶解铁量的 5 倍，这些微粒甚至在试验室条件下也很难滤掉。铝土矿中黄铁矿分解也会生成溶解的羟基硫代铁酸钠或硫代铁酸钠，使溶解的铁浓度增大。过滤后精液中总铁含量低于 4～5mg/L 时，产品 $Al(OH)_3$ 才不致被铁污染。

6.2.3　铁矿物对氧化铝溶出率的影响

在多数铝土矿的铁矿物中，赤铁矿与刚玉是类质同晶体，针铁矿与一水硬铝石是类质同晶体，即在它们晶格中 Fe 原子可被 Al 原子置换。前面已叙述过，其置换的最大程度，在针铁矿中组成相当于 $Fe_{0.67}Al_{0.33}OOH$，即在针铁矿中，Al 置换 Fe 原子可达 33%，在赤铁矿中，置换的最大程度相当于 $Fe_{1.75}Al_{0.25}O_3$，Al 原子置换 Fe 原子可达 12.5%。在一定溶出条件下，由于 Al 原子进入铁矿物的晶格中，不可避免地造成 Al_2O_3 的损失。

对国外某些高铁一水软铝石型铝土矿的试验表明，在正常的溶出条件下，针铁矿晶格中 Al_2O_3 是不溶解的。对含针铁矿 15%～20%的匈牙利的某些铝土矿，由于晶格中有 α-AlOOH，而使 Al_2O_3 的溶出率降低 1%～5%，但加入石灰可使 Al_2O_3 的溶出率大为提高。

6.3　含钛矿物在溶出过程中的行为

铝土矿中含有 2%～4%的 TiO_2，一般情况下 TiO_2 以金红石、锐钛矿和板钛矿形态存在，有时也出现胶体氧化钛和钛铁矿。我国贵州铝土矿含氧化钛较高，约在 3%～4%。

在拜耳法处理三水铝石型或一水软铝石型铝土矿时，氧化钛是造成碱损失的主要原因之一，并引起赤泥沉降性能恶化。在处理一水硬铝石型铝土矿时，氧化钛的存在严重降低氧化铝的溶出率，为提高一水硬铝石的溶出率，必须加入石灰。

在生产中还发现，预热矿浆的温度高于 140℃时，加热管中的结疤速度加快，结疤中含较高数量的 TiO_2 和 CaO，即钛结疤。

6.3.1　钛矿物与苛性碱溶液的反应

氧化钛与苛性碱溶液作用时生成钛酸钠。钛矿物与 NaOH 反应的能力按无定形氧化钛→锐钛矿→板钛矿→金红石的顺序降低，而且钛矿物只与 Al_2O_3 含量未饱和的铝酸钠溶液反应，当溶液中 Al_2O_3 达到饱和（平衡苛性比的溶液）时，便不再与 NaOH 发生作用，即在铝酸钠溶液中，氧化钛化合成钛酸钠的最大转化率决定于溶液中“游离”苛性碱含量。钛矿物与 NaOH 反应生成的物质形态根据苛性碱液浓度和温度的不同而不同。

从 Na_2O-TiO_2-H_2O 系状态图（图 6-20）可以看出，在一般拜耳法溶出条件下（不加石灰），TiO_2 与 NaOH 作用的生成物是 $Na_2O\cdot 3TiO_2\cdot 2H_2O$。溶出生成的 $Na_2O\cdot 3TiO_2\cdot 2H_2O$ 以热水洗涤时，可以发生水解，残留的 Na_2O 量相当于 Na_2O：TiO_2(摩尔比)＝1

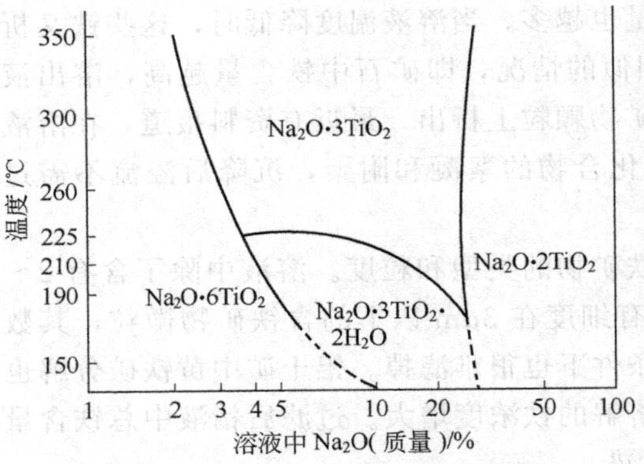

图 6-20 Na_2O-TiO_2-H_2O 系状态图

：5～6，即相当于低碱浓度时的生成物 $Na_2O \cdot 6TiO_2$，可按此计算 TiO_2 带走的碱损失。

氧化钛的矿物成分不同，与苛性碱的反应能力也不同。胶体氧化钛在100℃左右便可以与母液反应，在180℃与金红石化合的 Na_2O 的量约为与锐钛矿化合量的10%，在240℃则为50%～70%。

B. E. Мечвечков 提出，锐钛矿在低于300g/L Na_2O 浓度的溶液内长时间反应后才转化成水化胶体 $TiO_2 \cdot nH_2O$。还有人认为，当大量 TiO_2 在较高温度及碱浓度下长期反应，稳定的平衡固相应是结晶状的钛酸钠盐，但在较低碱浓度以及较低温度下，锐钛矿等钛矿物仍为主要相。

添加石灰可使氧化钛溶出反应的速率增加。试验表明，在200℃，Na_2O 浓度200g/L，Al_2O_3 浓度142g/L的条件下，不加 CaO 时，金红石的反应率非常小，在加入 CaO 后，金红石的反应率急剧增加，在相同的时间内，CaO 添加量越多，金红石的反应率越大。加 CaO 后反应产物主要是钙钛渣和少量的 Na_2TiO_3。

6.3.2 含钛矿物在溶出过程中的危害

铝土矿中的含钛矿物使一水硬铝石的溶解性能显著恶化。锐钛矿的危害比金红石更严重。TiO_2 的最大危害是阻碍一水硬铝石溶出和形成高温结疤。

TiO_2 能与 NaOH 反应生成几种钛酸钠：$NaHTiO_3$、Na_2TiO_3、$Na_2O \cdot 3TiO_2 \cdot 2.5H_2O$。许多人研究发现这些钛酸钠中苛性碱 Na_2O 和 TiO_2 的摩尔比在1∶2到1∶6之间。钛酸钠是很薄的（0.03mm）的针状结晶体。这种钛酸钠针状结晶体能够形成像毡似的结构，这种结构具有高黏性和强吸附性，在一水硬铝石表面生成一层钛酸钠保护膜，阻碍一水硬铝石的溶出。这层膜的厚度大约是 18×10^{-10} m，因而很难用X光和结晶光学方法发现。三水铝石易于溶解，它在钛酸钠生成之前已经溶解完毕，TiO_2 不起阻碍作用。一水软铝石受到的阻碍作用也小得多。表6-3给出了添加 TiO_2 和 CaO 对合成一水硬铝石的溶出性能的影响。

表6-3的数据表明，TiO_2 对合成一水硬铝石的溶出起到极大的阻碍作用。TiO_2 的添加量达3.5%时（与普通铝土矿中所含 TiO_2 接近），可使合成一水硬铝石的溶出率几乎降为零，

表 6-3 合成一水硬铝石添 TiO_2 和 CaO 时的溶出结果（235℃）

反应物	10min	20min	60min
		η_A/%	
合成一水硬铝石	50	65	78
合成一水硬铝石 TiO_2 3.5%	1	1	1
合成一水硬铝石 TiO_2 3.5% CaO 60%	51	64	77

且随反应时间延长，溶出率未增加。天然一水硬铝石的溶出过程也受到添加 TiO_2 的严重影响，在250℃下溶出 15min，Al_2O_3 的溶出率从未添加 TiO_2 时的 90%下降到 4%。在相同反应条件下，TiO_2 可以使一水硬铝石溶出完全停止，但仅仅减慢一水软铝石中 Al_2O_3 的溶出速度。TiO_2 对合成一水软铝石的影响见图 6-21。

图 6-21 表明，TiO_2 对合成一水软铝石溶出具有一定的阻碍作用，但仅仅是减慢。溶出时间达 1h 后，添加 3.5%的 TiO_2 的合成一水软铝石其溶出率可达 80%，与一水硬铝石溶出率仍为 1%形成鲜明的对照，分析可能是碱溶产物在二者表面产生的覆盖层密度不同而致。

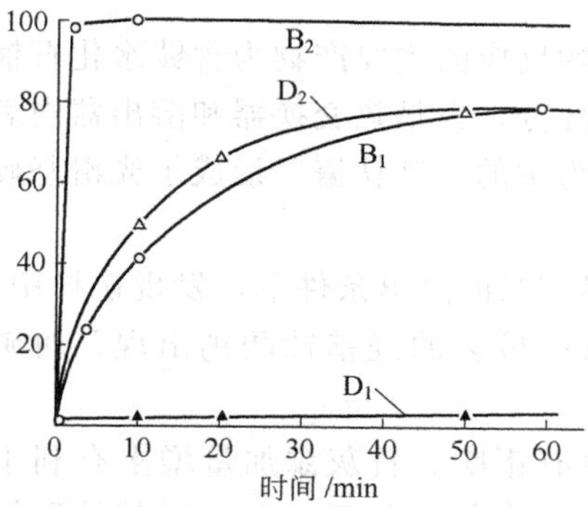

图 6-21 TiO_2 对合成一水软铝石和一水硬铝石溶出的影响（235℃）

B_1—含钛-水软铝石；B_2—不含钛-水软铝石；D_1—含钛-水硬铝石；D_2—不含钛-水硬铝石

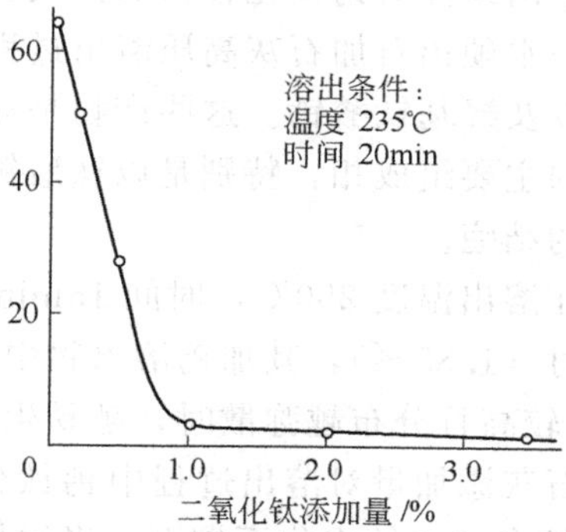

图 6-22 TiO_2 添加量不同时一水硬铝石的溶出率

TiO_2 对纯一水硬铝石溶出的影响见图 6-22 图所示，添加锐钛矿严重地影响一水硬铝石的溶出速度，纯一水硬铝石的溶出率随 TiO_2 的添加呈线性下降，当 TiO_2 添加量为一水硬铝石的 1%（质量）以上时，其溶出过程几乎完全停止，所以 TiO_2 对一水硬铝石的溶出起阻碍作用。试验表明，在铝土矿中只有钛矿物，特别是锐钛矿，对一水硬铝石的溶出有严重的阻碍作用。

6.3.3 消除 TiO_2 不良影响的措施

6.3.3.1 添加氧化钙

实践证明，在铝土矿溶出时添加石灰是消除 TiO_2 危害的有效措施。CaO 会与 TiO_2 生成钙钛矿、羟基钛酸钙或钛水化石榴石，使一水硬铝石表面上不再生成钛酸钠保护膜，故溶出过程不再受阻碍。

过去人们认为在添加石灰高压溶出铝土矿时，TiO_2 全部生成钙钛矿，后来发现赤泥中不但有钛酸钙，还有羟基钛酸钙和含钛水化石榴石，而且还发现随石灰添加量的增加，羟基钛酸钙分解生成含钛水化石榴石，这一相变不影响碱耗，但使 Al_2O_3 的溶出率大大降低，这是因为在相变中钛置换铝少，置换硅多，结果使其中 SiO_2 饱和度显著减小，导致损失增大。

1977 年，前苏联首次报道了在加石灰的溶出产物中发现有羟基钛酸钙和含钛水化石榴石的存在。后来我国科研人员从我国平果矿、贵州矿的高压溶出赤泥的 X 衍射谱中也找到了这两种化合物的谱线。因此，羟基钛酸钙和含钛水化石榴石是添加石灰的一水硬铝石溶出过程中常见的两种产物。有关资料研究表明，羟基钛酸钙分子内含有羟基而不是一般的结晶水。我国羟基钛酸钙均呈十分规则的正六边形薄片状晶体，边长2～8μm，厚度一般小于1μm。赤泥中羟基钛酸钙中钛钙比远高于钛酸钙中钛钙比。铝是羟基钛酸钙中所含主要杂质元素。钛酸钙晶体通常呈现细小的长方体或短四方柱形态。从化学组成来看，这几种钙钛化合物中 TiO_2 的含量以羟基钛酸钙→钛酸钙→钛水化石榴石次序递减，而 CaO 含量依次增加。

溶出条件对钙钛化合物的生成有很大影响。

一水硬铝石加石灰高压溶出过程中钙、钛化合物反应的主要产物为含钛水化石榴石、钛酸钙以及羟基钛酸钙。这些产物是赤泥的重要组成部分，也是热交换器和溶出器内表面生成结疤的主要组成相，特别是以钛酸钙和羟基钛酸钙为主的“钙钛渣”形成了光滑坚硬、难以处理的结疤。

在溶出温度250℃，时间15min，石灰添加量为7%的溶出条件下，发现矿样中含 TiO_2 较低时（1.85%），其加钙溶出物中几乎没有含 TiO_2 较多的羟基钛酸钙出现；而矿样中含 TiO_2 较高且分布越弥散时，越易生成羟基钛酸钙。

石灰添加量对溶出过程中钙钛化合物的生成也有影响。石灰添加量增多有利于生成含CaO较多的含钛水化石榴石。当添加CaO与 TiO_2 的摩尔比降至1时，羟基钛酸钙在溶出过程中可以稳定存在；当CaO与 TiO_2 的摩尔比为0.76时，TiO_2 则主要生成羟基钛酸钙；在石灰添加量为5%～7%的溶出条件下，三种钙钛化合物可以同时出现。

在250℃，60min反应条件下，随CaO添加量增加，溶出产物中的含钛水化石榴石（CASTH）逐渐增加，而羟基钛酸钙逐渐减少。

对我国平果矿加CaO高压溶出赤泥物相分析表明，平果矿中含钛矿物高压浸出时的转化产物为钛水化石榴石和羟基钛酸钙，而且随温度提高和反应时间延长，羟基钛酸钙向钛水化石榴石转化。280℃接近平衡的赤泥中，钛水化石榴石几乎是惟一含钛矿物，分子式 $3CaO(xAl_2O_3, 1-xTiO_2) \cdot yTiO_2 \cdot (6-2y)H_2O$，其中 x 为0.1～0.2、y 为0.6～0.8。

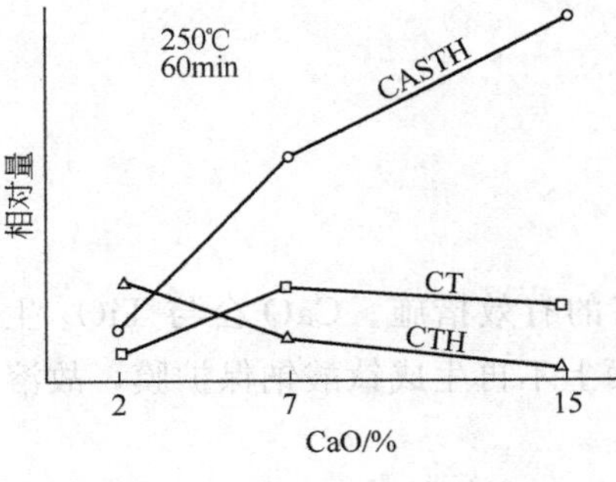

图 6-23　各种钙钛化合物生成量随石灰添加量变化的示意图

石灰的活性对钙钛化合物的生成具有重要影响。试验证明，在相同的添加量下，活性高的石灰易于生成较多的羟基钛酸钙，活性极差的石灰可能难于生成任何结晶状态良好的钙钛化合物。活性较高的石灰具有较粗糙的表面，较多的裂缝和孔隙，因而钙、钛化合物反应速度加快，生成含钙较多，结晶较好的钛酸钙。各种钙钛化合物生成量随石灰添加量变化如图6-23所示。

试验表明，当石灰添加量一定时，含钛水化石榴石随时间、温度变化不大。在一般加钙量（5%～8%）条件下，随溶出时间增加，羟基钛酸钙逐渐转化为钛酸钙，溶出温度越高，羟基钛酸钙向钛酸钙转化的速度越快，羟基钛酸钙在此加钙量条件下是不稳定中间相，最终转化为钛酸钙。

图6-24和图6-25是溶出产物中钙钛化合物量随溶出时间变化的示意图。

羟基钛酸钙可以用HCl加以溶解，但0.2～0.5mol/L HCl不能将羟基钛酸钙溶解，

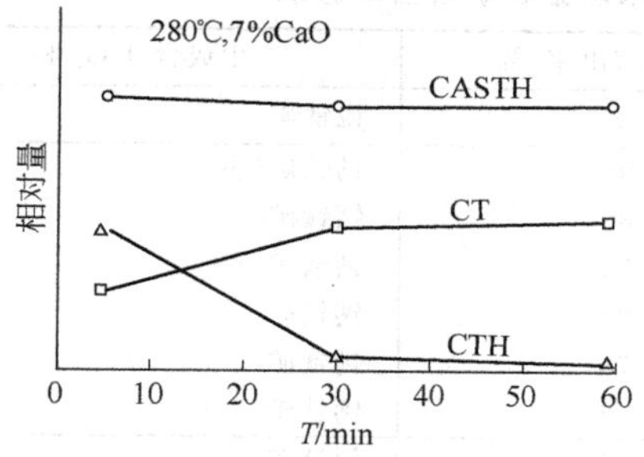

图 6-24　280℃溶出产物中钙钛化合物量随溶出时间的变化

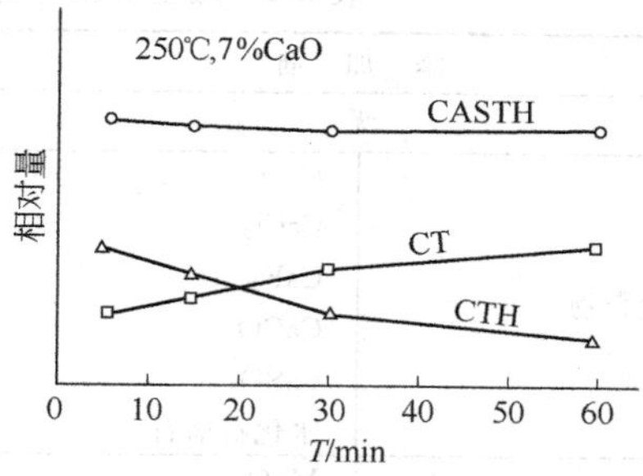

图 6-25　250℃时溶出产物中钙钛化合物量随溶出时间的变化

2mol/L 的 HCl 可以使它完全溶解。差热分析表明羟基钛酸钙在 560℃处有一吸热峰，在 450～650℃之间失重率为 5.7%，同时 X 衍射分析测定羟基钛酸钙在样品中占 72%，由此估算每个羟基钛酸钙分子可热解一个水分子，所以其结构式可写成 $CaTi_2O_4(OH)_2$。红外光谱对羟基钛酸钙所含 O—H 基团进行的研究，表明羟基钛酸钙分子内含有羟基而不是一般结晶水。

一般赤泥中的水化石榴石主要以 $3CaO \cdot Al_2O_3 \cdot xSiO_2 \cdot (6-2x)H_2O$ 的形式存在。因为分子中 SiO_2 常有一部分被 TiO_2 取代，所以该物质也常常含有相当量的钛元素，形成所谓的含钛水化石榴石。如果全部被 TiO_2 取代，其分子式可写为 $3CaO \cdot Al_2O_3 \cdot xTiO_2 \cdot (6-2x)H_2O$，称之为钛水化石榴石。钛水化石榴石内 TiO_2 含量随反应条件变化，当矿石中 TiO_2 含量较低或活性较差时，钛水化石榴石中的 TiO_2 含量将随之大大减少，钛水化石榴石的差热分析表明在 300～310℃有一吸热峰。这个温度明显地低于普通水化石榴石（360～380℃），有可能意味着钛水化石榴石的热稳定性不如普通水化石榴石。

钛酸钙是一般拜耳法赤泥中常见的稳定的钙钛化合物，在稀盐酸中比水化石榴石和羟基钛酸钙稳定。钛酸钙晶体通常呈现细小的长方体或短四方柱形。

6.3.3.2　添加其他添加剂消除 TiO_2 不良影响

在一水硬铝石型铝土矿溶出过程中，不但添加 CaO 可以消除 TiO_2 的不良影响，而且添加其他碱土金属化合物也可以消除 TiO_2 的影响。碱土金属化合物添加剂对一水硬铝石矿溶出试验结果见表 6-4。

从表 6-4 中可以看出，所有能够加速一水硬铝石溶出过程的添加剂（钙的化合物和锶的化合物），在溶出条件下都能和 TiO_2 反应生成相应的不溶于母液的稳定的固体钛酸盐产物。而不能够改善一水硬铝石溶出过程的那些添加剂在溶出条件下不能和 TiO_2 发生反应生成稳定的固体钛酸盐产物，从而在赤泥中剩余有大量的未发生反应的 TiO_2。添加剂和铝土矿中 TiO_2 反应速度越快，一水硬铝石的溶出率则越高。一水硬铝石化学组成：Al_2O_3 81.6%，SiO_2 0.32%，Fe_2O_3 0.49%，TiO_2 2.80%。

从试验数据可以认为，几乎所有的钙、锶化合物添加剂在母液中都生成稳定的钛酸盐，降低钛酸根离子的浓度，从而消除了 TiO_2 对溶出的阻碍作用。所有的含镁添加剂则转变为难以和 TiO_2 反应生成 $MgTiO_3$ 的 $Mg(OH)_2$，因此，镁化合物不可能消除 TiO_2 的不良影响。

在高 CO_3^{2-} 低 OH^- 的溶液中，钡化合物 $BaCO_3$ 比 $BaTiO_3$ 稳定，在这种情况下，钡化

表 6-4 碱土金属化合物添加剂对一水硬铝石矿溶出率影响

添加剂		氧化铝溶出率/%	生成含 TiO_2 相
无		8	锐钛矿
含钙化合物	CaO	90	钙钛矿(主)
含钙化合物	$CaCl_2$	89	钙钛矿
含钙化合物	CaF_2	76	钙钛矿
含钙化合物	$CaCO_3$	81	钙钛矿
含钙化合物	$CaSO_4$	74	钙钛矿
含钙化合物	水化石榴石	92	钙钛矿
含碳化合物	MgO	12	锐钛矿
含碳化合物	$MgCO_3$	9	锐钛矿
含锶化合物	$SrCl_2$	92	$SrTiO_3$(大量) $SrCO_3$(少量)
含锶化合物	$SrCO_3$	88	$SrTiO_3$(大量) $SrCO_3$(少量)
含锶化合物	$SrSO_4$	87	$SrTiO_3$(大量) $SrCO_3$(少量)
含钡化合物	BaO	15	锐钛矿
含钡化合物	$BaCl_2$	12	锐钛矿
含钡化合物	$BaCO_3$	11	锐钛矿
含钡化合物	$BaSO_4$	14	锐钛矿

合物添加剂不能和 TiO_2 作用，一水硬铝石的溶出率很低。反之，如果母液中 CO_3^{2-} 浓度很低，而 OH^- 浓度较高，则钡化合物添加剂与铝土矿中 TiO_2 发生反应生成 $BaTiO_3$，一水硬铝石的溶出率相应也较高。试验证明，在母液中 CO_3^{2-} 浓度很低时，在所有溶出赤泥中都发现了钡化合物添加剂和 TiO_2 的反应产物 $BaTiO_3$，而铝土矿中一水硬铝石几乎被完全溶出。

希腊人也就不同添加剂 CaO、BaO 和 $BaSO_4$ 添加量对一水硬铝石型铝土矿的溶出影响进行了研究，结果如图 6-26 所示。

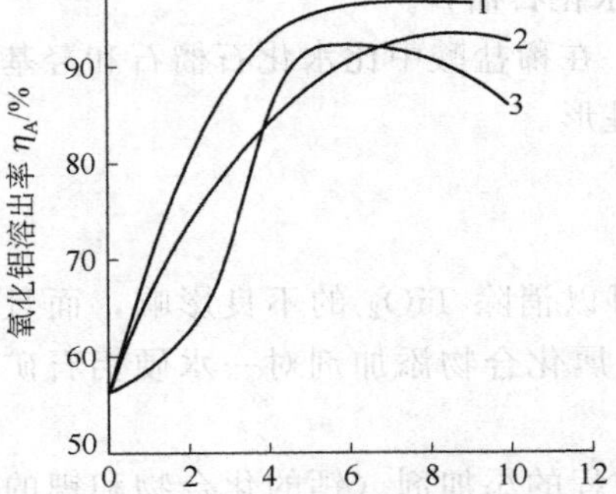

图 6-26 不同添加剂 CaO、BaO 和 $BaSO_4$ 的添加量对一水硬铝石型铝土矿氧化铝溶出率的影响

1—BaO；2—$BaSO_4$；3—CaO

试验结果表明，随添加剂添加量增加，氧化铝的溶出率提高，当各种添加剂达最佳添加量时，氧化铝达最高溶出率。从图中还发现，BaO 对一水硬铝石型铝土矿的溶出的影响比其他两种添加剂更显著，当向铝土矿中添加 5%～7% 的 BaO 时，最高溶出率达 97%，而添加 5% CaO 和 7% $BaSO_4$ 时，氧化铝最高溶出率为 93% 和 94%。

还有一个重要的不同之处是，当 CaO 超过最佳添加量时，氧化铝溶出率反而下降，而过量的 BaO 和 $BaSO_4$ 不会减少氧化铝溶出率。这种差别可以从固体残渣 X 衍射和热失重分析得到解释：当石灰添加量超过 5% 时，赤泥中发现有 $3CaO \cdot Al_2O_3 \cdot 6H_2O$ 生成，所以引起氧化铝回收率降低，在添加 BaO 和 $BaSO_4$ 的溶出赤泥中，发现有 $BaO \cdot TiO_2$ 生成，而无任何钡铝化合物的生成。

铁化合物添加剂对含 TiO_2 一水硬铝石的溶出影响见图 6-27 和图 6-28。

从图 6-27 和图 6-28 可以看出，在无任何添加剂的情况下，加有 TiO_2 的合成一水硬铝石的溶出率很低，随着添加剂 $Fe(OH)_3$ 和 $FeSO_4$ 添加量的增加，其溶出率也随着增加，这表明 $Fe(OH)_3$ 和 $FeSO_4$ 对溶出过程有促进作用，不过只有当它们的添加量较石灰的添加量大得多时，对溶出过程的促进作用才较为明显。

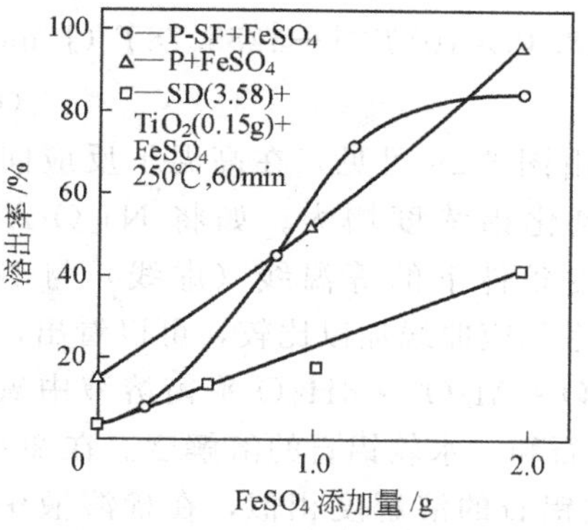

图 6-27　$FeSO_4$ 添加量不同时溶出率的变化

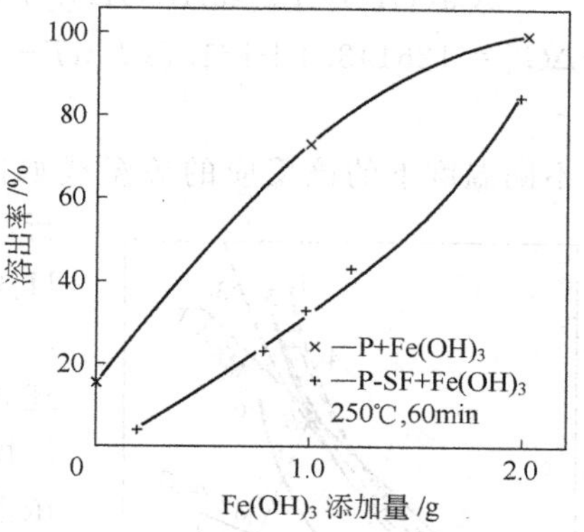

图 6-28　$Fe(OH)_3$ 添加量不同时溶出率的变化

P—原矿；P-SF—除 Fe、Si 的矿

有铁化合物存在时的赤泥的 X 射线衍射分析结果表明：铝土矿中的锐钛矿几乎被完全溶解，并且在有 $FeSO_4$ 存在时的赤泥中发现新物质——磁铁矿，并发现这种新物质的组成为 $FeTiO_3$，很明显这是铝土矿中 TiO_2 和添加剂 $FeSO_4$ 的反应产物，其结果加快了溶出过程。电子显微镜的观察表明，$FeTiO_3$ 的颗粒较小，钛含量较高。而磁铁矿中也含有钛元素。在溶出过程中 $Fe(OH)_3$ 失水生成赤铁矿，且发现赤铁矿中也含有钛元素。在生成的赤铁矿和磁铁矿中都含有钛元素，说明这两种产物中部分 Fe^{3+} 被 Ti^{4+} 所代替。

$FeSO_4$ 和 $Fe(OH)_3$ 可以加速一水硬铝石的溶出，其主要原因不是 $Fe(OH)_3$ 和 $FeSO_4$ 对一水硬铝石本身的影响，而是这些添加剂与 TiO_2 反应从而消除了对溶出过程的危害，加速了溶出过程。

有趣的是对于某些含有鲕绿泥石的一水硬铝石铝土矿，由于鲕绿泥石溶解于母液释放出 Fe^{2+}，Fe^{2+} 与 TiO_2 反应生成了 $FeTiO_3$，降低了母液中钛酸根离子的浓度，从而不加任何添加剂就消除了 TiO_2 对溶出过程的危害。国外有资料报道，铝土矿高压溶出时，磁性绿泥石对溶出有很好作用，但添加量为矿石的 20%才能达满意效果。

还有资料报道，添加含铁水化石榴石可以改善一水硬铝石的溶出性能。

6.4　氧化钙和氧化镁在溶出过程中的行为

拜耳法生产中，氧化钙主要来源于铝土矿和许多作业环节的外部添加，一般在处理一水铝石型铝土矿时，在原矿浆中需配入干矿石量 3%～5%的石灰，来消除二氧化钛的不利影响。

6.4.1　氧化钙与铝酸钠溶液的反应

6.4.1.1　水合铝酸钙（$3CaO \cdot Al_2O_3 \cdot 6H_2O$）

在不含 SiO_2 的 Na_2O-Al_2O_3-CaO-H_2O 四元系中，CaO 能与铝酸钠溶液反应生成多种水合铝酸钙，其中 $3CaO \cdot Al_2O_3 \cdot 6H_2O$ 最稳定，其反应式：

$$3Ca(OH)_2 + 2NaAl(OH)_4 + aq \rightleftharpoons 3CaO \cdot Al_2O_3 \cdot 6H_2O + 2NaOH + aq \quad (6\text{-}10)$$

$$-\Delta G_T^0 = 126143.4 + 161.79T\ln T + 50.2\times10^{-3} + 18.45\times10^5 T^{-1} - 1285.78T \ (\text{J/mol}) \quad (6\text{-}11)$$

不同温度下的该反应的等温线如图 6-29 所示。由图 6-29 可见，在高温下反应向左进行，平衡溶液的氧化铝浓度增大。如将 Na_2O-Al_2O_3-H_2O 系的同样温度条件下的等温线（虚线）与 Na_2O-CaO-Al_2O_3-H_2O 系相应曲线加以比较，可以看出，在上述各温度下与 $3CaO \cdot Al_2O_3 \cdot 6H_2O$ 平衡溶液中氧化铝浓度都小于三水铝石和一水软铝石的溶解度。在 200℃的浓溶液中与一水硬铝石的溶解度相似，在稀溶液中则要低些。

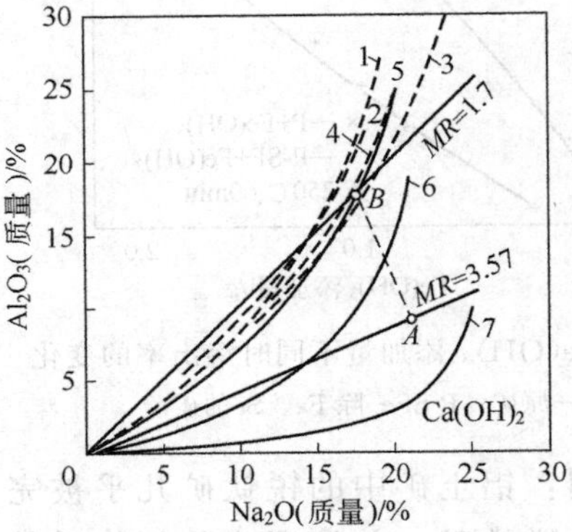

图 6-29 Na_2O-CaO-Al_2O_3-H_2O 系平衡等温线

溶解度等温线：1—三水铝石；2、3—一水软铝石；4—一水硬铝石；5、6、7—$3CaO \cdot Al_2O_3 \cdot 6H_2O$

温度：1、7—95℃；2、4、5—200℃；3—150℃；6—150℃

所以，在 200℃以上的温度下溶出一水硬铝石型铝土矿的过程中，加入的石灰不会生成 $3CaO \cdot Al_2O_3 \cdot 6H_2O$，因为在高温下，从溶出开始到终了（图中 A、B 点），液相都处于 $Ca(OH)_2$ 的稳定区内。

只有在原矿浆制备、贮存的过程以及溶出矿浆自蒸发冷却和稀释过程中，由于这时的液相位于 $3CaO \cdot Al_2O_3 \cdot 6H_2O$ 的稳定区内，才具有生成 $3CaO \cdot Al_2O_3 \cdot 6H_2O$ 的条件。

用 Na_2O 250g/L，$MR=4.05$ 的铝酸钠溶液分解 $3CaO \cdot Al_2O_3 \cdot 6H_2O$ 的试验表明，在低于 150℃时 3h 内不发生分解，180℃时的分解率为 8%；195℃时为 54%；205℃时为 70%。所以得出结论，$3CaO \cdot Al_2O_3 \cdot 6H_2O$ 是 Na_2O-CaO-Al_2O_3-H_2O 系中较低温度下的产物。

在热铝酸钠溶液中，如在铝土矿湿磨时，铝土矿中 $CaCO_3$ 被分解，反应方程式为：

$$3CaCO_3 + 2NaAl(OH)_4 + 4NaOH \longrightarrow 3CaO \cdot Al_2O_3 \cdot 6H_2O + 3Na_2CO_3 \quad (6\text{-}12)$$

这是由于在温度不高的情况下，$3CaO \cdot Al_2O_3 \cdot 6H_2O$ 在铝酸钠溶液中的溶解度比 $Ca(OH)_2$ 小得多。95℃时上述反应的等温线（$MR=1.65$）如图 6-30 和 6-31 所示。图中实线是根据纯碱-铝酸钠溶液绘制的，虚线是根据工业铝酸钠溶液绘制的。由于工业铝酸钠溶液中溶解有 SiO_2 等杂质，水合铝酸三钙可能转变为溶解度更小的水化石榴石，所以其固相

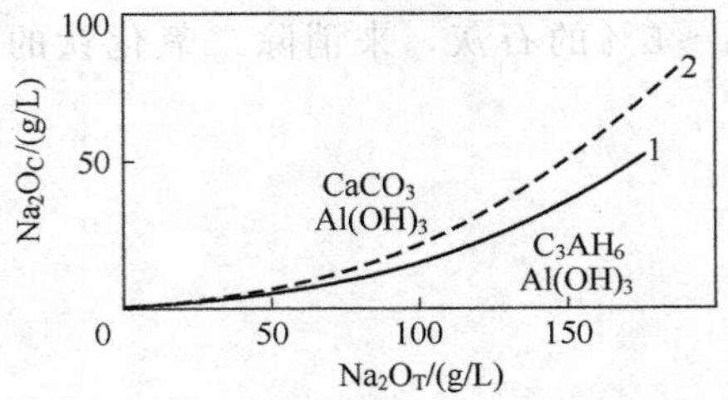

图 6-30 Na_2O-CaO-Al_2O_3-CO_2-H_2O 系在 95℃下的平衡等温线（溶液分子比为 1.65）

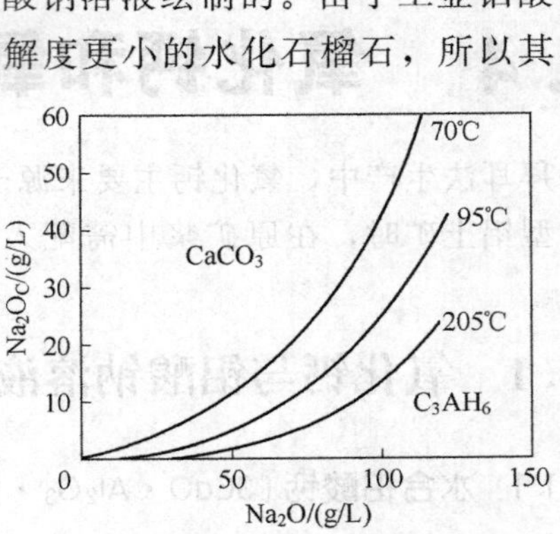

图 6-31 Na_2O-CaO-Al_2O_3-CO_2-H_2O 系在不同温度下平衡等温线（溶液分子比为 1.65）

稳定区有所扩大。$3CaO \cdot Al_2O_3 \cdot 6H_2O$ 的稳定区随铝酸钠溶液浓度的增高而扩大，但随温度的升高而缩小，即在较高的温度下，生成的 $3CaO \cdot Al_2O_3 \cdot 6H_2O$ 被 Na_2CO_3 分解。

随温度升高，$3CaO \cdot Al_2O_3 \cdot 6H_2O$ 不仅可被 Na_2CO_3 分解，更易被 NaOH 分解：

$$3CaO \cdot Al_2O_3 \cdot 6H_2O + 2NaOH \rightleftharpoons 3Ca(OH)_2 + 2NaAl(OH)_4$$

于是总的反应是：

$$CaCO_3 + 2NaOH \rightleftharpoons Ca(OH)_2 + Na_2CO_3 \tag{6-13}$$

根据不同温度下的 Na_2O-CaO-Al_2O_3-CO_2-H_2O 系部分相图可以看出，铝土矿中少量石灰石在矿浆湿磨条件下可完全分解，生成 $3CaO \cdot Al_2O_3 \cdot 6H_2O$ 和 Na_2CO_3，在高温溶出时，又被分解，生成铝酸钠和 $Ca(OH)_2$，结果仍是增大了 Na_2CO_3 浓度。铝土矿中碳酸盐是使 Na_2CO_3 在拜耳法中积累的主要根源，根据测定，在拜耳法每一循环中，由于碳酸盐分解，使 Na_2CO_3 含量增加 2%以上。另外由于吸收空气中 CO_2，也使 Na_2CO_3 增加 0.2%～0.3%。

一般在用 300g/L Na_2O_T 的浓循环母液溶出时，含 CO_2＞2%的铝土矿不适于用拜耳法处理。

6.4.1.2　水化石榴石

在拜耳法生产氧化铝的过程中，由于含有硅矿物向铝酸钠溶液中添加石灰就生成了水化石榴石。水化石榴石在铝酸钠溶液中的溶解度比水合铝硅酸钠更低。

李启津等的研究表明，相变过程中硅先与铝和钠结合形成铝硅酸钠，然后才被钙置换，形成铝硅酸钙钠或水化石榴石。这种变化过程与自然界中霞石易变成钙霞石及其他矿物具有相似之处。他们的试验结果还表明，钙能置换钠，但不能使钠全部释放出来而生成水化石榴石，在溶出过程中是先生成方钠石，后生成水化石榴石，还是二者同时生成，有不同的看法。李其贵等人的研究结果表明相变过程中方钠石和水化石榴石同时生成。由于水化石榴石比方钠石稳定，生成的方钠石又转变为水化石榴石，并随温度升高、时间延长，水化石榴石量增大。

在拜耳法高压溶出条件下，在 Na_2O-CaO-Al_2O_3-SiO_2-H_2O 系中，$3CaO \cdot Al_2O_3 \cdot xSiO_2 \cdot (6-2x)H_2O$ 为一稳定固相。图 6-32 为 250℃和 300℃时 Na_2O-CaO-Al_2O_3-SiO_2-

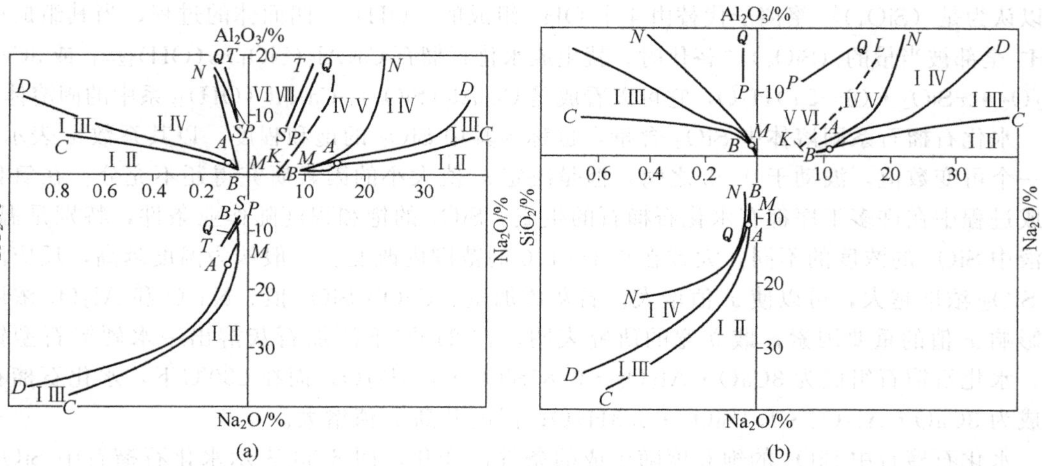

图 6-32　Na_2O-CaO-Al_2O_3-SiO_2-H_2O 系的等温截面

CaO : SiO₂ = 1；(a) 250℃；(b) 300℃

H_2O 系的等温截面图。该图是根据 $CaO:SiO_2=1$（摩尔比）的条件下绘制的，在图上用线条标出各种固相的稳定区。由于 CaO 在高温下的碱液中的溶解度极小（<0.01%），它在溶液中浓度可以忽略。

溶液中 Na_2O 和 Al_2O_3 的平衡浓度可直接从图中右侧的坐标读出，SiO_2 的平衡浓度则可以根据 Na_2O 和 Al_2O_3 的浓度通过左侧相应的曲线在它的坐标上找到。

在上述等温截面上的固相为：

Ⅰ—$Ca(OH)_2$；

Ⅱ—$Na_2O\cdot 2CaO\cdot 2SiO_2\cdot H_2O$；

Ⅲ—$(4\sim8)Na_2O\cdot 2CaO\cdot 3Al_2O_3\cdot 7SiO_2\cdot(6\sim7)H_2O$；

Ⅳ—$3(Na_2O\cdot Al_2O_3\cdot 2SiO_2)\cdot 2NaOH\cdot 2H_2O$；

Ⅴ—$3CaO\cdot Al_2O_3\cdot SiO_2\cdot 4H_2O$；

Ⅵ—$3(Na_2O\cdot Al_2O_3\cdot 2SiO_2)\cdot 2NaAl(OH)_4\cdot 2H_2O$；

Ⅶ—$4CaO\cdot Al_2O_3\cdot 3H_2O$；

Ⅷ—γ-AlOOH。

在拜耳法高压溶出过程中，溶液成分变化处于 *MN-KL*、*KL-PQ* 线段间的范围，其平衡固相各为 $3CaO\cdot Al_2O_3\cdot SiO_2\cdot 4H_2O$ 和 $3(Na_2O\cdot Al_2O_3\cdot 2SiO_2)\cdot 2NaOH\cdot 2H_2O$（$Na_2O$ 浓度大于 15%）以及 $3CaO\cdot Al_2O_3\cdot SiO_2\cdot 4H_2O$ 和 $3(Na_2O\cdot Al_2O_3\cdot 2SiO_2)\cdot 2NaAl(OH)_4\cdot 2H_2O$（$Na_2O$ 浓度小于 15%）。如石灰量加大到 $CaO:SiO_2\geqslant 3$ 时（分子比），则只生成 $3CaO\cdot Al_2O_3\cdot SiO_2\cdot 4H_2O$；如完全不加石灰，则其固相组成变化与 Na_2O-CaO-Al_2O_3-SiO_2-H_2O 系情况一样。

水化石榴石固溶体的性质　石榴石是钙铝石榴石的简称，分子式为 $Ca_3Al_2[SiO_4]_3$ 或 $3CaO\cdot Al_2O_3\cdot 3SiO_2$。在拜耳法铝酸钠溶液组成范围内，生成的含水铝硅酸钙属于水化石榴石系的固溶体，即 $3CaO\cdot Al_2O_3\cdot 6H_2O$-$3CaO\cdot Al_2O_3\cdot 3SiO_2$ 系中的固溶体系列。

$3CaO\cdot Al_2O_3\cdot 3SiO_2$ 是一种天然产出的矿物，称钙铝石榴石，分布很广，可用作宝石和研磨材料。

$3CaO\cdot Al_2O_3\cdot 6H_2O$ 和 $3CaO\cdot Al_2O_3\cdot 3SiO_2$ 可以形成连续固溶体。水化石榴石的生成可以认为是 $(SiO_4)^{4-}$ 络离子代替由 4 个 OH^- 组成的 $(OH)_4^{4-}$ 四面体的过程，当其组成中的 OH^- 全部被当量的 $(SiO_4)^{4-}$ 替代时，就生成水化石榴石 $Ca_3Al_2(SiO_4)x(OH)_{12-4x}$ 或 $3CaO\cdot Al_2O_3\cdot xSiO_2\cdot(6-2x)H_2O$，它可以看成是 $Ca_3Al_2(SiO_4)_3$-$Ca_3Al_2(OH)_{12}$ 系中的固溶体。

水化石榴石系固溶体中 SiO_2 含量，也称为其中 SiO_2 的饱和程度，以其系数 x 表示。x 是一个可变数值，波动于 0～3 之间，但是决定 x 值大小的因素研究得还不充分。在氧化铝生成过程中在许多工序都有水化石榴石的生成。SiO_2 的饱和程度随作业条件，特别是温度、溶液中 SiO_2 的浓度的不同，大致在 0.1～1.0 的范围内改变。一般认为温度越高，反应溶液中 SiO_2 浓度越大，可以使 x 值增大。石灰添加量、$CaO:SiO_2$ 值、Na_2O 和 Al_2O_3 浓度也是影响 x 值的重要因素，戚立宽的研究表明，在 240℃下添加石灰溶出一水硬铝石型铝土矿，水化石榴石组成为 $3CaO\cdot Al_2O_3\cdot 0.85SiO_2\cdot 4.3H_2O$；而在 280℃下，水化石榴石的组成为 $3CaO\cdot Al_2O_3\cdot 1.1SiO_2\cdot 3.8H_2O$；温度升高 x 值增大。

水化石榴石中 SiO_2 的饱和度随生成的条件而变化。图 6-33 表示水化石榴石中 SiO_2 的饱和度随温度和 Na_2O 浓度变化的情况。如我们所看到的，水化石榴石中 SiO_2 的饱和度随溶出温度升高和溶液 Na_2O_K 浓度的增大而增大。水化石榴石中的饱和度可通过 X 光和晶体

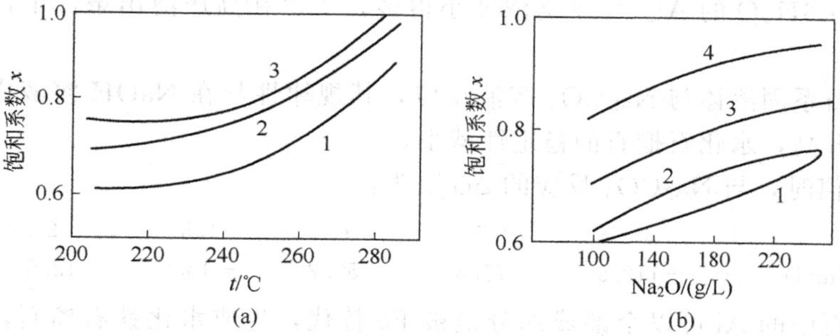

图 6-33　溶出时水化石榴石的 SiO_2 饱和系数 x 与作业温度及溶液中 Na_2O 浓度的关系

(a) 中：1—107g/L Na_2O；2—202g/L Na_2O；3—308g/L Na_2O；

(b) 中：1—210℃；2—240℃；3—260℃；4—280℃

光学分析确定。形成的水化石榴石对硅的饱和度的增大是高温溶出时，氧化铝溶出率接近理论值的原因之一。部分 SiO_2 转变为水化石榴石，促进赤泥比表面减小，是改进赤泥沉降性能原因之一。

在现有拜耳法高压溶出条件下，石灰添加量按 $CaO:SiO_2=3\sim4$；$CaO:TiO_2=1.0$ 的实践结果表明，赤泥中水化石榴石的组成为 $3CaO\cdot Al_2O_3\cdot 0.85SiO_2\cdot 4.3H_2O$。在 $CaO:SiO_2$ 值较小时，如 $CaO:SiO_2=1.0$ 时，其组成接近 $3CaO\cdot Al_2O_3\cdot SiO_2\cdot 4H_2O$。

水化石榴石系固溶体在 NaOH 溶液中的稳定性不仅与 NaOH 的浓度有关，而且与固溶体中 SiO_2 含量有关。其反应如下：

$$3CaO\cdot Al_2O_3\cdot xSiO_2\cdot(6-2x)H_2O+2(x+1)NaOH+aq = 3Ca(OH)_2+xNa_2SiO_3+2NaAl(OH)_4+3xH_2O+aq \quad (6\text{-}14)$$

水化石榴石的 x 值不同，该反应的 ΔG^0_{298} 数值也不同：

x	0	0.5	1	1.5	2	3
ΔG^0_{298} (kJ/mol)	−71.1	−60.6	−54.2	−39.7	−29.3	−8.4

SiO_2 含量高的水化石榴石在 NaOH 中有更大的稳定性。

图 6-34 为合成的 $3CaO\cdot Al_2O_3\cdot 6H_2O$、$3CaO\cdot Al_2O_3\cdot 0.25SiO_2\cdot 5.5H_2O$ 和 $3CaO\cdot Al_2O_3\cdot 0.5SiO_2\cdot 5H_2O$ 用不同浓度 NaOH 溶液分解时，所得溶液中 Al_2O_3 的平衡浓度与温度的关系。从图中可见在相同温度及 NaOH 浓度条件下，水化石榴石较六水铝酸三钙在苛性碱溶液中具有更低的溶解度，而且水化石榴石中 SiO_2 含量越高，其溶解度越小。

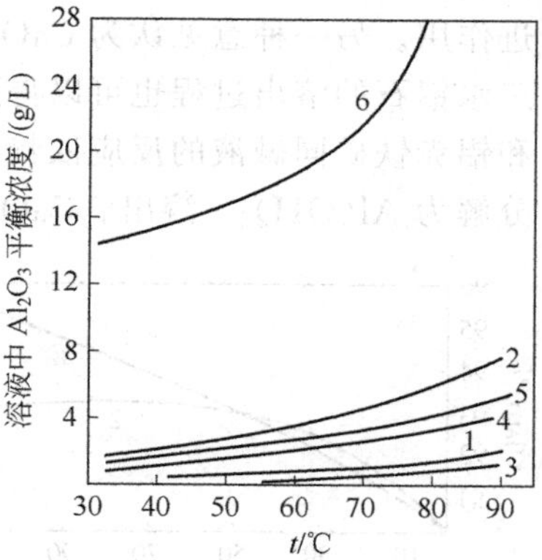

图 6-34　水化石榴石分解时 Al_2O_3 的平衡浓度

1、3、5—100g/L Na_2O；

2、4、6—300g/L Na_2O

1、2—$C_3AS_{0.25}H_{5.5}$；

3、4—$C_3AS_{0.5}H_5$；

5、6—C_3AH_6

水化石榴石系固溶体系列中的 x 值与其立方晶格常数之间存在直线关系，此固溶体系列两端，由 $3CaO\cdot Al_2O_3\cdot 6H_2O(a_0=12.56\times10^{-10}m)\rightarrow 3CaO\cdot Al_2O_3\cdot 3H_2O(a_0=11.86\times10^{-10}m)$，所以水化石榴石固溶体中 SiO_2 含量越高，其晶格越紧密，在 NaOH 溶液中的稳定性就越大。

由于水化石榴石在苛性碱溶液中的 Al_2O_3 平衡浓度较

$3CaO \cdot Al_2O_3 \cdot 6H_2O$ 的 Al_2O_3 平衡浓度小得多，所以在高压溶出条件下，水化石榴石仍为稳定固相。

水化石榴石系固溶体与 Na_2CO_3 溶液反应，其规律性与在 NaOH 溶液中的稳定性情况相似。随温度升高，水化石榴石的稳定性减小。

在不同 x 值时，与 Na_2CO_3 反应的 ΔG^0_{298} 为：

x	0	0.5	1	1.5	2	3
ΔG^0_{298} (kJ/mol)	−112.9	−79.4	−50.2	−18.8	12.5	75.2

水化石榴石中的 Al 可以全部或部分地被 Fe 替代，生成水化铁石榴石，其中铝和硅也可以少量地被钛替代，成为钛水化石榴石。

6.4.2 溶出过程中添加 CaO 的作用

拜耳法高压溶出过程添加 CaO 的作用有以下几方面。

(1) 消除了铝土矿中 TiO_2 的不良影响，避免了钛酸钠的生成　CaO 和 TiO_2 生成几种化合物，石灰多时生成钛水化石榴石 $3CaO \cdot (Al_2O_3 \cdot TiO_2) \cdot x(TiO_2 \cdot SiO_2) \cdot (6-2x)H_2O$。当 CaO 配量较少，且钛矿物非常弥散时，则有羟基钛酸钙 $CaTiO_2(OH)_2$ 生成，最稳定的产物是 $CaO \cdot TiO_2$。由于添加石灰生成钙钛化合物避免了钛酸钠的生成，从而消除了 TiO_2 的危害。

(2) 提高 Al_2O_3 的溶出速度　1933 年，前苏联学者首先发现溶出一水硬铝石型铝土矿必须添加石灰，这一重大发现，已在工业上得到普遍应用。由于添加石灰不仅使一水硬铝石的溶出容易进行，使氧化铝的溶出率提高，而且在处理一水软铝石型铝土矿和三水铝石型铝土矿时，也普遍添加少量石灰，增大其溶出速度和溶出率。试验表明当不含钛的铝土矿溶出时，添加 CaO 也能加速 Al_2O_3 的溶出，对这个问题有不同的解释。一种意见认为硅矿物在溶出过程中与母液作用生成的含水铝硅酸钠矿物也包裹在铝土矿表面，阻止溶液与 Al_2O_3 的作用。加入 CaO 后，使 $[H_2SiO_4]^{2-}$ 离子进入溶液转化为水化石榴石，于是 Al_2O_3 又可以继续与碱液作用，有利于 Al_2O_3 的溶出，而石灰对于铝矿物与碱溶液的反应本身并无促进作用。另一种意见认为 CaO 具有催化铝土矿与碱液反应的性质，不只是一水铝石，甚至三水铝石的溶出过程也可以得到 CaO 的催化。如认为一水软铝石、一水硬铝石、铝针铁矿和铝赤铁矿同碱液的反应依赖于它们的水合作用，先转变成过渡状态的活性配合物，然后才分解为 $Al(OH)_4^-$ 溶出。CaO 的催化作用就是在它的参与下，这些矿物生成含钙的过渡状态的活性配合物所需的活化能比生成单纯的活性水合配合物小的缘故。因此溶出温度越低，Na_2O 浓度越小，CaO 所起催化作用就越大。当溶出温度升高，反应速度增大，生成上述两种过渡状态的活性配合物的活化能差值缩小，CaO 催化作用受到抑制。石灰添加的方式对溶出效果有明显的影响。石灰添加方式对溶出效果的影响如图 6-35 所示。在溶出温度下加入石灰效果好一些，分析其原因，是由于结合成 $CaO \cdot TiO_2$（约 2%）以外的石灰起到了催化作用，而预先加入 CaO 时，首先生成的水化石榴石表面被其他化合物屏蔽，不能或很慢才能分解出石灰起催化作用。

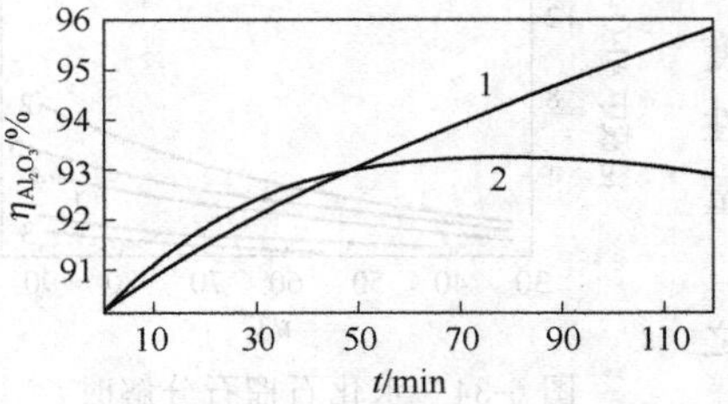

图 6-35　$\eta_{Al_2O_3}$ 与在 240℃ 下的溶出时间及石灰添加方法（添加量为干矿量的 3%）的关系

1—在溶出温度下加入；

2—在制备原矿浆时加入

(3) 促进针铁矿转变为赤铁矿　许多文献证实了在拜耳法溶出中添加石灰，增强了从铝针铁矿中溶出氧化铝及其向赤铁矿转化的过程。提高溶出温度和增加 CaO 加入量，会促使铝针铁矿完全彻底地向赤铁矿转变。铝针铁矿向赤铁矿转变，大大改进了赤泥的沉降性能，因为粒度从 2～6μm 增大到 10～25μm，所以沉降性能变好。同时由同晶置换进入针铁矿晶格中的铝也可以被溶出。

提高温度和添加 CaO 都能促使针铁矿转变为赤铁矿。表 6-5 表示 CaO 添加量对氧化铝溶出性能的影响。

所用铝土矿的组成：

Al_2O_3 44.2%；Fe_2O_3 24.66%；SiO_2 2.08%；CaO 0.33%；TiO_2 55%；灼减 24.78%。

大致的矿物组成：

三水铝石 58%；赤铁矿 15%；铝针铁矿 12%（包括铁被铝的同晶取代率约为 25%）；一水硬铝石和一水软铝石 5%；高岭石 2%～3%；石英 1%～2%；金红石型钛矿物；溶出所用母液 Na_2O 200g/L、Na_2O_c 12～15g/L、MR=3.0、T=240℃。

表 6-5 中列出不同石灰添加量的铝土矿溶出 2h 的试验结果。当 CaO 配料量为 7%时，氧化铝溶出率达最高。CaO 配料量为 3%～5%时，理论溶出率和实际溶出率差值为 3.8%～2.5%，与原矿中呈铝针铁矿型的氧化铝含量（3%）一致。如果 CaO 配料量增加到 7%～11%，铝针铁矿完全溶出，这也由理论溶出率和实际溶出率相符所证实。对赤泥的 X 衍射数据分析证实，石灰添加量为 7%时，赤泥中尚有微量针铁矿存在，而 CaO 的添加量为9%～11%时，赤泥中则完全没有针铁矿。研究还表明，针铁矿转化为赤铁矿的过程不仅决定于石灰添加量，还取决于相互反应时间。在研究条件下，针铁矿向赤铁矿的转化率 2h 达最高。因此，在 240℃温度下，采用 200g/L Na_2O 循环母液添加 7%的 CaO，铝针铁矿即可完全溶出。

表 6-5　CaO 添加量对氧化铝溶出性能的影响

溶出指标/%	CaO 加入量(按干铝土矿计)/%				
	3	5	7	9	11
理论溶出率	92.8	90.9	89.6	86.9	84.3
实际溶出率	89.0	88.4	89.6	86.5	84.5
赤泥中 Na_2O 含量	1.90	1.34	0.47	0.37	0.29

(4) 降低碱耗　拜耳法生产氧化铝时，铝土矿中氧化硅在溶出的过程中与铝酸钠溶液反应，生成不溶性的含水铝硅酸钠，引起碱及氧化铝的损失。

在拜耳法溶出中加入石灰后，一部分 SiO_2 转变为水化石榴石，这样以水合铝硅酸钠存在的 SiO_2 减少，就使赤泥中 Na_2O/SiO_2 降低，当石灰添加量为干矿量的 8%左右时，这一比值可由理论值 0.608 降低为 0.28～0.32。这一比值减少的原因也还由于石灰促使方钠石转变为钙霞石，附加盐中的 NaOH 和 $NaAl(OH)_4$ 含量减少。显然石灰添加量越多，Na_2O/SiO_2 的比值越低，越有利于降低碱耗。但石灰添加量过大时，会增加 Al_2O_3 损失。在高压溶出中，水化石榴石和水合铝硅酸钠是会保持一定平衡的，水合铝硅酸钠并不完全消失。添加石灰时，赤泥中水化石榴石和水合铝硅酸钠的比值、水化石榴石中 SiO_2 的饱和程度都与实际生产条件有关。加 CaO 并控制适当的反应条件，还可以生成含铁硅高的水化石榴石，从而更进一步降低碱耗。

在 Na_2O-CaO-Fe_2O_3-Al_2O_3-SiO_2-H_2O 系中，存在着 Fe^{3+} 置换 Al^{3+} 和 SiO_4^{4-} 置换 $(OH)_4^{4-}$ 进行同晶置换的可能性。该系统中生成的水化石榴石可由下式表示：$3CaO \cdot (Al_xFe_{1-x})_2O_3 \cdot kSiO_2 \cdot (6-2k)H_2O$，所形成的铁铝水化石榴石的铁铝比 x 值，主要取决于铝酸钠溶液的苛性比值和反应温度，而硅的置换程度 k 值与 Fe^{3+}-Al^{3+} 置换量有关，铁置换量越大，水化石榴石中硅的含量越高。在苛性比值低的铝酸钠溶液中，可以通过提高温度来提高铁的置换量。

铝土矿在 100～140℃低温溶出时，加 CaO 后生成的是无铁的钙铝水化石榴石，一般 SiO_2 饱和度小于 0.5。在欧洲类型的拜耳法溶出过程中，生成的水化石榴石中 SiO_2 的饱和度是 0.5～0.8，铁的进入量也较小，只有百分之几的铝被铁置换。

在添加 CaO 溶出针铁矿型铝土矿时，铁矿物中的一部分铁在针铁矿转化为赤铁矿的过程中进入水化石榴石晶格。在铁铝水化石榴石中，Fe^{3+}-Al^{3+} 置换量超过 10%，同时，该水化石榴石中 SiO_2 含量也增加，可达 1mol。

研究表明，一水硬铝石型铝土矿高温溶出时，提高铝酸钠溶液的苛性比值和苛性碱浓度及溶出温度，能促进形成含高铁高硅的水化石榴石。在 280℃，Na_2O 190g/L，$C/S=1.5$ 的条件下，可得到硅铁含量更高的水化石榴石，从而 Na_2O 的化学损失可减少 40%～50%。

(5) 清除杂质　添加 CaO 后，可以使铝酸钠溶液中的钒酸根、铬酸根和氟离子及溶液中磷转变为相应的钙盐进入赤泥，降低它们在溶液中的积累程度。此外，加入 CaO 生成的水化石榴石的溶解度要低得多，所以溶液的硅量指数也得以提高。加入 CaO 还可以吸附一些有机物，主要是草酸盐，使溶液得到净化。

(6) 改善赤泥的沉降性能　由于添加 CaO 促进针铁矿转变成赤铁矿，使方钠石转变为钙霞石，并减小了赤泥的比表面积，因而使赤泥沉降性能有较明显的改善。

溶出三水铝石时，添加少量 CaO(0.5%～1.0%) 可防止三水铝石转变成一水软铝石，还可以苛化溶液中的 Na_2CO_3。

管道化溶出时，在最佳温度下，把石灰加入到系统中去可形成具有最佳组成的含铁水化石榴石。

6.4.3 石灰的作用机理

至今为止，对石灰的作用机理，有两种理论。

(1) 阻滞层理论　认为妨碍碱与一水硬铝石作用的原因是一水硬铝石表面有阻滞层。这种阻滞层有三种：

① 致密的钛酸钠或钛酸根薄膜；

② 疏松的但可能较厚的水合铝硅酸钠膜；

③ 疏松的但可能较厚的除 Ti、Si 以外的其他物质溶出产物或残渣构成的膜。

(2) 活化理论　认为石灰的作用在于活化了一水硬铝石，从而有利于与碱反应。氢氧化钙只是一种活化剂。

从前面研究结果来看，活化理论难以成立。因为很多试验都证实，纯一水硬铝石添加石灰不仅不能加速溶出过程，而且会造成氧化铝的损失。

人们较多地接受阻滞层理论。认为对溶出最有害的是致密的钛酸钠或钛酸根阻滞层，由于添加石灰生成了钙钛化合物才破坏了这一阻滞层，从而使氧化铝的溶出得以进行。

已提出的石灰破坏钛酸钠或钛酸根阻滞层的方式有以下两种：

① 钛矿物与碱反应生成钛酸钠或钛酸根，并吸附在裸露的一水硬铝石表面形成钛阻滞层，阻滞层与石灰反应生成钙钛化合物而被破坏；

② 钛矿物与碱反应生成钛酸钠或钛酸根，优先吸附在石灰表面上并生成钙钛化合物，从而阻止了一水硬铝石表面钛阻滞层的形成。

对于第一种说法，一般认为是对的，但它无法解释石灰为什么能加速结晶粗大的一水软铝石溶出的问题。

我国陈万坤认为石灰作用的机理是：

① 矿粒被碱润湿、反应，裸露出一水硬铝石和钛矿物等；

② 裸露的一水硬铝石表面吸附石灰，可能以 Ca^{2+} 或 $Ca(OH)_2$，$3CaO \cdot Al_2O_3 \cdot 6H_2O$ 分子状态吸附；

③ 裸露的钛矿物与碱反应生成钛酸钠；

④ 石灰与钛酸钠反应生成钙钛化合物。

上述几种石灰破坏钛阻滞层的方式虽不相同，但是它们都与吸附过程和化学反应过程有关，而活性石灰的特点是晶粒细小、比表面积大，这种石灰对吸附和化学反应两个过程都是有利的。

对添加活性不同的石灰得到的赤泥的分析可以有助于对活性石灰的作用机理的理解。X光衍射分析表明，活性好的石灰易生成羟基钛酸钙和钛酸钙，活性不好的石灰难以生成钙钛化合物而以 $Ca(OH)_2$ 形式存在。因此，可以认为在加入石灰磨制料浆以及料浆高压溶出时，CaO 首先变成 $Ca(OH)_2$，再与其他物质反应。当使用活性低的 CaO 时，CaO 变成$Ca(OH)_2$的时间长，待生成 $Ca(OH)_2$ 后，尚未来得及反应就随赤泥排出，致使赤泥中$Ca(OH)_2$量增加。

由于生成的钛酸钙减少，氧化铝溶出率降低。矿浆存放时间长，石灰活性影响减少。这是由于活性差的石灰有充分的时间变成 $Ca(OH)_2$。溶出时间长、碱液浓度高、温度高，石灰活性的影响较小，这一方面是在这些条件下有利于氧化铝的溶出；另一方面是这些条件有利于活性较差的石灰变成 $Ca(OH)_2$。

添加适量的石灰可以明显地改变一水硬铝石的溶出性能，获得最好的溶出率。而当石灰添加量超过某一限度时，由于生成含硅不同的水化石榴石等原因，氧化铝的化学损失反而增加。

6.4.4 石灰的质量

6.4.4.1 石灰质量

石灰的质量指的是石灰的化学成分和活性两个部分。

石灰的化学成分主要指其中杂质 CO_2、S、P 和 SiO_2 的含量。

所谓活性石灰，又称快消化石灰，是一种性能活泼，反应能力很强的软烧石灰，这种石灰的气孔率在50%以上，体积密度小（1.5～1.7g/cm^3），比表面积大约为 1～1.5m^2/g，晶粒细小。

石灰活性度的测定，目前世界上有两种测定方法，即颗粒法和温升法，它们都是以石灰与水反应能力的大小作为活性度的。

颗粒法（GGT 法） 将颗粒石灰试样置于水中，在搅拌速度不低于 400r/min 情况下用 4mol/L HCl 滴定（酚酞作指示剂）。以在一定时间内滴定消耗 HCl 毫升数，作为该石灰的活性度。消耗 HCl 愈大，石灰活性愈高。

温升法（水化法）　将粉末状石灰试样置于水中，在隔热情况下依时间测定石灰浆液的温度变化，绘制温度-时间曲线，据曲线性质判断石灰活性，如图 6-36 所示。

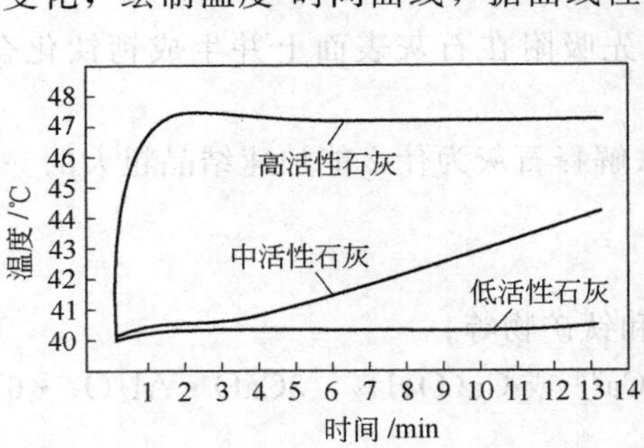

图 6-36　石灰活性曲线图

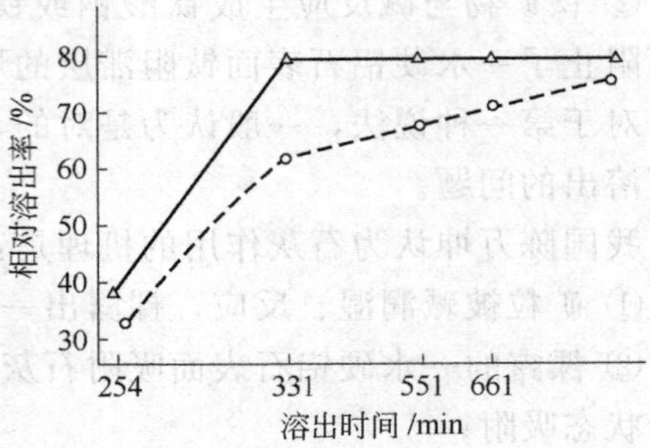

图 6-37　石灰活性对一水硬铝石溶出率的影响

△—活性好的石灰；○—活性差的石灰

石灰活性对一水硬铝石溶出率的影响见图 6-37。从图 6-37 看出，石灰活性对溶出效果有明显影响，Al_2O_3 的溶出率可以差 10%～20%。溶出时间越短，温度愈低，苛性碱浓度越低，这种影响越大。

6.4.4.2　石灰添加量

对贵州铝土矿处理表明，高压溶出铝土矿时，添加 5% 的石灰，即 [C]/[S]＝1.4 左右，能降低碱耗，但是不降低氧化铝的溶出率。当 [C]/[S]＝1.5～1.6 时，氧化铝溶出率最大 (89.5%)，赤泥的 $N/S=0.44$；[C]/[S]＝2.1 时，赤泥 $N/S=0.310$，氧化铝溶出率为 82.4%。氧化钙添加量增大，使碱耗下降，但使氧化铝的回收率也降低了，故过量添加石灰是有害的。我国平果铝土矿的最佳石灰添加量：250℃下 8%～9%；260℃下是 7%；280℃下为 5%。在每个特定溶出条件下，有一个最佳石灰添加量。石灰添加量对溶出赤泥 A/S 和 N/S 的影响见图 6-38。

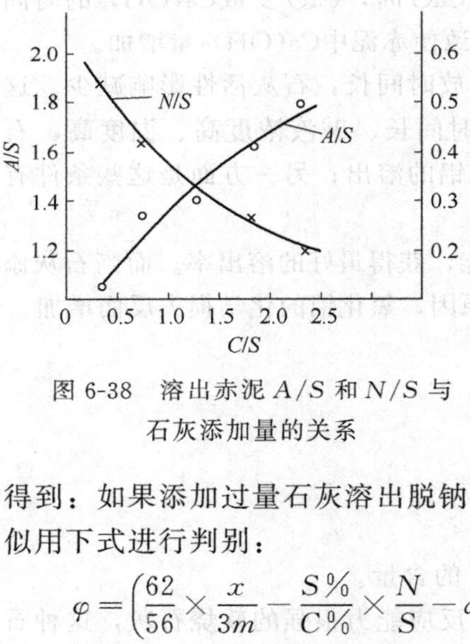

图 6-38　溶出赤泥 A/S 和 N/S 与石灰添加量的关系

石灰添加量究竟多少合适，前苏联经过经济核算得到：如果添加过量石灰溶出脱钠，主要是通过生成水化石榴石实现，那么经济效果可以近似用下式进行判别：

$$\varphi=\left(\frac{62}{56}\times\frac{x}{3m}-\frac{S\%}{C\%}\times\frac{N}{S}-aN_T\%\right)a-\left(\frac{102}{56}\times\frac{m-x}{3m}+\frac{S\%}{C\%}\times\frac{A}{S}+aA\%\right)\beta-\frac{\gamma}{C\%}-\left(\frac{62}{44}\times\frac{CO_2\%}{C\%}\delta\right) \tag{6-15}$$

式中　φ——配入 1kg CaO 溶出脱钠的价值，yuan/kg CaO；

m、x——钠硅渣，水化石榴石中 SiO_2 分子系数；

a——干赤泥增量与配矿用 CaO 的比值；

$C\%$、$S\%$、$CO_2\%$——石灰中 CaO、SiO_2、CO_2 的百分含量；

$N_T\%$、$A\%$——溶出赤泥中钠硅比、铝硅比；

102、62、56、44——Al_2O_3、Na_2O、CaO、CO_2 的分子量；

α、β、γ——Na_2O、Al_2O_3、CaO 单价，元/kg；

δ——苛化 1kg 回头碱费用，元/kg Na_2O_C。

当 $\varphi>0$ 时，有利可得；

$\varphi=0$ 时，得失相当；

$\varphi<0$ 时，得不偿失。

生产中石灰添加量应根据反应条件、矿石中铝针铁矿的含量、矿物中 TiO_2 的含量及分布、石灰活性、碱耗等综合因素考虑确定。活性好的石灰可以降低石灰添加量，在较短时间取得消除 TiO_2 不良影响，又不至于带来较大的 Al_2O_3 损失。

计算石灰添加量时，铝土矿中 TiO_2 和 P_2O_5 的含量必须予以考虑。

6.4.5　MgO 对一水硬铝石拜耳法溶出过程中的影响

在铝土矿中特别是石灰石中常含有或多或少的 MgO。MgO 在常压碱溶液中是不溶的，在高压溶出且在温度较低时生成 $Mg(OH)_2$，反应如下：

$$MgCO_3+2NaOH \longrightarrow Mg(OH)_2+Na_2CO_3 \tag{6-16}$$

$$MgO+H_2O \longrightarrow Mg(OH)_2 \tag{6-17}$$

随着温度的升高，生成含水铝硅酸镁，通式为 $(Mg_{6-x}YAl_x)(Si_{4-x}Al_x)O_{10}(OH)_8$，在 160～260℃，矿浆浓度 260g/L 时组成为 $4MgO\cdot3Al_2O_3\cdot0.5SiO_2\cdot4H_2O$。

还有资料报道，MgO 在高压溶出时，能生成尖晶石 $MgO\cdot Al_2O_3$ 和水合铝酸镁$3MgO\cdot Al_2O_3\cdot8H_2O$。匈牙利报道在 210℃溶出过程中，MgO 与锐钛矿反应生成 $MgO\cdot TiO_2$ 或类质同晶的钛酸钙镁，还发现在含 MgO 的矿浆中，在 MgO 表面生成铁尖晶石，而且 Fe 可被 Si、Al、Ti 同晶替代，所以高压溶出时添加 MgO 也能消除钛矿物危害，添加 MgO 和 CaO 的混合物比单独添加 CaO 效果更好，但单独添加 MgO 效果较差。

研究还发现 MgO 的存在可使硅矿物的反应率下降，而使钛矿物的反应率增加。同时，MgO 还可使赤泥中硅矿物的结晶程度及钠硅比发生改变。

MgO 的存在可使相同条件下硅矿物反应率下降，说明 MgO 对硅矿物的反应有抑制作用。在铝土矿预热过程中，MgO 可减轻硅矿物结疤的可能性，相反，MgO 的存在可使相同条件下钛矿物的反应率升高，也就是说，MgO 的存在有利于钛矿物的反应，结果见表 6-6。

表 6-6　MgO 的存在对硅矿物和钛矿物的影响

温度/℃	η_{Si}/%		η_{Ti}/%	
	MgO 加入量(占石灰)/%		MgO 加入量(占石灰)/%	
	0	20	0	20
130	70.34	67.45	17.18	24.55
160	75.34	70.74	37.39	38.30
190	77.50	76.11	48.12	49.77
220	80.96	80.00	66.41	68.38

溶出温度 210～250℃范围内，MgO 添加量为石灰量的 5%～20%时，拜耳法赤泥中除有钛酸钙外，还有羟基钛酸钙存在，而无 MgO 存在时，仅有钛酸钙存在，因此，有 MgO 存在时，钛矿物的结疤除钛酸钙外，还有羟基钛酸钙。

在一水硬铝石矿浆的高温过程中，MgO 的存在使硅矿物的反应率降低，其原因有可能是镁以类质同晶方式进入钠硅渣晶格，使钠硅渣的 SiO_2 平衡浓度升高，从而导致在矿浆预热过程中硅矿物反应率下降。

MgO 的存在也可使赤泥钠硅渣的结晶程度变差，所以 MgO 的存在会导致赤泥沉降性能变坏。

MgO 的存在还可使赤泥中钠硅比有所下降，其原因之一是由于镁部分地以类质同晶的方式进入钠硅渣晶格，置换出部分钠，使钠硅渣中钠硅比下降；原因之二是由于 MgO 的存在导致铝镁硅酸盐的生成，使得赤泥中钠硅渣量变少，从而降低了赤泥的钠硅比。因此，在一水硬铝石矿的拜耳法溶出过程中适量的 MgO 存在对降低碱耗有利。

6.5 含硫矿物在溶出过程中的行为

铝土矿中主要含硫矿物是黄铁矿及其异构体白铁矿和胶黄铁矿，也可能存在少量的硫酸盐。我国山东、广西铝土矿中硫含量较高。

6.5.1 硫矿物与溶液的作用

在拜耳法溶出过程中，含硫矿物全部或部分地被碱液分解，致使铝酸盐溶液受到硫的污染。铝土矿中硫转入溶液的程度与许多因素有关：硫化物和硫酸盐的矿物形态、溶出温度和时间、溶出用的溶液的碱浓度、铝土矿中其他杂质（其中包括硫）的含量，等等。

黄铁矿在 180℃开始被碱分解，并随温度和碱浓度的提高而加剧。白铁矿、磁黄铁矿更易被分解。

铝土矿中硫向溶液的转化率与含硫矿物的性质有关，并随温度的升高、溶出时间的延长和溶液中 NaOH 浓度的增加而提高。

氧化剂和还原剂都能影响硫化物的分解，如高压溶出前，用空气氧化处理铝土矿浆，可降低硫向溶液的转化率；象 $K_2Cr_2O_7$、$NaNO_3$、$KMnO_4$、MnO_2 和 $Ca(ClO)_2$ 这类氧化剂都能将溶液中的硫氧化成最高的氧化形式——硫酸盐。然而将它们加入到铝土矿或者矿浆中，则会提高黄铁矿在溶出过程中的分解率，使 70%～80%的硫进入溶液中。还原剂在很大程度上比氧化剂更能提高硫进入溶液的量（90%），而且，使铝酸盐溶液中的铁浓度提高 4～7 倍。溶液中的硫主要呈硫化物和二硫化物状态。

铝土矿中硫化物在 260～300℃溶出过程中的行为很有意思。用不含硫，Na_2O 浓度为 150～300g/L 的合成溶液溶出北乌拉尔铝土矿（含硫 1.24%），在 280～300℃下，5～10min 内，铝土矿中硫的转化率能达 85%～90%；在 260℃溶出 1h，溶液 Na_2O 浓度为 210～240g/L，硫的转化率下降到 75%，和在 235℃下用 Na_2O 浓度 300g/L 溶液溶出这种铝土矿 72h 的效果一样。

用自身含硫化物的循环母液高温溶出北乌拉尔铝土矿时，硫的转化率也很高，达 50%～80%，但明显低于相同条件下用不含硫的合成溶液溶出时的转化率。对不同 Na_2O 浓度溶液来说，差值如下：

Na_2O	280～300g/L	16%～17%（绝对值）
Na_2O	250g/L	20%（绝对值）
Na_2O	200g/L	25%（绝对值）

若溶出前，铝土矿浆搅拌保温 6～8h，即模拟脱硅保温，硫的转化率降低 36%～39%；280～300℃时转化率为 40%～60%，260℃时转化率为 25%。

关于铝土矿中硫的含量对硫溶解性的影响，有关文献的结论是铝土矿中硫含量越高，溶出时硫进入溶液的数量就越多。但库兹涅佐夫的研究表明，铝土矿中硫含量越高，溶出时硫进入溶液的百分率越小，当铝土矿中 S 含量为 0.7%、1.0%、1.6%、1.9%时，进入溶液的比率分别为 60%、61%、40%、23.5%。硫进入到溶液中的量与铝土矿中硫的初始含量的关系曲线是比较复杂的。如在添加黄铁矿精矿的情况下，随铝土矿中硫含量由 0.32%增至 1.3%，硫的溶出率由 32%降至 14%；而添加黄铁矿时，随铝土矿中硫含量增大到 1.67%，硫的溶出率降至 25%；如铝土矿中硫进一步从 1.67%提高到 4.68%，则溶出率增至 36%。添加黄铁矿溶出率较高，分析原因有可能是因为含硫矿物的活性不同而致（试验所用母液 Na_2O＝290g/L，MR＝3.14，T＝235℃，t＝2h）。

进入溶液中硫的量与溶液温度有密切的关系，当用 Na_2O 为 300g/L，MR＝3.85 的铝酸钠溶液处理黄铁矿精矿的试验表明，在 230℃下，硫的溶出过程需 20～30min，硫约有 65%～70%进入溶液；温度升到 300℃时，提高到 85%，15min 反应就达平衡。黄铁矿在铝酸钠溶液中进行着十分复杂的氧化还原反应。硫在溶液中主要以 S^{2-} 状态存在，约占 90%～94%，其余为 $S_2O_3^{2-}$、SO_3^{2-}、SO_4^{2-} 及 S_2^{2-}。溶液中 S_2^{2-} 由于被空气氧化，最后成为 SO_4^{2-}。在拜耳法生产中，母液循环使用，硫逐渐积累达到一定浓度后，在蒸发时以碳钠钒 $2Na_2SO_4 \cdot Na_2CO_3$ 析出，使溶液中硫含量保持在一定浓度。

铝土矿中硫的溶出率还取决于参加溶出的各种硫化物的含量。随着循环溶液中硫浓度（聚硫化物、硫代硫酸盐、硫化物中的硫）增加，硫向溶液中的转移率降低。这时黄铁矿的分解率也降低，见图 6-39。巴赫切也夫的解释是，硫代硫酸钠和二价铁离子被氧化时生成的聚硫化钠的硫化物能降低黄铁矿的分解率，这是由于和硫化铁发生下述反应：

$$Na_2S_2O_3 + FeS = Na_2SO_3 + FeS_2 \quad (6\text{-}18)$$

$$Na_2S_2 + FeS = Na_2S + FeS_2 \quad (6\text{-}19)$$

所以使黄铁矿的分解率下降。

铝酸钠溶液中在有氧化剂存在的条件下，铝土矿中硫的溶出率提高 40%～60%。有关文献报道，铝酸钠溶液中有还原剂存在时，还原剂比氧化剂能在更大程度上强化硫化物矿物的溶出过程。

还原剂对硫化物溶出率的影响见图 6-40。试验所用 Na_2O 238g/L、Al_2O_3 115g/L、$S_{总}$

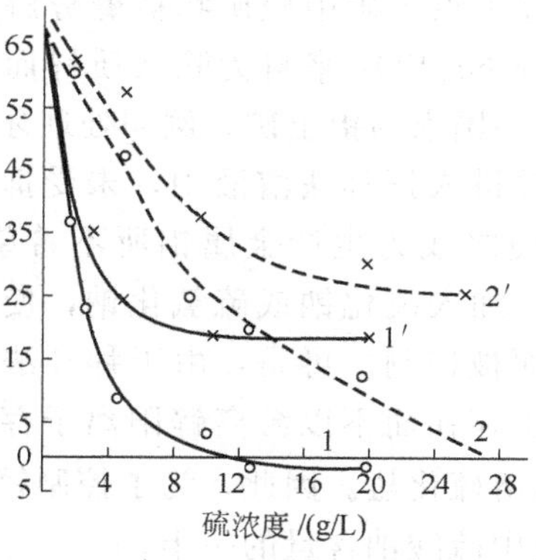

图 6-39　溶出过程（235℃，t＝2h）中铝土矿中全部硫的溶出率（1，2）和黄铁矿的分解率（1′，2′）与循环溶液中 $Na_2S_2O_3$（1，1′）和 Na_2S（2，2′）浓度 C 的关系

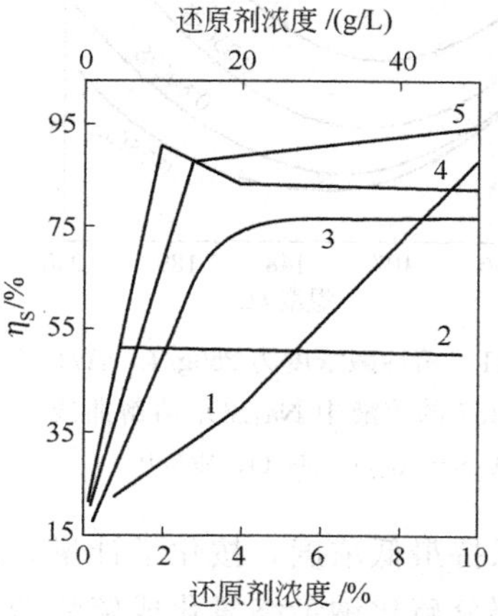

图 6-40　溶出时铝土矿中硫的溶出率与还原剂种类的关系

1—$FeSO_4$；2—FeO；3-甲醛；4—$SnCl_2$；5—酒精

2.82g/L。从图中可以看出，还原剂可显著增强铝土矿中硫化物矿的溶出。如果无添加剂，硫溶出率为15%，在还原剂添加量酒精为2.63%、甲醛3.30%、$SnCl_2$ 10g/L时，硫的溶出率增加到71%～90%，即提高了5～6倍。添加FeO使硫化物溶出率提高3.4倍。添加这些还原剂还能使赤泥中Na_2O含量降低，赤泥中Na_2O含量最多可降低16%～18%。

美国的J. T. Malito根据对巴顿路切工厂的溶液进行试验所得的数据，导出了有关硫酸钠平衡溶解度与Na_2O、Na_2O/Na_2O_T温度的关系经验式：

$$[Na_2SO_4]=A_0+A_1C^2+A_2C^2+A_3(C/S)+A_4(C/S)^2+A_5(C/S)T+A_6(C/S)^2T^2 \tag{6-20}$$

式中　$[Na_2SO_4]$——硫酸钠浓度，g/L；

C——苛性钠浓度，g/L；

C/S——苛性碱/全碱比；

T——温度，F。

$A_0=923$，$A_1=-1.67$，$A_2=2.29\times10^{-3}$，$A_3=-1486$，$A_4=998$，$A_5=-0.628$，$A_6=1.51\times10^{-3}$。

方程式（6-20）的特点可用图6-41来说明，图6-41最大特点是，Na_2SO_4溶解度出现最低值，从图中可看出，它是温度和C/S的函数。溶解度最低值的温度与C/S的关系如下：

$$T_{最低}=\frac{208.4}{C/S} \tag{6-21}$$

硫酸盐的最低溶解度由下式求出：

$$硫酸盐_{最低}=857.4+A_1C+A_2C^2+A_3(C/S)+A_4(C/S)^2 \tag{6-22}$$

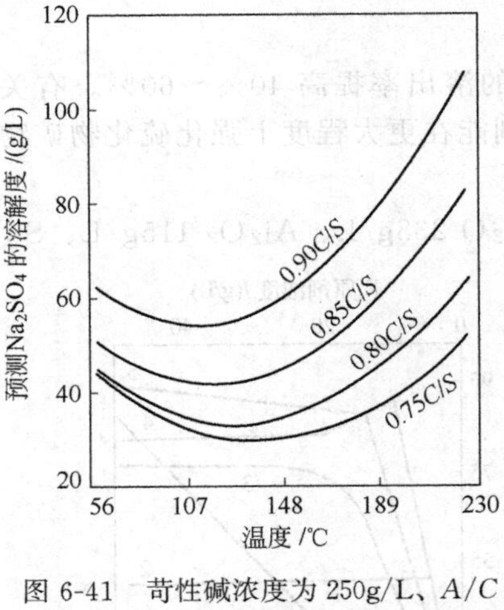

图6-41　苛性碱浓度为250g/L、A/C为0.357的溶液中Na_2SO_4溶解曲线（$A/S=Al_2O_3/Na_2O$，质量比）

硫酸盐最低溶解度在110～143℃温度下，类似母液蒸发器和溶出器的操作条件。上述公式适用的范围是Na_2O 245～315g/L，苛性碱/全碱=0.75～0.95，温度65.6～232.2℃。这个公式普遍用于拜耳法溶液，必须确定一个修正系数，此修正系数可由单一硫酸盐在溶液中的溶解度求得。这个公式对于避免硫酸钠从拜耳法溶液中析出而确定苛性钠和碳酸钠最大容许浓度是有用的。

溶液中的硫除了铝土矿中硫矿物被碱分解进入到溶液中，还有一部分Na_2SO_4来自为除杂质锌而加入到溶液中的Na_2S。有些国家的铝土矿，例如处理牙买加铝土矿遇到的问题是锌进入拜耳法溶液中，未受抑制，与氧化铝共同析出，使之成为生产金属铝所不希望的杂质。就现代工艺来说，加入硫化钠或硫氢化钠，使溶液中的锌以硫化锌析出而被控制。可是，由于拜耳法中锌大概是以锌酸盐阴离子存在而不以游离锌阳离子存在，为了使锌保持最低浓度，按化学计量，需要加入过量的可溶硫化盐。因此，为了控制锌量而加入的大部分硫化钠最终氧化成硫酸盐，其量大致为溶液中硫酸钠含量的一半。

6.5.2　含硫矿物在拜耳法生产中的危害

铝土矿中的硫不仅造成Na_2O的损失，而且溶液中S_2^{2-}含量提高后会使钢材受到腐蚀，增加溶液中铁含量，还能使 Al_2O_3 的溶出率下降。硫酸钠在拜耳法溶液中最大的不良影响，是它在适宜的条件下以复盐碳钠矾 $Na_2CO_3 \cdot 2Na_2SO_4$ 析出，这种复盐在母液蒸发器和溶出器内结疤，使其传热系数降低。

众所周知，铝土矿中 80%～90%的硫以硫化铁状态存在，主要是黄铁矿。黄铁矿于160℃时在铝酸钠溶液中开始分解，并随温度的升高，分解率提高。胶黄铁矿、磁黄铁矿和铝酸盐溶液的反应比黄铁矿活跃，二硫化铁首先分解成二硫化钠（Na_2S_2），高温下，二硫化钠在铝酸盐溶液中是不稳定的，分解成硫化钠和硫代硫酸钠。

硫化钠比较容易被氧化成硫代硫酸钠（即使在弱氧化剂如空气中氧的作用下）。在处理硫化物含量高的铝土矿时，正是这两种形态的硫占多数，只有在强氧化剂作用下，硫代硫酸钠才能继续被氧化成亚硫酸钠，亚硫酸钠很容易被氧化成硫酸钠。因此，铝酸盐溶液中亚硫酸钠的浓度比呈其他形态的硫的浓度低。

铝土矿中硫的含量超过 0.7%～0.8%，就能导致氧化铝品位因铁的污染而下降，蒸发和分解工序的钢制设备因剧烈腐蚀而损坏。氧化铝之所以被铁污染，都是由于硫化物型硫造成的。提高 NaOH 浓度和溶液的温度，硫化钠和二硫化钠都能生成比普通硫化铁更易溶解的水合硫代铁酸钠。随着铝酸钠溶液的稀释（溶液中 NaOH、Na_2S、Na_2S_2 浓度和温度的降低），铁的硫代配合物变得不稳定，铁最终从溶液中转入到 $Al(OH)_3$ 中。所以为了降低氧化铝中铁的含量就必须降低铝酸盐溶液中硫化物型硫的浓度。

硫代硫酸钠对铁的溶解度无影响（硫化钠和硫酸钠也一样）。但在有氧化剂存在时，硫代硫酸钠会加剧铝酸钠溶液中钢的腐蚀。二硫化钠是更强的氧化剂。蒸发器组的热交换管道经受更强烈的腐蚀作用。其腐蚀机理如下：硫化钠与铁反应生成可溶的硫代配合物，提高了铁的溶解度，破坏了钢表面的钝化薄膜，使其转变成活化状态。硫代硫酸钠和二硫化钠与金属铁相互反应，把铁氧化成二价态，促进了硫代铁配合物的生成。于是，所有这些形态的硫综合起作用，大大强化了钢在铝酸钠溶液中的腐蚀过程。须指出，硫浓度高（$S_{S_2O_3^{2-}}>20g/L$ 和 $S_S^{2-}>0.5g/L$）时，硫代硫酸钠和二硫化钠成为铝酸盐溶液中碳素钢的钝化剂，在其表面生成 Fe_3O_4 保护膜。

硫化钠、二硫化钠和硫代硫酸钠是与铝酸盐溶液中铁相互反应的活性物质，而亚硫酸钠和硫酸钠是惰性物质，前两种形态的硫（如铝土矿中硫化物与碱反应的产物）是初始形态的，其余的则是由它们产生的。

利用北乌拉尔铝土矿并利用别廖佐夫斯克矿床的黄铁矿和经浮选的黄铁矿精矿作为含硫添加剂，循环母液 Na_2O 290g/L，$MR=3.14$，$S_{总}=6.03g/L$，溶出温度 235℃，2h。硫含量不同的铝土矿的溶出结果如表 6-7 所示。

从表 6-7 可以看出 Al_2O_3 的溶出率随铝土矿中硫含量的提高而降低，随硫含量从 0.32%提高到 4.68%，氧化铝的溶出率下降 0.97%，约 1%左右。

从表中还可以看出，当添加黄铁矿精矿时，当铝土矿中含硫量从 1.01%增加到 2.12%时，赤泥中碱含量比硫含量 0.32%时高 6.16%～3.15%。

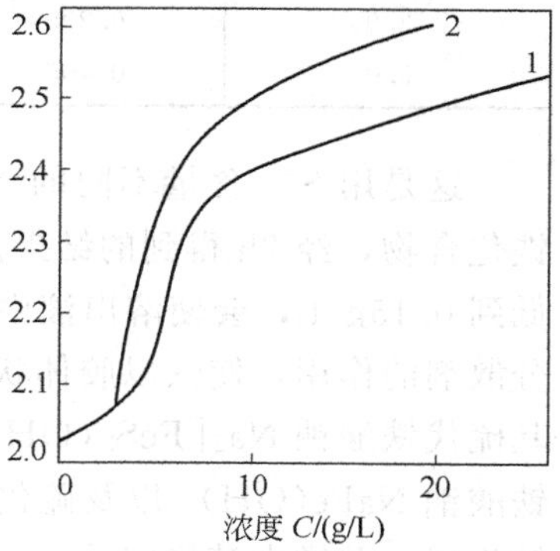

图 6-42 赤泥中 Na_2O 含量与循环溶液中 Na_2S（1）和 $Na_2S_2O_3$（2）浓度 C 的关系

赤泥中 Na_2O 的含量与循环溶液中 Na_2S 和 $Na_2S_2O_3$ 浓度的关系见图 6-42。从图中可见随溶液中 Na_2S 和 $Na_2S_2O_3$

浓度增大，赤泥中 Na_2O 增加。是因为当溶液中硫代硫酸钠浓度高于 3g/L、硫化物浓度高于 5g/L 时，可以生成一种含水铝代硅酸钠的物质 $1.25Na_2O \cdot Al_2O_3 \cdot 1.79SiO_2 \cdot 0.15S_2O_3^{2-} \cdot 0.03SO_4^{2-}$，所以造成 Na_2O 和 Al_2O_3 的损失。

表 6-7　硫含量不同的铝土矿溶出结果

铝土矿中的 $S_{总}$/%	赤泥组成/%					赤泥中的 Na_2O/g	Al_2O_3 溶出率/%
	Na_2CO_3	Al_2O_3	Na_2O	$S_{SO_4^{2-}}$	$S_{S_2O_3^{2-}}$		
添加剂——黄铁矿精矿							
0.32	40.60	11.86	3.80	—	—	0.730	90.28
0.69	40.20	12.08	3.75	—	—	0.731	90.16
0.95	40.60	12.04	4.05	—	—	0.799	89.64
1.01	40.68	12.05	3.96	—	—	0.775	89.74
1.28	41.10	11.80	3.60	—	—	0.721	89.59
1.61	41.20	11.38	3.62	—	—	0.738	89.76
1.80	41.10	11.70	3.65	—	—	0.742	89.68
2.12	41.60	11.60	3.65	—	—	0.753	89.11
3.29	42.80	10.88	3.46	—	—	0.706	89.75
4.68	44.02	10.72	3.03	—	—	0.686	89.31
添加剂——黄铁矿							
0.55	41.50	1.60	4.03	0.17	0.28	0.764	90.58
1.29	42.00	11.15	3.87	0.195	0.28	0.767	90.62
1.67	42.40	11.42	3.87	0.21	0.30	0.773	90.27
2.11	42.80	11.63	3.58	0.24	0.30	0.752	89.78
3.29	43.20	11.95	3.55	0.323	0.30	0.759	89.52

铝酸钠溶液中铁含量随 S^{2-} 浓度的提高而增加，见表 6-8。

表 6-8　S^{2-} 浓度对铝酸钠溶液中铁含量影响

原液中 S^{2-} 浓度/(g/L)	溶出液中铁含量(Fe_2O_3)/(g/L)				
	Fe_2O_3	Fe_3O_4	$Fe(OH)_3$	FeS_2	$FeCO_3$
0.0	0.50	0.055	0.065	0.460	0.050
1.0	0.076	0.086	0.093	0.460	0.0775
2.0	0.305	0.150	0.123	0.460	0.1025
5.0	0.405	0.360	0.35	0.490	0.335

这是用 S^{2-} 含量不同的 Na_2O 300g/L、Al_2O_3 133.4g/L 的溶液，在 230℃下处理各种铁化合物，经 2h 得到的结果。试验结果还证明在溶出前将母液中的 S^{2-} 含量由 3.84g/L 降低到 0.15g/L，会使溶出液中铁含量显著下降。一般认为在 25℃铝酸钠溶液中，S^{2-} 离子起分散剂的作用，使铁以胶体状态进入溶液。在 100℃溶液中，铁溶解为溶液，铁在其中以羟基硫代铁酸钠 $Na_2[FeS_2(OH)_2] \cdot 2H_2O$ 的形态存在，它在铝酸钠溶液中的溶解度大于羟基铁酸钠 $NaFe(OH)_4$ 以及硫化铁和多硫化铁。溶液中 S^{2-} 浓度越高，越能促使羟基硫代铁酸钠生成，并增大其稳定性。

$$2Na_2S + Fe_2O_3 + 5H_2O \rightleftharpoons Na_2[FeS_2(OH)_2] \cdot 2H_2O + Fe(OH)_2 + 2NaOH$$

往溶液中添加 SO_4^{2-} 和 SO_3^{2-}，对铁的溶解没有影响，SO_4^{2-} 具有钝化作用，甚至使铁的溶解度有所降低。

在用铝酸钠溶液处理黄铁矿时，不锈钢高压溶出器表面出现由紫硫镍矿 $NiFe_2S_4$、针镍矿 NiS 和辉镍矿组成的覆盖层。生产实践证明，铝酸钠溶液中 $S_2O_3^{2-}$ 和 S^{2-} 含量增高时，设备被严重腐蚀。当溶液中硫含量由 0.5g/L 增到 4.0g/L 时，设备腐蚀速度显著增加。铁被腐蚀是由于 $Na_2S_2O_3$ 的氧化作用所造成的，其反应为：

$$Fe+Na_2S_2O_3+2NaOH \rightleftharpoons Na_2S+Na_2SO_3+Fe(OH)_2 \qquad (6\text{-}23)$$

$Fe(OH)_2$ 一部分再被氧化为磁铁矿，一部分与 Na_2S 反应生成羟基硫代铁酸钠进入溶液，溶液中铁含量可增至每升数百毫克。

溶液中硫含量增加还能使矿浆的磨制和分级受到影响，赤泥沉降槽的溢流浑浊，因而拜耳法要求矿石中的硫含量低于 0.7%。

6.5.3 铝酸钠溶液的脱硫

目前工业上使铝酸钠溶液脱硫的方法有下面几种，一是鼓入空气使硫氧化成 Na_2SO_4，在溶液蒸发时析出；二是添加除硫剂，除硫剂可添加氧化锌和氧化钡，添加 ZnO 使硫成为硫化锌析出，脱硫时，溶液中的铁也得到清除。添加氧化锌可以将 S^{2-} 完全脱除，缺点是含锌材料较贵，某些高炉气体净化设备收集的粉尘 ZnO 含量大于 10%，可作为廉价的脱硫材料，但应注意粉尘中其他杂质可能带来污染；三是采用特殊的工艺过程。

向铝酸钠溶液中添加 BaO 可以同时脱去溶液中的 SO_4^{2-}、CO_3^{2-} 和 SiO_3^{2-} 离子，反应如下：

$$Ba^{2+}+SO_4^{2-}+aq \longrightarrow BaSO_4\downarrow+aq \qquad (6\text{-}24)$$

$$Ba^{2+}+CO_3^{2-}+aq \longrightarrow BaCO_3\downarrow+aq \qquad (6\text{-}25)$$

$$Ba^{2+}+SiO_3^{2-}+aq \longrightarrow BaSiO_3\downarrow+aq \qquad (6\text{-}26)$$

$BaSO_4$ 在 25℃的溶度积 $K=1.1\times10^{-10}$，$BaCO_3$ 在 25℃的溶度积 $K=5\times10^{-6}$。

随 BaO 加入量增多，硫酸根、碳酸根、硅酸根离子的脱除率增加，并且 $\eta_{SO_4^{2-}}>\eta_{CO_3^{2-}}>\eta_{SiO_3^{2-}}$。

在除去溶液中 SO_4^{2-}、CO_3^{2-} 和 SiO_3^{2-} 的同时，相应的碱被苛化为苛性碱，这对蒸发和高压溶出作业是非常有利的。

从 BaO 利用率和减少 Al_2O_3 损失的角度考虑，含硅高的粗液最差，精液和种分母液的效果都好，但由于向精液中加 BaO 后，其 *MR* 值大幅度增加，对分解作业不利，因而选用精液是不合理的。选用种分母液脱硫最合理，这不仅由于 *MR* 值大幅度提高，给高压溶出和蒸发作业带来好处，提高碱的循环效率，而且由于种分母液中 Al_2O_3 和 SiO_2 含量低，不会生成钙霞石，减少了氧化铝的损失，提高了 BaO 的利用率。除选用种分母液外，其他最佳条件是，温度 80℃左右最好，BaO 的添加量可根据溶液中硫含量多少灵活掌握，一般为硫含量的 70%左右为好，而且分两次加入可提高 BaO 利用率。由于添加 BaO 脱硫效率高，只对部分溶液进行处理即可满足要求。

贵州工学院的何润德对铝酸钠溶液中除硫时 BaO 最佳添加量进行了研究。研究结果表明，合理除硫溶液的选择依据是：一是 BaO 最佳添加量（W_B^0）小；二是在氧化铝生产工艺上可行。几种溶液的 W_B^0 和 K_S 值如表 6-9。表中 W_B^0 为最佳添加量；$K_S=\dfrac{N_S}{N_S+N_C}$，N_S、N_C 分别为除硫原液中 Na_2O_S、Na_2O_C 的浓度，g/L，K_S 大时，溶液中 Na_2O_C 浓度小，添加 BaO 主要消耗于除硫过程；如 K_S 小时，添加 BaO 主要耗于净化 CO_3^{2-} 离子。

表 6-9　各类溶液的 K_S 与 W_B^0 值

参　数	溶液类型		
	种分母液	精　液	粗　液
K_S	0.271	0.627	0.471
W_B^0	7.830	2.886	5.310

从表 6-9 中可见选用精液除硫，BaO 消耗量少，而且生成的除硫渣（$BaCO_3$、$BaSO_4$）量也少，都有利于降低除硫费用。从工艺角度出发，选择精液除硫的主要问题是，由于 BaO 除硫过程的苛化作用，无论将净化后精液送去种分或碳分都是不利的。但是若采用部分溶液开路除硫的方法，处理溶液量极少，上述问题就不成为问题了。经计算每生产 1t Al_2O_3 开路除硫的精液量不足 0.2m³。试验表明，精液除硫后溶液 Na_2O 增加 30g/L，因此每生产 1t Al_2O_3，Na_2O 增量为 6kg 左右，将除硫后的精液汇入流程中，总精液 *MR* 增量不足 0.01，对种分分解率影响甚微。所以选择精液脱硫也是可行的。

BaO 的最佳添加量可用下式计算：

$$W_B^0=\frac{2.48}{\eta_{BS}^0} \tag{6-27}$$

或

$$W_B^0=\frac{2.48}{K_S}(\eta_S/n)^{-1}\quad (kgBaO/kgNa_2O) \tag{6-28}$$

式中　W_B^0——BaO 最佳添加量。

$$\eta_{BS}=\frac{与\ Na_2O_S\ 反应的\ BaO\ 量}{加入\ BaO\ 理论量\times n}\times 100\% \tag{6-29}$$

式中　η_S——除硫率，%；

n——BaO 理论量的百分数；

η_{BS}^0——η_{BS}的极大值。

由于硫在拜耳法生产中的种种危害，特别是随温度提高，铝土矿中硫的转化率大大提高，给高温溶出含硫铝土矿带来很多困难。为了保证氧化铝的纯度，除了可以在溶液中加入添加剂除硫外，还可以采用净化铝酸钠溶液除硫化物型硫和铁的特殊工序。现已应用于工艺流程中的办法有：使溶液中硫化物型硫以微溶的硫化锌状沉淀进入固相，或通过在搅拌槽中的空气搅动和高压溶出前的矿浆保温而使硫化物型硫氧化，从而可降低高压溶出中硫的转化率；再就是使铝酸盐中的硫深度氧化成硫酸钠，使其析出，然后加工成商品。解决钢铁设备被腐蚀的问题，可以采用碳素钢化学钝化法和使用特种合金钢作设备材质。

化学钝化法的费用最低，能使碳素钢的使用寿命延长 1～2 倍。在生产上最易实现的一种化学钝化法是用含聚硫化钠的碱溶液处理金属表面。用加入元素硫使 S_2^{2-} 浓度达 0.5～3.0g/L 的工业循环溶液作钝化液，于 50～80℃下，溶液在设备中循环 12～24h 即可实现钝化。此方法适用于蒸发器和分解槽的钝化处理。

最根本的办法是选择和应用特种合金钢。试验室研究和工业试验证实：在被硫化物污染的铝酸盐溶液中，15×25T 型高铬钢具有最大的耐腐蚀性。一种可以用于生产的合金钢的标准如下：铬含量不低于 22%；镍含量应最低；钼的含量为 2%～3%。

6.5.4 铝酸钠溶液中硫化合物对结晶水合铝硅酸钠成分和结构的影响

在处理含硫铝土矿生产氧化铝时，铝酸盐溶液中聚集有各种硫化合物。业已确定，随着铝土矿中 SiO_2 含量的增加，溶出后铝酸盐溶液中的硫浓度降低。对于铝酸盐溶液中以硫酸盐、亚硫酸盐、硫代硫酸盐和硫化物形式存在的所有形态硫来说都有这种关系。有关文献认为，所有形态硫在溶出过程中都成为结晶水合铝硅酸钠的组成部分。

向铝酸钠溶液中分别加入亚硫酸盐、硫代硫酸盐和硫化钠及硫酸盐时，从铝酸钠溶液中析出的水合铝硅酸钠溶液的结构和成分都有所下同。

在 100℃下，分别向 Na_2O 150g/L、Al_2O_3 145g/L、SiO_2 5g/L 的铝酸钠溶液中添加硫酸盐、亚硫酸盐、硫代硫酸盐和硫化钠，根据对大量试验数据的分析可知，铝酸盐溶液的脱硅与溶液中存在多余阴离子的性质和浓度有关。

就高温下脱硅深度的影响而言，可以排成如下顺序：

$$Na_2S_2O_3 > Na_2SO_4 > Na_2S > Na_2SO_3$$

众所周知，脱硅深度取决于所生成的各种变态结构的水合铝硅酸钠的溶解度。在上述盐类存在的条件下，当溶液中硫浓度不大时，添加硫代硫酸钠就可以形成溶解度很低的水合铝硅酸钠，而当溶液中硫浓度明显增大时，具有钙霞石结构的水合铝硅酸钠就会从含阴离子 $S_2O_3^{2-}$、SO_4^{2-}、S^{2-} 的溶液中结晶出来。

在铝酸盐溶液中添加亚硫酸钠 Na_2SO_3 会导致生成类似方钠石的水合铝硅酸钠。这种水合铝硅酸钠具有很大的溶解度，而且浓度增大时不会引起水合铝硅酸钠的结构改变。

在 100℃、6h 常压浸出合成水合铝硅酸钠的过程中，铝酸盐溶液在上述硫的盐类存在下的脱硅产物具有另一种性质。

当溶液中硫的阴离子浓度不高时，硫酸盐阴离子的脱硅作用比其他所有阴离子的作用都大。溶液中含有大量硫时（$S_总$ 40～60g/L）会明显降低溶液中氧化硅的含量，这时添加剂的作用效果按下列顺序增大：$S^{2-} \rightarrow SO_3^{2-} \rightarrow SO_4^{2-} \rightarrow S_2O_3^{2-}$。

水合铝硅酸钠的成分和结构不仅仅取决于合成条件和溶液中硫化物的性质，而且与水合铝硅酸钠结晶时存在的阴离子浓度有很大关系。提高铝酸盐溶液中以硫化物、硫代硫酸盐和硫酸盐形式存在的硫的浓度，会促进钙霞石型水合铝硅酸钠的结晶，这种水合铝硅酸钠中可能的最大硫含量是 1mol Al_2O_3 中高达 0.26～0.28mol 硫。上述盐类浓度的提高会导致水合铝硅酸钠结构按下列顺序发生晶格重排：黝方石→黝方石-钙霞石→钙霞石-黝方石→钙霞石。添加亚硫酸钠会引起硫的最大含量为 1mol Al_2O_3 中达 0.23mol 硫的方钠石型水合铝硅酸钠发生结晶。

提高铝酸盐中硫化合物的浓度，能促进 SiO_2 ∶ Al_2O_3 和 Na_2O ∶ Al_2O_3 比值大的水合铝硅酸钠析出，因而所得沉淀中氧化钠含量也增大。

6.6 有机物在溶出过程中的行为

6.6.1 有机物与溶液作用

铝土矿中尤其是三水铝石矿和一水软铝石矿中常常含有万分之几至千分之几的有机物，

大多数红土铝土矿中含有机碳为0.2%～0.4%，一水型铝土矿中最大含量为0.05%～0.1%。这些有机物可以分为腐殖酸和沥青两大类，沥青实际不溶解于碱溶液，全部随同赤泥排出；腐殖酸类有机物是铝酸钠溶液有机物的主要来源，它们与碱液反应生成各种腐殖酸钠进入溶液。拜耳法溶液中的有机钠盐和碳酸钠大部分是由于铝土矿在高温下溶出时，铝土矿中有机物发生分解与循环溶液中的氢氧化钠反应形成的。进入拜耳法溶液中的有机物的量，取决于所处理的铝土矿的类型和处理条件。这类杂质也会由絮凝剂和去沫剂中的碳化物以及空气中 CO_2 形成，但如此形成的杂质为数甚少。

在拜耳法生产氧化铝的过程中，铝土矿中的一部分有机物在溶出过程中被提取而进入溶液，并被分解形成可溶性钠的有机化合物。为加速赤泥沉降，可将合成的或天然的絮凝剂，例如丙烯酰胺的共聚物和丙烯酸钠或淀粉加入溶液中。少量其他物质如防沫剂和润滑剂也能影响溶液中有机物含量。随着溶液的再循环，有机物及其分解产物的浓度增加，直至达平衡浓度。

已经证明，拜耳法溶液中有机物数量达到一定程度后，造成许多生产问题并降低溶液的产出率。有机物带来的危害，包括氧化铝产量的降低，使 $Al(OH)_3$ 颗粒过细，氧化铝中杂质含量高，使溶液和 $Al(OH)_3$ 带色，降低赤泥沉降速度，由于钠有机化合物的形成而损失碱，提高溶液的密度、黏度、沸点和使溶液起泡。

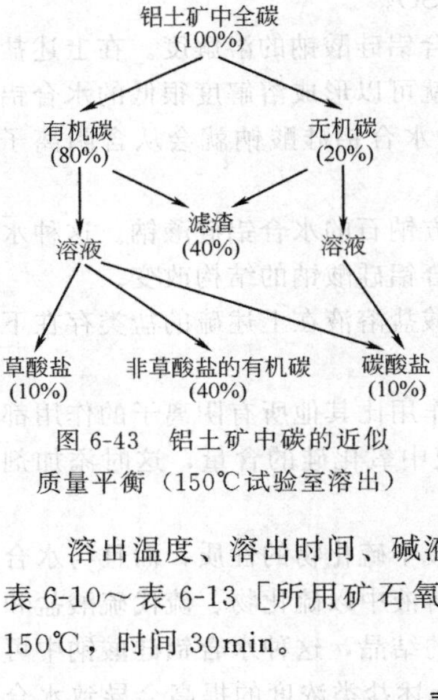

图 6-43　铝土矿中碳的近似质量平衡（150℃试验室溶出）

进入到拜耳法流程中的有机物，随拜耳法溶液在流程中循环，当这些杂质反复经过高压溶出器时，母液中杂质就逐渐从高分子化合物分解成低分子化合物，最后形成草酸钠、碳酸钠和其他低分子钠盐。

澳大利亚 S. C. Grocott 对达令地区铝土矿的溶出研究表明，溶出时各种有机物的分解，使约一半的有机物进入拜耳法流程。在150℃，碳的分布状态如图6-43所示。

溶出温度、溶出时间、碱液浓度对铝土矿溶出及形成有机碳、草酸盐和碳酸盐的影响见表6-10～表6-13［所用矿石氧化铝含量32%，总有机碳（TOC）为0.26%］，溶出温度150℃，时间30min。

表 6-10　矿料浓度对杂质溶出的影响

铝土矿料样浓度/(g/L)	溶出率/(kg/t 铝土矿)		
	EOC	$Na_2C_2O_4$	Na_2CO_3
50	1.29	1.16	4.1
100	1.33	1.38	3.9
150	1.40	1.31	3.8

表 6-11　碱液浓度对杂质溶出的影响

苛性碱浓度	溶出率/(kg/t 铝土矿)		
	EOC	$Na_2C_2O_4$	Na_2CO_3
1mol/L(4% NaOH)	1.29	1.17	3.9
2mol/L(8% NaOH)	1.33	1.38	3.9
3mol/L(4% NaOH)	1.38	1.37	3.8

表 6-12 溶出温度对杂质溶出的影响

溶出温度/℃	溶出率/(kg/t 铝土矿)		
	EOC	$Na_2C_2O_4$	Na_2CO_3
110	1.56	1.16	3.3
150	1.33	1.38	3.9
200	1.32	1.48	4.4

表 6-13 溶出时间对杂质溶出的影响

溶出时间/min	溶出率/(kg/t 铝土矿)		
	EOC	$Na_2C_2O_4$	Na_2CO_3
0	0.36	1.24	3.6
30	1.33	1.38	3.9
120	1.32	1.42	4.1

注：0min 意指压力容器加热到 150℃后，立即取出冷却至室温。

对大多数铝土矿来说，在低的溶出温度下（130～150℃）约 5%的有机碳转化为草酸钠，而在高温（220～250℃）这一转换率增加 1 倍，但澳大利亚铝土矿中的有机物转化为草酸钠的数量要高 1～2 倍。

铝土矿中碳的近似质量平衡表中 EOC 表示可萃有机碳，以单质碳的形式表示。

英国的 N. Brow 根据伯恩提斯兰氧化铝厂中草酸钠的行为，得到种分分解母液中草酸钠的平衡溶解度的表达式：

$$平衡溶解度 = 7.62(0.012T - 0.016F_S) - 0.011[CO_3^{2-}] \tag{6-30}$$

式中 T——溶液温度，℃；

F_S——溶液中游离碱浓度，g/L(Na_2O)；

$[CO_3^{2-}]$——溶液中碳酸盐浓度，g/L(Na_2O)。

一个具有下列组成的典型工厂中的母液：

氧化铝 75g/L，游离碱 145g/L，碳酸盐 15g/L，50℃时，草酸钠的平衡溶解度为 1.2g/L。

澳大利亚 K. P. BeckHan 等通过深入研究，提出了草酸钠溶解度的数学模型，综合了诸多方面的因素：

$$[OX] = 134\times\exp\{-1166.4/T_K + 0.5110\times\ln T_K + 7.10^{-5}\times T^2 - 1.7252\times\ln(0.0482\times T_C + 0.0248\times[CO_3^{2-}] - 0.0171\times[Al_2O_3] + 0.0340\times[Cl^-] + 0.0214\times[SO_4^{2-}] + 0.0464\times[HCOO^-] + 0.0173\times[CH_3COO^-]) - 8.10^{-5}\times(T_C - 100)^2 + 0.0173\times(T_C/[Al_2O_3])^2\} \tag{6-31}$$

式中 $[OX]$——草酸钠浓度，g/L；

T_K——绝对温度，K；

T——摄氏温度，℃；

T_C——苛性钠浓度，g/L；

$[CO_3^{2-}]$、$[Al_2O_3]$、$[Cl^-]$、$[SO_4^{2-}]$、$[HCOO^-]$、$[CH_3COO^-]$——代表相应离子（物质）的浓度。

在不同的氧化铝厂的工业溶液中，草酸钠的含量多少取决于所处理的原料种类，溶出工艺的特性（浓度、温度）及铝酸盐溶液现有净化方法的效率。如使用澳大利亚联合铝业公司和戈弗铝土矿以及印度尼西亚宾士旦铝土矿，流程中的有机碳总量已从 1973 年 1200t 增加到 1979 年的 2000t。前苏联的帕夫洛达尔铝厂和第聂伯铝厂的氢氧化铝洗液中草酸钠含量分别为 1.34g/L、1.19g/L，而尼古拉耶夫氧化铝厂则为 3.95g/L。对铝酸钠溶液中草酸钠的分布情况所做的分析证明，草酸钠富集在氢氧化铝洗液中。工业铝酸钠溶液中草酸钠的分布见表 6-14。

表 6-14 工业铝酸钠溶液中草酸钠的含量

单位：g/L

工厂名称	溶液类别		
	铝酸盐溶液	母液	氢氧化铝洗液
尼古拉耶夫氧化铝厂	1.20	0.95	18.42
	0.67	0.72	12.73
	1.34	0.95	14.80
	2.16	1.29	3.38
第聂伯铝厂	2.68	2.45	3.46

从表中可看出尼古拉耶夫氧化铝厂的草酸钠富集在 $Al(OH)_3$ 洗液中。而对第聂伯氧化铝厂的分析证实，在蒸发器组洗液里富集了草酸钠，草酸钠的含量为 Na_2O_T 的含量的 25%。为什么尼古拉耶夫氧化铝厂 $Al(OH)_3$ 洗液中草酸钠含量较第聂伯氧化铝厂 $Al(OH)_3$ 洗液中高出 3～4 倍呢？但是第聂伯铝厂铝酸钠溶液和母液中草酸钠的含量几乎要高出 1 倍，其原因可能是由于 $Al(OH)_3$ 种子过滤过程中二者的设备和工艺形式不同的缘故。

尼古拉耶夫氧化铝厂种分后全部悬浮液都在圆盘真空过滤机上过滤，而未对 $Al(OH)_3$ 悬浮液进行预沉降，而第聂伯厂在过滤工序之前则进行了氢氧化铝悬浮液的预沉降，在沉降过程中细氢氧化铝随溢流一同排出到蒸发工序，细粒子 $Al(OH)_3$ 中草酸钠含量较高，见表 6-15，所以第聂伯厂蒸发器组洗液里草酸钠含量高。

表 6-15 产品 $Al(OH)_3$ 结晶草酸钠

粒径/μm	草酸钠质量分数/%	粒径/μm	草酸钠质量分数/%
0～32	0.046	63～90	0.032
32～63	0.033	>90	0.027

细粒子中固体草酸钠含量增大，是由于分解时较细 $Al(OH)_3$ 颗粒夹入了较多的草酸钠晶体。

铝土矿中的有机物是影响氧化铝溶解于碱性溶液中的物质，随着溶液在氧化铝生产中的循环使用，有机物逐渐积累起来，它严重影响着氧化铝的生产效率和经济成本，并对产品质量有不利影响，有机物还使赤泥分离过程特别是种分过程受到不良影响。成品 $Al(OH)_3$ 由于吸附了有机物，略带灰褐色，不适于作填料。有机物还使母液蒸发时析出的一水碳酸钠晶体细化，难于分离。草酸钠与氢氧化铝一起结晶出来时助长了晶粒细化现象，妨碍晶体附聚。铝酸钠溶液中有机碳含量增加 1g/L，Al_2O_3 分解产出将降低 1～2kg/m^3。（匈牙利研究人员估计）根据雷诺公司数据有机碳提高 1g/L，分解原液苛性比值将降低 0.04～0.09，这两个数据相符，并在焙烧过程中降低晶体强度。有机物使铝酸钠溶液表面张力和黏度增大，并且被 $Al(OH)_3$ 和铝硅酸钠吸附，使晶种分解和脱硅过程效果减退。

如果铝土矿中有机物含量很高，则会提高进入生产流程中的碳酸盐的量，根据文献数据，溶液中苏达含量提高 1%（总含量 15%），溶液 Al_2O_3 产品产出率降低 0.5～0.7kg/m^3，这样仅澳大利亚每年就损失氧化铝 130 万吨。

溶液中草酸钠的过饱和度会使草酸钠的平衡溶解度提高 1～1.5 倍，当它达到一定极限水平之后便沉降出细小针状草酸钠。有关文献认为，有大量小晶粒草酸钠存在时，种分时会干扰 $Al(OH)_3$ 粒子附聚。在煅烧过程中 $Al(OH)_3$ 粒子将严重变细，氧化铝中碱含量将上升。

6.6.2　有机物的清除

铝酸钠溶液中的有机物一般用下述 5 种方法清除：

① 鼓入空气并提高温度以加强其氧化和分解；

② 向蒸发母液中添加 2～3g/L 石灰进行吸附，有机碳可由 5.3g/L 降低到 2.9g/L；

③ 向蒸发母液中添加草酸钠晶种，使有机物结晶析出；

④ 将母液蒸发使之析出一水碳酸钠结晶，则有机物被吸附带出，然后经煅烧除去；我国氧化铝厂采用此传统方法，有机物排除量为 0.5%～1.5%；

⑤ 通过向低浓度洗液中添加石灰乳（活性石灰 10～12g/L）排除草酸钠，用该法有机物的排除量为（尼古拉氧化铝厂）有机碳 0.03～0.04kg/$t_{Al_2O_3}$。

除了上述方法外，还有一些排除有机物的方法。

① 蒸发氢氧化铝洗液排除流程中草酸钠。前面已叙述过草酸钠主要富集在拜耳法 $Al(OH)_3$液中，尼古拉耶夫氧化铝厂工业试验证明，当洗液蒸发到总浓度为 145～155g/L 时，草酸钠的排除率为 60%～65%，这相当于每吨氧化铝析出的草酸钠折合有机碳 0.6kg。第聂伯铝厂蒸发到 $Na_2O_{总}$ 218.5g/L 时，草酸钠的排出率为 17.1%，每立方米洗液中草酸钠析出量为 0.26kg。指标远比尼古拉耶夫铝厂达到的指标低，这是由于第聂伯铝厂洗液中草酸钠的起始浓度低。

② 向铝酸钠溶液中添加 $MgSO_4$ 除草酸钠。向总碱浓度 150～160g/L 的铝酸钠溶液中添加 $MgSO_4$，使 $MgSO_4$ 浓度达 5g/L，则草酸钠的单位析出量为 0.5～0.8kg/m^3。150～160g/L 总碱浓度是利用 $MgSO_4$ 添加剂时的最佳浓度，过高、过低都会使净化效果降低。

碳酸钙是优良的惰性添加剂；CaO 只能使草酸钠在低碱浓度（Na_2O 14～20g/L）的溶液中发生有效沉淀。

③ 向铝酸钠溶液中添加草酸钙排除草酸钠。向铝酸钠溶液中添加草酸钙也可以排除草酸钠，但它只能使草酸钠在高碱浓度和草酸钠过饱和的溶液中发生沉淀。在用草酸钙处理全碱浓度蒸发到 100～180g/L 的尼古拉耶夫厂洗液时，草酸钠的排出率是 1kg/m^3。只有工厂能组织生产草酸钙的情况下，使用草酸钙作添加剂才是适宜的。

④ 用二氧化锰从拜耳法种分母液中除去有机物。用二氧化锰来处理拜耳法分解母液能有效地把有机杂质除去。在分解母液与二氧化锰一次性接触中，能很容易地除去 3～8g/L 有机物。

MnO_2 可以加到 $Al(OH)_3$ 洗液中，向 $Al(OH)_3$ 洗液中加 MnO_2 除去草酸钠和有机物是非常有效的。

在铝土矿高压溶出中添加 MnO_2，在温度低于 200℃时，有机物没有明显的氧化反应。在 250℃，溶出 7min，能有效地除去有机物。

将 MnO_2 加到种分母液中除去有机物也是一种有效的方法。将 MnO_2 矿加入到有机碳浓度为 14.8～17.9g/L 的种分母液中，经过试验可得到除去有机物的量与溶液的温度、时间、矿石量和矿石粒度的关系：

$$除去的碳(g/L)=0.066T+0.03t+0.009L+0.004S-15.3 \quad (6\text{-}32)$$

式中 T——温度，200～250℃；

L——MnO_2 添加量，200～500g/L；

t——时间，30～60min；

S——矿石粒度，+30～+150 目。

可以看出影响脱碳率主要因素是温度和 MnO_2 的加入量。温度改变 50℃能达到从每升碱液中除去 3.3g 有机物的平均效果。提高 MnO_2 的加入量能达到从每升碱液中除去 27g 有机物的效果。

日本的 C. Sato 提出一种新的工艺方法来除去拜耳法溶液中有机物，他认为其他的除有机物的方法只能排除草酸钠和碳酸钠而不能清除有机钠盐，所以拜耳法中的有机钠盐仍不断积聚。他提出将氢氧化铝与拜耳法母液充分混合，使混合料浆浓缩，并在 130℃下干燥，再经高温煅烧使其中杂质分解，并生成固体铝酸钠，就可有效的排除流程中有机物。这种方法可有效地排除有机钠盐和与有机钠盐在一起的一些杂质，还可以同时排除草酸钠和碳酸钠。煅烧温度越高（1200℃），时间越长，有机物排除的效果就越好。

第7章 铝土矿溶出过程工艺

7.1 溶出技术的发展过程

拜耳法生产氧化铝已经走过了一百多年的历程，尽管拜耳法生产方法本身没有实质性的变化，但就溶出技术而言却发生了巨大变化。溶出方法由单罐间断溶出作业发展为多罐串联连续溶出，进而发展为管道化溶出。溶出温度也得以提高，最初溶出三水铝石的温度是105℃，溶出一水软铝石为200℃，溶出一水硬铝石温度为240℃，而目前的管道化溶出器，溶出温度可达280～300℃。加热方式，由蒸汽直接加热发展为蒸汽间接加热，乃至管道化溶出高温段的熔盐加热。随着溶出技术的进步，溶出过程的技术经济指标得到显著的提高和改善。

7.1.1 单罐压煮器加热溶出

第一次世界大战后，在欧洲，拜耳法氧化铝生产得到迅速发展。它主要是处理一水软铝石型铝土矿（主要是法国和匈牙利），因而要采用专用的密封压煮器以达到必需的较高的溶出温度（160℃以上）。当时采用的是单罐压煮器间断加热溶出作业。

7.1.1.1 蒸汽套外加热机械搅拌卧式压煮器

铝土矿溶出用的第一批工业压煮器是带有蒸汽套和桨叶式搅拌机的卧式圆筒形压煮器，在德国和英国，这种压煮器在20世纪30年代还在使用。这种压煮器是内罐装矿浆，外套通蒸汽，通过蒸汽套加热矿浆，实现溶出。其缺点之一是热交换面积有限，蒸汽与矿浆间温差必须相当大，压煮器的直径还要受其蒸汽套强度的限制，蒸汽套压力必须考虑比压煮器内矿浆的压力高400～500kPa（4～5工程大气压），而且要有较大直径。

由于热膨胀不平衡，在蒸汽套和压煮器壳体的固定点上产生应力，限制着设备长度，因此，这种结构的压煮器的容积不能很大，当加热蒸汽表压为1MPa（10工程大气压）时，容积不能超过6～7m^3。

7.1.1.2 内加热机械搅拌立式压煮器

20世纪30年代德国铝工业首先采用，后来在西欧的氧化铝厂被广泛利用的是另一种结构较简单、可靠的立式压煮器，即将加热元件装置在压煮器壳体内，代替外部蒸汽套，它克服了蒸汽套加热压煮器的主要缺点。但为了保持加热表面的传热能力，要定期清除加热元件如蛇形管表面的结疤。当时清除结疤的方法是用锤敲击，或用专用喷灯加热。

7.1.1.3 蒸汽直接加热并搅拌矿浆的立式压煮器

前苏联在处理一水硬铝石型铝土矿的工艺设备设计中，首先提出了蒸汽直接加热的方法，即取消了蛇形管加热元件和机械搅拌器，而是将新蒸汽直接通入铝土矿矿浆，加热并搅拌矿浆。这种压煮器的优点是结构大大简化，避免了因加热表面结疤而影响传热和经常清理结疤的麻烦，但它的缺点是加热蒸汽冷凝水将矿浆稀释，从而降低溶液中的碱浓度，也增加了蒸发过程的蒸水量。

匈牙利的间断溶出也是在压煮器里用新蒸汽加热来实现的。

单罐压煮器间断作业的缺点是显而易见的，它满足不了发展着的氧化铝工业的需要。

7.1.2 多罐串联连续溶出压煮器组

早在1930年，奥地利的墨来（Muller）及密来（Miller）两人首先获得一水型铝土矿连续溶出的专利，从此世界上开始了连续溶出过程的试验和工业应用。

7.1.2.1 蒸汽间接加热机械搅拌连续溶出

原德国铝业公司（Vereinigte Aluminium-Werke）及意大利蒙切卡齐尼（Montecatini）公司在第二次世界大战前均建立了连续溶出法的工厂。

彼施涅（Peohiney）公司的圣奥邦（St. Auban）先后在1931年以试验室规模和1938～1940年以试验工厂规模进行了连续溶出的试验研究，二次世界大战期间又在沙林特（Salindres）厂进行了试验。

所有这些试验都遇到同样困难，即矿浆对泵的磨损很大（寿命不超过500h），以及在热交换器管壁上结疤严重。

1945年彼施涅停止了溶出试验，试图找出一种适合连续溶出中输送矿浆的泵。经过试验，制成了一个在压力下输送碱液矿浆的小型隔膜泵，并进一步以半工业规模用这种泵与各种形式的多级离心泵同时进行平行试验。

在此基础上，于1950年在加尔当厂建设一座连续溶出试验工厂来进行泵和各种热交换表面的工业研究。这套装置的处理能力为$10m^3/h$，压力为2.45MPa，见图7-1。

碎铝土矿经称量后，加入部分溶出母液，在球磨机④内磨细，矿浆经过振动筛⑤用泵送入储槽⑥，然后送至加热槽⑦，加热槽装有搅拌器并保持一恒定液面，尔后再用隔膜泵⑫将矿浆在1.96MPa压力下送入管状加热器⑧及高压釜⑨。这个高压釜内的矿浆液面以浮标控制，以保持在规定的高度上，并根据该高压釜的液面高度来调节最后一个高压釜⑩的出口阀门，向最后这个高压釜⑩通入2.94MPa压力的新蒸汽，高压釜的容积为$30m^3$。最后一个高压釜⑩排出的矿浆经过5级自蒸发器蒸发⑪及减压，所产生的二次蒸汽用于5级热交换器⑦～⑨，并变成冷凝水排出。全套设备均系自动控制。

加热设备试用过多种不同的加热表面（蛇形管、装在附有搅拌器容器内的管子、管状加热器等等），以选择最经济的加热表面形式。

所有试验表明，泵的运动部分（活塞、汽缸、阀门）与腐蚀性碱液内的铝土矿悬浮物接触，磨耗相当严重，而且泵的垫料也无法适当的维护，这就自然引向采用隔膜泵的方向。试验表明，橡胶隔膜泵对输送矿浆更为适用，所以采用了橡胶隔膜泵，工业生产装置的容量扩大到$140m^3/h$。

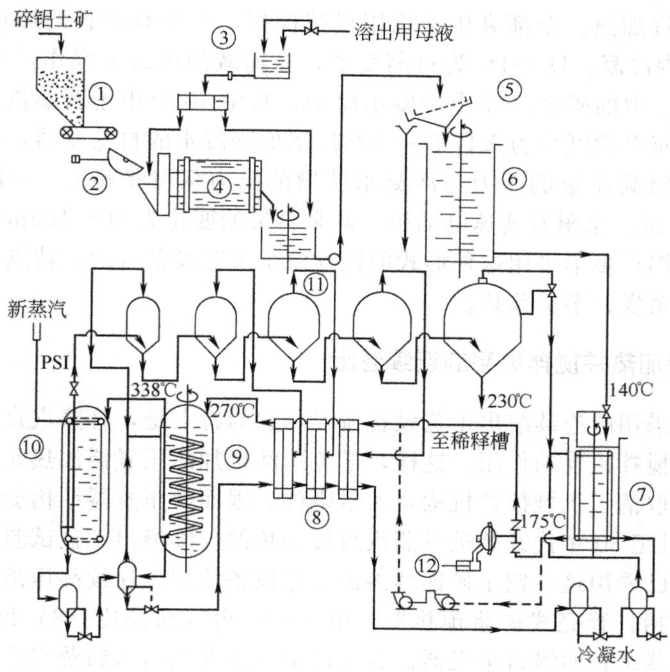

图 7-1　加尔当厂连续溶出试验工厂装置

加尔当厂 1950～1956 年进行的半工业连续溶出试验所获得的资料满足了工业生产设计的需要。

加尔当厂先后建立了完全相同的四个溶出系列，三个系列运转，一个系列检查和清理，操作周期为 3 个半月。以一个系列为例，从破碎到溶出的单元组成见图 7-2。

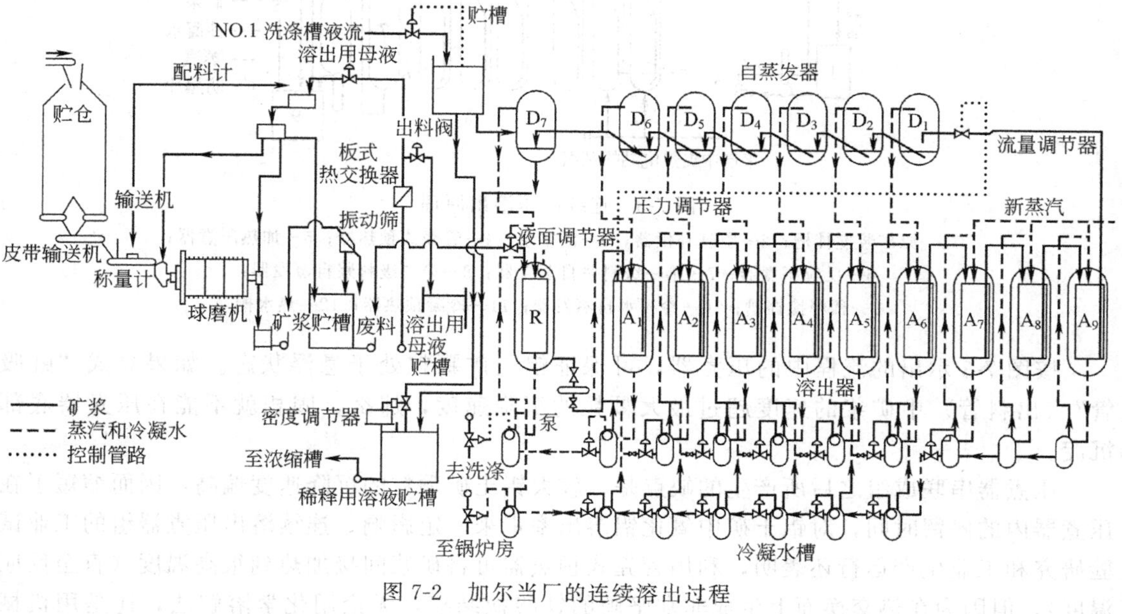

图 7-2　加尔当厂的连续溶出过程

R 为常压加热器，容积为 45m³，A_1～A_9 为高压釜，每个容积为 50m³，其中六个（A_1～A_6）为预热器，分别由来自自蒸发器的二次蒸汽加热，3 个（A_7～A_9）为最后阶段的溶出器，用新蒸汽加热。全部高压釜均用机械搅拌，并装有垂直的加热管，加热面积为 $200m^2$，蒸汽在管内冷凝。D_1～D_7 为自蒸发器，在递减的压力下操作，从中回收的二次蒸汽用于预热 A_1～A_6 中的矿浆。17 个冷凝水储槽，其中 10 个用于新蒸汽的冷凝，7 个用于二次蒸汽的冷凝，每个槽既作为来自下一级高压釜的冷凝水的自蒸发器，也作为本级高压釜的冷凝水储槽（本级高压釜的压力与冷凝水储槽的压力保持平衡）。一个隔膜泵可在大于 30kg 压力下输送矿浆。泵附有变速电动机，矿浆容量的变化为 80～150m^3/h。

西欧一些氧化铝厂多半采用这种形式的连续溶出工艺设备流程，特点是机械搅拌和间接加热，并有多级自蒸发、多级预热。

7.1.2.2 蒸汽直接加热并搅拌矿浆的连续溶出

这是前苏联所采用的连续溶出工艺设备流程，它的特点是，将蒸汽直接通入压煮器加热矿浆，同时起到了搅拌矿浆的作用。这样，避免了间接加热压煮器加热元件表面结疤生成和清除的麻烦，同时取消了机械搅拌机构及大量附件，因而使压煮器结构变得简单。

前苏联从 20 世纪 30 年代开始进行蒸汽直接加热的连续溶出工艺试验，到 50 年代初期，所有拜耳法工厂均已采用这种铝土矿连续溶出工艺设备流程。连续高压溶出原理如图 7-3 所示。其压煮器组包括：管壳式矿浆预热器，由 8～10 台（高径比＞8）每台容积 25～50m^3 的容器组成的压煮器组，两级自蒸发器。在头两个压煮器里通入新蒸汽直接加热矿浆，将矿浆从预热温度加热到最高反应温度。

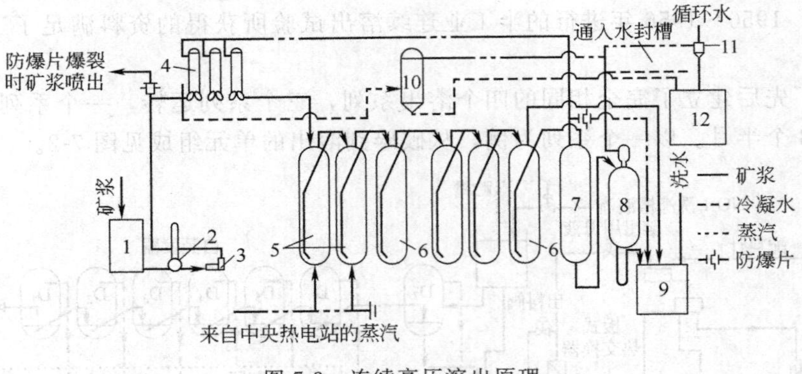

图 7-3 连续高压溶出原理

1—原矿浆搅拌槽；2—空气补偿器；3—活塞泵；4—管壳式预热器；5—加热压煮器；6—反应压煮器；7—第一级料浆自蒸发器；8—第二级料浆自蒸发器；9—稀释搅拌槽；10—冷凝水自蒸发器；11—冷凝预热器；12—热水槽

按图 7-3 示出的流程中的压煮器，可保证铝土矿颗粒处于悬浮状态。如果立式“虹吸管”（出料管）中矿浆的速度超过最大颗粒的沉降速度，那么，固相就不能在压煮器底部沉淀。

压煮器串联成组之后所产生的缺点是，较大铝土矿颗粒的沉降速度偏高，因而缩短了在压煮器内的停留时间，对铝土矿中氧化铝溶出率带来一定影响。连续溶出压煮器组的工业试验研究和工业生产运行还表明，利用管壳式预热器可将矿浆间接加热到很高温度（直至反应温度），但因为在热交换面上生成非常坚硬的钛酸盐结疤，无论用化学溶解法，还是用机械方法都很难清除掉，所以用管壳式预热器加热铝土矿矿浆只加热到 140～160℃。采用两级自蒸发，一级自蒸发的蒸汽用来加热矿浆，而二级自蒸发的蒸汽用来制备热水。

7.1.3 管道化溶出

匈牙利在第二次世界大战以后，氧化铝厂就开始了将间断式变为连续式溶出的现代化改造。在研制连续溶出工艺同时，还研制出自蒸发系统，以利用溶出矿浆降温过程产生的自蒸发蒸汽。为了更好地利用这些压煮器的容积，就要增加装在压煮器中的加热面积，以前溶出器的单位加热面积一般是 $1m^2/m^3$，而改造后是 $3.5 \sim 4.0m^2/m^3$。因为增加了加热面积，所以要求有较好的搅拌，这就使溶出器 $1m^3$ 容积的搅拌电耗从 0.2kW 增加到 0.4kW。

在研究自蒸发系统时，可以明显看出，用压煮器来预热矿浆不利。一是其制造费用高，二是其传热系数相当有限［平均为 $300 \sim 400W/(m^2 \cdot K)$］，而多管热交换器的制造费用要比压煮器低很多，而且其传热系数也比较高，平均在 $400 \sim 600W/(m^2 \cdot K)$。

多管热交换器的优点是制造费用较低，传热系数较高，但它的缺点是设备容易产生结疤而且清洗比较麻烦，因弯腔而引起的压力损失较大。使用这种热交换器所获得的正反两方面的经验和教训，使研究者研究出没有弯腔的单管热交换器，从而消除了多管热交换器的缺点，最终研制成管道化溶出器。

7.1.3.1 原西德氧化铝厂的管道化溶出技术

原西德联合铝业（VAW）公司于 1960 年即开始对管道化溶出技术进行研究。1962 年进行了每小时几升规模的试验，并于 1966 年在原西德的纳勃氧化铝厂建成第一套管道化溶出装置。通过一系列的试验与改进，终于发展成大规模的生产装备，应用于大规模的工业生产。以后又相继在利泊氧化铝厂及纳勃氧化铝厂的扩建中，建设了不同规模的管道化溶出装置，并于 1973 年在新建的施塔德氧化铝厂，全部采用了管道化溶出装置。在近年的新建、扩建的氧化铝厂也都采用管道化溶出技术。

总的来说，原西德管道化溶出器可以分为两种形式。

（1）套管式管道化溶出器　图 7-4 是早期在工业上采用的管道化溶出装置示意图。

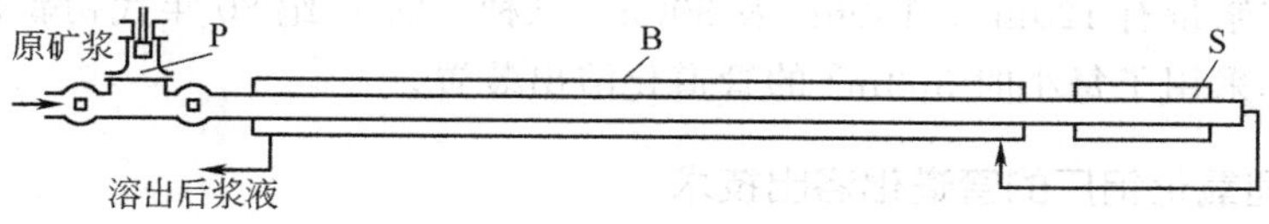

图 7-4　套管式管道化溶出器

P—隔膜泵；B—套管热交换预热段；S—熔盐（或蒸汽）加热段

所谓套管式管道化溶出器即自磨机出来的原矿浆，通过隔膜泵送入管道内与经熔盐（或蒸汽）加热溶出后的高温浆液进行套管式热交换，从而达到原矿浆预热的目的。在矿浆预热段内，一般是外管为冷的原矿浆，内管为溶出后的高温浆液，这样可使热的回收更好些。而熔盐（或蒸汽）加热段则内管是预热后的矿浆，外管是熔盐（或蒸汽）。当矿浆经高温段达到 250～270℃的溶出温度后（根据不同的铝土矿，采用不同的溶出温度，如铝土矿难以溶出，则需要保温段，停留一定的时间，而容易溶出的铝土矿，则不需要停留时间），即送入套管与原矿浆进行热交换。

这种套管式管道化溶出装置，按其能力有两种规格，即每组管道化溶出装置每小时处理原矿浆量有 $40m^3$ 和 $80m^3$ 两种。直至 1980 年，纳勃氧化铝厂及利泊氧化铝厂均有这种装置。这种形式的管道化溶出器，由于热的溶出浆液与冷的原矿浆进行热交换，对操作运行及热的利用，不如以自蒸发蒸汽与原矿浆进行热交换好，所以在后来新建的氧化铝厂，已不再采用这种形式的管道化溶出装置。

（2）自蒸发器式管道化溶出装置　在原西德，20世纪70年代末至80年代初以后，新建设的氧化铝厂以及老厂扩建均采用这种形式的管道化溶出装置，如图7-5所示。

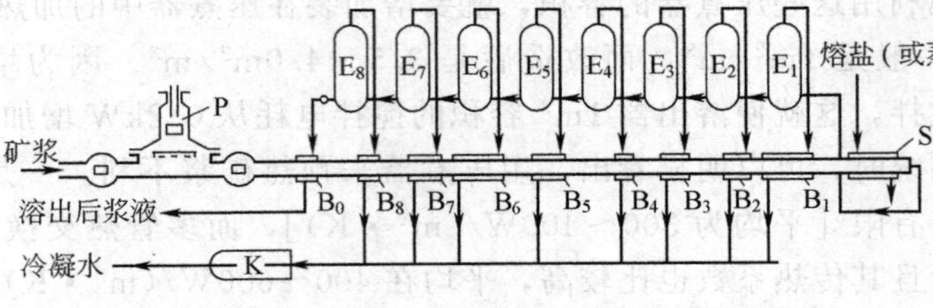

图7-5　自蒸发器式管道化溶出器

P—隔膜泵；B_0—矿浆与溶出后浆液热交换段；B_1～B_8—自蒸发蒸汽预热段；E_1～E_8—自蒸发器；S—加热段；K—冷凝水槽

所谓自蒸发器式管道化溶出器，即自磨机出来的原矿浆与经熔盐（或蒸汽）加热溶出后的高温浆液，不是直接进行热交换，而是通过多级自蒸发器所得的二次蒸汽去进行多级热交换以达到预热的目的。

这种自蒸发器式管道化溶出装置，所带的自蒸发器级数各不相同。早期工业用的有四级自蒸发器，后来新设计的氧化铝厂均采用八级自蒸发器，这样可使热的利用率更高。

一般这种装置是原矿浆通过隔膜泵送入管道内，首先经最后一级自蒸发器出来的溶出浆液进行套管热交换，然后由各级自蒸发器排出来的二次蒸汽进行多级预热，最后进入高温段，由熔盐作为加热介质，加热到溶出所需的温度。溶出后的浆液，即进入多级自蒸发系统，预热段经各级自蒸发器排出的二次蒸汽预热后所得的冷凝水，最后进入冷凝水槽，可供氧化铝厂洗涤赤泥及氢氧化铝之用。

这种自蒸发器管道化溶出装置，按其生产能力分为三种规格，即每组管道化溶出装置，每小时处理原矿浆量有120m^3、150m^3及300m^3三种。20世纪80年代初新建成投产的施塔德氧化铝厂全部采用了每小时300m^3的管道化溶出装置。

7.1.3.2　匈牙利氧化铝厂的管道化溶出技术

20世纪50年代，匈牙利的Lanyi率先在实验室里研究了管道化溶出装置的溶出原理和动力学。1973年，第一套管道化溶出的半工业试验装置在匈牙利的马扎尔古堡厂投料运行。该装置在溶出温度为260℃时，额定能力为年产氧化铝3万吨。与VAW的管道化溶出装置相比，这套装置尽管在溶出原理上没有改变，但在实施上则有所不同，即管道预热器的内管为多管，至少为三管，因此在匈牙利获得了专利权。

多股料流同时加热是匈牙利管道化溶出装置的最主要的特征。图7-6给出了管道化溶出半工业试验装置流程。

溶出用矿浆和碱液可分别定量地喂入每根加热管，首先在每级换热面积为18.34m^2的八级套管预热器中，通过溶出后矿浆的八级自蒸发的二次蒸汽预热，而在最后的三个18.34m^2的套管换热器中用新蒸汽加热到最终溶出温度，三股料流在保温溶出管汇合，全部溶出碱液参与含铝矿物的溶解。保温管径为150mm，并保证足够的长度以确保12min的额定溶出时间。

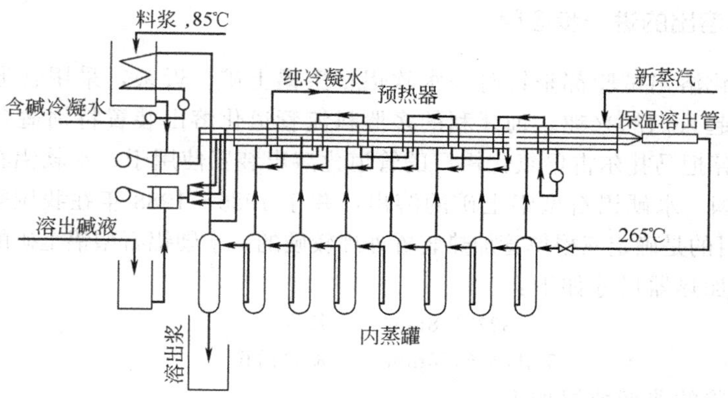

图 7-6　匈牙利管道溶出设备流程

喂料时，在每根加热管中可周期性地交换矿浆和碱液，这样溶出过程所形成的结疤可在生产过程中不断地被清除，因而显著减少了结疤的增长速度，相应地延长运行周期，运行中保证了较高的传热系数和热效率。

图 7-7 所示为单级管道换热器。每级换热器由 7 段加热套管组成。每段的加热进口与相应自蒸发器的二次蒸汽管线连接。冷凝水经闪蒸并进入较低压力的二次蒸汽预热器。

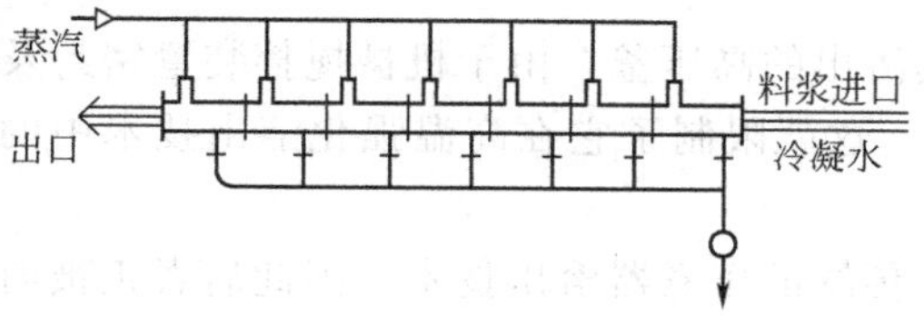

图 7-7　单级管道换热器安装图

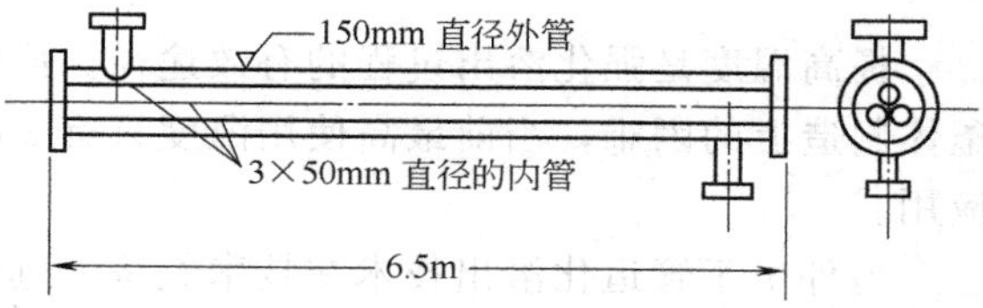

图 7-8　套管加热段示意图

图 7-8 所示为一段加热套管，它由 3 根管径为 50mm 的 6.5m 长的内管和管径为 155mm 外管组成，内管焊接在外管的两端法兰处。每段套管设有带法兰的蒸汽进口和冷凝水出口短管。

在半工业管道溶出试验的基础上，一套年产能为 9 万吨氧化铝的管道溶出装置，于 1982 年 5 月在马扎尔古堡厂改建原罐式溶出器组的过程中建成投产，并运行良好。就设计方案而言，它与半工业试验装置是相同的，但是，新建装置的某些参数（传热系数、自蒸发级数）因吸取半工业试验结果而有所改变。其设计参数如下：

加热管内矿浆流速		3m/s	料浆的二次蒸汽预热温度	(215±5)℃
传热系数	洗后	2300W/(m^2·K)	最终溶出温度	(260±5)℃
	洗前	1500W/(m^2·K)	Al_2O_3 溶出率	87%
料浆的新蒸汽加热温度		(45±5)℃	溶出能耗	354MJ/m^3

这套工业装置是一条由 120 段长各 6.5m 的套管换热元件组成的可回收热的生产线，此系统与 14 级溶出料浆自蒸发系统逆流相连。最终溶出温度由 32 段相同规格的套管换热元件予以保证，所需溶出时间（12min）由管径 200mm 的足够长的保温管保证。在保证总长不变的情况下，当时，已把每段换热元件的长度由 6.5m 改为 13m，这样，减少了段数，降低了制作费用。溶出矿浆和溶出碱液分别用 8×10^7Pa 的泵喂入溶出装置。

根据已取得的管道化溶出试验的经验，匈牙利铝业公司还对奥依卡和阿尔马什菲齐特两个氧化铝厂施以管道化溶出的改造，并在奥依卡氧化铝厂设计和安装了一套加热试验装置。

7.1.3.3 管道化溶出的进一步应用

以往的管道化溶出试验都是针对一水软铝石型铝土矿。近来，采用管道化溶出装置处理一水硬铝石矿引起人们的兴趣。匈牙利的多股料流管道化溶出装置特别适合处理这类矿石。

我国曾经打算把马扎尔古堡氧化铝厂的管道化溶出装置使用于一水软铝石型铝土矿所获得的经验应用到我国一水硬铝石型铝土矿的溶出，并于1986～1988年在我国郑州铝厂进行了试验。这个试验的目的是确定三根单管加热装置处理较硬的一水硬铝石型铝土矿的最佳操作条件。

试验的管式加热器尺寸如下：

套管	ϕ273×8mm	长度	13m
加热管	3根，ϕ76×5mm	加热面积	8.7m^2

处理过的矿浆的典型数据如下：

苛性Na_2O含量	275g/L	蒸汽压力	1.85MPa
溶出液*MR*	3.3	温度范围	108～152℃

结果表明，平均流速为2.2～2.5m/s，温度保持在100～150℃的范围内，试验的一水硬铝石型铝土矿的传热系数稳定在1600～2000W/(m^2·K)，在试验过程中没有结疤现象。

7.2 管道化溶出技术的优越性

提高温度是强化溶出过程的有效途径。而连续溶出的高压釜，由于机械搅拌装置密封及釜体制造上的困难，当前最高使用温度只有260℃，这就限制了它在高温强化溶出技术中的应用。

另外由于管道化溶出技术在技术经济上远优于传统的压煮器溶出技术，因此后者正被前者所取代。

下面通过管道化溶出技术与压煮溶出技术在几个方面的比较来说明前者的优越性。

7.2.1 热耗

以不同溶出技术处理希腊派拉斯铝矿和我国山西铝矿的有关热耗方面的数据列于表7-1。

表7-1 管道溶出和压煮器溶出的热耗比较

项目	希腊派拉斯铝矿		山西铝矿	
比较项目	管道溶出	压煮器溶出	管道溶出	压煮器溶出
溶出温度/℃	280	250	270～280	260
碱液*MR*/溶出液*MR*	2.85/1.50	2.85/1.50	2.85/1.55	2.80/1.48
加热原矿浆流速/(m/s)	加热段2～3 保温段0.8～1		加热段2～3 保温段0.8～1	
传热系数/(kJ/m^2·h·C)	3000～5000	2500～3000	3000～5000	2500～3000
碱液浓度/(g/L)	140	220	155	230
溶出及蒸发热耗/(GJ/t·AO)	3.9	8.2	4.2	8.5

压煮器溶出，或蒸汽直接加热搅拌，或间接加热机械搅拌，矿浆流动的状态，远不如管道化溶出那样强烈。管道化溶出矿浆呈高度湍流，*Re* 数达到 10^5，所以氧化铝的溶解速度呈数量级的提高，溶出所需容积可从压煮器溶出的 $2m^3/(d \cdot t)$（Al_2O_3）减少到 $0.1m^3/(d \cdot t)$（Al_2O_3）。另外，压煮器溶出为全混流反应，进入压煮器的料浆马上与已反应的料浆均匀混合，使周围游离碱浓度降低，*MR* 降低，因而不利于溶出，而且不可避免地发生料浆短路现象。而管道溶出器中矿浆呈活塞流，矿浆浓度仅沿流动方向变化，沿径向是均匀的，不存在返混问题。因此，作为以物质浓度差为推动力的铝土矿高温强化溶出而言，活塞流的管道化溶出比全混流的高压釜串联溶出要优越得多，有利于溶出强化。

同时，管道化溶出中，矿浆在加热溶出管内流速快，高度湍流，大大强化了矿浆与载热体之间的传热，在溶出温度相同的情况下，所需传热面积锐减，减少换热设备。或者在相同换热面积情况下，可使温度进一步提高，使溶出用碱浓度大幅度降低，同时使溶出后浆液的自蒸发水量较大。因此，可降低蒸发过程负荷，降低蒸发热耗，甚至可以取消母液蒸发。

7.2.2 投资

现将原西德铝业公司的 RA_6 管道化溶出装置和山西铝厂一系列压煮器溶出装置的设备等有关数据列于表 7-2 进行比较。在氧化铝产能相同的条件下，2 套 RA_6 装置大致相当于 1 个系列的压煮器溶出装置（法铝技术）。

表 7-2 管道溶出和压煮器溶出的投资比较

名 称	设备质量/t	设备费/万元	设备运杂费/万元	设备安装费/万元	设备投资总价值/万元
2 套 RA_6 装置	1700	1360	110		1470
1 系列压煮溶出器	1900	2090	167	45	2302

注：1. 上表中 RA_6 管道化装置的设备费用中除材料费和制造费外，已包括了安装费。

2. 由于资料不足，表中有些数据不十分准确。

由表 7-2 可知，仅就设备总投资，管道化溶出只占压煮器溶出的 60%～70%，而且管道溶出的土建投资费用也较低。

7.2.3 生产操作和维护

① 溶出系统开停车所需时间短。临时停车后起动所需的时间，管道溶出是 10～20min，压煮器组溶出是 1～2h。

德国有一专门的机构检查高压装置，每 2 年一次。检查时要把整个系统放空，管道溶出装置放空及开车各需 2h，压煮器溶出装置放空需 10h，开车需 16～20h。

② 管道化溶出系统没有搅拌等传动部件，这样可完全省掉这类维修工作。另外，在一套管道溶出装置中没有备用中间设备，也就是说没有为备用中间设备而附加的高压阀门、管件，但压煮器组溶出装置，却备有中间设备及停车清理跳罐用的许多高压阀门、管件。高压管件的密封较难，一水硬铝石的磨蚀也较严重。

管道溶出的运转率，设计为 85%，施塔德厂实际为 89%。

③ 清理方法比较简单。管道化溶出的清理是以化学清理与机械清理相结合的方法，因此比较简单。对硅渣和镁渣结疤，用 10%HCl 清洗；对钛渣结疤，可用盐酸（10%）-草酸

(10%)-氢氟酸(3%)的混合酸有效地清洗。所谓机械清理，是对管式反应器中的结疤，采用70MPa的高压水清洗；对于含镁高的结疤，只要20～40MPa的高压水就能有效地清洗。

压煮器组的清理是化学清理、机械清理和人工清理相结合。因压煮器的传热管有无法用机械清理的死角，只能用人工，所以工时消耗比管道溶出装置多一倍。

④ 操作容易。管道溶出系统结构简单，附件少，易操作；而压煮溶出系统内设备间管道连接很复杂，密封、转动部分多，单个压煮器的切换、旁通频繁而复杂。

对高压溶出系统的技术操作和维护的要求很严格，在德国每两年要停车检查一次。

⑤ 管道溶出可以采用熔盐加热。熔盐加热炉的热效率为90%，比蒸汽锅炉的热效率(85%)高。熔盐加热简单可靠，而且熔盐加热炉靠近溶出装置，输送载热体的路程较短，热损失小；而高压蒸汽锅炉一般距溶出装置较远，输送载热体的热损失大，还存在冷凝水的回流问题。

总之，管道化溶出的根本优点不仅是节能（所需能耗至少比压煮组溶出降低25%)、比传统压煮器溶出所需投资减少20%～40%和操作简单灵活、检修工作量少，而且给进一步提出溶出温度强化溶出提供了可能，还有可能实现无蒸发工序的工艺技术。因此，在新建氧化铝厂和老厂的改造中，管道化溶出正在取代传统的压煮器溶出。

7.3 国外三种不同的管道加热溶出装置

国外有三种不同的管道加热溶出装置，有德国的多管单流法溶出装置、匈牙利的多管多流法溶出和法国的单管预热-高压釜溶出装置。

7.3.1 德国联合铝业公司(VAW)的多管单流法溶出装置

德国原先采用的是矿浆-矿浆套管式溶出反应器，后来采用了带有自蒸发器的矿浆-蒸汽管式溶出反应器，RA_6型管道化溶出系统是在总结已有的管道化溶出生产经验的基础上最新发展起来的。图7-9为RA_6型管道化溶出系统流程图。

LWT是1级原矿浆-溶出矿浆热交换管。外管ϕ500mm，内装4根ϕ100mm管，长160m。

BWT_1～BWT_8是8级矿浆自蒸发二次蒸汽-矿浆热交换管，共有10段，每段长200m，除BWT_4、BWT_5为保证出现结疤后仍有足够的传热面积而各有2段外，其他只各有1段。管径及配置与LWT相同。

SWT1～SWT4是熔盐-矿浆热交换管，共有4段，每段长75m，管径及配置与LWT相同。

保温反应管长600m，管径ϕ350mm，设有石灰乳加入口，可改变石灰乳加入的位置。

管道全长3060m，其中加热段长2460m。

F_1～F_8是8级矿浆自蒸发器，其规格F_1～F_6为ϕ2.2m×4.5m，F_7为ϕ2.6m×4.5m，F_8为ϕ2.8m×4.5m。

K_1～K_7是7级冷凝水自蒸发器。

RA_6型管道化溶出系统，配有较先进的检测、控制和数据处理系统。

测量参数有：

温度　矿浆，蒸汽，熔盐；

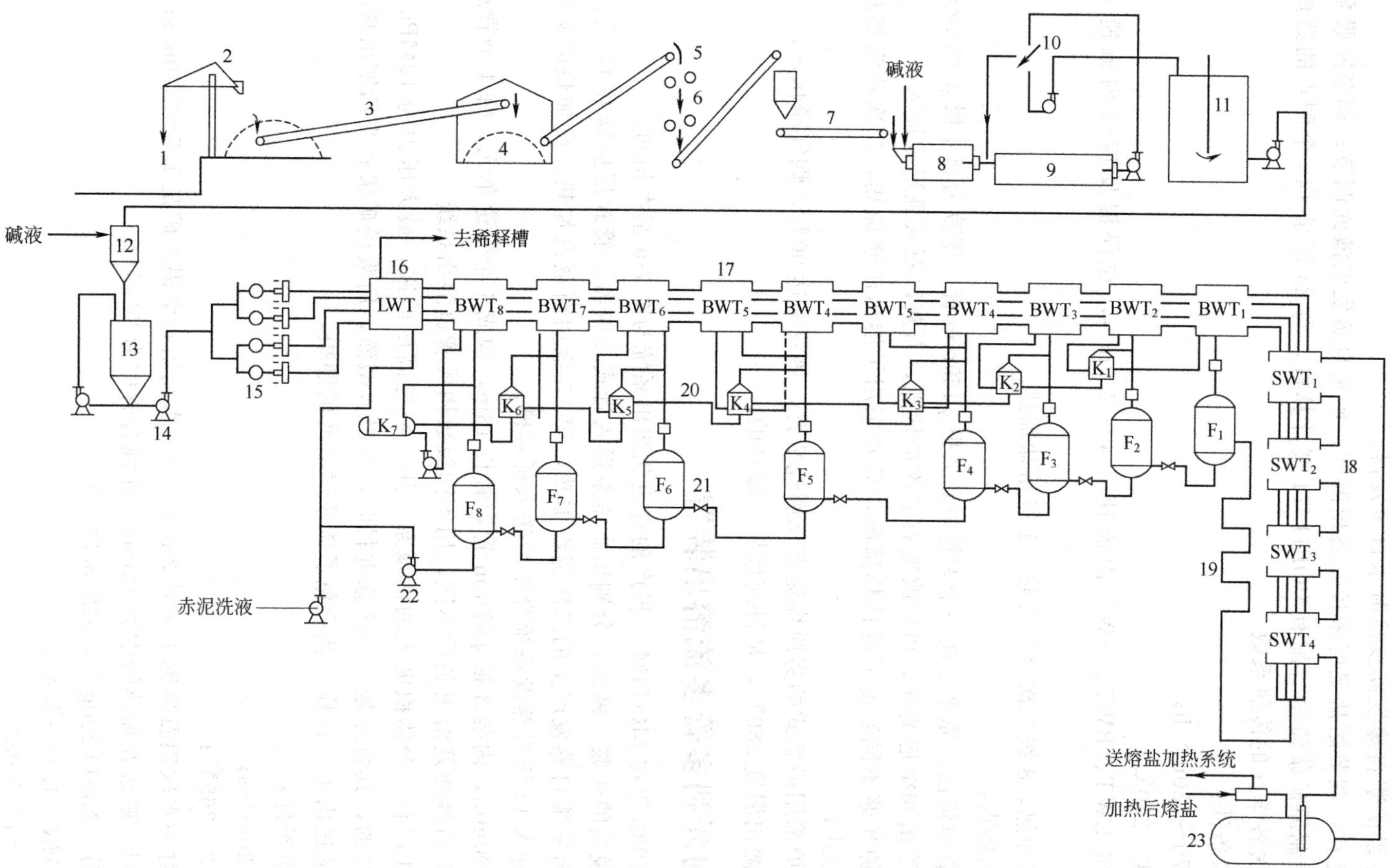

图 7-9 德国 RA_6 型管道化溶出流程图

1—轮船；2—起重塔架；3—皮带输送机；4—矿仓；5—一段对滚破碎机；6—二段对辊破碎机；7—电子秤；8—棒磨机；9—球磨机；10—弧形筛；11—矿浆槽；12、13—混合槽；14—泵；15—隔膜泵，300m²/h、10MPa；16、17、18—管道加热器；19—保温反应器；20—冷凝水自蒸发器；21—矿浆自蒸发器；22—溶出料浆出料泵；23—熔盐槽压力 8级自蒸发器的矿浆进出口压力及自蒸发蒸汽压力；

流量 矿浆，冷凝水；

液面 各级矿浆自蒸发器及冷凝水自蒸发器。

控制系统有：调节熔盐温度来控制溶出温度；矿浆自蒸发的液面调节；调节隔膜泵的液压耦合器来控制原矿浆流量。配有POP11/24型计算机，每2s记录146个测点的数据，每5min计算一次各单元的传热系数。

主要技术条件：

流量 270～330m^3/h；

溶出温度 280℃；

流速 在LWT、BWT、SWT内流速2.4～2.9m/s，在保温反应管内流速0.8～1.0m/s。

1级矿浆加热，8级二次蒸汽加热，1级熔盐加热。

主要技术特点：

① 属多管单流法，原来是在一个大管中套2根ϕ159mm管，现改为套4根ϕ100mm管；

② 根据溶出和结疤情况，可以改变石灰添加地点，石灰以石灰乳形式加入；

③ 根据原矿浆不同温度下的传热情况，分别采用了溶出矿浆加热，二次蒸汽加热和熔盐加热三种形式；

④ 熔盐炉采用最新式的劣质煤流态化燃烧装置，热效率达90%，烟气净化好；

⑤ 实际溶出温度280℃，是目前世界上最高的。

7.3.2 匈牙利多管多流溶出装置

匈牙利1982年在MOTIM厂投产的管道化溶出系统与图7-6基本相同。

经过预脱硅的矿浆、碱液，分别用高压泵送入管式反应器。管式反应器共15级，前14级用高温溶出矿浆自蒸发产生的二次蒸汽加热，第15级用新蒸汽加热。已加热的矿浆和碱液合流后，进入14级自蒸发系统降压后送入稀释槽。

外管ϕ200mm，内装3根ϕ67mm管，管长13m，构成1个管道单元，每4个管道单元为1组。视矿石性质及溶出条件不同，用不同级数构成管道溶出系统。

MOTIM厂有3台体积庞大的活塞泵，用于输送高压矿浆，最大压力为12MPa。该泵是匈牙利制造的，其特点是，当活塞进料时，先吸入碱液，后吸进矿浆；当活塞出料时，由碱液将矿浆推送出去。这样，就避免了矿浆对活塞的磨损。

主要技术条件：

流量 120m^3/s；

溶出温度 265℃；

流速 对一水软铝石型铝土矿是3m/s，对一水硬铝石型铝土矿是1.5～2.0m/s；

溶出时间 矿浆在加热管中为12min，在混合管中为20min；

碱液成分 Na_2O 200g/L，*MR* 3.38～3.4；

溶出液*MR* 1.41～1.42；

运转率 94%～98%。

主要技术特点：

① 属多管多流法，从管道结构来说，是一根大管中套三根小管子；从工艺上来说，是

多流作业，一根管子走碱液，二根管子走矿浆，然后合流；

② 管道直径减小，提高了传热面积与管道截面积的比值，有利于传热；

③ 三根管子交替输送矿浆和碱液，用碱液清除硅渣结疤，从而保证高的传热系数和运转率。

7.3.3 法国的单管预热-高压釜溶出装置

该装置是由单管溶出器和压煮器共同组成。单管溶出器结构简单，便于制造，便于进行化学清理和机械清理，传热系数高。它适合于处理一水铝石矿，与压煮器组溶出相比，投资低，经营费用低。

现将国外三种管道溶出装置的特点列入表 7-3。

表 7-3 国外三种管道溶出装置的特点比较

项目名称	德国联合铝业公司	法国彼施涅铝业公司	匈牙利铝业公司
装置形式	单流法-间接加热，8～10 级自蒸发	单流法-间接加热，7 级自蒸发	多流法-间接加热，14 级自蒸发
预热段	4 根内管(ϕ4m)	单根内管(ϕ8m)	3 根内管(ϕ4m)，2 根输送矿浆
加热段	4 根内管(ϕ4m)	单根内管(ϕ8m)	3 根内管(ϕ4m)，1 根输送循环碱液
单位长度的加热面积/(m^2/m)	中间值	较小值	较大值
加热介质和参数	熔盐 400℃	高压蒸汽 4.05×10^6 Pa	高压蒸汽 70.9×10^6 Pa
装置处理能力	300m^3 原矿浆/h，约 15 万吨氧化铝/年	约 160m^3 原矿浆/h，约 13 万吨氧化铝/年	120m^3 原矿浆/h，约 8 万吨氧化铝/年
铝土矿类型	一水软铝石	一水软铝石	一水软铝石
溶出温度	280℃	＜240℃	265℃
循环母液浓度	$Na_2O_苛$ 140g/L	$Na_2O_苛$ 220g/L	约 200g/L
保温停留时间	几分钟	30min	20min
添加剂加入点	石灰，前加或后加	石灰，前加	催化剂，前加
溶出后 *MR*	约 1.45	约 1.5	1.41～1.42
结疤清洗	化学清洗和水力清洗，每隔 2 个月冲洗 1 次，48h	化学清洗和水力清洗，每隔 1 个半月清理 12h	运行中三内管倒换输送碱液，清洗结疤，另每月停车酸洗或水力清洗 1 次
内管腐蚀程度	运行数年，据说内管未更换过	—	较严重，每年内管更换 1 次
高压活塞泵	垂直式多缸单作用隔膜泵(每组 1 台)	卧式双缸双作用隔膜泵(每组 1 台)	碱液冲洗和带隔离管的活塞泵(每组 2 台)
管道结构和组装	复杂	简单	最复杂

7.4 我国拜耳法溶出技术的进步

7.4.1 蒸汽直接加热的压煮器溶出

我国早期建成的郑州铝厂和贵州铝厂，其拜耳法溶出是沿用了前苏联 20 世纪 50 年代的蒸汽直接加热的压煮器溶出技术及装备，其流程如图 7-3 所示。

蒸汽直接加热压煮器溶出流程比较简单。但存在许多缺点。

① 这种流程由于预热温度低，一般为130～160℃，主要是靠前两个压煮器通入的新蒸汽与矿浆直接接触加热矿浆使之达到240～250℃的溶出温度。这种蒸汽直接加热方式导致蒸汽的冷凝水进入矿浆，冲淡了矿浆碱液的浓度。一般加热需要的新蒸汽量为210～220kg/(m矿浆)，原矿浆 Na_2O 冲淡 50g/L 左右。因而使矿浆 Na_2O 浓度从进入第一个压煮器的270g/L左右下降到第三个压煮器的220g/L左右。母液碱浓度的降低，恶化了溶出反应的动力学条件，使氧化铝的溶出速度减慢。

② 蒸发负荷加大导致高能耗。该流程的溶出温度较低，为245℃，对溶出一水硬铝石型铝土矿来说，必须要求较高的碱浓度，一般要求溶出反应时矿浆 Na_2O 要在220g/L以上。再考虑到蒸汽直接加热时对矿浆碱浓度50 g/L左右的稀释，这就要求蒸发母液 Na_2O 浓度要在270g/L以上。蒸发原液 Na_2O 135g/L，蒸发到220g/L，1t拜耳法氧化铝蒸发耗汽3.25t，进一步蒸发到270g/L，1t氧化铝多耗汽0.95t，使1t氧化铝汽耗从3.25t增加到4.2t，加上高压溶出汽耗1.83t，溶出、蒸发总汽耗达到6.03t。

③ 铝土矿中的粗颗粒溶出不完全。该流程中矿浆是在压煮器的上部进料而在底部出料。由于重力作用，粗颗粒下沉速度较快，导致细颗粒停留时间长而粗颗粒停留时间短，这样就使得本来需要较长溶出时间的粗颗粒溶出不完全。

另外，在压煮器内细颗粒反应快，在反应前期溶解较多，使溶液 *MR* 和游离 Na_2O 下降较快，这样使本来难溶的粗颗粒的反应反而在较低的 *MR* 和游离 Na_2O 的条件下进行，反应速度进一步下降，加剧了粗颗粒溶出的不完全。

④ 全混流不利溶出。串联压煮器属全混流反应器。原矿浆一进入压煮器，立即与已经反应的矿浆均匀混合，降低了原矿浆开始反应时的 *MR* 和游离 Na_2O，同时还容易发生短路，均不利于溶出。

7.4.2 管道化溶出技术研究

7.4.2.1 初期的管道化溶出试验

我国对拜耳法间接加热强化溶出技术的研究早在20世纪60年代就开始了。1968年在贵州铝厂就进行过管道化溶出试验。矿浆流量1.1～1.8m^3/h，压力4MPa，无机盐加热，9级套管预热，8级自蒸发。但试验时间很短就停止了。1975年沈阳铝镁设计研究院为郑州铝厂设计了22m^3/h的管道化溶出装置。原矿浆经6级预热到250℃，然后在圆筒炉中加热到溶出温度320℃，溶出矿浆经6级自蒸发后排出，溶液浓度 Na_2O 140g/L。

7.4.2.2 德国管道化溶出技术的引进

原中国长城铝业公司已引进了Lippe厂拆除的 RA_6 管道化溶出装置，矿浆流量300m^3/h，氧化铝产能17万吨/年。采用这套装置处理 *A/S* 7～8的矿石，与蒸汽直接加热高压釜溶出相比，溶出赤泥 *A/S* 由2.3降为1.5以下，溶出液 *MR* 由1.56降为1.50以下，溶出热耗为189～206MJ/(m^3 矿浆)。RA_6 管道化溶出系统流程图如图7-9。

7.4.2.3 法国单管预热-高压釜溶出技术的引进

图7-10为我国山西铝厂引进的法国单管预热-高压釜溶出系统的流程图，固含量为300～

400g/L 的矿浆在 ϕ8×8m 加热槽中从 70℃加热到 100℃，再在 ϕ8m×14m 的预脱硅槽中常压脱硅 4～8h。预脱硅后的矿浆配入适量碱，使固含达 200g/L，温度 90～100℃，用高压隔膜泵送入 5 级 2400m 长的单管加热器（外管 ϕ335.6mm，内管 ϕ253mm），用 10 级矿浆自蒸发器的前 5 级产生的二次蒸汽加热，矿浆温度提高到 155℃。然后进入 5 台 ϕ2.8m×16m 的加热高压釜，用后 5 级矿浆自蒸发器产生的二次蒸汽加热到 220℃，再在 6 台 ϕ2.8m×16m 的反应高压釜中用 6MPa 高压新蒸汽加热到溶出温度 260℃，然后在 3 台 ϕ2.8m×16m 保温反应高压釜中保温反应 45～60min。高温溶出浆液经 10 级自蒸发，温度降到 130℃后，送入稀释槽。

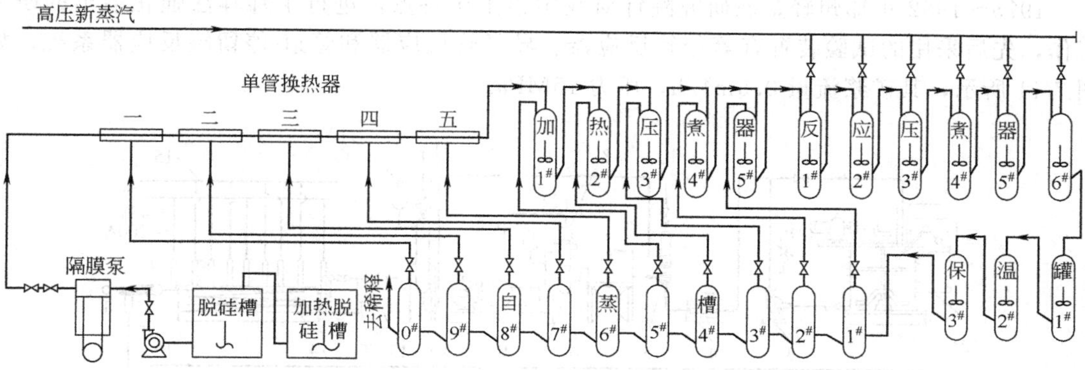

图 7-10 山西铝厂引进法国单管预热-高压釜溶出流程图

加热高压釜和反应高压釜都带有机械搅拌装置及蛇形管加热器。保温反应高压釜只有机械搅拌装置。

主要技术条件：

流量	$450m^3/h$	溶出液 *MR*	1.46
溶出温度	260℃	Al_2O_3 相对溶出率	93%
碱液浓度 Na_2O	225～235g/L	溶出热耗	0.32GJ/($m^3_{矿浆}$)
溶出温度下的停留时间	45～60min		

主要技术特点：

① 矿浆在单管反应器中预热到 150℃，再在间接加热机械搅拌高压釜中加热、溶出；

② 单套管反应器结构简单，加工制造容易，维修方便，容易清洗结疤；

③ 矿浆单管反应器直径大，减少结疤对阻力和流速的影响；

④ 单套管反应器排列紧凑，放在两端可以开启的保温箱内，管子不保温，简化保温，维修方便。

该技术的主要缺点是，每运行 15d，要停 18h 清理结疤，而且，清洗高压釜中的结疤要比清理管式反应器中的结疤困难许多。

1995 年投产的我国广西平果氧化铝厂，也引进了法国的单管预热-高压釜溶出系统。

7.4.2.4 我国的管道预热-停留罐溶出技术

我国铝土矿中含有较复杂的硅矿物和钛矿物，如高岭石、伊利石、叶蜡石、石英和锐钛矿、金红石等，而且含硅较高。由于高岭石在 95℃易与碱液反应，同时，叶蜡石在 150～180℃即可激烈反应，在 30min 之内可达到 80%的反应率，伊利石在 180℃以上其反应速度随温度提高而迅速增加。这些都导致溶液内 SiO_2 浓度大幅度上升，为铝硅酸盐产物沉积形成结疤提供了充分的物质条件；同时，我国铝土矿硬度高，矿石难以磨制，并对管道磨损严重，这些都使得我国铝土矿强化溶出技术的实施较为困难。

我国不同地区的铝土矿，溶出性能差别很大。国外管道化溶出处理三水铝石及一水软铝石型铝土矿，达到溶出温度后或保温溶出极短时间，或不需保温溶出就可以获得较好溶出效果，而我国的一水硬铝石型铝土矿，不仅要求较高的溶出温度，而且还要求较长的溶出时间。

所以，我们必须研究适合于我国铝土矿特点的强化溶出工艺技术与设备。

1975～1982 年郑州轻金属研究院针对我国铝土矿特点，进行了拜耳法强化溶出的研究工作，先后采用的试验装置有等径管反应器、异径管反应器和管道-停留罐反应器系统，如图 7-11 所示，其矿浆流量 0.5m³/h，压力 15MPa。

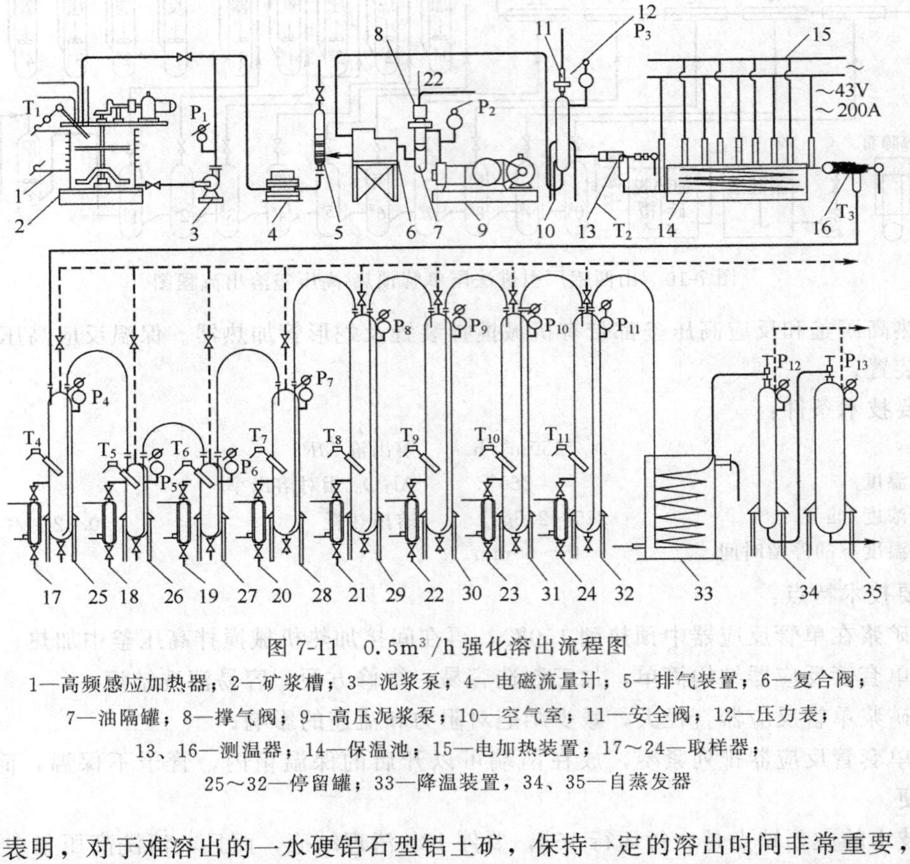

图 7-11　0.5m³/h 强化溶出流程图

1—高频感应加热器；2—矿浆槽；3—泥浆泵；4—电磁流量计；5—排气装置；6—复合阀；7—油隔罐；8—撑气阀；9—高压泥浆泵；10—空气室；11—安全阀；12—压力表；13、16—测温器；14—保温池；15—电加热装置；17～24—取样器；25～32—停留罐；33—降温装置，34、35—自蒸发器

试验表明，对于难溶出的一水硬铝石型铝土矿，保持一定的溶出时间非常重要，因此管道-停留罐反应器是很合适的高温强化溶出装置。为了把这一研究成果尽快用于工业生产，1983 年 9 月动工建设 4m³/h 管道预热-停留罐强化溶出试验工厂，1987 年 6 月建成，1988 年完成我国广西平果矿的溶出试验，1989 年投入工业生产，取得了较好的技术经济效果。该溶出系统见图 7-12。

原矿浆经预脱硅后，用橡胶隔膜泵送入 9 级单套管管式反应器。前 8 级用 8 级矿浆自蒸发器产生的二次蒸汽将矿浆预热到 200～210℃，第 9 级熔盐加热至反应温度，最高达 300℃。达到溶出温度的矿浆，进入无搅拌的停留罐中充分反应后，进入 8 级矿浆自蒸发器，

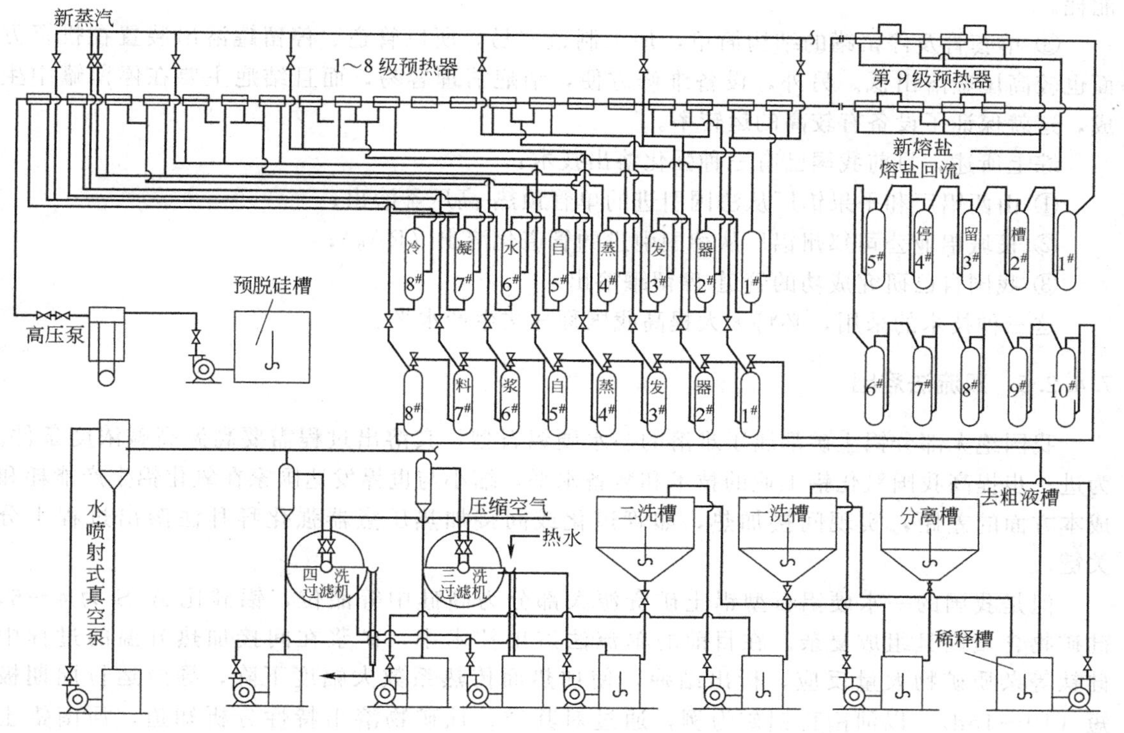

图 7-12　管道-停留罐溶出设备流程图

降温后排入稀释槽。

管式反应器：第 1～5 级外管 ϕ102mm×5mm，内管 ϕ48mm×8mm；第 6～9 级外管 ϕ87mm×7mm，内管 ϕ42mm×8mm；每 50m 长为一节。在第 5、6 级之间有 2 节 ϕ102mm×12mm 脱硅管，在第 6～7 级之间有 2 节 ϕ102×12mm 脱钛管，管道全长 1250m。

停留罐是一空罐，直径 269mm，高 10.5m，10 台串联。设置多台停留罐是为了测定矿石的最佳溶出时间。

自蒸发器：第 1～4 级 ϕ426mm×22mm×3500mm，第 5～6 级 ϕ500mm×12mm×3500mm，第 7～8 级 ϕ820mm×10mm×3500mm。

主要技术条件：

流量	4～6m³/h	溶出液 *MR*	<1.50
溶出温度	300℃	Al_2O_3 相对溶出率	>94%
碱液浓度 Na_2O	160g/L		

主要技术特点如下。

① 矿浆在单管反应器中快速加热到溶出温度，再在无搅拌及无加热装置的停留罐中保温反应。它在加热段利用了管道反应器易实现高温溶出的优点，而在保温反应段又以高压釜替换管道，既能实现较长的溶出时间，又克服了管道反应器太长，泵头压力高，电耗大且结疤清洗困难的缺点，以及高压釜机械搅拌密封困难的缺点。该法适合于处理需要较长溶出时间的一水硬铝石型铝土矿。

② 由于提高了溶出温度，从而强化了溶出过程，可使用浓度较低的循环母液，从而可以大幅度降低蒸发的负荷；可使溶出液达到较低的分子比，从而提高了生产能力，降低

能耗。

③ 单套管及停留罐的结构简单，加工制造容易，所以管道、停留罐溶出装置在投资方面也较高压釜溶出低。另外，设备维修方便，结疤清理容易，而且结疤主要在停留罐中生成，这就保证了设备有较高的运转率。

综上所述，目前我国已有三种强化溶出技术：

① 山西铝厂和平果铝厂从法国引进的单管预热-高压釜溶出；

② 长城铝业公司郑州铝厂从德国引进的管道化溶出（RA_6）；

③ 我国自己研究成功的管道-停留罐溶出。

这三种技术的采用，必将大大提高我国拜耳法生产水平。

7.4.2.5 双流法溶出

我国绝大部分铝土矿都属于难溶的一水硬铝石型，其溶出过程需要高温高碱浓度条件。为进一步提高我国氧化铝工业的技术和装备水平，缩小与世界发达国家在氧化铝生产能耗和成本方面的差距，实现间接加热，如管道化或间接加热压煮器强化拜耳法溶出过程十分关键。

但是我国的一水硬铝石型铝土矿资源大部分为高硅中等品位，铝硅比 A/S 为 4～6，硅矿物含量高且组成复杂。在目前的单流法溶出技术中，矿浆在间接加热升温的过程中硅钛等杂质矿物大量反应，析出结疤，使加热面传热系数大幅度下降，导致运行周期极短（10～15d）。以河南普铝矿为例，通过对其硅、钛矿物溶出特性分析知道，河南铝土矿在预脱硅和溶出温度范围内，都有硅、钛矿物反应析出。90～100℃低温时，高岭石与碱反应，150～160℃中温时，叶蜡石与碱反应；180℃以上高温时，有伊利石反应；而钛矿物在 120～126℃不同程度地反应，使得在整个矿浆加热和溶出过程中的每个温度段，只要与碱液充分接触，都会有硅、钛矿物反应析出并部分形成结疤，影响溶出过程的正常进行。

即使是预脱硅性能良好的山西矿，在高温段（>160℃）的结疤速率也很快，在全部间接加热的管式预热 260℃下，罐式溶出时，运行半月左右即需清洗。处理高品位的河南矿，首先经过预脱硅后再溶出，高温段的结疤速率也很快；在全部间接加热的管式预热，260℃管式溶出，运行半月左右也需清洗。因此，较彻底地解决间接加热面的结疤问题，已成为我国实现间接加热强化溶出的关键。

针对单流法间接加热技术所面临的结疤严重问题，吸取国外双流法技术中的优点，结合我国铝矿资源和生产条件的特点，我国许多研究者从应用基础理论到工艺，围绕双流法做了大量工作。“双流法溶出工艺”研究成果已于 1996 年通过鉴定，并在中国铝业公司中州分公司工业应用。

目前，世界上许多氧化铝厂采用美国双流法处理以三水铝石为主的铝土矿，其氧化铝产量占世界氧化铝产量的 60%以上。

所谓双流法，是将配矿用的碱溶液分为两部分，第一部分为总液量的 20%（按体积计），与铝矿磨制成矿浆流，剩余的大部分碱液为碱液流，两股料流分别用溶出矿浆多级自蒸发产生的二次蒸汽不同程度地预热后，碱液流再单独用新蒸汽加热，在第一个溶出器（或溶出管）中，两股料流汇合；汇合矿浆在溶出器中用新蒸汽再直接加热至溶出温度并在其后的溶出器中完成碱液对氧化铝的溶出过程。

双流法的基本工艺流程如图7-13所示。

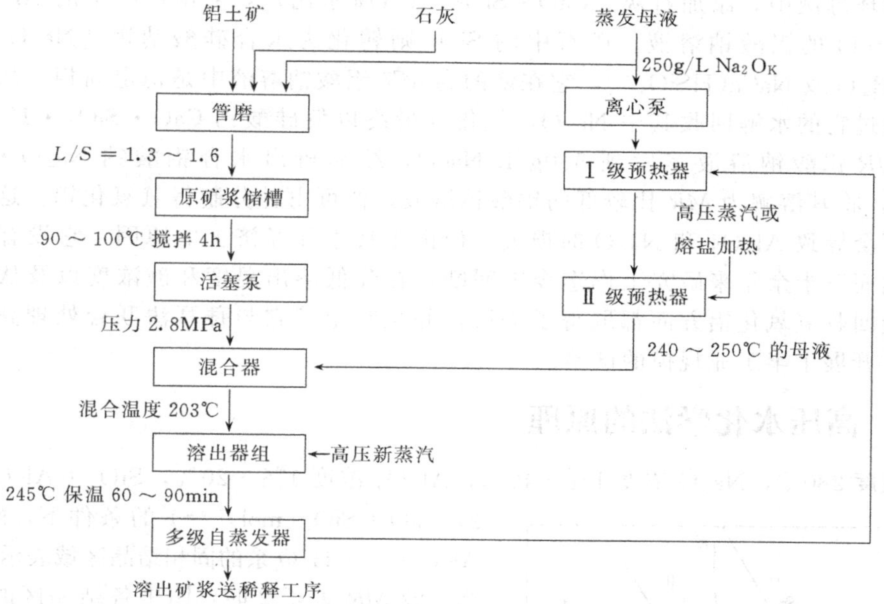

图7-13 双流法基本工艺流程示意图

双流法溶出技术的优点如下。

(1) 换热面上结疤轻 在双流法溶出工艺中，绝大部分溶出碱液不参与制备矿浆而单独进入换热器间接加热，因溶出碱液中 SiO_2 含量很低，加热过程中硅渣析出量很少，因此大大减轻碱液预热器换热面上的结疤；少量碱液与铝土矿磨制成高固含矿浆，虽然这部分矿浆与单流法矿浆一样，具备矿石和碱液充分接触的条件。但是，与碱液流相比，这部分料流数量少，可以在常压预脱硅后不再间接加热或只加热到不严重形成含硅、钛渣结疤的温度，以保护换热器的换热效率。所以，在双流法溶出中，换热面上的结疤比单流法要轻得多。

(2) 投资省、成本低 双流法溶出的工艺设备费分别比部分间接加热溶出、管道化溶出和管道预热-压煮器溶出等方案低20%以上。联合法每生产1t氧化铝的直接生产费用，采用双流法溶出与采用管道化溶出基本相当，而比采用部分间接加热溶出和法铝的管道预热-压煮器溶出都低。所以采用双流法溶出技术经济上是合理的。

(3) 结疤易清理 试验结果和生产实践证明，在双流法溶出过程中，不论是高温间接加热的碱液流还是低温间接加热的矿浆流，换热器管壁结疤的主要成分都是水合铝硅酸钠，避开了单流法溶出时加热管壁上钙、钛、铁等杂质结疤的生成条件。所以，双流法溶出的加热管结疤只需用低浓度（5%～10%）的硫酸水溶液即可有效地清洗。

7.5 高压水化学法

在用拜耳法处理高硅铝土矿时，由于赤泥中有大量的水合铝硅酸钠的存在，会造成 Al_2O_3 和 Na_2O 的大量损失，使拜耳法降低了应用价值。高压水化学法，或称水热碱法，可以克服拜耳法的这一缺点，从而可以用来处理高硅铝土矿。最初提出的高压水化学法用以处理霞石矿，在高温（280～300℃）、高浓度（Na_2O 400～500g/L）、高 *MR*（30～35）的循环母液中，添加石灰［$CaO:SiO_2=1$（摩尔比）］，溶出矿石中的 Al_2O_3，得到 $MR=12$～14 的铝酸钠溶液。矿石中的 SiO_2 则转化为水合硅酸钠钙［$Na_2O \cdot 2CaO \cdot 2SiO_2 \cdot H_2O$ 或 $NaCa(HSiO_4)$］，它在浓的高 *MR* 铝酸钠溶液中是稳定固相，从溶液中分离后，通过它的水解回收其中 Na_2O，氧化硅最终以偏硅酸钙 $CaO \cdot SiO_2 \cdot H_2O$ 形态排出。高 *MR* 铝酸钠溶液蒸发到 500g/L Na_2O，结晶析出水合铝酸钠 $Na_2O \cdot Al_2O_3 \cdot 2.5H_2O$，将其溶解为 *MR* 比较低的铝酸钠溶液，便可由种分制得氢氧化铝。这种方法在理论上不会导致 Al_2O_3 和 Na_2O 的损失。但由于技术和经济上的原因，它没有获得工业应用。然而三十余年来研究工作迄今未间断，在降低溶出温度和碱浓度以及从高 MR 铝酸钠溶液回收氢氧化铝方面都取得了进展，并且制定了它与拜耳法联合处理高硅铝土矿的流程，开展了半工业规模的试验。

7.5.1 高压水化学法的原理

在温度 280℃，Na_2O 浓度 1%～40%，Al_2O_3 浓度 1%～20%，$SiO_2:Al_2O_3$(mol)＝2，$CaO:SiO_2$(mol)＝1 的条件下，Na_2O-CaO-Al_2O_3-SiO_2-H_2O 系的固相结晶区域表示于图 7-14。当溶液 *MR* 大于 2 时，图中各结晶区的平衡固相有：Ⅰ—$NaCa(HSiO_4)$，$Ca(OH)_2$；Ⅱ—$4Na_2O \cdot 2CaO \cdot 3Al_2O_3 \cdot 6SiO_2 \cdot 3H_2O$；Ⅲ—$Ca(OH)_2$，$3(Na_2O \cdot Al_2O_3 \cdot 2SiO_2) \cdot 4NaAl(OH)_4 \cdot H_2O$；Ⅳ—$CaO \cdot SiO_2 \cdot H_2O$；Ⅴ—$4Na_2O \cdot 2CaO \cdot 3Al_2O_3 \cdot 6SiO_2 \cdot 3H_2O$；$3CaO \cdot Al_2O_3 \cdot xSiO_2 \cdot (6-2x)H_2O$；Ⅵ—$3CaO \cdot Al_2O_3 \cdot xSiO_2 \cdot (6-2x)H_2O$，$3(Na_2O \cdot Al_2O_3 \cdot 2SiO_2) \cdot NaOH \cdot 3H_2O$。

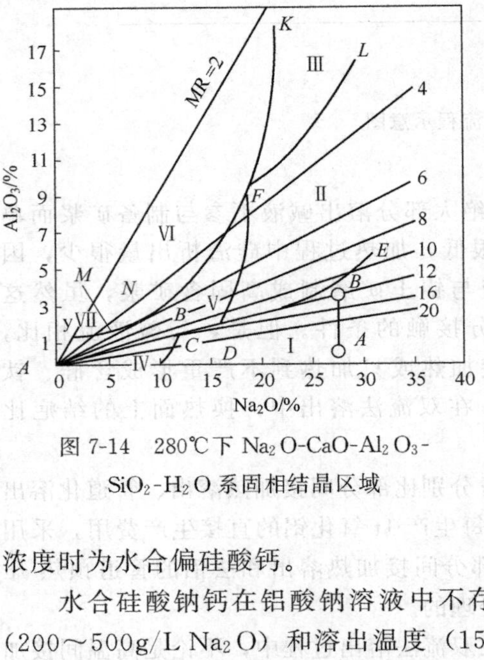

图 7-14　280℃下 Na_2O-CaO-Al_2O_3-SiO_2-H_2O 系固相结晶区域

可以看出，当所得碱溶液的 $MR>10$～12 时，即在 *AE* 曲线以下的区域内，含铝原料中的 Al_2O_3 全部进入溶液。溶液中含 SiO_2 的平衡固相在高碱浓度时为水合硅酸钠钙，在 $Na_2O<12\%$ 低浓度时为水合偏硅酸钙。

水合硅酸钠钙在铝酸钠溶液中不存在介稳溶解现象，其化学成分和结构，在碱浓度（200～500g/L Na_2O）和溶出温度（150～320℃）较为宽的范围内都是稳定的。它在铝酸钠溶液中的溶解度，在 Na_2O 300g/L 时为 3.5g/L SiO_2，Na_2O 500g/L 时为 7～8g/L SiO_2。这样的铝酸钠溶液仍须进行脱硅处理，才能使蒸发结晶析出水合铝酸钠的过程顺利实现。

从图 7-14 的Ⅳ区中可以看出，在低碱浓度的高 *MR* 比溶液中，平衡固相为 $CaO \cdot SiO_2 \cdot H_2O$，这个图是在保持 $CaO:SiO_2$(mol)＝1 的条件下研制的。实际上水合原硅酸钙，特别是 $2CaO \cdot SiO_2 \cdot 0.5H_2O$ 是在此条件下更稳定的平衡固相。图 7-15 所示为 280℃下 H_2O 含量恒为 80%的 Na_2O-Al_2O_3-CaO-SiO_2-H_2O 系固体结晶区域图，它说明了在低碱浓度范围内水合原硅酸钙结晶的规律性。当原料中的 SiO_2 转变为水合原硅酸钙与溶液分离时，就达到了将铝硅酸盐原料中的碱和 Al_2O_3 同时提取的目的。图 7-15 中各结晶区的平衡固相为：Ⅰ—$3CaO \cdot$

$Al_2O_3 \cdot xSiO_2 \cdot (6-2x)\ H_2O$，$\gamma$-AlOOH；Ⅱ—$3CaO \cdot Al_2O_3 \cdot xSiO_2 \cdot (6-2x)H_2O$；Ⅲ—$3CaO \cdot Al_2O_3 \cdot xSiO_2 \cdot (6-2x)H_2O$，$2CaO \cdot SiO_2 \cdot 0.5H_2O$；Ⅳ—$2CaO \cdot SiO_2 \cdot 0.5H_2O$；Ⅴ—$Ca(OH)_2$，$CaO \cdot SiO_2 \cdot H_2O$，$NaCa(HSiO_4)$。

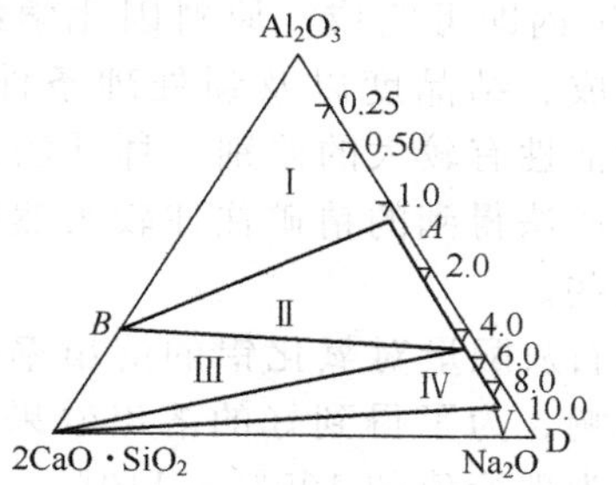

图7-15　280℃下 Na_2O-Al_2O_3 $2CaO \cdot SiO_2$-H_2O 系固相结晶区域（H_2O 80%）

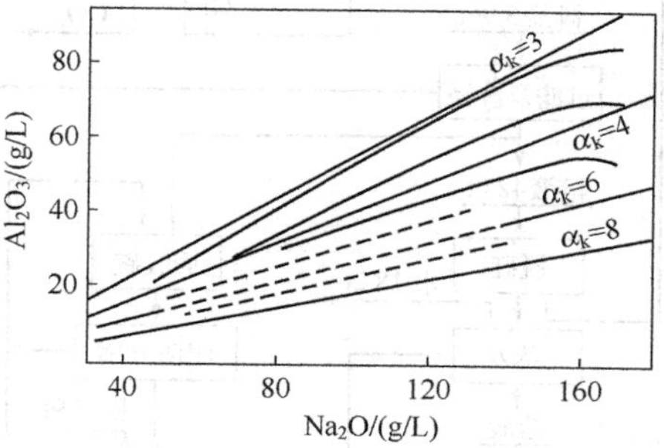

图7-16　280～340℃下 Na_2O-CaO-Al_2O_3-SiO_2-H_2O 系中的 Al_2O_3 溶解度等温线

用低碱浓度溶液分解铝硅酸盐原料，保持 $CaO : SiO_2$(mol)＝2，在Ⅳ区内，即可使 Al_2O_3 和 Na_2O 全部转入溶液，溶出液的 *MR* 还可低于生成的 $NaCa(HSiO_4)$ 时的溶液。在280～340℃下，当 $CaO : SiO_2$(mol) 为2.0（实线）及1.0（虚线）时；Na_2O-CaO-Al_2O_3-SiO_2-H_2O 系中 Al_2O_3 溶解度的等温线列于图7-16。

当提高温度和溶液 Na_2O 浓度由60g/L增加为150g/L时，Al_2O_3 的溶解度增大。碱浓度进一步提高，Al_2O_3 的溶解度开始下降。由图7-14和图7-15可以得知，这是由于生成了水合硅酸钠钙和水化石榴石的结果。

由图7-16看出，当 $CaO : SiO_2$（mol）保持为2.0时，Al_2O_3 的溶解度几乎比 $CaO : SiO_2$(mol) 为1.0时增大近1倍。因此物料流量减少，但消耗的CaO增大。在300℃下，Na_2O 浓度为140g/L时，Al_2O_3 的平衡浓度为52g/L，溶液的分子比为4.5。在处理霞石精矿时仍可得到一定液固比的可流动的溶出料浆，如果分子比再低，料浆液固比降低而使流动困难。

7.5.2　高压水化学法生产氧化铝的工艺流程

图7-17所示是处理霞石矿或拜耳法赤泥时，将 SiO_2 转化为 $NaCa(HSiO_4)$，然后回收其中所含碱的工艺流程。分解得到高 *MR* 溶液蒸浓析出水合铝酸钠结晶，将它溶解成低 *MR* 溶液，通过种分制取 $Al(OH)_3$。高 *MR* 溶液也可通过沉淀出 $3CaO \cdot Al_2O_3 \cdot 6H_2O$ 转变成低 *MR* 铝酸钠溶液。

7.5.2.1　按生成 $NaCa(HSiO_4)$ 的高压溶出及 $NaCa(HSiO_4)$ 渣的分离

霞石、拜耳法赤泥或其他高硅含铝原料用高浓度高分子比铝酸钠溶液，在高温下按 $CaO : SiO_2$(mol)＝1配入石灰，便可发生如下反应使 Al_2O_3 溶解，并得到水合硅酸钠钙渣：

$$Na_2O \cdot Al_2O_3 \cdot 2SiO_2 + Ca(OH)_2 + NaOH + aq \longrightarrow NaCa(HSiO_4) + NaAl(OH)_4 + aq \quad (7\text{-}1)$$

由于溶出后的铝酸钠溶液浓度高，分子比大，以从其中析出水合铝酸钠来制取氢氧

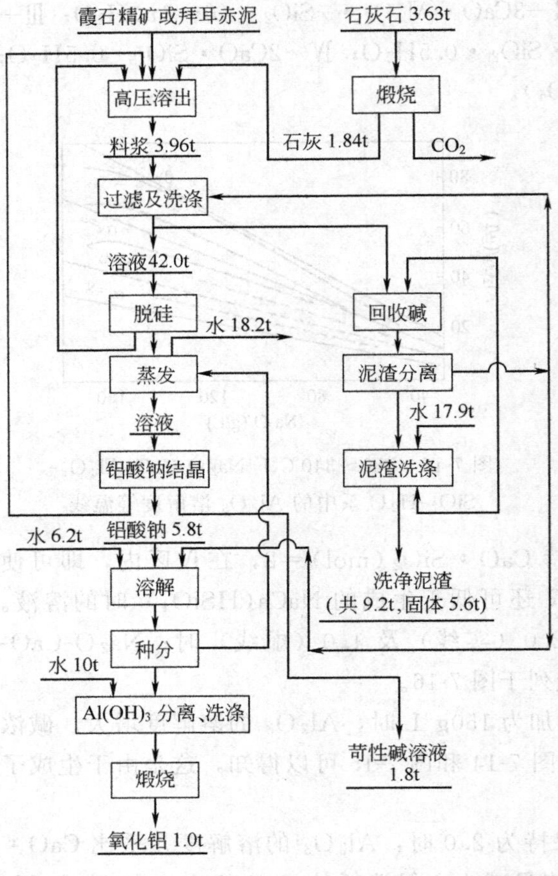

图 7-17　应用高压水化学法处理霞石精矿或拜耳法赤泥的工艺流程

化铝较为恰当。为了减少物料流量和蒸发水量，宜于采用 Na_2O 350～500g/L 的浓母液磨制原矿浆。当物料粒度达到 85μm 后，在 280℃的温度下，上述反应在 10～20min 内即可完成。原料因化学组成和矿物组成、结晶度以及预处理条件的不同，化学活性有较大的差别。拜耳法赤泥和化学选矿法得到的精矿往往较天然矿石的活性大些。

石灰配量对氧化铝的溶出率有决定性的影响。为了得到好的溶出效果，石灰配量应为理论值的 105%～110%。如同拜耳法溶出一样，由图 7-14 可知，对溶出温度、溶出液碱浓度和 *MR* 等条件应该做出最佳的组合。例如提高温度，便可在 Na_2O 浓度降低的情况下仍得到 *MR* 较低的溶出液和满意的 $\eta_{Al_2O_3}$。对多种形态铝硅酸盐原料进行的研究结果说明，溶出温度以 240～300℃ 为宜，最好是 280℃，溶出液的 Na_2O 浓度由 350g/L 提高为 400～500g/L。在 $\eta_{Al_2O_3}$ 为 90%～92%时，*MR* 可由 12～13 降低为 11。

高压溶出渣主要由水合硅酸钠钙组成。图 7-18 说明它在 80～90℃下与溶液长时间接触将造成溶液中 Al_2O_3 的大量损失，而且以在 200～300g/L 的溶液中的稳定性最差。此时发生的反应是：

$$2NaCa(HSiO_4)+2NaAl(OH)_4+(n-2)H_2Oaq = Na_2O\cdot Al_2O_3\cdot 2SiO_2\cdot nH_2O+2Ca(OH)_2+2NaOH+aq \quad (7\text{-}2)$$

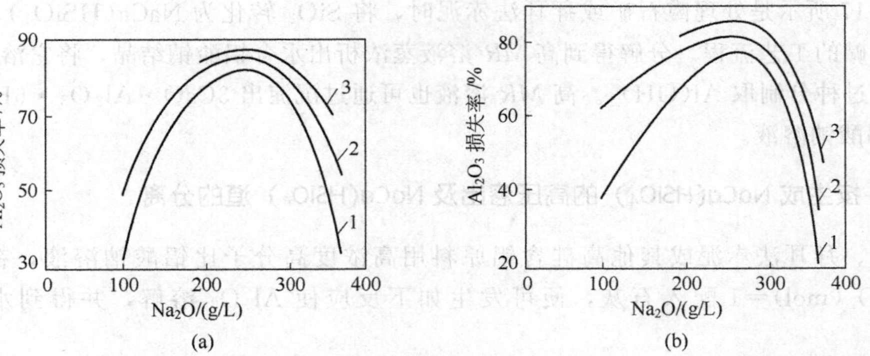

图 7-18　Al_2O_3 损失率与接触时间的关系

(a) 80℃，(b) 60℃

1—12h；2—24h；3—36h

$$3Ca(OH)_2 + 2NaAl(OH)_4 + aq = 3CaO \cdot Al_2O_3 \cdot 6H_2O + 2NaOH + aq \quad (7\text{-}3)$$

由于这一原因以及溶出料浆的液固比常常很小，高压溶出液多采用过滤或离心分离。

7.5.2.2 按生成水合硅酸钙的高压溶出

曾经用霞石精矿和在240℃下人工合成的水合铝硅酸钠进行试验，后者的成分为：Al_2O_3 37.5%，SiO_2 33.29%，Na_2O 21.66%，灼减8.05%，相当于分子式为 $Na_2O \cdot Al_2O_3 \cdot 1.5SiO_2 \cdot 1.2H_2O$ 的化合物。试验在300～320℃下进行，为时5h。原始溶液浓度在80～240g/L，配料 MR 在4～7范围内变化，石灰按生成 $2CaO \cdot SiO_2$ 添加。300℃下的试验结果说明，Al_2O_3 和 Na_2O 的溶出率都随溶出 MR 的提高而提高。当 $MR_{配}=6\sim7$，Na_2O 浓度为100～140g/L时可以得到满意的溶出率（>90%），溶出浆液具有良好的流动性和过滤性能。溶液 Na_2O 浓度表现出复杂的影响，在 Na_2O 为100～140g/L时，$\eta_{Al_2O_3}$ 保持不变，并且很高；继续提高 Na_2O 浓度使 Al_2O_3 和 Na_2O 的溶出率都急剧降低。在320℃进行的试验也得到同样规律，但 MR 保持为5～5.5便可达到上述溶出率。对溶出泥渣进行物相分析后才查明，当 Na_2O 达140g/L时，霞石分解的最初产物是 $NaCa(HSiO_4)$，它随后才与多余的 $Ca(OH)_2$ 反应生成 $2CaO \cdot SiO_2 \cdot 0.5H_2O$。当 Na_2O 浓度为113g/L时，霞石直接分解生成 $2CaO \cdot SiO_2 \cdot 0.5H_2O$，而 Na_2O 为124g/L时，则表现出过渡性特征。出现这种现象的另一原因是料浆中的固含随 Na_2O 浓度提高显著增加，稠度增大。

7.5.2.3 高 *MR* 铝酸钠溶液的脱硅

高压水化学法溶出液的共同特点是 MR 高而硅量指数低。它必须脱硅并转化成低 MR 溶液才能由种分制得氢氧化铝。溶液 SiO_2 含量高使其黏度增大，SiO_2 吸附在水合铝酸钠表面，使其晶体细小，难以长大，挟带的附液多，所以溶出液必须脱硅到硅量指数高于100。水合铝硅酸钠在高 MR 溶液中的溶解度较高。从图7-19可以看出，Na_2O 浓度为240～350g/L，MR 为11.5的溶液在沸点下添加60g/L水合铝硅酸钠作晶种脱硅6h，SiO_2 含量仍为0.32～0.47g/L，A/S 为100左右。为了提高脱硅深度，以上的溶液再按45～60g/L添加 $3CaO \cdot Al_2O_3 \cdot 6H_2O$，在110℃下进行第二段脱硅，搅拌4h，$A/S$ 可提高到1560～1700。水合铝酸钙减为20g/L；如果另添加30g/L的回头钠硅渣，搅拌4h也可将 A/S 提高为1100～1200。两段脱硅方法还可以将高压溶出液中少量的铁同时清除。

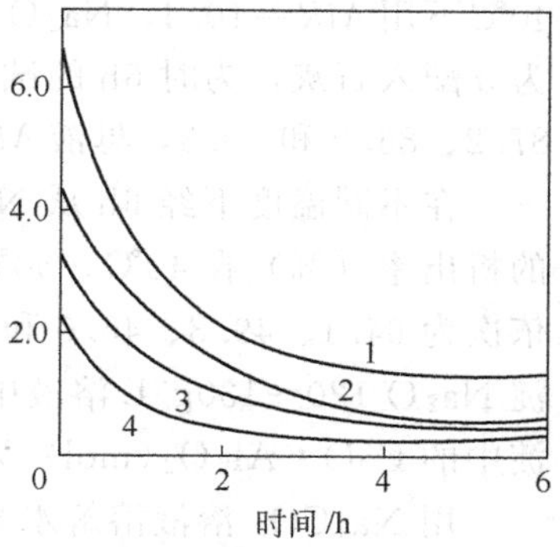

图7-19 $MR=11.5$ 的铝酸钠溶液的脱硅曲线

原始 Na_2O 浓度（g/L）：1—470；2—347；3—305；4—238

7.5.2.4 铝酸钠溶液的蒸发和水合铝酸钠的结晶

在图7-17流程中，是将脱硅后的铝酸钠溶液与种分母液混合再蒸发至 Na_2O 浓度大于500g/L，结晶出水合铝酸钠。从 $Na_2O\text{-}Al_2O_3\text{-}H_2O$ 系相图知道，Al_2O_3 在溶解度等温线右侧的过饱和溶液析出水合铝酸钠，将碱溶液蒸发到600g/L Na_2O，将高 MR 铝酸钠溶液蒸发到550g/L，仍有较高的传热系数。在45～85℃间水合铝酸钠的结晶速度相近。降低温度到30℃，结晶深度虽然增大，但速度降低，因而蒸发后的溶液以逐渐冷却到45℃为宜。结

晶析出后的溶液 *MR* 取决于 Na_2O 浓度。晶体用离心机分离最为有效。在处理霞石时，溶液除循环使用外，一部分用于制取副产物苛性碱。通常霞石所含的碱中有14%(mol) 是 K_2O，溶出液是 (Na、K)$Al(OH)_4$ 混合溶液。混合溶液蒸浓后，当 K_2O 在碱中的含量低于60%(mol)，析出的仍是 $Na_2O \cdot Al_2O_3 \cdot 2.5H_2O$，但析出速度随之减慢；当 K_2O 含量高于75%(mol) 时，析出水合铝酸钾；当 K_2O 含量介于60%～75% (mol) 时，析出者为钾、钠铝酸盐的混合物。

不论是 (Na、K)$Al(OH)_4$ 混合溶液，还是单独的铝酸钠或铝酸钾溶液，溶液浓度的提高以及 *MR* 和温度的降低都能提高铝酸盐水合物的析出速度和深度。结晶过程的最佳条件是：溶液浓度折算成 Na_2O 计为500～520g/L，终了温度45℃，晶种系数（以晶种及原始溶液中 Al_2O_3 含量的比值表示）0.2～0.4，溶液中 SiO_2 含量低于1g/L，时间为6～10h。

析出的水合铝酸钠溶液晶体有时可以粗达150μm，有时则很细小。由于挟带母液量不同，因而分离出的晶体 *MR* 在1.4～2.5之间改变，这也与生成的连生的晶体的致密与疏松有关。在60～85℃下从 Al_2O_3 过饱和溶液得到的 *MR* 为1.38～1.50的较大的晶体。用少量 *MR* 为3.5～4.0的母液洗涤晶体，可将其 *MR* 降低为1.15～1.20。

7.5.2.5 通过水合铝酸钙将高 *MR* 溶液转化成低 *MR* 溶液

从低浓度溶液实现这一转化过程能减少蒸发水量，并且更有效。这个转化过程包括用石灰从高 *MR* 溶液沉淀 $3CaO \cdot Al_2O_3 \cdot 6H_2O$，再溶解沉淀得到低 *MR* 溶液这两个步骤。第5章所列沉淀 $Na_2O\text{-}CaO\text{-}Al_2O_3\text{-}H_2O$ 系说明 $2NaAl(OH)_4 + 3Ca(OH)_2 \rightleftharpoons CaAl_2(OH)_{12} + 2NaOH$ 是个可逆反应。温度低于100℃时反应向右方进行，温度高于200℃向左进行。在40℃下用 *MR*＝10.4，Na_2O 为152g/L、205g/L及302g/L的溶液，按 $CaO:Al_2O_3$(mol) 为3配入石灰，为时6h的试验结果随着 Na_2O 浓度的提高，Al_2O_3 的析出率（%）依次为87.2、86.0和79.3，母液 *MR* 依次提高为74.3、64.2和46.5。

在不同温度下经6h从 Na_2O 为204g/L、*MR*＝9.4的溶液析出水合铝酸钙时，Al_2O_3 的析出率（%）在40℃、50℃、60℃及70℃下依次是86.1、82.1、80.2和77.1，母液 *MR* 依次为64.1、49.8、45.0和39.2。70%的 Al_2O_3 是在1h析出来的。由40～50℃加石灰沉淀 Na_2O 120～130g/L溶液中的 Al_2O_3，6h后溶液的 Al_2O_3 含量降低为2.4～2.6g/L。沉淀中的 $CaO:Al_2O_3$(mol) 为3.1～3.3。

用 Na_2CO_3 溶液溶解水合铝酸钠的反应为：

$$3CaO \cdot Al_2O_3 \cdot 6H_2O + 3Na_2CO_3 + aq = 2NaAl(OH)_4 + 4NaOH + 3CaCO_3 + aq \quad (7\text{-}4)$$

反应程度主要决定于 CO_3^{2-} 浓度、温度和时间。反应后溶液的 *MR* 仍在3以上。在溶解过程同时通入 CO_2 气，可以制得 *MR* 为1.6～1.8的溶液，Al_2O_3 的溶出率可以达到85%～86%。但在此条件下，原来沉淀中的 SiO_2 也会进入溶液，溶液需要脱硅才能制取氢氧化铝。为了提高 $\eta_{Al_2O_3}$、制取低 *MR* 溶液并在溶解水合铝酸钙的同时实现溶液的脱硅，提出了反向二段溶出流程。它是用第二段溶出时的苏打铝酸钠溶液（含 Al_2O_3 40g/L）溶出水合铝酸钙沉淀。在此同时通入一定数量的 CO_2 以制取 Al_2O_3 浓度70～80g/L，*MR*＝1.7～1.8的脱硅溶液。因为第二段溶出液中含的 SiO_2 此时以水化石榴石的形态析出来了。在第一段未完全溶出的水合铝酸钙沉淀再用循环 Na_2CO_3 溶液作第二段溶出。

这两个过程的最宜作业条件是：温度均为95℃，溶出时间均为1.5h，循环 Na_2CO_3 溶液浓度为 Na_2O_T 120～130g/L，液固比为3：1，这样 Al_2O_3 溶出率可达到90%～95%，最终的泥渣基本上是碳酸钙，含 CaO 47%～48%，Al_2O_3 2%～3%。

第一段溶出液经控制过程后，由碳分制得氢氧化铝。碳分母液用于铝酸钙的第二段溶出。

另一种溶解水合铝酸钙的方法是用 Na_2O 约 280g/L，*MR* 约 3.5 的溶液在 200℃按配料 *MR*＝2.0(*L*/*S*＝3) 或在 280℃按配料 *MR*＝1.8 的条件下进行。$\eta_{Al_2O_3}$ 都达到 95%，残渣基本上是氢氧化钙和少量未分解的水合铝酸钙。

7.5.2.6　水合硅酸钠钙中碱的回收

水合硅酸钠钙是不稳定的化合物。在水中，添加石灰，通入 CO_2 或是在 NaOH 或 Na_2CO_3 溶液中都可以使之分解，将其中的碱回收到溶液。目前已经提出了一系列回收其中碱的方法。较为合适的方法是 NaOH 溶液回收。此时反应的机理是：

$$Na_2O \cdot 2CaO \cdot 2SiO_2 \cdot H_2O + 2NaOH = 2Na_2SiO_3 + 2Ca(OH)_2 \tag{7-5}$$

$$Na_2SiO_3 + Ca(OH)_2 + H_2O = CaO \cdot SiO_2 \cdot H_2O + 2NaOH \tag{7-6}$$

反应速度及完全程度取决于温度和原始溶液浓度。在 150～250℃温度下，高压溶出渣中的 Na_2O 经 1～2h 可完全提取出来。然而随着温度的升高，泥渣的膨胀性加强，一直到成为黏滞的糊胶状物质。采用适当浓度的碱溶液可以避免泥渣的膨胀现象。试验说明原始溶液的 Na_2O 浓度以 60g/L 为宜，与根据反应机理做出的推断是一致的，在 95℃下按 *L*/*S*＝6 处理高压泥渣 10h，Na_2O 的提取率接近于 90%，所得泥渣中 Na_2O 含量为 1.44%～2.43%，很少膨胀，流动性好，容易与溶液过滤分离。滤液中的 Na_2O 浓度比原来提高 12～15g/L。泥渣中还吸附有一半以上的碱，通过洗涤后才能得到回收，洗涤后的弃渣可用作生产建筑材料的原料。

7.5.3　高压水化学法的改进和前景

从高压水化学法流程（图 7-17）看出，这一方法的主要问题是溶液 Na_2O 浓度高，*MR* 大；溶出液需要脱硅并蒸发至 Na_2O 至 500～520g/L，才能析出水合铝酸钠；从高压溶出渣回收碱的过程也很复杂。因此整个流程长而复杂，蒸发的水量超过 $18t/t_{Al_2O_3}$。在高温下处理高 *MR* 高碱浓度溶液要用衬镍设备，也使投资增加。

归纳高压水化学法分解铝硅酸盐的过程有三种方案：

① 用高碱浓度溶液使 SiO_2 转变成水合硅酸钠钙；

② 用中等浓度碱溶液（Na_2O 250～300g/L）使 SiO_2 转变为水合硅酸钠钙或铁水化石榴石；

③ 用低碱浓度溶液（Na_2O 120～150g/L）使 SiO_2 转变为水合原硅酸钙。

后两种方案有了一定的改进，省去了从泥渣中回收碱的过程，但仍然要求高的溶出温度和 *MR*。

将高 *MR* 溶液转变为低摩尔比铝酸钠溶液也有两种方案，一是通过水合铝酸钠，另一是通过水合铝酸钙来实现，后者也是对前者的改进。在用高浓度溶液溶出时应用前者，后者适用于另两种溶出方案。由于 Na_2O 浓度不超过 300～350g/L，设备可以用普通钢制造；每吨氧化铝的蒸发水量可降低为 6t，能耗比烧结法降低 35%。溶解水合铝酸钙成为低 *MR* 铝酸钠溶液也有多种方案。据报道用拜耳法循环母液溶解水合铝酸钙，如添入其他反应剂，可以制得 *MR*＝1.5 的溶液，但对这种反应剂未作说明。

从水合硅酸钠钙渣回收碱也有多种方案，所以高压水化学法可以组织多种多样的流程加以实施。原料的成分，是否与其他矿石同时处理，氧化硅加工成什么样的副产品等等都是选择工艺流程的依据。特别是高压水化学法与拜耳法联合处理高硅铝土矿和霞石等矿石的流程，使两个方法充分发挥各自的长处，很具有吸引力。

高压水化学法的另一改进方案是用石灰石代替石灰。在240℃温度下，在350g/L Na_2O 溶液中，石灰石几乎会全部地反苛化转变为 $Ca(OH)_2$。在用高浓度碱液分解铝硅酸盐，添加石灰石也和石灰一样，使 SiO_2 转变为 $NaCa(HSiO_4)$，将 Al_2O_3 溶入溶液。试验结果表明，溶出过程在20min内完成，$\eta_{Al_2O_3}$ 达90%。总的反应式是：

$$(Na,K)(AlSiO_4)+CaCO_3+3NaOH+aq \longrightarrow NaCa[HSiO_4]+Na_2CO_3+(Na,K)Al(OH)_4+aq \quad (7\text{-}7)$$

在浓碱溶液中，$NaCa(HSiO_4)$ 与 Na_2CO_3 都进入沉淀。Na_2CO_3 在泥渣洗涤时再溶入溶液，Na_2CO_3 溶液也能分解水合硅酸钠钙，回收其中的碱，反应为：

$$Na_2O\cdot 2CaO\cdot 2SiO_2\cdot H_2O+Na_2CO_3+aq \longrightarrow CaCO_3+CaO\cdot SiO_2\cdot H_2O+SiO_2\cdot nH_2O+4NaOH \quad (7\text{-}8)$$

在回收碱的同时进行了 Na_2CO_3 的苛化。但比较以上两个反应式看出，后一反应只能将前一反应的 Na_2CO_3 苛化一半。在处理霞石时，将回收的碱液蒸浓，便可使另一半 Na_2CO_3 结晶析出作为副产品。

用苏打溶液回收 $NaCa(HSiO_4)$ 中的碱的作业条件大体上与采用NaOH溶液相同，但高压溶出渣的苛化能力不及石灰。用石灰石代替石灰的好处是使石灰石煅烧车间的规模可以大大缩小甚至完全取消。由于溶出时一部分NaOH反苛化，故物料流量增加而且作业更复杂。只有在以碳酸钠作为副产品的情况下，这种替代可能是合理的。

用拜耳-水化学法联合流程处理北奥涅日克高硅铝土矿（$A/S\approx3$）和科里霞石的技术经济效果也优于常压溶出的拜耳-烧结串联法和高压溶出的拜耳烧结串联法，因为这种铝土矿是三水铝石和一水软铝石混合型。

这个方法的缺点是物料流量大，压煮温度高，要用充分煅烧的石灰，将高摩尔比铝酸钠溶液转变为低摩尔比溶液困难，而且流程相当复杂。当应用高压水化学法与拜耳法联合流程时，有些困难可望克服和减轻。

尽管高压水化学法至今尚未得到工业应用，但已得到越来越广泛的重视和研究。管道溶出技术日益成熟更为它的开发应用创造了有利条件。对于从高硅原料生产氧化铝并实现综合利用来说，它无疑是很有前途的方法。

第8章 溶出过程中结疤的生成与防治

在铝土矿的预热和溶出过程中，一些矿物与循环母液发生化学反应，生成溶解度很小的化合物从液相中结晶析出并沉积在容器表面上，形成结疤。在氧化铝生产过程中，溶液中含有许多过饱和的溶解物质，它们的结晶过程相当缓慢，以至各工序的结疤现象普遍存在。

拜耳法过程结疤的矿物组成与铝土矿的组成、添加剂及各工序的工艺条件都有很大关系。较为常见的结疤成分有硅矿物、钛矿物、铝矿物、铁矿物及磷酸盐等。根据结疤的来源及其物理化学性质不同，可将结疤的矿物成分分为四大类。

① 因溶液分解而产生，以 $Al(OH)_3$ 为主。主要在赤泥分离沉降槽、赤泥洗涤沉降槽、分解槽等设备的器壁上生成。视条件不同，可以是三水铝石、拜耳石、诺尔石、一水软铝石及胶体。

② 由溶液脱硅以及铝土矿与溶液间反应而产生，如钠硅渣、水化石榴石等。此类结疤主要是在矿浆预热、溶出过程及母液蒸发过程中出现，其结晶形态与温度、溶液组成、时间等多种因素有关。

③ 因铝土矿中含钛矿物在拜耳法高温溶出过程中与添加剂及溶液反应而生成，主要成分为钛酸钙 $CaO \cdot TiO_2$ 和羟基钛酸钙 $CaTi_2O_4(OH)_2$。这类结疤主要在高温区生成。

④ 除上述三种以外的结疤成分，如一水硬铝石、铁矿物（铝针铁矿、赤铁矿、磁铁矿等）、磷酸盐、含镁矿物、氟化物及草酸盐等。

这类结疤相对较少。

结疤的实际矿物组成则更复杂，如有文献报道，在钙钛矿的结疤中含有相当量的锆、铌和钇。

8.1 结疤的形成及危害

关于拜耳法生产过程中结疤生成的机理，有关文献认为，氧化铝生产中热交换器加热表面生成的结疤是链式化学反应的产物，在链式反应过程中出现的化合价不饱和的原子和原子团通过热扩散转移到加热表面，再化合成新分子，生成固体结疤结构。

有关文献从理论上证明了在未润湿或润湿不良的器壁上结疤的可能性小一些，在润湿良好的器壁上结疤的可能性要大一些。

一般认为，热交换表面上结疤的生成，在很大程度上取决于铝土矿浆中随温度的升高而进行的化学反应。矿浆液相的化学组成决定了结疤的矿物组成，矿浆流速、矿浆的矿物与化学组成、液固比、预处理情况、热交换面两侧的温差、添加剂的加入等，都可以影响到器壁处结疤的生成速度。

前苏联 B. B. Мепведев 根据工业试验结果求得不同温度范围内各种矿浆结疤过程的表观活化能，并根据活化能的大小，将不同矿浆在不同温度区的结疤过程分为动力学控制过程或扩散控制过程。在结疤生成的扩散控制过程中，结疤生成速度最快，而在结疤生成的动力学控制过程中，结疤生成速度最慢。因此，在考虑降低结疤生成速度的技术方案时，必须首先考虑扩散过程的规律性和特点。

有关文献基于不同的试验数据和理论假设，给出了结疤生成速度 Woc 的经验关系式为：

$$\ln Woc=\ln(a\omega^{n}d^{n-1})-bT^{-1}\pm c\ln T \tag{8-1}$$

式中 Woc——结疤生成速度，μm/(d・℃)；

ω——矿浆流速；

d——加热管内径；

n——指数（$n<1$）；

a、b、c——均为常数，与所用原料及设备有关。

不同类型铝土矿在拜耳法溶出过程中的器壁处结疤速度的表达式如下。

一水硬铝石铝土矿：

$$130\sim200℃\quad Wt=1.652\times10^{-6}(t-100)^{3.776}\cdot\exp[-0.316(t-100)] \tag{8-2}$$

$$210\sim270℃\quad Wt=2.212\times10^{-13}(t-100)^{7.876}\cdot\exp[-0.0634(t-100)] \tag{8-3}$$

一水软铝石型铝土矿：

$$130\sim185℃\quad Wt=6.352\times10^{-2}(t-100)^{0.875}-0.40 \tag{8-4}$$

$$195\sim240℃\quad Wt=6.625\times10^{-11}(t-100)^{6.87}\cdot\exp[-0.0713(t-100)] \tag{8-5}$$

三水铝石-水软铝石型铝土矿：

$$130\sim220℃\quad Wt=5.32\times10^{-3}(t-100)^{1.218}+1.74 \tag{8-6}$$

石灰添加量对一水硬铝石型铝土矿结疤速度的影响关系式：

$$165\sim210℃\quad Wt=23.0C^{-10.3}-3.364 \tag{8-7}$$

$$245\sim280℃\quad Wt=1.608\times10^{-4}C^{5.4878}+0.679 \tag{8-8}$$

式中 Wt——结疤速度，μm/(d・℃)；

t——温度，℃；

C——矿浆中 CaO 总含量，%。

K. Yamada 给出以下经验关系式：

$$R=-\frac{ds}{dt}=\exp(26.376-14.44\times10^{-3}A-10969/T)\times(S-S_{\infty})^{2} \tag{8-9}$$

$$Ls=(0.07R^{0.26}-5.8\times10^{-3})\theta \tag{8-10}$$

$$Le=0.18R^{0.26}\theta \tag{8-11}$$

式中 Ls——套管式矿浆加热器中方钠石结疤的厚度，mm；

Le——壳管式溶液加热器中方钠石结疤的厚度，mm；

A——Al_2O_3 浓度，g/L；

S——SiO_2 浓度，g/L；

S_{∞}——SiO_2 平衡浓度，g/L；

T——温度，K；

θ——运行时间，d；

R——结疤速度，mm/d。

以上这些公式应用范围仅局限在试验所用的原料及设备。

结疤的导热性非常小，当结疤厚度达 1mm 时，所需热交换面积将增加 1 倍。图 8-1 表明了传热系数 K 与结疤厚度（δ）及其热导率［W/(m·K)］的关系。管路表面结疤的沉积使传热系数下降。下面的例子给出了 1mm 的硅结疤对热传导系数 K 的影响：

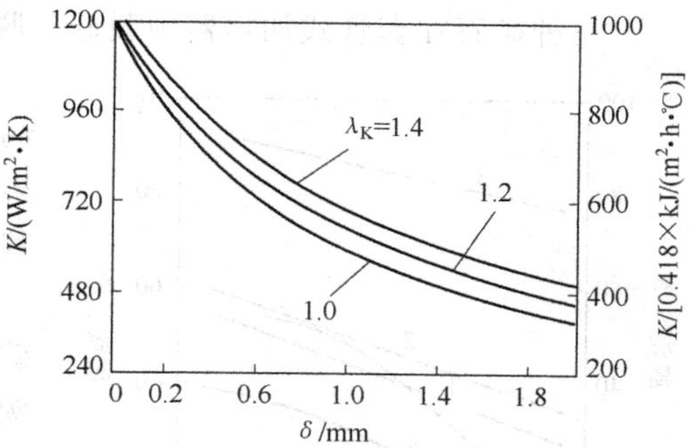

图 8-1　加热表面传热系数（K）与结疤厚度（δ）及其传热系数（λ_K）的关系

$$K=\frac{1}{1/K_{洁净}+\delta_{结疤}/\lambda}=\frac{1}{1/1700+0.001/0.52}=398[\mathrm{W/(m^2\cdot ℃)}] \tag{8-12}$$

式中　λ——结疤的传热系数，设为 0.52W/(m²·℃)；

δ——结疤的厚度，设为 1mm；

$K_{洁净}$——洁净的热交换器的传热系数，设为 1700W/(m²·℃)。

这表明 1mm 厚度的结疤将使传热系数下降 77%。

8.2　结疤形成的物理化学

我国对山西、河南和广西平果矿在间接加热升温过程中，在加热表面析出生成结疤的规律进行了研究。这三种矿石的矿浆首先进行了常压预脱硅，平果矿的预脱硅率为 34.8%，预脱钛率为 24.90%；河南矿的预脱硅率为 24.2%，预脱钛率为 8.52%；山西矿的预脱硅率为 75%～80%。预脱硅后的矿浆由高压隔膜泥浆泵送至 9 级套管式加热器中加热，1～8 级利用自蒸发器产生的二次蒸汽加热，第 9 级用熔盐加热。反应温度达到 260℃以上后，进入停留罐进行强化溶出。三种矿石化学成分如表 8-1 所示，矿石物相组成见表 8-2，母液成分见表 8-3。

表 8-1　三种矿石化学成分　　单位：%

矿　石	Al_2O_3	SiO_2	Fe_2O_3	TiO_2	CaO	MgO	LOI(灼减)	A/S
平果矿	63.50	4.30	14.15	3.32	0.08	0.05	14.01	14.77
河南矿	69.40	5.25	4.58	3.37	0.93	0.20	13.93	13.22
山西矿	57.10	12.10	5.24	2.69	3.00		16.23	4.72

表 8-2　矿石物相组成　　单位：%

物　相	一水硬铝石	高岭石	方解石	赤铁矿	伊利石	锐钛矿	金红石	针铁矿
平果矿	69.0	5.5		4.5	2	2.5	0.6	11
河南矿	76.6	3.7	1.6	4.0	7.0	1.6	1.7	
山西矿	55.8	23.0	6.2	4.0	3.5	2.7	0.7	

表 8-3　试验用母液成分　　单位：g/L

试验名称	Na_2O_T	Al_2O_3	Na_2O	SiO_2	MR
平果矿试验	248.0	123.5	226.6		3.02
河南矿试验	246.0	111.2	218.6	0.91	3.23
山西矿试验	255.1	137.6	230.8	0.74	2.76

三种矿石在套管式加热器中脱硅、脱钛率与温度的关系如图 8-2 所示。

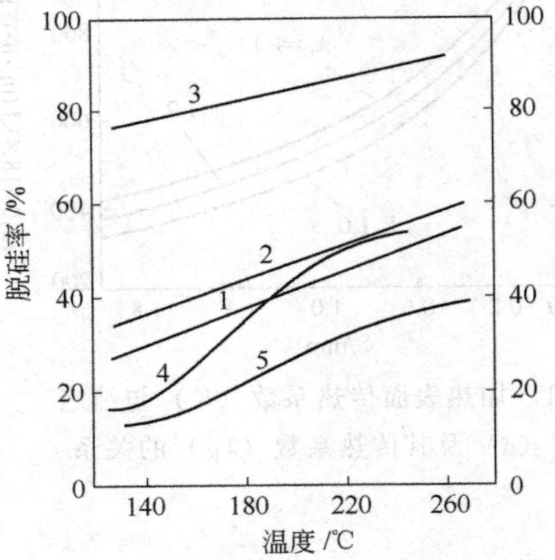

图 8-2 三种矿石在升温过程中的脱硅脱钛曲线

1—河南矿脱硅曲线；2—平果矿脱硅曲线；3—山西矿脱硅曲线；4—平果矿脱钛曲线；5—河南矿脱钛曲线

从图 8-2 中可以看到在升温过程中温度从 120～260℃，山西矿脱硅率仅增加 11%左右，河南矿和平果矿脱硅率约增加 30%。这两种矿的脱钛率与脱硅率基本相似。

升温过程的结疤规律，在低温段（100～180℃）矿浆流速约 2.0m/s，以常压预脱硅极差的河南矿为例，运转 1 年多，传热效果无明显降低，管壁结疤厚度小于 1mm，在高温段（180～265℃）流速不变，一般运行 20～30d，结疤厚度 2～3mm。平果矿与河南矿基本类似。山西矿在 160～180℃出现结疤，运转 30d 结疤厚度接近 1mm，160℃前与河南矿相类似。

根据上面结果，一水硬铝石在套管式加热器升温过程中的结疤规律可概括为：在低温段结疤轻微，几乎不影响传热；在高温段有结疤，结疤速度不是太快，完全适合采用套管式间接加热。

众所周知，一水硬铝石难溶，因此在高温 260℃以上仍需停留一段时间以确保矿石中 Al_2O_3 充分反应。在此溶出阶段的脱硅脱钛率及在各阶段脱硅率见表 8-4 和表 8-5。

表 8-4 溶出阶段脱钛率　　单位：%

矿石	脱钛率	增值	矿石	脱钛率	增值
河南矿	85.5	46.5	山西矿	96.2	23.9
平果矿	81.4	26.7			

表 8-5 各阶级脱硅率　　单位：%

矿石	总脱硅率	预脱硅率	升温阶段	溶出阶段
		100℃	100～265℃	265℃,25min
河南矿	85.5	24.2	31.2	30.1
平果矿	83.3	34.8	25.1	25.4
山西矿	93.2	75.5	11.4	6.3

从表 8-4 和表 8-5 可以看出，在溶出阶段脱硅脱钛反应比较剧烈，由于流速低，加上一定停留时间，溶出阶段结疤严重。停留罐在溶出过程中不仅起溶出作用，而且起着析出硅钛作用，是管道化间接加热强化溶出高硅一水硬铝石不可少的设备。

这三种矿石的预热器结疤分析表明，河南矿和平果矿的结疤主要是钙霞石、水合硅铝酸镁、氢氧化镁、钙钛矿等；山西矿则主要为钠硅渣和钙钛渣，其次是水合硅铝酸镁。

三种矿石在升温段结疤速度以 210～245℃内最快，三种矿相比较，河南矿结疤最快，达 0.124～0.218mm/d，山西矿最慢为 0.142～0.125mm/d，这一结果与其运转周期相对应。保温溶出期的结疤速度最高，为 0.46～0.49mm/d，这一结果与保温期间的脱硅脱钛明显加快相对应，脱硅脱钛反应后移到溶出阶段，这对我国实现拜耳法间接加热强化溶出有利。

从这三种矿石的硅钛行为、结疤规律来看处理我国铝土矿、在矿浆经充分常压预脱硅后，完全可采用拜耳法间接加热强化溶出技术，目前比较适宜的方法是间接加热-停留罐溶出。

拜耳法强化溶出管道表面结疤生长速度主要与原矿浆矿物组成、传热系数、浓度、温度及其在管道内流速有关。对河南、平果矿混矿，其矿浆浓度为 260g/L，矿浆温度 160～260℃，结疤样在 304h 后分析，结疤的化学组成和物相组成如表 8-6 和表 8-7 所示。

表 8-6　河南-平果矿结疤的化学组成　　单位：%

编　号	SiO_2	Fe_2O_3	Al_2O_3	TiO_2	MgO	CaO	Na_2O	K_2O	灼　减
9-1-2	4.79	1.93	1.81	452	50.22	3.55	2.30	0.025	25.00
9-2-1	4.27	2.18	1.81	5.64	50.04	3.80	2.35	0.021	29.89
9-2-2	11.31	1.75	8.84	19.63	21.73	9.38	3.35	0.060	13.14
9-3-2	9.77	1.75	8.84	20.86	20.27	8.88	3.20	0.048	14.23
9-3-1	10.16	3.13	7.24	17.15	27.03	8.34	7.80	0.056	14.97
9-4-1	10.95	1.99	8.04	27.28	19.36	9.38	9.20	0.056	13.66
9-4-2	6.29	2.10	8.04	38.58	8.77	16.49	6.30	0.081	10.57
2″-B-G	11.27	3.38	14.47	21.89	9.76	12.93	10.20	0.078	12.00
8 自出口(1)	2.20	0.57	7.64	0.63	0.27	0.50			36.43
8 自出口(2)	2.69	11.06	1.25	1.04	2.53	0.27			36.43

表 8-7　河南-平果矿结疤的物相组成　　单位：%

编　号	CT	MHSH	CAN	MH	HEM	Na_2CO_3	CT_2H	DLA	NT
9-1-2	7.7	9.8	4.0	67.7	<2	1.5			
9-2-1	9.6	9.8	<3	65.0	2	1.5	<3		
9-2-2	12.0	9.0	23.7	27.7	<2	2.0	18.5		
9-3-2	12.0	16.7	12.0	23.3	<2	5.0	19.8		
9-3-1	13.0	11.0	17.4	33.4	2	3.0	12.4		
9-4-1	12.0	22.0	16.0	17.4	<2	5.0	18.0		
9-4-2	29.5	18.3	6.3	5.0	2.0		22.2	10.0	10.9
2″-B-G	25.4	20.2	20.0	5.0	3.0	5.0			
8 自出口(1)	1.1	3.6	6.1			80.0		6.0	
8 自出口(2)	2.8	微	6.3			74.0		9.0	

注：CT—钙钛矿（$CaO\cdot TiO_2$）；MHSH—$(Mg_{6-x}Al_x)(Si_{4-x}Al_x)O_{10}\cdot(OH)_8$；CAN—$xNa_2O\cdot Al_2O_3\cdot SO_2[(O_3)]\cdot 12H_2O$；MH—$Mg(OH)_2$；$CT_2H$—$CaO\cdot 2TiO_2\cdot H_2O$；HEM—$Fe_2O_3$；DLA——一水硬矿石；NT—$Na_2TiO_3$。

在该试验条件下，低温段结疤主要为 $Mg(OH)_2$，高温阶段为钙钛矿（$CaO\cdot TiO_2$），水化石榴石及 $xNa_2O\cdot Al_2O_3\cdot SO_2[(O_3)]\cdot 12H_2O$ 为主。$Mg(OH)_2$ 随温度升高而降低，$CaO\cdot TiO_2$ 随温度升高而增加。结疤中钙钛矿含量与温度关系曲线见图 8-3；结疤中 $Mg(OH)_2$ 含量与温度关系见图 8-4。

陈万坤等对广西平果矿强化溶出半工业化试验观察了各温度区的结疤情况，并分析了结疤的化学和物相组成，见表 8-8。

从表 8-8 中可以得到以下信息。

① 在第 1～8 级管式预热器中，即温度低于 180℃区域，结疤轻微，结疤速度小于 0.035mm/d，结疤由镁硅渣结疤［主要是钙霞石、水合硅铝酸镁 $Mg_{5+x}\cdot Al_{2-2x}\cdot Si_{3+x}O_{10}(OH)_8$ 和氢氧镁石］和钛渣结疤（主要是钙钛矿和羟基钛酸钙）组成。其比例是：

镁硅渣：钛渣约（1.4～2.0）：1.0；

钙霞石≪水合硅铝酸镁＋氢氧镁石；

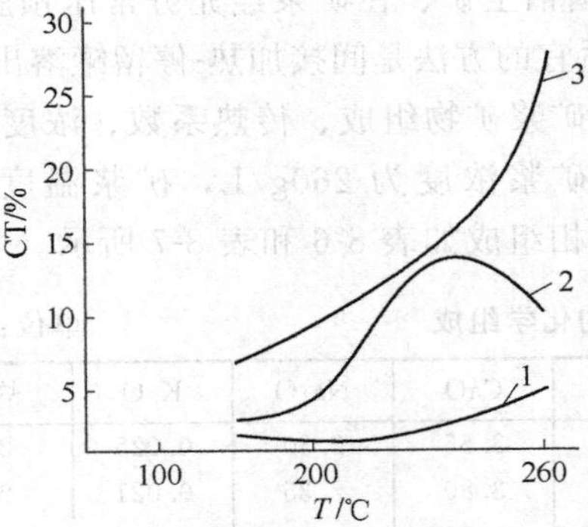

图 8-3　结疤中钙钛矿含量与温度关系曲线

图中 1、2、3 线分别代表不同部位的结疤

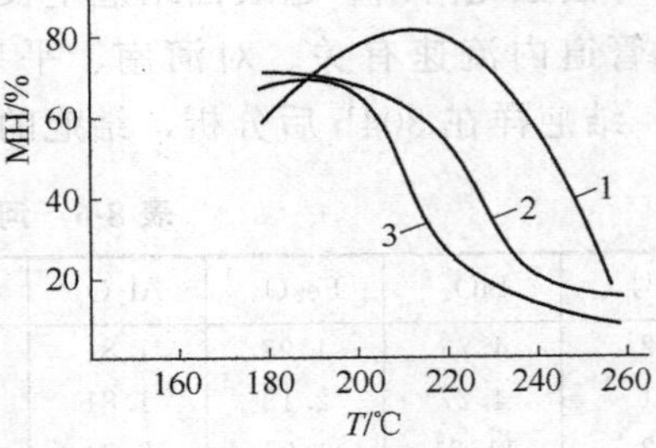

图 8-4　结疤中氢氧化镁含量与温度关系曲线

图中 1、2、3 线分别为不同部位的结疤

表 8-8　投矿浆运行 15.5 天后的结疤情况

结疤位置	结疤速度/(mm/d)	化学成分/%									物相组成/%							
		Al_2O_3	SiO_2	Fe_2O_3	TiO_2	MgO	CaO	K_2O	Na_2O	灼减	钙钛矿	水合钛酸钙	钙霞石	赤铁矿	水合硅铝酸镁	氢氧镁石	铁酸镁	三水铝石
脱硅管第 1 根	0.020	3.94	7.97	3.00	8.28	44.53	3.86	0.05	3.21	20.13	8.50	13.00	8.10	2.90	16.00	53.8		
5 预管第 3 根	0.034	1.45	5.00	1.84	12.99	45.85	3.15	0.045	2.39	27.28	13.60	9.50	7.00	1.80	8.00	56.00		
脱钛管第 1 根	0.024	11.64	8.63	15.45	9.61	27.14	7.82	0.055	3.12		5.70	12.00	12.80		12.40	27.1	19.30	7.50
7 预管第 2 根	0.014																	
8 预管第 1 根	0.032	4.96	1.66	2.99	29.92	23.52	13.06	0.055	2.48	19.05	1.90	55.60	3.50	2.75	4.95	25.7		5.40
9 预管第 1 根	0.032	7.02	2.04	3.73	33.42	16.52	14.89	0.066	3.36	17.06	4.65	59.60	2.50	3.70	6.25	11.00		6.00
9 预管第 2 根	0.055	6.94	2.80	5.99	33.86	16.02	15.43	0.072	3.36	14.81	11.35	52.25	3.30	5.95	6.55	12.40		4.00
9 预管第 3 根	0.119	8.96	7.30	5.57	26.90	21.00	12.14	0.053	5.11	11.82	25.8	23.1	7.0	5.50	21.95			
9 预管																		

钙钛矿≪羟基钛酸钙。

② 在第九级管式预热器中，即温度 180～260℃区域，结疤较严重，最大结疤速度为 0.150mm/d，各类比例是：

镁硅渣：钛渣约 0.5：1.0；

钙霞石＜水合硅铝酸镁＋氢氧镁石（随温度升高氢氧镁石减少，直至消失）；

钙钛矿＞羟基钛酸钙（随温度升高，羟基钛酸钙减少，直至消失）。

结疤中含有大量 MgO，其量达 10%～50%，矿物形态有水合硅铝酸镁、氢氧化镁和铁酸镁。在 170℃以下低温区，以 $Mg(OH)_2$ 为主，在 170℃以上以水合硅铝酸镁为主。

从以上可以看出，陈万坤等人的研究结果与申景龙等人的研究结果很相似。在一定的温度范围内，结疤有着最大的生成速度，并在各温度段有着特定的组成。

矿石成分不同，溶出条件不同，结疤析出的规律及物相组成化学成分都有很大差别。前苏联间接加热溶出北乌拉尔一水硬铝石时，在加热表面析出的结疤化学成分如表 8-9 所示。在处理一水软铝石和低铁高硅的一水软铝石-三水铝石矿石，结疤组成也与此有大致相同的规律：都有两个结疤最快的温度段，一是在 160～210℃之间，结疤主要由钙钛矿组成，一是在 250～280℃温度段，这一温度区内结疤不多，但 P_2O_5 和 CaO 含量高（分别达 25%和 35%）。

表 8-9 间接加热溶出一水硬铝石矿的结疤的化学成分 单位：%

温度/℃	SiO_2	Fe_2O_3	Al_2O_3	TiO_2	P_2O_5	CaO	Na_2O	灼减	共计
141	7.12	15.0	12.13	26.0	0.34	19.74	5.21	11.80	97.34
156	4.95	12.64	12.20	29.75	0.06	21.98	4.27	12.54	98.39
168	1.65	13.37	11.74	32.75	0.09	24.92	2.11	12.75	99.38
180	1.36	14.19	8.71	35.38	0.36	25.76	1.38	12.66	99.80
194	1.84	14.00	9.20	31.25	0.03	27.16	1.70	10.18	95.36
213	3.54	19.85	8.57	30.10	0.28	28.09	1.02	8.40	99.85
232	1.78	22.28	8.20	4.50	20.97	31.64	5.52	4.30	99.19
250	1.90	24.56	6.84	4.20	18.54	31.78	3.62	3.70	95.14

石灰添加量对于在一定温度范围内结疤生长速度和物相及化学组成有明显影响。石灰添加量对结疤生长速度的影响如图 8-5 所示。在 165～210℃温度段，结疤生成速度是随石灰添加量增加而减小的；而在 245～280℃温度段，情况与此相反，增加石灰量使钛渣结疤的速度加快，它可由溶液中偏钛酸钠与石灰的相互作用增强和加深来解释。在 250℃以上的高温段，则可能是残留的石灰增加，促进了它与 P_2O_5 的反应。

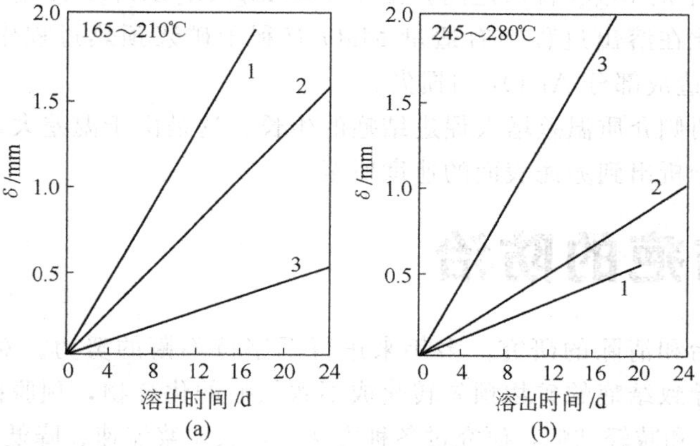

图 8-5 结疤生长速度（δ）与石灰添加量的关系

石灰添加量（%）：1—3.08；2—4.20；3—5.40

料浆中 Al_2O_3 浓度是影响热交换表面结疤生成速度的另一因素，如图 8-6 所示。

前苏联用半工业管道溶出装置对三种铝土矿进行试验的结果表明，在 100～170℃温度段结疤生长速度是按一水硬铝石、一水软铝石和三水铝石矿的次序提高的。在这一温度段，主要析出含水铝硅酸钠为主的结疤。MgO 对于结疤的化学组成和物相组成也有很大影响。在矿浆中有一定数量的 MgO 存在时，在 140～220℃的预热段中的结疤有较多的 MgO，最多可达 50%。

在矿浆预热过程中加热面的结疤中有大量的 $Mg(OH)_2$ 及结晶程度较好的铝镁硅酸盐。

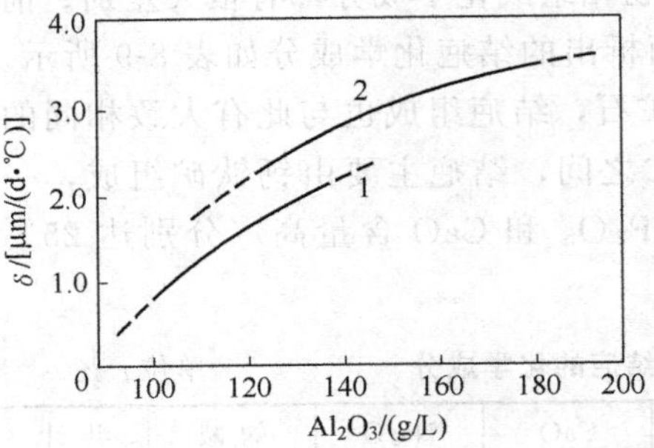

图 8-6 溶液中 Al_2O_3 浓度对结疤生长速度的影响

1—130℃；2—200℃

同时还发现，由于管道结疤中含有大量含镁物相，使得结疤疏松，易于酸溶，易于清除。

尹中林等人对 MgO 在一水硬铝石溶出过程中的行为的研究证实，不论在 65℃或 95℃下进行预脱硅的赤泥还是 180～260℃溶出后的赤泥，在 MgO 加入量为石灰加入量的 5%～20%时，X 衍射分析仅能发现 $Mg(OH)_2$ 的衍射峰。通过电子显微镜和能谱分析，发现赤泥中都有结晶程度极差的铝镁硅酸盐 $(Mg_{5-x}\cdot Al_x)(Si_{4-x}Al_x)O_{10}(OH)_6$ 和针状的 $Mg(OH)_2$ 结晶。在工厂铝土矿浆预热管道的结疤中有大量 $Mg(OH)_2$ 和铝镁硅酸盐。其原因可能是矿浆预热过程中 $Mg(OH)_2$ 和铝镁硅酸盐的溶解度低，石灰中的 MgO 在加热管壁首先生成了 $Mg(OH)_2$ 及结晶程度极差的铝镁硅酸盐，随时间延长，铝镁硅酸盐的结晶程度逐渐得到了完善，同时加热管壁表面的 $Mg(OH)_2$ 也有可能和矿浆母液中的 SiO_2、Al_2O_3 反应生成并析出铝镁硅酸盐。因此，在矿浆预热过程中加热面的结疤中有大量 $Mg(OH)_2$ 及结晶程度较好的铝镁硅酸盐。

如果预脱硅时不加 CaO，只加 MgO，MgO 的加入量按矿石量的 6.4%，此时 MgO 的摩尔数和占矿石量 7%的石灰中 CaO 的摩尔数相同。预脱硅 1h 后，赤泥中有 $Mg_6Al_2CO_3(OH)_{16}\cdot 4H_2O$ 出现；对 MgO 添加量为石灰量的 10%，溶出温度 260℃，45min 的赤泥进行分析，发现也有 $Mg_6Al_2CO_3(OH)_{16}\cdot 4H_2O$ 出现，该结果表明，一水硬铝石拜耳法溶出过程中添加剂 CaO 中的 MgO 含量过高，由于生成 $Mg_6Al_2CO_3(OH)_{16}\cdot 4H_2O$ 会造成部分 Al_2O_3 的损失，因此在溶出过程中有适量 MgO 有利于矿浆预热过程中结疤的清洗，如果 MgO 含量过高，会造成部分 Al_2O_3 的损失。

矿浆加热管道两侧介质温差增大促进结疤的生长。这是由于温差大，有关化合物析出到加热表面的速度大于析出到赤泥表面的速度所至。

8.3 结疤的防治

对于结疤的防治和清除的研究，多年来进行了坚持不懈的努力。对结疤问题首先要预防，就是使矿浆中导致结疤的矿物预先转化成不致结疤的化合物，预脱硅就是有效的方法。

工业中为了防止和减轻结疤，研究过各种方法：增大矿浆流速、降低载热介质与被加热介质之间的温度差，向矿浆中添加有机硅质添加物等，但是这些措施是不够有效的。实践表明，将原矿浆进行预脱硅是行之有效的办法。预脱硅就是在高压溶出前，通常将原矿浆在 90℃以上搅拌 6～10h，使硅矿物尽可能转变为硅渣，这个过程称为预脱硅。在预脱硅过程中并不是所有的硅矿物都能参与反应，只有高岭石和多水高岭石这些活性高的硅矿物才能反应生成钠硅渣，保持较长的时间，可以使生成钠硅渣的反应进行得更充分。矿浆中生成的钠硅渣又是其他含硅矿物在更高温度下反应生成钠硅渣的晶种。钠硅渣在这些晶种上析出，就减轻了它们在加热表面上析出结疤的现象。从而使高压溶出器组的工作周期由 3 个月延长到 6 个月。

预脱硅效果的好坏，不仅取决于硅矿物存在的形态和结晶的完整程度，而且与脱硅的温度、时间、溶液的浓度、是否加晶种和石灰添加量等因素有密切关系。

当处理活性 SiO_2 含量很低的铝土矿时由于减少了以晶种形式生成的脱硅产物，从而使溶出后溶出液中残留的 SiO_2 浓度高（0.45～0.55g/L），溶液的硅量指数反而较低。SiO_2 过饱和度大就会明显提高加热器和设备的结疤速度。由于含活性二氧化硅低的铝土矿溶出过程中脱硅效果较差，因此必须进行预脱硅。

如改良的北美拜耳法，是在较低温度下溶出三水铝石型铝土矿，矿石中含活性 SiO_2 较低，因此必须进行预脱硅。进行预脱硅就是把高浓度铝土矿浆在接近大气压下沸点温度保持 10～20h，以便生成足够的钠硅渣，以作为在溶出过程中剩余的活性 SiO_2 脱硅时的晶种，这种预脱硅和溶出过程中脱硅相结合的方法在加拿大几个铝厂已实践了多年。

铝土矿中硅矿物不同，其预脱硅性能也有很大差别，我国铝土矿中各种硅矿物与国外铝土矿的硅矿物在性质上有很大差别。国外铝土矿一般在 95℃，8h 条件下，预脱硅率达 75%～80%。而我国铝土矿要达到同样脱硅率需要在 200℃左右，而且必须添加 CaO。

对于某些含活性氧化硅低（1%～2%）的三水铝石矿来说，如果不进行预脱硅直接加热溶出，溶出液中的 SiO_2 达到不能接受的程度（0.8～1.40g/100$g_{Na_2O_T}$），如 Pi Jiguaos 铝土矿就是这样类型的矿。对该矿若没有预脱硅进行溶出，溶出温度 140℃，时间 1h，配料分子比 1.35，溶出矿浆中 SiO_2 含量为 0.82～1.49g/100$g_{Na_2O_T}$，超过了最大允许值 0.7g/100$g_{Na_2O_T}$。

该矿在 100℃下，8h 预脱硅的试验表明，预脱硅后矿浆再进行溶出，溶出时间 45～60min，可使溶出液中 SiO_2 浓度达到 0.63g/100$g_{Na_2O_T}$，完全符合要求。试验表明，预脱硅时，苛性碱浓度较低些好，在 Na_2O 150g/L 时，5h，SiO_2 浓度可达 0.7g/100$g_{Na_2O_T}$；175g/L_{Na_2O}时，8h 能达到同样水平。

预脱硅时，矿浆中铝土矿含量越高产生的脱硅产物晶种就越多，较多的晶种，会使脱硅过程加快。

温度对预脱硅的影响主要在初期，脱硅初期，温度 105℃，脱硅快，然而在脱硅 8h 后，95℃和 105℃脱硅效果差别就缩小了。

试验结果表明，预脱硅不会影响铝土矿溶出的最终溶出率。

研究我国山西矿、广西平果矿、河南矿及贵州铝土矿的常压预脱硅性能。表 8-10 和表 8-11 分别给出四种矿石的化学成分和矿石的物相组成。

表 8-10 四种矿石主要化学成分 单位：%

矿石	Al_2O_3	SiO_2	Fe_2O_3	TiO_2	方解石	A/S
平果矿	63.50	4.30	14.15	3.32		14.77
河南矿	69.40	5.25	4.58	3.37	1.6	13.22
山西矿	57.10	12.10	5.24	2.65	6.2	4.72
贵州矿	68.81	7.88	2.88	3.35		8.73

表 8-11 四种矿石主要物相组成 单位：%

矿石	一水硬铝石	高岭石	赤铁矿	伊利石	锐钛矿	金红石
平果矿	69.0	5.5	4.5	2	2.5	0.6
河南矿	76.6	3.7	4.0	7.0	1.6	1.7
山西矿	55.8	23.0	4.0	3.5	2.7	0.7
贵州矿		8		5	3	<1

将平果矿、山西矿、河南矿加热到 100℃左右，石灰添加量为 7%～10%，所用循环母

液 Na_2O 219～231g/L，搅拌 4～8h，常压预脱硅试验结果如表 8-12 所示。

从表 8-12 可以看出，几种矿预脱硅效果差别较大，这主要是与硅矿物的组成及结晶状态等因素有关。山西矿中高岭石占硅矿物的 90%左右，高岭石活性大，在 100℃条件下很易与 NaOH 反应，生成钠硅渣析出，所以脱硅率高达 80%。河南矿含硅矿物主要是伊利石，而伊利石在 160℃温度下基本不反应。因此该矿物常压预脱硅率仅有 24%。由于含钛矿物形态不同，平果矿和河南矿脱钛率也有差别，平果矿为 24.9%，河南矿为 8.52%。这主要因为平果矿 TiO_2 除以金红石、锐钛矿存在外，还含有钛铁矿及 TiO_2 凝胶，活性较大的 TiO_2 凝胶，在预脱硅条件下易与碱液发生化学反应。

表 8-12　常压预脱硅试验结果

矿　石	温　度/℃	时　间/h	脱 硅 率/%	脱 钛 率/%
贵州矿	95	4～8	26.5～31	<4.5
贵州矿	100	8	34	5
贵州矿	105	4～8	31.8～38.8	5.2～8.7
平果矿	90～95	5～8	34.8	24.90
河南矿	90～95	4～6	24.2	8.52
山西矿	100	4～8	75～80	

从表可以看出贵州铝土矿预脱硅率在 27%～39%。从贵州矿预脱硅赤泥 X 衍射分析结果可以看出一水硬铝石、锐钛矿、金红石、伊利石、赤铁矿、一水软铝石等的含量基本不变，方解石、高岭石的含量下降，在 105℃搅拌 8h 赤泥中仅含 3%高岭石，也就是说参加反应的硅主要来自高岭石。

脱硅率 η_S 和脱钛率 η_T 按下式计算：

$$\eta_S=\frac{S_H}{S_T}\times 100\%,\ \eta_T=\frac{T_H}{T_T}\times 100\% \tag{8-13}$$

式中　S_H——固体中酸溶性 SiO_2 量；

S_T——固体中总 SiO_2 量；

T_H——固体中的酸溶性 TiO_2 量；

T_T——固体中总 TiO_2 量。

关于原矿浆经预脱硅后再送去高压溶出，对反应设备表面结疤的影响，前苏联进行了工业试验。他们提出达到预脱硅深度的一个方程式，即预脱硅后溶液硅量指数达到这个指标，就可使以后工序加热表面长期不产生结疤：

$$\mu_P=\frac{229}{0.72\cdot A/S}+100 \tag{8-14}$$

式中　μ_P——脱硅后溶液的硅量指数；

A/S——铝土矿的铝硅比。

对三个不同地方的铝土矿进行了预脱硅试验，结果如表 8-13 所示。

表 8-13　铝土矿矿浆脱硅作业条件

矿石(产地)	A/S	原矿浆脱硅时间/h	原矿浆中 Na_2O 浓度/(g/L)	μ_P
几内亚	3.1	4	240	120
南斯拉夫	3.3	5	200	160
北澳涅加	3.1	10	245	200

脱硅过程是，将在球磨机中磨细的铝土矿浆，用泵打入两个脱硅搅拌槽中的一个，进行间断脱硅，利用脱硅后的矿浆作晶种。首先将 $2m^3$ 原矿浆在搅拌槽中于100℃下脱硅至计算的硅量指数，再向其中添加 $6m^3$ 原矿浆后，将全部矿浆在相同条件下重新脱硅。将所得脱硅料浆按 $4m^3$ 平均分配到两个搅拌槽内，每槽再加入 $12m^3$ 原矿浆。脱硅时间根据铝土矿类型确定。脱硅一结束，就将脱硅矿浆送往高压溶出。与此同时，搅拌槽内留下部分料浆作为晶种以制备下一批矿浆。

采用预脱硅方法后，高压溶出北澳涅加铝土矿、南斯拉夫铝土矿和几内亚铝土矿，经试验表明，设备的加热表面均长期不产生结疤。

采用预脱硅的工艺，还可以减少高压溶出时 CaO 的配入量。对前苏联北乌拉尔一水硬铝石-一水软铝石型铝土矿进行了试验。铝土矿中 SiO_2 含量为 13.7%，主要存在于鲕绿泥石中，而鲕绿泥石与高岭石质量比等于 3∶1，铝土矿的细度磨至 0.75～0.10mm，所用的铝酸钠溶液 Na_2O 270g/L，Al_2O_3 120g/L。添加 CaO，试验结果表明，如不进行预脱硅，CaO 的添加量占铝土矿质量的 9%左右时，赤泥中碱含量达到最小；如果进行预脱硅，则 CaO 添加量占铝土矿质量的 7%左右时，赤泥中碱含量就可达最小。为使铝土矿中二氧化硅结合成水化石榴石和二氧化钛结合成钛酸钙所需的最佳石灰量可按下式进行计算：

$$CaO_{添加量}=56\frac{3SiO_2}{60}+\frac{TiO_2}{80}-CaO \tag{8-15}$$

式中　SiO_2——铝土矿中 SiO_2 含量，%；
　　TiO_2——铝土矿中 TiO_2 含量，%；
　　CaO——铝土矿中 CaO 含量，%。

预脱硅使石灰最佳添加量降低。

为了减缓矿浆预热器的结疤，除了采用预脱硅的方法还可以采用将赤泥晶种加入到原矿浆再进入高压溶出器组的预热器的方法。不仅改善了赤泥的沉降性能，降低溶液中溶解的 SiO_2 的浓度，还降低了在预热器表面结疤的强度，这种方法的效果已被工业和半工业试验结果所证实。研究表明，矿浆中加入晶种后降低了加热表面的结疤速度。

赤泥晶种添加量对加热管传热系数的影响如图 8-7 所示。

从图 8-7 中可看出对三种化学组成不同的铝土矿高压溶出时添加晶种比不添加晶种的传热系数都大。

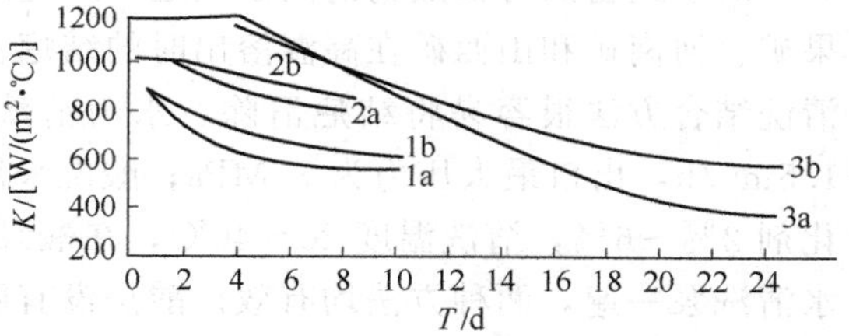

图 8-7　处理铝土矿样 1、2 和 3 号时所得 K 与处理天数的关系

a—未加入晶种；b—加入晶种

根据铝土矿的矿物组成，采用适宜的石灰加入量及加入方式，可以达到减缓结疤的目的。一些氧化铝厂将石灰直接加入到高压溶出器内，而不在磨矿时加入，这样可使矿浆预热过程不生成钙钛矿结疤，钙钛矿结疤只在高温溶出段生成。

据匈牙利报道，在高压溶出器内采用的螺旋式加热器，由于温差的影响而处在慢的膨胀和快的振动之中，从而可使结疤速度下降和原有的结疤碎裂。

在一水硬铝石矿的拜耳法溶出时，当有足够的 MgO 和 Fe_2O_3 存在时，TiO_2 会进入钛水化石榴石和铁铝硅酸镁中，取代部分的 SiO_2 进入赤泥，从而可降低结疤的速度，这已被半工业试验所证实。

据资料报道，母液中 K_2O 的存在，可以抑制矿石中云母类矿物溶解，减少硅渣析出；提高溶液中 K_2O 含量，降低 Na_2O 浓度，在添加 CaO 同时适当配入少量 MgO，会抑制伊利石的溶解，减缓其反应速度，从而减轻结疤。另外，选择适宜的矿浆流速，也可防止或减缓结疤。

矿浆加热过程中，用中间分段保温法是降低任一种类铝土矿浆结疤生成速度的一种有效方法。我国一水硬铝石矿溶出时，从结疤生成的规律来看，在 100～180℃范围内结疤较多，在 260℃（溶出期间）结疤严重，在此处可设置保温罐，让硅渣和钛渣集中在这些没有加热设施的容器析出，就可以减少它们在加热表面上析出所造成的危害。

为了得到良好的技术经济效果，和避免传热器表面结疤，还可以采用双流法。双流法可有效地减缓矿浆预热过程中结疤的生成。对硅矿物组成复杂的一水硬铝石矿更是如此。据报道，匈牙利开发的三管双流法（母液流、矿浆流、加有水化石榴石的矿浆流）可有效地防止预热过程中硅矿物结疤的生成，通过三管周期性地交换，母液流几乎完全溶掉前一周期中矿浆流管道中所沉积的方钠石结疤。

8.4 结疤的清理

清除结疤的方法有机械清理、火焰清理、高压水清洗和酸洗等方法。

对不同的结疤应有不同的清洗方法。一般的结疤可用 5%～15%的 H_2SO_4 或 10%HCl 清洗，在处理含钛酸钙的结疤时，酸中应添加 1.5%～2.5%HF，为避免 HF 的毒性，可以用 NaF 来代替，此时应延长清洗时间。为防止设备被酸腐蚀，酸洗温度不宜过高，不超过 70～75℃，并加入苦丁作缓蚀剂，它的用量为酸液量的 0.8%～1.0%。利用酸泵将酸在要清洗的设备和酸槽循环流动，经过 90～300min 便可使结疤溶解脱落，然后再用清水冲洗。原矿浆由 100℃升温到 150℃时在预热器内生成的结疤用草酸加磷酸的混合酸清洗效果最好。由 180℃加热到 220℃范围内的结疤用盐酸、草酸和氢氟酸的混合酸效果最好。据资料，匈牙利研制的结疤清洗剂由混酸加缓蚀剂组成，清洗一次结疤只需 2～6h。

对于致密的含钛酸钙的高温结疤，须先经酸洗再用高压水冲洗才能奏效。如我国广西平果矿、河南矿和山西矿在高温溶出时的结疤主要是钠硅渣、镁渣和钛渣，采用酸洗和高压水清洗结合方法很容易将结疤清除。水力清洗采用 CM-3 型水力清洗泵，功率 40kW，排量 $1.5m^3/h$，出口最大压力为 70MPa；酸洗采用 H_2SO_4 10%～15%，加缓蚀剂 4%～8%，催化剂 2%～6%，清洗温度 20～40℃，在酸泵与被清洗管道间实行闭路循环，酸洗后用高压水清洗泵一遍，两种方法均有效。酸洗没有腐蚀现象。

机械清理用风动硬质合金钻头进行，钻头中间可以通水同时冲洗；火焰清理是骤然加热管道，使结疤中的水合物急剧脱水爆裂脱落，从而达到清理目的。

第9章 赤泥的分离和洗涤

9.1 概述

铝土矿溶出后，形成赤泥和铝酸钠的混合浆液，浆液必须经过稀释才能沉降或过滤使赤泥和铝酸钠溶液分离，分离后从铝酸钠溶液中生产出氧化铝，赤泥需洗涤，降低 Na_2O、Al_2O_3 通过赤泥附液途径的损失。该工序生产效能的大小和正常运行对产品质量、生产成本以及经济效益有着至关重要的影响。

目前拜耳法生产赤泥多采用沉降槽和过滤机分离，分离洗涤一般有如下步骤：

① 赤泥浆液稀释；

② 沉降分离；

③ 赤泥反向洗涤；

④ 粗液控制过滤。

赤泥浆液在洗涤沉降槽系统中可按图 9-1 所示流程进行反向洗涤。

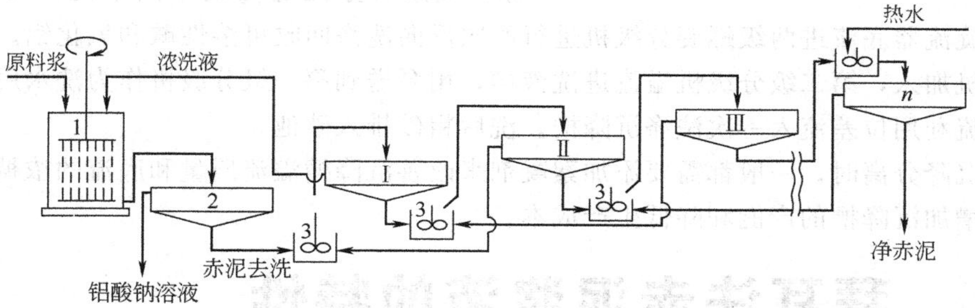

图 9-1 赤泥连续反向洗涤原则流程图

1—溶出浆液稀释搅拌槽；2—铝酸盐溶液与赤泥分离沉降槽；

3—混合槽；Ⅰ、Ⅱ、Ⅲ、…n—洗涤沉降槽

溶出的赤泥浆液进入搅拌槽 1，用赤泥浓洗液稀释，搅拌均匀后送入沉降槽 2，进料液固比 L/S 控制到 8～12。沉降槽底部带锥形，料浆经中央进料口送至液面以下 2～2.5m 处，在力求减少扰动的条件下，迅速分布到了整个横截面上，颗粒下沉而清液上升，在任何瞬间液体上升速度都必须小于颗粒沉降速度，否则沉降槽就会出现的跑浑或积泥现象。赤泥由一个徐徐转动的耙缓慢地集拢到底部中央的卸渣口排出。槽中的上清液溢流至铝酸钠溶液收集容器，待分解氢氧化铝。排出的流股呈稠浆状，称为底流，底流 L/S 是底流中清液与泥浆

质量比，底流 L/S 大，每次洗涤附液损失就大，实际生产中，一般将底流 L/S 控制在 3.0～4.5 之间。排出的赤泥送入混合槽 3，用前一周期洗涤液通过搅拌清洗混合槽中的赤泥，再由混合槽 3 料液输送至洗涤沉降槽分离，清液中碱含量与压缩底流中碱含量比值的百分数称为混合效率，是评价洗涤效果好坏的指标之一。洗涤次数要尽可能少，否则，将增加蒸发系统工作量，并且耗费设备投资。沉降槽底流一般经 5～7 次反向洗涤，洗至赤泥中 Na_2O 的附液损失为 0.3%～1.8%（对干赤泥而言），末次洗涤后的赤泥再经过一次过滤，使赤泥含水量降低到 45%以下。一次真空过滤可以代替二次沉降洗涤，在赤泥沉降分离中，可以根据经济和设备的实际情况将沉降槽和过滤机结合使用。

在拜耳法生产氧化铝中，有的溶出后赤泥中含有大于 150μm 的粗颗粒称为砂。为了避免大颗粒赤泥在沉降槽、过滤机和管道中沉淀造成堵塞，破坏赤泥分离洗涤系统的正常操作，影响设备的作业率和产能，同时亦可减轻沉降槽的负荷，需要采用除砂工序。国外大多数拜耳法厂所用原料为三水铝石，该类型矿较易溶出，对磨矿粒度要求不十分严格，因此十分重视整个生产系统的稳定，大多数拜耳法厂都设置了除砂工序。我国氧化铝工业首次在拜耳法赤泥分离洗涤系统采用的除砂工艺是 1992 年山西铝厂二期工程建造的拜耳法赤泥分离洗涤系统稀释矿浆除砂单元（图 9-2）。其工艺流程为：稀释矿浆用泵送到水力旋流器，小于 150μm 的细赤泥由旋流器溢流经分料箱进两台并联的分离沉降槽，分离后赤泥经两次沉降槽逆流洗涤加一次过滤机喷水洗涤，洗涤后赤泥送至烧结法系统；大于 150μm 的砂则由旋流器底流进两级螺旋分级机进行两次反向洗涤回收可溶性碱和氧化铝。洗水由第二级分级机加入，第二级分级机溢流进洗液槽，用泵送到第一级分级机作为洗水用，第一级分级机溢流利用位差流入一次洗涤沉降槽。洗后粗砂排入砂池。

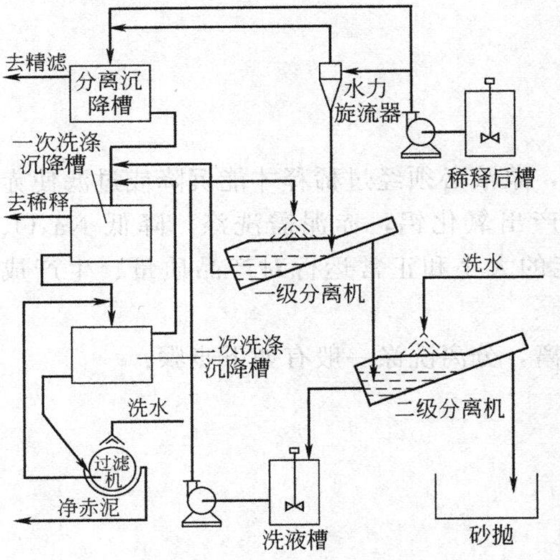

图 9-2　除砂单元工艺流程图

赤泥沉降分离时，一般都需要添加絮凝剂来改善沉降槽溢流质量和底流的浓稠度，提高沉降速度增加沉降槽的产能和降低生产成本。

9.2　拜耳法赤泥浆液的特性

拜耳法铝土矿溶出赤泥矿物组成如表 9-1，赤泥浆液主要由铝酸钠溶液和赤泥组成，拜耳法赤泥粒度较细，半数以上是小于 20μm 的粒子，具有很大的分散度，并且有一部分接近胶体的微粒，因此，拜耳法浆液属于细粒子悬浮液，它的很多性质与胶体相似。泥浆颗粒为分散质，铝酸钠溶液为分散介质，泥浆颗粒本身的重力使其沉降，而铝酸钠溶液的黏度和布朗运动引起的扩散作用阻止粒子下沉，当两种作用相当时，就达到沉降平衡状态，赤泥沉降过程根据溶液固含的多少分自由沉降区、过渡区和压缩区。

赤泥粒子与极性的铝酸钠溶液接触，它的表面显示出较大的剩余价力、分子力以及氢键等力，在界面上会带电［电荷可能来源于：$Al(OH)_4^-$、OH^-、Na^+ 及水分子等］，生成一

表 9-1　拜耳法铝土矿溶出赤泥矿物组成

矿　石	溶出条件		物相组成 %					
	温度/℃	时间/min	钙霞石	水化石榴石	钙钛矿	一水硬铝石	伊利石	赤铁矿
河南铝土矿	260	60	40.2	22.6	10.5	2.0	16.0	4.5

层溶剂化膜，从而形成双电层，产生电动势（ζ 电位）。泥浆颗粒带正电还是带负电，由它的矿物成分和溶液成分决定，整个浆液是电中性的。赤泥颗粒同名电性相斥以及包裹在其周围的溶剂化膜都阻止赤泥粒子结聚成大的颗粒，使赤泥难以沉降和压缩。赤泥的沉降、压缩性能与赤泥颗粒吸附 $Al(OH)_4^-$、OH^-、Na^+ 及水分子的数量之间存在一定的关系，吸附得越多，沉降越慢，压缩性能也越差。在氧化铝生产中，一般是取经过一定时间沉降后所出现的清液层高度来表述赤泥浆液的沉降性能；其压缩性能用压缩液固比 L/S 和压缩速度来衡量。

对于胶体体系，分散系可以分为形成结构和不形成结构两类。前者是分散相颗粒借范德华力结合成网状结构，分布于体系中；后者的分散相颗粒是彼此不结合，在外力作用下可以在分散介质中单独移动。

在干涉沉降和赤泥压缩阶段，形成网状结构是赤泥浆液的重要性质之一。网状结构的形成使赤泥的干涉沉降速度显著降低，压缩性能变坏，不利于其分离和洗涤过程。这种网状结构可以在强烈搅拌、高频震荡和离心力的作用下受到破坏。在沉降槽中，耙机的搅拌有助于破坏压缩带的网状结构，从而促进赤泥的压缩过程。这种搅拌缓慢，对干涉沉降带赤泥结构的影响较小，不足以使干涉沉降带网状结构破坏。

9.3　影响赤泥沉降分离的因素

赤泥沉降主要指标沉降性能和压缩性能变化较大，与铝土矿的矿物组成、溶液的浓度以及沉降槽的形式和规格等诸多因素有关。

9.3.1　矿物的形态

铝土矿的组成和化学成分是影响赤泥浆液沉降、压缩性能的主要因素。铝土矿中夹杂黄铁矿、胶黄铁矿、针铁矿、高岭石、蛋白石、金红石等矿物能降低赤泥沉降速度，因为它们所生成的赤泥中吸附着较多的 $Al(OH)_4^-$、OH^-、Na^+ 及水分子；而赤铁矿、菱铁矿、磁铁矿、水绿矾等所生成的赤泥中吸附的 $Al(OH)_4^-$、OH^-、Na^+ 及水分子少，所以，有利于沉降。

针铁矿在高压溶出时完全脱水，生成高度分散的氧化铁，而在赤泥稀释和沉降过程中却又重新水化，变成胶态的亲水性很强的氢氧化铁，这就是针铁矿使赤泥沉降、压缩性能变坏的原因。如果针铁矿溶出时转变为赤铁矿，在有锐钛矿存在的情况下，可以大大提高赤泥的沉降、压缩性能，否则，沉降、压缩性能不会得到改善。

矿石中的 TiO_2 对赤泥沉降性能的影响取决于它所存在的矿物形态。三水铝石矿溶出后的赤泥的沉降速度随其锐钛矿含量的增加而提高。若 TiO_2 在赤泥中主要以金红石形态存在，则其赤泥难以沉降。

高岭石在溶出时生成亲水性很强的水合铝硅酸钠沉淀，因此，它的存在将使赤泥的沉降、压缩性能变差。

赤泥颗粒的大小也直接影响赤泥的沉降性。根据斯托克斯定律，赤泥的沉降速度可表示为：

$$W_0=\frac{gd^2(\delta-\Delta)}{18\mu} \tag{9-1}$$

式中 W_0——沉降速度；

g——重力加速度；

d——赤泥颗粒直径；

δ——赤泥颗粒密度；

Δ——铝酸钠溶液密度；

μ——铝酸钠溶液黏度。

由上式可以看出，赤泥的沉降速度与赤泥粒子直径的平方成正比。赤泥过细，使沉降速度降低；赤泥粒度过粗，会造成矿料溶出化学反应不完全，同时由于赤泥颗粒沉降速度过快，造成沉降槽堵底流等生产事故。实际生产中，一要避免赤泥过磨，二要防止赤泥跑粗，一般赤泥粒度控制在 98～300μm 之间较为适宜。在实际生产中，曾采取提高铝土矿溶出温度来减小赤泥颗粒粒度，改善赤泥浆液的沉降、压缩性能。因为在高温下高岭石反应成为结晶良好的含水铝硅酸钠，而针铁矿等含铁矿物也转变为稳定的赤铁矿，不再重新水化。因此，高温溶出后的赤泥是憎水的，粒度小，表面能大，易于凝聚，沉降性能好。对于相同浓度的溶出液，由于溶出的温度不同，稀释成相同浓度的溶液后赤泥的沉降速度也不相同，温度高的沉降速度比较快。

对于某些类型的铝土矿，为改进其赤泥的沉降性能及压缩性能，可采取在 300～400℃ 的温度下预先进行焙烧的办法。

9.3.2 溶出浆液的稀释浓度

在一定的温度下苛性比值相同的铝酸钠溶液，氧化铝浓度低于 25g/L 或高于 250g/L 时，都有很高的稳定性，而中等浓度（70～200g/L）的氧化铝溶液的稳定性较差。溶出的浆液含 Na_2O 浓度约 230～250g/L，α_k 为 1.4～1.6，Al_2O_3 和 Na_2O 浓度都较高，这样的铝酸钠溶液非常稳定，无法直接分解。赤泥洗涤液中 Al_2O_3 浓度太低（约 30～60g/L），自身也不能单独分解。所以，一般用前一周期的赤泥洗涤液来进行稀释，稀释后溶液稳定性降低使分解速度加快，并且，可以使赤泥洗涤液中的碱和氧化铝得以回收，达到较高的分解率，使拜耳法生产的循环效率提高。但如果过度稀释溶液会使其稳定性急剧下降，造成铝酸钠溶液水解，而使赤泥中的氧化铝的损失增大。另外，由于进入流程的水量增大，也会增加蒸发工段的负担和费用。

如图 9-3 假设溶出浆液（对应于 B 点）用赤泥洗液稀释到一个中等浓度 Na_2O=150g/L、Al_2O_3=145g/L、α_k=1.70（对应于 A 点）。连接 BA 点的直线为稀释线。当溶出液用洗液稀释后，温度下降到 95℃。可知 A 点溶液处于过饱和区域。但距离平衡点不远，溶液处于介稳状态，具有一定的稳定性。实验证明，这样的溶液存放一定时间不会发生明显的水解反应，所以可利用这一介稳状态把铝酸钠溶液和赤泥分离开。因此，在生产中溶液的氧化铝浓度在中等浓度 125～145g/L 为宜。

赤泥的沉降速度和压缩程度都与溶液的浓度有关，溶液浓度降低、液固比大时，单位体

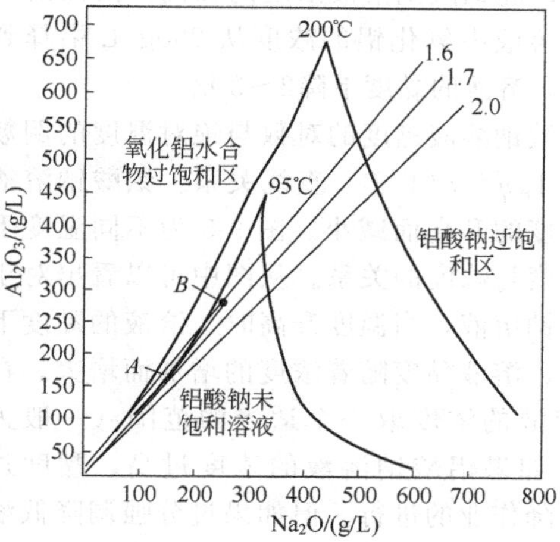

图 9-3　Na_2O-Al_2O_3-H_2O 系溶解度等温线

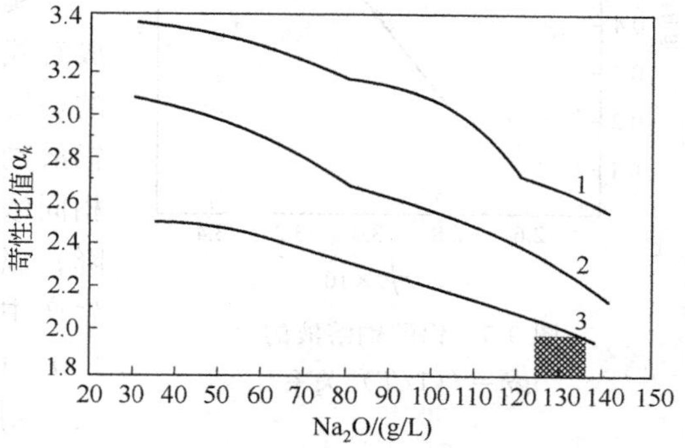

图 9-4　平衡铝酸钠溶液的苛性比值 α_K 与 Na_2O 浓度的关系

1—74℃；2—84℃；3—94℃

积的赤泥粒子个数减少，悬浮液的黏度下降，赤泥颗粒间的干扰阻力减少，沉降速率和压缩程度就增大，通常进料 L/S 控制到 8～12。

9.3.3　稀释浆液的温度

稀释浆液温度升高，其黏度和密度下降，因而赤泥沉降速率加快。料浆稀释时的温度在很大程度上影响铝酸钠溶液的稳定性，从而引起赤泥中 Al_2O_3 损失量的变化。图 9-4 为温度在 74℃、84℃和 94℃，浓度在 28.9～150g/L 范围下铝酸钠溶液达到平衡的苛性比值与碱浓度关系的等温线。一般在拜耳法过程中，稀释后的铝酸钠溶液浓度约为 125～135g/L $Na_2O_苛$，苛性比值 α_k 为 1.8～2.0，即相当于图中矩形范围。在温度 94℃时只有矩形右上角一点（35g/L $Na_2O_苛$，$\alpha_k=2.0$）与等温线接触，即该种成分铝酸钠溶液在 94℃时是稳定的。为使较低浓度及低苛性比值的铝酸钠溶液在稀释后保持其稳定性，必须将溶液温度提高到 94℃以上。

9.3.4　黏度的影响

由前面公式可以看到，赤泥的沉降速率与铝酸钠溶液黏度成反比，溶液的黏度过大必然要使赤泥的沉降速率变小，不能使赤泥与铝酸钠溶液迅速分离，从而不利于沉降槽的作业，同时还增加溶液的二次损失。

根据研究可知铝酸钠溶液的黏度遵循以下的关系式：

$$\eta=\eta_0\times 10^{K_a} \text{ 或者 } \lg(\eta/\eta_0)=K_a \tag{9-2}$$

式中　a——溶液中氧化铝的浓度；

η_0——氧化铝的浓度为零时的苛性钠溶液的黏度；

η——铝酸钠溶液的黏度；

K——常数。

从该式可以看出铝酸钠溶液的黏度随着苛性碱溶液浓度的提高而增大，并与氧化铝的浓

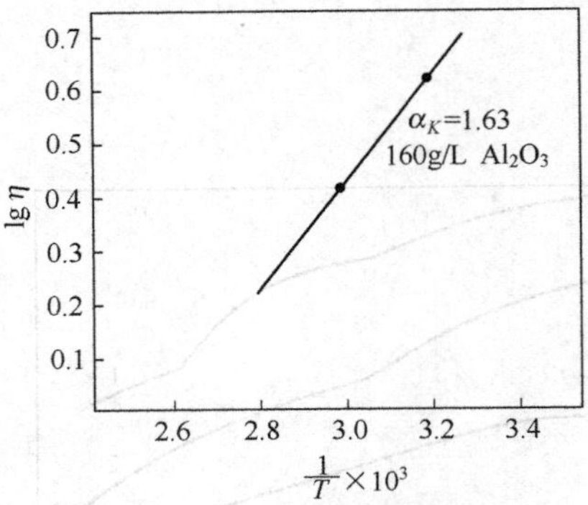

图 9-5 铝酸钠溶液的 $\lg\eta=f(1/T)$ 关系

度成指数关系，即随铝酸钠溶液浓度的提高，溶液的黏度剧烈增加。当溶液中氧化铝的浓度从 260g/L 稀释到 130～140g/L 时，溶液的黏度下降2～3 倍。

实验证明铝酸钠溶液黏度的对数与绝对温度的倒数成直线关系，即 $\lg\eta=f(1/T)$ 直线关系。铝酸钠溶液的黏度随溶液温度的升高而减小。图 9-5 为不同温度下铝酸钠溶液的黏度与浓度的关系。从图中可以看出对于相同浓度的铝酸钠溶液，当温度升高时，溶液的黏度下降；温度相同时，溶液黏度随着浓度的增加而增大。在生产中铝酸钠溶液的浓度取一个适当的范围（一般为 130～140g/L）。如果铝酸钠溶液的浓度过高，黏度过大，则不利于沉降作业的进行。但如果过分强调降低溶液的黏度，也会使溶液的浓度过小，溶液将发生水解，则使更多的氧化铝进入赤泥而损失。

9.3.5 底流液固比

赤泥分离的目的就是将生产所需要的铝酸钠溶液和溶出的残渣分开，获得工业上认为纯净的铝酸钠溶液。沉降不良会引起产量降低 30%～40%，洗涤不充分则会显著地增加碱的损失，同时也影响赤泥的用途。经稀释后的赤泥料浆送往沉降槽进行沉降分离，沉降底流的液固比约为 1.0～3.5 之间。赤泥反向洗涤的实验研究表明溶出后赤泥与溶出液之间的沉降分离过程。对后面的洗涤过程影响极大。因而，必须严格控制进料液固比、分离温度、絮凝剂添加量，特别是要着重控制分离槽的底流液固比。研究发现若沉降时间不够，使沉降槽底流液固比（L/S）>5 时，则后面的洗涤过程的技术条件无法得到保证，特别是 1# 洗涤槽沉降速率大大降低。例如：当 $L/S=6$ 时，它使 1# 洗涤槽的 Na_2O_T 浓度增加 33.5%。这是因为赤泥带入 1# 槽较多的碱液，使 1# 槽溶液的浓度黏度增大，所以赤泥的沉降速率降低。但沉降槽底流过小，则赤泥的流动性差，不利于洗涤过程中泵的输送。

赤泥浓缩与赤泥在压缩区的停留时间有关，它随沉降槽高度增大而增大，所以，为了提高赤泥压缩性能，沉降槽要有一定的高度，目前，推出高度高直径小的新型沉降槽，这种沉降槽可以节省地面的使用空间。在正常情况下洗涤各次压缩 L/S 基本在 1.9～2.4 之间，这样洗涤槽底流 L/S 控制在现有物料性能的条件下，各次底流 L/S 基本都在压缩 L/S1.5 倍以上，保证沉降槽不会因底流 L/S 控制过小而出现积泥和跑浑。

9.3.6 絮凝剂的使用

添加絮凝剂是目前氧化铝生产上普遍采用且行之有效的加速赤泥沉降的方法。在絮凝剂的作用下，赤泥浆液中处于分散状态的细小赤泥颗粒互相联合成团，粒度增大，因而使沉降速率有效地提高。自从 20 世纪 80 年代初找到了适合于我国赤泥沉降的絮凝剂——聚丙烯酸钠后，大大提高了赤泥的沉降速率，避免了拜耳法沉降槽经常跑浑、冒槽而影响生产的状况。

良好的赤泥絮凝剂应具备的条件是：①絮凝性能良好；②用量少，水溶性好；③经处理后的母液澄清度高，残留于母液中的有机物不影响后续氢氧化铝的分解；④所生成的絮团能耐受剪切力；⑤经沉降分离后，底流泥渣的过滤脱水性能好，滤饼疏松；⑥原料来源广泛，价格低廉。

9.3.6.1 絮凝剂的种类

（1）天然高分子絮凝剂 在早期的氧化铝生产中，为了加速赤泥与铝酸钠溶液的分离，通常在分离过程中加入天然絮凝剂来提高生产效率。20世纪80年代以前，国内采用的絮凝剂大多是淀粉类天然高分子絮凝剂，这一类物质主要包括麦类、薯类等加工产品（如面粉及土豆淀粉等）和副产品（如麦麸等），国外有许多工厂采用面粉，我国多用麦麸（添加量约为1.5kg/$t_{干赤泥}$）。天然高分子絮凝剂在赤泥分离过程中，形成的絮团大，且抗剪切力强（主要归结于絮团破坏后，通过分子间的作用，能马上重新形成稳定的絮团），底流好输送，价格低廉，无毒，易于生物降解。但由于天然高分子化合物絮凝剂在水中的溶解度较小，且分子量较低和不稳定，因而用量较大，并可能引起铝酸钠溶液中有机物含量过高，对后续氧化铝的生产会带来不利的影响。

与合成絮凝剂相比，使用天然絮凝剂虽然赤泥底流流变性较差，赤泥沉降速度较慢，但却具有溢流清亮度高的优点。因此，我国目前仍有许多厂家使用一定比例的淀粉为絮凝剂，如广西平果铝厂拜耳法赤泥沉降中使用粗木薯粉和发酶的粗木薯粉作为絮凝剂，沉降分离效果优于几种合成絮凝剂，浮游物少。

为了提高淀粉类物质的絮凝效果，人们对其进行了大量改性研究，希望以廉价的淀粉为原料，合成高效的絮凝剂，如原西德专利DE 2552804就曾有用改性淀粉作为赤泥絮凝剂这方面的报道。列辛斯基（Lesinski）介绍了聚糖淀粉和糊精作赤泥絮凝剂，用天然糊精增加了铝酸钠溶液中分散很细的颗粒的沉降率。

（2）合成絮凝剂 20世纪60年代开始研究合成高分子絮凝剂在赤泥分离中的絮凝效果，70年代合成絮凝剂在国外氧化铝厂广泛应用。目前普遍用于氧化铝工业生产中的合成高分子絮凝剂主要有聚丙烯酸（钠）（SPA）、聚丙烯酰胺（PAM）以及含氧肟酸类絮凝剂。

聚丙烯酸钠为胶状高分子絮凝剂，在赤泥浆液中絮凝时均有30～60s的诱导时间。由于存在诱导时间，使得加入方式存在争论，一种观点认为只要有适当的搅拌条件，可以一点将絮凝剂加入到沉降槽中，多点加入时其沉降效果未见明显好于一点加入；另一种观点认为多点加入能提高沉降速度，降低浮游物的含量，同时能降低絮凝剂的加入量。这些结果都可能源于浆液中赤泥性质、实验条件的变化。聚丙烯酰胺与聚丙烯酸钠类似，吸附也存在一定的诱导时间，但比较易于溶解和分散，形成的絮团较大，沉降速度在相同的加入量的条件下略好于聚丙烯酸钠，可在相同沉降速度下，加入量较聚丙烯酸钠少。我国首先使用的絮凝剂是胶状的聚丙烯酸钠。聚丙烯酰胺、聚丙烯酸钠之类的高分子合成絮凝剂虽有不同牌号，但其主要差别仅在于分子量的不同，作用效果也有所出入。用它们分离赤泥浆液，所得溢流的澄清度不高，仍需采用叶滤机进行控制过滤，所得的精液才能满足工业生产的要求。尤其聚丙烯酸钠与赤泥生成的絮凝体不耐剪切力，在混合及输送过程中易被破坏，且破坏后不能再生，故使用时有许多麻烦。商品化的氧化铝赤泥絮凝剂A-1000#是胶状含聚丙烯酸钠高分子复方絮凝剂，直接使用效果并不理想。将A-1000#聚丙烯酸钠絮凝剂采用NaOH改性处理后，改变它的特性，使聚丙烯酸钠离子从线棒状结构变成线网状结构，用于拜耳赤泥分离，效果比麦麸和未处理的A-1000#絮凝剂都好。未处理的A-1000#絮凝剂5s赤泥沉降速度为添加麦麸的6.2倍，加NaOH处理的A-1000#絮凝剂为麦麸的19倍。

英国胶体公司开发的工业用的系列絮凝剂（ALCAR663、ALCAR600、ALCAR405、

W11、W14、W23、W50）和美国氰胺公司生产的氧肟酸型絮凝剂具有可应用于拜耳法氧化铝厂处理不同类型铝土矿所得赤泥沉降分离的优势，其溢流液所含浮游物一般比常用的聚丙烯酸酯絮凝剂的溢流所含浮游物降低20%，工业模拟试验，可降低80%，溢流所含浮游物降至0.01～0.02g/L左右。虽然它们被认为是理想的拜耳法赤泥沉降絮凝剂，但其价格高，国内氧化铝厂还不能完全使用。

美国产的HX系列絮凝剂同时具有好的沉降速率和好的溶液澄清度。采用美国CYTEC公司产的HX系列絮凝剂对拜耳法赤泥沉降性能进行了实验室试验，研究表明：HX系列絮凝剂具有较快的沉降速率和好的上清液澄清度，是试验所用絮凝剂中最好的絮凝剂。

郑州轻金属研究院和卫辉市某厂开发了一种用于赤泥沉降的高效絮凝剂PAS-1，它是一种阴离子型聚丙烯酸胺改性粉状絮凝剂，易溶于水。通过工业试验，絮凝效果良好，其用量仅为国内A-1000#絮凝剂的1/8～1/10，特别适合于处理高固含的拜耳法赤泥，在郑州氧化铝厂得到应用。

郑州铝厂研究所从1980年开始了对赤泥絮凝剂的筛选和应用方面的研究，对国内外几十种产品进行实验，目前采用的法国进口絮凝剂（FJ）及聚丙烯酸钠（SPA）是在赤泥沉降中效果较好的药剂。

近年来我国对赤泥沉降絮凝剂的研究和应用非常活跃，开发出一大批有实用价值的赤泥沉降絮凝剂新产品，逐步向工业化迈进。多官能团、长链大分子且水溶性好、无污染、价格低廉是未来赤泥絮凝剂发展的方向。

9.3.6.2 絮凝剂在赤泥沉降中作用机理

氧化铝工业中应用的絮凝剂（天然的或合成的）都是表面活性剂，包含极性基团和非极性基团，能够降低固液界面的界面张力，增大固液界面的接触角，促进表面活性剂在界面上的聚集，即发生吸附。凝聚的过程可分为吸附（即絮凝剂吸附于悬浮液中固体粒子表面）和絮凝两个阶段。吸附是絮凝作用的必要条件和关键，即只有在固体粒子表面吸附某种适宜数量的絮凝剂时，才能进行有效的絮凝。由于悬浮液中固相和液相以及高分子絮凝剂本身的组成是复杂的和多种多样的，故其絮凝过程的机理也因之而异。絮凝的作用机理主要表现为搭桥效应、脱水效应以及电中和效应。

由于外加高分子化合物（或离子）靠化学键力或分子间作用力强烈地同时吸附于几个固体粒子上，吸附后絮凝剂的极性基指向水相（亲水），或非极性基指向水相（疏水），然后通过亲水力（或疏水力）将已吸附絮凝剂的固相小颗粒结合成絮团引起沉聚，此作用机理称为搭桥效应。

脱水效应为高聚物分子由于亲水，其水化作用较赤泥粒子水化作用强，从而高聚物的加入夺去赤泥粒子的水化外壳的保护作用。

赤泥颗粒在碱性体系中或多或少地带有电荷，其带电荷主要的原因有以下几方面。

① 离子的溶解。在晶格中各离子的水化能不同，使得解离子晶格进入溶液的速度不同，使得固相表面易带电荷。

② 选择性吸附。溶液中离子在固相表面的被吸附速度及量不同，一般易吸附与生成固相时相同的离子，如氢氧化铁在碱性体系易吸附OH^-。

③ 晶格取代。有些粒子化学性质上存在的相似性、在晶体形成时发生取代，使得固相带电荷，如钠硅渣中AlO_4^{5-}和SiO_4^{4-}可发生取代，使得钠硅渣中二氧化硅的分子数小于2，

易使表面带负电荷。

④ 固相表面缺陷也会引起表面带电荷。

⑤ 溶液中离子种类和量的不同会使物相表面的电荷量不同。

电中和效应即为离子型高聚物的加入吸附在带电的赤泥粒子上而中和了赤泥粒子的表面电荷，压缩固体表面双电层的厚度，使 ζ 电位降低，甚至改变固体表面的电荷性质，这些有利于降低固体颗粒间相互排斥力，有利于破坏其介稳状态，促进絮凝剂在固体颗粒表面的吸附。

在组成复杂的赤泥浆液中，可能是三种机理方式同时起作用，但在具体特定的条件下必然有一种是起主要作用的。迄今为止，絮凝剂的选用，仍由实验确定，虽然可依据对铝土矿的物质组成研究结果，做出定性的判断，但要获得定量的结果还是依赖实验，没有理论可以定量地描述。

9.3.6.3 影响絮凝剂在赤泥沉降分离过程中絮凝效果的因素

絮凝剂的化学分子结构、分子量大小是决定赤泥絮凝沉降的关键因素之一。但是，影响一种絮凝剂成功地絮凝赤泥的因素还有很多，有些因素还是至关重要的，比如，絮凝剂的配制方式、应用方式、添加地点、水解度和赤泥浆液的浓度等诸多因素。

在拜耳法赤泥沉降中已使用的絮凝剂其分子结构特征主要是那些含有极性基团的化学物质，特别是含有氨基、醛基、羧基、羟基的各种化合物。淀粉絮凝剂结构中含有烃基一类的活性基团，从而表现出较活泼的化学性质，除它本身具有絮凝的作用，还可通过烃基的酯化、醚化、氧化、交联、接枝共聚等化学改性，使其活泼基团大大增加，聚合物呈枝化结构，分散了絮凝基团，对悬浮体系中颗粒物有更强的捕捉与促沉作用。聚丙烯酸盐（如聚丙烯酸钠）絮凝剂在水中溶解时，电离成大量的羧根阴离子（—COO^-）和阳离子 Na^+。当羧根阴离子与赤泥颗粒的电荷符号相反时，巨大的分子链上的大量的—COO^-就产生了有效的吸附，消除了赤泥粒子表面的电荷，使赤泥最初凝聚水化膜双电层压缩或破坏，溶液电位进一步下降。由于—COO^-吸附和结构上空间效应的影响，将许多最初的凝聚体串联起来，起到“架桥”作用，达到分离赤泥的目的。阴离子型聚丙烯酰胺（$[CH_2CHCONH_2]_n$）类絮凝剂含有酰氨基团。在赤泥浆液中水解度高的聚丙烯酰胺水解生成羧根阴离子—COO^-，成为阴离子型絮凝剂。如果赤泥颗粒表面带正电荷，则—COO^-有利于吸附和絮凝；反之，如果赤泥颗粒表面带负电荷，则—COO^-将阻碍絮凝剂的吸附，在这种情况下，聚丙烯酰胺可通过多种吸附力作用赤泥颗粒表面。由于羧根阴离子—COO^-负电互相排斥，分子高度伸展，分子的伸展有利于架桥作用，因而有利于絮凝和加速沉降。含氧肟酸功能团的絮凝剂被普遍认为是高效的赤泥沉降絮凝剂，原因是在官能团上除有官能团羰基、酰氨基外，还有 N—OH 官能团，且氮原子具有孤对电子，只要离子有能量相近的空轨道，就能配位成键。因此，氧肟酸能与离子易形成具有一定结构［如五元环等］配位化合物，对多种金属氧化物具有良好的捕捉性能，可用于选择性絮凝，而通过静电引力进行吸附的絮凝剂缺乏选择性，只能全絮凝。在碱性条件下，溶出料浆中的 Fe^{3+} 与氧肟酸作用生成碱式盐氧肟酸高铁沉淀，其结构式见图 9-6。含氧肟酸功能团絮凝剂由于多点、多种作用力作用，使得吸附及形成的絮团较稳定，既有架桥絮凝作用，又起到螯合吸附矿粒的作用。

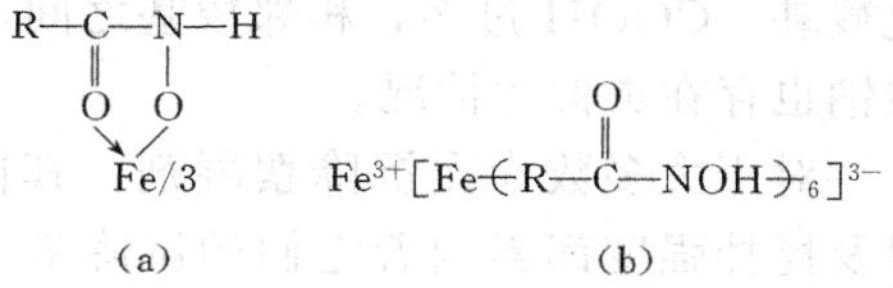

图 9-6 氧肟酸高铁沉淀结构式

合成絮凝剂的沉降效果与其分子量有关。实验研究表明，用于赤泥沉降的水解聚丙烯酰胺的分子量不应小于100万，而对于线状高分子絮凝剂，其分子量在200～900万范围内。图9-7为PAS-1絮凝剂分子量与赤泥沉降速度的关系曲线，随着分子量增大，沉降速度增快，分子量超过900万时，分子量增加，沉降速度反而有逐渐降低的倾向。分子量越大，分子越长，它在赤泥颗粒表面的吸附作用就越强，生成的絮团也就越大，使沉降速度提高；但絮凝剂分子量过高，将导致其水溶性变差，增加溶液黏度，降低赤泥沉降速度。另外，在工业生产上必须保证絮凝剂溶解完全，否则块状的絮凝剂积累堵塞管道和阀门。

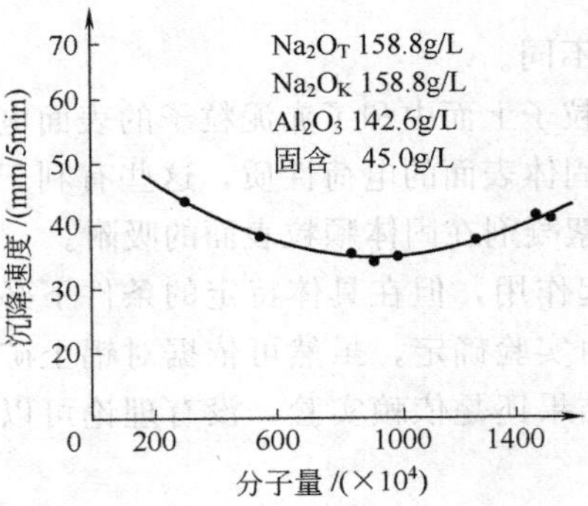

图9-7 PAS-1絮凝剂分子量与赤泥沉降速度的关系

在讨论赤泥沉降絮凝剂的水解度时指出，赤泥的沉降分离因絮凝剂的水解度不同而产生不同的絮凝剂效果。如采用部分水解的聚丙烯酰胺（此时分子伸展，并具有—$CONH_2$和—COO^-两种官能团）较之没有水解的聚丙烯酰胺的絮凝效果显著提高，并且其絮凝能力随水解度的增加而增大。但当过度水解时，聚丙烯酰胺的絮凝能力反而降低。这是由于羧酸根离子—COO^-转化羧基—COOH过多，相邻羧基之间产生氢键而构成了如图9-8所示的环状结构。聚丙烯酸钠也存在类似的情况。

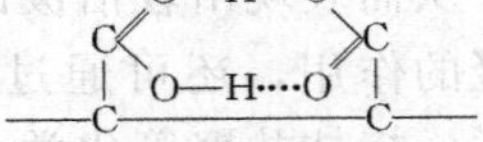

图9-8 聚丙烯酰胺分子的环状结构

…氢键

对于大多数赤泥沉降絮凝剂，其使用的浓度、投放的方式以及搅拌强度都影响着它们的沉降效果。高分子絮凝剂水溶液的浓度越高，黏度也越大，在水中越不容易分散开。通常在使用前都要把它预先配制成一定浓度，使其分子链成初步伸展状态，进而便于在使用时得到均匀分散。合成絮凝剂工业使用的用量一般为干赤泥质量的万分之几到十万分之几，添加量要根据试验确定，并保证按需要量加入。如果絮凝剂加入量偏低，将影响絮凝效果，使溢流浮游物超标，底流固含偏低；反之，如果用量太大，可使悬浮液形成稳定的结构网，甚至使悬浮液不沉降。用量过多导致沉降效果降低的原因是：对离子型絮凝剂来说，赤泥颗粒表面吸附了过多的同种电荷的絮凝剂，产生静电斥力，使ζ电位升高；对于非离子型、水解度很小的絮凝剂来说，一般认为是由于赤泥颗粒表面被一层亲水性的凝胶状薄膜包裹，在剂量更大时可使整个或大部分赤泥浆液形成稳定的结构网，处在结构网中的赤泥颗粒失去运动的可能性，这就阻碍了它们的接近和凝结。溶解絮凝剂槽搅拌速度不宜太快，线速度应控制在一定的范围下，否则，絮凝剂的聚沉效果明显降低，因为高速搅拌所产生的较大剪切力会使絮凝剂高分子受到剪切破坏；在絮凝剂与矿浆初始混合阶段，混合搅拌的目的是让絮凝剂尽快地与待处理悬浮微粒接触，所以要求一定强度的搅拌；混合结束后，絮凝剂迅速地与悬浮微粒发生吸附、架桥作用，形成较大的絮团，此时，如强烈搅拌或经强紊流下输送必然破坏已形成的絮凝团，造成悬浮液的重新稳定；已形成的絮凝团开始自然沉降时，絮体对搅拌仍然具有敏感性，这时如加以快速搅拌，就无法得到高质量的溢流。高效絮凝剂的添加方式针对不同浆液赤泥的性质，可以采用一点加入或多点加入方式。一般认为，分次且多点加入可使絮凝剂有效分散，与浆液充分接触，这样不仅降低了絮凝剂的用量，而且可以提高沉降速度和溢流澄清度。试验表明，聚丙烯酰胺添加到分离沉降槽的总分料相比加到稀释槽泵的出口处效果显著提高。

9.4 赤泥沉降设备

9.4.1 沉降槽

赤泥沉降过程中一个最主要的设备是沉降槽，它分为单层沉降槽（图 9-9）和多层沉降槽（图 9-10）。耙式单层沉降槽装有慢速耙式搅拌机，工作转速为 1～0.1r/min。其主要缺点是结构笨重，必须花费大量投资修建大型建筑物。为节省生产占地面积，在工业上采用多层沉降槽，这种沉降槽的上一层的底板就是下一层的顶盖，各层公用一个桁架、一根轴和一套传动装置。多层沉降槽一般分为两种运行方式：①各层并联工作，各层单独进料，分别由各层获得相同的溢流；上一层的下渣筒插入下一层的耙机工作带，浓缩物由中心排料口统一排出；②各层串联工作，从第一层到最末一层依次进行洗涤，向上一层的下渣筒内加洗水，将赤泥洗到所要求的液固比，然后在下一层进行该赤泥浆的浓缩。赤泥沉降多层沉降槽的单位溢流量（指各层总面积）实际上低于单层沉降槽；多层沉降槽中赤泥可达到的浓缩程度也较低，因各层的高度有限且每一层中的赤泥浓缩层难于保持最大的高度。现在，沉降槽结构的发展趋向是创造更为完善的大直径的中心转动单层沉降槽（图 9-11）。这种有一高高架起的钢筋混凝土盘，在槽下面可配置其他工艺设备，从而可降低投资。这种槽非常适用于严寒的北方。

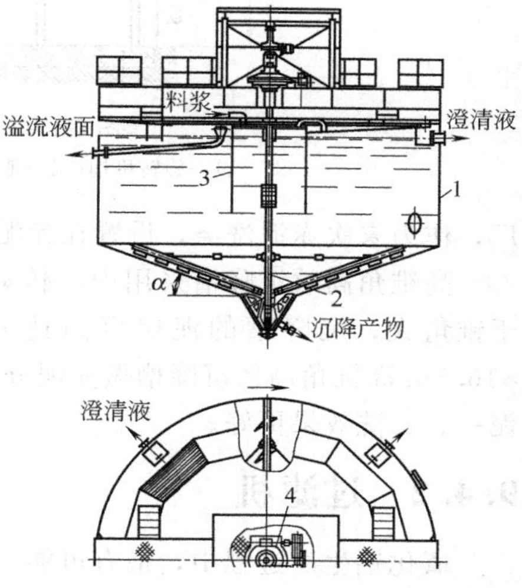

图 9-9 单层沉降槽

1—锥底沉降槽；2—耙机轴；3—进料桶；4—电机和减速机

由于单层沉降槽较多层具有明显的优势，故国内外氧化铝厂均已用单层取代多层，如我国新建的拜耳法厂，拜耳法赤泥的沉降均采用大直径（$\phi>30$m）的高槽身（$H\approx6.0$m）单层沉降槽，经多年生产实践证明，效果很好。如底流固含大于 400g/L，溢流浮游物小于 150mg/L。

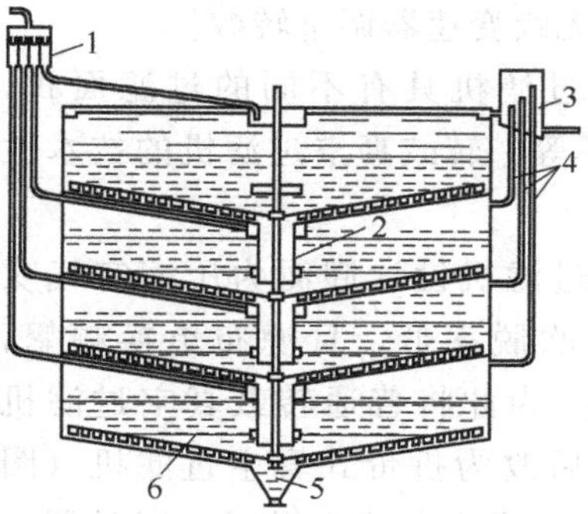

图 9-10 多层沉降槽

1—分料箱；2—下渣筒；3—溢流箱；4—溢流管；5—底流排料口；6—搅拌装置

高效沉降槽-超级沉降槽和高锥角高效沉降槽的开发与应用，是沉降技术上的又一进步，它具有底流泥层高、底流固含高、洗涤效果好等特点，国外已推广应用，我国各氧化铝厂也在改造中陆续使用这样的沉降槽。

超级沉降槽以它的设备尺寸大，深度高，耙机转矩而得名。由于槽直径大，采用周边传动，一个典型的超级沉降槽，直径约为 75～90m，总高度约 10m，侧壁深为 3m，底面坡度 1/6。

澳洲的平贾拉和瓦吉鲁普氧化铝厂分别采用 ϕ90m 和 ϕ75m 超级沉降槽，泥层高度约为 3.0m，底流固含45%～50%。此类沉降槽宜用于矿石铝硅比较低的大型氧化铝

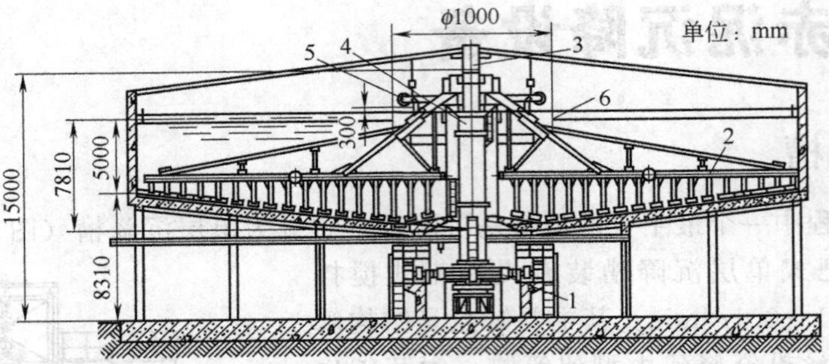

图 9-11　直径 40m 中心转动的单层沉降槽

1—旋转机构；2—耙机；3—立柱；4—轴；5—进料管；6—进料筒

厂，作为末次赤泥洗涤，设置在赤泥堆场附近。

高锥角高效沉降槽采用中心传动形式，槽的直径不宜太大，一般最大为 30～32m。由于锥角大，沉降槽的泥层可高达 6m，底流固含高达 50%。巴西氧化铝厂，采用 5 台 φ16.5m 高锥角高效沉降槽做赤泥分离，其底流固含达 45%。此外，此类槽结疤少，用于赤泥一、二洗效果更好。

9.4.2　过滤机

氧化铝生产过程中，最有可能、也最需要降低滤饼含水率的工艺过程就是拜耳赤泥过滤工序。经沉降槽沉降洗涤后的赤泥过滤机再进行一次液固分离和洗涤，尽可能减少以附液形式夹带于赤泥中的 Na_2O 和 Al_2O_3，过滤后赤泥堆放。

转鼓真空过滤机（图 9-12）在工业生产中得到了较为广泛的应用。滤饼厚度应不小于 5mm，固相是晶形或非晶形结构，但不是胶体结构。氧化铝生产中较为广泛应用的是 БОУ-10、БОУ-20、БОУ-40 型转鼓真空过滤机。

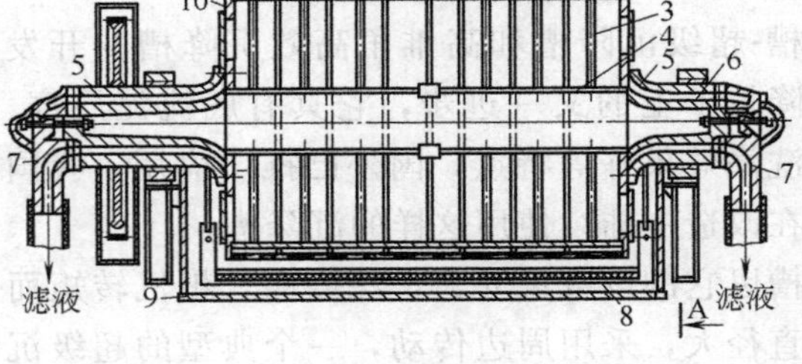

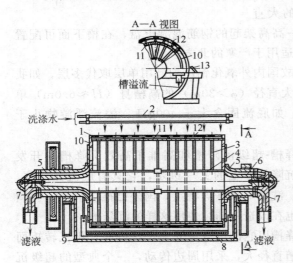

图 9-12　外滤面式转鼓真空过滤机

1—多孔转鼓；2—浇水喷洒装置；3—排液管；4—集液管；5—轴颈；6—滑动分配圆盘；7—分配头；8—摆动搅拌器；9—浆液槽；10—转鼓端壁；11—内圆筒；12—格子；13—泥渣刮刀

过滤机的主要工作元件是多孔转鼓，其上覆有滤布，以其轴颈固定在滑动轴承内。转鼓用电动机通过敞开式传动装置和减速机进行传动，用无级变速器调整转数。

转鼓真空过滤机具有不同的过滤面积，0.3～110m^2 不等。转鼓真空过滤机的技术性能列于表 9-2。

转鼓真空过滤机设计卸泥为压缩空气吹脱，过滤机的吹脱率低，且滤布更换频繁，机器维护量大。为此将普通转鼓真空过滤机经过下述改进后改为折带式真空过滤机（图 9-13）：①真空头部分去掉吹风区，同时调整了吸干区和过滤区的角度，以保证真空度；②卸泥装置由原反吹再生滤布刮刀卸泥改为喷淋洗水再生滤布卸泥辊卸泥；③增加滤布

表 9-2　较为广泛采用的转鼓真空过滤机的技术性能

过滤机型号	过滤面积/m^2	转鼓直径/mm	转鼓长度/mm	转数/(r/min)	过滤机质量/kg
БОУ-10-2.6	10	2612	1350	0.13～2.0	8865
БОУ-20-2.6	20	2612	2700	0.13～2.0	13632
БОУ-40-3.0	40	3000	4400	0.09～1.3	18057

调偏装置和分布装置；④加宽滤鼓边和增加滤布包角，滤布的尺寸亦作相应改变，以防止窜泥。调试过程中为了适应滤布变形将卸泥辊由水平移动改为垂直移动，使卸泥位置固定在 6B 斗接料的最佳位置上，防止滤饼外溢。再生滤布用的喷液管进行了改进，既达到滤布再生又不使水量过大而影响赤泥浆水分超标。

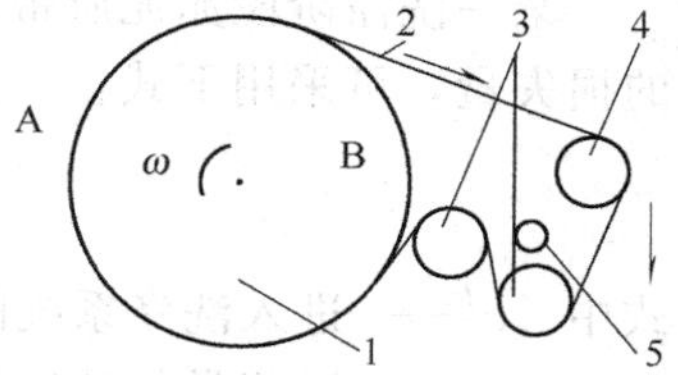

图 9-13　折带式真空过滤机示意图
1—滤鼓；2—过滤布；3—卸泥换向辊；4—调整辊；5—喷液管；A—真空区；B—吹风区

拆带式真空过滤机的主要特点：①改造工作简单易行，工期短，每台的改造费用约 2000 元，经济效益高；②改造后产能可提高 1 倍左右；③由于卸料方式的改变，滤饼水分可降低 3%～5%，滤饼脱落达 100%；④可提高真空度，不再需压缩空气，简化了换布工作，节省时间，提高运转率，减少了检修工作量。

通常过滤机过滤面积越大，其产能也就越大。小型过滤机已不能适应生产规模日益扩大的氧化铝厂的要求。法国 D·O 公司 100m^2 辊子卸料大型转鼓式真空过滤机作为赤泥过滤机在山西铝厂得到应用，基本满足生产的需要，运行状况良好。该过滤机分别由半月池、搅拌及驱动装置、转鼓及驱动装置、卸泥辊、分配头、浆化器及驱动装置、脉冲阀、润滑系统等组成。

其工作原理为在大气与真空压力差作用下，悬浮液中的固体颗粒被留在滤布表面形成滤饼，在卸泥辊的黏带作用下，进入滤饼浆化器；滤液则通过滤液管流进滤液槽。过滤机在同一时间内随着滤鼓的回转可以完成：吸滤、喷淋、吸干、空气吹扫及卸饼等过程。它具有如下特点。①设备大型化（$F=100m^2$）。②转鼓转速可以根据滤饼厚度进行调节。滤饼薄时，转鼓转速调低；滤饼过厚，转鼓转速调高，使过滤机产能达到最高。生产中转速一般控制在 1.7～2r/min 为宜。③采用卸泥辊卸泥。由于滤布固定在转鼓上，滤饼不能靠滤布带到浆化器里，而是把滤饼附到卸泥辊，靠卸泥辊转动把滤饼带到浆化器上，再用梳子把滤饼刮下。④集中润滑系统。每台过滤机都有一个油站，给 12 个润滑点自动加黄油润滑（靠人工加黄油的还有 5 个点）。⑤浆化器驱动装置采用滑差电机控制，既可以调速，又可以起到保护电机作用，性能见表 9-3。

表 9-3　100m^2 辊子卸料转鼓式真空过滤机技术性能

过滤面积/m^2	转鼓尺寸/m	转数/(r/min)	单位产能/[kg 干赤泥/(h·m^2)]	搅拌次数/(次/min)	真空度/kPa	电机功率/kW
100	ϕ4.2×7.54	0.33～2.33	250	20	46.7～53.3	转鼓:11 搅拌:7.5 油泵:0.25

在生产过程中为了保证过滤机达到设计产能一般采取以下措施。①提高末次洗涤底流液

固比。试验表明，随着末次底流固含的增大，过滤机产能将明显提高。控制末次底流固含在400g/L左右。②降低附液浓度，减少碳碱含量。附液浓度低，溶液黏度小，溶液稳定，不会析出 $Al(OH)_3$；碳碱在过滤过程中容易在过滤布上结晶，影响过滤机的产能。③提高过滤机的进料温度（85～90℃），减少滤液流动阻力。

9.5 赤泥洗涤效率的计算

某一洗涤阶段赤泥所带走的溶液中溶解物质的含量，以及计算这些物质被弃赤泥所带走的损失量，可采用下式：

$$c' = \frac{s-1}{s^{n+1}-1} \times 100 \tag{9-3}$$

式中 c'——进入洗涤系统的溶解物质被赤泥带走的相对损失量，%；

s——溢流量与被浓缩赤泥带走的溶液量之比；

n——洗涤次数。

根据固液相的物料平衡可求得较为准确的沉淀物洗涤计算结果。计算可按1t固相进行，但计算中考虑的不是总液相中而是水中单位数量的物质。计算时可采用下述假设条件：①有用组分全部溶解；②混合得非常理想；③洗涤过程中液相带走的固体量、溶液蒸发带走的固体量和机械损失量均忽略不计；④各次洗涤中赤泥的液固比是不变的。

进入洗涤沉降槽系统的有原始浆液和洗涤用热水；从该系统出去的有铝酸盐溶液、溶出浆液稀释用的浓洗液和弃赤泥。

各次洗涤中赤泥的含水量 W_0 相同，浓洗液带走的水量 W 等于原始浆液带入的水量。溢流中水量与赤泥带走的水量之比 $s=W:W_0$。每台洗涤沉降槽的水平衡表明：每次洗涤的水量 $W_1, W_2, \cdots, W_n$ 都等于送去洗涤的热水量 W_0，所以，分离沉降槽中的水量可由下式求得：

$$W = W_{溶液} + W_0 \tag{9-4}$$

式中 $W_{溶液}$——铝酸盐溶液中的水量。

洗涤沉降槽系统中溶解组分的平衡由下式计算：

$$\left.\begin{aligned} c_0W_0 &= c_nW_0 + c_1W \\ c_1W_0 &= c_nW_0 + c_2W \\ c_2W_0 &= c_nW_0 + c_3W \\ &\cdots \\ c_{n-1}W_0 &= c_nW_0 + c_nW \end{aligned}\right\} \text{或者当 } W/W_0 = s \text{ 时 } \left\{\begin{aligned} c_0 &= c_n + c_1s \\ c_1 &= c_n + c_2s \\ c_2 &= c_n + c_3s \\ &\cdots \\ c_{n-1} &= c_n + c_ns \end{aligned}\right. \tag{9-5}$$

式中 c——溶解组分的相对浓度，g/L。

所需洗涤次数：

$$n = \frac{\lg\left[\frac{c_0}{c_n}(s-1)+1\right]}{\lg s} \tag{9-6}$$

浓洗液中溶解组分的浓度按下式计算：

$$c_{1,n}^{*} = \frac{c_0[(s)^n - 1]}{(s)^{n+1} - 1} \tag{9-7}$$

赤泥的液体中溶解组分的浓度按下式计算：

$$c_{n,n}=\frac{c_0(s-1)}{(s)^{n+1}-1} \tag{9-8}$$

浓洗液中的试剂回收率按下式计算：

$$c'_{1,n}=\frac{s^{n+1}-s}{s^{n+1}-1} \tag{9-9}$$

赤泥不可能绝对洗净，从最后一台洗涤槽中排走的赤泥总要带走一定数量的溶解组分，洗涤程度总是依据经济合理性来规定的，例如弃赤泥液相中的碱浓度规定为 1～3g/LNa_2O。

第10章 铝酸钠溶液晶种分解

10.1 概述

晶种分解是拜耳法生产氧化铝的关键工序之一，它对产品的产量和质量以及全厂的技术经济指标有着重大的影响。分解过程应得到质量良好的氢氧化铝，同时亦应得到分子比较高的种分母液，作为溶出铝土矿的循环碱液，而构成拜耳法的闭路循环。母液的循环效率则与种分作业直接相关。

衡量种分作业效果的主要指标是氢氧化铝的质量、分解率以及分解槽的单位产能。这三项指标是互相联系而又互相制约的。

(1) 氢氧化铝质量　对氢氧化铝质量的要求，包括纯度和物理性质两个方面。氧化铝的纯度主要取决于氢氧化铝的纯度，而氧化铝的某些物理性质，如粒度分布和机械强度，也在很大的程度上取决于种分过程。

氢氧化铝中的主要杂质是 SiO_2、Fe_2O_3 和 Na_2O，另外还可能有很少量的 CaO、TiO_2、P_2O_5、V_2O_5 和 ZnO 等杂质。铁、钙、钛、锌、钒、磷等杂质的含量与种分作业条件没有多少关系，主要取决于原液纯度。为此，溶液在分解前要经过控制过滤，使精液中的赤泥浮游物降低到允许含量（0.02g/L）以下。

种分氢氧化铝中的氧化硅含量一般可以达到较好的指标，因为拜耳法精液的硅量指数一般为200～400，实践证明，当硅量指数在200以上时，种分过程中不会发生明显的脱硅反应；但如果精液的硅量指数低于150～200时，在氢氧化铝析出同时，铝硅酸钠也会结晶析出，使产品中的 SiO_2 含量不合格，并增加了 Na_2O 含量。氢氧化铝中的 SiO_2 含量（将氢氧化铝折合成氧化铝进行计算）应比氧化铝产品质量标准中规定的数值稍低（一般约低0.01%），因为在煅烧过程中，由于窑衬的磨损，将使产品中的 SiO_2 含量有所增加。

氧化铝中的碱（Na_2O）是由氢氧化铝带来的。氢氧化铝中所含的碱有三种：一种是进入氢氧化铝晶格中的碱，它是 Na^+ 离子取代了氢氧化铝晶格中的氢的结果。这部分碱是不能用水洗去的。研究表明，某些氧化铝厂从铝酸钠溶液中分解出来的氢氧化铝，这种碱（以 Na_2O 计）的含量一般为0.05%～0.1%，从铝酸钾溶液中分解出来的氢氧化铝，这部分碱的含量更少一些（0.02%～0.05%），这是由于 Na^+ 离子小于 K^+ 离子，因此前者能更多地取代氢氧化铝中的氢。第二种为以含水铝硅酸钠形态存在的碱，这部分碱也是不能洗去的，其量取决于分解原液中的 SiO_2 含量。当分解原液的硅量指数在200以上时，这部分碱是不多的（0.01%～0.03%）。第三种为氢氧化铝挟带的母液中的碱，这部分碱数量最多。氢氧化铝挟带的母液中，一部分是吸附于颗粒表面的，另一部分是进入结晶集合体的晶空隙中的；前者易于洗去，在生产条件下，洗涤后的氢氧化铝中这部分碱的含量为 0.1%左右。晶间碱很难洗去，其量约为 0.1%～0.2%。

氧化铝的粒度和强度在很大程度上取决于原始氢氧化铝的粒度和强度。生产砂状氧化铝时，必须得到粒度较粗和强度较大的氢氧化铝。氢氧化铝粒度过细，将使过滤机的产能显著下降。细粒子氢氧化铝含的水分多，使煅烧热耗增加，并增大灰尘损失。

在种分过程中，控制产品质量主要是要保证分解产物具有所要求的粒度和强度。

(2) 分解率　分解率是种分工序的主要指标，它是以铝酸钠溶液中氧化铝分解析出的百分数来表示的。由于晶种附液和析出氢氧化铝引起溶液浓度与体积的变化，故直接按照溶液中 Al_2O_3 浓度的变化来计算分解率是不准确的。因为分解前后苛性碱的绝对数量变化很少，分解率可以根据溶液分解前后的分子比来计算。

$$\eta=\left[1-\frac{(MR)_\sigma}{(MR)_m}\right]\times 100\%=\frac{(MR)_m-(MR)_\sigma}{(MR)_m}\times 100\% \tag{10-1}$$

式中　η——种分分解率，%；

$(MR)_\sigma$——分解原液的分子比；

$(MR)_m$——分解母液的分子比。

从上式可见，当原液分子比一定时，母液分子比越高，则分解率越高。

种分母液中含有少量以浮游物形态存在的细粒子氢氧化铝，其量取决于氢氧化铝的粒度组成以及分离方法等因素。在母液蒸发时，这些细粒子氢氧化铝重新溶解，使蒸发母液的分子比和实际的分解率有所降低，因此应尽量减少母液中的浮游物含量。

铝酸钠溶液分解速度越大，则在一定分解时间内其分解率越高，氧化铝产量也越大。分解率高时，循环母液的分子比也高，故可提高循环效率；延长分解时间也可提高分解率，但过分延长时间将降低分解槽的单位产能。

(3) 分解槽单位产能　分解槽的单位产能是指单位时间内（每小时或每昼夜）从分解槽单位体积中分解出来的 Al_2O_3 数量。

$$P=\frac{A_a\cdot\eta}{\tau} \tag{10-2}$$

式中　P——分解槽单位产能，$kg/(m^3\cdot h)$；

A_a——分解原液的 Al_2O_3 浓度，kg/m^3；

η——分解率，%；

τ——分解时间，h。

计算分解槽的单位产能时，必须考虑分解槽的有效容积。

当其他条件相同时，分解速度越快，则槽的单位产能越高。但是单位产能和分解率之间并不经常保持一致的关系，过分延长分解时间，分解率虽然有所提高，但槽的单位产能将会降低，因此要予以兼顾。

10.2 铝酸钠溶液分解机理

种分是拜耳法生产中耗时最长的一个工序（30～75h），且需加入很多晶种，而分解率最高也只能达到 55%左右，远低于它在理论上可以达到的分解率。在铝酸钠溶液分解的理论方面，尽管进行了多年的研究，积累了大量的实验资料，使人们对分解过程的认识逐渐深化，但由于铝酸钠溶液结构的复杂和行为的特殊，以及很多实验结果互相矛盾，不少问题至今还不很清楚或者是不同观点还处于争论的过程中。比如：铝酸钠溶液强烈的过饱和倾向的原因；过饱和铝酸钠溶液分解的机理；氢氧化铝晶种和其他固相在分解过程中的作用；在加入大量晶种的条件下分解速度仍然缓慢的原因；分解过程中新晶核产生、晶体成长的机理以及决定分解产物机械强度的因素等。在强化晶种分解方面也进行了长期的研究，但至今仍未取得明显的有工业价值的进展。因此，对种分过程从理论上进行更深入的研究，在实践上继续探求强化这一过程的有效途径，仍然是氧化铝生产中的一个重要课题。

过饱和铝酸钠溶液表现出与一般无机盐的过饱和溶液很不相同的性质，而且其结构和性质由于浓度、分子比及温度等条件的不同而有很大的差别。所以铝酸钠溶液的晶种分解也不同于一般无机盐溶液的分解结晶过程，研究铝酸钠溶液种分过程的机理，了解氢氧化铝结晶是怎样成长的，强度和粒度是怎样变化的，不仅在探讨铝酸钠溶液及氢氧化铝的结构和性质上具有很大的理论意义，而且是选择适当分解制度，制取符合规范要求的氢氧化铝以及寻求强化生产的途径所必需的。

长时期以来，不少研究人员对于这一课题进行过大量工作，但是现有的实验资料还不足以揭示过饱和铝酸钠溶液分解这样一个复杂的物理化学过程的机理。

早期曾有人认为过饱和铝酸钠溶液中氢氧化铝的分解，是其中氢氧化铝胶体粒子的凝聚过程，但随着铝酸钠溶液胶体结构理论的否定，这种观点也被否定了。

某些对铝酸钠溶液结构持所谓“混合理论”（即认为溶液中同时存在氢氧化铝胶体粒子和铝酸根离子）的研究人员，曾把过饱和铝酸钠溶液的分解归结为两个阶段，即铝酸根的水解和水解产生的氢氧化铝胶粒的凝聚。有些持真溶液理论的研究人员则认为，过饱和铝酸钠溶液的分解是由水解（化学过程）和结晶过程（物理过程）两个过程组成，铝酸钠溶液分解时放出相当数量的结晶热。在电子显微镜下观察时发现，即使是最细小的氢氧化铝粒子也具有晶体结构。这些都表明过饱和铝酸钠溶液的分解是个结晶过程。

虽然持水解观点的人颇多，在某些文献和教科书中也往往沿用这一观点，但近代的研究结果则多倾向于铝酸根离子是通过聚合形成聚合离子群并最终形成三水铝石晶格的理论。如库兹涅佐夫根据铝酸钠溶液的络合离子结构理论以及三水铝石的层状结构，提出了过饱和铝酸钠溶液的分解机理（见第3章）。虽然铝酸钠溶液的分解是由于铝酸根离子聚合而最终形成氢氧化铝的观点已为绝大多数人所接受，但关于铝酸根离子的聚合过程仍不甚清楚，也存在不同看法，需要进一步研究。

在工业生产条件下，铝酸钠溶液的分解必须有晶种参加：

$$x\mathrm{Al(OH)_3}(\text{晶种})+\mathrm{Al(OH)_4^-}=(x+1)\mathrm{Al(OH)_3}+\mathrm{OH^-} \tag{10-3}$$

对于晶种的作用机理有不同观点。一般是把氢氧化铝晶种视作现成的结晶核心，并且认为，铝酸钠溶液与氢氧化铝晶体之间的界面张力 $\sigma=0.0125\mathrm{N/cm}$，氢氧化铝晶核刚生成时的比表面积大，分解过程实际上不能提供这么大的表面能，因而氢氧化铝晶核是难于自发生成的，只有从外面加入现成的晶种，才能克服不能自发生成氢氧化铝晶核的困难，使氢氧化铝结晶析出。但铝酸钠溶液的种分过程不只是单纯的晶种长大，同时还进行一些其他的物理化学变化，很多现象和研究结果显示整个氢氧化铝析出结晶的过程是极为复杂的，其中包括：

① 次生晶核的形成；

② 氢氧化铝晶体的破裂与磨蚀；

③ 氢氧化铝晶体的长大；

④ 氢氧化铝晶粒的附聚。

次生成核又称二次成核，所形成的晶核称为次生晶核或二次晶核。二次成核是在原始溶液过饱和度高而晶种表面积小的条件下产生新晶核的过程，它是相对于在溶液中自发生成新晶核的一次成核过程而言的。在上述分解条件下，在电子显微镜下可观察到晶种表面变得粗糙，长成向外突出的细小晶体，在颗粒相互碰撞以及流体的剪切作用下，这些细小晶体脱离母晶而进入溶液中，成为新的晶核。分解原液的过饱和度越高，晶种表面积越小，温度越低，次生晶核的数量越多。当分解温度在75℃以上时，无论原始晶种量为多少，都无次生晶核形成。库兹涅佐夫认为晶种表面生长的树枝状结晶受到撞击破裂而形成很多碎屑，是形成新晶核的主要原因。原始溶液过饱和度高，分解温度低以及搅拌速度小时，有利于枝晶生成。

氢氧化铝颗粒的破裂与磨蚀称为机械成核。当搅拌很强烈时，颗粒发生破裂。搅拌强度较小时，则只出现颗粒的磨蚀，这时母体颗粒大小实际上并无多大变化，但却产生一些细小的新颗粒。在种分槽的循环管中可以产生相当高的搅拌速度，在氢氧化铝浆液输送过程中，氢氧化铝颗粒与泵的叶轮碰撞也会导致机械成核。

二次成核和氢氧化铝结晶的破裂导致氢氧化铝结晶变细。

在种分过程中，存在着晶体直接长大的过程，其速度取决于分解条件：温度高，溶液过饱和度大，有利于晶体长大，但晶体长大的线速度是很小的。溶液中存在一定数量的有机物等杂质时，则使成长速度降低。

除晶体的直接长大外，在适当的搅拌速度下，较细的晶种颗粒（小于 20μm）还会附聚成为较大的颗粒，同时伴随着颗粒数目的减少。

晶体的长大与晶粒的附聚导致氢氧化铝结晶变粗。

分解产物的粒度分布就是上述这些过程进行的综合结果。有效地控制这些过程的进程，才能得到所要求的粒度组成和强度的氢氧化铝。当工厂要求生产砂状氧化铝时，必须创造条件，尽可能避免或减少种分时次生晶核的形成与氢氧化铝晶粒的破裂，同时促进晶体的长大和晶粒的附聚。

10.3 铝酸钠溶液分解过程中晶粒的附聚

10.3.1 附聚的概念

所谓附聚，就是在范德华力、自粘力、附着力以及毛细管力和物质之间的紧密接触而形成的表面张力等力的作用下，微粒物质自发和定向的连接在一起的现象。铝酸钠溶液在一定条件下分解时，附聚可以占优势。为得到粒度大的氢氧化铝就应有效地利用附聚机理，在结晶时最快地增大晶种晶粒的尺寸，使其达到要求的大小。

10.3.2 影响附聚的因素

铝酸钠溶液分解时，$Al(OH)_3$ 晶体的附聚过程可以分为两个阶段：絮凝和胶结。开始，晶种的细小晶粒聚集在一起，形成疏松的集晶结合体，然后，从溶液中分解出来的固相 $Al(OH)_3$ 使它们连接在一起（胶合）形成牢固的附聚物。但附聚过程和用絮凝剂处理悬浮液的情况不同，在胶体或悬浮液中絮凝速度随颗粒浓度增大而增大，而 $Al(OH)_3$ 附聚速度则随种子粒度及数量的减小而增大。

关于附聚，人们一般认为有利于附聚的条件是：较高初始 A/C 比、中等种子添加量、高种子表面积以及高温、高过饱和度。然而，Еремеев 研究发现高苛碱浓度和高苛性系数的铝酸钠溶液在分解时 $Al(OH)_3$ 也可以附聚，并给出了附聚的最佳条件：分解温度 63～65℃，晶种添加量为 80～120kg/m^3，并分析了附聚程度随晶种添加量增加而降低的原因。O. Tschamper 也指出通过选择待分解溶出液的过饱和度和所用种子的表面积的恰当比例，高碱浓度（150g/L Na_2O）在 66～77℃温度范围内可以良好附聚。Landi 的研究结果也证实了这一点，同时，Landi 还指出，附聚作用在前 6h 就已完成，较高温度、分解速度和碰撞频率均有利于附聚。张之信在研究高浓度拜耳法精液制取砂状氧化铝时也探讨了晶种附聚问题，认为在高温（75℃）下，采用低种子比，在较高苛碱浓度（155～160g/L）下细晶种也可附聚。

由于氢氧化铝颗粒的附聚主要取决于黏结剂 $Al(OH)_3$ 的析出速度和为牢固维持絮凝颗粒所需的 $Al(OH)_3$ 数量间的平衡，以此为依据，Sakamoto 等提出了附聚推动力的概念，指出附聚的推动力与溶液的过饱和度有关，并给出了附聚推动力计算式：

$$P=K\times\alpha^2\ \frac{G_0+G_\infty}{G_0+G_t(1-\alpha)} \tag{10-4}$$

在 $P\geqslant 0.13$ 时，就可以发生附聚，并认为分解初期附聚反应明显。

总之，附聚就是晶种中的细颗粒相互聚集并黏结在一起形成牢固附聚体的过程，它是晶体粒度增大的一个重要手段，因而，在砂状氧化铝生产中，应充分利用附聚。Jean. V. Sang 通过把细粒子溶解在精液中得到高 A/C 比的母液（$A/C=0.75\sim0.90$）来强化细 $Al(OH)_3$ 晶种的附聚，从而在保持产品粒度、强度不变的前提下提高了溶液的产出率。J. Eduardo 采用分段加入晶种的方法，即先把细晶种（$<10\mu m$）与饱和母液混合使之发生附聚，然后加入粗晶种使其长大，从而得到强度大、粒度粗的 $Al(OH)_3$ 产品。而 N. Brown 通过向溶液中加入 Ca 而促进了细颗粒的附聚。

10.3.3 附聚效率的衡量

不同研究者对附聚效率的计算方法并不相同，他们采用的计算公式主要有如下几种。

① I=(种子表面积－产品表面积)/种子表面积×100%　(10-5)

或　I=(产品中 45μm 粒子百分含量－种子中 45μm 粒子百分含量)/种子中 45μm 粒子百分含量　(10-6)

② SeichiMman 在考察草酸钠对分解过程的影响时，采用下式作为附聚度的量度：

$$I=\frac{\text{全部分解物中 }44\mu m\text{ 颗粒的质量}-\text{晶种中 }44\mu m\text{ 颗粒的质量}}{\text{新分解物的质量}} \tag{10-7}$$

以上各式各有利弊，公式①应用方便，但未考虑新析出的氢氧化铝进入分解产物中对产品粒度造成的影响，而公式②则由于草酸钠结晶进入产品而影响了分析结果的正确性。

总之，附聚是细小颗粒经碰撞而发生的，附聚程度与附聚推动力的大小有关，附聚推动力越大，附聚进行得越彻底。因此，在晶种粒度小而颗粒数目较少、分解温度较高、过饱和度大的条件下，附聚过程可以强烈地进行。

10.3.4 附聚动力学方程

由于附聚现象是铝酸钠溶液晶种分解过程的一个重要现象，因而附聚动力学也是氧化铝工作者研究的热点之一。但能进行系统研究的很少，而且相互矛盾。B. T. Теслю 发现，附聚速率与单位体积中的颗粒数的平方成正比，且是成对碰撞频率的函数，并指出附聚度与诱导期有关，附聚速率取决于晶体表面上的二次成核速率。这与 B. Г. Тетля 的观点类似，Тесля 认为附聚作用主要取决于晶种表面上二次成核的速率。随着温度升高，附聚速率相应地增加，其活化能为 150kJ/mol，接近于晶核形成的活化能，从而进一步证实了附聚机理与晶体表面上的成核过程有关。

Sakamoto 认为附聚速率与过饱和度的平方成正比，并认为附聚度取决于析出速率与颗粒聚合速率之比，因而溶液中没有析出物时，附聚过程不能进行。Halfon 则认为附聚速率是颗粒成对碰撞的次数与效率因子的乘积，而效率因子与过饱和度的四次方成正比，并断言溶液中无 $Al(OH)_3$ 析出时，晶体的附聚照样可以进行。这些研究成果之所以相互矛盾，可能是因为他们采用的溶液和晶种不同所造成的；再者，国外所进行的研究多是针对稀溶液进行的，而我国氧化铝厂采用高浓度分解，因此，有必要针对我国的生产实践，确定高浓度铝酸钠溶液附聚动力学方程。

10.3.4.1 附聚动力学方程的推导

由于纯附聚过程是颗粒相互碰撞而黏结在一起的现象，它所改变的是固相颗粒的粒度和表面积，而对固相质量没有影响；再者，影响附聚过程的因素主要有温度、溶液过饱和度和晶种状况。因此，确定附聚动力学方程形式如下：

$$dA/dt = -K(A - A_{\infty})^n \tag{10-8}$$

式中 A——t 时刻固相 $Al(OH)_3$ 的表面积；

A_{∞}——平衡时固相 $Al(OH)_3$ 的表面积；

K——速率常数。

为应用方便，将方程式（10-8）进行变形，并以单位体积为计算单位。

由于 $A=SM$，因此，对于晶种，有：

$$A_0 = S_0 M_0 = S_0 KsC_0\zeta \tag{10-9}$$

式中 S——固相 $Al(OH)_3$ 的比表面积；

S_0——晶种的比表面积；

M——固相 $Al(OH)_3$ 的质量；

M_0——晶种的质量；

Ks——种子比；

C_0——分解原液中 Al_2O_3 浓度，g/L；

ζ——$Al(OH)_3$ 与 Al_2O_3 的转换系数，$\zeta=1.53$。

t 时刻固相 $Al(OH)_3$ 的表面积为：

$$A = SM = S[KsC_0\zeta + \zeta(C_0 - C)] = S\zeta[(Ks+1)C_0 - C] \tag{10-10}$$

平衡时固相 $Al(OH)_3$ 的表面积为：

$$A_{\infty} = S_{\infty}M_{\infty} = S_{\infty}[KsC_0\zeta + \zeta(C_0 - C_{\infty})] = S_{\infty}\zeta[(Ks+1)C_0 - C_{\infty}] \tag{10-11}$$

$$dA/dt = \{\zeta[(Ks+1)C_0 - C]dS - S\zeta dC\}/dt \tag{10-12}$$

由于本试验分解时间仅为 8h，固相比表面积变化不大，可认为是一常数，这从表 10-1 也可看出，表 10-1 给出了 75℃条件下分解过程固相比表面积随时间的变化结果。

因此 $dA/dt = -S\xi dC/dt$ (10-13)

表 10-1　分解过程固相比表面积随时间的变化关系

t/h	1.33	2.67	4	5.33	6.67	8
S/(m^2/g)	0.32	0.33	0.31	0.37	0.36	0.39

而 $A-A_{\infty}=S\zeta[(Ks+1)C_0-C]-S_{\infty}\zeta[(Ks+1)C_0-C_{\infty}]=-S\zeta(C-C_{\infty})$ (10-14)

将方程式（10-13）、方程式（10-14）代入方程式（10-8）中，并整理得：

$$-S\zeta\frac{dC}{dt}=-K[-S\zeta(C-C_{\infty})]^n$$

$$\frac{dC}{dt}=(-1)^nK(\zeta S)^{n-1}(C-C_{\infty})^n \tag{10-15}$$

根据文献报道，附聚速率与过饱和度的平方或四次方成正比，因此，设 $n=1$、2、3、4，并分别对方程式（10-11）分离变量，积分得

$n=1$　　$f(c)=\ln(C-C_{\infty})=Kt-\ln(C_0-C_{\infty})$ (10-16)

$n=2$　　$f(c)=1/(C-C_{\infty})=1/(C_0-C_{\infty})-K\zeta St$ (10-17)

$n=3$　　$f(c)=1/(C-C_{\infty})^2=1/(C_0-C_{\infty})^2+2K(\zeta S)^2t$ (10-18)

$n=4$　　$f(c)=1/(C-C_{\infty})^3=1/(C_0-C_{\infty})^3-3K(\zeta S)^3t$ (10-19)

10.3.4.2　因次 n 的确定

通过附聚试验，将试验结果与方程式（10-16）～方程式（10-19）四式拟合，并用计算机进行拟合检验，其结果见表 10-2，由此确定 n 值。

表 10-2　最小二乘拟合 R 检验值

T/℃	α_K	$n=1$	$n=2$	$n=3$	$n=4$
75	1.57	0.963	0.991	0.978	0.951
	1.60	0.980	0.991	0.980	0.980
70	1.57	0.875	0.998	0.969	0.954
	1.60	0.968	0.999	0.937	0.936

试验条件：Ks 为 0.4，N_k 为 140g/L，种子采用磨细晶种。

由表 10-2 中数据可以发现，只有当 $n=2$ 时，R 值近似等于 1，所以取 $n=2$，并将其代入方程式（10-15），得：

$$\frac{dC}{dt}=k\zeta S(C-C_{\infty})^2 \tag{10-20}$$

因为 ζ、S 均为常数，因而设　　$k_0=k\zeta S$ (10-21)

则有：　　$dC/dt=k_0(C-C_{\infty})^2$ (10-22)

方程式（10-22）即为求得的附聚动力学方程。

10.3.4.3　附聚动力学方程参数的求算方法

将方程式（10-22）分离变量并积分，有：

$$\int_{C_0}^{C}1/(C-C_{\infty})^2dC=\int_0^{\infty}k\,dt$$

$$1/(C-C_{\infty})=1/(C_0-C_{\infty})-kt \tag{10-23}$$

根据方程式（10-23）可知，求出不同温度、不同时间溶液的过饱和度 $C-C_{\infty}$，然后，将

$1/(C-C_\infty)$ 对时间 t 作图，得到的直线的斜率即为不同温度下溶液的分解速率常数。又按照阿累尼乌斯公式可以知道反应速率常数与温度的关系，其具体形式如下：

$$k = A e^{-E/(RT)} \tag{10-24}$$

式中 A——指前因子；

E——分解反应的表观活化能；

R——气体常数，8.314kJ/(mol·K)；

T——热力学温度，K。

对方程 10-24 两边取对数，得：

$$\ln k = \ln A - E/RT \tag{10-25}$$

按方程 10-25，将 $\ln k$ 与 $1/T$ 做图得一直线，其斜率即为 E/R，从而求算出反应的表观活化能 E。

10.3.4.4 动力学参数的求算

试验条件：

① $\alpha_K=1.57$， $N_K=140.00$g/L， $Ks=0.4$；

② $\alpha_K=1.60$， $N_K=140.00$g/L， $Ks=0.4$。

晶种为磨细晶种，分解温度分别采用 55℃、65℃、70℃和 75℃恒温。

(1) 反应速率常数的确定　对试验结果进行计算，并将 $1/(C-C_\infty)$ 与 t 作图（图 10-1 和图 10-2)，并用最小二乘法拟合，得四条直线方程，从而求得其斜率，进一步得到分解速率方程在不同温度下的分解速率常数，如表 10-3 所示。

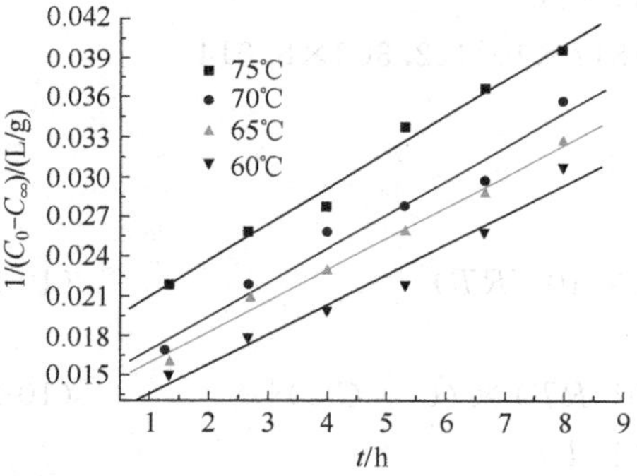

图 10-1　$\alpha_K=1.57$ 时 $f(C)$ 与 t 关系图

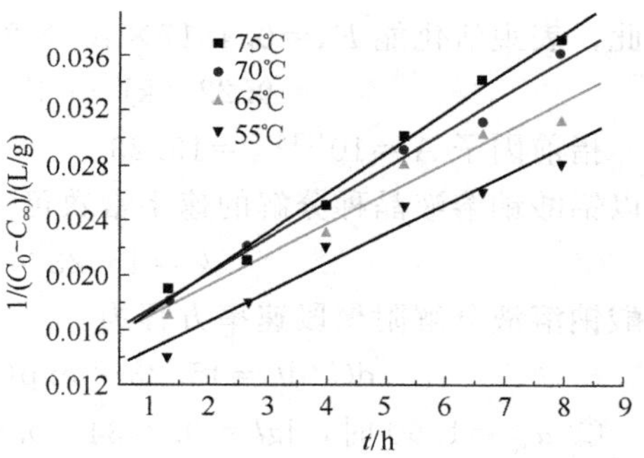

图 10-2　$\alpha_K=1.6$ 时 $f(C)$ 与 t 关系图

表 10-3　不同温度下的分解速率常数

温度/℃	55	65	70	75
分解速率常数 $k(\alpha_K=1.57)/\times10^4$	2.27	2.40	2.59	2.76
分解速率常数 $k(\alpha_K=1.60)/\times10^4$	2.87	2.59	2.19	2.08

(2) 活化能的确定　对 Arrhenius 公式 $k=Ae^{-E_a/RT}$ 两边取对数，得

$$\lg k = \lg A - E_a/(2.303RT) \tag{10-26}$$

因此，只要作 $\lg k$ 与 $1/T$ 的关系图，其直线斜率即为 $-E_a/(2.303R)$，从而可求得 E_a；直线截距为 $\lg A$，据此可求得 A。

$\lg k$ 的计算数据见表 10-4，$\lg k$ 与 $1/T$ 的关系图示于图 10-3 和图 10-4。

表 10-4 不同温度下的 $-\lg k$ 值

温度/℃	55	65	70	75
$(1/T)/(\times 10^3/K)$	3.047	2.957	2.914	2.872
$\alpha_K=1.60$ 时，$-\lg k$	2.682	2.660	2.587	2.542
$\alpha_K=1.57$ 时，$-\lg k$	2.644	2.620	2.587	2.559

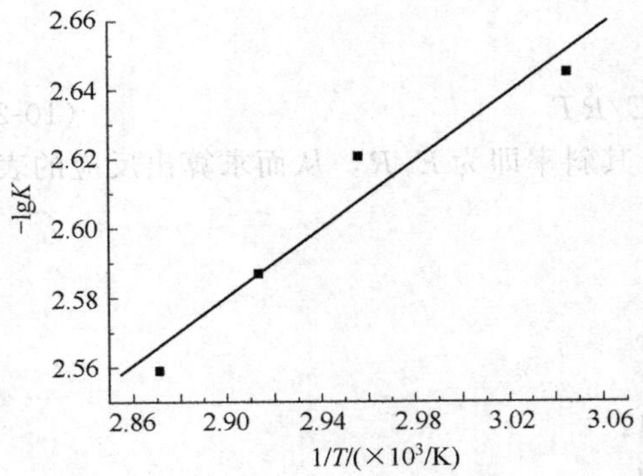

图 10-3 $\alpha_K=1.57$ 时，$\lg k$ 与 $1/T$ 的关系图

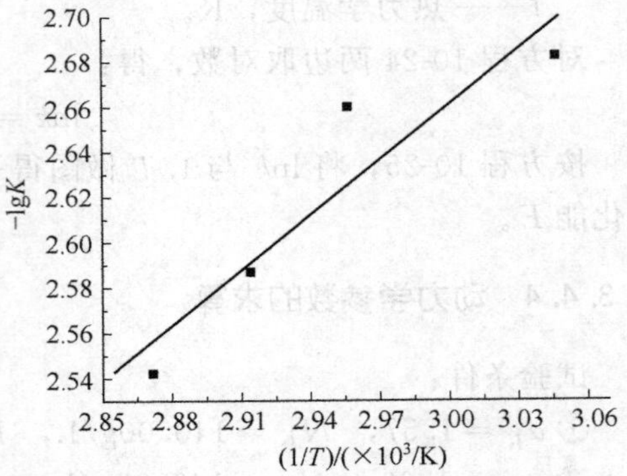

图 10-4 $\alpha_K=1.60$ 时，$\lg k$ 与 $1/T$ 的关系图

对试验数据进行最小二乘模拟，得直线方程如下。

① $\alpha_K=1.57$ 时，$\lg k=1.1827-0.4817\times 10^3\ (1/T)$

直线斜率为-0.4817×10^3，截距为 1.1827，所以：

$$E_a/2.303R=0.4817\times 10^3$$

因此，表观活化能 $E_a=0.4817\times 10^3\times 2.303R=0.4817\times 10^3\times 2.303\times 8.314$

$$=9.22\ (kJ/mol)$$

指前因子 $A=10^{1.1827}=15.23$

所以铝酸钠溶液晶种分解的速率常数可表示为：

$$k=15.23\times \exp(-9.22\times 10^3/RT) \tag{10-27}$$

铝酸钠溶液分解附聚段速率方程为

$$dC/dt=15.23\times \exp(-9.22\times 10^3/RT)\times (C-C_\infty)^2 \tag{10-28}$$

② $\alpha_K=1.60$ 时，$\lg k=0.2434-0.8055\times 10^3\ (1/T)$

直线斜率为 0.8055×10^3，截距为-0.2434，所以：

$$E_a/2.303R=0.8055\times 10^3$$

因此，表观活化能 $E_a=0.8055\times 10^3\times 2.303R=0.8055\times 10^3\times 2.303\times 8.314$

$$=15.42\ (kJ/mol)$$

指前因子 $A=10^{0.2434}=1.75$

所以铝酸钠溶液晶种分解的速率常数可表示为：

$$k=1.75\times \exp(-15.42\times 10^3/RT) \tag{10-29}$$

铝酸钠溶液分解附聚段速率方程为

$$dC/dt=1.75\times \exp(-15.42\times 10^3/RT)\times (C-C_\infty)^2 \tag{10-30}$$

式中 R——气体常数，8.314kJ/mol；

T——分解温度，K；

C——铝酸钠溶液中 Al_2O_3 浓度，g/L；

C_∞——铝酸钠溶液中 Al_2O_3 平衡溶解度，g/L。

由于 $\alpha_K=1.57$ 和 $\alpha_K=1.60$ 时，其附聚反应活化能分别为 9.22kJ/mol 和 15.42kJ/mol，均小于 20kJ/mol，因此可以断定，附聚反应是由扩散来控制的，因此，应采取加强搅拌等措施来促使扩散进行，从而促进附聚反应的发生。

10.4 铝酸钠溶液晶种分解过程中的二次成核

“二次晶核”产生于晶种表面，在一定条件下铝酸根离子之间通过氢键结合成体积较大的铝酸根离子群，这种阴离子群吸附在晶种表面上。在溶液过饱和度高、温度低、晶种较粗而且数量较少的条件下，铝酸根离子吸附到晶种表面要比它们循序地重新排列成晶格要快，因而在结晶表面上形成只经过部分重排的溶质群，过量的溶质在这些地方继续析出而形成二次晶核。这些细小晶核由于强度很弱，因此在颗粒间互相碰撞和液体的剪切作用下，脱离母晶进入溶液而成为次生晶核。二次晶核的生成取决于溶液的过饱和度、温度、碱浓度、晶种的数量和品质、搅拌强度及杂质的存在等因素。

10.4.1 二次晶核形成机理

二次晶核是在原始溶液过饱和度高、温度低、分解速度快而晶种表面积小的条件下产生新晶核的过程。首先是生成树枝状结晶，在颗粒相互碰撞时破裂折断，脱离母晶而转入溶液，成为新的晶核。二次晶核须经多次循环才能生成粒度适中的晶粒，因此次生晶核是 $Al(OH)_3$ 产品中细粒子增多的原因之一。关于二次成核理论的发展是众多氧化铝工作者几十年辛勤劳动的结晶。

J. Scott 和 T. G. Pearson 等研究认为晶种表面的微观磨蚀而产生的碎片是新晶核产生的主要源泉，晶核生成率与晶种粒度有关，晶种越粗，产生的新晶核数量越多。而且认为二次成核过程是首先在晶种表面生成树枝状结晶，然后这些树枝状结晶崩溃而产生新生晶核。但 Misra 认为只有在高搅拌速率下这种磨蚀成核的效果才最显著。

关于二次成核机理，不同研究者观点不同。N. Brown 认为纯粹成核机理有三种理论。

(1) 枝晶理论　即晶种表面的枝晶长大时受液相剪切力作用而破裂形成二次晶核。但近年研究表明，二次晶核可在无枝晶生长时形成，同时，加强搅拌并不能产生更多的次生晶核，因而该理论并不能适用于二次成核过程。

(2) 模板理论　长大晶体表面附近形成高度有序的吸附层，当其从晶体表面被剪切下来时，就有可能变成三元晶核。但该机理不是二次成核的主要机理，因为在正常条件下，搅拌不十分强烈，不可能产生如此巨大的剪切力。

(3) 杂质浓度梯度理论　在含有杂质的溶液中加入晶种，则在晶种的边界层中引起杂质浓度梯度而使浓度降低，直到三元晶核产生，这一点已得到实验验证。

上官正引用 Alan D. Randolph 的理论，对 N. Brown 的二次成核机理进行补充，认为还有另外四种，即①原始大颗粒表面上附着的细小晶体（粉尘）在加入精液时散落下来而变成独立晶体；②大晶体在固含量高，搅拌强烈的情况下与搅拌器、器壁及其他晶体相撞而破碎成为小晶体；③大晶体的棱角在结晶器内因碰撞而被磨蚀下来成为小晶体；④接触成核，即在分解过程中，氢氧化铝在晶种表面析出，由于粒子间的附着、碰撞、磨蚀、“枝晶”、溶液的剪切及晶种表面的吸附作用，形成很细小的晶核，称它为“二次晶核”。这些“二次晶核”的生成对分解产品粒度有很大影响。在原晶种基础上经搅拌、碰撞而脱落，及晶种表面有一层还没有完全变成晶体的吸附层，以这种吸附层生长的晶体经搅拌等作用时会脱离母晶并形成细晶体，此过程叫接触成核；他认为，接触成核是二次成核的主要机理。

N. Brown 利用扫描电子显微镜研究表明，将表面结构完整的大颗粒特制晶种加入到高度过饱和的合成铝酸钠溶液中，种子晶体（001）表面会突然涌现大量潜伏的次生晶核，同时发生晶体的生长，但由于它们的机械强度较弱，在流体剪切力作用下而破裂，脱离母晶进入到溶液中。扫描电镜研究结果还表明，当种子量小时，铝酸阴离子吸附到种子表面要比它们重新排列并结合进入晶格要快得多，在晶种表面上可以形成部分经过重排的溶质的簇群区，并稍有长大，当溶质过量时，这些溶质在簇群区继续析出而产生二次晶核，也就是说，新晶核是在晶种表面通过二次成核形成的，且 $Al(OH)_3$ 的二次晶核具有自动起伏的特点，即二次成核在种子表面上的周期性聚集和脱落到溶液中去。因而，在液相中可观察到大量细小的微晶，而且固相表面积增加。但 Cornell 在研究三水铝石晶体生长时，没有发现细粒子的存在，而且固相表面积持续下降，这可能是因为他们采用的溶液固含不同。Cornell 采用的是稀释悬浮液（25g/L），只有在浓缩悬浮液（200g/L）中，才能观察到细晶粒从晶种表面剥落的现象。因此，二次晶核能否发生，取决于悬浮液固含和晶种表面状态。

10.4.2 成核率

在给定温度下，成核率指的是单位时间、单位悬浮液中的晶核数量。拜耳法种分过程的成核属于再生成核，主要受温度、过饱和度以及晶种表面状态的影响。Misra 认为成核率依赖于 Al_2O_3 过饱和度和晶种表面积，并认为控制成核率的关键是晶种添加量和温度。添加细晶种会加速成核和细粒的产生，当温度大于 75℃时，则不会发生成核，而晶种表面的位错对成核率也有重大影响。N. Brown 给出了有利于成核的条件，即高过饱和度、低温和低种子比表面积，并指出成核不只是多相增生现象。

关于成核速率方程，有多种形式，最简单的形式如下：

$$B=Kn(C-C_{\infty})^2 \tag{10-31}$$

式中 Kn——成核动力学常数，与固体浓度和表面积有关；

C、C_{∞}——t 时刻和平衡时溶液中的 Al_2O_3 浓度。

Misra、N. Brown 和 Halfon 对上式进行了改进，他们所得的方程形式如下。

Misra 方程：

$$B=K(C-C_{\infty})^2 S\times\exp[E_a/(RT)] \tag{10-32}$$

式中 E_a——成核活化能；

R——气体常数；

S——溶液中固相表面积，m^2/m^3。

Halfon 方程：

$$B=KnS(C-C_{\infty})^2 s_v=Kn(C-C_{\infty})^2 Sv \tag{10-33}$$

式中 Sv——每单位体积悬浮液中晶体表面的空缺位置的数量；

$s_v=Sv/S$，晶种单位表面的空缺位置的数量。

N. Brown 方程：

$$B=Kn(C-C_{\infty})^2\tau \tag{10-34}$$

式中 τ——诱导期。

可见，他们三人将成核率与晶种表面积、晶种表面空缺数以及诱导期联系起来，但究其本质，其实是一样的。诱导期是种子表面不适应溶液过饱和度降低的要求时，在分解最初阶段出现的，即诱导期是为准备足够的表面积所需的时间，因此，二次成核与诱导期关系密切。

10.4.3　诱导期与二次成核

K. Yamada 等在研究分解过程时发现成核可以分成诱导期、成核期和饱和期三个阶段，而 Волохов 利用扫描电镜观察的结果证明二次晶核的形成过程可以分成诱导期阶段和大量氢氧化铝结晶析出阶段。诱导期的长短视溶液组成和分解条件而异。Smith 等将诱导期定义为从向溶液中加入晶种到分解明显开始的时间间隔。事实上，诱导期在实际生产中并不存在，但在研究 $Al(OH)_3$ 分解机理时，诱导期却很重要，因为诱导期反映了系统的特性——分解的关键是使种子和溶液接触一段时间，使种子表面得以改善，然后才能发生分解。而诱导期的特征是在晶种上 $Al(OH)_3$ 分解得很慢且稳定，在诱导期末期呈现分解速率突然变化。诱导期的测量方法有电导率法、光透法等。

影响诱导期的因素有起始过饱和度、温度、晶种表面积等，若添加足够多的晶种，则不存在诱导期，二次成核也不发生，这说明诱导期对二次成核有影响。通过测量 $Al(OH)_3$ 表面酸碱中心的变化发现在诱导期中酸碱中心有较大波动，说明此时种子表面性质已有实质变化，并指出诱导期的特点是大量晶核在种子晶体表面上聚集。Brown 认为诱导期是晶种表面面积积累的过程。而 A. Halfon 等通过考虑基于二次成核机理上的晶种活性点解释了诱导期。刘洪霖在研究铝酸钠溶液结构时发现溶液中存在有 $Al(OH)_4^-$ 和 $[(HO)_3Al—O—Al(OH)_3]^{2-}$ 离子，而分解是从 $Al(OH)_4^-$ 开始的，溶液中的 $[(HO)_3Al—O—Al(OH)_3]^{2-}$ 离子形成 $Al(OH)_4^-$ 需要一个过程，所以分解存在诱导期。

在铝酸钠溶液中，二次成核与诱导期密切相关，二次晶核量与诱导期的长短成正比。二次晶核的最大数量取决于在种子表面上二次晶核的形成速度和生长速度。$Al(OH)_3$ 的二次成核与按表面成核机理的晶体长大密切相关，在晶种上形成的二次晶核总伴随着诱导期的影响。诱导期的长短与溶液组成和分解条件有关，诱导期的产生是因为成核速率依赖于过饱和度和晶种表面积而导致的动力学结果。当初始过饱和度增加，晶种表面积增加和结晶温度升高时，诱导期缩短。

在低种子表面积下，体系出现诱导期，在此期间晶种表面形成晶核以提供在此过饱和度下的长大速率所必需的表面积。升高温度可以降低成核速率是因为溶液中的铝酸根离子间存在大量的氢键使其呈伪晶结构，而高温可促使氢键破裂从而降低成核速率，低位错密度也有利于表面成核，因为二次成核与种子表面的活性点有关，而粗粒种子单位表面上的活性比细粒的高，因而出现细颗粒的可能性大。

当初始过饱和度大，晶种表面积大、结晶温度升高时诱导期缩短。对 150g/L 以上的铝酸钠溶液进行研究发现，溶液中存在二聚离子 $[(HO)_3Al—O—Al(OH)_3]^{2-}$，加水稀释后溶液的光谱表明二聚离子并没有完全降解。由于 Al—O—Al 中的 Al—O 键具有共价键性质，故其断裂尚需活化能，反应可能较慢，因此二聚离子降解较慢，应是诱导期长的一个原因。晶种初始生长速度越快，诱导期越短，在过饱和度低、晶体生长速度小时，有利于二次成核。诱导期结束即二次成核的开始。

总之，高过饱和度、低温、低种子表面积、低位错密度等条件有利于二次成核。

10.5　影响铝酸钠溶液分解的主要因素

分解和溶出是同一个可逆反应朝不同方向进行的两个过程。从热力学观点出发，用

Al_2O_3 含量不饱和的种分母液溶出铝土矿，和从过饱和铝酸钠溶液中分解析出氢氧化铝，都是向该条件下的平衡方向运动的自发过程。在铝土矿溶出过程中，采用高温和高碱浓度、高分子比的母液，有利于矿石中的 Al_2O_3 更迅速地溶出。而在种分过程中，为了使 Al_2O_3 更快地从溶液中结晶析出，则要求溶液有较低的温度、浓度和分子比，也就是要求溶液具有较大的过饱和度，即较低的稳定性。凡使溶液稳定性降低的因素，都将使种分速度加快。

由于晶种分解过程中还包括复杂的结晶过程，影响因素更多，各个因素所起的作用是多方面的，这些作用的程度也因为具体条件的不同而不同，这就使得种分过程对于作业条件的变化非常敏感，而各个因素变化带来的影响也常常显得矛盾。所以在考察各个因素对于种分过程的影响的时候，尤其需要联系整个作业条件，全面地、辩证地加以分析。

10.5.1 分解原液的浓度和分子比的影响

分解原液的浓度和分子比是影响种分速度和分解槽单位产能最主要的因素，对分解产物的粒度也有明显影响。

当其他条件相同时，中等浓度的过饱和铝酸钠溶液具有较低的稳定性，因而分解速度较快。图 10-5 说明了溶液浓度对种分的影响。分解原液的分子比为 1.59～1.63，分解初温 62℃，终温 42℃，分解时间为 64h。图中虚线代表母液的分子比，实线代表分解率。由图 10-5 可见，原液 Al_2O_3 浓度接近 100g/L 时，分解速度和分解率最高，继续提高或降低浓度，分解速度和分解率都降低。因此单纯从分解速度看，氧化铝浓度不宜过高。但是在确定合理的溶液浓度时，还必须考虑分解槽的单位产能，并从拜耳法生产全局出发，考虑降低物料流量，减少蒸发水量以降低能耗等问题。

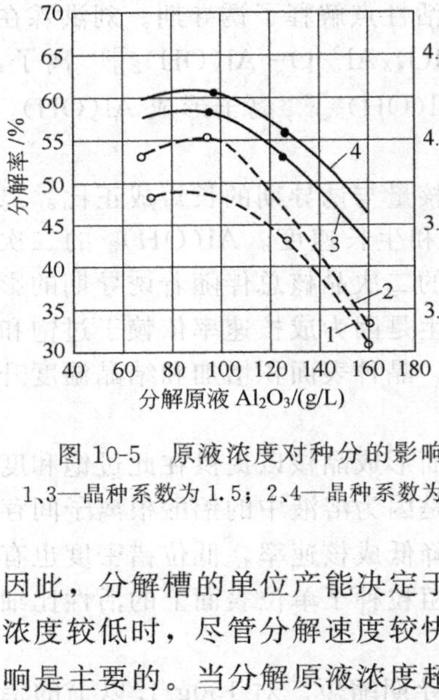

图 10-5 原液浓度对种分的影响

1、3—晶种系数为 1.5；2、4—晶种系数为 2.0

从分解槽的单位产能公式可见，提高分解原液的 Al_2O_3 浓度，产能增加，因为 Aa 在公式中的分子项内，但 Al_2O_3 分解率 η 却随 Al_2O_3 浓度升高而降低。因此，分解槽的单位产能决定于二者相对影响的大小，可能提高，也可能降低。当分解原液浓度较低时，尽管分解速度较快，分解率较高，但 Aa 与 η 的乘积仍低，所以这时浓度的影响是主要的。当分解原液浓度超过一定限度后，则分解率的影响上升为主要因素。所以对分解槽单位产能而言，必然存在一个最佳浓度，超过此浓度后，由于分解率显著降低，分解槽单位产能也开始下降。实践证明，对任何一种分子比的溶液，都有一个使分解槽单位产能达到最高的最佳浓度。溶液分子比越低，相应的最佳浓度越高。这是由于原液分子比是影响分解速度最主要的因素，在提高分解原液浓度的同时，如能降低其分子比，则仍能保持较快的分解速度，以弥补提高浓度后使分解率降低的不利影响，并使分解槽的单位产能也因之提高。

分解原液的浓度和分子比与工厂所处理的铝土矿的类型有关。处理三水铝石型矿石时，原液的浓度和分子比总是比较低的；而处理一水铝石型矿石时，原液的浓度和分子比则较高。多年来，很多氧化铝厂（包括某些处理三水铝石型矿石的拜耳法厂）都曾不同程度地提高了铝酸钠溶液的浓度。目前处理一水铝石型铝土矿的拜耳法溶液，Al_2O_3 浓度一般为

130～160g/L。

实践证明，适当提高铝酸钠溶液浓度收到了节约能耗和增加产量的显著效果。当然，随着溶液浓度的提高，在其他条件相同时，分解率和循环母液的分子比会降低，此外对赤泥及氢氧化铝的分离洗涤也有不利的影响。此外，原液浓度高不利于得到粒度粗和强度大的氢氧化铝，给砂状氧化铝的生产带来困难。

为了克服溶液浓度提高后对分解速度所产生的不利影响，可采用以下措施。

(1) 采用洗涤的氢氧化铝作晶种　实验表明，采用洗去附碱的氢氧化铝作晶种时，分解速度较之使用未经洗涤的晶种时明显提高。但是，洗涤晶种需要增加洗水用量，因而增加蒸水量，经济上未必合算。在生产上可以采用洗涤氢氧化铝产品的洗液来洗涤晶种，即所谓不充分洗涤的办法。国外一个工厂采用这种办法，分解率提高约 2%，当然，还需要增加相应的设备。

(2) 增大晶种系数　某些资料中指出，在采用高浓度铝酸钠溶液的条件下，使用高晶种系数（2.3～3.0）是适宜的，它可以部分地补偿由于高浓度所产生的不良影响。如乌拉尔铝厂将分解原液的 Na_2O_T 和 Al_2O_3 浓度分别提高到 145～155g/L 和 130～139g/L，同时将晶种系数从 1.87 提高到 2.3～2.5 后，保持了高的分解率（52.1%～53.6%），分解时间显著缩短（由 82～86h 缩短至 70～75h），分解槽产能也有所提高。

(3) 提高搅拌速度　当溶液浓度提高到 Na_2O_T 160g/L 以上时，扩散成为整个分解过程的控制步骤，因此提高搅拌速度可加速高浓度溶液的分解进程。试验表明，在提高搅拌速度的条件下，将分解原液浓度提高到 Na_2O_T 160～170g/L 是可行的。

分解原液的分子比对种分速度影响很大。从图 10-6 可见，随着原液分子比降低，分解速度、分解率和分解槽单位产能均显著提高。实践证明，分解原液的分子比每降低 0.1，分解率一般约提高 3%。降低分子比对分解速度的作用在分解初期尤为明显。

降低铝酸钠溶液的分子比是强化种分和提高拜耳法技术经济指标的主要途径之一。将降低分解原液分子比与适当提高其浓度结合起来，对种分和整个拜耳法技术经济指标的提高都是有利的。

原液分子比和浓度对分解产物粒度的影响比较复杂，在这方面还缺乏细致深入的研究。有的资料指出，原液分子比降低，分解产物粒度有变细的趋势。这是指在一定条件下，由于分解速度太快所造成的结果。但是另一方面，分子比低时，溶液的过饱和度大，有利于晶种的附聚和长大。因此，溶液分子比对分解产物粒度的影响具有两重性，并且与其他条件的配合有关。

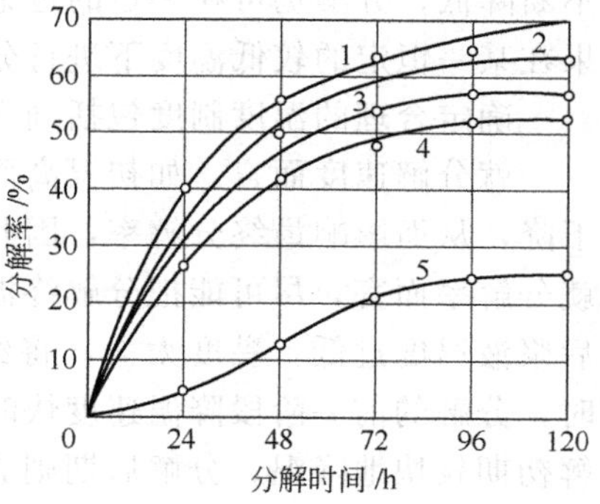

图 10-6　原液分子比（MR）对分解率的影响

原液 Al_2O_3 浓度 110g/L；分解初温 60℃，终温 36℃ MR：1—1.27；2—1.45；3—1.65；4—1.81；5—2.28

原液浓度对产品粒度的影响随分解温度及其他条件不同而异。浓度高时，溶液过饱和度低，不利于结晶的长大和附聚，同时，碱浓度高时容易得到不稳定的、机械强度小的结晶；而浓度较低时，析出的氢氧化铝结晶强度较大。浓度的影响与温度有关。下里等人的研究表明，浓度对分解产物粒度的影响在低温时比高温时显著，在高温条件下，分解产物的粒度变化受溶液浓度的影响比较小。

10.5.2 温度制度的影响

温度制度对种分过程的技术经济指标和产品质量有很大影响。确定和控制好温度是种分过程的主要任务之一。

根据 Na_2O-Al_2O_3-H_2O 系平衡状态图，一定成分的铝酸钠溶液，随温度降低，其过饱和度增加，因而分解速度提高。当其他条件相同时，可获得较高的分解率和分解槽的单位产能。试验表明，分解速度约在30℃左右达到最大值，进一步降低温度，由于溶液黏度显著提高，溶液稳定性增加，分解速度降低。

分解温度对分解产物中某些杂质的含量也有明显的影响。表 10-5 为分解初温对分解产物中不溶性 Na_2O 含量的影响的试验结果。除初温外，其他分解条件保持一定。晶种中不溶性 Na_2O 含量为 0.2%。

表 10-5 分解初温对分解产物中不溶性 Na_2O 含量的影响

初温/℃	50	55	60	65	70
Na_2O/%	0.254	0.228	0.200	0.176	0.150

从上表可见，分解初温越低，分解产物中不溶性 Na_2O 含量越高。

根据某些试验资料，分解温度降低，析出的 SiO_2 数量有所增多，并认为，种分氢氧化铝中的 SiO_2 来源于物理吸附，因为发现氢氧化铝用水洗后，其 SiO_2 含量可以降低。在正常情况下，分解原液的硅量指数为 200～400，以铝硅酸钠形态析出的 SiO_2 数量是很少的。

工业生产上是采取将溶液逐渐冷却的变温分解制度，这样有利于在保证较高分解率的条件下，获得质量较好的氢氧化铝。分解初温较高，对提高氢氧化铝质量有好处。分解初期溶液过饱和度高，分解速度较快，随着分解过程的进行，溶液过饱和度迅速减小，但由于温度不断降低，分解仍可在一定的过饱和度条件下继续进行，故整个分解过程进行比较均衡；如果在某一恒定的较低温度下进行分解，则必然析出很多粒度小而杂质含量多的氢氧化铝来。

确定合理的温度制度包括确定分解初温、终温以及降温速度。

就分解速度而言，如初温高而不能迅速降温，则分解速度由于溶液过饱和度减少而迅速下降，从而影响最终分解率，因此，降低分解初温，可在既定的分解时间内能提高分解率。就分解率而言，尽可能把分解终温降至接近 30℃是有利的，但氢氧化铝中细粒子多，分解后浆液温度过低，黏度太大，将给氢氧化铝的分离过滤作业带来困难。当初温和终温一定时，分解的前一阶段降温速度快时，分解速度也快。实践证明，合理的降温制度应当是，分解初期较快地降温，分解后期则放慢，这样既能提高分解率，又不致明显地影响产品粒度。

分解温度（特别是初温）是影响氢氧化铝粒度的主要因素。提高温度使晶体成长速度大大增加。有的资料指出，当溶液的过饱和度相同时，氢氧化铝结晶成长的速度在 85℃时比在 50℃时高出约 6～10 倍。温度高也有利于避免或减少新晶核的生成，同时所得氢氧化铝结晶完整，强度较大。因此生产砂状氧化铝的拜耳法厂，分解初温一般控制在 70～85℃之间，末温也较高，这对分解率和产能显然是不利的。生产面粉状氧化铝的工厂，对产品粒度无严格要求，故采用较低的分解温度。

合理的温度制度与许多因素有关，工厂都是根据各自的具体情况和所积累的经验来确定。

据较近的资料报道，采用高浓度原液分解，除须提高搅拌速度外，还要适当地提高分解温度，以降低溶液黏度，提高扩散速度。例如，乌拉尔铝厂在生产条件下取得了如下的试验结果：将分解原液 Na_2O_T 浓度从 145～147g/L 提高到 155～161g/L，同时将分解初温从 54～55℃提高到 59～60℃，终温从 44～45℃提高到 49～50℃，分解 65～71.5h 的分解率保持在 50.8%～51.0%；而分解同一溶液，如不提高分解初温和终温，分解率将低 0.8%～1.0%。

10.5.3　晶种数量和质量的影响

晶种的数量和质量是影响分解速度和产品粒度的重要因素之一。

在拜耳法中，添加大量晶种进行铝酸钠溶液的分解是一个很突出的特点。通常用晶种系数表示添加晶种的数量，它的定义是添加晶种中 Al_2O_3 含量与溶液中 Al_2O_3 含量的比值，也有用晶种的绝对数量（g/L）来表示的。在生产中周转的晶种数量是惊人的。一个日产一千吨的氧化铝厂，当晶种系数为 2 时，在生产中周转的氢氧化铝晶种数量就超过 1.5～1.8 万吨。

晶种的质量是指它的活性大小，它取决于晶种的制备方法和条件、保存时间以及结构和粒度（比表面积）等因素。新沉淀出来的氢氧化铝的活性比经过长期循环的氢氧化铝大得多；粒度细，比表面积大的氢氧化铝的活性远大于颗粒粗大、结晶完整的氢氧化铝。工厂中多采用分级的办法，将分离出来的比较细的氢氧化铝返回作晶种。

图 10-7 示出了晶种系数对分解速度的影响。从图可见，随着晶种系数的增加，分解速度亦随之提高，特别是当晶种系数较小时，提高晶种系数的作用更为显著；而当晶种系数提高到一定限度以后，分解速度增加的幅度减小。

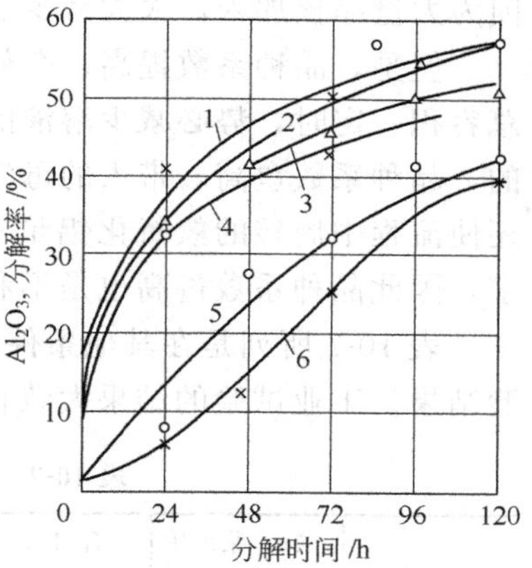

图10-7　晶种系数对分解速度的影响

晶种系数：1—4.5；2—2.1；3—1.0；4—0.3；5—0.2；6—0.1

当晶种系数很小，或者晶种活性很低时，分解过程有一较长的诱导期，在此期间溶液不发生分解。随着晶种系数提高，诱导期缩短，以至完全消失。使用新沉淀的氢氧化铝晶种，实际上不存在诱导期。

晶种的数量和质量对分解产物粒度的影响比较复杂。

莱涅尔（А. И. Лайнер）等的研究表明，降低晶种系数将会导致分解产物的平均粒度变粗，在晶种系数为 0.1 时，粒度达到最大值（作者没有进行更低晶种系数的研究）。但是有些资料却指出，提高晶种系数有助于获得粒度较粗的氢氧化铝，同时粒度组成也比较稳定。佐藤等人的试验则表明，晶种量过多或过少，都会使分解产物粒度变小，而添加适当数量的晶种时，得到的分解产物粒度最大；产生上述分歧的原因与很多因素有关。由于溶液成分、分解温度、杂质含量以及晶种本身活性等条件的不同，晶种数量对产品粒度的影响可以完全不同。

国外生产砂状氧化铝时，种分时晶种的添加量较少，其所以能获得粒度较粗的分解产物，一方面是由于作业条件有利于晶种的长大与附聚，另外也由于分解温度高、时间短，在很大程度上减少了新晶核的生成。可以想见，在新晶核产生很少的条件下减少晶种添加量，由于在每一个晶粒上析出的氢氧化铝量增加，故使产品粒度变粗。

如果种分温度低，则在晶种少而活性低的情况下，容易产生大量新晶核，因此会得到粒度细的分解产物。在种分过程中，氢氧化铝晶体长大的速度小，因此，如果晶种粒度太细，得到的分解产物粒度也较细；晶种粒度较粗。得到的分解产物粒度也较粗；但如果使用活性低的晶种，则有可能得到比晶种粒度还小的分解产物。有较近的资料指出，晶种中大部分颗粒的平均粒度以40～60μm为宜。

表10-6列举晶种数量对氢氧化铝粒度影响的部分试验结果，试验是用工业铝酸钠溶液，94.5%的晶种小于43μm。

表10-6　晶种数量对氢氧化铝粒度的影响

晶种系数	氢氧化铝粒度组成/%				
	+85μm	43～85μm	−43μm	+10μm	−10μm
0.1	0.0	0.0	100	9.0	91.0
0.5	0.0	0.6	99.4	35.4	64.6
1.0	5.8	25.0	69.2	78.0	22.0
2.0	10	23.0	76.0	84.0	16.0
3.0	9.5	36.5	54.0	91.0	9.0
5.0	6.6	25.0	68.4	91.0	9.0

由表可见，晶种系数低于0.5时，得到非常细的氢氧化铝，这与分解温度低（初温49℃，终温39℃），容易产生大量新晶核有关。提高晶种系数会使氢氧化铝产品粒度变粗，因为大量晶核加入，大大减少了新晶核的生成。

但是，晶种系数提高，会使分解槽有效容积减少，当每小时送往分解的精液量和分解槽总容积一定时，势必减少溶液的实际分解时间；其次，在工业生产上，晶种常常是不经洗涤的，晶种系数愈高，带入的母液愈多，分解原液的分子比因而升高得更多，而且增加晶种量还使流程中周转的氢氧化铝量和分解时搅拌的动力消耗增加，分离氢氧化铝所需的设备增多，因此晶种系数过高也是不利的。

表10-7所列是在其他条件相同时，晶种系数对分解率及分解槽单位产能影响的小型试验结果。工业试验的结果大致相同。

表10-7　晶种系数对分解率及分解槽单位产能的影响

晶种系数	$1m^3$浆液中铝酸钠溶液占的容积/m^3	含$1m^3$铝酸钠溶液的浆液容积/m^3	浆液流量的相对值/%	溶液的分解时间τ/h	在分解时间τ内溶液的分解率/%	在时间τ内槽的单位产能	
						kg/(m^3·d)	%
1.5	0.853	1.1715	91.2	60.3	44.0	18.8	91.7
2.0	0.815	1.2285	95.5	57.6	45.3	19.6	95.5
2.5	0.778	1.2857	100.0	55	46.8	20.5	100
3.0	0.745	1.3430	104.5	52.6	48.8	21.3	104

表中分解浆液流量的相对值及溶液的实际分解时间，都是以晶种系数2.5为比较基准并按分解原液流量保持不变的条件下计算出来的。由表可见，在晶种系数1.5～3.0的范围内，晶种系数每增加0.1，分解率约增加0.3%～0.4%（绝对值），分解槽单位产能也随晶种系数的提高而提高。

目前绝大多数氧化铝厂都是采用循环氢氧化铝作晶种，许多厂采取了提高晶种系数的措施。但由于具体条件不同，各厂的晶种系数可以差别很大，多数是在1.0～3.0的范围内变化。

10.5.4 搅拌速度的影响

图10-8为在不同搅拌速度下铝酸钠溶液的分解速度曲线。

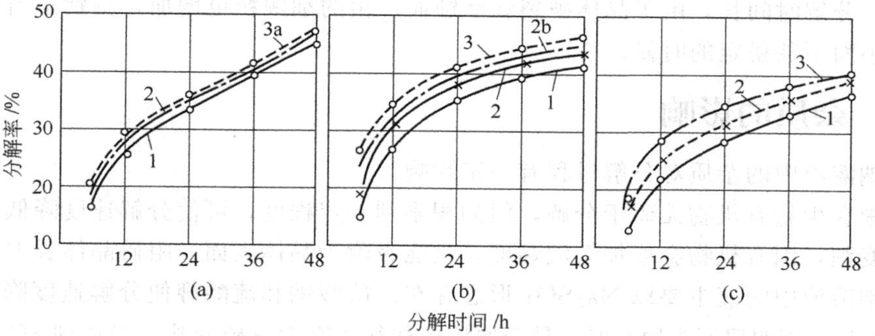

图10-8 搅拌对种分速度的影响

搅拌速度（r/min）：1—22；2—46；2b—54；3—80；3a—90

图10-8中，分解原液成分（g/L^{-1}）如下：

	a	b	c
Na_2O_T	149.5	168.1	181.5
Al_2O_3	125.0	138.1	144.5
分子比	1.74	1.77	1.77

分解条件：晶种系数均为2.0，加晶种后的溶液在500℃搅拌48h，相隔6h、12h、24h、36h及48h取样一次，搅拌速度（r/min）为22、46、54、80和90。

从图可见，当分解原液的浓度较低时，搅拌速度对分解速度的影响不大［图10-8（a）］，因此只要能使氢氧化铝在溶液中保持悬浮状态即可。当分解原液的浓度达Na_2O_T160～170g/L时，分解速度随搅拌速度的增加而显著提高［图10-8（b）］，这表明分解速度取决于扩散速度。当溶液浓度更高时，即使增加搅拌强度。分解率仍然比较低［图10-8（c）］。

搅拌速度过高，会产生很多的细粒子，因而，一般是根据具体情况，确定最宜的搅拌强度和搅拌方式。

10.5.5 分解时间及母液分子比的影响

当其他条件相同时，随着分解时间延长，分解率提高，母液的分子比增加，因此将分解时间和母液分子比的影响一并讨论。

不论分解条件如何，分解曲线都呈图10-9所示的形状。曲线的形状说明，分解前期析出的氢氧化铝最多，随着分解时间延长，在相同时间内分解出来的氢氧化铝数量越来越少（$aa'>bb'>cc'>dd'>ee'$），溶液分子比的增长也相应地越来越少，分解槽的单位产能也越来越低。

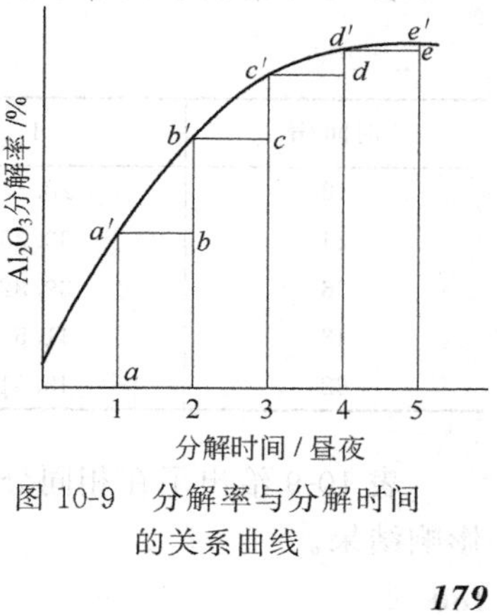

图10-9 分解率与分解时间的关系曲线

因此过分延长分解时间是不适宜的，但过早地停止分解，分解率低，氧化铝返回的多，母液分子比过低，不利于溶出，并增加了整个流程的物料流量。所以要根据具体情况确定分解时间，以保证分解槽有较高的产能，并达到一定的分解率。

关于分解时间对氢氧化铝粒度的影响研究较少。延长分解时间，产品中细粒子增多。分解后期产生细粒子的原因是由于溶液过饱和度减小，温度降低，黏度增加，使结晶成长速度减小之故。分解时间长，由于晶体破裂和磨蚀而产生的细颗粒也增加，特别是当生成的氢氧化铝强度小而不甚稳定的时候。

10.5.6　杂质的影响

铝酸钠溶液中的杂质对分解过程有一定影响。

溶液中含少量有机物无碍于分解，但如积累到一定程度，可使分解速度降低，并使分解产物粒度变细，因有机物会增加溶液黏度，且能吸附于晶体表面，阻碍晶体长大。

铝酸钠溶液中的硫主要以 Na_2SO_4 形态存在。硫酸钠和硫酸钾使分解速度降低，但含量低时不甚明显。用明矾石为原料时，种分原液中往往含有大量硫酸盐，当达到 SO_3 30～40g/L 以上时，分解速度开始显著降低。

铝土矿中含少量锌，一部分在溶出时进入铝酸钠溶液，种分时全部以氢氧化锌形态析出于氢氧化铝中，从而降低氧化铝产品质量。溶液中存在锌有助于获得粒度较粗的氢氧化铝。

有关钒酸盐和磷酸盐对种分速度的影响的报道是互相矛盾的。氟化物（NaF）在一般含量下对分解速度无影响，但氟、钒、磷等杂质对分解产物的粒度都有影响。溶液中有少量氟即可使氢氧化铝粒度变细，含氟达 0.5g/L 时，分解产物粒度很细，氟含量更高时，甚至可破坏晶种。溶液中 V_2O_5 含量高于 0.5g/L 时，分解产物粒度细，甚至晶种也被破坏，为钒所污染的氢氧化铝，在煅烧过程中剧烈细化。P_2O_5 有助于获得较粗的分解产物，当其含量高时，可全部或部分地消除 V_2O_5 对分解产物粒度的不良影响。

NaCl 含量高达 38g/L 对分解速度也无影响，但使分解产物粒度变细。

10.6　添加剂对分解过程的影响

分解过程，通过加入微量添加剂来强化分解过程，提高分解率、提高产品的粒度和强度，是既简便又有效的方法。国外早已有被称之为结晶助剂的添加剂生产和销售。

东北大学，先是进行了添加剂强化分解，提高分解率的研究，后来，为了生产砂状氧化铝，又进行了提高产品粒度和强度的添加剂的试验研究。

表 10-8 给出了几种添加剂对种分分解率的影响，并与国外添加剂进行了比较。

表 10-8　添加剂对种分分解率的影响

时间/h	I	F	空 白	Alclar(国外)
12	28.45	28.27	27.84	27.96
24	33.35	34.33	32.91	34.15
36	39.32	39.15	38.05	35.47
48	41.51	41.55	40.54	41.78
62	43.51	44.37	42.39	43.52

表 10-9 给出了在相同分解条件下，添加剂对铝酸钠溶液分解率和产品氢氧化铝粒度的影响结果。

表 10-9　几种添加剂对铝酸钠分解率和产品氢氧化铝粒度的影响

样　号		1	2	3	4	5
添加剂		GI_3-1	G	F8-1	空白	晶种
分解率/%		47.93	47.86	46.47	44.67	
粒度	+100 目	4.06	5.36	3.81	4.15	4.50
	−100～+160 目	24.69	20.01	17.69	19.64	18.60
	−160～+200 目	10.54	14.54	10.04	11.62	10.0
	−200～+230 目	14.72	7.41	21.66	24.81	19.88
	−230～+270 目	11.23	18.37	3.53	2.66	4.58
	−270～+325 目	9.43	7.63	12.81	12.87	14.23
	−325 目	25.34	26.69	30.46	24.26	28.4

表 10-10 给出了添加剂对产品氢氧化铝粒度影响的实验结果，并与国外两种添加剂进行对比。

表 10-10　添加剂对产品氢氧化铝粒度的影响

样　号	1	2	3	4	5
添加剂	Nalco	CGMA	I_3	F_8	空白
−45μm 粒子百分含量/%	29.91	34.8	24.2	29.36	33.37

从以上实验室试验结果表明，种分过程中加入适当的添加剂，可以强化分解过程，提高分解率，可以促进粒子的附聚与长大，粗化产品氢氧化铝的粒度。

2003 年 11 月，我们在中国铝业公司河南分公司进行了种分过程添加剂的工业试验。试验中，分解工艺条件保持不变，只是按 20μg/g 的量使添加剂 I_3 随分解原液加入分解槽首槽，考察产品氢氧化铝中−45μm 粒子的百分数。结果如图 10-10。

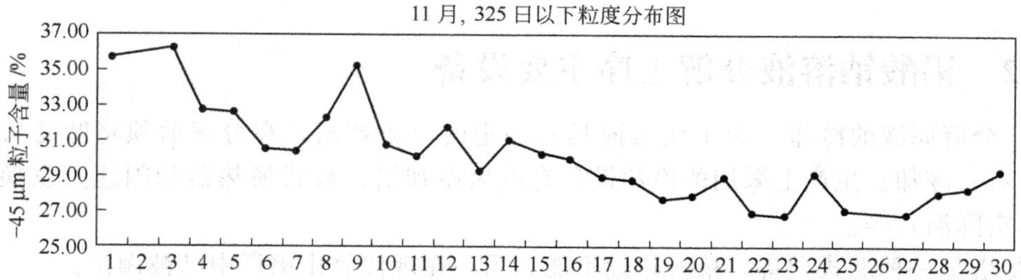

图 10-10　添加剂工业试验结果

注：25 日后，因添加剂流管冻结，添加剂没有加入，氢氧化铝粒子又出现细化趋势

工业试验结果也表明，添加剂可明显的促进粒子的附聚与长大，粗化产品氢氧化铝的粒度。

因此，我们认为，在我国以一水硬铝石矿为原料生产砂状氧化铝，在优化工艺技术条件的基础上，施以添加剂是必不可少的。

10.7 铝酸钠溶液分解工艺

10.7.1 铝酸钠溶液分解作业条件

合理的分解作业条件应保证分解过程在分解率、分解槽产能和产品质量（粒度和强度）等方面获得满意的指标，它的制定要从溶液的成分和对氧化铝成品物理性质的要求出发，因为溶液成分是随矿石类型和生产方法不同而改变的。另外，在电解铝生产对原料氧化铝的物理性质没有严格要求的年代，各氧化铝生产厂对氧化铝成品的物理性质也有各自的要求，因此，不同的工厂在分解作业条件上有很大的差别。

当工厂生产面粉状氧化铝时，对氢氧化铝的粒度和强度无严格要求，作业条件主要从分解率和分解速度考虑。如当时欧洲的某些拜耳法厂的一水软铝石矿为原料生产面粉状氧化铝，分解作业条件的特点是分解温度低、晶种系数高、分解时间长，这些都是为了克服溶液浓度和分子比高给分解速度带来的不利影响，以便取得较高的分解速度和分解率。

当时如美国等一些氧化铝厂旨在生产砂状氧化铝，则对氢氧化铝的粒度和强度有严格的要求。这些生产砂状氧化铝的工厂多数是以三水铝石矿为原料的拜耳法生产厂，其溶液的浓度和分子比低，过饱和度高，因此分解过程中具有良好的结晶长大和附聚的条件。分解作业的特点是温度高、分解时间短、晶种系数小。

我国和前苏联的一些工厂，处理的是难溶解的一水硬铝石矿，分解原液具有浓度高、分子比高的特点，过去对产品的物理性质没有严格的要求，分解作业条件主要是从提高分解率和产能出发。近年来为适应电解过程的需要，国外的一些生产面粉状氧化铝的工厂也纷纷改为生产砂状氧化铝。我国也研究开发了从浓度和分子比高的溶液中生产砂状氧化铝的合理工艺。浓度高、分子比高的溶液过饱和度低，对分解速度、晶体附聚和长大都是不利的，同时满足粒度、强度和分解率的要求很困难，所以用一水硬铝石矿为原料生产砂状氧化铝的难度很大，产量和质量间的矛盾突出，即要生产出质量合格的砂状氧化铝，又不能牺牲产量、提高成本。因此，需要研究在保持高的溶液浓度和高产出率的条件下，生产砂状氧化铝的合理工艺。

10.7.2 铝酸钠溶液分解工序主要设备

（1）分解原液的冷却　为了使溶液具有一定的分解初温，在分解前须将叶滤后的精液（95℃左右）冷却。生产上采用的冷却设备有鼓风冷却塔、板式换热器和闪速蒸发换热系统（多级真空降温）等。

冷却塔是一种老式设备，精液热量不能利用，在现代氧化铝厂中已被淘汰。

板式热交换器应用较广，其特点是换热效果良好，配置紧凑，但要保持板片表面清洁，需及时清理结垢，所以该设备的操作较复杂，清理检修工作量较大。

美国、原西德和日本等国的一些拜耳法厂采用闪速蒸发换热系统冷却精液。溶液自蒸发冷却到要求温度后送去分解，二次蒸汽用以逐级加热蒸发前的分解母液。二次蒸汽的冷凝水可用于洗涤氢氧化铝。一般采用3～5级自蒸发。这种冷却方法的优点是，既利用了溶液在自蒸发降温过程中释放出来的热量，又自溶液中排出一部分水，减少了蒸水量，此外，对设备的要求低，适应性强，无板式热交换器那种需要频繁倒换流向与流道之弊，维护清理工作量较少。

(2) 分解槽 过去多数工厂采用空气搅拌分解槽(图 10-11),空气搅拌装置是利用空气升液器的原理,即沿主风管不断地通入压缩空气,使翻料管的下部不断形成密度小于管外浆液的气、液、固三相混合物,利用密度不同所造成的压力差使浆液循环而达到搅拌的目的。

而现在的氧化铝厂多采用大型的机械搅拌分解槽(图 10-12),如广西平果氧化铝厂采用 ϕ14m×30m 的平底机械搅拌分解槽,每台最高容积达到 4700m^3,有效容积约 4300m^3。分解槽的大型化可以使同样产量的工厂分解槽数量减少,减少钢材用量、连接管件和占地面积。增大分解槽容积是通过增大直径而不增加其高度的办法,故并不增加输送溶液的动力消耗。这种机械搅拌分解槽的主要优点是:

① 动力消耗少;

② 溶液循环量大,槽内结垢较空气搅拌时大大减少;

③ 提高了分解槽的有效容积,并避免了空气搅拌分解槽中料浆"短路"的现象;

④ 避免了用空气搅拌的溶液吸收 CO_2,使部分苛性碱变成碳酸碱的缺点。

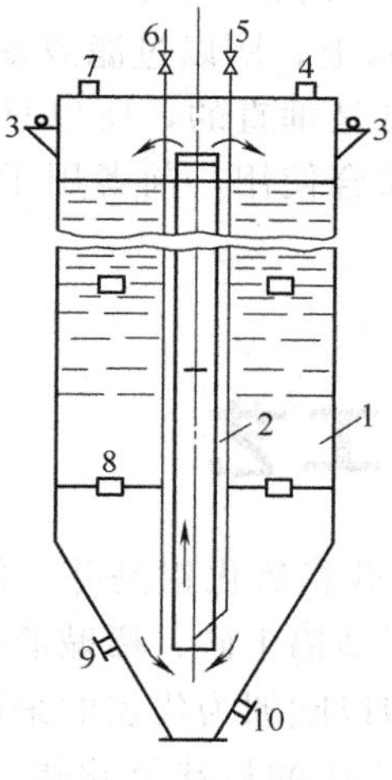

图 10-11 空气搅拌分解槽

1—槽体;2—翻料管;3—冷却水管;4—进料管口;5—主风管;6—副风管;7—排气口;8—拉杆;9—人孔;10—放料口

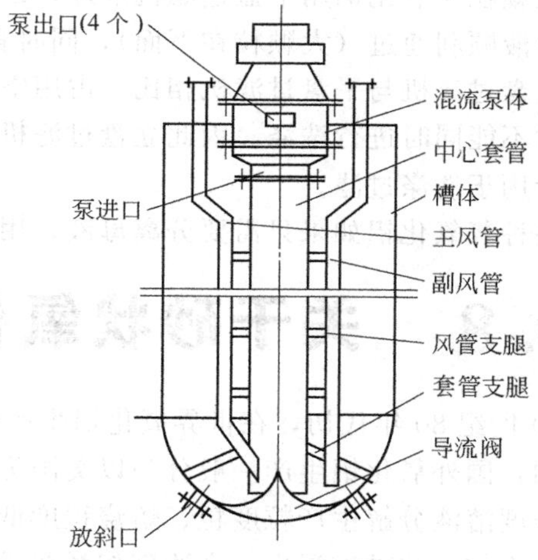

图 10-12 机械搅拌分解槽

如果精液入分解槽前已冷却到要求温度,则分解槽也可不设冷却装置,而让料浆自然冷却降温,但为了保持足够的过饱和度和分解速度,一般在分解过程中采取强制冷却措施。一是在分解槽系列的前几个槽安装水套冷却装置,二是在分解槽之间安装螺旋板式冷却器,将前一分解槽的部分出料料浆经过螺旋板式冷却器降温后送入下一个分解槽。

(3) 氢氧化铝分离及洗涤 在拜耳法氧化铝厂中,根据各自的具体情况,采用不同的氢氧化铝分离与洗涤流程与设备。

氢氧化铝的洗涤虽然原则上与洗涤赤泥一样,可以采用沉降槽,但洗水耗量大,不经济。而氢氧化铝与赤泥不同,其粒度较大,过滤性能和可洗性良好,因此采用耗水量少的过滤性洗涤法更为经济合理。

国外多数拜耳法厂用水力旋流器将氢氧化铝分级，粗的做产品，细的做种子。两段法分解的工厂则采用旋流细筛，底流的氢氧化铝做产品，溢流的氢氧化铝做一段分解的种子，而侧流的氢氧化铝做二段分解的种子。我国由于生产砂状氧化铝的需要，多改为两段分解，用串联的两级水力旋流器代替旋流细筛，将分解料浆中的氢氧化铝分成粗、中、细三个物流，即一级旋流器的底流氢氧化铝做产品，而溢流进入二级旋流器，二级旋流器的溢流氢氧化铝作为一段分解的种子，而二级旋流器底流的氢氧化铝作为二段分解的种子。

氢氧化铝的过滤与洗涤，主要采用转鼓真空过滤机，平盘过滤机和立盘过滤机。

过去，我国多采用转鼓真空过滤机过滤，滤液（种分母液）中悬浮物含量要求不大于1g/L，经与分解前的精液进行热交换后，送往蒸发。分离后的氢氧化铝滤饼（产品部分）采用二次反向过滤洗涤，即经二次中间搅拌洗涤，用真空过滤机分离。为保证产品质量，氢氧化铝需用软水（90℃以上）洗涤。送往煅烧的氢氧化铝附碱（Na_2O）含量要求不大于0.12%，水分不高于12%。

由于平盘过滤机与立盘过滤机的优越性，我国开始采用它们用于氢氧化铝产品和种子的过滤。

大颗粒氢氧化铝用平盘过滤机最好，因为过滤方向与重力方向相同，滤饼的粒度分布有利于滤液顺利通过（大颗粒在下面），同时真空度完全用于脱水上，所以过滤效率较高。

立盘过滤机与平盘过滤机相比，占用空间小。但由于滤盘是垂直的，所以只用作分离，过滤时不能同时进行洗涤。因此立盘过滤机可与转鼓过滤机联合使用，前者用于分离过滤，而后者用于洗涤过滤。

晶种氢氧化铝如果只需要分离母液，用立盘过滤机最适宜。

10.8 关于砂状氧化铝生产工艺

20世纪80年代初，在世界氧化铝生产中，粉状氧化铝与砂状氧化铝是并行的。由于原料不同，国外氧化铝生产一般分为以美国为代表的用三水铝石型铝土矿、稀碱液浸出、低铝酸钠浓度溶液分解生产粒度粗、焙烧程度低的砂状氧化铝，和以欧洲为代表的采用一水硬铝石型铝土矿、浓碱液浸出、高浓度铝酸钠溶液分解生产重度焙烧的粉状氧化铝。自从1962年国际铝冶金工程年会上提出砂状和面粉状氧化铝的差别以及影响它的因素以来，各国对氧化铝的物理性质都非常重视，尤其是20世纪70年代以来，由于电解铝厂环保及节能的需要，特别是干法烟气净化和大型中间自动点式下料预焙槽的推广以及悬浮预热及流态化焙烧技术的应用，对氧化铝的物理化学性质提出了严格的要求。粒度均匀、强度好、比表面积大、粉尘小、溶解性能及流动性能好的砂状氧化铝正在逐步取代欧亚原先流行生产的粉状氧化铝。

所谓砂状氧化铝，一般认为其具有以下特点。

① $-45\mu m<10\%$。

② 平均粒度为80～100μm，粒度分布窄。

③ 安息角为30°～35°。

④ 焙烧程度较低，因此产生如下结果：灼减为0.5%～1.0%；比表面积$>30m^2/g$，典型数据为$50\sim75m^2/g$；绝对密度最大为$3.7g/cm^3$；堆积（容积）密度$>850g/cm^3$。

砂状氧化铝在用作铝电解原料时，具有其他氧化铝所无法比拟的优点。

① 流动性好，由于细粒氧化铝含量少，因而粉尘量低，容易适用于现代铝电解厂的风动输送系统。

② 高比表面积使其吸附能力强，因而最适用于气体干法净化系统，以除去电解槽的烟气，消除氟污染。

③ 高容积密度，可使已有的储存设备的能力增加，并降低运输和处理费用。

正是由于砂状氧化铝具有以上优点，国外许多原来生产粉状氧化铝的厂家纷纷转为生产砂状氧化铝，并使之成为一种趋势，以至于目前所生产的大部分氧化铝都符合砂状的要求。

10.8.1　国外砂状氧化铝生产发展概况

20 世纪 60 年代中期，国外就已开始生产砂状氧化铝，并取得了一定的经验。

为了保证氧化铝的性质合乎砂状氧化铝的需求和进一步提高产量，降低费用，首先是美国其次在欧洲做了大量的试验研究工作，研究的重点是分解过程，他们一般采用高分解初温、低苛碱浓度、低苛性分子比、短分解时间，并伴有氢氧化铝分级措施来生产砂状氧化铝。下面对它们分别介绍。

10.8.1.1　美国法生产砂状氧化铝

原液　Na_2CO_3，175g/L（相当于 N_K 102.4g/L，Al_2O_3 113.8g/L）；

A/C　0.65（相当于 α_K 1.48）；

降温制度　71（冬季 73℃）～65℃；

分解母液成分　Al_2O_3 68.3g/L，A/C 0.39（相当于 α_K 2.47）。

美国法是世界上最早生产砂状氧化铝的方法，它是美铝在近一个世纪的长期生产实践中摸索出来的。其生产特点是采用二段法分解工艺，即首先添加少量细晶种促使其附聚，再添加大量粗晶种促使其长大的方法生产砂状氧化铝，其工艺流程相当复杂，且产出率较低，不到 60g/L 氧化铝。

10.8.1.2　欧洲法生产砂状氧化铝

欧洲法本来是采用高 N_K 浓度、低分解初温、长分解时间，并添加大量晶种的分解方法，其溶液产出率较高，可达 80g/L，但得到的产品为粉状氧化铝。20 世纪 70 年代末期，为适应现代电解铝厂环保和节能的需求，它们改为砂状氧化铝。欧洲法生产砂状氧化铝的代表为瑞铝法和法铝法。

（1）瑞铝法　瑞铝法的实质是高产出率的改进美国法。它通过选择过饱和度对种子表面积的恰当比例（7～16g/m^2），在高苛碱浓度（130g/L）和 66～77℃温度范围内，使细晶种成功附聚，然后采用中间冷却措施（使浆液温度降至 55℃），并添加大量晶种（固含达 400g/L），停留时间为 50～70h，使晶种长大的二段分解法生产出砂状氧化铝。

（2）法铝法　美国法和瑞铝法生产砂状氧化铝的原料为三水铝石型铝土矿，若用于处理一水软铝石型铝土矿，将使溶液产出率大幅度降低；而法铝法则可以一水软铝石型铝土矿为原料或以一水软、硬铝石混合型铝土矿为原料，且均可获得较高产出率，如采用法铝法的希腊厂，其产出率可达 85～90g/L，为国际上产出率的最高水平。

希腊厂精液成分　N_K 166g/L；Al_2O_3 190g/L，Rp 1.146（相当于 α_K 1.40）；

首槽温度　56～60℃；

末槽温度　45～50℃；

晶种固含　480g/L（有时 600g/L）。

可见法铝法采用的是高固含、低温度、高过饱和度的一段分解法生产砂状氧化铝。

10.8.2　我国生产砂状氧化铝发展概况

我国铝土矿资源主要是一水硬铝石型，长期以来生产的氧化铝大都是中间状或粉状，强度都相当差。为了适应现代电解铝生产的需要，我国为生产砂状氧化铝进行了大量的工作，从试验室试验、扩大型试验、半工业型试验到工业生产，都取得了进展。

我国拜耳法生产砂状氧化铝研究始于 20 世纪 80 年代初期，由贵阳铝镁院、山东铝厂、贵州铝厂和郑州轻金属研究院共同承担，采用二段法生产砂状氧化铝，但只得到了粗粒氢氧化铝，其强度未能达到要求。80 年代中期，贵州铝厂用中等浓度的拜耳法精液，采用同时生产砂状和粉状氧化铝的两次分解工艺生产出具有一定强度的“砂状”氧化铝。但其工艺流程复杂，而且得到的氧化铝强度较差，远未达到砂状氧化铝的要求。平果铝厂采用法国高固含、高浓度的一段法生产砂状氧化铝，但我国是以纯的一水硬铝石为原料，难以达到合格的砂状氧化铝标准。

东北大学从 20 世纪 90 年代中期就开始了铝酸钠溶液分解过程的研究。先后与当时的中国长城铝业公司和山西铝厂合作，进行强化分解过程和生产砂状氧化铝的研究，并在实验室研究的基础上，与山西铝厂共同申请国家立项研究砂状氧化铝生产技术。国家科技部和中国铝业公司非常重视，决定国家立项组织力量开展研究工作。

经过三年艰苦工作，由中国铝业公司主持，中铝山西分公司、郑州研究院、东北大学、中南大学和沈阳铝镁设计研究院共同承担的国家十五重大科技攻关项目“砂状氧化铝生产技术研究”，已于 2003 年 11 月通过技术鉴定和国家验收。它初步解决了以一水硬铝石矿为原料生产砂状氧化铝的技术问题，深入的研究工作还在继续。

第11章 氢氧化铝的煅烧

氢氧化铝煅烧是在高温下脱去氢氧化铝含有的附着水和结晶水，转变晶型，制取符合要求的氧化铝的工艺过程。

氢氧化铝煅烧是氧化铝生产过程中的最后一道工序，其能耗占氧化铝工艺能耗的10%左右。

氢氧化铝煅烧是决定氧化铝的产量、质量和能耗的重要环节，人们一直在研究和完善氢氧化铝煅烧过程的理论、工艺技术和设备。

氢氧化铝经过煅烧转变为氧化铝经历相变过程，也经历结构和性能的改变。

本章重点介绍氢氧化铝煅烧过程的结构性能变化、工艺技术和主要设备。

11.1 氢氧化铝煅烧过程的物理化学

11.1.1 氢氧化铝煅烧过程的相变

研究氢氧化铝在煅烧过程中的物相和结构变化，有利于选择适宜的煅烧条件。

氢氧化铝的脱水和相变过程是非常复杂的物理化学变化，其影响因素包括原始氢氧化铝的制取方法、粒度、杂质种类、杂质含量和煅烧条件等，总体包括下列变化过程。

(1) 脱除附着水　工业生产的氢氧化铝含有8%～12%的附着水，脱除附着水的温度在100～110℃之间。

(2) 脱除结晶水　氢氧化铝脱除结晶水的起始温度在130～190℃之间。

三水铝石脱出三个结晶水过程是依次脱出0.5、1.5和1个水分子。工业氢氧化铝的脱水过程也是三个阶段：第一阶段（180～220℃），脱去0.5个水分子；第二阶段（220～420℃），脱去2个水分子；第三阶段（420～500℃），脱去0.4个水分子。在动态条件下，从600℃加热到1050℃脱去剩余的0.05～0.1个水分子。

脱除结晶水与氢氧化铝的制取方法有关，种分产品在一、三阶段脱去的水分稍多于碳分产品，但碳分产品在第二阶段脱去的水分多于种分产品。

(3) 晶型转变　氢氧化铝在脱水过程中伴随着晶型转变，一般到1200℃全部转变为α-Al_2O_3。

由氢氧化铝转化为α-Al_2O_3的整个过程中，出现若干性质不同的过渡型氧化铝。原始氢氧化铝不同，过渡型氧化铝种类则不同；加热条件不同，过渡状态也不同。图11-1是各种原始氢氧化铝在加热过程中的脱水相变过程。表11-1给出了氢氧化铝脱水相变的条件。

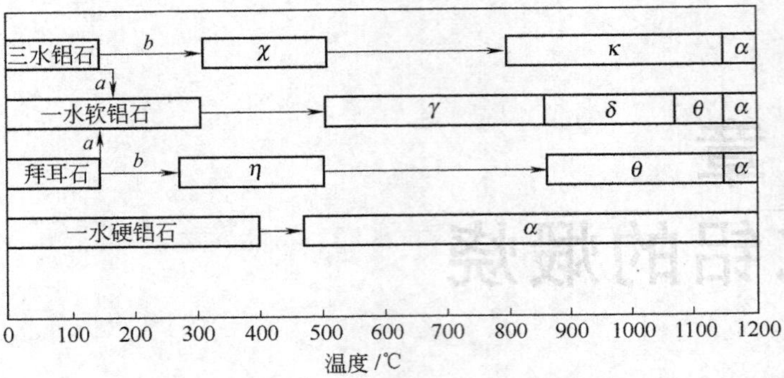

图 11-1 氢氧化铝脱水相变过程

表 11-1 氢氧化铝脱水相变的条件

煅烧条件	有利于途径 A	有利于途径 B	煅烧条件	有利于途径 A	有利于途径 B
压力/Pa	>100	>100	升温速度/(℃/min)	>1	<1
气氛	湿空气	干空气	粒度/μm	>100	<10

煅烧工艺本身也影响相变过程。流态化煅烧升温速度高达 10^3℃·s，在此工艺条件下，氢氧化铝相变途径为：

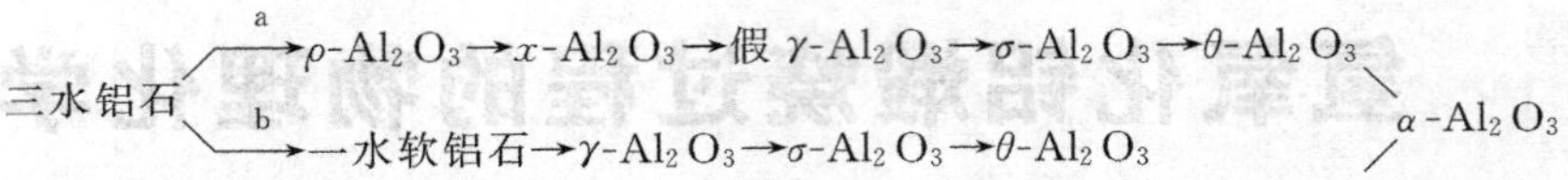

其中 a 是主要途径，原因是快速加热到 520℃以上时，由于缺乏水热条件，导致氢氧化铝不转变为一水软铝石。

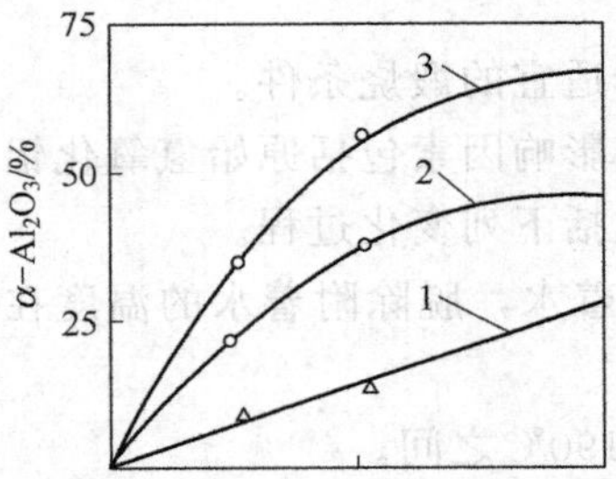

图 11-2 煅烧温度与时间对氧化铝中 α-Al_2O_3 含量的影响

在传统的回转窑煅烧条件下，氢氧化铝相变途径为：

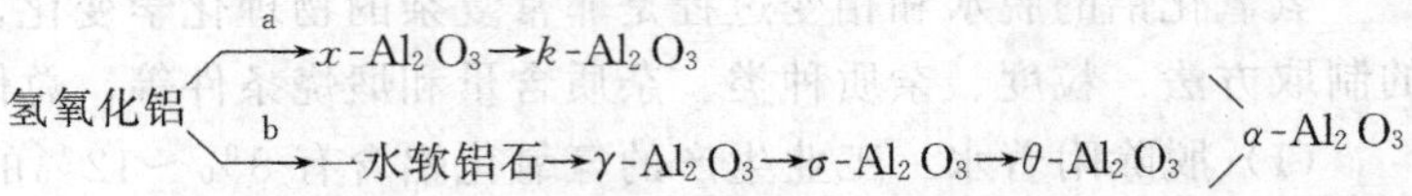

采用传统的回转窑与流态化煅烧的相变途径不同，煅烧时间与温度不同，产品中 α-Al_2O_3 的含量也不同，图 11-2 显示随着煅烧温度的升高，α-Al_2O_3 的含量逐渐增加。

在氢氧化铝的煅烧过程中，γ-Al_2O_3 转变为 α-Al_2O_3 是放热过程，其他过程为吸热过程，热量主要消耗在 600℃之前的加热阶段。

11.1.2 氢氧化铝煅烧过程中结构与性能的变化

煅烧过程中，随着脱水和相变的进行，氧化铝的结构与性能也相应地发生变化。

(1) 比表面积的变化 氢氧化铝在煅烧过程中比表面积随温度的变化见图 11-3，在 240℃时比表面积急剧增加，到 400℃左右达到极大值。

煅烧温度在 240℃时，是第二阶段脱水开始，氢氧化铝急剧脱水，使其结晶集合体崩碎，新生成的 α-Al_2O_3 和结晶尚不完善，γ-Al_2O_3 分散度很大，具有很大的比表面积；随着脱水过程的结束，γ-Al_2O_3 变得致密，结晶趋于完善，比表面积开始减少；温度升到 900℃时，α-Al_2O_3 开始出现，并随着温度的升高而增加 α-Al_2O_3 的含量，比表面积进一步降低，到 1200℃时降到最低点。

氧化铝的比表面积与原始物料有关，不同方法得到的氢氧化铝虽然煅烧后得到的氧化铝晶型基本相同，但结构和比表面积有相当大的差别。文献报道 γ-Al_2O_3 的比表面积从 70～350m^2/g 不等，正是原料不同所致。

（2）密度的变化　在煅烧过程中，密度随温度的变化见图 11-4。随着温度升到 1250℃，密度逐渐上涨，从 2.5g/cm^3 升到 4g/cm^3 左右。同样是由于脱水过程的结束，γ-Al_2O_3 变得致密，比表面积下降，导致密度上升。

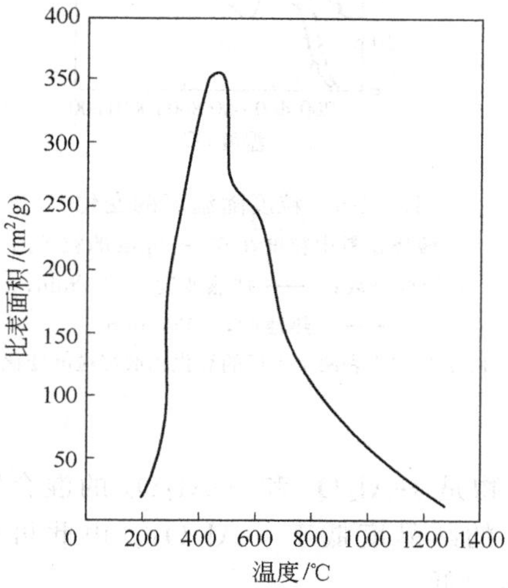

图 11-3　比表面积随温度的变化

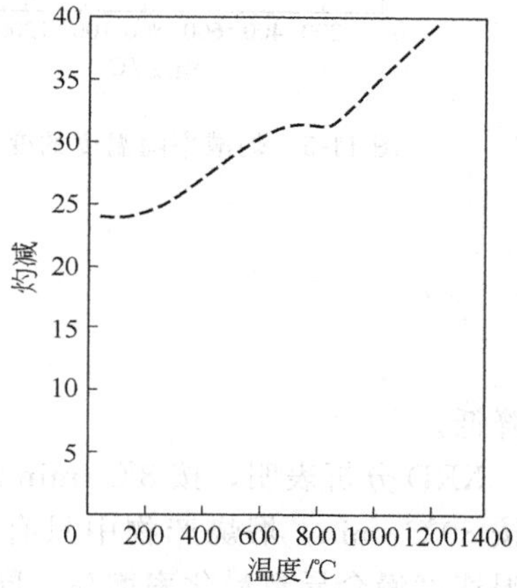

图 11-4　密度随温度的变化

（3）灼减率的变化　图 11-5 为氢氧化铝的灼减率，灼减的过程正是脱水的过程。

灼减从 100℃开始，在 350℃之前迅速灼减，400℃以后趋势越缓，说明氢氧化铝的脱水在 400℃之前已大部分完成，主要脱水是在 100～300℃之间完成。

（4）粒度的变化　氧化铝的粒度是一项重要指标，它取决于原料（氢氧化铝）的粒度、强度、焙烧温度、升温速度和煅烧过程的流体动力学条件。

图 11-6 为两种氢氧化铝原料在煅烧过程中的粒度变化，原料粒度为 80～100μm。

随着脱水和相变过程的进行，物料发生粉化，粉化有两个阶段。

① 温度在 180～440℃，此阶段剧烈脱水，氢氧化铝结晶集合体破裂，生成 x-Al_2O_3 和 γ-Al_2O_3。这一阶段的 x-Al_2O_3 和 γ-Al_2O_3 结晶不完善，存在大量的晶格缺陷，强度低。A 的比例在 15%～25%左右，小于 40μm 的粒子数量占的比例大，在 440～580℃之间，不产生新相，γ-Al_2O_3 晶体结构趋于完善，强度提高，细粒子减少。

② 温度在 1200～1300℃，此阶段 α-Al_2O_3 再结晶，集合体强度大大降低，大部分崩解，产生大量小于 40μm 的粒子。

由图 11-6 可见，在煅烧的不同阶段，加热速度对产品粒度的影响不同。在 400℃之前（处于氢氧化铝脱水的第一阶段和第二阶段）和 600℃以上，如果提高加热速度，会产生更多的细粒子。原因是加热速度快，氧化铝结晶不良，强度降低。在 400～600℃区间提高加热速度时，氧化铝的粉化程度降低。这是因为在这一温度区间，相转变速度随升温速度加快

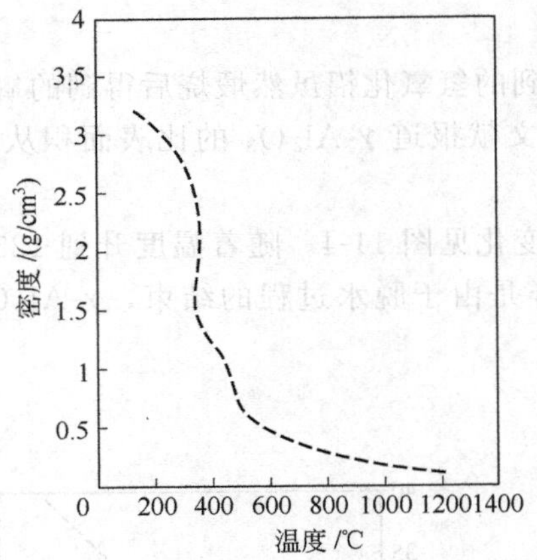

图 11-5　灼减率随温度的变化

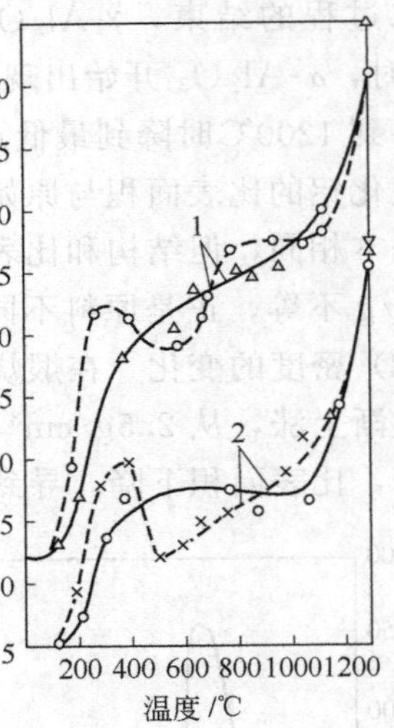

图 11-6　粒度随温度的变化

A—煅烧物料中粒度在 63～80μm 的粒子的质量百分数；—— 加热速度，8℃/min；

--- 加热速度，80℃/min

1、2 分别代表两个工厂的氧化铝煅烧粒度变化

而降低。

XRD 分析表明，按 8℃/min 的升温速度，煅烧产物是 γ-Al_2O_3 和 x-Al_2O_3 的混合物，而按 80℃/min，煅烧产物中只有 γ-Al_2O_3。x-Al_2O_3 的结晶度低于 γ-Al_2O_3。由此可见，升温速度慢会导致粉化率增高，同时产品氧化铝的强度也低。

从图 11-6 还可以发现，如果氢氧化铝在煅烧时经过充分的干燥和预脱水，可以避免在高温下由于脱水过于剧烈，大量水蒸气猛烈排出而导致的物料粉化，把煅烧温度控制在 1000～1100℃之间，有利于减少细粒子含量。

(5) 其他性质的变化　煅烧温度还影响氧化铝的其他性质，如安息角、流动性。在 1000～1100℃煅烧的氧化铝，安息角小，流动性好，同时 α-Al_2O_3 含量低，比表面积大，在冰晶石熔体中的溶解度较快，对 HF 的吸附能力强。如果在 1200℃以上煅烧，会使产物氧化铝的安息角大，流动性不好。

11.2　氢氧化铝煅烧工艺技术

氢氧化铝煅烧工艺经历了传统回转窑工艺、改进回转窑工艺和流态化焙烧工艺三个发展阶段。

11.2.1　传统回转窑焙烧工艺

十九世纪早期，世界上的氢氧化铝基本上都是采用回转窑焙烧，这种设备结构简单，维护方便，设备标准化，焙烧产品的破碎率低。其设备流程图见图 11-7。

焙烧窑的斜度 2%～3%，转速 1.6r/min，窑内物料填充率与转速有关，一般为 6%～9%，物料在窑内停留时间约为 70～100min。

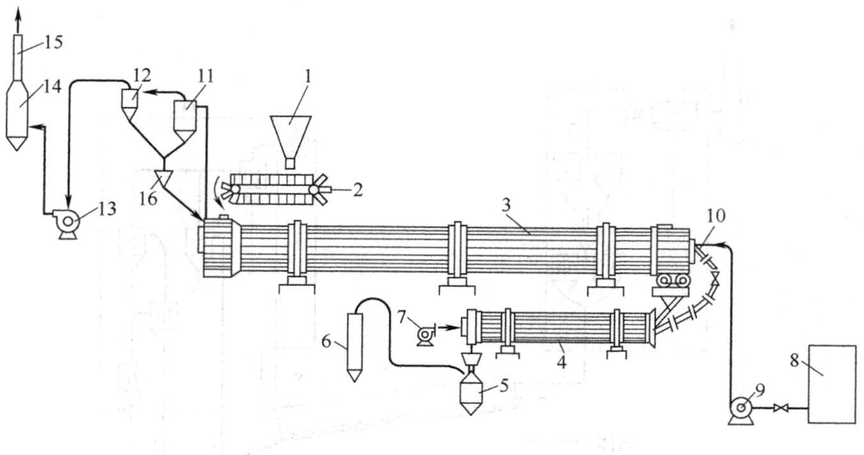

图 11-7 氢氧化铝煅烧回转窑的设备流程图

1—氢氧化铝仓；2—裙式饲料机；3—窑身；4—冷却机；5—吹灰机；6—氧化铝仓；7—鼓风机；8—油库；9—油泵；10—油枪；11—一次旋风收尘器；12—二次旋风收尘器；13—排风机；14—立式电收尘室；15—烟囱；16—集灰斗

根据物料在窑内发生的物理化学变化，从窑尾起划分为烘干、脱水、预热、焙烧及冷却五个带，预热带也可并入脱水带。各带长度与窑的规格、热工制度和产能等因素有关。

焙烧窑的产能主要取决于窑的规格、燃料质量、热工制度等因素，焙烧过程热耗大（一般为 4.5～6.0GJ/t_{AO}），燃料占本工序加工费用的 2/3 以上。

采用回转窑焙烧时，窑气和物料之间的热效率低，低温阶段尤其突出，原因是窑的填料率低，窑气和密实的料层之间的传热条件不良，所以窑的热效率小于 45%，每吨氧化铝的热耗高达 5.0GJ 以上。降低热耗和提高窑的产能，主要途径是改善窑尾的传热能力。

增加窑的长度可以使出窑的废气和氧化铝温度有所降低，但窑单位面积的产能也降低，投资增加，显然，如果把焙烧过程的低温部分移到窑外，用换热效率高的设备（如流化床和悬浮层装置），窑的长度便可大大缩短，而作业大大强化。

11.2.2 改进回转窑焙烧工艺

鉴于传统回转窑的缺点，为此，世界各国围绕回转窑降低热耗开展了一系列的改造并取得了良好的效果。

(1) 带旋风预热氢氧化铝的短回转窑　20 世纪 60 年代末期，德国老资格生产水泥设备的波力求斯（POLYSIU）公司用水泥工业生料悬浮预热的改进型多波尔窑，为匈牙利氧化铝厂焙烧氢氧化铝，1968 年在阿尔马斯费度托氧化铝厂投产（见图 11-8）。

窑尾预热系统是三级旋风器。用窑气加热后进入长约 50m 的回转窑，湿氢氧化铝在旋风预热器中干燥并部分脱水，第一级和第三级双台并联，第二级为单台。进入最下端两台旋风器的烟气温度 1100℃，由上端两台旋风器出口的废气温度 40℃去电除尘，氢氧化铝滤饼由上而下流经串联三级旋风器系列，入窑时，预热到 600℃，灼减降到约 10%，旋风器系列中气固换热十分强化，出第一级两台旋风器的物料已经完全干燥，出多筒冷却机的氧化铝约 420℃，在用空气流槽输送过程中同时进一步冷却。测定的数据如下：

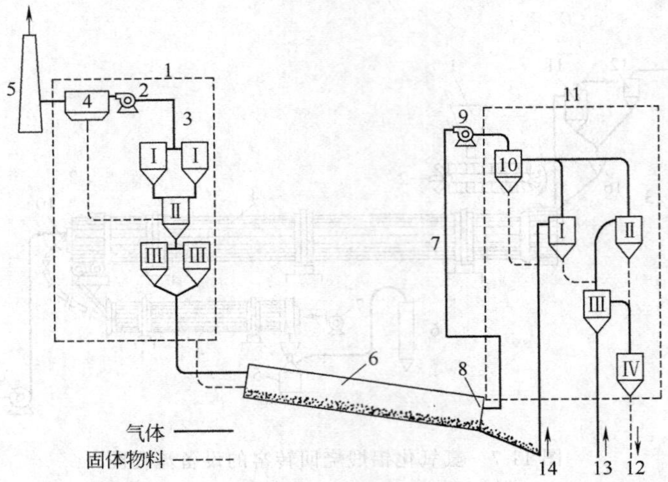

图 11-8 带两组旋风热交换器的氢氧化铝煅烧窑

1—氢氧化铝预热系统；2—排风机；3—氢氧化铝的加料器；4—电收尘室；
5—烟囱；6—回转窑；7—热风；8—油枪；9—鼓风机；10—除尘器；
11—氧化铝冷却系统；12—送吹灰机；13—空气；14—空气

湿氢氧化铝附着水 11.7%；

产能 503t/d；

热耗 4.16GJ/t；

电耗 26.16KW·h/t。

在运转的条件下，焙烧氧化铝热耗一直在 4.18MJ/kg 水平，这是多波尔旋风预热系统第一次成功用于氧化铝生产。与传统的带单筒冷却机的回转窑比较，具有产能高，热耗低，基建投资小等优点。

(2) 改变燃烧装置的位置 20 世纪 70 年代末，法国生产水泥设备的斐沃-凯勒·布柯克（F-C.B）公司使用其水泥窑外生料悬浮预热技术，改造了彼斯涅所属加丹氧化铝厂的 ϕ3.5m×84m 回转窑，并且取得成功。改造内容如下。

① 窑头的燃料喷管伸入窑中，约为窑长度的 1/3 处，燃料输送管道随窑转动，与窑头的固定燃料管道用动密封连接。

② 一次风机及其电机均固定在窑身上。

③ 燃料喷管伸入窑内，衬里砌筑成一个收缩口。

④ 窑尾烟气进入旋风器收尘，旋风排气先垂直向下，经 U 形烟道向上，同时接一个收缩-扩张管。湿氢氧化铝在最小断面上方喂料，被烟气垂直带上去收尘系统，再将收下的物料送到窑尾的烟道中预热。

⑤ U 形烟道底部有一些喷射装置，可吹风防止堵塞。

⑥ 从窑中部的燃料喷管伸入处向前到窑头为窑长度的 2/3，用作焙烧物料的冷却。

物料经过烘干并预热到 370℃入窑，烟气烘干湿氢氧化铝后降到 130℃，经烟囱排空，焙烧的氧化铝冷却到 600℃出窑。经改造的回转窑提高了生产效率，平均节能 22%。

(3) 采用气态悬浮焙烧技术改造回转窑 1987 年，史密斯公司用它的气态悬浮焙烧技术为意大利欧洲氧化铝厂改造了 1 台 ϕ3.9m×107m 产能 900t/d 的回转窑，改装前后产能与热耗的变化见表11-2，其系统如图11-9。

表11-2 改装前后产能与热耗对照表

焙烧窑规格	产能/(t/d)		热耗/(GJ/t)	
	改前	改后	改前	改后
ϕ3.5m×83m	620	700	4.60	3.58
ϕ4.0m×91m	900	1000	4.60	3.66

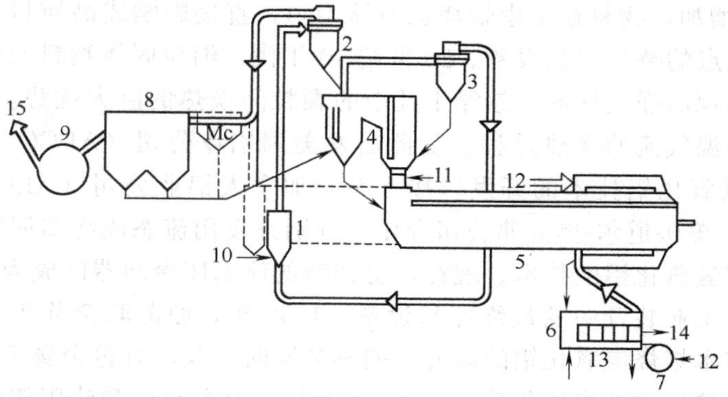

图11-9 采用气态悬浮焙烧技术改造后的回转窑

1—闪速干燥器；2—分离旋风器；3—预热旋风器；4—焙烧炉；5—1[#]冷却机（回转单筒及多筒）；6—2[#]冷却器（流态床）；7—鼓风机；8—电收尘；9—排风机；10—氢氧化铝；11—油；12—空气；13—冷却水；14—氧化铝；15—排空（虚线为改造前窑）

改造内容如下：①在回转窑尾增设1台气态悬浮焙烧炉，1台闪速干燥器和2台旋风筒；②将回转窑窑尾截去一段，保留下来的带多筒冷却机用来冷却焙烧氧化铝。改造前后对比见表11-3。

表11-3 气态悬浮焙烧技术改进回转窑前后产能、热耗对照表

指标	改前	改后
产能/(t/d)	900	1550
热耗/(GJ/t)	4.2～4.6	3.22
电耗/(kW·h/t)	26.9	25.6

(4) 采用旋风热交换器与流化冷却机的回转窑 前苏联设计了多级旋风冷却机，同时用流化床最终冷却氧化铝，它可将二次空气加热到450～600℃，燃料单耗降低15%～18%。在安装旋风热交换器时，必停窑。出窑气体也可先用一级旋风换热器冷却，再用单筒冷却机作最终冷却。设计减少了占地面积。

对多种方案进行比较后认为，改造原有回转窑的最好方案是用流化床替代圆筒冷却机，并利用出窑气体在旋风预热器中预热氢氧化铝，这样可使燃烧热耗降低15%～20%，窑的产能也相应提高。

(5) 带两套旋风换热器系统的氢氧化铝焙烧窑 克洛克涅尔-洪堡（klocknel-rlumboldt）公司设计的氢氧化铝煅烧装置包括一台回转窑和两套对流热交换的多级旋风热交换器系统。其中一套用于预热氢氧化铝，另一套用于冷却焙烧后的氧化铝。物料预热采用四级旋风预热器，从第四级出来的物料加热到620～650℃进入回转窑，从第一级旋风热交换器出来的废气温度约150℃。氧化铝冷却系统也包括四级旋风冷却器，使焙烧后的氧化铝冷却到要求的温度。从冷却机出来的热空气则经收尘后送入窑内用作燃料。采用上述装置，焙烧热耗约降低25%，热效率达到52%。

11.2.3 流态化焙烧工艺

虽然回转窑焙烧氢氧化铝的工艺不断改进，但从传热观点来看，用回转窑焙烧氢氧化铝这种粉料并不理想。因为它不能提供良好的传热条件，在窑内只是料层表面的物料与热气流接触，紧贴窑壁的物料难加热，换热效率低，同时回转窑是转动的，投资大，窑衬的磨损使产品中SiO_2含量增加，物料在窑中焙烧也不够均匀，直接影响成品质量，所以，一直在寻找一种消除这些缺点的替代工艺设备。20世纪40年代，细粒固体物料的流态化技术成功地用于炼油工业，表现出强化气流与悬浮于其中的颗粒间换热的巨大优势。氢氧化铝的焙烧，正是粉状物料与高温气流的换热过程。受此启发美国铝业公司（ALCOA）于1946年率先进行流态床焙烧氢氧化铝技术的开发，接下来，加拿大铝业公司（ALCAN）先后与丹麦F·L史密斯公司、美国道尔-奥立弗公司合作，分别开发用流态床冷却回转窑多筒冷却机出料氧化铝以及焙烧氢氧化铝的技术。现在，史密斯的流态床冷却器已成为这家公司后来开发的气态悬浮焙烧炉工业装置中的最终冷却设备。1950年，原苏联全苏铝镁研究院进行了沸腾层（流化床）技术焙烧氢氧化铝的研究。差不多同时，我国有色金属工业成功地应用沸腾层技术改造了多膛焙烧炉焙烧硫化矿。从1956年起，山东铝厂和沈阳铝镁设计院开展了将这一技术用于焙烧氢氧化铝的吸热过程的试验。

20世纪50年代末，德国鲁奇公司的研究工作进入了这一领域，60年代后期，生料窑外悬浮预热和预分解技术逐渐被引进氢氧化铝工业的焙烧过程。流态化焙烧炉没有运转部分，可用较厚的保温层来减少散热损失。流态化焙烧氢氧化铝的技术迅速发展，1963年世界上第一台日产300吨的流态闪速焙烧炉（简称F·F·C）在美国铝业公司的博克赛特氧化铝厂投产。经过近四十年的发展，目前美、德、法、丹等国的数家公司开发了几种不同类型的流态化焙烧炉，在热耗和单机产能方面取得了巨大进展，热耗已降至3.0～3.3GJ/$t_{Al_2O_3}$，单机产能最高达到1800～2000t/d，同时自动化水平也大大提高。

11.2.3.1 流态化焙烧工艺的发展及应用情况

流态化焙烧从开始研究到工业应用，经历了从浓相流态床向稀、浓相结合以至稀相流态焙烧的发展过程。传统的流化床并不适用于氢氧化铝焙烧，因为氢氧化铝粒度小，绝大部分颗粒小于100μm，在1100℃的空气中，最大颗粒（100μm）的自由降落速度只有0.35m/s。因此采用传统的流态化焙烧炉，只能采用小的气流速度，这就限制了进入炉内的热量和单位截面积产能的提高。研究者摆脱了单纯浓相床（沸腾层）的概念，采用浓相与稀相相结合，直至向单纯稀相流态化。

20世纪60年代初，德国龙仁-库尔公司进行了小型工业试验。70年代，丹麦F·L史密斯、法国斐沃-凯勒·布柯克公司相继开发出稀相流态化焙烧技术。德国鲁奇与联合铝业公司开发的循环流态焙烧炉为高度膨胀的流化床，丹麦史密斯公司和法国开发的气态悬浮焙烧炉为稀相载流焙烧。

目前，流态化技术用于氧化铝生产的氢氧化铝焙烧装置有美国铝业公司（ALCOA）的流态闪速焙烧炉（F·F·C），德国鲁奇（LURGL）-联合铝业公司（VAW）的循环流态焙烧炉（C·F·C），丹麦史密斯公司（FLSMIDTH）和法国弗夫卡乐巴布柯克公司（F·C·B）的气体悬浮焙烧炉（G·S·C）。

流态化焙烧与回转窑相比有明显优势。

① 热效率高、热耗低。流态化焙烧炉中燃料燃烧稳定，温度分布均匀，氢氧化铝与助燃空气间接触密切，换热迅速，空气预热温度高，过剩空气系数低，燃料燃烧温度提高，系统热效率大大提高，废气量则随之减少。散热损失只有回转窑的 30%，流态化焙烧炉的热效率可达 75%～80%，而回转窑最好情况下的热效率也低于 60%，流态化焙烧炉单位产品热耗比回转窑降低约 1/3。国外回转窑热耗先进水平约为 4.186GJ/t_{AO}，国内回转窑焙烧热耗约为 5.032GJ/t_{AO}，流态化焙烧炉的热耗为 3.1～3.2GJ/t。

② 产品质量好。由于炉衬磨损少，循环流态化焙烧产品中 SiO_2 含量比回转窑产品约低 0.006%。不同粒级氢氧化铝焙烧均匀，相同比表面积的氧化铝的 α-Al_2O_3 含量低。与回转窑比，流态化焙烧的产品中小于 45μm 粒级增加约 4%，而小于 15μm 的粒级没有改变。各类型流态化焙烧炉都能制取砂状氧化铝。

③ 投资少。流化床焙烧炉单位面积产能高、设备紧凑、占地少。它的机电设备质量仅为回转窑的 1/2，建筑面积仅为回转窑的 1/3～2/3，投资比回转窑低，据统计，美国投资减少 50%～70%，原西德减少 20%，法国减少 15%～20%，我国减少 40%～60%。

④ 设备简单、寿命长、维修费用低。流态化焙烧系统除了风机、油泵与给料设备之外，没有大型的转动设备，焙烧炉内衬使用寿命可长达 10 年以上。维修费用比回转窑低得多，如德国的循环流态化焙烧炉的维修费仅为回转窑的 35%。

⑤ 对环境污染轻。燃料燃烧完全，过剩空气系数低，废气中氧的含量低 1%～2%，SO_2 和 NO_x 的含量均低于回转窑。

正是由于流态化焙烧技术的众多优点，流态化装置在氧化铝生产中迅速得到广泛应用。自 20 世纪 80 年代以来，国外新建的氧化铝厂已全部采用流态化焙烧炉，一些原来采用回转窑焙烧的氧化铝厂，也纷纷改为流态化焙烧炉，以替代原有的回转窑。美国雷诺公司的谢尔文氧化铝厂，原有九台回转窑，1989 年引进丹麦史密斯公司的两台 1850t/d 的氧化铝气态悬浮焙烧炉，原有回转窑部分用于非冶金级氧化铝生产，其余均闲置；印度的享达尔阔氧化铝厂，1984 引进丹麦史密斯公司的一台 850t/d 的氧化铝气态悬浮焙烧炉，1993 年又引进了第二台装置，以全部替代原有的回转窑。牙买加的阿尔巴脱氧化铝厂和澳大利亚的格拉斯通氧化铝厂也先后采用了流态化焙烧炉以替代或部分替代原有的回转窑。

我国自 1984 年 8 月从原西德 K·H·D 公司引进第一台日产 1300t 的美铝闪速焙烧装置以来，相继又引进了丹麦史密斯公司五套气态悬浮焙烧装置、两套德国循环焙烧炉装置。

（1）美国铝业公司的流态闪速焙烧技术　美国铝业公司 1946 年开始进行流态化焙烧的实验室和半工业化试验，1951 年完成流态化焙烧炉的设计，1952 年底，第一台工业规模的装置在阿肯色州的博克赛特氧化铝厂投入运行。此装置最大日产约 130t，加压操作最大日产量可提高到 270t。这种装置结构复杂，不易操作，分别于 1960 年和 1962 年对流化床进行了简化，取消了床层的分布板。到 1963 年第一座日产 30t 氧化铝的流态闪速焙烧炉（定为 Mark-Ⅰ型）在该公司所属的博克赛特氧化铝厂建成投产。目前美国铝业公司的 F·F·C 装置已发展为五种规格型号，即 Mark-Ⅰ～Ⅴ型，日产能从 300t 发展到 2400t，共生产了约 50 套 F·F·C 装置，现在分别在美国、澳大利亚、巴西、牙买加、西班牙、德国、中国各地的氧化铝厂使用。

美铝的流态闪速焙烧炉综合了浓相流态化和稀相技术的优点，大量的燃烧产物和物料释放出的水蒸气处于高速度和低固体含量的状态下，因而可维持最小的炉径和压力降，浓相流化床为间接换热提供了高传热效率，也为过程的密切控制提供了热能和物料的必要容量。

闪速焙烧炉是在密闭状态下正压操作，整个系统检测仪表多，工艺控制比较复杂，全部由计算机来完成，自动化水平较高。

闪速焙烧炉与回转窑相，产品的 SiO_2 含量减少 10%～15%，由于系统内物料流速大，产品的破碎率比回转窑高一些，热耗降低约 25%～30%。

流态闪速焙烧炉可以制备各种各样的产品，例如可在停留槽内长时间维持 1220℃，烧出含 α-Al_2O_3 达 70%的"硬产品"。

(2) 德国鲁奇公司和联合铝业公司的循环流态焙烧技术　鲁奇公司和联合铝业公司从 1958 年开始研究氢氧化铝沸腾装置，1963 年在联合铝业公司的利泊氧化铝厂建造了一台 25t/d 的试验装置，直到 1966 年试验才正式进行了连续 10 周的运行，于 1967 年最后定型了试验装置。1970 年在利泊厂和施塔德厂建设了四台 500～800t/d 的循环炉，到 1991 年为止，使用于氢氧化铝焙烧的循环炉共有 31 台，分别在中国、德国、前苏联、日本、委内瑞拉、圭亚那等国，其中设计能力最大的为 1900t/d，正计划设计产能为 3000t/d 的循环炉。

循环流态床焙烧装置设计中考虑了减少物料破损的措施，在关键区域（诸如旋风器入口、喉管的喷嘴、气固混合物改变流向处、流化喷嘴等），气固混合物的速度不超过某一最大值。这样，即使氢氧化铝强度较低，颗粒破损率也可控制在 4%～6%。

(3) 丹麦史密斯公司的气态悬浮焙烧技术　气态悬浮焙烧炉首先应用于水泥工业，1976 年丹麦史密斯公司确定立项进行氢氧化铝悬浮焙烧炉的研究。1978 年 1 月在氢氧化铝焙烧小型 G·S·C 炉中进行了试验，可以将氢氧化铝焙烧成符合铝电解要求的氧化铝，物料在炉内仅停留 1～2 秒钟。

1979 年该公司在丹麦的达尼亚（DANIA）建成了日产 32t 氧化铝的半工业化规模的试验装置，进行了三个半月工业化规模的试验，试验运转正常。经过半工业试验后，史密斯的固定式焙烧炉系统基本定型，正式命名为气态悬浮焙烧炉，简称 G·S·C，1980～1981 年再用氧化铝产能为 250kg/h 的 G·S·C 试验装置详细研究了原料氢氧化铝的性质、焙烧温度和气体速度等对物料破损的影响程度。

1984 年印度的享达尔阔（HINDALCO）厂与丹麦史密斯公司签订了第一套 G·S·C 工业生产装置的设计和制造合同，产能 850t/d，1986 年 7 月试车，性能考核较好。

1986 年丹麦史密斯公司和欧洲氧化铝公司签订日产 1550t 氧化铝的回转窑改造合同，1987 年 8 月建成并开始运行，据 1987 年 12 月核定产能由原来的日 900t 氧化铝增加到 1510t，每吨氧化铝的热耗降低到 3.1GJ/t。

丹麦史密斯公司气态悬浮炉相继在中国、巴西、美国等国采用。

(4) 法国 F·C·B 公司的气体悬浮焙烧技术　法国的流态化焙烧炉原先由尤仁-库尔曼公司和原西德的 K·H·D 公司于 1961 年在里昂的尤仁-库尔曼研究中心建立试验车间，联合进行了流化焙烧试验，后来由法国 F·C·B 公司和彼施涅公司联合，于 1980 年 6 月，在彼施涅公司所属的加丹氧化铝厂内建立了日产 30t 氧化铝的闪速焙烧实验工厂，由 F·C·B

公司研究中心、加丹氧化铝厂工业试验部和氧化铝中心实验室一起进行了试验，试验结果令人满意。应希腊铝公司的要求，F·C·B公司把试验装置迁至希腊圣·尼古拉斯厂，做了六个月的焙烧-铝电解系统的联合试验，实验成功。F·C·B公司和希腊铝业公司于 1981 年 6 月在圣·尼古拉斯厂建设一套日产 900t 氧化铝的气态悬浮焙烧装置，该装置于 1984 年建成投产，热耗为 3.01～3.14GJ/t。

11.2.3.2　氢氧化铝焙烧技术装置综合性能的比较

现应用于工业生产的三种类型的流态化焙烧技术和装置，与回转窑相比，虽然都具有技术先进、经济合理的共同点，但各种炉型各具特点。有的文献将氧化铝焙烧分为三代：第一代为回转窑；第二代为稀相与浓相流态化相结合的流态化焙烧；第三代为稀相流态化的气态悬浮焙烧。

(1) 各种类型焙烧装置的性能　见表 11-4。

表 11-4　各种类型焙烧装置性能比较

炉 型	LURGI 循环焙烧炉	K·H·D 闪速焙烧炉	SMIDTH 悬浮焙烧炉	回 转 窑
流程及设备	一级文丘里干燥脱水，一级载流预热，循环流化床焙烧，一级载流冷却加流化床冷却	文丘里和流化床干燥脱水，载流预热闪速焙烧，流化停留槽保温，三级载流冷却加流化床冷却	文丘里和一级载流干燥脱水，悬浮焙烧，四级载流冷却加流化床冷却	窑内集干燥、脱水、焙烧、冷却、加冷却机冷却
工艺特点	循环焙烧（循环量3～4倍）	闪速焙烧加停留槽	稀相悬浮焙烧	—
焙烧温度/℃	950～1000	980～1050	1150～1200	1200
焙烧时间	20～30min	15～30min	1～2s	45min
系统压力/MPa	约 0.3	0.18～0.21	−0.055～0.065	—
控制水平	高	高	高	低
热耗(附水 10%)/(GJ/t)	3.075	3.096	3.075	4.50
电耗/(kW·h/t)	20	20	<18	—
废气排放/(mg/m³)	<50	<50	<50	—
产能调节范围/%	46～100	30～100	60～100	—
厂房高度/m	32.5	46	49	—

(2) 气体悬浮焙烧的特点和流态化焙烧发展趋势　与美铝的流态闪速焙烧炉、德国的鲁奇循环流态焙烧炉相比，丹麦史密斯公司的气态悬浮焙烧炉具有其独特之处。

① 没有空气分布板和空气喷嘴部件，预热燃烧用的空气只用一条管道送入焙烧炉底部，压降小、维修工作量小。

② 整个系统中温度在 100℃以上部分，物料均处于稀相状态，系统总压降仅为 0.055～0.065MPa，动力消耗少。

③ 焙烧好的物料不保温，也不循环回焙烧炉，简化了焙烧炉的设计和物料流的控制。

④ 整个装置内物料存量少，容易开停，也使开停的损失减到最小。

⑤ 所有旋风垂直串联配置，固体物料由上而下自流，无需吹送，减少了空气耗用量。由于燃料在炉内有效分布和无焰燃烧，以及固体物料穿过焙烧炉时的稀相床流动，使产品质量均匀。

⑥ 整个系统在略低于大气压的微负压下操作，更换仪表、燃料喷嘴等附件时不必停炉处理。

正是由于气态悬浮焙烧炉有众多优点，成为当前流态化发展的趋势。我国氧化铝工业也广泛采用丹麦史密斯气态悬浮焙烧装置。

11.2.3.3 气态悬浮焙烧原理

气态悬浮焙烧炉是一种带锥形底、内有耐火材料的圆筒形容器（见图 11-10），G·S·C 和热分离旋风器组成了一个“反应-分离”联合体。

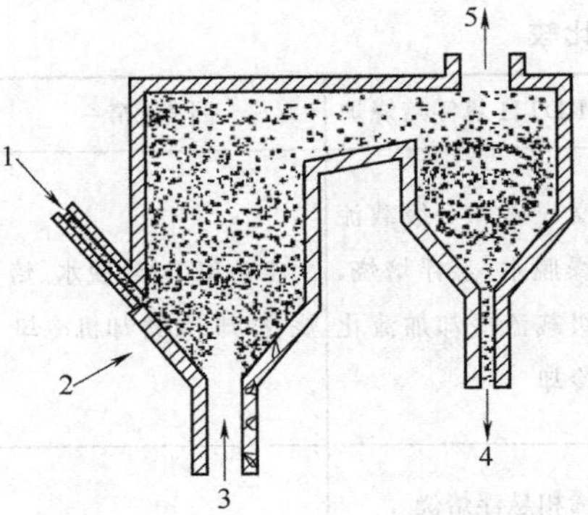

图 11-10 气态悬浮焙烧原理图

1—热物料；2—燃料；3—热空气；4—焙烧氧化铝；5—水蒸气及烟气

预热过的和部分焙烧的氢氧化铝在 300～400℃下沿着平行于锥底的方向进入反应器。燃烧用的预热空气（850～1000℃）以高速通过一根单独的管子引入反应器底部，入口处的空气速度应在满负荷和局部负荷条件下，保证物料在反应器整个断面上有良好的悬浮状态。

物料在反应器中停留几秒钟后，被水蒸气和燃烧产物的混合物于 950～1250℃下从反应器带出，焙烧后在氧化铝的旋风收尘器内从热气体中分离出来。

这种反应器中没有空气分布板，只靠底部锥形部分形成旋涡区隆起支承物料。焙烧炉中“固体-流体”有两种状态：一种状态是在焙烧炉底部的旋涡区，另一种状态是在焙烧炉的其他部分。固体-流体在旋涡区的状态是返混，在旋涡区以上的部分是柱塞流动或连续空气输送。这样比较大的颗粒由于极限速度比较高，它的停留时间要比小颗粒的停留时间长，所以不论颗粒的大小如何，都可以得到均匀的焙烧。

由于炉内物料、燃料和来自旋涡区上部的燃烧产物相混合，炉子从下到上整个部分的燃烧均匀而没有火焰，热物料被燃烧气体所包围。由于颗粒与气体之间的热传递速度高，气体的温度只比物料的温度稍微高一点。

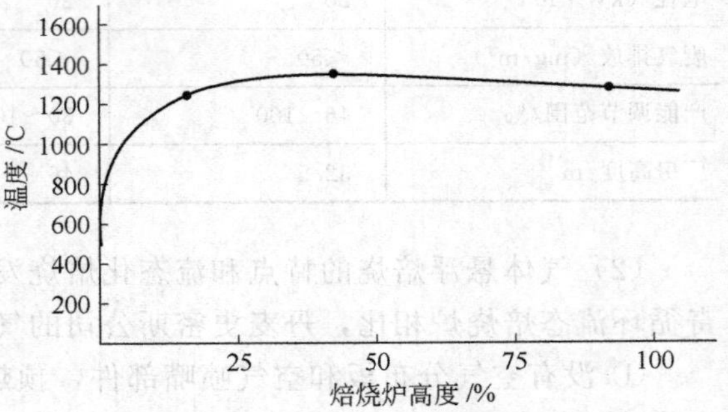

图 11-11 焙烧炉内温度分布

图 11-11 是焙烧炉内温度分布曲线，从中可以看出焙烧炉的温度非常均匀，这主要是由于无火焰的均匀燃烧结果。进入焙烧炉物料的灼减大约为 5%～10%，这样焙烧炉内无火焰燃烧放出的热量主要用来快速地把原料加热到放热反应 γ-Al_2O_3 向 α-Al_2O_3 转化的最佳温度。从温度曲线可以看出，燃烧过程主要在焙烧炉的旋涡区内完成，离开这个区域后每个颗粒就像是一个自身发热的小反应器，转化成 α-Al_2O_3 时所发出的热

为物料提供了最终焙烧所需的热量，因而最后的焙烧过程可以在几秒钟内完成。

用于砂状氧化铝生产的氢氧化铝的最大粒度一般在150～200μm，它的自由落体速度小于1m/s，焙烧炉中气体进口速度要大于颗粒的悬浮速度，而且要保证不论是在额定产能条件下操作或是在非额定产能条件下操作，在焙烧炉的整个截面上有适当的颗粒悬浮。

丹麦史密斯公司的G·S·C焙烧炉可以根据颗粒尺寸在某种程度上自动调节颗粒的停留时间。由于采用了低热值煤气作燃料，颗粒的停留时间设计大约为1.4s。停留时间也可以根据气流速度在一定的限度内变化，但最小的气流速度应保证悬浮的固体颗粒不能落下。

与其他沸腾焙烧相比，G·S·C的焙烧温度较高，这是由于从G·S·C出来的物料在炉中停留时间仅为几秒钟，而出来后经分离直接进入冷却系统，焙烧时间短。为了完成焙烧和得到一定性能要求的产品，必须维持一个较高温度（1150～1450℃）的操作条件，所以G·S·C焙烧炉的出口温度较高，在预热器中物料的预焙烧程度大，但是G·S·C的热耗并不比其他流态化焙烧炉高。

11.2.3.4　气态悬浮燃烧工艺过程

G·S·C焙烧炉系统主要包括：氢氧化铝喂料、文丘里闪速干燥器、多级旋风预热系统、气体悬浮焙烧炉、多级旋风冷却器、二次流化床冷却器、除尘和返灰等部分，工艺流程图见图11-12。具体工艺过程及设备如下。

（1）氢氧化铝喂料（主体设备：螺旋、皮带秤）　从过滤机出来的氢氧化铝，通过皮带运至小仓L01，再经过皮带秤（F04）称量后由皮带（F01）送到螺旋（A01），螺旋把物料送入文丘里闪速干燥器（A02）。

（2）干燥（主体设备：文丘里闪速干燥器）　通过螺旋A01的物料约含8%～12%的附着水，温度约为50℃，进入文丘里闪速干燥器后与大约350～400℃的烟气相混合，物料在此被加热，附着水蒸发，物料被送入P01。

为了在氢氧化铝附着水含量波动的情况下保证达到预期的干燥效果，闪速干燥器的底部安装有一个加热器T11，以使A02出口温度在130℃以上，加热器T11燃料为煤气，流量为0～4000m^3/h。

（3）预热（主体设备：旋风预热器P01、P02）　从闪速干燥器出来的物料和气体在旋风预热器P01中分离，气体去电收尘，固体物料落入旋风预热器底部。

从旋风预热器P01出来的物料与热分离旋风筒P03的热气流相遇并被气流带入旋风预热器P02中，热气流温度在1000～1100℃左右，物料从130℃左右被加热到320～360℃，这时氢氧化铝被脱去部分结晶水。物料和气流在P02中分离，气流去文丘里闪速干燥器A02，物料进入焙烧炉P04中。

（4）焙烧及分离（主体设备：焙烧炉P04、热分离旋风筒P03）　气体悬浮焙烧炉（G·S·C）和热分离旋风筒构成了“反应-分离”系统。燃烧空气在冷却系统已被加热到600～800℃，它从焙烧炉底部的中心管进入焙烧炉。

从旋风筒P02出来的氢氧化铝沿着锥底的切线方向进入反应器，以便使物料、燃料与燃烧空气充分混合。

焙烧炉底部有两个燃烧器V18、V19，其中V08起点火作用，V19有12个烧嘴，它是

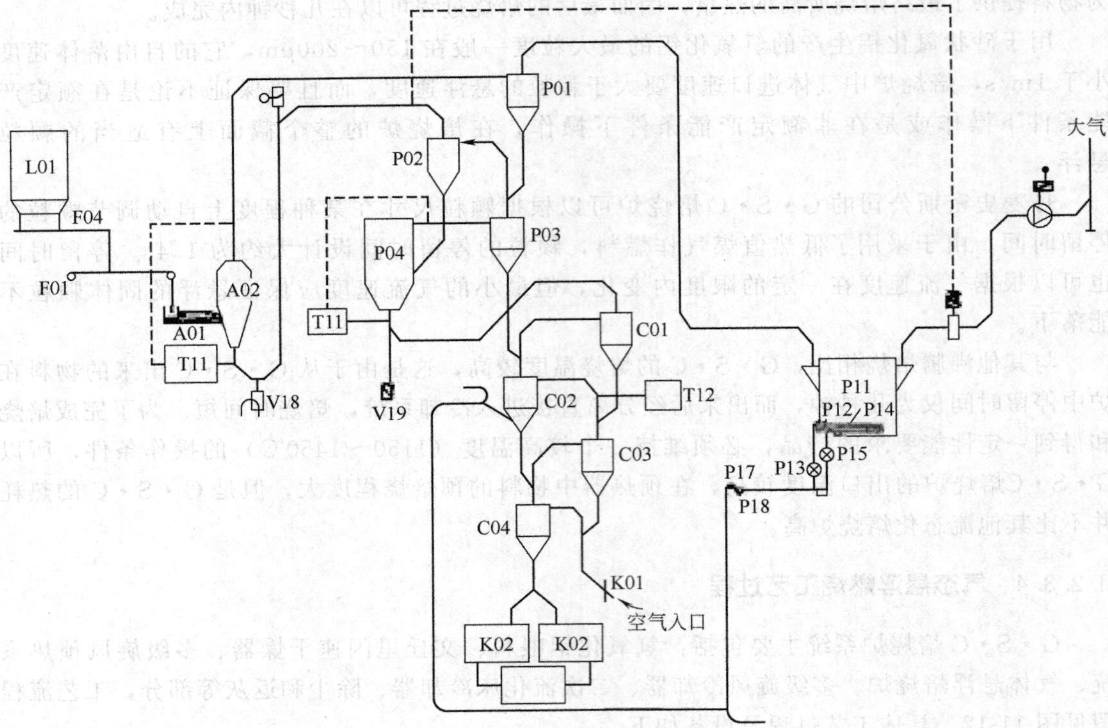

图 11-12　G·S·C 工艺流程图

A01—螺旋；A02—文丘里闪速干燥器；C01、C02、C03、C04—一次冷却器；
L01—喂料小仓；P01、P02—旋风预热器；P03—热风分离风筒；P04—焙烧炉；
P11—电收尘；P17—排风机；P18—烟囱；V18、V19—点火器；T11—热发生器；
T12—燃烧器；K01、K02—二次流化床冷却器；
F01—皮带机；F04—皮带秤

主要热源。V08、V19 都以煤气作燃料，流量分别为 1000m^3/h 和 0～36000m^3/h。

焙烧炉中物料通过时间为 1.4s，这里温度约为 1150～1200℃，剩余的结晶水主要在这里脱除，含部分结晶水的物料变为 γ-Al_2O_3。

焙烧后的氧化铝和气体在热分离旋风筒 P03 中分离，热气流入 P02，物料进入冷却系统。

（5）一次冷却器（主要设备：C01、C02、C03、C04）　一次冷却在一个四级旋风冷却器中进行，旋风筒垂直安装。用于冷却氧化铝的空气主要来自大气和二次流化床冷却器 K01、K02。从整体效果看，氧化铝和空气之间进行的是逆流热交换。

经过热交换后，空气被预热到 600～800℃，而氧化铝被冷却到 200℃。空气进入焙烧炉作为燃烧空气，Al_2O_3 进入二次流化床冷却器。

在一次冷却过程中，同时也存在晶型转变，这时的产品含 10% 的 α-Al_2O_3。C02 入口处安装有燃烧器 T12，作为初次冷态烘炉用。T12 燃料为柴油，流量 0～400kg/min。

（6）二次冷却（主体设备：K01、K02）　二次冷却主要是把 Al_2O_3 进一步冷却到 80℃以下，二次流化床冷却器主要是通过内部的热交换管束中的水流与管外的氧化铝之间的热交换来冷却氧化铝。流化空气进入一次旋风冷却器，氧化铝从 K01、K02 的整个过程大约需

30～40min。

（7）除尘和返灰（主体设备：电收尘 P11）　从预热旋风筒 P01 出来的含尘烟气在电收尘 P11 中进行除尘。除尘后的气体含量要求在 50mg/m^3 以下，气体通过排风机 P17 排往烟囱 P18。

从电收尘收下的粉尘送入冷却旋风筒 C02 中。

第12章 分解母液的蒸发和一水碳酸钠的苛化

12.1 概述

母液的蒸发是拜耳法生产氧化铝工艺中一个十分重要的工序，其任务是平衡氧化铝生产过程中的水量和排出杂质盐类，我国的氧化铝工艺的蒸发装置存在蒸汽消耗高、循环效率低、易结垢、蒸水能力达不到设计值等诸多弊端。据第十届氧化铝技术信息交流会统计数据，蒸发能耗约占氧化铝生产能耗的20%～25%，汽耗占总汽耗的48%～52%，占生产成本的10%～12%。可见，蒸发是氧化铝生产过程中的薄弱环节，成为影响产能发挥的关键。

分离$Al(OH)_3$后的分解母液Na_2O浓度一般在170g/L，经蒸浓缩到280g/L左右后，送回到前段工艺用于溶解铝土矿。母液中的杂质如碳酸钠、硫酸钠和氧化硅等随蒸发过程中溶剂的减少而不断地析出沉积，这种行为有利于母液净化，降低母液循环中杂质的含量，并且碳酸钠可以苛化回收再利用，降低生产成本。

12.2 蒸发器的类型

蒸发是一个十分复杂的过程，蒸发器的蒸发能力受设备内压力、温度、蒸汽和溶液流动状态以及整个体系传热系数等许多因素的影响。按蒸发器内部的压力可分为常压蒸发和减压蒸发。大多蒸发过程是在真空下进行的，因为真空下的沸点低，可以用降压蒸汽（例如来自热电站涡轮机排出的乏汽，压煮溶出料浆中铝酸钠溶液的自蒸发蒸汽等）作为加热蒸汽；应用真空设备还能使损失于环境的热量减少。

根据蒸发装置的级数可分为单级蒸发和多级蒸发，在12.3和12.4中将分别对其进行论述。

根据溶液循环的方式分为自然循环蒸发和强制循环蒸发。自然循环蒸发工作原理是依靠加热室将循环的溶液加热后，在循环管两侧产生密度差形成溶液的循环推动力。由于仅靠温差形成的这种推动力较小，因此溶液在加热管内的循环速度只能达到0.8～0.9m/s。当被蒸发的物料在蒸发过程中有碳酸盐和硫酸盐结晶析出时，这些结晶物易附着在加热管内壁形成垢，故这种蒸发器不宜蒸发有结晶析出的物料。国内混联法氧化铝生产中种分母液和碳分母液的蒸发主要用外热式自然循环蒸发装置。强制循环蒸发器是料液的循环流动依靠强制循环泵，管内的流速加大到2～5m/s，传热效率可比自然循环成倍增长。同时强制循环蒸发器属于管外浓缩，除具有循环速度高、效率高的优点之外，还能很好地适应有固体析出条件下的蒸发，它的不足是循环量大（约为进料量的 30 倍），动力消耗高，每平方米加热面要 0.3～1.8kW，维护工作量大。因此它常用于物料黏度大，有结晶析出和易结疤溶液的蒸发。另外，强制循环蒸发器是一种低温差蒸发器，有效温差即使降至 3～5℃，仍可进行操作，故在总温差不大的情况下，也能实现五效或六效操作。

根据液膜形成的方向可分为升膜蒸发器和降膜蒸发器。升膜蒸发的液膜形成由下而上，这不仅动力消耗高，液膜形成难度大，而且蒸发器下部容易形成局部过热，缩短了设备寿命。降膜蒸发的液膜形成是溶液送至蒸发器顶部，通过布膜器由加热室顶部加入，经布膜器分布后呈膜状附于管壁顺流而下，被汽化的蒸汽与液体一起由加热管下端引出，克服了升膜的弊端。降膜蒸发总传热系数较高，因而所需传热面积较小，而且总传热系数随管内的位置改变不大；降膜蒸发器使溶液在管内的停留时间短，加热管的压力降较低，减少了有效温度差损失，提高了传热的有效温度差，但降膜蒸发器不能用于蒸发有结晶析出的液体，目前降膜蒸发器已取代了升膜蒸发器。降膜蒸发器按加热面形状又可分为板式和管式两种类型。

另外还有闪速蒸发器，闪速蒸发器由于蒸发不在加热面上进行，除在防止结疤和结疤清理方面比其他设备优越外，尚有设备结构简单、温度衰颓小、汽耗较低等特点，要求的蒸发母液浓度低、蒸发水量少时可以采用，反之则不宜采用。降膜蒸发与闪速自蒸发相结合流程是目前世界上拜耳法种分母液蒸发的先进流程。如意大利欧洲氧化铝厂、法国加丹厂、罗马尼亚土尔恰厂、希腊圣·尼古拉厂、我国的广西平果铝厂都是采用逆流降膜蒸发器进行第一段蒸发，当溶液钠盐接近饱和状态后，进行二段蒸发，即从 140℃左右经 3～4 级闪速自蒸发降到 70～80℃，使溶液最终浓度达到要求。

12.3　单级蒸发

溶液单级蒸发过程如图 12-1，通常是在一台设备或者在几台溶液为串联、加热蒸汽为并联的设备中进行。单级蒸发装置的蒸发适用于物理化学温度降较大的溶液，物理化学温度降是指在常压下溶液沸点与纯溶剂沸点之间的差值。外部能量交换由三部分组成：①将溶液加热到沸点；②将水由液态转变为气态；③补偿损失于环境的热量。

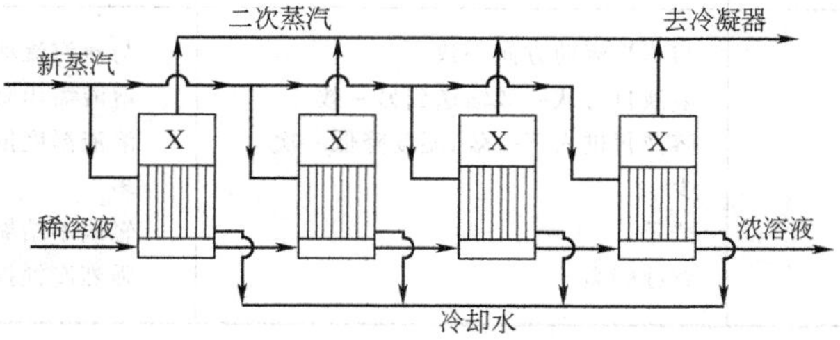

图 12-1　单级多效蒸发装置

k—蒸发设备的级数

因此，以热量形式提供的全部能量为：

$$Q_P = Gc_H(T_K - T_H) + W(i'' - c_B T_K) + q_{损失} \tag{12-1}$$

式中　$q_{损失}$——向环境的热损失，kJ/h；

G——原液用量，kg/h；

W——二次蒸汽消耗量，kg/h；

i''——二次蒸汽的热焓，kJ/kg；

c_H——原液热容，kJ/(kg·K)；

c_B——水热容，kJ/(kg·K)；

T_K——原液沸腾温度，K；

T_H——原液初始温度，K。

蒸发的蒸汽消耗量可根据蒸发设备中以热量形式的能量收支平衡来计算，即

$$D=\frac{Gc_H(T_K-T_H)+W(i''-c_BT_K)+q_{损失}}{i''_{加热}-i_{凝结}} \tag{12-2}$$

式中 D——加热蒸汽消耗量，kg/h；

$i''_{加热}$、$i_{凝结}$——加热蒸汽及凝结水的热焓，kJ/kg。

12.4 多级蒸发

12.4.1 多级蒸发过程

多级蒸发过程是溶液通过一系列串联连接的蒸发器（称之为效），多次利用由外部热源提供给的加热蒸汽的热工参数，前一效产生的蒸汽（二次蒸汽）在另一效中与溶液相互作用，在加热和蒸发的换热过程中凝结，使溶液得到浓缩。

在氧化铝生产中，多级真空蒸发装置得到最广泛的应用。根据蒸发器中蒸汽和溶液的流向不同，多级蒸发装置可有溶液的顺流（平行流动）流程、逆流流程和混流流程，如图 12-2 所示。

顺流流程和逆流流程各有优缺点，表 12-1 为两种流程的比较。混流流程是顺流流程和逆流流程的结合，利用和保持二者的优点，克服它们的缺点。前苏联各氧化铝厂，在蒸发有结垢组分的浓碱溶液过程中，广泛应用混流流程。

表 12-1 顺流流程和逆流流程的比较

项目	顺流流程	逆流流程
原液流动的方向	与蒸汽流动方向一致	与蒸汽流动方向相逆
溶液输送方式	溶液自行从一效输送到另一效	溶液需用泵从一效输送到另一效
溶液温度	溶液每进入下一效，温度降低一次	溶液温度依次增高
消耗蒸汽量	少	多
硅酸钠结垢	严重	轻或不结垢
设备腐蚀状况	腐蚀轻微	强烈腐蚀损坏

12.4.2 多级蒸发装置的热工计算

12.4.2.1 蒸发水量的计算

根据蒸发前后盐类的物料平衡和料流的物料平衡计算溶液中蒸发出的水量：

$$G_{始}B_{始}=G_{终}B_{终} \tag{12-3}$$

$$G_{始}=G_{终}+W \tag{12-4}$$

$$W=G_{终}\left(\frac{B_{终}}{B_{始}}-1\right) \tag{12-5}$$

式中　$G_{始}$、$G_{终}$——初始进入蒸发的溶液和蒸浓的溶液量，kg/h；

$B_{始}$、$B_{终}$——初始进入蒸发溶液的浓度和蒸浓溶液的浓度，%；

W——蒸发水量，kg/h。

12.4.2.2　蒸发装置中的温度损失

在蒸发装置中的温度损失由物理化学温降、流体静力学温差和流体动力学温差三部分构成，即总的温度损失为：

$$\theta_{损失}=\theta_1+\Delta h+\Delta i \tag{12-6}$$

式中　θ_1——物理化学温降；

Δh——流体静力学温差；

Δi——流体动力学温差。

物理化学温降查手册确定。

流体静力学温差是由于溶液上层和下层的压力差造成的，液柱下层的压力大于上层，所以，下层溶液沸点高于上层溶液沸点，通常某一效沸点指的是加热管中间溶液层的沸点。中间层溶液的流体静压力按下式计算：

$$\Delta P=\rho_{混}\cdot\frac{h}{2} \tag{12-7}$$

式中　ΔP——中间层溶液的流体静压力，9.8Pa；

$\rho_{混}$——蒸发设备中汽液混合物的密度，kg/m³；

h——溶液柱高度，m。

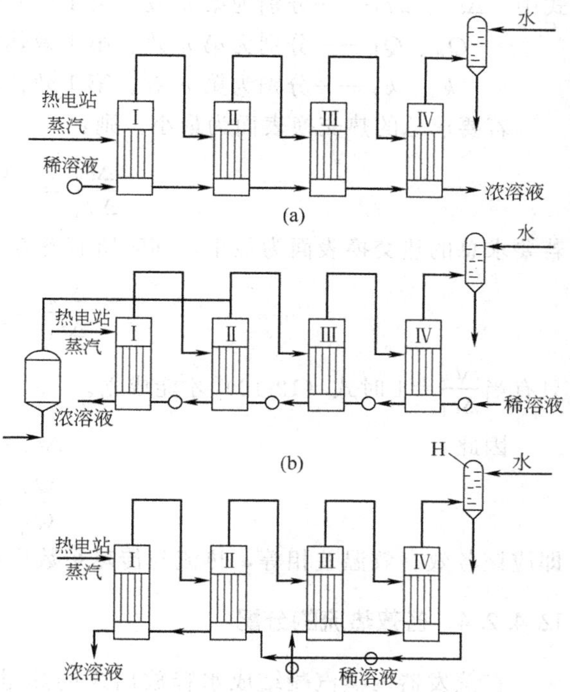

图 12-2　多级蒸发装置的流程

(a) 顺流；(b) 逆流；(c) 混流；

Ⅰ～Ⅳ—各效蒸发器；H—气压冷凝器

根据水的饱和蒸汽压力表查出在该蒸汽空间的压力与由式（12-7）计算的流体静压力相加之和的总压力下水的沸点，该沸点温度与在蒸汽空间压力下水的沸点之差，即为流体静力学温差。此式只适用于静止和不沸腾的溶液。对于溶液多次循环蒸发设备，流体静力学温差可在 0.60～2.00℃内取值。

流体动力学温差主要由各效间管路的流体力学阻力所致，体现在二次蒸汽压降低上，对多级蒸发装置的每一效，此值平均为 1.5℃。

效数越多，温度损失越大，温度衰颓越大，但增加蒸发器组的效数，是降低蒸汽消耗的有效途径，随效数的增多，节约蒸汽越多。选多少效适宜，要根据技术经济因素而定。在我国拜耳法蒸发原母液时，多为 5～6 效逆流降膜蒸发器组和多级闪蒸加强制循环蒸发排盐的二段蒸发流程。

12.4.2.3 各效的有效温差分配

多级蒸发装置中总的温差 $\Delta t_{总}$ 等于第一效加热蒸汽温度 t_1 与最末一效中蒸汽温度 t_N 之间的差值；而其总的有效温差 $\Sigma\Delta t$ 为总的温差 $\Delta t_{总}$ 与各效中温度损失总和 $\Sigma\theta_{损失}$ 之差。

若多级蒸发装置所有各效沸腾管具有相同的换热表面，则必须有：

$$\frac{\Delta t_n}{\Delta t_1}=\frac{Q_n}{Q_1}\cdot\frac{k_1}{k_n} \tag{12-8}$$

式中 Δt_n、Δt_1——分别为第 n 效、第 1 效有效温差；

Q_n、Q_1——分别为第 n 效、第 1 效热流；

k_n、k_1——分别为第 n 效、第 1 效传热系数。

若要求总的热交换表面为最小，则：

$$\frac{\Delta t_n}{\Delta t_1}=\sqrt{\frac{Q_n}{Q_1}\cdot\frac{k_1}{k_n}} \tag{12-9}$$

若要求总的热交换表面为最小，同时所有各效沸腾管具有相同的换热表面，则：

$$\frac{\Delta t_n}{\Delta t_1}=\sqrt{\frac{\Delta t_n}{\Delta t_1}} \tag{12-10}$$

只有当 $\frac{\Delta t_n}{\Delta t_1}=1$ 时式（12-10）才能成立。

因此，

$$\Delta t_n=\Delta t_1 \tag{12-11}$$

$$\frac{Q_n}{Q_1}=\frac{k_n}{k_1} \tag{12-12}$$

即应该各效有效温差相等，热流与传热系数成正比。在实际生产中，很难实现这一要求。

12.4.2.4 各效热流的分配

在蒸发器内蒸汽凝结成水释放出来的热量，会使蒸发器内溶液中的水变为气态分离出来。单位（对蒸发 1kg 水而言）相变热为：

水蒸气凝结时

$$q_{蒸汽\to水}=\lambda_{蒸汽}-c_{水}\tau_{蒸汽} \tag{12-13}$$

水蒸发时

$$q_{水\to蒸汽}=i_{蒸汽}-c_{水}t_{蒸汽} \tag{12-14}$$

式中 $q_{蒸汽\to水}$、$q_{水\to蒸汽}$——蒸汽凝结为水和水蒸发为气态的单位相变热；

$\lambda_{蒸汽}$、$i_{蒸汽}$——凝结蒸汽和二次蒸汽的热焓；

$\tau_{蒸汽}$、$t_{蒸汽}$——加热蒸汽的凝结水温度和溶液沸点；

$c_{水}$——水的比热容。

如果将通过设备表面散失到环境中的热量忽略不计，那么二次蒸汽在第 n 效中的蒸发系数为：

$$\alpha_n=\frac{\lambda_n-c_{水}\tau_n}{i_n-c_{水}t_n} \tag{12-15}$$

由第（$n-1$）效送来的溶液比第 n 效中溶液的温度高，因此溶液冷却的同时发生自蒸发，自蒸发系数为：

$$\beta_n = \frac{t_{n-1} - t_n}{i_{蒸汽} - c_{水} t_{蒸汽}} \tag{12-16}$$

式中 t_{n-1}、t_n——溶液在第 n 效设备进口处和出口处的温度。

在第（$n-1$）效中由蒸汽凝结得到的每千克凝结水，再冷却到第 n 效的加热室中的冷却水的温度所释放出来的热量，使第 n 效中溶液蒸发，其自蒸发系数为：

$$\gamma_n = \frac{\tau_{n-1} - \tau_n}{i_{蒸汽} - c_{水} t_{蒸汽}} \tag{12-17}$$

式中 τ_{n-1}、τ_n——第（$n-1$）效凝结水和第 n 效凝结水的温度。

因而，在第 n 效蒸发出的水量 W_n 可表示为：

$$W_n = D_n \alpha_n + (S_0 c_0 - \sum_{i=1}^{n-1} W_i)\beta_n + \gamma_n \sum_{i=1}^{n-1} D_i \tag{12-18}$$

式中 S_0——原液的物料流量；

c_0——原液的比热容；

W_i——各效蒸发出来的水量；

D_i——各效加热蒸汽消耗量。

另外，在第 n 效蒸发出的水量 W_n 还可表示为：

$$W_n = D_{n+1} + E_n \tag{12-19}$$

式中 D_{n+1}——第（$n+1$）效中的加热蒸汽数量；

E_n——抽到第 n 效加热室蒸汽数量。

根据式 12-18 和 12-19，可得：

$$D_{n+1} = D_n \alpha_n + (S_0 c_0 - \sum_{i=1}^{n-1} W_i)\beta_n + \gamma_n \sum_{i=1}^{n-1} D_i - E_n \tag{12-20}$$

得到了各效蒸发水量的分配，便可求出各效热流：

$$Q_n = W_n (i_n - c_{水} t_n) \tag{12-21}$$

12.4.2.5 加热面积的计算

在实际工程中，通常各效沸腾管加热面积是相等的，所以，就此种情况，讨论加热面积的计算。

各效加热面积相等，即：

$$F_1 = F_2 = F_3 = \cdots = F_n \tag{12-22}$$

式中 F_1、F_2、$F_3 \cdots F_n$——第一效、第二效、第三效…第 n 效加热面积。

同时有（12-8）式成立。

根据传热方程式：

$$Q_n = F_n k_n \Delta t_n \tag{12-23}$$

得到

$$F_n = \frac{Q_n}{k_n \Delta t_n} \tag{12-24}$$

由（12-8）式得出：

$$\frac{\Delta t_2}{\Delta t_1} = \frac{Q_2}{Q_1} \cdot \frac{k_1}{k_2} = x_2 \tag{12-25}$$

$$\frac{\Delta t_3}{\Delta t_1} = \frac{Q_3}{Q_1} \cdot \frac{k_1}{k_3} = x_3 \tag{12-26}$$

…

$$\frac{\Delta t_N}{\Delta t_1}=\frac{Q_n}{Q_1}\cdot\frac{k_1}{k_N}=x_N \tag{12-27}$$

于是：

$$\Delta t_2=\Delta t_1 x_2 \tag{12-28}$$

$$\Delta t_3=\Delta t_1 x_3 \tag{12-29}$$

$$\cdots$$

$$\Delta t_N=\Delta t_1 x_N \tag{12-30}$$

上述各式加和得出：

$$\sum_{n=1}^{N}\Delta t_n=\Delta t_1(1+x_2+x_3+\cdots+x_N) \tag{12-31}$$

则

$$\Delta t_1=\frac{\sum_{n=1}^{N}\Delta t_n}{1+x_2+x_3+\cdots+x_N} \tag{12-32}$$

把式（12-25）、式（12-26）和式（12-27）代入式（12-32），整理后得到：

$$\Delta t_1=\frac{\frac{Q_1}{k_1}\sum_{n=1}^{N}\Delta t_n}{\frac{Q_1}{k_1}+\frac{Q_2}{k_2}+\frac{Q_3}{k_3}+\cdots+\frac{Q_N}{k_N}} \tag{12-33}$$

$$\Delta t_2=\Delta t_1 x_2=\frac{\frac{Q_2}{k_2}\sum_{n=1}^{N}\Delta t_n}{\frac{Q_1}{k_1}+\frac{Q_2}{k_2}+\frac{Q_3}{k_3}+\cdots+\frac{Q_N}{k_N}} \tag{12-34}$$

$$\Delta t_3=\Delta t_1 x_3=\frac{\frac{Q_3}{k_2}\sum_{n=1}^{N}\Delta t_n}{\frac{Q_1}{k_1}+\frac{Q_2}{k_2}+\frac{Q_3}{k_3}+\cdots+\frac{Q_N}{k_N}} \tag{12-35}$$

$$\cdots$$

$$\Delta t_n=\Delta t_1 x_n=\frac{\frac{Q_n}{k_n}\sum_{n=1}^{N}\Delta t_n}{\frac{Q_1}{k_1}+\frac{Q_2}{k_2}+\frac{Q_3}{k_3}+\cdots+\frac{Q_N}{k_N}} \tag{12-36}$$

$$\cdots$$

$$\Delta t_N=\Delta t_1 x_N=\frac{\frac{Q_N}{k_N}\sum_{n=1}^{N}\Delta t_n}{\frac{Q_1}{k_1}+\frac{Q_2}{k_2}+\frac{Q_3}{k_3}+\cdots+\frac{Q_N}{k_N}} \tag{12-37}$$

由式（12-24）和式（12-36）便可计算多级蒸发装置中单效换热表面积为：

$$F_n=\frac{1}{\sum_{n=1}^{N}\Delta t_n}\left(\frac{Q_1}{k_1}+\frac{Q_2}{k_2}+\frac{Q_3}{k_3}+\cdots+\frac{Q_N}{k_N}\right) \tag{12-38}$$

12.4.2.6 蒸发强度

蒸发强度是蒸发器的重要技术指标之一，提高蒸发强度、降低汽耗是母液浓缩过程中所追求的重要目标。

蒸发强度可用下式表示：

$$U=\frac{W}{F} \tag{12-39}$$

式中 U——蒸发强度；

W——蒸水量；

F——加热面积。

那么第 n 效蒸发强度就为：

$$U_n=\frac{W_n}{F_n} \tag{12-40}$$

式中 U_n——第 n 效蒸发强度；

W_n——第 n 效蒸水量；

F_n——第 n 效加热面积。

又

$$W_n=\frac{Q_n}{I_n} \tag{12-41}$$

式中 Q_n——第 n 效热流；

I_n——第 n 效蒸发潜热。

根据式（12-23）和（12-41），式（12-40）可变为：

$$U_n=\frac{\Delta t_n k_n}{I_n} \tag{12-42}$$

由式（12-42）可见，当蒸发器的型号、效数和操作工艺参数确定以后，其蒸发强度的提高取决于有效温差 Δt_n 和传热系数 k_n 的增大。有效温差和传热系数越大，对传热越有利，热传递越好，传递的热量越多，越有利于提高蒸发器的产能，也就是越有利于提高蒸发器的强度，有效温差的大小与温差损失、加热蒸汽的温度以及冷凝器的真空度直接相关。传热系数的大小与管间蒸汽冷凝的对流传热系数、管内溶液沸腾的对流传热系数、管壁热阻和污垢热阻这四个因素有关，传热系数可表示为：

$$k_n=\frac{1}{\frac{1}{a_{n1}}+\frac{1}{a_{n2}}+R_{nw}+R_{ns}} \tag{12-43}$$

式中 a_{n1}——第 n 效管间蒸汽冷凝的对流传热系数；

a_{n2}——第 n 效管内溶液沸腾的对流传热系数；

R_{nw}——第 n 效管壁热阻；

R_{ns}——第 n 效污垢热阻。

通常排除不凝气体的蒸汽，其管间蒸汽冷凝的对流传热系数 a_{n1} 较大，$1/a_{n1}$ 数值较小，占总的热阻中比例较小，可忽略不计。管壁的热阻 R_{nw} 一般也都很小，而且变化不大，对传热系数 K 值的影响不明显。管内溶液沸腾的对流传热系数 a_{n2} 和污垢热阻 R_{ns} 则是影响传热系数 K 的主要因素，下面我们将对体管内溶液沸腾的对流传热系数 a_{n2} 和污垢热阻 R_{ns} 的影响因素进行讨论。

根据传热学，圆形直管内作强制湍流时管内溶液沸腾的对流传热系数 a_{n2} 的表达式为：

$$a_{n2}=0.023R_e^{0.8}P_r^{0.4}\lambda/d \tag{12-44}$$

式中 R_e——雷诺准数；

P_r——普兰特准数；

λ——溶液的热导率；

d——圆形直管内径。

雷诺准数的关系式又可表示为：

$$R_e=dV\rho/\mu \tag{12-45}$$

式中 d——圆形直管内径；

V——溶液的流速；

ρ——溶液的密度；

μ——溶液的黏度。

普兰特准数关系式为：

$$P_r=C_p\mu/\lambda \tag{12-46}$$

式中 C_p——溶液的定压比热容；

将式（12-45）和（12-46）代入式（12-44），得到：

$$a_{n2}=\frac{0.023\times\rho^{0.8}\times C_p^{0.4}\times\lambda^{0.6}}{\mu^{0.4}}\times\frac{V^{0.8}}{d^{0.2}} \tag{12-47}$$

令
$$\frac{0.023\times\rho^{0.8}\times C_p^{0.4}\times\lambda^{0.6}}{\mu^{0.4}}=A=\text{常数（物性系数）}$$

则式（12-47）变为：

$$a_{n2}=A\times\frac{V^{0.8}}{d^{0.2}} \tag{12-48}$$

可以看到，管内溶液沸腾的对流传热系数 a_{n2} 与溶液流速的 0.8 次方成正比，与管径的 0.2 次方成反比，溶液流速变化对管内溶液沸腾的对流传热系数的影响大于管径的影响。溶液流速增加，将提高管内溶液沸腾的对流传热系数。强制循环蒸发时溶液流速比自然循环蒸发溶液流速提高几倍之多，因此其传热系数会大幅度增加，有利于蒸发强度的提高。

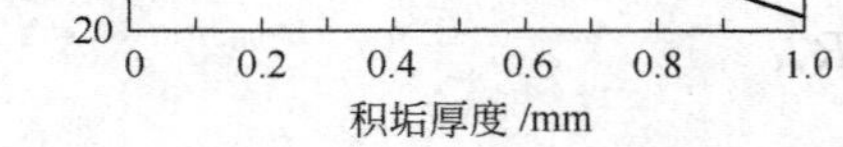

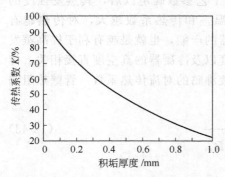

图 12-3　积垢厚度与传热系数的关系

管内溶液侧所生成的污垢热阻对传热系数值的影响见图 12-3。图中的曲线表明，传热系数随着管壁结垢厚度的增加而呈急剧下降趋势，当加热面结垢厚度达 0.2mm 时，传热系数从无积垢时加热面的传热系数 14584kJ/(m^2・h・K)，降至 8314kJ/(m^2・h・K)，仅为无结垢时的 57%。当结垢厚度增加到 0.5mm 时，传热系数急剧下降到 5104kJ/(m^2・h・K)，传热迅速恶化，仅为无结垢时的 35%。

12.5　蒸发器的结垢和阻垢

12.5.1　杂质在母液中的结垢行为

在拜耳法生产氧化铝中，母液中主要含有苛性钠、碳酸钠和硫酸钠，同时还含有铝、硅和钙等物质。在母液增浓过程中，由于各种盐类浓度提高，一部分盐类（如碳酸钠、硫酸钠）将结晶出来；同时由于温度升高，具有逆溶解度特性的铝硅酸钠将以水合物的形式也结晶出来。这些结晶物附着在加热管壁面上，并不断生长，最终形成极为致密坚硬的结疤，致使蒸发效率明显下降，蒸水能力不能满足经济运行的要求，需要停车清理结疤。

表 12-2 为某厂母液蒸发器一效的结疤化学分析和物相分析结果。碳酸钠和硫酸钠是在低温高浓度段易产生结垢，而铝硅酸钠是在高温低浓度段结垢较严重。

表 12-2　一效母液蒸发器结疤分析结果

取样部位	化学组成/%										物相主要相
	Al_2O_3	SiO_2	Fe_2O_3	TiO_2	Na_2O	K_2O	CaO	MgO	SO_4^{2-}	灼减	
加热	28.60	28.65	0.67	0.8	17.60	8.32	0.075	0.018	6.55	15.74	钠
管壁	28.40	31.47	0.77	0.8	17.40	8.56	0.075	0.02	8.59	18.15	硅
顶盖	28.40	31.67	0.67	0.6	17.10	8.32	0.088	0.063	8.50	18.25	渣

12.5.1.1　碳酸钠在母液中的结垢行为

拜耳法氧化铝生产流程中，Na_2CO_3 主要来自以下几个方面：①铝土矿中的碳酸盐与苛性碱作用生成 Na_2CO_3；②苛性碱与空气接触吸收 CO_2 生成 Na_2CO_3；③添加石灰添加剂带入未分解的 $CaCO_3$ 与苛性碱作用生成 Na_2CO_3。其中，添加石灰添加剂是使流程中的 Na_2CO_3 含量高的主要原因之一。碳酸钠在生产中的析出受到溶液温度、苛碱含量以及分子比（α_K）等诸多因素的影响，其结晶产物主要是一水碳酸钠。表 12-3 是 250℃ 和 300℃ 时碳酸钠在铝酸钠溶液中的溶解度与其浓度和分子比（α_K）的关系，图 12-4 是在常压沸点下分子比 α_K 为 3.5～3.8，碳酸钠在循环铝酸盐碱溶液中的溶解度曲线。从表 12-3 和图 12-4 中可以看出，碳酸钠在循环母液中的溶解度随溶液温度的下降、苛碱和全碱浓度的提高与分子比（α_K）的减小而降低，盐析量增加。蒸发过程中，苛碱和全碱浓度不断上升，当碳酸钠处于过饱和状态时便结晶析出，形成结垢，附于蒸发器壁面。循环母液中的碳酸钠含量需控制在溶出系统自蒸发器出料时的碳酸钠平衡浓度以下，才可避免出料管结疤堵塞现象。在工艺条件一定时，循环母液每次循环溶解铝矿料时，其在母液中的含量基本稳定。结晶析出的一水碳酸钠苛化后，再使用。

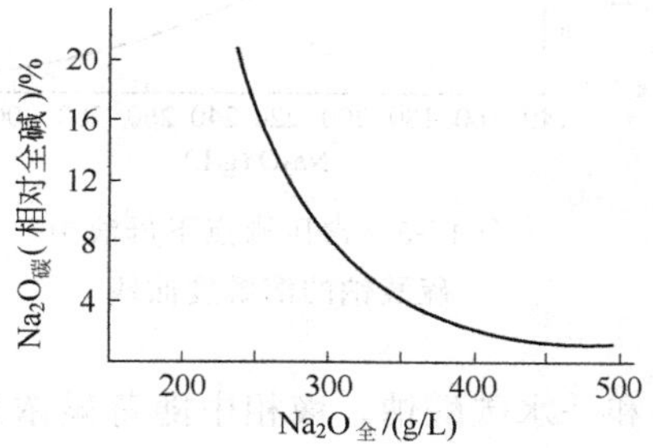

图 12-4　在常压沸点下碳酸钠在循环铝酸盐碱溶液中的溶解度曲线（α_K＝3.5～3.8）

有机杂质的存在将促使溶液中的碳酸钠过饱和，因此，生产中母液中碳酸钠的含量一般比平衡液的含量高 1.5%～2%。

12.5.1.2　硫酸钠在母液中的结垢行为

拜耳法系统中，含硫矿物与碱作用生成硫酸钠进入溶液，并且在母液循环中不断积累，在母液蒸发过程中，当硫酸钠含量达到过饱和，就会造成蒸发器和管壁结疤增加，影响蒸发效率，增加能耗。

表 12-3　碳酸钠在铝酸钠溶液中的溶解度

$Na_2O_苛$ 浓度/%	$Na_2O_碳$ 平衡浓度/%		
	250℃		300℃
	$\alpha_K=1.47\sim1.51$	$\alpha_K=3.29\sim3.30$	$\alpha_K=3.28\sim3.30$
10.0	7.15	7.80	7.95
11.0	6.25	6.90	7.10
12.0	5.45	6.10	6.35
13.0	4.75	5.35	5.50
14.0	4.15	4.65	4.45
15.0	3.75	4.15	4.30
16.0	3.40	3.85	4.10
17.0	3.10	3.55	3.80
18.0	2.85	3.25	3.45
19.0	2.65	2.95	3.20
20.0	2.45	2.70	2.90
21.0	—	2.45	2.65

图 12-5 是常压沸点下母液中硫酸钠的溶解度曲线。由图 12-5 可见，随着 Na_2O 浓度增大，Na_2SO_4 的溶解度急剧下降。升高温度将减少 Na_2SO_4 结晶析出。

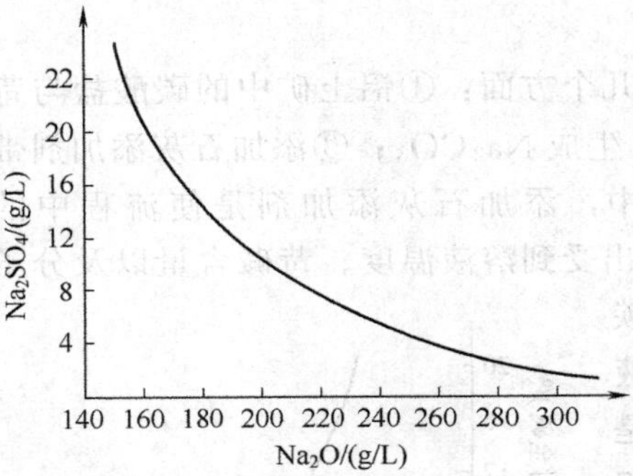

图 12-5　常压沸点下母液中硫酸钠的溶解度曲线

Na_2O 含量为 140g/L 的分解溶液经蒸发浓缩至 250g/L 时，碳酸钠和硫酸钠在蒸发过程中的结晶析出情况列于表 12-4，从表中可以看到，碳酸钠的析出量为原液中总量的 30%左右，硫酸钠的析出量为原液中总量的 60%左右，大部分盐类被析出，硫酸钠的相对析出量比碳酸钠大。

表 12-5 给出了 100℃ 时 Na_2SO_4-Na_2CO_3-NaOH-H_2O 系平衡溶液的组成及其平衡固相，原液中的碳酸钠和硫酸钠在蒸发过程中能形成水溶性复盐碳酸钒 $2Na_2SO_4 \cdot Na_2CO_3$，固相结晶物主要是碳酸钒和一水碳酸钠。液相中随苛碱浓度的提高，碳酸钠和硫酸钠浓度急剧下降，当苛碱浓度为 26.9%时，硫酸钠在溶液中仅能存在 0.5%。碳酸钒和碳酸钠能形成固溶体，在它的平衡溶液中，硫酸钠的浓度更低。

表 12-4　碳酸钠和硫酸钠在蒸发过程中的结晶析出

蒸发原液组成			蒸发母液组成			结晶析出量	
Na_2O /(g/L)	(Na_2O_c/Na_2O) /%	(Na_2O_s/Na_2O) /%	Na_2O /(g/L)	Na_2O_c $/Na_2O$/%	Na_2O_s $/Na_2O$/%	C/%	S/%
132.6	13.98	4.57	270.9	9.63	1.83	31.11	59.96
136.5	16.34	5.97	245.2	11.70	2.09	28.40	64.99
144.3	15.70	4.65	261.5	9.85	1.92	37.26	58.71
148.5	14.15	5.95	250.8	9.10	2.00	35.69	66.39
140.4	15.04	5.28	257.4	10.05	1.96	33.18	62.88

注：$C=\dfrac{(Na_2O_c/Na_2O)_{原液}-(Na_2O_c/Na_2O)_{母液}}{(Na_2O_c/Na_2O)_{原液}}\times100$

$S=\dfrac{(Na_2O_s/Na_2O)_{原液}-(Na_2O_s/Na_2O)_{母液}}{(Na_2O_s/Na_2O)_{原液}}\times100$

表 12-5 100℃时 Na_2SO_4-Na_2CO_3-NaOH-H_2O 系的平衡

液相组成/%			平衡固相
Na_2SO_4	Na_2CO_3	NaOH	
1.2	10.8	15.4	$2Na_2SO_4 \cdot Na_2CO_3 + Na_2CO_3 \cdot H_2O$
0.8	9.0	18.4	
0.6	5.0	23.2	
0.5	3.5	26.9	

12.5.1.3 氧化硅在母液中的结垢行为

在铝土矿溶出时，绝大部分 SiO_2 已经成为铝硅酸钠析出混入赤泥中，但母液中铝硅酸钠仍然是过饱和的，其溶解行为与在溶出液中相似，温度升高和 Na_2O 浓度降低都使铝硅酸钠在母液中溶解度降低，易析出形成结垢。另外，碳酸钠和硫酸钠在母液中的存在将使含水铝硅酸钠转变为溶解度更小的沸石族化合物，降低铝硅酸钠在母液中的溶解度。

生产中，铝硅酸钠和 $2Na_2SO_4 \cdot Na_2CO_3$ 混合沉积在蒸发器内壁，并不断生长，最终形成极为致密坚硬的结疤，降低传热系数，堵塞管道，使蒸发效率明显下降，蒸水能力不能满足经济运行的要求，需要停车清理结疤。铝硅酸钠垢不溶于水，易溶于酸，蒸发器每运行几天即需水洗 1 次，每 1 个月左右用 5%稀硫酸加入缓蚀剂（约 0.2%的若丁）酸洗 1 次。结疤不仅使蒸发效率严重下降，而且频繁的酸洗对设备造成严重腐蚀，蒸发器使用寿命缩短，严重阻碍了生产的正常进行。

12.5.2 蒸发过程的阻垢措施

氧化铝生产中母液蒸发器结疤的主要组成为碳酸钠、硫酸钠和钠硅渣，以钠硅渣对蒸发效率影响最大，清洗难度也最大。所以，任何强化母液蒸发过程的措施，均应有利于抑制钠硅渣的析出。

多年来对蒸发器结垢的防止或减轻进行了大量的研究和实际运用，取得了一些效果，主要方法如下。

（1）采用适当的蒸发流程与作业条件　闪速蒸发的特点是蒸发不在加热面上进行，从防止结垢方面，比其他蒸发方法优越，所以，大多拜耳法母液蒸发系统采用两段蒸发，第一段用降膜式蒸发器将 $Na_2O_苛$ 低的母液蒸浓到结疤浓度以下，该蒸发器温差损失小，溶液过热度不大，有利于抑制铝硅酸钠水合物的析出；第二段采用多级闪速蒸发，碳酸钠等杂质在闪蒸罐内结晶析出。对于有大量结疤生成的母液，可制作沸腾区在外的蒸发器，以减少加热管的结疤和磨损。此外还可采用逆热虹吸式蒸发器，溶液在下降管中加热，在上升管中汽化，这种蒸发器也能减轻结疤。有的生产厂利用溶液湍动程度升高、结疤速率将减慢的原理，采用了强制循环式蒸发器，通过一台耐高温碱液腐蚀的离心泵提高料液流速，结疤明显减少，但循环泵腐蚀使用寿命较短是需要解决的一个难题。

（2）磁场、电场和超声波处理法　磁场、电场和超声波能降低结晶过程的活化能，当其作用于二氧化硅过饱和溶液时，加速铝硅酸钠析出，使其在更低的温度下生成，析出的铝硅酸钠进入溶液中起着晶核作用，金属与溶液接触面上氧化硅的过饱和度降低，有利于减少结垢的生成。另外，在磁场、电场和超声波作用下，生成的结垢疏松，容易清理。这种处理方法因需要较高的能量，工厂难以采纳使用。

（3）深度脱硅　深度脱硅不仅可减少溶出过程结疤，同时，它也是蒸发过程阻垢的有效措施。预脱硅的研究在国内开展得比较深入，在溶出过程结疤防止方法中有详述。大多氧化铝生产厂家都有预脱硅工序。

（4）添加阻垢分散剂　在1978年，苏联人提出向母液中添加表面活性剂ГКЖ-10（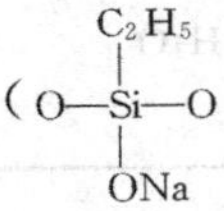甲基或乙基硅酸酮酸钠）的方法，可以减少蒸发器结疤。表面活性剂ГКЖ-10是含20%～30%硅酸酮酸盐的强碱溶液，在碱溶液中稳定耐高温。用此类表面活性剂在传热面积为2.4m^{2}的设备上进行试验，当添加量为1000mg/L时，试验176h后的结疤厚度小于0.5mm，其抑制碳酸钠、硫酸钠和钠硅渣结垢均有良好效果，因添加量大、成本较高，且ГКЖ-10含有硅，使后续工序难度增大，因而影响了它的应用。日本EDOLAS公司推出了一种缓蚀阻垢剂——硅酸盐被膜剂［JE-A（B）型］，其分子式为：$m\mathrm{Na_2O}\cdot n\mathrm{SiO_2}\cdot p\mathrm{H_2O}$，这种硅酸盐聚合体溶于水后，产生一种由分子和离子组成的带负电荷的聚合体，称为胶态负粒子，其结构如图12-6所示。这种胶态负粒子易在钢铁表面形成致密、坚韧的硅铁稳定膜层，具有防腐蚀性和抗垢性，它的缺点是含有硅。中南大学在阻垢剂方面研究取得进展，合成了ZX型阻垢分散剂，该药剂以分子量较低的聚丙烯酸钠为主要组分，能耐300℃以下高温，适用于强碱溶液，稳定性好，价格低廉。用熟料溶出液进行的动态阻垢试验和静态试验表明，ZX型阻垢分散剂对物料的阻垢率达83%，而添加量仅12mg/L；这种药剂随料液流动到末效时已基本分解为小分子，基本丧失阻垢分散效力，不会影响后续的沉降、分解等生产过程，是一种有应用前途的阻垢分散剂。

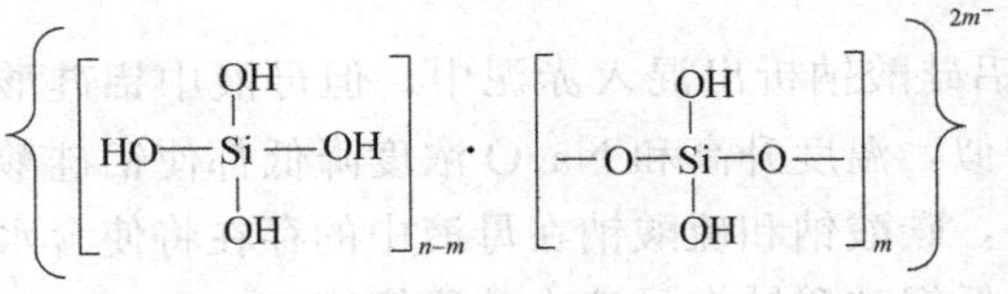

图12-6　胶态负粒子结构

12.6 蒸发设备构造

蒸发器是溶液浓缩的主要设备，一般分为自然循环、强制循环、升膜、降膜和闪蒸等五种形式蒸发器。在氧化铝生产中，多应用管式换热表面的蒸发器，而近年来降膜板式蒸发器因它具有汽耗低、产能高等特点得到快速发展和应用。下面介绍在氧化铝生产中常用的几种蒸发器。

图12-7是自然循环和同轴安装加热室的蒸发器，溶液由管12加入，进入加热室Ⅰ，向上运动而沸腾。蒸发的溶液进入分离室Ⅱ，液固分离；二次蒸汽通过液沫捕集器清除液滴后由管6从蒸发器排出；加热蒸汽由管1进入列管之间的空间，凝结水通过管15排出。此类蒸发器的加热表面为700～800m^2，沸腾管的高度为6～7m，加热室的直径达2m，用于不析出结晶并且热交换表面不结垢的溶液。

各种沸腾区在外面的蒸发器适用于结垢溶液的蒸发。图12-8是由在外面的加热室Ⅰ、分离室Ⅱ和循环管Ⅲ组成的自然循环和溶液在管内沸腾的蒸发器。加热室由57mm×3.5mm的管子构成，通过一段水平管Ⅵ（过渡室）与分离室连接。固相和液相在分离室Ⅱ中分离，溶液沿循环管从分离室进入加热室。循环是靠液体和汽液乳浊体的密度差，经过循环管到加热室的封闭线路进行的。这种设备适用于在换热表面上生成不溶性沉积物不多的溶液，换热表面可用机械方法清理，加热室移到外面便于清理。该设备加热表面为 $700m^2$，加热管长 7m，加热室直径达 2m。

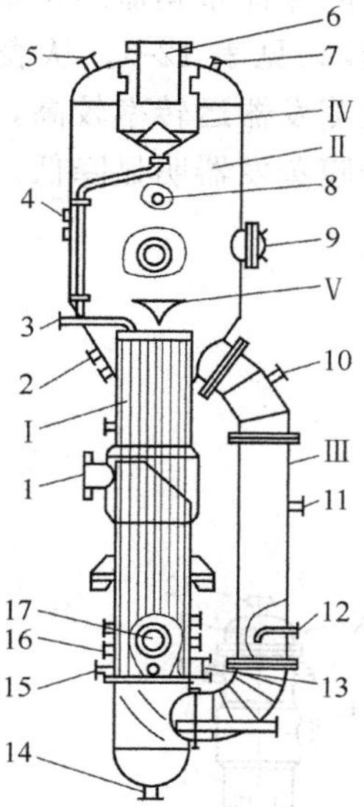

图 12-7　自然循环和同轴安装加热室的蒸发器

Ⅰ—加热室；Ⅱ—分离室；Ⅲ—循环管；Ⅳ—液沫捕集器；Ⅴ—挡料板；1—加热蒸汽进汽管；2—浓溶液出料管；3—不凝性气体排出管；4—压力表接管；5—蒸汽室空气排出管；6—二次蒸汽排出管；7—用来冲洗管道的接管；8—观测孔；9—分离室检修人孔；10—热电偶装接管；11—取样管；12—溶液进料管；13—凝结水液面指示器；14—溶液溢流接管；15—凝结水排出管；16—管际空间冲洗管；17—加热室人孔

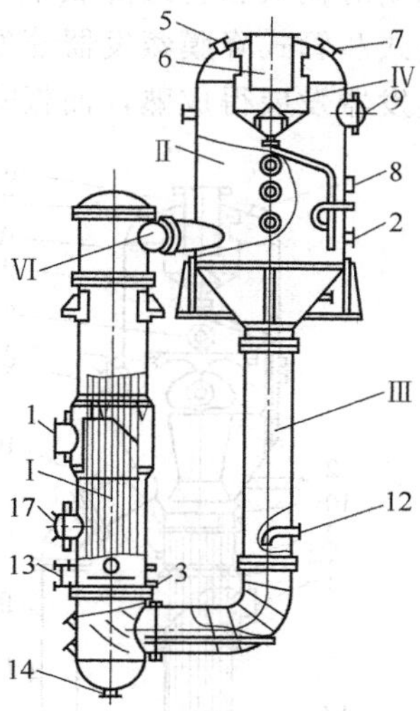

图 12-8　加热室在外面的蒸发器

Ⅵ—带筐的过渡室；其他符号名称同图 12-7

沸腾区在外面的同轴安装加热室的强制循环蒸发器（图 12-9）能处理有结晶析出的黏滞溶液的设备，其结构与沸腾区在外面的自然循环蒸发器相似。不同之处是在加热室和循环管之间增设循环泵。溶液的循环是按分离室、循环管、加热室、分离室的封闭路线进行的。循环泵的电机功率为 200～250kW，溶液在管内的流速为 2～2.5m/s；该设备加热表面为 $1000m^2$，沸腾管长 15m，加热室直径达 2m。在拜耳法氧化铝厂有广泛的应用。

降膜蒸发器（图 12-10）的特点是：料液从加热室上部进入，经安装于上管板上的布膜器均匀地分布于加热管内表面，以 2m/s 的速度从上向下流动的过程中换热而蒸发；二次蒸汽和料液一并向下流动，由于料液的不断蒸发，二次蒸汽的速度逐渐加快，在加热管底部，蒸汽速度可达 20m/s 左右，使液膜处在高度湍流状态，强化了管内壁的传热，二次蒸汽在分离室与料液分离；蒸汽在管外冷凝，由底部排出。降膜蒸发器的关键技术是布膜器，为了使料液均匀地分配到管板上的每一个加热元件中，并在加热元件壁形成均匀的液膜，必须有性能良好的布膜器。目前在氧化铝行业使用的布膜器有两种：一种是一层筛孔板加一层多个喷头组成的布膜器，这种布膜器要求加热管伸出上管板 40mm 左右，对每根加热管板伸出的长度的误差要求严格，否则将严重影响料液分布的均匀度；另一种是有多层筛孔板组成的布膜器，这种布膜器通过每层筛孔板上孔的特殊设计，使到达一管板的料液均匀地分布于加热元件的管桥间，然后溢流进加热元件，由于下层筛孔板上的开孔较小，要求进入布膜器的料液中不能含有颗粒状杂质，因此对不清洁料液必须过滤才能保证布膜器的正常运行。平果氧化铝二期对板式和管式降膜蒸发器的技术经济进行了比较，见表 12-6。从表中数据可以看到，板式和管式降膜蒸发器蒸发能力基本相同，管式降膜蒸发器运转率较高，技术上比板式降膜蒸发器发展得成熟，而板式降膜蒸发器费用比管式降膜蒸发器明显降低。

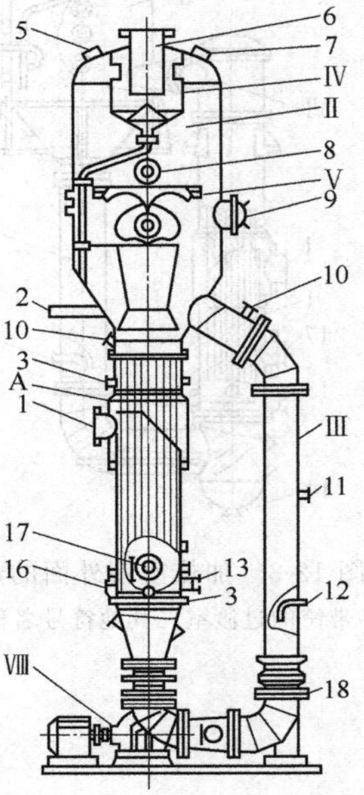

图 12-9 沸腾区在外面的有同轴安装加热室的强制循环蒸发器

Ⅷ—配有电动机的循环泵；18—补偿器；其他符号名称同图 12-7

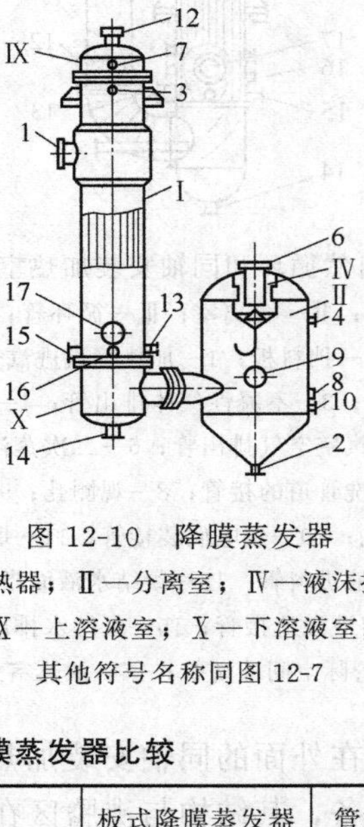

图 12-10 降膜蒸发器

Ⅰ—加热器；Ⅱ—分离室；Ⅳ—液沫捕集器；Ⅸ—上溶液室；Ⅹ—下溶液室；其他符号名称同图 12-7

表 12-6 平果氧化铝二期板式和管式降膜蒸发器比较

项　目	板式降膜蒸发器	管式降膜蒸发器	项　目	板式降膜蒸发器	管式降膜蒸发器
蒸水量/(t/h)	150～170	150～170	运转率/%	85	93～96
五效汽水比	0.33	0.33	蒸发器设备投资/元	2500	3200

降膜蒸发器在真空效的传热系数达到 5434～5852kJ/(m^2·h·K)，而在自然循环的其他类型蒸发器中为 2508～4180kJ/(m^2·h·K)。该设备能有效地浓缩有大量固相析出的溶液，但不适于浓缩含有生成结垢组分的溶液。我国山西氧化铝厂和广西平果铝厂蒸发铝酸钠溶液中都成功地运用了降膜蒸发器，因其具有传热效率高、可以多效作业、蒸发汽耗低、不堵管的优点使得降膜蒸发器在氧化铝生产中是最有发展前途的蒸发器。

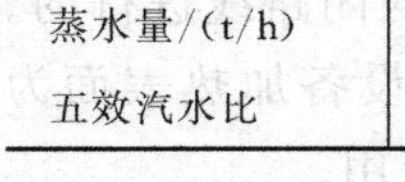

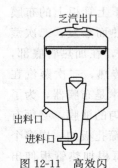

图 12-11 高效闪蒸蒸发器

图 12-11 为高效闪蒸器的示意图，其主要部件由筒体、循环套管、汽液分离器三部分组成，一效过来的物料从闪蒸器的下部进入到循环套

管内，利用物料本身所带有的压力（约有 0.10MPa）与罐内真空所形成的压差，带动套管内外物料循环起来，物料循环到上部时进行闪速蒸发，乏汽被抽走，降压浓缩后的物料从出料口送走。这种闪蒸器的优点是，物料在闪蒸器内是循环流动的，在套管内外形成了小循环，不但可以减少物料在管壁上的结疤和在容器内的沉积，同时也使物料闪蒸速度加快，提高了闪蒸效果。使用高效闪蒸器后能使蒸发器组的蒸水能力提高。

12.7 蒸发工艺的应用

12.7.1 蒸发工艺过程

在氧化铝生产中，传统的蒸发工艺以三、四效为主，降膜蒸发器是近年来应用到氧化铝行业的新型高效蒸发器，它可以实现多效蒸发，减少汽耗，降低生产成本。现以六效逆流三级闪蒸的板式降膜蒸发系统为例来介绍母液蒸发工艺的过程。

图 12-12 为六效逆流三级闪蒸的板式降膜蒸发系统工艺流程图，其工艺流程为：蒸发原液含 Na_2O 160g/L，由泵送至第六效蒸发器，经 6—5—4—3—2—1 效蒸发器逆流逐级加热蒸发至溶液含 Na_2O 220g/L，再经三级闪蒸浓缩至 Na_2O 245g/L 后，由泵送至四蒸发原液槽，四组 1100m^2 强制循环蒸发器进一步蒸发排盐的两段流程。蒸发原液槽底流氢氧化铝浆液用泵送到就近的一组拜耳法种分槽的最后两个分解槽内。一效蒸发器用表压为 0.5MPa 的饱和蒸汽加热，一效至五效二次蒸汽分别用作下一效蒸发器和该效直接预热器的热源，第六效（末效）蒸发器的二次蒸汽经水冷器降温冷凝，其不凝气接入真空泵，一、二、三级溶液自蒸发器的二次蒸汽依次用于加热二、三、四效直接预热器的溶液。新蒸汽冷凝水经三级冷凝水槽闪蒸降温至 100℃以下用泵送至合格热水槽，其二次蒸汽分别与一、二效蒸发器的二次蒸汽合并；二、三、四、五效蒸发器的冷凝水分别经该效的冷凝水水封罐进入下一级冷凝水水封罐；每效冷凝水水封罐产生的二次蒸汽分别汇入该效的加热蒸汽管；二、三、四、五效蒸发器的冷凝水逐级闪蒸后与五效的冷凝水汇合，进入六效的冷凝水罐，用泵送到冷凝水槽；全部冷凝水经检测后，合格的送锅炉房，不合格的送 100m^2 赤泥过滤热水槽。主要运行参数见表 12-7。

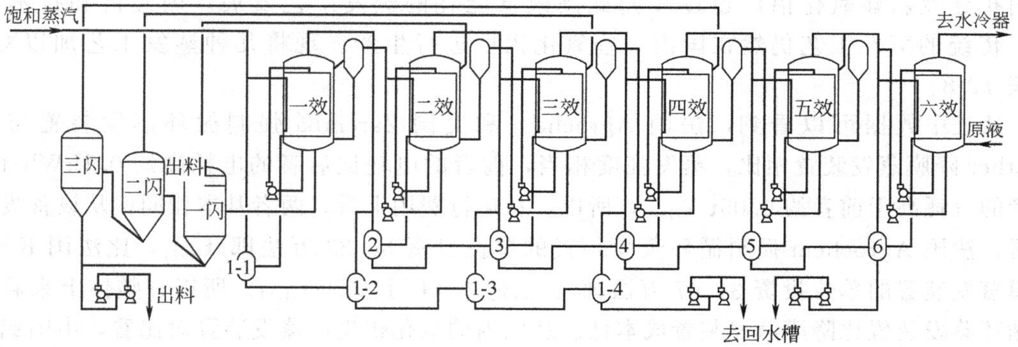

图 12-12　六效逆流三级闪蒸的板式降膜蒸发系统工艺流程图

六效逆流三级闪蒸的板式降膜蒸发系统工艺经过使用，归纳其工艺特点如下。

① 板式降膜蒸发器具有传热系数高，没有因液柱静压引起的温度损失，有利于小温差

表 12-7　六效逆流三级闪蒸的板式降膜蒸发系统主要运行参数

	板式降模蒸发器						水冷器	闪蒸器		
效数	一	二	三	四	五	六		一	二	三
加热面积/m^2	1728	1700	1610	1610	1610	1756				
汽室温度/℃	153	124	108.5	94	78.6	63.7		118.7	102	86.5
液室温度/℃	136	119	102	87	69	56.6				95
汽室压力/MPa	0.417	0.13	0.044	0.00	−0.046	−0.0738	−0.089			
液室压力/MPa	0.13	0.044	0.00	−0.046	−0.070	−0.0834				

传热，实现六效作业，汽耗比传统的四效蒸发器低 0.12t/t_{H_2O}。

② 一效至五效蒸发器进料，采用直接预热器预热，分别用三级闪蒸器及本效的二次蒸汽作热源，使溶液预热到沸点后进料，提高了传热系数，改善了蒸发的技术经济指标。

③ 采用水封罐兼做闪蒸器的办法，对新蒸汽及各效二次蒸汽冷凝水的热量进行回收利用，不仅流程简单，并可有效的阻汽排水，降低了系统的汽耗。

④ 采用三级闪蒸对溶液的热量进行回收，一效出料温度约为149℃，经三级闪蒸，温度降至 95℃，然后送第四蒸发站进行排盐蒸发。

⑤ 板式蒸发器板片结疤时，可自行脱落，减少清洗设备次数。一效每两个月用 60MPa 高压水清洗一次；2 效每半年用高压水清洗一次；3～6 效基本无结垢，不需清洗。

⑥ 整个蒸发器机组采用 I/A 型控制系统，在控制室内监视所有热工参数及电气设备运行情况，实现所有控制和打印报表，检测控制达到了国内先进水平。

该工艺不足之处在于不适合排盐蒸发，溶液浓度不能提得太高，如果一效有盐析出，会使布膜器堵塞，造成布膜器不能正常布膜。

12.7.2　国内外蒸发技术和装置的应用

目前国外新建氧化铝厂的蒸发工艺多数采用降膜蒸发器与闪速自蒸发的二段流程，国内扩建及新建氧化铝厂也逐步向此高效低能耗的蒸发工艺发展。因经济和技术的原因，传统的蒸发工艺仍然在国内一些氧化铝厂进行生产。现将几种蒸发工艺加以对比，见表 12-8。

从表中数据可以看到，法国 Agrochem 和美国 Zaremba 强制循环蒸发装置与法国 Kesther 降膜蒸发装置相比，蒸发强度相当，前者的电耗比后者的电耗高约 0.1kWh/t_{H_2O}，后者的汽耗高于前者约 0.05t/t_{H_2O}，所以，从运行费用上看，两者基本相同；从设备投资费用看，法国 Agrochem 强制循环蒸发装置的单位投资 30.23 万法郎/t_{H_2O}，比法国 Kesther 降膜蒸发装置的单位投资 31.67 万法郎/t_{H_2O}低 1.44 万法郎/t_{H_2O}。所以，整体上来看，强制循环蒸发装置比降膜蒸发装置成本低。从国内的氧化铝生产蒸发装置对比看，中国铝业股份有限公司广西平果分公司氧化铝厂和山西分公司氧化铝厂降膜蒸发装置无论是蒸发能力、汽耗、运转率都明显优于国内其他氧化铝厂的自然循环和强制循环装置，达到了世界先进水平。我国强制循环泵的泵轴密封性以及泵的耐碱腐蚀性不好，运转周期短，运行不稳定，致使强制循环蒸发的效果无法体现。

表 12-8　国内外一些氧化铝生产厂蒸发工艺性能比较

项　目	法国 Kesther	美国 Zaremba	法国 Agrochem	中国长城铝业公司郑州铝厂	中国山东铝业公司氧化铝厂	中国贵州铝业公司氧化铝厂	中国山西铝业公司氧化铝厂	中国广西平果铝业公司氧化铝厂
效数	五	四	五	四	三	四	六	五
蒸发流程	五效逆流降膜蒸发加三级闪蒸,二级闪蒸出料的部分需排盐时,送至强制循环蒸发器	四效逆流强制循环蒸发器加二级闪蒸	五效逆流强制循环蒸发器加二级闪蒸	外热式混流自然循环加二级闪蒸	三效逆流强制循环蒸发器加二级闪蒸	外热式逆流自然循环加 $200m^2$ 强制循环	六效逆流板式降膜蒸发加三级闪蒸	五效逆流管式降膜蒸发和三级闪蒸
加热面/m^2	7073	7846	5600	1100	450	850	10014	7653
供汽条件/MPa	0.6～0.65	0.9	0.6	—	—	—	0.4～0.45	0.5
汽耗/(t/t_{H_2O})	0.38	0.318	0.333	0.45～0.55	0.45～0.5	0.45～0.55	0.27～0.3	0.33～0.4
蒸水能力/(t/h·组)	150	180	132	50～60	40～45	45～50	100～130	150～170
电耗/(kWh/t_{H_2O})	7.3	8.4	8.0	—	—	—		
运转率/%	—	—	—	80～85	80	80～85	80～88	93～95
一组蒸发设备费用	4750 万法郎	—	3990 万法郎	—	—	—	—	3750 万法郎

12.8　一水碳酸钠的苛化

12.8.1　一水碳酸钠苛化的原理

拜耳法生产氧化铝中，碳酸钠的苛化是通过将碳酸钠溶解，然后添加石灰来实现再生的，即石灰苛化法。其原理是：

$$Na_2CO_3+Ca(OH)_2=2NaOH+CaCO_3 \tag{12-49}$$

碳酸钙溶解度较小，形成沉淀，过滤去除，滤液回收再利用，补充到循环母液中。

通常用苛化率来评价碳酸钠苛化的程度，即碳酸钠转变为氢氧化钠的转化率称为苛化率，其表达式为：

$$\mu=\frac{N_{c前}-N_{c后}}{N_{c前}}\times 100\% \tag{12-50}$$

式中　μ——溶液苛化率，%；

$N_{c前}$——溶液苛化前 Na_2O_c 的浓度，g/L；

$N_{c后}$——溶液苛化后 Na_2O_c 的浓度，g/L。

$Ca(OH)_2$ 溶解度随着苛化过程的进行，溶液中 OH^- 浓度的增加而降低，所以，$Ca(OH)_2$ 在苛化后溶液中很少，若忽略不计，苛化率可表达为：

$$\mu = \frac{x}{2C} \times 100\% \quad (12\text{-}51)$$

式中　x——溶液苛化后 NaOH 的浓度，mol/L；

C——溶液苛化前 Na_2CO_3 的浓度，mol/L。

式（12-49）反应是可逆反应，其反应平衡常数

$$K = \frac{[OH^-]^2}{[CO_3^{2-}]} \quad (12\text{-}52)$$

即

$$K = \frac{x^2}{C - \frac{x}{2}} \quad (12\text{-}53)$$

则

$$x = \frac{K}{4}\left(\sqrt{1 + \frac{16C}{K}} - 1\right) \quad (12\text{-}54)$$

将式（12-54）代入式（12-51），得：

$$\mu = \frac{K}{8C}\left(\sqrt{1 + \frac{16C}{K}} - 1\right) \quad (12\text{-}55)$$

由式（12-55）可知，溶液苛化前碳酸钠浓度 C 越高，苛化率越低；反应平衡常数 K 越大，苛化率越高，反应平衡常数 K 只是温度的函数，即

$$\ln K = -\frac{\Delta H}{RT}$$

式中　ΔH——反应的焓变，J/mol；

R——8.314J/(K·mol)；

T——反应的温度，K。

式（12-49）反应是放热反应，它的 ΔH 值为负值，所以，苛化反应温度提高，反应平衡常数 K 变小，苛化率低。但苛化反应温度高，可以加快（12-49）式反应速度，并且使生成的 $CaCO_3$ 沉淀晶粒粗大，易于过滤分离。

对于纯碱溶液，在高浓度碳酸钠溶液苛化时，生成单斜钠钙石 $CaCO_3 \cdot Na_2CO_3 \cdot 5H_2O$ 和钙水碱 $CaCO_3 \cdot Na_2CO_3 \cdot 2H_2O$ 两种复盐，造成苛化率低。为了防止生成复盐，苛化通常在低碳酸钠浓度下进行，一般控制在碳酸钠浓度在100～160g/L范围内。

实际上在拜耳法蒸发母液中析出的一水碳酸钠总要携带一些母液，苛化时含有铝酸钠和二氧化硅，或者赤泥苛化，都还将有以下反应伴随着进行。

① 石灰与铝酸钠反应，生成铝酸钙。

$$3Ca(OH)_2 + 2NaAlO_2 + 6H_2O + aq \longrightarrow 3CaO \cdot Al_2O_3 \cdot 8H_2O + 2NaOH + aq \quad (12\text{-}56)$$

$$3CaO \cdot Al_2O_3 \cdot 8H_2O \longrightarrow 3CaO \cdot Al_2O_3 \cdot 6H_2O + 2H_2O \quad (12\text{-}57)$$

② 水合铝硅酸钠与铝酸钙反应，生成水化石榴石。

$$1.7[3CaO \cdot Al_2O_3 \cdot 6H_2O] + xNa_2O \cdot Al_2O_3 \cdot 1.7SiO_2 \cdot nH_2O + aq \longrightarrow 1.7[3CaO \cdot Al_2O_3 \cdot xSiO_2 \cdot (x-2y)H_2O] + 2xNaAlO_2 + aq \quad (12\text{-}58)$$

③ 部分铝酸钙和水化石榴石溶入溶液与碳酸钠发生苛化反应。

$$3CaO \cdot Al_2O_3 \cdot 6H_2O + 3Na_2CO_3 + aq \longrightarrow 3CaCO_3 + 2NaAlO_2 + 4NaOH + 4H_2O + aq \quad (12\text{-}59)$$

$$3CaO \cdot Al_2O_3 \cdot xSiO_2 \cdot (6-2x)H_2O + 3Na_2CO_3 + H_2O \longrightarrow 3CaCO_3 + 2NaAl(OH)_4 + xNa_2SiO_3 + (4-2x)NaOH \quad (12\text{-}60)$$

12.8.2　Na_2O-CaO-CO_2-Al_2O_3-H_2O 系平衡状态图

在铝酸钠溶液中化合物 CaO 的溶解度甚小，因此溶液中 CaO 的浓度可忽略不计，图 12-13 就是基于此特点作出的 Na_2O-CaO-CO_2-Al_2O_3-H_2O 系平衡状态图。

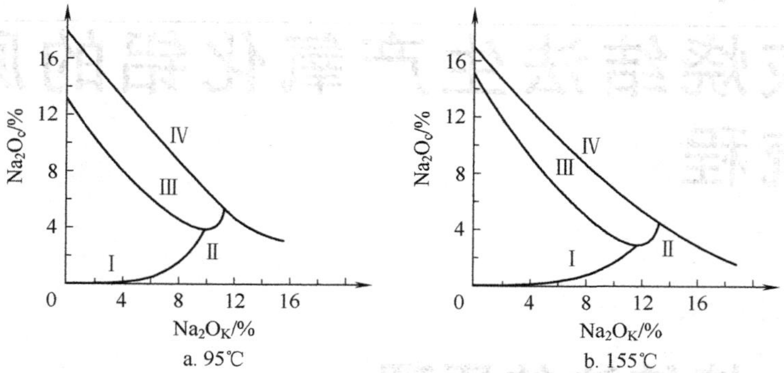

图 12-13　Na_2O-CaO-CO_2-Al_2O_3-H_2O 系平衡状态图

Ⅰ—$CaCO_3$；Ⅱ—$3CaO \cdot Al_2O_3 \cdot 6H_2O$；

Ⅲ—$2Na_2CO_3 \cdot 3CaCO_3$ 或 $Na_2CO_3 \cdot 2CaCO_3$；Ⅳ—Na_2CO_3

根据图 12-13 上的等温线能够判断苛化时碳酸钠和石灰相互作用的状态。苛化初期，当溶液含碳酸钠浓度不是很高，溶液组成点落在Ⅰ区，即 $CaCO_3$ 的稳定区，生成的产物是 $CaCO_3$ 和 NaOH，当溶液含碳酸钠浓度较高时，溶液组成点落在Ⅲ区，即 $2Na_2CO_3 \cdot 3CaCO_3$ 或 $Na_2CO_3 \cdot 2CaCO_3$ 复盐的稳定区，苛化率将降低。苛化后期，溶液组成点落在Ⅱ区，即 $3CaO \cdot Al_2O_3 \cdot 6H_2O$ 的稳定区，将导致苛化率降低和一定数量的氧化铝损失。当温度提高时，Ⅱ、Ⅲ区域右移且缩小，减少 $2Na_2CO_3 \cdot 3CaCO_3$ 或 $Na_2CO_3 \cdot 2CaCO_3$ 复盐和 $3CaO \cdot Al_2O_3 \cdot 6H_2O$ 的生成，有利于 $CaCO_3$ 的生成。

12.8.3　一水碳酸钠苛化工艺

在氧化铝生产中一水碳酸钠苛化工艺通常为：

苛化原液碳酸钠浓度　100～160g/L；

温度　≥95℃；

石灰添加量　70～110g/L；

苛化时间　2h；

苛化率　≥85%。

第13章 碱石灰烧结法生产氧化铝的原理和基本流程

13.1 烧结法的原理

早在拜耳法提出之前，法国人勒·萨特里在1858年就提出了碳酸钠烧结法，即用碳酸钠和铝土矿烧结，得到含固体铝酸钠 $Na_2O \cdot Al_2O_3$ 的烧结产物，这种产物称为熟料或烧结块，将其用稀碱溶液溶出便可以得到铝酸钠溶液，往溶液中通入 CO_2 气体，即可析出氢氧化铝，残留在溶液中的主要是碳酸钠，可以再循环使用。这种方法，原料中的 SiO_2 仍然是以铝硅酸钠的形式转入泥渣，而成品氧化铝质量差，流程复杂，耗热量大，所以拜耳法问世后，此法就被淘汰了。

后来发现用碳酸钠和石灰石按一定比例与铝土矿烧结，可以在很大程度上减轻 SiO_2 的危害，使 Al_2O_3 和 Na_2O 的损失大大减少，这样就形成了碱石灰烧结法。在处理高硅铝矿时，它比拜耳法优越。

除了这两种烧结法外，还有单纯用石灰与矿石烧结的石灰烧结法，它比较适用于处理黏土类原料，特别是含有一定可燃成分的煤矸石、页岩等，这时原料中的 Al_2O_3 烧结成铝酸钙，经碳酸钠溶液浸出后，可得到铝酸钠溶液。

目前用在工业上的只有碱石灰烧结法，它所处理的原料有铝土矿、霞石和拜耳法赤泥，这些原料分别称为铝土矿炉料、霞石炉料和赤泥炉料。它们各有特点，例如，铝土矿炉料的铝硅比一般在3左右，而霞石炉料只有0.7左右，赤泥炉料为1.4左右，而且常常含有大量的氧化铁。

在碱石灰烧结法中，一般是使炉料中的氧化物通过烧结转变为铝酸钠 $Na_2O \cdot Al_2O_3$、铁酸钠 $Na_2O \cdot Fe_2O_3$、原硅酸钙 $2CaO \cdot SiO_2$ 和钛酸钙 $CaO \cdot TiO_2$。因为铝酸钠很易溶于水或稀碱溶液，铁酸钠则易水解为 NaOH 和 $Fe_2O_3 \cdot H_2O$ 沉淀：

$$Na_2O \cdot Fe_2O_3 + 2H_2O + aq \longrightarrow 2NaOH + Fe_2O_3 \cdot H_2O + aq \quad (13\text{-}1)$$

在溶出条件控制适当时，原硅酸钙和钛酸钙不与溶液反应而全部转入沉淀。所以，由这四种化合物组成的熟料，在用稀碱溶出时，就可以溶出 Al_2O_3 和 Na_2O，而将其余杂质分离除去。得到的铝酸钠溶液经过净化精制，通入 CO_2 气体，降低其稳定性，便析出氢氧化铝，这个过程叫做碳酸化分解。碳酸化分解后的溶液称为碳分母液，主要成分为 Na_2CO_3，可以再用来配料。因此在烧结法中，碱也是循环使用的。

13.2　烧结法的基本流程

碱石灰烧结法生产氧化铝的工艺过程主要有以下几个步骤。

(1) 原料准备　制取必要组分比例的细磨料浆所必需的各工序。铝土矿生料组成包括：铝土矿、石灰石（或石灰）、新纯碱（用以补充流程中的碱损失）、循环母液和其他循环物料。

(2) 熟料烧结　生料的高温煅烧，制取主要含铝酸钠、铁酸钠和硅酸二钙的熟料。

(3) 熟料溶出　使熟料中铝酸钠转入溶液，分离和洗涤不溶性残渣（赤泥）。

(4) 脱硅　使进入溶液的氧化硅生成不溶性化合物分离，制取高硅量指数的铝酸钠精液。

(5) 碳酸化分解　用 CO_2 分解铝酸钠溶液，析出的氢氧化铝与碳酸钠母液分离，并洗涤氢氧化铝；

一部分溶液进行种子分解，以得到某些工艺条件所要求的部分苛性碱溶液。

(6) 焙烧　将氢氧化铝焙烧成氧化铝。

(7) 分解母液蒸发　从过程中排除过量的水，蒸发的循环纯碱溶液用以配制生料浆。

碱石灰烧结的工艺流程见图 13-1。

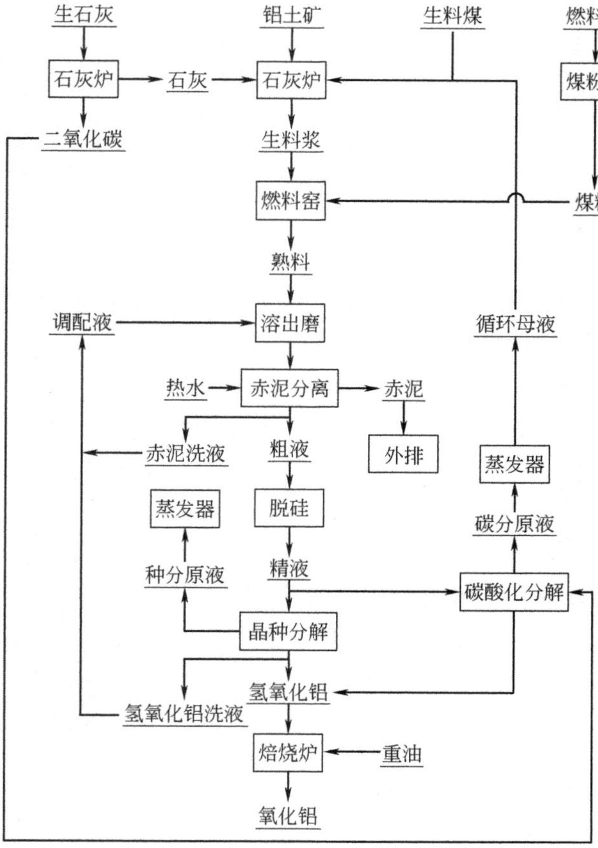

图 13-1　传统碱石灰烧结法的工艺流程示意图

乍一看来，好像在碱石灰烧结法中，原料中 SiO_2、Fe_2O_3、TiO_2 等杂质都不至于影响 Al_2O_3 和 Na_2O 的回收，因而可以用来处理一切含铝原料。然而杂质含量增加，不仅增大物料流量和加工费用，而且使熟料品位和质量变差，溶出困难，经济效果显著恶化，通常要求碱石灰烧结法所处理的矿石，铝硅比应在 3 以上。但是，如在原料中还有其他可以综合利用的成分，则不受此限制。例如在处理霞石时，由于同时提取了其中的氧化铝、碳酸钾、碳酸钠，并且利用残渣生产水泥。

随着矿石铝硅比的降低，拜耳法生产氧化铝的经济效果明显恶化。对于铝硅比低于 7 的矿石，单纯的拜耳法就不适用了。处理铝硅比在 4 以下的矿石，碱石灰烧结法几乎是惟一得到实际应用的方法。在处理 SiO_2 含量更高的其他炼铝原料时，如霞石、绢云母以及正长石时，它也得到应用，可以同时制取氧化铝、钾肥和水泥等产品，实现了原料的综合利用。据报道，国外以霞石为原料的烧结法企业，由于原料综合利用，实现了无废料生产，氧化铝的生产成本反而最低。在我国已经查明的铝矿资源中，高硅铝土矿占有很大的数量，因而烧结法对于我国氧化铝工业具有很重要的意义。我国第一座氧化铝厂——山东铝厂就是采用碱石灰烧结法生产的，它在改进和发展碱石灰烧结法方面作出了许多贡献，其 Al_2O_3 的总回收率、碱耗等指标都居于世界先进水平。

第 14 章 铝酸盐炉料烧结过程的物理化学反应

14.1 概述

烧结过程和熟料溶出过程贯穿着一个总的目的，就是要使原料中的 Al_2O_3 和 Na_2O 进入溶液而与杂质分离，因而必须结合熟料的溶出过程来研究烧结过程。烧结过程是制取高质量熟料和烧结法的核心环节。

熟料在化学成分、物相成分和组织结构上都应该符合一定的要求。熟料中 Al_2O_3 含量越高，生产 1t 成品氧化铝的熟料量（工厂称为熟料折合比）越小，这主要取决于矿石中 Al_2O_3 和 SiO_2 的含量。熟料中的有用成分，即 Al_2O_3 和 Na_2O 必须是可溶性的物相，其余杂质则要成为不溶性物相，特别是原硅酸钙还应该尽可能地转变为活性最小、在铝酸钠溶液中最稳定的形态，晶粒应该粗大。熟料还要有一定的强度和气孔率。熟料具备这些条件，才能在湿法处理时，使有用成分充分溶出，并与残渣顺利分离。

在生产中，熟料质量是用其中有用成分的标准溶出率、密度、块度和二价硫 S^{2-} 含量来表示。

所谓标准溶出率是熟料中有用成分在最好的条件下，即溶出后不再损失（重新进入泥渣）时的溶出率。它实际上表示熟料中可溶性的有用成分的含量，也就是可能达到的最高溶出率。这种最好的溶出条件和工业溶出条件比较，差别在于溶出液浓度低得多，分子比和溶出温度较高以及迅速分离和彻底洗涤泥渣等。

显然，如果熟料中的 Al_2O_3 和 Na_2O 全部属于可溶性化合物，它们的标准溶出率 $\eta_{A标}$ 和 $\eta_{N标}$ 就将是 100%。

工厂中的标准溶出条件是根据其熟料成分和性质，通过试验确定的。目前烧结法厂熟料标准溶出条件是以 100mL 溶出用液和 20mL 水在 90℃下，将 120# 筛下的熟料 8.0g（即液固比为 15）溶出 30min，然后过滤分离残渣，并在漏斗中将残渣淋洗 5 次，每次用沸水 40mL，溶出用液的成分为 NaOH 22.6g/L，Na_2CO_3 8.0g/L，联合法厂的标准溶出条件所规定的熟料粒度、用量、液固比与上述相同，但溶出温度为 85℃，溶出时间为 15min，溶出用液的成分为 Na_2O_K 15g/L，Na_2O_C 5g/L，溶出后的泥渣在出漏斗中洗涤 8 次，每次用水 25mL。

标准溶出率是评价熟料质量最主要的指标。烧结法厂要求熟料中 $\eta_{A标}>96\%$，$\eta_{N标}>97\%$，联合法厂相应为 93.5%及 95.5%。

熟料的密度和粒度反映烧结度（强度）和气孔率，一般是测定 3～10mm 的熟料密度。

烧结法厂要求密度1.20～1.30kg/L，联合法厂为1.2～1.45kg/L。熟料粒度应该均匀，大块的出现常是烧结温度太高的标志，而粉末太多则是欠烧的结果。熟料大部分应为30～50mm，呈灰黑色，无熔结或夹带欠烧料的现象。这样的熟料不仅溶出率高，可磨性良好，而且溶出后的赤泥也具有较好的沉降性能。

我国工厂还将熟料中的负二价硫S^{2-}含量规定为熟料的质量指标。长期的生产经验证明：S^{2-}含量大于0.25%的熟料是黑心多孔的，质量好；而黄心熟料或粉状黄料，S^{2-}含量小于0.25%，特别是小于0.1%的，它们在各方面的性能都比较差。砸开熟料观察它的剖面，就可以对熟料质量作出快速而又有效的鉴别。

不同的工厂由于原料的作业制度特别是熟料溶出制度的不同，检测熟料质量的方法和具体指标规定也常有所差别。采用颗粒溶出时，对于熟料质量要求更高，但是经济比较结果表明，颗粒溶出不如湿磨溶出。

在碱石灰烧结法工厂，每生产1t氧化铝需3.6～4.2t熟料，每吨熟料的热耗达6.2GJ。烧成车间的投资为全厂的$\frac{1}{3}$，烧成费用约为成本的$\frac{1}{2}$，能量消耗也超过全厂总能耗的一半，因而是关键性的车间。

14.2 固相反应概念

熟料烧结过程，是固态反应过程，熟料在烧结过程的形成，和硅酸盐工业产品一样，是借助于固态物质间相互反应的结果，即反应是在远低于原料及最终产物熔点的温度下进行的。

固态反应是以固体物质中质点的相互交换（扩散）来实现的。固体物质中晶格的质点（分子、原子或离子）是处于不断的振动中，并且随着温度的提高，振幅将随之扩大，最后在足够高的温度下，振幅可以大到使质点脱离其本身的平衡位置进入另一个与其相邻的晶体内。质点的这种移位称为内部扩散作用，这种作用在晶格有缺陷的地方最易发生。真实的晶体都具有结构上的缺陷。因为这些地方的质点不如致密晶体内部质点结合的那么坚固，在加热时，它们首先获得足以引起扩散作用所需要的最低能量。质点这种相互交换位置的本能，不仅可以在同一类晶体中发生，而且还可以在不同类的晶体间发生。如果不同类晶体间能产生化学反应的话，则质点相互交换位置的结果便形成了新的物质。

根据较近的关于固态物质间反应机理和动力学的研究，认为除上述固态物质中质点可以进行移位或扩散，以及固态物质可以通过它们的直接作用而进行反应外，如果固态物质间的反应是以具有工业意义的反应速度进行时，则必须有液相和（或）气相参加。这样，固态物质间反应过程的机理为：

$$A_{固} \longrightarrow A_{气}, \quad A_{气} + B_{固} \longrightarrow AB_{固} \tag{14-1}$$

$$A_{固} + X_{固} \longrightarrow (AX)_{液}, \quad (AX)_{液} + B_{固} \longrightarrow AB_{固} + X_{固} \tag{14-2}$$

在这类的反应中，原始的反应物或最终的反应物都是固态物质，可是非固相都贯穿于整个反应过程之中。

那么，如何解释固态物质间的反应能在远低于反应物的熔点或低共熔点时即能进行呢？这可设想为由于机遇性地取得了大量能量的质点进行反应的结果，产生出相应的反应热。反应热会使局部的反应物加热到它们的熔点或低共熔点而产生了液相，液相保证了反应的迅速进行，反应进行时所产生的热量又起了加热局部反应物使之出现液相的作用，所以认为液相的产生和反应的进行和加速起了相辅相成的作用。

对于两种反应物质，一般作为二元系看待，但是除了两种反应物之外，体系中也必然含有一定数量的、哪怕是极其微小的其他杂质，杂质的存在使体系实际上变成了多元系。显然，多元系中开始出现液相的温度一般会远低于该体系中两个主要物质的低共熔温度。这样在一般的二元反应物的体系中，完全有可能在远低于其熔点的温度下产生一定数量的，哪怕是极其微小的液相。少量的液相会在固态物质的反应中起极大的作用。

在事物的发展过程中，在量变的同时就积累了新的质变因素，也伴随着质的变化。所谓相变温度（如熔点、转化点等），可以认为，只是物质的一种状态转变为另一状态的转变点，在此温度之前不能绝对否认物质的新的状态已经产生。

但是，在碱石灰烧结法中生成熟料矿物组成的固相反应是比较复杂的。硅酸盐和铝酸盐的形成都是多级反应（此处的多级反应概念指的是多阶段反应），即经过各种中间相最后生成熟料的矿物组成（后详）。这种多级的复杂反应很难用一定的动力学方程式来表示。一定的方程式只能适用于简单体系中反应过程的某一阶段。

所以，为加速铝土矿熟料的形成过程的固体生料间的反应速度，除上述温度的作用外，最重要的是各组分间的接触面积，即粉碎程度和混合均匀程度。另外，反应物的多晶转变，脱水或分解等化学反应的存在，固溶体的形成等常常都伴随着反应物晶格的活化，因而在一般情况下，也都加速着固态物质间反应的进行。

固态物质开始烧结的温度与其熔点间存在大致一定的规律性：对于金属，$T_{烧结}\approx(0.3\sim0.4)T_{熔}$；对于盐类，$T_{烧结}\approx0.57T_{熔}$；对于硅酸盐及有机物，$T_{烧结}\approx(0.8\sim0.9)T_{熔}$，而且固态物质间开始反应的温度，常常与反应物开始烧结的温度（即反应物之一开始呈现出显著的移位作用的温度）相当。

14.3　烧结法熟料烧结的物理化学及相平衡

碱石灰铝土矿烧结法的基础，是生料的各组分在高温下形成所需要的熟料矿物组成。下面将介绍与碱石灰法铝土矿生料各组分在高温下的相互作用及其平衡产物，可以帮助了解熟料矿物生成的条件及过程的机理。

14.3.1　Na_2CO_3 与 Al_2O_3 之间的相互作用

生料中氧化铝与 Na_2CO_3 反应生成可溶性的铝酸钠，这一反应是生料在烧结过程中最重要的反应之一。

为了决定生料中的配碱量，首先必须确定反应产物的成分。在早期的研究资料中，曾认为 Na_2CO_3 与 Al_2O_3 以等分子相互作用时，反应产物为 $Na_2O\cdot Al_2O_3$，当 Na_2CO_3 过量时，会有 $2Na_2O\cdot Al_2O_3$ 及 $3Na_2O\cdot Al_2O_3$ 生成。但这种看法以后被大量的研究资料及生产实践所否定。

在高温下烧结 Na_2CO_3 与 Al_2O_3 的混合物时，只能得到一种化合物——$Na_2O\cdot Al_2O_3$，如有过量的 Na_2CO_3 将在高温下挥发。如在烧结分子比为 2.0 及 3.0 的混合物时，发现在料的表面上有烟生成，而且温度愈高，Na_2CO_3 愈过量，则生成的烟也愈多。这种生成烟的现象就是 Na_2CO_3 挥发的结果，最终在熟料中只生成 $Na_2O\cdot Al_2O_3$ 一种化合物。由于在烧结条件下，Na_2CO_3 实际上不可能进行热分解，因而，在烧结过程中 Na_2CO_3 与

Al_2O_3 只能按下式进行反应：

$$Na_2CO_3 + Al_2O_3 \longrightarrow Na_2O \cdot Al_2O_3 + CO_2 \uparrow \quad (14\text{-}3)$$

Na_2CO_3 与 Al_2O_3 之间的反应是吸热反应，其热效应为 129.7kJ/mol，反应的自由能公式为：

$$\Delta F^0 = 35387 + 1.3T\ln T - 49.0T \quad (14\text{-}4)$$

根据此式，上述反应在 500℃附近或更高的温度下才能进行，形成 $Na_2O \cdot Al_2O_3$。

根据不同的研究资料，$Na_2O \cdot Al_2O_3$ 的熔化温度位于 1650～1800℃之间。

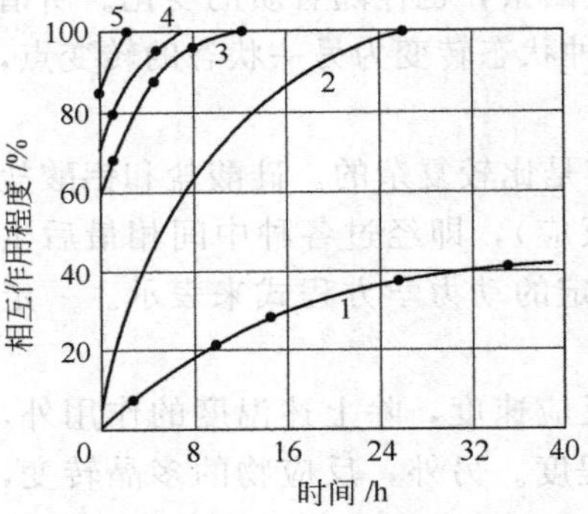

图 14-1　Al_2O_3 与 Na_2CO_3 之间反应速度曲线

1—700℃；2—800℃；3—900℃；4—1000℃；5—1150℃

为了了解 Al_2O_3 与 Na_2CO_3 间相互反应的动力学，可将许多 Na_2CO_3 与 Al_2O_3 分子比不同的混合物加以烧结，其中等分子比的实验结果列于图 14-1。

实验结果指出，当温度在 500℃，Na_2CO_3 与 Al_2O_3 间实际上不发生作用，反应在 500～700℃的范围内才开始，但在此范围内，反应进行得非常缓慢，且是局部的，不能进行到底。温度达到 800℃时，反应可进行到底，但进行的速度仍很慢，需要 25～35h 以后才能完成，而温度高到 1150℃时，反应在 1h 内就结束。

对含矿量不同的混合物进行烧结实验，其结果发现，当 Na_2CO_3 与 Al_2O_3 的分子比大于 1 时，在 800℃的温度下，过量的 Na_2CO_3 可以加速反应的进行，但在 1000℃或更高的温度下，过量的 Na_2CO_3 对反应速度起阻碍作用，而且温度愈高，Na_2CO_3 愈过量，则阻碍作用也愈大。这种由于 Na_2CO_3 的过量对反应速度所产生的阻碍作用，与过量的 Na_2CO_3 在高温下生成熔融的 Na_2CO_3 有关。

14.3.2　Na_2CO_3 与 Fe_2O_3 之间相互作用

它们之间的反应，在碱石灰烧结法中也起重要作用，因为此反应的产物 $Na_2O \cdot Fe_2O_3$ 在熟料溶出过程中，分解生成游离的 NaOH，从而可以提高铝酸钠溶液的稳定性。

Na_2CO_3 与 Fe_2O_3 间的相互作用，只能生成 $Na_2O \cdot Fe_2O_3$ 这一种产物，并按下列反应式进行：

$$Na_2CO_3 + Fe_2O_3 \longrightarrow Na_2O \cdot Fe_2O_3 + CO_2 \uparrow \quad (14\text{-}5)$$

反应热为

$$\Delta H = 34501 + 3.5T - 0.00744T^2 \quad (14\text{-}6)$$

CO_2 的平衡 E 为

$$\lg P_{mm} = -7539.6T^{-1} + 1.75\lg T - 0.001626T + 6.0808 \quad (14\text{-}7)$$

计算结果指出，当 $P_{CO_2} = 101.33$Pa 时，温度为 850℃，这说明上述反应在 850℃时才开始进行。

从热力学的平衡条件上看，形成 $Na_2O \cdot Fe_2O_3$ 所需要的温度比 $Na_2O \cdot Al_2O_3$ 为高，但实验证明：$Na_2O \cdot Fe_2O_3$ 的形成速度比 $Na_2O \cdot Al_2O_3$ 快得多，在 500℃时反应尚未进行；在 700℃时，反应可较快的发生；在 1000℃时，反应在 1h 之内就可结束，如图 14-2 所示。而 Na_2CO_3

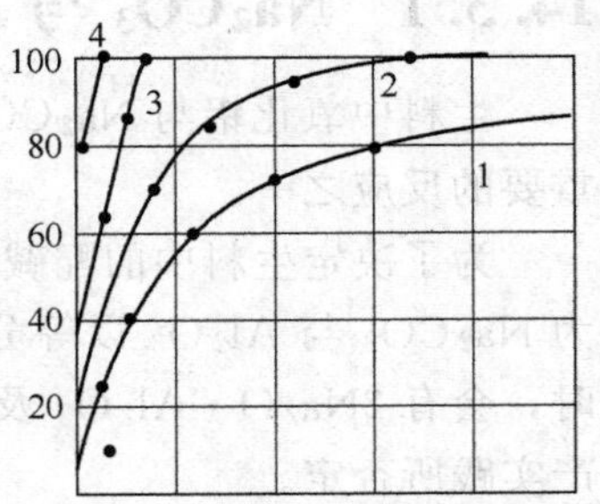

图 14-2　Na_2CO_3 与 Fe_2O_3 之间反应速度曲线

1—700℃；2—800℃；3—950℃；4—1000℃

与 Al_2O_3 间的反应，在 1150℃下才能达到同样的效果，这种现象纯属动力学原因所引起的。

$Na_2O \cdot Fe_2O_3$ 在高温下分解为 Fe_2O_3 和 Na_2O，没有挥发。$Na_2O \cdot Fe_2O_3$ 的熔化温度为 1345℃。

14.3.3 Na_2CO_3 与 Al_2O_3 和 Fe_2O_3 间的相互作用

研究此三成分混合物相互作用的实验结果列于表 14-1。

表 14-1　温度对 $Na_2O : Al_2O_3 : Fe_2O_3 = 1 : 1 : 1$ 物料生成铝酸钠、铁酸钠的影响

烧结温度/℃	烧结时间/h	已反应的量/%	
		Al_2O_3	Fe_2O_3
700	3	9.0	44.6
800	2	29.0	58.8
900	1	65.3	27.8
1000	1	76.1	23.6
1100	1	80.0	15.1

实验结果指出，低温下反应主要生成 $Na_2O \cdot Fe_2O_3$，随着温度的增高，生成的 $Na_2O \cdot Fe_2O_3$ 量逐渐减少，而 $Na_2O \cdot Al_2O_3$ 的生成量相应的增加，如温度由 800℃升到 900℃时，反应产物发生了显著的变化，$Na_2O \cdot Fe_2O_3$ 的生成量减少了 31.0%，而 $Na_2O \cdot Al_2O_3$ 的生成量增加了 36.3%，其中碱的变化数量只增加 5.3%，如果碱的增加量都当作是与 Al_2O_3 反应生成了 $Na_2O \cdot Al_2O_3$，其余 31.0%所生成的 $Na_2O \cdot Al_2O_3$ 恰好与减少的 $Na_2O \cdot Fe_2O_3$ 数量相等，这只能是由于 Al_2O_3 与低温生成的 $Na_2O \cdot Fe_2O_3$ 发生了置换反应的结果，并且这一置换反应速度随温度的升高而加大。其反应式如下：

$$Al_2O_3 + Na_2O \cdot Fe_2O_3 \xlongequal{} Na_2O \cdot Al_2O_3 + Fe_2O_3 \tag{14-8}$$

此反应的自由能为：

$$\Delta F^0 = 567 + 11.05T\lg T - 0.00747T^2 - 34.2T \tag{14-9}$$

热力学的计算结果指出，在熟料烧结的温度范围内，此反应向右进行，并能进行到底。

由此可见，在熟料烧结过程中，如果碱量不足时，反应主要向生成 $Na_2O \cdot Al_2O_3$ 的方向进行。因此在理论上可以不考虑 Fe_2O_3，只按 Al_2O_3 的含量确定配矿量。但在生产实践中，为了提高 Al_2O_3 的溶出率，使 $Na_2O \cdot Al_2O_3$ 溶液具有一定的稳定性，必须同时考虑 Al_2O_3 和 Fe_2O_3 含量来确定配碱量。

14.3.4 Na_2CO_3 与 SiO_2 间的相互作用

在此二元系中有下列几种化合物：

$Na_2O \cdot SiO_2$，熔化温度为 1089℃；$Na_2O \cdot 2SiO_2$，熔化温度为 847℃；$2Na_2O \cdot SiO_2$ 和 $3Na_2O \cdot SiO_2$。

当烧结 Na_2CO_3 与 SiO_2 的混合物时，无论配比如何，首先生成的总是 $Na_2O \cdot SiO_2$。其反应如下：

$$Na_2CO_3 + SiO_2 \xlongequal{} Na_2O \cdot SiO_2 + CO_2\uparrow \tag{14-10}$$

这一反应在 800～820℃时进行得非常激烈，在 3h 内就可结束。因此，这一反应远比 Na_2CO_3 与 Al_2O_3 或 Fe_2O_3 间的反应强烈得多。但在工业熟料中并无 $Na_2O \cdot SiO_2$ 存在，因为 $Na_2O \cdot SiO_2$ 不是熟料成分的平衡产物。熟料溶出时铝酸钠溶液中的 $Na_2O \cdot SiO_2$ 则是溶出过程副反应的产物。

14.3.5 Na_2CO_3 与 Al_2O_3 和 SiO_2 间的相互作用

此系中有如下几种三成分化合物：

$Na_2O \cdot Al_2O_3 \cdot 2SiO_2$，熔化温度为 1526℃；$Na_2O \cdot Al_2O_3 \cdot 4SiO_2$，熔化温度为 1060℃；$Na_2O \cdot Al_2O_3 \cdot 6SiO_2$，熔化温度为 1200℃。

在接近生产的条件下，即 Na_2CO_3 与 Al_2O_3 摩尔比为 1∶1 时，烧结 Na_2CO_3、Al_2O_3 和 SiO_2 混合物时，在 800℃下焙烧 1h 后，Na_2CO_3 已全部分解并析出相应的 CO_2。这时烧结的产物为 $Na_2O \cdot SiO_2$ 和 $Na_2O \cdot Al_2O_3$，以及部分尚未反应的 Al_2O_3 因此在 800℃下烧结这三种混合物时，如果配碱量不能同时满足 Al_2O_3 和 SiO_2 的需要，则生成 $Na_2O \cdot Al_2O_3$ 的反应不能进行到底，使部分 Al_2O_3 成游离状态存在。但在温度升到 1200℃时，烧结的最终产物可为 $Na_2O \cdot Al_2O_3 \cdot 2SiO_2$ 和 $Na_2O \cdot Al_2O_3$，产物中游离 Al_2O_3 不复存在。

14.3.6 Na_2CO_3 与 Al_2O_3、Fe_2O_3、SiO_2 间相互作用

此四种成分混合物间的相互作用，与 $Na_2CO_3 \cdot SiO_2$ 及 Al_2O_3 间反应的差别，仅在烧结产物中除了含有 $Na_2O \cdot Al_2O_3$ 和 $Na_2O \cdot Al_2O_3 \cdot 2SiO_2$ 以外，还有 $Na_2O \cdot Fe_2O_3$ 以及部分 $Na_2O \cdot Fe_2O_3$ 与 $Na_2O \cdot Al_2O_3 \cdot 2SiO_2$ 形成的固溶体。$Na_2O \cdot Fe_2O_3$ 的生成量与混合物中的配矿量有关，如果矿量能同时满足 $Al_2O_3 \cdot Fe_2O_3$ 形成相应的 $Na_2O \cdot Al_2O_3$ 及 $Na_2O \cdot Fe_2O_3$ 的需要时，则混合物中的 Fe_2O_3 将全部形成 $Na_2O \cdot Fe_2O_3$，如果碱量不足，则在首先满足 Al_2O_3 生成 $Na_2O \cdot Al_2O_3$ 的情况下，剩余的矿与 Fe_2O_3 作用生成 $Na_2O \cdot Fe_2O_3$。

$Na_2O \cdot Al_2O_3 \cdot 2SiO_2$ 及其与 $Na_2O \cdot Fe_2O_3$ 形成的固溶体，实际上都不溶于水，使其中的 Al_2O_3 及 Na_2O 在溶出时不能进入溶液而损失，从而降低了 Al_2O_3 及 Na_2O 的溶出率。因此，工业上不采用无石灰加入的纯矿烧结法处理高硅铝土矿。

14.3.7 CaO 与 SiO_2 间的相互作用

CaO 与 SiO_2 作用能生成四种化合物：

$2CaO \cdot SiO_2$，熔化温度为 2130℃；$CaO \cdot SiO_2$，熔化温度为 1540℃；$3CaO \cdot 2SiO_2$，熔化温度为 1475℃，并在此温度下分解为 $2CaO \cdot SiO_2$ 及熔体；$3CaO \cdot 2SiO_2$，在 1900℃下 $3CaO \cdot SiO_2$ 分解为 $2CaO \cdot SiO_2$ 与 CaO。

在生产中最有实际意义的是 $2CaO \cdot SiO_2$，因为在烧结过程中 CaO 与 SiO_2 作用，在 1100℃开始，首先生成的就是 $2CaO \cdot SiO_2$。

$2CaO \cdot SiO_2$ 有三种同质异晶体，并按下式进行转化：

$$\alpha\text{-}2CaO \cdot SiO_2 \xrightleftharpoons{1420℃} \beta\text{-}2CaO \cdot SiO_2 \xrightleftharpoons{675℃} \gamma\text{-}2CaO \cdot SiO_2 \tag{14-11}$$

其中 α-$2CaO \cdot SiO_2$ 在 2130～1420℃范围内稳定，β-$2CaO \cdot SiO_2$ 在 1420～675℃范围内稳定，γ-$2CaO \cdot SiO_2$ 在低于 675℃下稳定。但在有 Na_2O 或 $Na_2O \cdot Al_2O_3$ 存在下，β 型的稳定性可以大大增加，如 Na_2O 与 $2CaO \cdot SiO_2$ 的克摩尔为 1∶1000 时，就可阻止 $\beta \rightarrow \gamma$ 晶型转化。因此，在石灰烧结法的熟料中 $2CaO \cdot SiO_2$ 始终成 β-$2CaO \cdot SiO_2$ 存在。

与此相反，在石灰烧结法的熟料中，由于没有配入 Na_2CO_3，必然要发生 $\beta \rightarrow \gamma$ 晶型转变；并由于两种晶型的相对密度不同（β 型为 3.28，γ 型为 2.97），在转化过程中将导致熟

料体积的增大，一般约增大 10%左右，使晶体内出现了内应力，结果引起了熟料的自发粉碎。

如对 CaO：SiO_2＝1：1 及 1：2 的混合物进行烧结时，得出的加热曲线完全相同，于 910℃呈现出与 $CaCO_3$ 热分解有关的吸热反应，在 1100～1200℃范围内出现一放热反应，用显微镜对此时所得产物进行观察的结果，都发现有 2CaO·SiO_2 存在。进一步提高温度，反应向符合原始物料成分的方向进行。CaO＋SiO_2 混合物的加热曲线如图 14-3 所示。

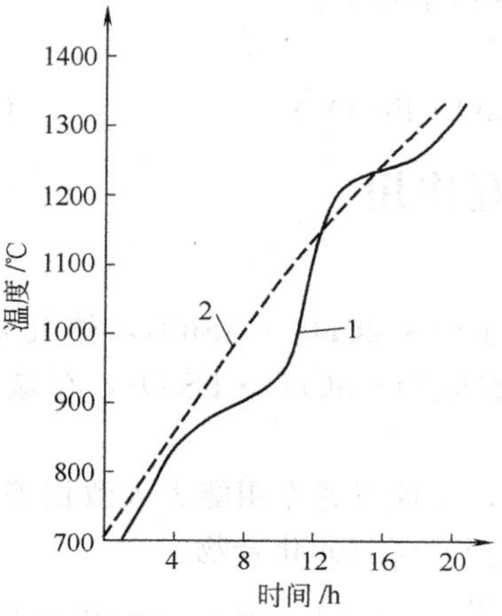

图 14-3　CaO＋SiO_2 混合物的加热曲线

1—料温曲线；2—炉温曲线

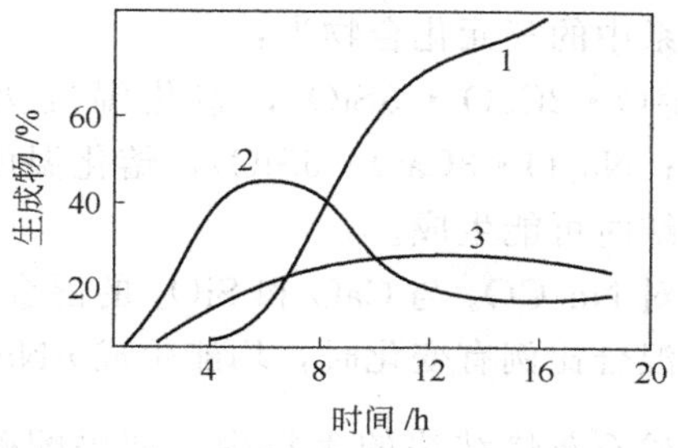

图 14-4　CaO-SiO_2 在 1200℃的反应过程图

1—CaO：SiO_2＝1：1；2—CaO：SiO_2＝2：1；3—CaO：SiO_2＝3：2

CaO 与 SiO_2 反应时，不同硅酸盐在 1200°C 时的生成次序以反应产物中各自的百分含量的变化如图 14-4 所示，首先 2CaO·SiO_2（2：1）形成强烈，3CaO·2SiO_2（3：2）的形成不显著，进一步延长时间，2CaO·SiO_2 的含量下降，3CaO·2SiO_2 维持不变，CaO·SiO_2 在加热 4h 以后才开始强烈形成。

14.3.8　CaO 与 Al_2O_3 间的相互作用

在 CaO-Al_2O_3 系中，有六种化合物：

3CaO·Al_2O_3，熔化温度为 1535℃；3CaO·5Al_2O_3，熔化温度为 1720℃；CaO·Al_2O_3，熔化温度为 1600℃；5CaO·3Al_2O_3，熔化温度为 1455℃；或 12CaO·7Al_2O_3 和 CaO·2Al_2O_3 及最近证明的 CaO·6Al_2O_3。

如 CaO 与 Al_2O_3 的摩尔比为 1：1 时，500℃时就可出现 CaO·Al_2O_3 晶体，但反应主要在 900～1100℃间进行，并在 1100℃下完成，烧结产物主要是 CaO·Al_2O_3。当 CaO：Al_2O_3 的摩尔比为 3：1 时，3CaO·Al_2O_3 可以大量生成，反应于 1200℃下开始，在足够长的时间内于 1380℃下完成。如果 CaO：Al_2O_3 的摩尔比为 5：3 及 1：2 时，则 5CaO·3Al_2O_3 在 1350℃下生成，CaO·2Al_2O_3 在 1400℃下生成。

在碱石灰烧结法的熟料中，如果矿量不足，有时含有少量的 CaO·Al_2O_3，而在配矿量足够的熟料中则不可能出现 CaO·Al_2O_3，因为根据热力学计算比时，CaO·Al_2O_3 不是平衡产物。

14.3.9 CaO 与 Fe_2O_3 相互作用

此系有 $CaO \cdot Fe_2O_3$、$2CaO \cdot Fe_2O_3$ 及 $CaO \cdot 2Fe_2O_3$ 三种化合物，它们在熔化时都分解。

CaO 与 Fe_2O_3 相互作用，在 800～900℃下就开始反应，首先生成 $2CaO \cdot Fe_2O_3$。如在 CaO：Fe_2O_3 的摩尔比为 2：1 时，在所有的温度下均能生成 $2CaO \cdot Fe_2O_3$，但 CaO：Fe_2O_3 的摩尔比为 1：1 时，仅在高于 1100℃才能得到纯的 $CaO \cdot Fe_2O_3$。

其反应式为：

$$2CaO \cdot Fe_2O_3 + Fe_2O_3 = 2(CaO \cdot Fe_2O_3) \quad (14\text{-}12)$$

14.3.10 Na_2CO_3 与 CaO 和 SiO_2 间的相互作用

此系中的三元化合物为：

$Na_2O \cdot 2CaO \cdot 3SiO_2$，熔化温度为 1248℃；$2Na_2O \cdot 2CaO \cdot 3SiO_2$，熔化温度为 1140℃；$Na_2O \cdot 3CaO \cdot 6SiO_2$，熔化温度为 1047℃；$2Na_2O \cdot 8CaO \cdot 5SiO_2$，在碱石灰铝土矿烧结时可能生成。

在对 Na_2CO_3 与 CaO 和 SiO_2 的混合物进行烧结时，发现三者作用能力大致相等，因而在三者混合比例有变化时，均能生成 $nNa_2O \cdot mCaO \cdot pSiO_2$ 三元化合物。

在矿石灰烧结法的生料中，如果配碱量过高$\left(即\dfrac{N}{A+F}>1.0\right)$，则在熟料烧结过程中，在高于 1000℃的温度下所得的熟料中，将有三元化合物 $nNa_2O \cdot mCaO \cdot pSiO_2$ 存在。如在烧结温度下，Na_2CO_3 将与 $2CaO \cdot SiO_2$ 起下列反应：

$$2CaO \cdot SiO_2 + Na_2CO_3 \rightleftharpoons Na_2O \cdot CaO \cdot SiO_2 + CaO + CO_2 \uparrow \quad (14\text{-}13)$$

由于 $nNa_2O \cdot mCaO \cdot pSiO_2$ 实际上不溶于水，因此，高碱配方必然导致碱的损失。

14.3.11 CaO 与 Al_2O_3 及 Fe_2O_3 间的相互作用

该系中只有熔点为 1415℃的 $4CaO \cdot Al_2O_3 \cdot Fe_2O_3$ 这一种三元合物。

在 1000～1300℃下烧结三者配比为 1：1：1 的混合物时，CaO 以相等的速度与 Al_2O_3 及 Fe_2O_3 作用。烧结 $2CaO \cdot Fe_2O_3$ 与 $CaO \cdot Al_2O_3$（或 $5CaO \cdot 3Al_2O_3$）时，1300℃内无任何反应，在更高温度下生成 $4CaO \cdot Al_2O_3 \cdot Fe_2O_3$ 及固溶体。烧结 $2CaO \cdot Fe_2O_3 \cdot Al_2O_3$ 或 Fe_2O_3 与 $5CaO \cdot 3Al_2O_3$ 混合物时，在 1000℃左右它们之间发生如下反应：

$$2CaO \cdot Fe_2O_3 + Al_2O_3 = CaO \cdot Fe_2O_3 + CaO \cdot Al_2O_3 \quad (14\text{-}14)$$

$$5CaO \cdot 3Al_2O_3 + Fe_2O_3 = 3(CaO \cdot Al_2O_3) + 2CaO \cdot Fe_2O_3 \quad (14\text{-}15)$$

结果是相应地生成了碱性较弱的铝酸盐和铁酸盐。

14.3.12 $Na_2O \cdot Al_2O_3 \cdot 2SiO_2$ 及 CaO 间的相互作用

烧结 $Na_2O \cdot Al_2O_3$ 及 SiO_2 三成分混合物时，最终产物为 $Na_2O \cdot Al_2O_3$ 和 $Na_2O \cdot Al_2O_3 \cdot 2SiO_2$，从而引起 Al_2O_3 和 Na_2O 的损失。如往这种炉料中加入 CaO 时，则在高温下 $Na_2O \cdot Al_2O_3 \cdot 2SiO_2$ 将被 CaO 分解：

$$Na_2O \cdot Al_2O_3 \cdot 2SiO_2 + 4CaO = Na_2O \cdot Al_2O_3 + 2(2CaO \cdot SiO_2) \quad (14\text{-}16)$$

并且当 CaO 的配入量为 CaO：SiO_2＝2：1 时，所获得的 Al_2O_3 及 Na_2O 的溶出率最高。

上述反应式是以霞石为原料的烧结法提取氧化铝的基础。

铝土矿中常含有少量的 TiO_2。在高温下，TiO_2 与碱或石灰作用，生成 $Na_2O \cdot TiO_2$ 及 $CaO \cdot TiO_2$ 或 $2CaO \cdot TiO_2$，并且在熟料烧结过程中，TiO_2 对 CaO 的亲和力大于 SiO_2 对 CaO 的亲和力。不管熟料配方是否考虑 TiO_2，但 TiO_2 始终以 $CaO \cdot TiO_2$ 形态存在于熟料中。因此当熟料中 CaO 不足以同时满足 SiO_2 和 TiO_2 的需要时，则熟料烧结过程中生成的中间化合物 $Na_2O \cdot Al_2O_3 \cdot 2SiO_2$ 不能完全被 CaO 分解，从而造成 $Al_2O_3 \cdot Na_2O$ 的损失。所以熟料配方必须同时考虑 SiO_2 和 TiO_2，即 $\frac{C}{S}=2.0$，$\frac{C}{T}=1.0$。

氧化镁在铝土矿中含量甚少，主要是在石灰石中以杂质状态存在。在 600℃下，MgO 与 Al_2O_3 作用生成尖晶石（$MgO \cdot Al_2O_3$），在有足够的 Na_2CO_3 时在 1200℃下 $MgO \cdot Al_2O_3$ 可被完全分解。据郑州铝厂实验发现，MgO 在熟料烧结过程中，一部分 MgO 能起 CaO 的作用。物相分析证明，熟料中 MgO 主要以 $MgO \cdot SiO_2$ 或 $MgO \cdot TiO_2$、$2CaO \cdot MgO \cdot Fe_2O_3$ 及少量的游离 MgO。因此，在用含 MgO 较高的石灰石配料时，可以考虑 MgO 和 CaO 一起计算在配钙以内。但熟料中 MgO 含量，会使 Al_2O_3 溶出率偏低，对 Na_2O 溶出率无影响。

14.3.13 $Na_2O \cdot Al_2O_3$、$Na_2O \cdot Fe_2O_3$ 及 $2CaO \cdot SiO_2$ 之间的相互作用

以往认为碱石灰烧结法的熟料，仅由 $Na_2O \cdot Al_2O_3$、$Na_2O \cdot Fe_2O_3$ 及 $2CaO \cdot SiO_2$ 组成，把它们作为简单的三元系看待，后来发现，在 Fe_2O_3 及 SiO_2 含量较高的熟料中，溶出时有多量的 Na_2O 和少量的 Al_2O_3 不溶于水，这说明用 Fe_2O_3 及 SiO_2 含量较多的铝土矿进行烧结时，除 $Na_2O \cdot Al_2O_3$、$Na_2O \cdot Fe_2O_3$ 及 $2CaO \cdot SiO_2$ 外，还会生成复杂的化合物。

如将 $Na_2O \cdot Al_2O_3$、$Na_2O \cdot Fe_2O_3$ 及 $2CaO \cdot Al_2O_3$ 按不同配比混合烧结，烧结温度以成为熔块为准（表示反应已达平衡状态），然后熟料用水或苛性碱溶出，并认为 Al_2O_3 及 Na_2O 的溶出率为理论值的 92%～100%时，熟料是由上述简单的三元系组成（其中 8%以下的损失，可认为是溶出过程副反应引起的，而不是烧结过程反应不完全造成的）。

实验结果列于表 14-2、图 14-5 和图 14-6 中。

在划线区内的溶出率 $Al_2O_3<90\%$，$Na_2O<92\%$，说明该区内熟料不可能只是三个简

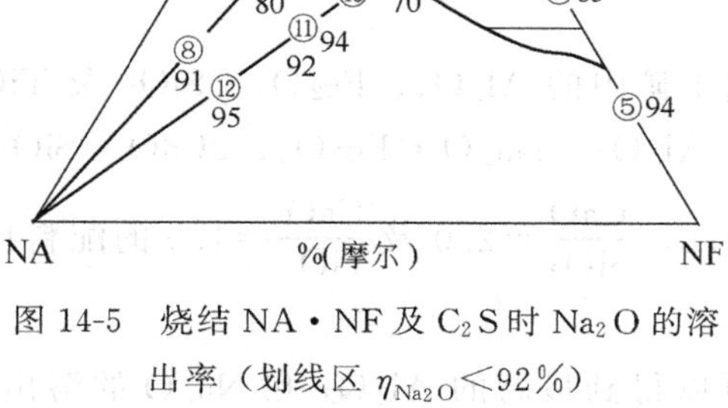

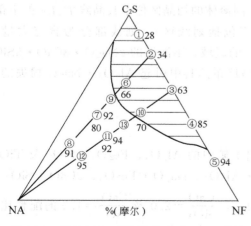

图 14-5 烧结 NA·NF 及 C_2S 时 Na_2O 的溶出率（划线区 $\eta_{Na_2O}<92\%$）

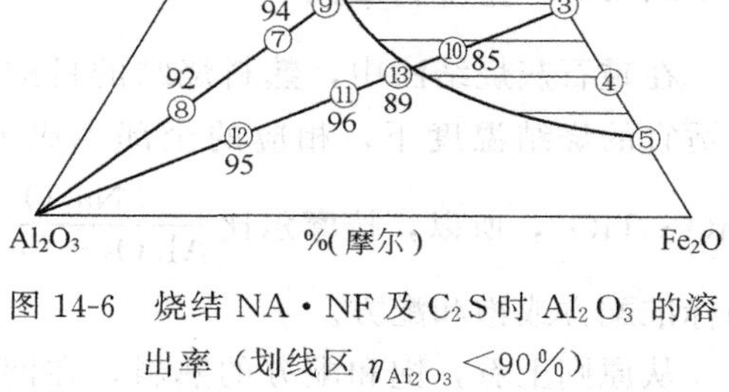

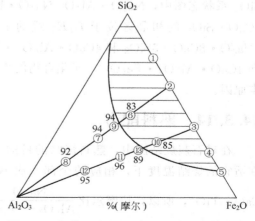

图 14-6 烧结 NA·NF 及 C_2S 时 Al_2O_3 的溶出率（划线区 $\eta_{Al_2O_3}<90\%$）

表 14-2 物料成分对 $Al_2O_3 \cdot Na_2O$ 溶出率的影响

编号	物料组成(mol)/%			烧结温度/℃	溶出率/%	
	NA	NF	C_2S		Al_2O_3	Na_2O
1	—	10	90	1200	—	28.5
2	—	20	80	1150	—	34.1
3	—	40	60	1110	—	62.8
4	—	60	40	1125	—	85.3
5	—	80	20	1140	—	94.4
6	20	16	64	1230	82.9	66.4
7	30	14	56	1250	93.6	92.4
8	40	12	48	1260	93.6	90.2
9	60	8	32	1340	92.1	91.5
10	20	32	48	1175	85.1	69.7
11	30	28	42	1200	89.0	93.7
12	40	24	36	1250	96.4	91.8
13	60	10	—	1310	95.2	94.9

单的二元化合物的混合物，而是生成了更为复杂的化合物，部分氧化铝、氧化钠不能进入溶液。在划线区外，Al_2O_3 及 Na_2O 的溶出率都超过了 90%，熟料的组成可以认为是 $Na_2O \cdot Al_2O_3$、$Na_2O \cdot Fe_2O_3$ 及 $2CaO \cdot SiO_2$ 的混合物。可以认为：熟料中有大量 $Na_2O \cdot Al_2O_3$ 时，全部 $Na_2O \cdot Fe_2O_3$ 都与 $Na_2O \cdot Al_2O_3$ 生成可溶性固溶体，当 $Na_2O \cdot Al_2O_3$ 较少时，则可能部分 $Na_2O \cdot Fe_2O_3$ 与$2CaO \cdot SiO_2$ 作用，生成不溶性化合物。

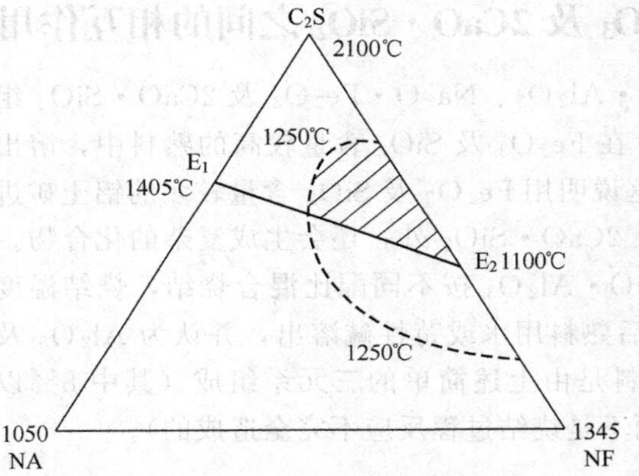

图 14-7 NA-NF-C_2S 系状态图

$Na_2O \cdot Al_2O_3$-$Na_2O \cdot Fe_2O_3$-$2CaO \cdot SiO_2$ 系 Al_2O_3 的溶出率见图 14-6，状态如图 14-7 所示。

在 $Na_2O \cdot Al_2O_3$-$Na_2O \cdot Fe_2O_3$-$2CaO \cdot SiO_2$ 系状态图中，$Na_2O \cdot Al_2O_3$-$Na_2O \cdot Fe_2O_3$ 固溶体的初晶区位于共晶线 E_1E_2 的下部，$2CaO \cdot SiO_2$ 的初晶区位于 E_1E_2 线的上方（不包括划线区）。划线部分为含有大量的 $2Na_2O \cdot 8CaO \cdot 5SiO_2$ 和 $4CaO \cdot Al_2O_3 \cdot Fe_2O_3$ 的区域，不溶性的 $2Na_2O \cdot 8CaO \cdot 5SiO_2$ 和 $4CaO \cdot Al_2O_3 \cdot Fe_2O_3$ 三元化合物的生成，是该系熟料中引起 $Al_2O_3 \cdot Na_2O$ 损失的根本原因。

14.3.14 熟料配方

在碱石灰烧结法中，熟料烧结的目的是使铝土矿中的 Al_2O_3、Fe_2O_3、SiO_2 及 TiO_2，在适宜的烧结温度下，相应的全部生成 $Na_2O \cdot Al_2O_3$、$Na_2O \cdot Fe_2O_3$、$2CaO \cdot SiO_2$ 及 $CaO \cdot TiO_2$，所以，按摩尔比 $\frac{Na_2O}{Al_2O_3+Fe_2O_3}=1.0$，$\frac{CaO}{SiO_2}=2.0$ 及 $\frac{CaO}{TiO_2}=1.0$ 的配料比称为标准配方或饱和配方。

从原则上看，饱和配方的熟料，在溶出时可以得到最高的 Al_2O_3 和 Na_2O 的溶出率。

因为如采取低碱配方，即$\frac{N}{A}+F<1$，则由于配入的 Na_2O 不足以完全与 Al_2O_3、Fe_2O_3 化合成相应的 $Na_2O \cdot Al_2O_3$ 和 $Na_2O \cdot Fe_2O_3$，而生成部分不溶性的固溶体 $nNa_2O \cdot mAl_2O_3 \cdot Fe_2O_3$；高碱配方，又会生成部分不溶性的三元化合物 $nNa_2O \cdot mCaO \cdot pSiO_2$；低钙配方，则熟料中有不溶性的 $Na_2O \cdot Al_2O_3 \cdot 2SiO_2$ 生成，高钙配方又可能生 $4CaO \cdot Al_2O_3 \cdot Fe_2O_3$ 及游离的 CaO，这些都将导致 Al_2O_3 和 Na_2O 的损失。所以，从理论上看熟料配比偏离饱和配方越大，则熟料 Al_2O_3 及 Na_2O 的溶出率也越低。

熟料配方还须考虑在烧结过程中燃料煤灰的组成和数量，烧结过程中的机械损失，熟料窑窑灰的返回量及成分，在采用生料加煤还原烧结时，生料中部分 Fe_2O_3 被还原为 FeO 及 FeS，脱离熟料烧结反应等等。在确定熟料配方之后，需要根据上述各种因素计算求出熟料配方的修正系数，即所谓“生料配方”。

14.4 烧成温度及烧成温度范围

碱石灰-铝土矿生料的烧结是在回转窑中于1200℃以上的温度下进行的。

生料中参与反应的固体物料间的反应速度和反应程度，除与这些物质的混合均匀性和细磨的程度（生料粒度）有关之外，在生产条件下，主要决定于烧成温度及在回转窑中高温带（烧成带）的停留时间。

如前所述，烧结时生料各组分间的反应是固相反应，液相的形成对固相反应更起着促进作用，特别是在物料进入烧成带之后，烧成温度对于在煅烧中混合物料的液相量、熟料的硬度和孔隙率起着决定性作用。

烧成温度低，反应进行不完全，烧结产物成为粉状物料，或部分是粒状物料，俗称黄料。

当温度达到生料开始呈熔化状态时，产生的液相足以使煅烧物料黏结而形成烧结块，成为多孔的熟料，称为正烧结熟料。

当温度再高，液相量增多，使熟料孔隙被熔体填充，则得到高强度的致密的熔结块，称为过烧结熟料。

在得到正烧结熟料和过烧结熟料之间温度范围称为烧成温度范围。

熟料烧结的最佳温度条件，即烧成温度和烧成温度范围，决定于原料的化学及矿物组成和生料的配料比。对铝土矿来说，在饱和配料的条件下，主要决定于铝土矿的铝硅比和铁铝比。

Na_2O-CaO-Al_2O_3-SiO_2-Fe_2O_3 系熔度等温线部分如图 14-8。

由图可见，生料中 $A:S$ 降低和 $F:A$ 升高，都使熟料的熔点降低。

如前所述，在生料煅烧过程中，在 800～1000℃之间，铝土矿中 SiO_2 已经生成 $Na_2O \cdot Al_2O_3 \cdot 2SiO_2$。石灰的作用不是直接与 SiO_2 反应，而主要是在高温带与 $Na_2O \cdot Al_2O_3 \cdot 2SiO_2$ 反应，并使之分解。石

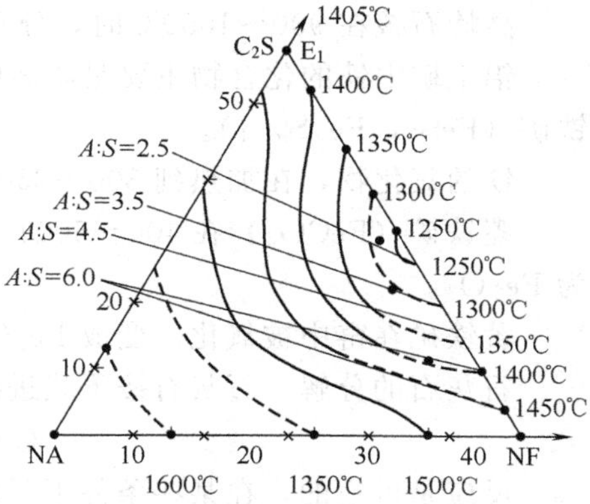

图 14-8 Na_2O-Al_2O_3-CaO-SiO_2-Fe_2O_3 系熔度等温线图（部分）

灰分解铝硅酸钠的反应只有在温度高于1200～1250℃时，才能迅速进行，所以烧结温度主要决定于这一反应，以保证使SiO_2完全转变为$2CaO \cdot SiO_2$。

当物料在窑的烧成带停留时间一定时，为使铝硅酸钠完全被石灰分解，则需要提高烧成温度。但是由于$2CaO \cdot SiO_2$与$Na_2O \cdot Fe_2O_3$形成低熔点共晶（1100℃）以及形成其他如$2Na_2O \cdot 8CaO \cdot 5SiO_2$及$4CaO \cdot Al_2O_3 \cdot Fe_2O_3$等低熔点产物（熔点小于1250℃），出现大量液相，使烧成温度范围变窄。特别当原料中SiO_2和Fe_2O_3含量同时都高时，情况更为严重，其后果是极易产生大窑结圈（前结圈）。

当原料中含SiO_2及Fe_2O_3较低时，由于低熔产物数量减少，熟料熔点增高，可以有较宽的烧成温度范围，但所得熟料可能呈现为粉粒状。

铝硅比一定的铝土矿，其熟料的熔融温度决定于Fe_2O_3含量。熟料组成距离NA-NF-C_2S系低熔点1250℃等温线越远，熟料熔点也越高，烧成温度范围也越宽。

当铝土矿和燃料中含硫时，在烧结过程中生成硫酸钠（熔点884℃），物料中硫酸钠含量大于5%时，容易产生结圈和结瘤，使烧结过程变得复杂。为防止Na_2SO_4的有害作用，在烧结时采取生料加煤的措施，已取得更为广泛的应用。

14.5 熟料烧结

14.5.1 生料在烧结过程中的物理化学反应程序

碱石灰烧结法生产Al_2O_3的原料，主要是铝土矿、纯碱和石灰石（或石灰），以及生产中返回配料的硅渣，它们在较低温度下完成脱水和分解过程，在较高温度下才开始相互间的化学反应。

（1）生料的脱水和分解　铝土矿中各种化合物的分解：铝土矿中各种形态的氧化铝在加热过程中脱水，加热到175℃时三水铝石开始脱水，500℃时脱水完全；一水软铝石和一水硬铝石的脱水温度要高些，一般为450～650℃。

铝土矿中氧化硅一般以高岭石（$Al_2O_3 \cdot 2SiO_2 \cdot 2H_2O$）状态存在。

在加热到450～600℃时，高岭石按下式脱水，生成高岭石核（$Al_2O_3 \cdot 2SiO_2$）：

$$Al_2O_3 \cdot 2SiO_2 \cdot 2H_2O \xrightleftharpoons{450\sim600^\circ C} Al_2O_3 \cdot 2SiO_2 + 2H_2O \tag{14-17}$$

高岭石核在900～1050℃时，分解成γ-Al_2O_3和水晶质的SiO_2。

铝土矿中铁的化合物主要是游离的氧化铁及其水化物，也可能是菱铁矿（$FeCO_3$）及黄铁矿（FeS_2，Fe_nS_{n+1}）。

铁的氧化物，在加热到300～350℃时，便完全脱水变成无水氧化铁。

菱铁矿（$FeCO_3$）在400～500℃时，分解为FeO和CO_2，FeO遇窑中的CO_2被氧化转为Fe_2O_3。

黄铁矿在窑中被氧化，变成Fe_2O_3及SO_2。

石灰石的分解　石灰石按下式进行分解：

$$CaCO_3 \rightleftharpoons CaO + CO_2 \tag{14-18}$$

反应是可逆的，在某些条件下反应向相反方向进行。石灰石的分解是吸热过程，分解热为1.8×10^6 kJ/kg。

CO_2的分压与温度有如下关系：

$$\lg P_{CO_2} = -\frac{9300}{T} + 7.85 \quad (14\text{-}19)$$

式中　P_{CO_2}——CO_2 的分压；

T——热力学温度。

当 P_{CO_2} 等于 1.01×10^5Pa，温度为 910℃，此即石灰石的分解温度。

$CaCO_3$ 的晶格是由 Ca^{2+} 和 CO_3^{2-} 离子构成，分解时首先发生如下反应：

$$CO_3^{2-} \rightleftharpoons CO_2 + O^{2-} \quad (14\text{-}20)$$

分解所得的 O^{2-} 再与 Ca^{2+} 反应生成 CaO。

纯碱的分解　纯碱在高温下按下式分解：

$$Na_2CO_3 \rightleftharpoons Na_2O + CO_2 - 322.2\text{kJ} \quad (14\text{-}21)$$

Na_2CO_3 是一种较稳定的物质，这一点可以从 CO_2 的分压与温度的关系中看出。在 1200℃时，CO_2 的分解压仅为 5.46×10^3Pa，要使 CO_2 的分压达到 1.01×10^5Pa 时，所需的分解温度将为 2000℃左右。CO_2 的分压与分解温度的关系见表 14-3。

表 14-3　CO_2 的分压与分解温度的关系

温度/℃	700	730	820	880	920	1010	1080	1100	1150	1180	1200	2000
压力/kPa	0.13	0.20	0.33	1.4	1.6	1.9	2.5	2.8	3.7	4.5	5.5	101.3

在熟料烧结过程中，没有 Na_2CO_3 单纯热分解的条件。因为在窑内由于燃料燃烧及化学反应的结果，使窑气中 CO_2 浓度（一般为 12%～16%）远远超过相应温度下 Na_2CO_3 分解的 CO_2 浓度（如 1200℃下，Na_2CO_3 分解的 CO_2 浓度为 5.4%）。所以，在熟料烧结过程中，只能以 Na_2CO_3 形态直接参与反应，并在 900℃到 1000℃下，由于与氧化物的反应而被完全分解。

（2）烧结过程的主要化学反应　如前所述，碱石灰铝土矿生料组分在高温下可产生一系列复杂的化学反应。但是在饱和配料的条件下，碱石灰铝土矿生料在高温下的反应，可以认为分为两个阶段。

第一阶段，即低温阶段（1000℃以下），主要包括：

$$Al_2O_3 + Na_2CO_3 = Na_2O\cdot Al_2O_3 + CO_2\uparrow \quad (14\text{-}22)$$

$$Fe_2O_3 + Na_2CO_3 = Na_2O\cdot Fe_2O_3 + CO_2\uparrow \quad (14\text{-}23)$$

SiO_2 与 Al_2O_3 和 Na_2O 生成铝硅酸钠 $Na_2O\cdot Al_2O_3\cdot 2SiO_2$，$CaCO_3$ 部分分解生成 CaO，并生成 $CaO\cdot TiO_2$。

第二阶段，即高温阶段（1000～1250℃），铝硅酸钠被 CaO 分解，完成熟料最后矿物组成：

$$Na_2O\cdot Al_2O_3\cdot 2SiO_2 + 4CaO = Na_2O\cdot Al_2O_3 + 2(2CaO\cdot SiO_2) \quad (14\text{-}24)$$

铝土矿熟料的最后矿物组成主要是铝酸钠、铁酸钠、硅酸二钙和钛酸钙。

14.5.2　关于生料加煤

我国烧结法厂于 1963 年采用生料加煤的方法排除流程中硫酸钠的积累，取得了良好的效果。

铝土矿中的 Fe_2O_3，在熟料烧结过程中生成 $Na_2O\cdot Fe_2O_3$，与 $2CaO\cdot SiO_2$ 形成低熔点共晶体，产生少量的液相，起促进烧结反应的作用。但铝土矿中含 Fe_2O_3 过高时，会使熟料的熔点降低，在烧结过程中液相量增加。易于产生结圈，给生产带来困难。生料加煤后，Fe_2O_3 在烧结过程中于 500～700℃下被还原成惰性的 FeO，其反应式如下：

$$Fe_2O_3 + C \longrightarrow 2FeO + CO \tag{14-25}$$

铝土矿中的黄铁矿（FeS_2），在还原性气氛下按下式被还原成 FeS：

$$2FeS_2 + Fe_2O_3 + 3C \longrightarrow 4FeS + 3CO \tag{14-26}$$

我国铝土矿中含铁量较低，一般含 Fe_2O_3 5.0%左右，这方面的影响不大。

从原料（铝土矿·石灰·碱粉）及烧成用煤中带进生产过程中的硫，在烧结时与碱作用生成 Na_2SO_4，溶出时进入溶液，并在生产中循环和积累，使生产过程 Na_2SO_4 含量增高。Na_2SO_4 的积累是烧结法生产的一个严重问题。因为 Na_2SO_4 熔点低，仅为 884℃，当熟料中 Na_2SO_4 含量超过 5.0%时，将使熟料窑结圈频繁，操作困难；同时 Na_2SO_4 的积累标志着碱耗增加。生料加煤后，也可以消除生产过程中硫的危险。

Na_2SO_4 的熔点低（884℃），且不易分解和挥发。在 1300～1350℃时 Na_2SO_4 才开始分解，其分解压为 1.01×10^5 Pa 大气压时，需要 2177℃的高温。但还原剂的存在，可以促进 Na_2SO_4 分解，如有碳存在时，Na_2SO_4 可以在 750～800℃下开始分解。当还原剂、氧化物及碳酸钙同时存在时，Na_2SO_4 可以完全分解。其反应式如下：

$$Na_2SO_4 + C \longrightarrow Na_2SO_3 + CO \tag{14-27}$$

$$Na_2SO_4 + 2C \longrightarrow Na_2S + 2CO_2 \tag{14-28}$$

$$Na_2S + 3Na_2SO_4 \longrightarrow 4Na_2SO_3 \tag{14-29}$$

$$Na_2SO_3 + Al_2O_3 \longrightarrow Na_2O\cdot Al_2O_3 + SO_2\text{（反应温度在 900℃以上）} \tag{14-30}$$

$$Na_2S + FeO \longrightarrow FeS + Na_2O \tag{14-31}$$

$$Na_2S + CaO \longrightarrow CaS + Na_2O \tag{14-32}$$

$$Na_2SO_4 + CaCO_3 + 4C \longrightarrow Na_2CO_3 + CaS + 4CO \tag{14-33}$$

当生料中有足够的 Fe_2O_3 或 CaO 时，可以避免生成多余的 Na_2S。因为 Na_2S 与 FeS 结合成复盐 $Na_2S\cdot 2FeS$，熟料溶出时进入溶液，碳酸化分解时发生分解：

$$Na_2S\cdot 2FeS + CO_2 + H_2O \longrightarrow 2FeS\downarrow + Na_2CO_3 + H_2S\uparrow \tag{14-34}$$

使 $Al(OH)_3$ 被 FeS 所污染。

综上所述，碱石灰烧结法生料加煤的结果，使熟料中的硫大部分成二价硫化物（FeS·CaS）及 SO_2 状态，从弃赤泥中排除，使生产过程中 Na_2SO_4 的积累缓慢，降低了 Na_2SO_4 的平衡浓度，解决了烧结法生产中的一个重要问题。

生料加煤的作用，不仅限于排除了生产过程中 Na_2SO_4 的积累，而且由于 Fe_2O_3 被还原成 FeO 或 FeS，配料中可以减少 Fe_2O_3 的配碱量，使碱比降低，因此可以降低碱耗。此外，加入还原剂可以强化熟料烧结过程，因为生料中加入的煤在回转窑内烧成带以前燃烧，等于增加了窑内的燃烧空间，提高了窑的发热能力，同时提高了分解带的气流温度，强化了热的传导，增加了熟料的预热，改善了熟料质量，提高了窑的产能。同时从熟料溶出及赤泥分离工序来看，在生料加煤的正烧结条件下得到的黑心多孔熟料粒度均匀、孔隙度大、可磨性良好，并且改善了赤泥沉降性能，因而使溶出湿磨产能提高 15%～20%，净溶出率提高 0.5%～0.9%左右。

14.5.3 关于石灰配料问题

在配料中也可以不用石灰石而用石灰，在此情况下，将破碎到 80～100mm 的石灰石，装入石灰炉内煅烧，所得石灰与铝土矿、矿粉等一起加入原料磨，制备料浆，而石灰炉炉气（含 CO_2 38%～40%）送去碳酸化分解。我国某厂采用石灰配料流程，取得了较好的技术经济效果。

采用石灰配料的显著优点是强化碳酸化分解过程，提高 $Al(OH)_3$ 质量。因为石灰炉炉气 CO_2 浓度将近 40%，比熟料窑窑气 CO_2 浓度约高 3 倍多，使碳酸化分解所需的窑气量大大减少，因而在其他条件相同时，炉气带入分解槽内的杂质量减少，从而提高了 $Al(OH)_3$ 的纯度。同时由于炉气的清洗及输送设备减少，相应地使输送 CO_2 的电耗降低约 220kW·h/t_{AO}左右。并且由于用高 CO_2 浓度的石灰炉炉气进行碳酸化时，碳酸化过程中不需要蒸汽保温，而用熟料窑窑气碳酸化时，用于保温所消耗的蒸汽为 1.2t/t_{AO}左右，所以用石灰炉炉气碳酸化可使产品成本降低。

石灰配料的另一个优点是提高原料磨产能，强化熟料窑生产。因为石灰遇水后发生消化作用而产生自发粉碎现象，从而使原料磨产能大大提高（约提高 43%左右），动力消耗也相应下降。并且由于石灰消化是放热反应，也可以使料浆不用蒸汽保温而使汽耗下降。但湿法石灰配料较石灰石配料对料浆制备和熟料烧结的整个过程究竟有无好处曾经有人怀疑，因为在料浆制备过程中不仅由于增设石灰石煅烧系统，使控制和工艺流程趋于复杂化，而且由于石灰石的煅烧制度、石灰所含的灰渣以及石灰在运输和贮存时吸收的水分和在生产中产生的波动都给料浆的调制带来困难。另外由于石灰配料使料浆流动性变差，为了保证料浆具有一定的流动性，石灰配料的料浆水分将比石灰石配料约高 2%～3%，特别是在磨制低 $A:S$ 的料浆时，料浆的流动性更差，因此，将会使料浆的水位更高，从而降低了窑的产能。在研究石灰配料对熟料烧结过程的影响时，发现石灰配料的料浆在进窑后，已完全和石灰石配料的化学组成相似，因为石灰在湿磨过程中 85%以上与碱液发生苛化反应变成 $CaCO_3$：

$$CaO + H_2O + Na_2CO_3 \rightleftharpoons CaCO_3 + 2NaOH \qquad (14\text{-}35)$$

料浆内的 NaOH 在喷入窑内之后，将被窑气中的 CO_2 碳酸化：

$$2NaOH + CO_2 \rightleftharpoons Na_2CO_3 + H_2O \qquad (14\text{-}36)$$

因此，对熟料窑的产能将不会再产生影响。但在实际生产中，湿法石灰配料较石灰石配料确实使熟料窑的产能有了很大提高。

综上所述，采用石灰配料虽然也带来一些不利因素，但从总的技术经济效果看，石灰配料还是优越的。这是我国 Al_2O_3 生产中取得的一项成就。

14.5.4 熟料形成的热化学

生料浆在煅烧过程中所发生的物理化学变化有吸热反应和放热反应，各主要反应发生的温度和热性质如表 14-4 所示。

由上述分析可见，熟料烧结过程在 1000℃以下主要是吸热反应，在 1000℃以上主要是放热反应。

根据上述数据，可以计算生产单位质量熟料的理论热耗量。

熟料形成的理论热耗仅限于直接使生料浆变为熟料的过程，即包括料浆水分蒸发、各吸热反应和放热反应的代数和。

对于某一熟料的理论热耗，应根据其具体的生料成分和熟料成分来计算。

表 14-4 各主要反应发生的温度和热性质

温度/℃	反应	热性质	热效应
100	游离水蒸发	吸热	$2251kJ/kg_{H_2O}$
500	放出结晶水(铝土矿)	吸热	
	$Al_2O_3 \cdot H_2O \xrightarrow{450℃} Al_2O_3 + H_2O$	吸热	$820kJ/kg_{Al_2O_3}$
	$Al_2O_3 \cdot 2SiO_2 \cdot 2H_2O \longrightarrow Al_2O_3 \cdot 2SiO_2 + 2H_2O$	吸热	$933kJ \cdot kg$
900	$CaCO_3 \longrightarrow CaO + CO_2$	吸热	1657kJ/kg
800～1250	熟料矿物的形成		
	$Al_2O_3 + Na_2O_3 = Na_2O \cdot Al_2O_3$	放热	1402kJ/kg
	$Fe_2O_3 + Na_2O = Na_2O \cdot Fe_2O_3$	放热	1105kJ/kg
	$SiO_2 + 2CaO = 2CaO \cdot SiO_2$	放热	690kJ/kg

第15章 铝酸盐炉料烧结过程工艺

15.1 回转窑中熟料煅烧过程和热工特性

对碱石灰铝土矿烧结法熟料的煅烧过程的研究，可以在实验室中进行，也可以在试验工厂的小型回转窑中进行工艺性试验，但这些情况与生产窑不尽相同。直接在生产窑中进行的实验测定，可以正确了解窑内物料变化及其热工特性，从而可以达到改善熟料质量，降低热耗，提高产能的目的。

对生产窑的研究测定，在正常运转的情况下，沿窑长开孔取样，以测定物料的物理状态、温度、水分、物料组成及数量的变化以及 Na_2O 及 Al_2O_3 的溶出率等。

结合前述用物理化学方法研究的所用原料氧化物间的固相反应和高温相平衡，便可正确理解窑的煅烧过程。

15.1.1 煅烧过程

根据物料沿窑长的温度变化可以将窑划为下列各带。

(1) 蒸发带（烘干带） 这一带位于窑的尾端。用高压喷枪（压力为 1.37MPa 左右）喷入窑内的物料，在雾化状态下将有 90%以上的水分被蒸发。物料离开蒸发带时的温度可达 200℃左右，残留水分为 5%～10%。此带窑气的温度约在 200～250℃（出窑废气温度）。

(2) 预热带 物料在这一带的温度自 200℃提高到 750℃，物料中各种水化物的结晶水在此带脱出，部分石灰石也在此带开始分解。此带窑气温度约为 750～800℃。

(3) 分解带 在此带物料自 750℃被加热到 1200℃左右。物料中的石灰石和高岭石在此带完全分解，各种氧化物开始与碱及石灰作用，生成铝酸钠、铁酸钠及铝硅酸钠及硅酸二钙。由于石灰石分解及氧化物和 Na_2CO_3 作用，逸出大量的 CO_2，使物料几乎全部成为粉状，粉状物料充填有大量气体，使物料处于流态化状态，而加快了本身的运动速度，成为产生窑灰的主要发源地。此带的窑气温度约为 1250～1400℃。

(4) 烧成带 物料温度在此带内最高可达 1250～1300℃。在此带内最后完成铝硅酸钠被石灰的分解而生成铝酸钠及硅酸二钙，即完成熟料的最后矿物组成，结束烧结过程。在此带火焰所及的范围内，气体温度可达 1500℃以上。

熟料中生成的铝酸钠在高温下有少量分解，Na_2O 挥发，部分会重新凝结在窑灰上，因此窑灰中的碱含量比熟料中碱含量高得多。所以如前所述，生料配料时应考虑到收尘窑灰回窑煅烧所引起的物料在烧结过程中实际增加的矿量。

（5）冷却带　此带位于火焰后部至窑的前端，从烧成带进来的物料，在此带受到窑头罩吸入的冷气的冷却，温度可降低到900～1000℃左右，出冷却带的物料进入冷却机中。

在生料加煤还原烧结的条件下，经多次对熟料窑所做的测定说明，生料浆中加入一定数量的无烟煤后，一切形式的硫在窑中均被还原，并随着物料从窑后向窑前移动，物料中二价硫化物的含量逐渐增多。在分解带（温度800℃左右时），硫的还原率约为90%，此时物料中S^{2-}的含量往往可以达到1.5%。熟料中S^{2-}的含量，在其他条件都正常的情况下，直接影响熟料质量，在前面已经谈到，S^{2-}含量高的熟料表现为黑心多孔，标志生料加煤的良好效果。

但是，在分解带已被还原的硫到烧成带后又被大量氧化，并且在冷却带和冷却机里继续氧化，所以防止熟料在烧成带后的氧化，是生料加煤效果的关键。

应该说明各带的划分是人为的，同时各带不是截然分开的，而是互相交叉的。因为窑内所发生的物理化学变化是交错地在几个带内进行。

15.1.2　熟料窑的结圈问题

影响熟料窑的煅烧过程的因素很多，但严重影响煅烧过程正常进行的是物料在窑中的结圈问题。

熟料窑正常运行时，除了烧成带为了保护窑的衬砖而附着一层不太厚的窑皮以外，整个窑衬的表面始终是很清洁的，但有时会发现窑皮不正常的增长，使窑的高温带截面积急剧减低，这种现象叫结圈。用湿法生产时，窑尾烘干带还会生成泥浆圈。

泥浆圈的生成是生料浆在窑壁上的干涸过程，如由于生料水分过高，或因雾化不良，使生料在悬浮状态下来不及干燥，而落到窑壁上成为黏滞物，干燥后成为结圈。根据烘干带的允许能力控制喂料量及料浆水分，改善料浆的雾化及喷入物料的集中降落地区的条件，消除物料前进的障碍物，调整窑尾刮料器的位置等，即可消除泥浆圈的生成。

烧成带结圈（后结圈）的主要原因与熟料中生成的液相量有关，液相能使物料与物料之间、物料与窑衬之间黏结起来。黏结在窑衬上或物料间的液相重新凝固，便形成结圈。消除烧成带结圈的条件，首先是在窑壁温度变化较大的地区，熟料中不要产生大量液相，因为含有大量液相的熟料在靠近窑壁时，由于强烈的热交换使窑壁与熟料的温度条件恰好与液相的冷凝过程一致，而使物料与窑壁挂结形成结圈，当熟料中液相量适当时，可以避免物料向窑壁上挂结的可能。消除烧成带结圈的另一个条件，是使窑壁温度在窑左转至最上方位置以前达到过热状态，这样在窑壁上挂结的熟料，能由于温度高液相的黏度小而靠重力作用自窑壁上脱落。这样物料向窑壁上挂结又脱落，形成一个自然的平衡，既能保持烧成带有一定厚度的窑皮，保护窑内衬，又能避免窑皮增厚形成结圈。要想达到上述两个条件，则必须造成一个集中火力的烧成带，使熟料烧结过程强化。在强化煅烧的同时，还必须相应地加快窑的转速，否则由于烧成带的火力集中，使熟料液相量增加，熟料相互黏结或结成大块，进而使熟料在烧成带拥挤、前进速度减慢，不仅造成烧成带窑皮的损失，同时这种含有大量液相的黏性熟料，在将出烧成带时，与窑前冷空气相遇，则最易在这里生成所谓“前结圈”。如果窑速适当地有所增加，可以使物料的暴露表面与高温气体的接触时间、及物料受热的均匀程度得到改善，并且由于物料运动速度的加快，不仅可以有助于前结圈的消除，而且相应地提高了熟料窑的产能。

烧成带形成后结圈后，由于物料部分被挡在圈后，增大窑的质量，从而增加动力负荷；

同时由于结圈缩小窑的直径，阻碍通气，使窑尾负压增加。根据这些特征，可以判断窑内是否结有后结圈。

如前所述，在对由原材料及燃料带入的硫，不采取生料加煤排硫的措施时，突出的表现在熟料中 Na_2SO_4 积累到一定数量后，液相增多，熟料窑的后结圈频繁，曾严重影响生产。实践证明，采取生料加煤的排硫措施，熟料中 Na_2O_s，维持在 2%以下（即 Na_2SO_4 在 4.6%以下），熟料窑操作正常。

由于生料加煤，不仅使物料中 Na_2SO_4 还原为二价硫化物，同时由于 Fe_2O_3 被还原为 FeO 和 FeS，从而可以减少或消除 NA-NF-C_2S 系中小于 1250℃的低熔点产物的生成。

15.1.3　窑的热工特性

熟料烧成回转窑与单纯的加热炉不同，它是一种工业反应设备，在回转窑内除燃料燃烧发热之外，物料在窑内要进行加工。因此在考虑燃料燃烧时，应特别注意使其能改善物料的热加工条件，以改善熟料的质量。

物料在窑内煅烧过程中要发生一系列的物理化学变化。因此出现接近于等温的吸热过程，也会出现放热过程，所以物料在各带的升温情况就不大相同。

图 15-1 为窑内物料的组成量（以生产 1t 熟料计）的变化及窑身和窑内物料温度的变化。

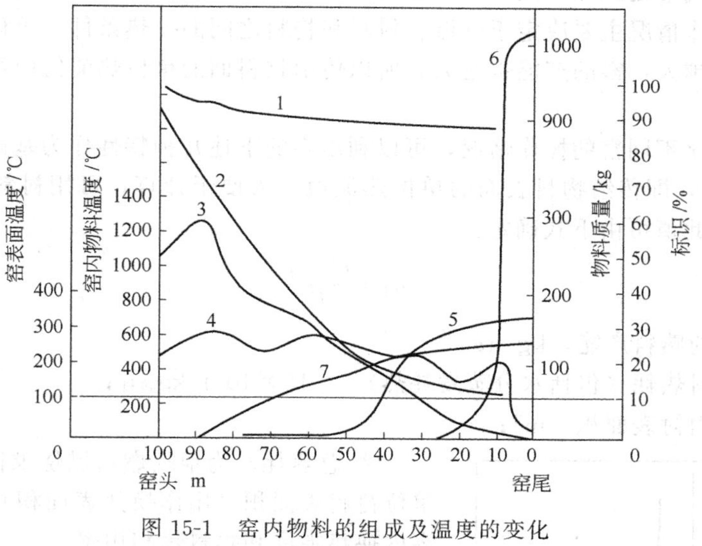

图 15-1　窑内物料的组成及温度的变化

1—η_N；2—η_A；3—物料温度；4—窑表面温度；

5—结晶水；6—附着水；7—CO_2

从窑的热负荷来看，以蒸发水分的烘干带和碳酸盐分解的分解带的热负荷最重，亦即这两个带需要的热量最多，从物料温度变化曲线的这两段都接近于等温吸热过程即可看出。因此在窑内安装各种热交换设备来增加这些带的传热对提高热效率具有极大的意义。

熟料窑作为反应设备的主要缺点是热效率低。某厂熟料窑热耗测定计算值如表 15-1。

从上表看出，熟料烧结的理论热耗（即烧成反应热与水分蒸发热耗之和）为 4.62×10^6kJ/t 左右，所以热的利用效率只约 50%左右。另外从表中还可看到，水的蒸发耗热占 44%～45%。废气带走的热为 12%～13%，这两项合计即占总热量的 56%～58%（上述数据中水分蒸发耗热量大，与测定时料浆水分偏高有关)。

表 15-1　某厂熟料窑热耗测定

热耗项目	热耗/(GJ/t熟料)	所占百分比/%	热耗项目	热耗/(GJ/t熟料)	所占百分比/%
烧成的反应热	0.66	8.7	熟料带走	0.99	13.0
水分蒸发	3.31	43.8	散热损失	0.98	12.9
废气带走	1.0	13.3	其他损失	0.37	4.8
窑灰带走	0.26	3.5	合计	7.57	100

注：实际单位热耗还应从上述热耗中减去二次空气预热回收的热和返回窑灰回收的热，计约为 $6.43\times10^6\sim0.665\times10^6$ kJ/t熟料。

表 15-2 为国外某些烧结法工厂熟料窑热耗比较，废气带走热量占有较大比例。

表 15-2　国外某些烧结法工厂熟料窑热耗　　单位：%

热耗项目	A厂	B厂	C厂	热耗项目	A厂	B厂	C厂
熟料反应热	18.4	12.9	14.8	窑灰带走	3.0	4.3	1.6
水分蒸发	29.1	24.2	30.0	熟料带走及散热	25.45	20.3	28.7
废气带走	23.4	30.8	18.3	其他	1.85	4.4	2.8

上述工厂的熟料窑的理论热耗都只能占总热耗的 45%以下，而废气带走热损失则达 20%～30%。废气带走的热损失大，这也与回转窑的窑头热量向窑尾辐射的特点有关。

回转窑的操作情况主要决定于气流、衬料和物料之间的换热条件。单位时间内传给物料单位表面的热量越大，窑的产能也越大，所以传给物料面的单位热流值应当认为是回转窑操作的主要特性。

为评价和对比不同窑的操作情况，可以利用窑的下述几种特性作为基础。

① 有效热耗，即传给物料表面的单位热流值，为便于计算，可用衬料内表面代替物料表面。对生产窑此值可由下式确定：

$$q_1=\frac{G\times q}{F} \tag{15-1}$$

式中　G——窑的熟料产能，kg/h；

q——熟料热耗（包括水分蒸发耗热），4.18×10^3 J/kg熟料；

F——窑内衬表面积，m^2；

② 总热耗，为根据燃料燃烧求得的总热耗，亦按单位衬料表面积（用作换热表面积）计算。此值表示窑内换热强度和熟料热利用率。

③ L/D，窑长与内径之比，表示窑的换热表面积与横断面积之比，它是窑的结构特性。

据某些资料中将三十台以上回转窑整理的数据的平均结果（包括水泥窑在内），即各种熟料烧结回转窑热耗与 L/D 的关系如图 15-2 所示。

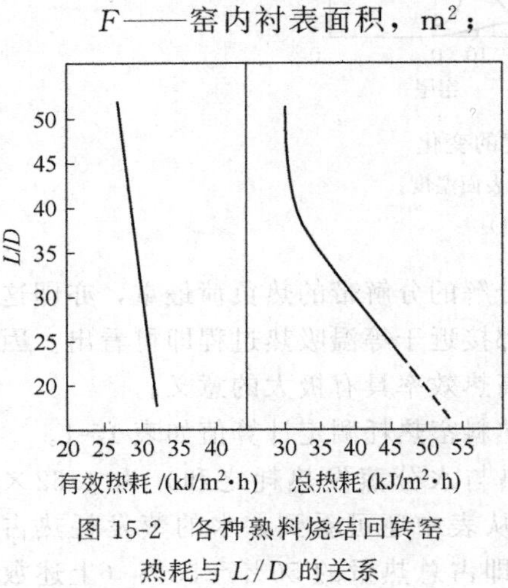

图 15-2　各种熟料烧结回转窑热耗与 L/D 的关系

由图可见，L/D 大的窑，单位热耗最小。但是也应该意识到，横断面积不足，使这种窑的废气流速大，这就根本限制了此种型式窑产能的增长。

L/D 低的窑，其相应换热表面积减少，换热表面的不足靠提高物料和气流之间的温差来补偿，则使燃料单耗增大。

根据上述特性的关系，可以得出结论，即减少 L/D，引起总热耗增大，单耗燃料消耗增加。

一般在改造氧化铝厂熟料窑时是采用加大窑直径的方法。这样就使得本来小的 L/D 下降，引起单位燃料消耗增加。采用加长窑的方法来增大换热表面积，提高产能，降低燃料单耗，较为合理。

对生产窑的改善热交换条件，采用各种形式的热交换装置，以及充分利用熟料带走的热，采用更经济的其他型式冷却设备代替筒式冷却机，则可以降低单位热耗，提高热效率。

窑的尾端扩大，可增大尾端的横断面积，降低气流速度，因而增加气流向物料的传热，提高窑的热料利用率，并减少窑灰量。

窑的前端扩大，可增大窑的燃烧空间和发热能力，因而提高窑的产能。物料在扩大带的运动速度较低，可在烧成带有足够的停留时间，以完成熟料矿物的最后形成（即使全部 SiO_2 结合为 $2CaO \cdot SiO_2$），对改善熟料质量是有利的。但是，烧成带的扩大，则相对使热负荷较大的分解带受到缩小，使物料运动速度和气流速度都相对增大，热交换效率降低，从热工观点来看是不恰当的。

15.2　熟料窑的发热能力与窑的产能

为提高熟料窑的产能，必须降低单位熟料热耗和增大窑的发热能力。其关系如下：

$$G=\frac{Q}{q} \tag{15-2}$$

式中　G——窑的单位时间产能，kg/h；

Q——窑的发热能力，kJ/h；

q——单位熟料热耗，kJ/$kg_{熟料}$。

单位热耗一定时，提高窑的产能必须增大窑的发热能力。

窑的发热能力决定于窑的燃烧空间（V，m^3）和热力强度［H，kJ/($m^3 \cdot h$)］。

$$Q=HV，而\ V=\frac{\pi}{4}D^2 L_{燃} \tag{15-3}$$

式中　$L_{燃}$——燃烧带长度。

$$H=\frac{mQ^H}{\frac{\pi}{4}D^2 L_{燃}} \tag{15-4}$$

式中　m——单位时间燃料供应量，kg/h；

Q^H——燃料发热量，kJ/kg。

在生产窑的直径 D 已定的条件下，扩大燃烧带空间只能延长燃烧带长度；燃烧带太长则火焰无法控制。目前熟料窑的燃烧带长度多控制为窑直径的 4.9 倍，即 $L_{燃}=4.9D$。

所以，为提高窑的发热能力，在一般情况下，燃烧空间容积不易改变，而只能提高热力强度。整理上述的几个公式，则可得

$$Q=HV=mQ^H，\quad 或\quad G=\frac{mQ^H}{q} \tag{15-5}$$

可见提高窑的发热能力以增大窑的产能，必须增大燃料供应量。下面提供某些有关的数据作为参考。

熟料窑热力强度 $H=1.3\sim1.9\text{GJ}/(\text{m}^3\cdot\text{h})$，燃料发热值：

煤 $Q^H=27.6\sim28.2\text{GJ/kg}$；

原油 $Q^H=40.4\sim42.5\text{GJ/kg}$。

烧成带长度一般取为燃烧带长度的 0.6～0.65，主要决定于物料在高温区的停留时间。

15.3 熟料窑中物料的运动速度与窑的产能

如前所述，熟料质量首先决定于铝土矿物料在窑内煅烧过程中 $Na_2O\cdot Al_2O_3$，$Na_2O\cdot Fe_2O_3$ 和 $2CaO\cdot SiO_2$ 的生成反应是否完全。获得优质熟料的基本条件，除熟料中二价硫化物含量外，应该是物料在烧成带的停留时间应保证全部氧化硅都生成硅酸二钙。

通过测定物料在窑内的运动速度，以及铝土矿烧结反应的动力学计算，则可以确定物料在某一高温区间的停留时间内反应的完全程度。

利用放射性同位素测定窑内物料运动速度已较为普遍，图 15-3～图 15-5 为某些实测的铝土矿烧结物料在熟料窑中的停留时间曲线。

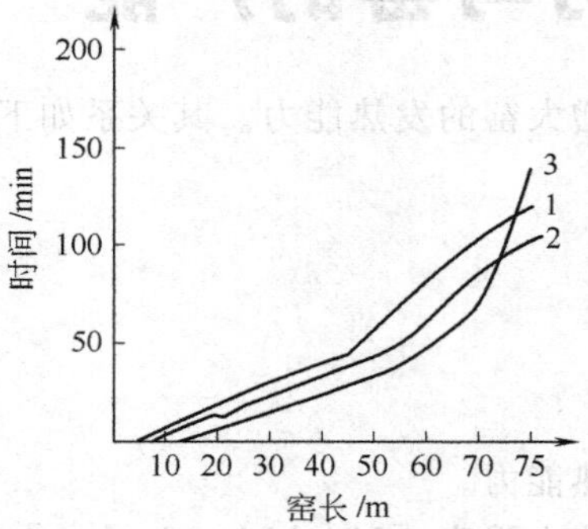

图 15-3 物料在窑中停留时间曲线

1、2、3—试验号；

烧成带加挡圈窑 3.2/2.9×75，斜度 4%

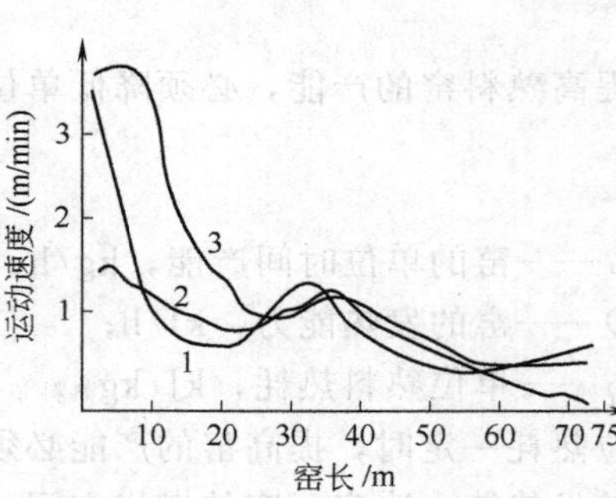

图 15-4 物料在窑中运动速度曲线

据上述测定，对 75m 窑来说，物料在窑内的平均停留时间为 120min，在高温带的停留时间为 53min；对 100m 窑来说，物料在窑内的平均停留时间为 123min，在高温带停留时间各为 28min。

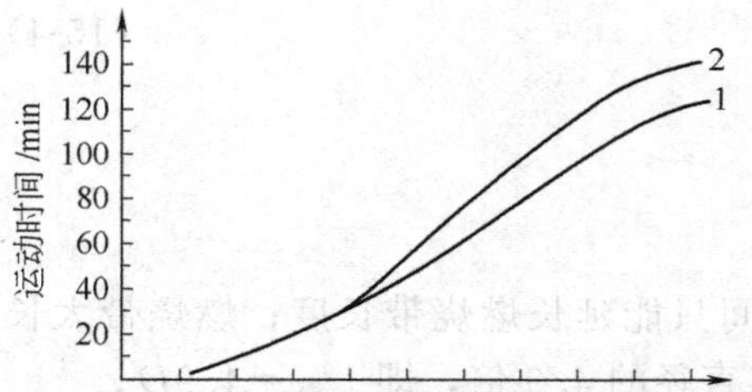

图 15-5 物料在窑中运动时间曲线

1、2—窑号；窑：ϕ4m×100m；

斜度：2%；转速：1.83r/min

如前所述，物料在烧成带的停留时间应该保证全部氧化硅都生成 $2CaO\cdot SiO_2$，方能得到最高的 Al_2O_3 和 Na_2O 的溶出率。为此必须知道在烧结过程中生成的 $Na_2O\cdot Al_2O_3\cdot 2SiO_2$ 在高温下被 CaO 完全分解，使 SiO_2 转变为 $2CaO\cdot SiO_2$ 的反应速度。在某些资料中按 $2CaO+SiO_2\longrightarrow 2CaO\cdot SiO_2$ 来计算反应所需之时间。

对该项反应的反应速度常数，文献中已有报道。

对 $CaO:SiO_2=2:1$ 的混合物：

$$K_{900℃}=1.39\times10^{-11}cm^2/s;$$
$$K_{1200℃}=4.24\times10^{-10}cm^2/s;$$
$$K_{1350℃}=20.6\times10^{-10}cm^2/s。$$

但是由于铝土矿熟料矿物形成过程的复杂性，采用适用于简单氧化物不均质粉末混合物的各种反应动力学计算公式，与实际情况会有很大的差别。

测定窑内物料运动速度的重要作用，还在于可以验证和确定窑的产能。

由上图可见，物料在窑内各带的运动速度是不同的，物料在烧成带的实际运动速度将决定窑的产能。窑的产能可用许多公式来计算。但是在考虑到物料在煅烧过程中物理化学变化的性质（即熟料中 SiO_2 最后全部变为 $2CaO\cdot SiO_2$），应该考虑烧成带的实际运动速度。

15.4　熟料窑烧成制度

熟料烧成的工艺制度在于保证所得熟料的质量，而熟料质量又首先决定于铝酸钠、铁酸钠及硅酸二钙的生成反应是否完全。如前所述，这决定于配料制度（熟料配比）、烧成温度及物料在烧成带的停留时间。在生料加煤排硫的条件下，我国某厂经多年实践证明，熟料质量直接与熟料中二价硫化物含量有关。为制取 S^{2-} 含量高的优质熟料，如何防止在分解带已被还原的各种形式的硫在烧成带的氧化，成为熟料烧成制度的主要矛盾。

该厂经验认为，掌握如下条件，即可制取 S^{2-} 含量大于 0.25%的优质熟料。

① 生料加煤是基础。生料加煤（只有无烟煤合适）量与窑的热工制度、窑的结构特性、物料运动速度及料层厚度有很大关系。对该厂特定结构的窑生料加煤量应为 4%～4.5%，过低过高都不好。低于 4.0%，煤在预热带过早烧完，延长了高温氧化带的长度和时间，使熟料中 S^{2-} 降低；高于 4.5%时，烧成带的过剩空气系数要随之增高，烧成带的氧化气氛更强，使 S^{2-} 在烧成带大量氧化，也要降低熟料中 S^{2-} 含量。

② 适当的过剩空气系数。实践证明，过剩空气系数为 1.0～1.1 是合适的，过高显然会导致烧成带的大量氧化。

③ 短火焰正烧结的热工制度。短火焰，一是指火幅位置距窑头较近，另一是指高温区（在不损伤窑皮的条件下）比较集中，一般 4.5m 为宜。采用短火焰时，过剩空气系数小，火焰温度高，高温区集中，液相出现晚，熟料空隙高，不过烧，有黑心，S^{2-} 氧化少，熟料中 S^{2-} 含量高。

如果采取长火焰，情况则相反。火焰长时，熟料经受的煅烧时间长，液相多，内部孔隙少，且易出“黄心料”。“黄心料”的出现，可能是因为经受长期高温，S^{2-} 逐渐被氧化，部分 FeO 和 FeS 氧化为 Fe_2O_3 所致。这种高温熟料（黄心料）中 S^{2-} 含量极低，约为 0.03%左右。

在水泥工业中，产生黄心料的主要原因是过度还原所造成，因此采取“薄料快烧、加大排风，缩小喷嘴”的措施来解决；而氧化铝厂出现黄心料恰恰是过度氧化所造成，因此要采用“厚料，短焰，缩小排气”的办法去解决。

④ 均匀稳定的喂料制度。实践证明，喂料制度均匀稳定，喂料量尽可能大，才能保持烧成带料层厚，减少氧化；反之，喂料量少，喂料不正常，或是堵喷枪，烧成带料层薄，则氧化加剧。

⑤ 粗的火焰形状。火焰粗而短，烧成带料层暴露在弱氧化气氛中；如果火焰细而长，则烧成带暴露强氧化气氛中，造成已还原的硫大量氧化，采用机械喷油可改善火焰形状。

采用短火焰正烧结热工制度，会使窑头温度增高，降低烧成带窑体强度。根据水泥工厂经验，在烧成带外边采用水冷却有良好效果。

烧成带水冷却曾是水泥熟料窑的一项强化措施。采用水冷却后，不但易于挂窑皮，而且由于衬料温度较低，可使窑皮挂得致密牢固。由于水冷却对窑皮的保护作用，可以适当烧大火，增加窑的发热能力，增大窑的产能。同时由于采用水冷却后的窑皮结得致密牢固，传热系数大为减少，反而会减少散热损失，而不是会增大散热损失。水冷却带的长度应略大于烧成带的长度。用水量认为最好为 100kg/(m^2·h)。

第16章 熟料溶出及赤泥分离

碱石灰烧结法熟料的主要成分是铝酸钠、铁酸钠、硅酸二钙、钛酸钙和少量Na_2SO_4、Na_2S、CaS、FeS等产物，以及其他少量不溶性中间产物。

16.1 溶出过程的反应

（1）铝酸钠　铝酸钠易溶于水和稀苛性碱溶液，溶解速度很快。由于固体铝酸钠的结构与溶液中铝酸离子结构不同，所以熟料中铝酸钠的溶解实际上是一个化学反应：

$$Na_2O \cdot Al_2O_{3(固)} + 4H_2O \longrightarrow 2Na^+ + 2Al(OH)_4^- \quad (16\text{-}1)$$

这一反应为放热反应，在NaOH溶液中，于100℃，3min内可完全溶解，得到*MR*为1.6，浓度为100g/L铝酸钠的溶液。

（2）铁酸钠　铁酸钠不溶于水，遇水后发生水解：

$$Na_2O \cdot Fe_2O_3 + 4H_2O \longrightarrow 2NaOH + Fe_2O_3 \cdot 3H_2O \quad (16\text{-}2)$$

熟料中铁酸钠的水解速度，甚至在室温（20℃）下亦很快，例如，破碎到0.25mm的熟料，在20℃时，其中铁酸钠在30min内完全分解；温度升高，分解速度也越大，50℃时在15min内、75℃以上在5min内即完全分解。

过去关于铁酸钠水解速度较低的概念是根据纯铁酸钠分解资料得来的，不符合生产实际情况。

熟料中铁酸钠水解生成的NaOH，使铝酸钠溶液*MR*值增高，成为稳定因素。

（3）硅酸二钙（β-$2CaO \cdot SiO_2$）　硅酸二钙在水中发生水化和分解，其分解产物的平衡相有$2CaO \cdot SiO_2 \cdot 1.7H_2O$和$5CaO \cdot 6SiO_2 \cdot 5.5H_2O$。

熟料中$2CaO \cdot SiO_2$在溶出时被NaOH分解：

$$2CaO \cdot SiO_2 + 2NaOH + aq \longrightarrow Na_2SiO_3 + 2Ca(OH)_2 + aq \quad (16\text{-}3)$$

如果能从该反应系统中排除两种反应产物，则这一反应可进行到底；否则就会停止。上述反应能达到平衡，至少是与其中一种产物的溶解度有关。在熟料溶出条件下，主要与SiO_2在铝酸钠溶液中的介稳平衡溶解度有关。

实践证明，硅酸二钙的分解速度与铝酸钠溶解和铁酸钠分解一样，都相当迅速，直到所得铝酸钠溶液中SiO_2达到介稳平衡浓度为止。当然在这段时间内硅酸二钙只是部分地被分解。

由于硅酸二钙的分解而引起的氧化硅进入溶液是不可避免的，同时，由于硅酸二钙的分解而可能造成溶出时产生氧化铝的二次反应损失，这是在烧结法生产中的一个重要技术问题，我们将在下一节中予以较详细的分析。

（4）钛酸钙　熟料中的钛酸钙 $CaO \cdot TiO_2$ 溶出时不发生任何反应，残留于赤泥中。

（5）Na_2S、CaS 及 FeS 等二价硫化物　熟料中 Na_2S、Na_2SO_4 溶出时直接转入溶液，其余二价硫化物 CaS、FeS 则在溶出时部分地被 $NaOH$、Na_2CO_3 分解，成为 Na_2SO_4 转入溶液，这样，熟料中的二价硫化物仍能部分地造成碱的损失。根据某厂溶出分离洗涤的特定条件下，熟料约有35%的 S^{2-} 在溶出分离时被分解又转入溶液中（即熟料中 S^{2-} 进入赤泥的数量约为65%，称为赤泥中二价硫的沉淀率）。

16.2　熟料溶出时氧化硅的溶解

16.2.1　硅酸二钙分解的特性

如前所述，熟料中硅酸二钙在溶出时以与铝酸钠溶解相似的速度而分解，氧化硅进入铝酸钠溶液，一直达到其介稳平衡溶解度为止。

表16-1的数据是在不同温度条件下，溶出某工业铝土矿熟料的试验结果。

表16-1　熟料溶出动力学数据

溶出条件		铝酸钠溶液成分				进入溶液中的 SiO_2 /%	铁酸钠分解率/%	溶出率/%	
温度/℃	时间/min	Al_2O_3/(g/L)	SiO_2/(g/L)	*MR*	*A/S*			Al_2O_3	Na_2O
20	5	94.5	2.9	1.53	32.6	6.0	83.1	73.6	80.7
	15	118.3	3.9	1.40	30.3	8.1	91.2	94.3	92.5
	30	118.8	4.0	1.47	29.7	8.3	100	94.9	95.6
	60	119.8	4.2	1.48	28.5	8.7	100	95.5	98.8
	180	119.2	4.1	1.48	29.1	8.5	100	96.4	98.8
	360	119.8	4.1	1.47	29.2	8.5	100	96.2	98.2
50	5	118.4	4.1	1.43	28.8	8.5	93	94.7	94.1
	15	119.2	4.2	1.46	28.4	8.7	100	95.4	96.9
	30	120.0	4.2	1.52	28.6	8.7	100	96.0	98.4
	60	119.8	4.3	1.48	27.9	9.0	100	95.0	89.1
	180	119.8	4.3	1.47	27.9	9.0	100	95.0	98.8
	360	119.8	4.2	1.48	28.5	8.7	100	94.1	98.8
75	5	118.7	5.6	1.48	21.2	11.8	100	94.0	98.8
	15	120.0	5.6	1.48	21.4	11.8	100	96.0	99.3
	30	119.6	5.6	1.48	21.4	11.8	100	95.9	99.3
	60	118.8	5.3	1.50	22.4	11.0	100	94.9	98.4
	180	117.7	4.8	1.49	24.5	10.0	100	93.5	97.8
	360	114.2	4.2	1.52	27.2	8.7	100	90.6	96.2
90	5	119.2	5.8	1.49	20.6	12.2	100	95.4	99.3
	15	120.5	5.7	1.48	21.1	12.0	100	96.4	99.5
	30	119.6	5.6	1.48	21.3	11.8	100	95.9	98.6
	60	116.8	5.1	1.49	22.9	10.6	100	93.4	97.6
	180	108.4	4.4	1.59	24.6	9.3	100	86.2	94.3
	360	92.3	3.2	1.85	28.8	7.5	100	73.4	90.4

熟料矿物组成：$Na_2O \cdot Al_2O_3$ 46.4%，$Na_2O \cdot Fe_2O_3$ 13.7%，硅酸二钙 33.1%，Na_2SO_4 5.6%，$CaO \cdot TiO$ 1.4%；熟料粉碎度0.25mm以下；溶出用矿液为15.5g/L

Na_2O_K 溶液。

由上表数据可见，进入溶液中的 SiO_2 数量随温度的升高而增加。在上述铝酸钠溶液浓度约为 120g/L Al_2O_3 左右条件下，20℃时的 SiO_2 值为 8.7%，90℃时为 12.7%。

在较低温度下（20～50℃），所得铝酸钠溶液中氧化硅的最大含量可以长时间不变；而在 75～90℃的温度时，溶出 30min 后，所得铝酸钠溶液中氧化硅的含量降低，同时 Al_2O_3 和 Na_2O 的溶出率也降低。

对于前一种现象，因为在较长时间内氧化铝和氧化钠的溶出率并未改变，因此，可以认为，在铝酸钠相的溶解完成后，如在此温度下没有发生脱硅的条件，硅酸二钙不再发生任何显著的分解。而后一种现象则是由于温度较高，具备某些脱硅的条件，表现为 Al_2O_3 和 Na_2O 溶出率降低。但是氧化铝和氧化钠溶出率的降低比溶液中氧化硅含量的降低要快得多且不成比例，所以，应当认为在此种条件下，硅酸二钙仍在继续分解，但其分解速度已显著减慢。

根据上述事实，可以得出，在铝酸钠相溶解过程中，硅酸二钙的分解速度很快，与铝酸钠的溶解速度相同，而在铝酸钠相溶解完了后，其分解速度便大为减慢。

实验证明，熟料破碎细度，在 0.25～1.00mm 范围内，对氧化硅进入溶液的数量没有影响，铝酸钠溶液中 SiO_2 含量都接近于介稳平衡浓度。

提高铝酸钠溶液浓度，溶液中 SiO_2 的含量增高，亦即铝酸钠溶液中 SiO_2 的介稳平衡浓度增高，从而使硅酸二钙的分解程度增大。在铝酸钠相溶解时，进入铝酸钠溶液中的 SiO_2 的数量随溶液浓度的提高而增大；但 Al_2O_3 和 Na_2O 的溶出率都降低。如图 16-1 所示。

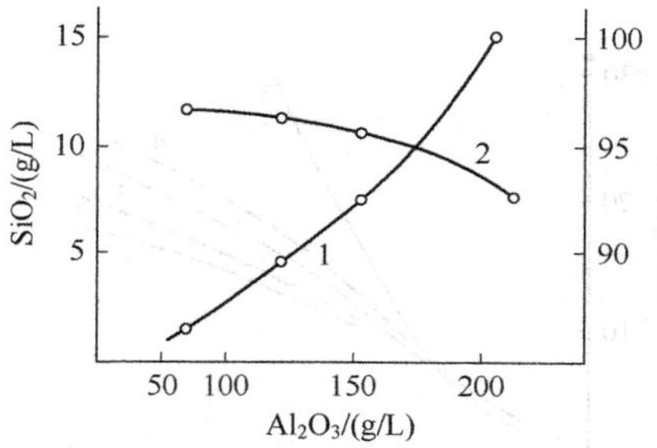

图 16-1　铝酸钠溶液中 SiO_2 含量与 Al_2O_3 浓度的关系曲线
90℃，$\alpha_K=1.5$，15min
1—SiO_2 的介稳平衡浓度；
2—Al_2O_3 的溶出率 η_A

这一实验结果再次说明前述的规律，即进入铝酸钠溶液中的 SiO_2 的数量决定于铝酸钠相的溶解速度和溶液中 SiO_2 介稳平衡溶解度的性质。

16.2.2　溶出时熟料中 SiO_2 进入铝酸钠溶液的动力学

根据实验数据，在溶出细磨熟料时，氧化硅进入铝酸钠溶液的速度常数可按下式计算：

$$K_1=\frac{AC}{a(C_0-C)\sqrt{\tau}} \tag{16-4}$$

赤泥与铝酸钠溶液接触时其氧化硅转入溶液的速度常数则按下式计算：

$$K_2=\frac{AC}{a(C_0-C)\tau} \tag{16-5}$$

式中　A——过程进行的当时溶液中 Al_2O_3 含量，g/L；

a——熟料或赤泥中 SiO_2 含量，g/L；

C——溶解当时溶液中 SiO_2 含量，g/L；

C_o——溶液中 SiO_2 介稳平衡溶解度，g/L；

τ——时间，min。

不同温度下的 K_1、K_2 值：

温度/℃	50	70	95
$K_1/(\times 10^{-1})$	2.66	3.61	4.56
$K_2/(\times 10^{-3})$	8.80	—	—

上述 K_1 值是按含 89～97g/L Al_2O_3 的铝酸钠溶液计算的，K_2 值是按含 74～97g/L Al_2O_3 的铝酸钠溶液计算的。

上述计算 SiO_2 转入溶液中的速度常数公式与一般用于扩散控制过程的固体溶解速度公式类似，即

$$\frac{dx}{d\tau}=\frac{DS}{\delta}(C_0-C) \tag{16-6}$$

浓度大于 50g/L Al_2O_3，$MR=1.7\sim1.9$ 的铝酸钠溶液中 SiO_2 的介稳极限溶解度按下式求得：

$$C_0=2+1.65n(n-1) \tag{16-7}$$

式中　n—溶液中 Al_2O_3 浓度除以 50。

熟料中硅酸二钙被铝酸钠溶液分解时，溶液中 SiO_2 介稳平衡溶解度（SiO_2 的最大含量）与 Al_2O_3 浓度和温度的关系如图 16-2 所示。铝酸钠溶液中 Al_2O_3 浓度在 130g/L 以下时，在不同温度下的 SiO_2 的介稳平衡溶解度基本相同；Al_2O_3 大于 130g/L 时，温度降低，其介稳溶解度下降。

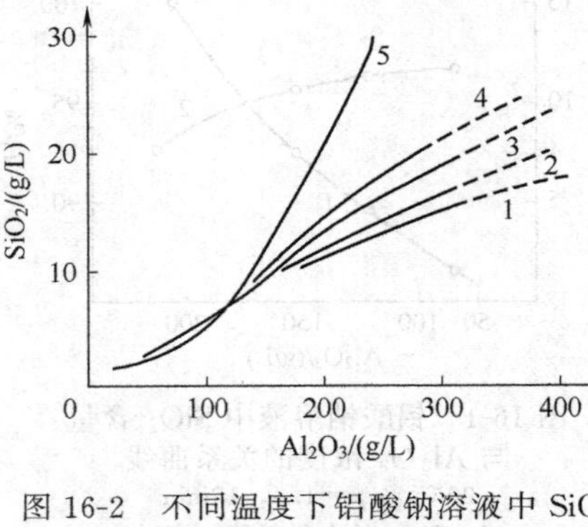

图 16-2　不同温度下铝酸钠溶液中 SiO_2 浓度与 Al_2O_3 浓度关系

$\alpha_K=1.7$；1—40℃；2—55℃；3—65℃；4—75℃；5—90℃

溶出时 SiO_2 转入溶液的速度常数随温度的升高而增大，在 50～70℃ 范围内，每升高 10℃，速度常数大约增大 17.5%，在 50～95℃ 范围内，每升高 10℃ 增大 15.7%。由此可见氧化硅转入溶液的过程具有扩散控制过程的特点。

赤泥与溶液接触时，SiO_2 进入溶液的速度常数值，和熟料溶出比较，是相当小的，这可能是与两种过程的对流扩散程度不同有关。

综上所述，可以得出结论，如果溶出时溶液中 SiO_2 含量未达其介稳平衡浓度时，熟料中硅酸二钙便以一定速度继续分解，如果铝酸钠溶液已为 SiO_2 所饱和又不存在铝酸钠溶液进行脱硅的条件，则硅酸二钙的分解就会受到抑制。

16.3　溶出副反应（二次反应）问题

如前所述，熟料溶出时硅酸二钙被 NaOH 溶液分解：

$$2CaO\cdot SiO_2+2NaOH+aq\longrightarrow Na_2SiO_3+2Ca(OH)_2+aq \tag{16-8}$$

并随溶液中 Al_2O_3 浓度和温度的提高，转入溶液中的氧化硅量增大。铝酸钠溶液中氧化硅含量在短时间内可达最大值，但是随时间的延长，由于脱硅作用，溶液中 SiO_2 含量降低，温度越高脱硅速度也越快。图 16-3 为不同温度下的铝酸钠溶液中 SiO_2 含量的变化曲线。

随着脱硅的进行，硅酸二钙仍可进一步分解。

多数实验证明，在上述条件下的脱硅产物中 $CaO:Al_2O_3$ 的分子比大致为 3。亦即由于

β-$2CaO \cdot SiO_2$ 的分解，所生成的 $Ca(OH)_2$ 和铝酸钠溶液按下式反应：$3Ca(OH)_2 + 2NaAl(OH)_4 + aq \rightleftharpoons 3CaO \cdot Al_2O_3 \cdot 6H_2O + 2NaOH + aq$，所生成的 $3CaO \cdot Al_2O_3 \cdot 6H_2O$ 与溶液中 SiO_2 结合形成水化石榴石固溶体 $3CaO \cdot Al_2O_3 \cdot nSiO_2 \cdot mH_2O$，$(m=6-2n)$。

生产实践表明，在多数烧结法熟料溶出条件下，与标准溶出率比较，发生溶出二次反应时，主要是已溶出的 Al_2O_3 的损失，而 Na_2O 的损失极小，所以这表明溶出时脱硅的反应中硅渣 $Na_2O \cdot Al_2O_3 \cdot 1.7SiO_2 \cdot nH_2O$ 或 $Na_2O \cdot Al_2O_3 \cdot 2SiO_2 \cdot 2H_2O$ 析出的可能性较小，而主要是析出溶解度更小的水化石榴石固溶体。

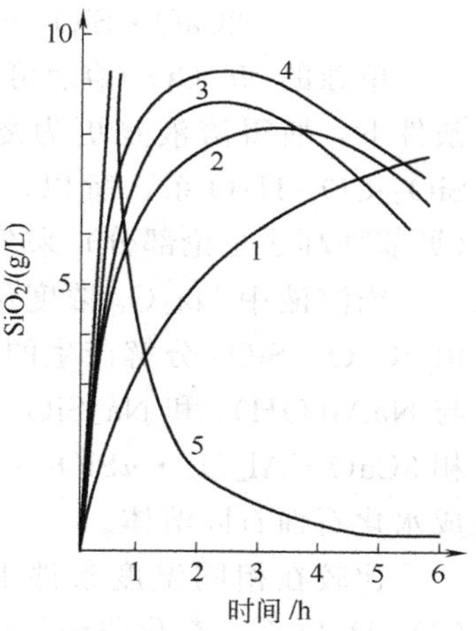

图 16-3 不同温度下铝酸钠溶液中 SiO_2 含量的变化曲线
Al_2O_3 140g/L，$\alpha_K=1.7$；1—40℃；2—55℃；3—65℃；4—75℃；5—90℃

关于水化石榴石固溶体的生成条件，在研究 Na_2O-Al_2O_3-CaO-SiO_2-H_2O 系时确定，在该系中存在着两个区域，如图 16-4 所示。

在区域Ⅰ内的平衡固相为 $Ca(OH)_2$ 与 $mCaO \cdot SiO_2 \cdot cH_2O$；区域Ⅱ内的平衡固相为 $3CaO \cdot Al_2O_3 \cdot nSiO_2 \cdot mH_2O$。

当溶液中 Al_2O_3 浓度很低时，硅酸二钙被 NaOH 分解的产物 $Ca(OH)_2$ 与 Na_2SiO_3 之间存在着下列平衡：

$$Na_2SiO_3 + Ca(OH)_2 + aq \rightleftharpoons CaSiO_3 \cdot nH_2O + 2NaOH + aq \tag{16-9}$$

其脱硅产物的偏硅酸钙包括有 $5CaO \cdot 6SiO_2 \cdot 5.5H_2O$。

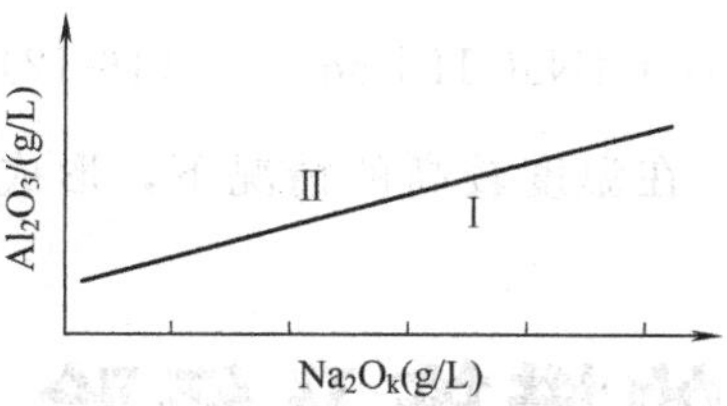

图 16-4 Na_2O-Al_2O_3-CaO-SiO_2-H_2O 系（部分）(98℃)
Ⅰ—$mCaO \cdot SiO_2 \cdot cH_2O$；
Ⅱ—$3CaO \cdot Al_2O_3 \cdot nSiO_2 \cdot mH_2O$

在区域Ⅱ范围内，则由于溶液中 Al_2O_3 浓度的增大，硅酸二钙分解出的 $Ca(OH)_2$ 与 $NaAl(OH)_4$ 反应生成 $3CaO \cdot Al_2O_3 \cdot 6H_2O$；$3CaO \cdot Al_2O_3 \cdot 6H_2O$ 与 Na_2SiO_3 反应生成难溶的水化石榴石。

$$3CaO \cdot Al_2O_3 \cdot 6H_2O + nNa_2SiO_3 + aq \rightleftharpoons 3CaO \cdot Al_2O_3 \cdot nSiO_2 \cdot mH_2O + 2nNaOH + aq \tag{16-10}$$

生产条件下的溶液组成是在区域Ⅱ的范围内，所以，溶液有 $Ca(OH)_2$ 存在时，即以水化石榴石形态析出。

由于水化石榴石的析出产生的脱硅作用，引起 Al_2O_3 的损失，此损失称为溶出的二次反应损失。

当铝酸钠溶液继续与溶出后的赤泥接触时，则硅酸二钙进一步分解，又继续产生上述的脱硅作用，而使 Al_2O_3 损失增大。

16.4 溶出用溶液（调整液）中 Na_2CO_3 的作用

前述各种溶出条件都是溶液中不含有碳酸钠的情况。但生产溶液中往往含有 Na_2CO_3；有的需要调配某一数量的 Na_2CO_3。现在讨论一下 Na_2CO_3 在溶出中的作用。

熟料中硅酸二钙可与溶液中的 Na_2CO_3 反应而被分解：

$$2CaO \cdot SiO_2 + 2Na_2CO_3 + H_2O \longrightarrow 2CaCO_3 + Na_2SiO_3 + 2NaOH \quad (16\text{-}11)$$

单独的 Na_2CO_3 溶液可使 $2CaO \cdot SiO_2$ 分解较为彻底，分解速度亦较快。但在熟料溶出条件下，所得溶液是更为复杂的成分。在含有 Na_2CO_3 时，溶液属于 $Na_2O\text{-}Al_2O_3\text{-}CaO\text{-}SiO_2\text{-}CO_2\text{-}H_2O$ 系，所以，熟料溶出时可应用 $Na_2O\text{-}Al_2O_3\text{-}CaO\text{-}SiO_2\text{-}CO_2\text{-}H_2O$ 系相图（见前拜耳法总论部分）来分析 Na_2CO_3 的作用。

当溶液中 Na_2O_c 浓度位于 $Na_2O\text{-}Al_2O_3\text{-}CaO\text{-}SiO_2\text{-}CO_2\text{-}H_2O$ 系苛化平衡曲线以上时，由 $2CaO \cdot SiO_2$ 分解产生的 $Ca(OH)_2$ 即与 Na_2CO_3 作用生成 $CaCO_3$，从而避免 $Ca(OH)_2$ 与 $NaAl(OH)_4$ 和 Na_2SiO_3 之间的作用。如果 Na_2O_c 浓度在苛化曲线下部，即位于平衡固相 $3CaO \cdot Al_2O_3 \cdot nSiO_2 \cdot mH_2O$ 区时，则 $Ca(OH)_2$ 即与 $NaAl(OH)_4$ 和 Na_2SiO_3 作用生成水化石榴石固溶体。

比较在相同温度条件下的 $Na_2O\text{-}Al_2O_3\text{-}CaO\text{-}CO_2\text{-}H_2O$ 系和 $Na_2O\text{-}Al_2O_3\text{-}CaO\text{-}SiO_2\text{-}CO_2\text{-}H_2O$ 系，苛化曲线的位置（或 C_3AH_6 和 $C_3AS_nH_m$ 固相区大小），可以看出，在含有 Na_2CO_3 的铝酸钠溶液中水化石榴石较水合铝酸三钙为稳定。同时，随温度的提高，苛化曲线位置下移。所以，为避免在溶出时生成水化石榴石的脱硅作用，引起二次反应损失，为调整溶液的 Na_2O_c 浓度，使溶液的组成位于苛化平衡曲线以上的适当位置，则硅酸二钙分解出的 $Ca(OH)_2$ 只与 Na_2CO_3 发生苛化反应，生成 $CaCO_3$，使溶液中 SiO_2 仍以保持溶解度较大的铝硅酸络离子状态存在，从而可以抑制硅酸二钙的进一步分解。

增大溶液中 Na_2CO_3 浓度，可以使已生成的水化石榴石按下式分解，即为：

$$3CaO \cdot Al_2O_3 \cdot SiO_2 \cdot 4H_2O + 3Na_2CO_3 + aq \Longrightarrow 3CaCO_3 + \frac{1}{2}(Na_2O \cdot Al_2O_3 \cdot 2SiO_2 \cdot 2H_2O) + NaAl(OH)_4 + 4NaOH + aq \quad (16\text{-}12)$$

但是，增大 Na_2CO_3 的浓度也会使硅酸二钙的分解加快，在温度较高的情况下，形成水合铝硅酸钠的硅渣析出。

16.5 减少溶出副反应损失的措施及经验

综合上述对熟料溶出时产生 Al_2O_3 和 Na_2O 的副反应损失的根本原因，在于溶出时硅酸二钙的分解，为减少溶出时的副反应损失，采用的溶出条件（包括调整液的组成、温度、时间等）必须能最大限度地阻止硅酸二钙的分解。

我国某厂在采用熟料的湿磨溶出、沉降分离的溶出流程中，经过长期的实践，对于防止溶出二次反应损失，提高 Al_2O_3 和 Na_2O 的溶出率方面取得了成功的经验。基本经验归纳如下。

（1）低苛性比　溶出用调整液的组成使熟料中铝酸钠溶出后的苛性比控制为 1.25 左右，以减小溶液中游离苛性碱浓度。

（2）高碳酸钠　溶液中 Na_2O_c 浓度保持不大于 30g/L，使溶液组成位于苛化曲线上部 $CaCO_3$ 平衡区。

（3）低温度　在不显著影响赤泥沉降速度的条件下采取偏低的温度 78～82℃。

（4）二段磨　快速分离赤泥，在采用湿磨溶出沉降分离流程时，必须采取减少赤泥与溶液的接触表面，缩短赤泥与溶液的接触时间，以减少硅酸二钙的分解。我国某厂把原来的一段湿磨闭路溶出赤泥沉降分离流程，改为二段湿磨溶出，赤泥沉降过滤联合分离流程，有效地解决了这一问题，收到显著效果。一段闭路溶出料浆经沉降分离后，Al_2O_3 溶出率急剧下降。据生产实测一段磨分级机溢流 Al_2O_3 溶出率 92.30%，分离沉降槽溢流的 Al_2O_3 溶出率为 76.30%，经沉降分离后 Al_2O_3 溶出率减少 16%左右，说明副反应严重；但改为二段磨溶出流程后，分离沉降槽溢流 Al_2O_3 溶出率提高到 85%～86%，比一段磨溶出时增高 10%左右。

我国某厂现在采用的二段磨溶出流程如图 16-5。

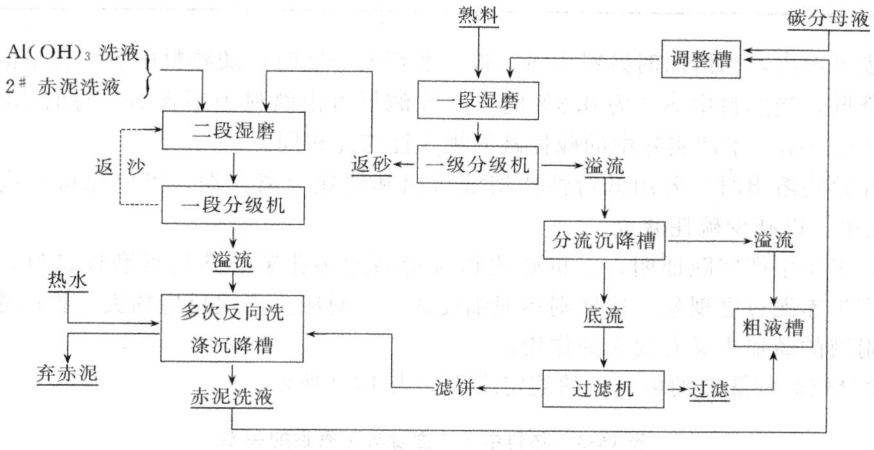

图 16-5　二段磨溶出流程

采用二段磨溶出流程，由于一段分级机返砂（约占一段赤泥量的 50%～60%）进二段磨，可以避免物料的过磨，减小一段磨排出料浆中的过细颗粒，因此，也就减少了赤泥与溶液的接触。同时，由于一段分级机溢流中赤泥含量显著降低，使分离沉降槽的进料液固比（$L:S$）由 7.0 左右增大到 10.0～13.0，因此，加速了赤泥沉降分离的速度，缩短了赤泥与溶液的接触时间，减少了沉降分离过程中的 Al_2O_3 损失。

综合上述措施，就构成了我国独特的二段磨低 MR 高 Na_2O_c 浓度的溶出工艺。这种工艺流程有效地防止了溶出和赤泥分离过程的副反应损失，Al_2O_3 和 Na_2O 净溶出率分别可以达到 93%和 96%以上，超过了国外同类厂的水平。

16.6　熟料中二价硫含量与湿磨溶出的关系

在生料加煤还原烧结的情况下，熟料中二价硫化物含量直接影响熟料质量，从而也直接影响到湿磨溶出时湿磨产能、净溶出率及赤泥沉降性能等技术经济指标。

熟料溶出时，部分硫化物被 $NaOH$、Na_2CO_3 分解，且随溶出时间的延长，FeS、CaS 被分解的也越多。所以，溶出时延长溶液与赤泥的接触时间，不仅造成已溶出的 Al_2O_3 的二次反应损失，同时也由于二价硫化物的被分解，而造成苛性碱和碳酸钠转变为 Na_2SO_4 的碱的损失。

根据我国某厂测定资料，熟料中 S^{2-} 含量与溶出碱耗有如表 16-2 所示。

上述数据系假设每吨 Al_2O_3 进入流程的总硫量为 10kg，每吨 Al_2O_3 耗熟料 3.86t，产赤泥 1.61t，熟料中 S^{2-} 进入赤泥量为 65%时计算得出。

表 16-2 熟料中 S^{2-} 含量与溶出碱耗的关系

熟料中 S^{2-} 含量/%	赤泥中 S^{2-} 含量/%	硫耗碱/(kg/$t_{Al_2O_3}$)	熟料中 S^{2-} 降低碱耗/(kg/$t_{Al_2O_3}$)
0.3	0.45	9.1	24.7
0.25	0.387	12.6	21.2
0.20	0.31	16.8	17.0
0.15	0.232	21.1	12.7
0.10	0.155	25.3	8.5
0.05	0.077	29.6	4.2
0	0	33.8	0

由上表可看出，当溶出时熟料中 S^{2-} 被分解程度一定时，随熟料中 S^{2-} 含量的升高，硫耗碱逐渐降低，当熟料中 S^{2-} 为 0.3%时，硫耗碱量可由熟料中不含 S^{2-} 时的 33.8kg/t_{AO}，下降为 9.1kg/t_{AO}。生产实际中的硫耗碱的规律性与此相同。

所以在熟料溶出时，采用低苛性比溶液溶出和快速分离赤泥，可以保持较高的赤泥中 S^{2-} 的沉淀率，以减少硫耗碱量。

此外，多年生产实践证明，二价硫化物含量高的多孔黑心熟料可磨性良好，湿磨产能高，不易产生赤泥过磨现象。这样则赤泥细度适宜，对减少二次反应损失、提高净溶出率及降低赤泥附液的碱损失又有很大的作用。

S^{2-} 含量较高的熟料的可磨性的测定结果如表 16-3 所示。

表 16-3 熟料中 S^{2-} 含量与可磨性的关系

试　　样	熟料中 S^{2-} 含量/%	熟料容量/(kg/L)	比可磨时间/min	磨机比产能/%
A 还原较好	0.36	1.36	17.1	72.5
B 还原极好	1.44	1.36	12.4	100

注：表中比可磨时间，是指某一试样在磨机中细磨，60 号筛上残留达到 20%时所需的时间。

生产中的溶出湿磨分级机溢流中赤泥细度比较如表 16-4 所示。

表 16-4 赤泥细度比较

熟料中 S^{2-} 含量/%	熟料密度/(kg/L)	Al_2O_3 浓度/(g/L)	<0.02mm 的细赤泥/(g/L)
0.104	1.28	103.6	42.1
0.160	1.28	107.1	37.9
0.25	1.30	102.8	13.7

上述数据表明，S^{2-} 含量高的熟料可避免过磨现象，细赤泥的含量也少。

磨机产能高可降低电耗；赤泥避免过磨则可减少二次反应损失，提高净溶出率。我国某厂 S^{2-} 含量>0.25%的熟料，在现有赤泥分离洗涤流程条件下，Al_2O_3 的净出率可以稳定地达到 93%。

关于二价硫化物含量对熟料溶出湿磨可磨性的作用，其机理还不够明确，据认为可能与还原烧结后熟料变脆有关。

16.7 烧结法赤泥沉降性能

烧结法熟料在采用湿磨溶出沉降分离洗涤时，赤泥沉降性能不仅对沉降槽产能，而且对二次反应损失有重大作用。

烧结法赤泥主要成分是硅酸二钙、钛酸钙、碳酸钙和不同形态的铁的化合物。

烧结法赤泥变性（赤泥膨胀）在采用沉降分离洗涤设备系统时是威胁生产的严重问题。赤泥膨胀现象主要表现为赤泥沉降速度极其缓慢，压缩层疏松，压缩液固比大，形成容积庞大的胶凝状物体；同时有大量悬浮赤泥粒子进入溢流，称为“跑浑”，破坏正常操作。

生产经验证明，赤泥沉降性能与熟料质量密切相关，另外，湿磨溶出时，赤泥“过磨”，即赤泥粒度过细亦为影响赤泥沉降性能的重要因素。如前所述，赤泥过磨问题同样与熟料质量有关。赤泥膨胀时极易引起沉降分离洗涤过程中的二次反应，而二次反应的发生又加剧赤泥膨胀。

烧结法赤泥沉降性能，如同前述拜耳法赤泥，根本问题也是决定于赤泥浆泥的胶体化学性质。

生产实践证明，熟料中二价硫化物含量直接影响赤泥沉降性能。

熟料中 S^{2-} 含量＞0.25％时，赤泥呈黑色，沉降速度快；而熟料中 S^{2-}＜0.1％时，赤泥呈黄色，沉降速度显著减慢；此外，熟料中 S^{2-} 含量在 0.1％～0.25％范围时，赤泥呈棕色，为由黑到黄的过渡颜色，其沉降速度也介于二者之间。

熟料中 S^{2-} 含量与赤泥颜色和沉降速度的关系如表 16-5（某厂生产中的二次洗涤沉降槽进料口赤泥浆样）。

表 16-5　熟料中 S^{2-} 含量与赤泥颜色和沉降速度的关系

熟料中 S^{2-} 含量/％	赤 泥 颜 色	赤泥浆液液固比	沉降速度①/(m/h)
＞0.25	黑	18.6	2.7
＜0.1	黄	16.7	1.4

① 按 3min 沉降速度折算。

赤泥颜色的不同，影响溢流清浊度变化极大。出现黄色赤泥时，能发生全部沉降槽跑浑，一次洗涤槽溢流浮游物达 17.8g/L；在相同液量的条件下，赤泥为黑色时，则各沉降槽均有清液层，一次洗涤槽溢流浮游物仅 13.6g/L。当沉降跑浑时，Al_2O_3 净溶出率急剧下降，赤泥附损激增，以致造成湿式系统被迫压低产量的恶果。

关于黑黄赤泥对沉降影响的机理，可以认为，烧结法赤泥中以不同形态存在的 Fe_2O_3 起主要作用。黄色赤泥中 Fe_2O_3 主要以胶体 $Fe(OH)_3$ 形式存在。赤泥浆液中胶体 $Fe(OH)_3$ 的存在，可使赤泥浆液成为同时具有动力稳定性和聚结稳定性的胶体——悬浮体体系。胶体 $Fe(OH)_3$ 由于粒度极细难于沉降，更由于带有电荷（形成双电层）造成同性相斥而难于沉降。实验证明，在黄色赤泥中加入阴离子絮凝剂聚丙烯酰胺水解体，可以加速其沉降；而加入电中性的聚丙烯酰胺却不能加速其沉降，由此可证明，黄色赤泥带有正电荷。

黑色赤泥中的 Fe_2O_3 不是呈胶体 $Fe(OH)_3$ 存在，而是以 FeO 和 FeS 存在。实验证明，含 FeO 和 FeS 的黑色赤泥为电中性，加入电中性聚丙烯酰胺絮凝剂可以加速黑色赤泥的沉降。所以当赤泥中主要含有 FeO 和 FeS 时，由于粒度较大及电中性而沉降速度较快。由上表数据可见，黑色赤泥的沉降速度几乎是黄色赤泥的一倍，可见熟料质量对沉降槽产能影响之大。

当赤泥呈棕色时（实际上是由黑色和黄色两者的混合物），部分赤泥为电中性，部分赤泥带正电荷，由于正电荷较黄色赤泥少，所以沉降速度介于黑黄二者之间。

如前所述，在生料加煤条件下熟料中 S^{2-} 含量低的原因，不外乎熟料过烧和熟料欠烧，尤其是欠烧的粉状熟料和黄料，不仅由于其 S^{2-} 含量低，而且由于这种欠烧熟料不含有部分游离 CaO（烧成温度低或时间短，未能参与反应的石灰），也会加剧赤泥沉降分离洗涤时产生赤泥膨胀。因为赤泥浆液中 $Ca(OH)_2$ 粒子不仅是溶剂化物质，而且也是表面活性物质，当其被其他赤泥粒子吸附时，就会使全部赤泥产生溶剂化作用。

生料加煤保证熟料中二价硫化物含量较高的条件下，采用湿磨溶出及赤泥沉降分离洗涤设备系统，是我国烧结法生产氧化铝的独特的经验。在不采用生料加煤的情况下，如果采取湿磨溶出或细磨熟料搅拌溶出，由于熟料中铁酸钠水解生成 $Fe(OH)_3$，当用沉降槽分离和洗涤赤泥时，往往不可避免地造成二次反应损失和产生赤泥膨胀（跑浑）。如用过滤方法分离和洗涤赤泥，则由于真空过滤细赤泥和高铁赤泥的效率较低，必须安装大量的过滤设备。

在采用湿磨溶出时，为防止熟料质量波动对赤泥性质的影响，可采用其他较为有效的赤泥分离设备。

国外烧结法铝土矿熟料多采用块状熟料的固定层（床）溶出，如扩散溶出器、渗滤输送溶出器等，熟料的溶出及赤泥分离洗涤可在同一设备中完成，为此可避免熟料赤泥变性的任何影响，但其共同缺点是氧化铝溶出率很低（83%以下）。

第17章 铝酸钠溶液的脱硅过程

17.1 概述

在熟料溶出过程中，由于原硅酸钙引起二次反应，在溶出液（粗液）中含有相当数量的 SiO_2。例如，在 80℃左右湿磨溶出铝土矿熟料所得到的 Al_2O_3 含量约 120g/L，分子比 1.25、Na_2O_c 30g/L 的粗液中，SiO_2 浓度达 4.5～6g/L（硅量指数为 20～30），比 SiO_2 的平衡浓度高出许多倍。这种粗液，无论用碳酸化分解还是晶种分解，大部分 SiO_2 都会析出进入氢氧化铝，使成品氧化铝的质量远低于规范要求。所以必须设置专门的脱硅过程，尽可能地将粗液中的 SiO_2 清除，制成精液后，才可送去分解。精液硅量指数越高，碳分得到纯度符合要求的氢氧化铝越多，随同碳分母液返回配料烧结的 Al_2O_3 越少，这样就使整个生产流程中的物料流量和有用成分的损失大大减少。提高精液的硅量指数还可以减轻碳分母液蒸发设备的结垢现象，一般要求精液的硅量指数应大于 400。

以往烧结法的重要缺点之一是氧化铝成品质量低于拜耳法。近年来，烧结法厂研究并采用了深度脱硅方法，精液硅量指数达到 1000 以上，使成品质量不再低于拜耳法。深度脱硅已成为氧化铝生产中一项较大的技术成就。

拜耳法高压溶出后的浆液经过稀释和较长时间搅拌以后，硅量指数能达到 300 左右。就晶种分解来说，它足以保证制取优质氢氧化铝。但是为了减轻拜耳法生产过程中的结垢现象，仍有进一步提高溶液硅量指数的必要，所以有些拜耳法工厂采用在稀释槽内添加石灰脱硅的方法，将溶液的硅量指数提高到 600 以上。

铝酸钠溶液脱硅过程的实质就是使其中 SiO_2 转变为溶解度很小的化合物沉淀析出。已经提出的脱硅方法很多，概括起来有两大类：一类是使 SiO_2 成为含水铝硅酸钠析出；另一类是使 SiO_2 成为水化石榴石析出，这些方法各有其复杂的影响因素。粗液成分和对精液纯度要求的不同，形成了脱硅方法和流程的多样化。

17.2 铝酸钠溶液中含水铝硅酸钠的析出

铝酸钠溶液中过饱和溶解的 SiO_2 经过长时间的搅拌便可形成含水铝硅酸钠析出。这个析出过程相当缓慢，并且受到铝酸钠溶液成分以及其他一些因素的影响。

17.2.1 SiO_2 在铝酸钠溶液中的行为

往铝酸钠溶液中加入硅酸钠 Na_2SiO_3、含水氧化硅（硅胶 $SiO_2 \cdot nH_2O$）或高岭石，由

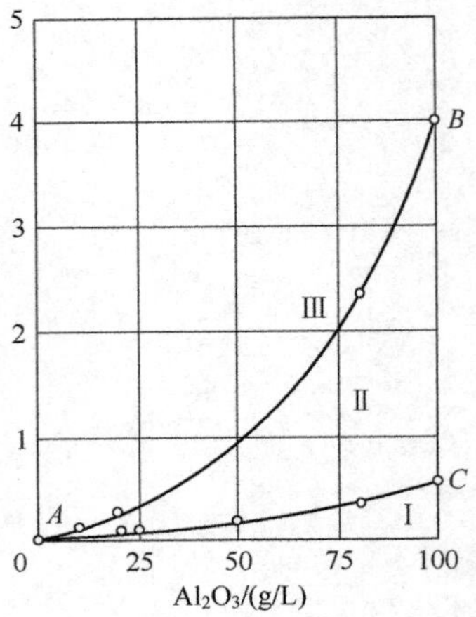

图 17-1　SiO_2 在铝酸钠溶液中的溶解度和介稳状态溶解度（70℃）

于它们与溶液相互作用而使 SiO_2 进入溶液。这时溶液中的 SiO_2 含量与熟料溶出后的粗液一样，常常是过饱和的，需要在长时间的搅拌后，才能将其降低到平衡含量。SiO_2 在铝酸钠溶液中的溶解度随溶液的浓度而改变，图 17-1 表明 SiO_2 在 70℃下的铝酸钠溶液（分子比为 1.7～2.0）中的溶解情况。

往溶液中添加 Na_2SiO_3，搅拌 1～2h 后即可得到 SiO_2 在铝酸钠溶液中的介稳溶解度曲线 *AB*，继续搅拌 5～6 昼夜，才能得到溶解度曲线 *AC*，析出的固相是含水铝硅酸钠。这两支曲线将此图分成三个区域：*AC* 曲线下面的Ⅰ区为 SiO_2 的不饱和区；*AB* 曲线上面的Ⅲ区的 SiO_2 的不稳定区，即过饱和区，溶液中的 SiO_2 成为含水铝硅酸钠迅速沉淀析出；曲线 *AB* 和 *AC* 之间的Ⅱ区是 SiO_2 的介稳状态区。所谓介稳状态是指溶液中的 SiO_2 在热力学上虽属于不稳定，但是在不加含水铝硅酸钠作为晶种时，经长时间搅拌仍不至于结晶析出的状态。曲线 *AB* 表示 SiO_2 在铝酸钠溶液中含量的最高限度，粗液中的 SiO_2 含量大体上接近这一极限含量。

随着熟料溶出温度的改变，*AB*、*AC* 曲线的具体位置会有所不同，但仍保持上述形状。

在 20～100℃温度范围内，SiO_2 在铝酸钠溶液中的介稳溶解度随溶液中 Al_2O_3 浓度的增加而提高，当 Al_2O_3 浓度在 50g/L 以上时，可按以下经验公式计算：

$$[SiO_2]=2+1.65n(n-1)\quad (g/L) \tag{17-1}$$

式中　n——Al_2O_3 浓度除以 50 后的数值。

当 Al_2O_3 浓度在 50g/L 以下时：

$$[SiO_2]=0.35+0.08n(n-1)\quad (g/L) \tag{17-2}$$

式中　n——Al_2O_3 浓度（g/L）除以 10 后的数值。

据此可以大致地估计溶出粗液的 SiO_2 浓度以及碳分母液所允许的 SiO_2 含量，从而可预计脱硅过程所必须达到的最低要求，即精液硅量指数的最低值。但是碳分母液中含有大量 Na_2CO_3，使 SiO_2 的介稳溶解度要比计算值小很多，精液的硅量指数应该比计算值高，通常不应低于 400。

对于 SiO_2 在铝酸钠溶液中能够以介稳状态存在的原因有不同的见解。以往有人认为 Na_2SiO_3 一类含 SiO_2 化合物与铝酸钠溶液相互作用，首先生成的是一种具体成分尚待确定的高碱铝硅酸钠 $mNa_2O\cdot Al_2O_3\cdot 2SiO_2$，然后水解才析出含水铝硅酸钠，水解反应式为：

$$mNa_2O\cdot Al_2O_3\cdot 2SiO_2(n+m-1)H_2O+aq \rightleftharpoons Na_2O\cdot Al_2O_3\cdot 2SiO_2\cdot nH_2O+2(m-1)NaOH+aq \tag{17-3}$$

这种设想的依据是含水铝硅酸钠的析出程度是随温度的升高以及溶液浓度的降低而增大的，这正好是水解过程的特征。

较多的人认为 SiO_2 的介稳溶解度是与刚从溶液中析出的含水铝硅酸钠具有无定形的特点相一致的。随着搅拌时间的延长，含水铝硅酸钠由无定形转变为结晶状态，溶液中的 SiO_2 含量也随之降低到稳定形态的溶解度，即该温度下的最终平衡浓度。因为物质的晶体越小，表面能越大，所以物质的溶解度是随着其晶体的增大而减少的。同一物质在溶液中以不同大小的晶体存在时，小的晶体将自动溶解，再析出到大的晶体上使其长大，晶体的表面能因此而降低。表面化学推导出半径为 r_1 的微小晶体与半径为 r 的较大晶体的溶解度（分别为 C_1 和 C）之间的关系如下：

$$\ln\frac{C_1}{C}=\frac{2\sigma_{晶-液}V}{RTr_1} \tag{17-4}$$

式中 $\sigma_{晶-液}$——晶体与溶液界面上的表面张力；

V——晶体的摩尔体积。

由图 17-2 可见，当溶质晶体半径小到某一临界数值 r' 之后，其溶解度便明显高于正常晶体（稳定）的溶解度，有时无定形物质的溶解度可以比晶体物质的溶解度大得多。但是无机物结晶速度一般都较快，所以无定形很快转变为结晶形态，一般很少出现介稳溶解状态。含水铝硅酸钠由于其无定形转变为晶体的过程比较困难，才表现出明显的介稳溶解度，这些困难与含 SiO_2 的铝酸钠溶液的黏度以及含水铝硅酸钠与溶液的界面张力较大有关。温度升高后，结晶条件改善，所以 SiO_2 含量才能够较快地由介稳溶解度降低到接近于正常溶解度。

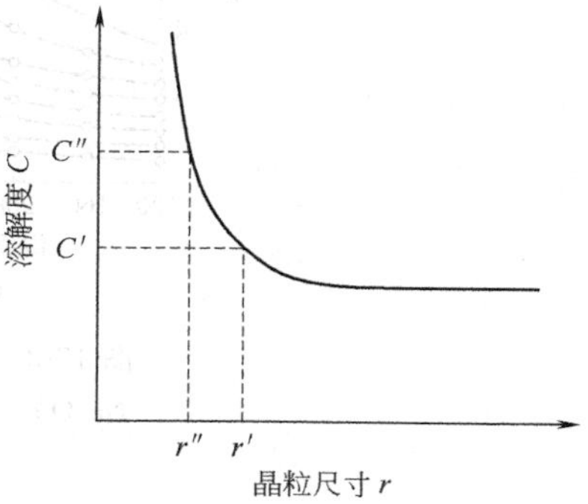

图 17-2 物质溶解度与其晶粒大小的关系

在铝酸钠溶液中，人造沸石核心吸附各种附加盐，使生成的含水铝硅酸钠在成分和结构上互不相同，从而增加了无定形向结晶形态变化过程的复杂性。

17.2.2 含水铝硅酸钠在碱溶液和铝酸钠溶液中的溶解度

对于这一课题做过许多研究。因为溶液的脱硅深度决定于 SiO_2 在其中的溶解度，而且生产设备中结垢的生成也与此密切相关。但研究结果存在着分歧，因为含水铝硅酸钠的组成和结构是随溶液成分和析出条件而改变的，并且受到洗涤程度的影响；另外，采用的溶质样品不同，溶解度的测定结果亦会存在着差别。

含水铝硅酸钠在苛性钠溶液中的溶解度随 Na_2O 浓度的提高和温度的升高而增大。在 100℃的溶液中，Na_2O 浓度由 68.3g/L 提高到 260.4g/L，SiO_2 的溶解度由 0.438g/L 增加为 1.640g/L；在 280℃的溶液中，Na_2O 由 185g/L 提高到 496g/L，SiO_2 溶解度也由 3.3 g/L 增为 19.4g/L。

温度对于含水铝硅酸钠在 NaOH 溶液中溶解度的影响表示于图 17-3 中。试验所用溶质的组成为 $1.2Na_2O\cdot Al_2O_3\cdot(1.2\sim1.3)SiO_2\cdot 2H_2O$，是在 230℃下从 Na_2O 为 232g/L、Al_2O_3 为 226g/L 的铝酸钠溶液中添加硅胶，经 6.5h 搅拌后析出的。由图中曲线可以看出，当 Na_2O 浓度高于 200g/L 时，升高温度对于含水铝硅酸钠的溶解度影响更大，此时溶液中 Al_2O_3 和 SiO_2 的平衡浓度的比例不同于原始的含水铝硅酸钠，说明平衡固相的组成随温度及溶液浓度的改变而发生了变化。

含水铝硅酸钠合成时的温度越高，结构越致密，它在碱溶液中的溶解度和溶解速度就越低；其次，搅拌对溶解速度也有较大的影响。

在碱溶液中当部分苛性钠由碳酸钠替代时，含水铝硅酸钠的溶解度随之降低，它在纯碱溶液中的溶解度非常小。

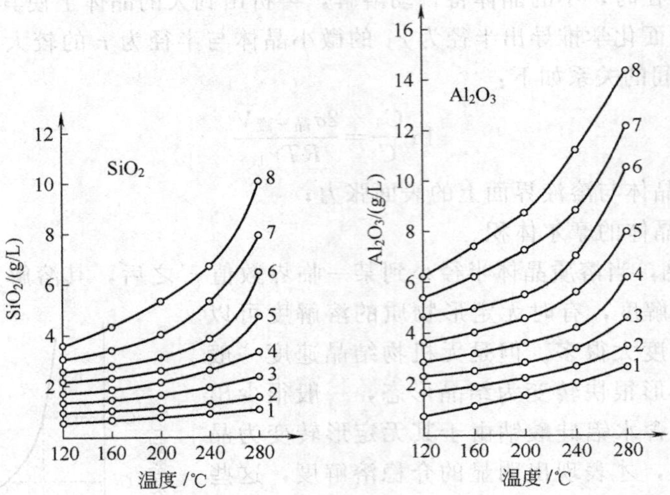

图 17-3 含水铝硅酸钠在 NaOH 溶液中的溶解度

Na_2O 浓度（g/L）：1—50；2—100；3—150；4—200；5—250；6—300；7—350；8—400

图 17-4 是不同形态的含水铝硅酸钠在铝酸钠溶液中的溶解度曲线，溶液的成分为 Na_2O 250g/L，Al_2O_3 202g/L。图中所列相Ⅲ和相Ⅳ是在结构上分别与 A 型沸石及方钠石相近的物相；相Ⅲ是在 70～110℃的较低温度下得到的；相Ⅳ是在较高温度下得到的。由图可以看出，在铝酸钠溶液中，无定形的含水铝硅酸钠的溶解度最大，相Ⅲ次之，相Ⅳ最小。无定形含水铝硅酸钠是在低于 50～60℃的温度下，由不利于晶体长大的高黏度溶液得出的，它的溶解度曲线通过一个最大点然后降低，这是它转变为相Ⅲ的结果。相Ⅲ在 90℃以下稳定，温度高于 100℃，转变为相Ⅳ，这些转变是不可逆的。含水铝硅酸钠在铝酸钠溶液中的溶解度按 A 型沸石→方钠石→黝方石→钙霞石的次序逐渐减少，这与其晶体强度增大的次序是一致的。

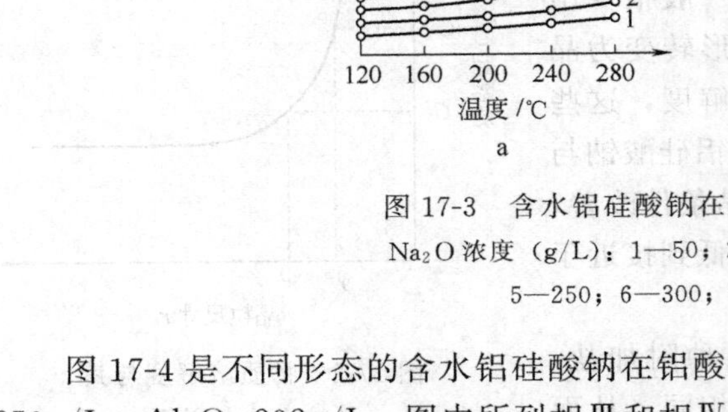

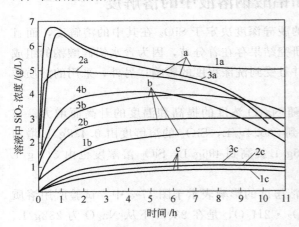

图 17-4 不同形态的含水铝硅酸钠在铝酸钠溶液中的溶解度曲线

a—无定形；1a—75℃；2a—90℃；3a—100℃；
b—相Ⅲ；1b—50℃；2b—75℃；3b—90℃；4b—100℃；
c—相Ⅳ；1c—50℃；2c—75℃；3c—90℃

含水铝硅酸钠从铝酸钠溶液中结晶析出的过程为其溶解过程的逆过程，此时得到的含水铝硅酸钠是一种人造沸石。X 射线和红外线吸收光谱分析确定，所得人造沸石根据其析出条件的不同，在晶体结构上或者相似于方钠石、黝方石或钙霞石的一种，或者与它们之间的一种过渡形态相类似。在氧化铝生产的其他工序中所析出的含水铝硅酸钠也是如此。在 95℃下脱硅时，最初阶段生成的含水铝硅酸钠中发现有 A 型沸石，它随后转变为黝方石或黝方石-方钠石结构。含 Al_2O_3 150g/L、分子比为 1.7～1.8 的铝酸钠溶液在 170℃脱硅时析出的是单独的或带有方钠石单体的黝方石结构；当溶液中含 Na_2O_c 25g/L，脱硅时间超过 6h，便出现有钙霞石结构的单体；Na_2CO_3，特别是 Na_2SO_4 的存在可促使得到这种较稳定的含水铝硅酸钠，提高铝酸钠溶液的浓度和分子比也会加速方钠石朝黝方石和钙霞石的转化。

17.2.3 影响含水铝硅酸钠析出过程的因素

（1）温度 温度对于含水铝硅酸钠在铝酸钠溶液中溶解度的影响比较复杂，随溶液组成不同而不同，有关数据列于表 17-1 中，通常是在某一温度下出现溶解度的最低点。当溶液中 Al_2O_3 浓度增大，碳酸钠含量减少时，这种特点更加明显。温度提高后，所得固相中 Na_2O 和 SiO_2 对 Al_2O_3 的分子比增大，而 H_2O 对 Al_2O_3 的分子比减少，同时晶粒增大，结构较为致密。提高温度还使含水铝硅酸钠结晶析出的速度显著提高，溶液中的 SiO_2 浓度在较短时间内便接近于平衡含量。实验表明，用 Al_2O_3 浓度为 100g/L，分子比为 1.6 左右的铝酸钠溶液做 2h 的脱硅时，在 170℃ 下得到的硅量指数为最高，进一步提高脱硅温度，硅量指数反而降低，这是因为温度提高，SiO_2 在溶液中的溶解度增大的缘故。

表 17-1 分子比为 1.8 的铝酸钠溶液中 SiO_2 的平衡浓度和硅量指数

温度/℃	Na_2O_c/g/L	溶液中 Al_2O_3 浓度/(g/L)							
		30		50		70		90	
		SiO_2	A/S	SiO_2	A/S	SiO_2	A/S	SiO_2	A/S
98	0	0.066	451	0.115	440	0.182	390	0.298	311
	10	0.049	612	0.085	588	0.132	532	0.218	432
	30	0.046	652	0.079	630	0.126	555	0.200	453
	50	0.043	678	0.078	633	0.125	558	0.212	430
125	0	0.079	392	0.108	471	0.167	417	0.246	368
	10	0.049	608	0.078	655	0.122	580	0.197	474
	30	0.044	682	0.074	688	0.111	652	0.171	532
	50	0.039	764	0.070	697	0.107	660	0.161	557
150	0	0.075	400	0.118	437	0.184	380	0.274	337
	10	0.049	618	0.078	625	0.129	538	0.200	461
	30	0.039	774	0.074	662	0.120	585	0.173	521
	50	0.038	790	0.066	743	0.115	603	0.170	533
175	0	0.080	378	0.129	380	0.210	330	0.272	333
	10	0.050	600	0.085	600	0.150	465	0.208	450
	30	0.044	675	0.074	688	0.132	530	0.170	528
	50	0.041	730	0.070	706	0.133	523	0.171	527

表 17-2 所列数据表明，铝酸钠溶液常压脱硅时，虽然在第一个小时可以脱出 86% 的 SiO_2，但脱硅程度的进一步提高则非常缓慢。

表 17-2 常压脱硅时间与脱硅深度的关系

脱硅时间/h	0	1	2	6	12	15
精液 SiO_2 含量/(g/L)	5.8	0.87	0.7	0.64	0.25	0.22
脱硅程度/%	0	86	88.6	89.5	95.5	96

（2）原液 Al_2O_3 浓度 采用低分子比溶出时，为了保证脱硅后精液的稳定性，需要加

入种分母液将粗液的分子比提高为1.50～1.55，Al_2O_3 浓度则相应降低为95～100g/L，铝酸钠溶液中 SiO_2 的平衡浓度与 Al_2O_3 浓度的关系表示于图17-5中。在 SiO_2 溶解度曲线上有一个最小点，在 Na_2O 浓度为100～300g/L的范围内，这一最小点的溶液的 Al_2O_3 浓度为40～60g/L。所以在烧结法条件下，精液中的 SiO_2 平衡浓度是随 Al_2O_3 浓度的增大而提高的，而硅量指数则随之而降低。因此降低 Al_2O_3 浓度有利于制得硅量指数较高的精液。对于 Al_2O_3 浓度大于50g/L，Na_2O_c 浓度低于5g/L的铝酸钠溶液来说，铝酸钠溶液中的 SiO_2 平衡浓度与 Al_2O_3 及 Na_2O 的浓度保持着如下的关系：

$$[SiO_2]=2.7\times[Al_2O_3][Na_2O]\times10^{-5} \quad (17\text{-}5)$$

为了解释铝酸钠溶液中 SiO_2 溶解度与 Al_2O_3 的关系，对于 SiO_2 在溶液中的存在形态提出过种种假想。早期曾提出过 SiO_2 在溶液中以成分为 $m\mathrm{Na_2O}\cdot\mathrm{Al_2O_3}\cdot2\mathrm{SiO_2}$ 的高碱铝硅酸钠（m 及 n 均为>1）存在的观点，并解释脱硅过程就是它水解并析出含水铝硅酸钠的过程。溶液中 Na_2O 和 Al_2O_3 浓度增大，因水解过程受到限制，使 SiO_2 的平衡浓度增大，但是它不能解释 SiO_2 的平衡浓度何以有最低值。另一些研究人员则提出 SiO_2 在铝酸钠溶液中是以 $[Al_2(H_2SiO_4)(OH)_6]^{2-}$ 和 $(H_2SiO_4)^{2-}$ 两种离子形态存在的观点。在低分子比的溶液中，SiO_2 主要以前一形式存在，溶液的分子比减小使这种络离子聚合的可能性增加。在这种络离子中，SiO_2 与 Al_2O_3 的分子比保持为1，这是有实验数据作为依据的。由于脱硅得到的含水铝硅酸钠中含有 $Al(OH)_4^-$ 或其脱水离子，因此它属于铝酸盐方钠石，写成 $3(\mathrm{Na_2O}\cdot\mathrm{Al_2O_3}\cdot2\mathrm{SiO_2})\cdot\mathrm{NaAl(OH)_4}\cdot n\mathrm{H_2O}$，在低 MR 溶液中 SiO_2 主要是络合离子 $[Al_2(H_2SiO_4)(OH)_6]^{2-}$，由于 Al_2O_3 浓度高，脱硅得到的水合铝硅酸钠为铝酸盐方钠石，即分子式可以写成 $3(\mathrm{Na_2O}\cdot\mathrm{Al_2O_3}\cdot2\mathrm{SiO_2})\cdot\mathrm{NaAl(OH)_4}\cdot n\mathrm{H_2O}$，其脱硅反应可表示为：

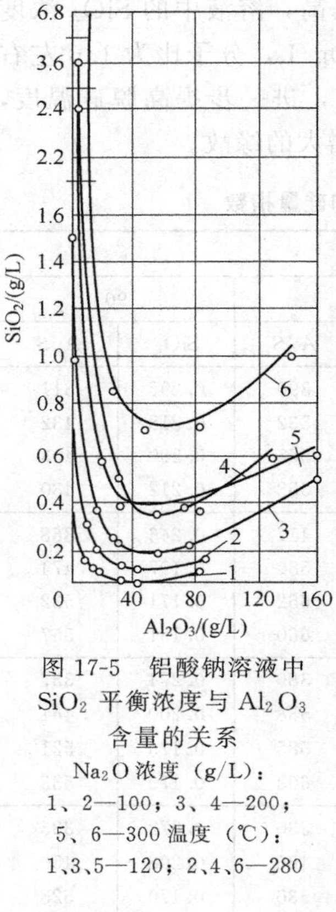

图17-5 铝酸钠溶液中 SiO_2 平衡浓度与 Al_2O_3 含量的关系

Na_2O 浓度（g/L）：1、2—100；3、4—200；5、6—300 温度（℃）：1、3、5—120；2、4、6—280

$$12\mathrm{Na^+}+6[\mathrm{Al_2(H_2SiO_4)(OH)_6}]^{2-}+\mathrm{aq}\rightleftharpoons3(\mathrm{Na_2O}\cdot\mathrm{Al_2O_3}\cdot2\mathrm{SiO_2})\cdot\mathrm{NaAl(OH)_4}\cdot n\mathrm{H_2O}+5\mathrm{NaAl(OH)_4}+\mathrm{aq} \quad (17\text{-}6)$$

从反应式看出随 Al_2O_3 浓度增大，反应向左进行，因而表现为 SiO_2 含量增大。

在高苛性比值的铝酸钠溶液中，特别是当 Al_2O_3 浓度低于40～60g/L的情况下，由于大量游离碱存在，脱硅反应如下：

$$12\mathrm{Na^+}+3[\mathrm{Al_2(H_2SiO_4)(OH)_6}]^{2-}+3(\mathrm{H_2SiO_4})^{2-}+\mathrm{aq}\rightleftharpoons3(\mathrm{Na_2O}\cdot\mathrm{Al_2O_3}\cdot2\mathrm{SiO_2})\cdot p\mathrm{NaOH}\cdot m\mathrm{H_2O}+(6-p)\mathrm{NaOH}+(12-m)\mathrm{H_2O} \quad (17\text{-}7)$$

此时析出的是羟基方钠石。从反应式中看出，随 Al_2O_3 浓度的减少，生成的铝硅酸络离子可能与苛性碱反应生成铝酸钠和硅酸钠，即：

$$\mathrm{Na_2[Al_2(H_2SiO_4)(OH)_6]}+2\mathrm{NaOH}\rightleftharpoons2\mathrm{NaAl(OH)_4}+\mathrm{Na_2(H_2SiO_4)} \quad (17\text{-}8)$$

所以溶液的苛性比值越高，溶解的氧化硅将主要以 $(H_2SiO_4)^{2-}$ 离子存在，显然硅酸钠在苛性碱溶液中有较大的溶解度。换句话说，当溶液中游离苛性碱浓度相对减小时，上述反应向右进行，因而表现溶液中 SiO_2 含量的降低。

(3) 原液 Na_2O 浓度　图 17-6 表明了 Na_2O 浓度增大后使 SiO_2 溶解度提高的规律。但在分子比不同的溶液中，Na_2O 浓度改变所带来的影响不一样，并且表现出复杂的关系。

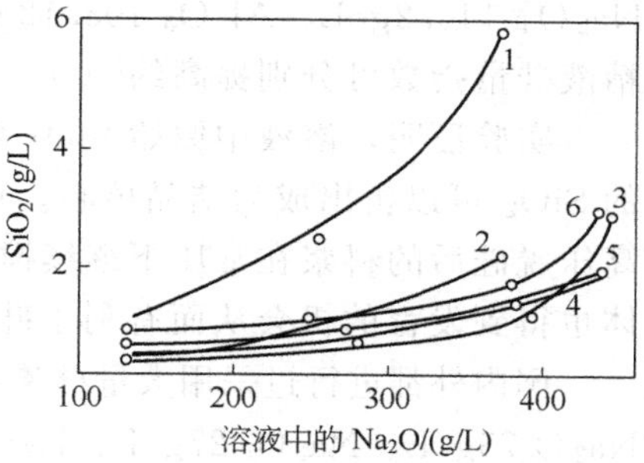

图 17-6　铝酸钠溶液中 SiO_2 平衡浓度与 Na_2O 含量的关系

1—$\alpha_K=1.7$；2—$\alpha_K=4$；3—$\alpha_K=7$；4—$\alpha_K=12$；5—$\alpha_K=18$；6—$\alpha_K=30$

(4) 原液中 K_2O、Na_2CO_3、Na_2SO_4 和 NaCl 的含量　铝土矿中虽然只含有千分之几的 K_2O，但由于它能在流程中积累，故溶液中 K_2O 含量可以达到 10 g/L 以上。人造钾沸石比人造钠沸石结晶缓慢，它生成含有附加盐的化合物的能力也比后者小［只能与 $KAl(OH)_4$ 结合］，而且也不像后者那样容易转变为比较致密的方钠石结构。所以在含 K_2O 的铝酸钠溶液中，特别是纯铝酸钾溶液，SiO_2 较难析出，这就是 K_2O 能够在生产中积累的原因。在人造钾沸石中，K^+ 与沸石核心结合的强度不如 Na^+，易于用水洗出来。从铝酸钾钠混合溶液析出的硅渣中，K_2O 含量随温度的提高及溶液中 K_2O 含量的增加而增大。这种硅渣在结构上与含水铝硅酸钠没有重大差别，是由钾和钠的含水铝硅酸盐组成的固溶体。

表 17-3　铝酸钾、钠混合溶液中的 SiO_2 平衡浓度　　单位：g/L

温度/℃	溶液中 K_2O 含量/%											
	0		10		20		30		40		50	
	SiO_2	A/S	SiO_2	A/S	SiO_2	A/S	SiO_2	A/S	SiO_2	A/S	SiO_2	A/S
98	0.249	361	0.278	324	0.304	296	0.331	272	0.377	239	0.414	216
125	0.231	390	0.275	327	0.311	289	0.340	265	0.400	225	0.440	205
150	0.274	328	0.298	302	0.338	266	0.368	245	0.408	220	0.475	188
175	0.272	331	0.416	216	0.467	193	0.522	172	0.586	154	0.618	146

注：溶液中含 Al_2O_3 90g/L，分子比为 1.8。

溶液中的 Na_2CO_3、Na_2SO_4 和 NaCl 使含水铝硅酸钠转变为溶解度更小的沸石族化合物，它们对于 SiO_2 平衡浓度的影响列于表 17-4 中。

表 17-4　Na_2SO_4、Na_2CO_3 和 NaCl 含量对铝硅酸钠溶液中平衡浓度的影响

温度/℃	SiO_2 平衡含量/(g/L)						
	无添加盐	Na_2SO_4/(g/L)		Na_2CO_3/(g/L)		NaCl/(g/L)	
		10	30	10	30	10	30
98	0.182	0.124	0.106	0.132	0.126	0.146	0.127
125	0.167	0.118	0.096	0.122	0.111	0.153	0.132
150	0.184	0.110	0.100	0.129	0.120	0.159	0.137
175	0.210	0.111	0.091	0.150	0.132	0.175	0.148

注：溶液中含 Al_2O_3 70.5g/L，分子比为 1.78。

有的资料指出，添加碳酸钠 Na_2O_C 含量为 5～10g/L 时便显示出良好效果，进一步提高其浓度，不再加深脱硅程度；同时，碳酸钠仅在常压脱硅时有良好作用，脱硅温度提高到 150～170℃后，便无明显好处。

(5) 添加晶种的影响　含水铝硅酸钠的晶核很难生成，添加晶种则可避免这种困难，并能提高脱硅速度和深度。生产中可以用作晶种的物质有脱硅析出的硅渣和拜耳法赤泥，前者在国外又称为白泥。晶种的质量决定于它的表面活性，新析出的细小晶体，表面活性大；而放置太久或反复使用后的晶体活性降低、作用差。我国使用拜耳法赤泥作晶种脱硅，往含 Na_2O_T 140.2g/L、Al_2O_3 103.12g/L，分子比为 1.57 的生产粗液中添加 15～30g/L 赤泥，精液硅量指数可分别提高约 100～150。

实验证明，溶液中原始 SiO_2 含量增大，亦使脱硅程度增高，其原因就在于大量过饱和的 SiO_2 可以析出成为结晶核心。这是由于脱硅过程表现出强烈的自动催化作用的缘故。将高压脱硅后的料浆在常压下继续搅拌 4～5h，溶液中 SiO_2 将进一步析出，含水铝硅酸钠晶体也得到发育的机会从而有利于硅渣的沉降分离。

国内外都进行过采用大量硅渣晶种以增大常压脱硅深度的实验研究。用含 Al_2O_3 82 g/L、Na_2O 75g/L、Na_2O_c 27g/L、K_2O 9g/L 和 SiO_2 2g/L 的粗液，每升加入刚析出的硅渣 100g 作晶种，在 100～105℃下搅拌 6h 后，溶液的硅量指数提高到 550，在 170℃下搅拌 2h，硅量指数甚至提高到 900。但是大量硅渣的循环使用，将使物料流量和硅渣沉降分离的负担增大；同时，大量使用硅渣的效果随溶液浓度和分子比的提高而明显降低。

17.3 铝酸钠溶液添加石灰的脱硅过程

使溶液中 SiO_2 成为含水铝硅酸钠析出的脱硅过程，精液的硅量指数一般很难超过 500。往溶液中加入一定数量的石灰，使 SiO_2 成为水化石榴石系固溶体析出，由于它的溶解度在相当高的温度、溶液浓度和分子比的范围内为 0.02～0.05g/L（以 SiO_2 表示），远低于含水铝硅酸钠，所以精液的硅量指数可以提高到 1000 以上。

17.3.1 添加石灰脱硅过程的机理

很早就已知道添加石灰可以提高脱硅深度，但由于对石灰的作用机理认识不足，使它的应用受到了限制。在高压溶出中已阐明了往铝酸钠溶液中加入石灰，除了可能发生苛化反应外，还可能生成含水铝酸钙，并进而生成水化石榴石 $3CaO \cdot Al_2O_3 \cdot xSiO_2 \cdot (6-2x)H_2O$。当生成这一化合物时，在 $Ca(OH)_2$ 颗粒上出现两个反应层，外面的一层是水化石榴石，中间是一层含水铝酸钙，核心是 $Ca(OH)_2$，这是因为溶液中 Al_2O_3 的浓度远大于 SiO_2，含水铝酸钙比水化石榴石更先生成的缘故。实验证明，直接往溶液中添加含水铝酸钙也可以取得同样的脱硅效果，开始阶段的脱硅速度甚至还要快些。SiO_3^{2-} 进入含水铝酸钙并替换其中 OH^- 离子的速度决定于含水铝酸钙的微观结构、溶液中 SiO_3^{2-} 浓度和温度，脱硅速度随溶液温度和 Al_2O_3 浓度的提高而增大。在目前深度脱硅的条件下，SiO_2 饱和度约为 0.1～0.2，即在析出的水化石榴石中，CaO 与 SiO_2 的分子比为 15～30，而 Al_2O_3 与 SiO_2 的分子比为 5～10。为了减少 CaO 和 Al_2O_3 的消耗，通常是在铝酸钠溶液中的大部分 SiO_2 成为含水铝硅酸钠分离之后，再添加石灰进行深度脱硅。

17.3.2 添加石灰脱硅过程的主要影响因素

（1）原液中的 Al_2O_3 和 Na_2O 浓度　一般认为添加石灰脱硅过程应用于 Al_2O_3 浓度低于 150g/L 的铝酸钠溶液才能增加脱硅深度，这是由于 SiO_2 溶液中以 $(H_2SiO_4)^{2-}$ 和 $[Al_2(H_2SiO_4)(OH)_6]^{2-}$ 两种离子存在，溶液中的 SiO_2 含量也就是这两种离子的 SiO_2 含量之和的缘故。由反应式：

$$2Al(OH)_4^- + (H_2SiO_4)^{2-} \rightleftharpoons [Al_2(H_2SiO_4)(OH)_6]^{2-} + 2OH^- \quad (17\text{-}9)$$

可以看出，溶液中 Al_2O_3 浓度增大，以 $[Al_2(H_2SiO_4)(OH)_6]^{2-}$ 形态存在的 SiO_2 的比例亦增大。由 $3CaO \cdot Al_2O_3 \cdot xSiO_2 \cdot (6-2x)H_2O$ 的生成过程知道，只有 $(H_2SiO_4)^{2-}$ 才能合成水化石榴石，或者说生成水化石榴石只减少了溶液中以 $(H_2SiO_4)^{2-}$ 形态存在的 SiO_2 含量。在一定条件下，溶液中的 $(H_2SiO_4)^{2-}$ 的数量保持一定。当 $[Al_2(H_2SiO_4)(OH)_6]^{2-}$ 所占的比例增加时，溶液中 SiO_2 的平衡浓度也就提高了。但是，这种现象只是在 Al_2O_3 浓度大于 150～200g/L 的情况下才明显，在 150g/L 以下，提高 Al_2O_3 浓度并不降低脱硅效果，有关数据列于表 17-5 中。

表 17-5　溶液中 Al_2O_3 浓度对于添加石灰脱硅过程的影响

粗液成分/(g/L)			精液成分/(g/L)			泥渣成分/%				
Al_2O_3	Na_2O	SiO_2	Al_2O_3	Na_2O	SiO_2	Al_2O_3	CaO	Na_2O	SiO_2	灼减
34.7	147.2	0.82	24.8	157.3	0.013	26.8	43.5	0.55	1.90	27.0
91.5	148.0	0.795	82.0	151.9	0.006	26.5	44.0	0.50	1.81	26.1
122.6	151.9	0.83	114.8	156.5	0.009	26.8	44.0	0.52	2.0	26.0
150.8	146.5	0.815	143.0	155.7	0.004	26.5	43.2	0.62	1.90	27.7

注：CaO 添加量为 20g/L，脱硅过程在 98℃下进行 3h。

铝酸钠溶液中 Na_2O 浓度和分子比的增大将使添加石灰脱硅的效果变差。Na_2O 为 350g/L，分子比为 12 的铝酸钠溶液，即使将 CaO 添加量增加到 100～200g/L，在 300℃下脱硅，精液的硅量指数仍然低于 100。该现象由图 17-5 和图 17-6 中可以看出，这是因为 Na_2O 浓度增大后促进水化石榴石分解的结果。

(2) 溶液中的 Na_2O_C 浓度　在添加石灰脱硅的过程中，Na_2CO_3 浓度增大会使脱硅效果变差。这是由于：一方面 Na_2CO_3 也可以分解水化石榴石，提高 SiO_2 在溶液中的平衡浓度（见图 17-6）；另一方面是 Na_2CO_3 与 $Ca(OH)_2$ 进行苛化反应，增加石灰的消耗，苛化后 Na_2O 浓度提高，而不利于 SiO_2 的脱除。碳酸钠对于添加石灰脱硅的影响还可以从图 17-7 中得到了解。图中平衡曲线将此图分为两个区域，在其上的稳定相为 $CaCO_3$，其下为水化石榴石。如果溶液中 Na_2O_C 含量沿 *AB* 线改变，在其浓度低于 *C* 点时，不致造成严重影响；当其浓度超过平衡曲线而为 *B* 点时，CaO 便将与 Na_2CO_3 进行苛化反应，使溶液成分沿 *BD* 线变化。在溶液成分达到 *D* 点后，CaO 才可能生成水化石榴石。

(3) 溶液中的 SiO_2 含量　如前所述，在铝酸钠溶液中存在着 $(H_2SiO_4)^{2-}$ 和 $[Al_2(H_2SiO_4)(OH)_6]^{2-}$ 两种含 SiO_2 的离子。添加石灰脱硅时，$(H_2SiO_4)^{2-}$ 不断反应生成水化石榴石，$[Al_2(H_2SiO_4)(OH)_6]^{2-}$ 也将转变为 $(H_2SiO_4)^{2-}$，最后，两种离子的浓度保持着一定的平衡关系。由于在脱硅时生成的水化石榴石中，SiO_2 饱和度很低，所以原液 SiO_2 含量越高，消耗的石灰量以及损失的 Al_2O_3 量也越大，如果加入的 CaO 数量不足，便不能保证精液硅量指数的提高。其次，在溶液中也不应含有悬浮的钠硅渣，因为随着水化石榴

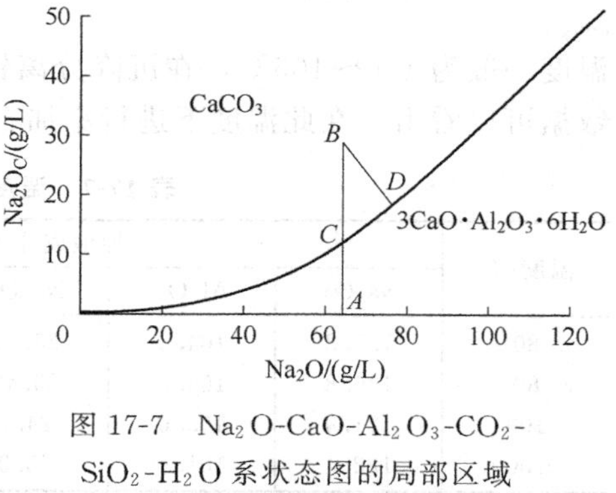

图 17-7　Na_2O-CaO-Al_2O_3-CO_2-SiO_2-H_2O 系状态图的局部区域

溶液分子比约为 1.65

石的生成，溶液的 $[Al_2(H_2SiO_4)(OH)_6]^{2-}$ 转化成 $(H_2SiO_4)^{2-}$ 并析出沉淀后，溶液对于含水铝硅酸钠来说又是未饱和的了，钠硅渣就将溶入溶液，并且转化为水化石榴石析出。所以悬浮钠硅渣多也会造成石灰和 Al_2O_3 消耗量增大或精液硅量指数的下降，因而在添加石灰脱硅之前应该尽可能地把溶液中的 SiO_2 转变成含水铝硅酸钠析出，并尽可能地分离出去。

(4) 石灰的添加量和质量　石灰添加量越多，精液硅量指数越高，但损失的 Al_2O_3 也越大，有关数据列于表 17-6 中。实验在 100℃下进行，原液含 Al_2O_3 105.9g/L、Na_2O_T 110.31g/L、Na_2O_c 20.9g/L、A/S222、浮游物（钠硅渣）0.5g/L。

表 17-6　CaO 添加量对铝酸钠溶液脱硅过程的影响

CaO 添加量/(g/L)	CaO：SiO_2 (mol 比)	精液质量(A/S)				Al_2O_3 损失量/(g/L)
		10min	30min	60min	120min	
4.28	9.58	222	312	389	477	0.9
6.44	14.4	313	448	624	624	1.9
8.59	19.2	376	678	871	921	4.6
12.90	28.8	620	1620①	1477	1562	7.7

① A/S 的无规律变化，可能是分析误差造成的。

添加的石灰应该是经过充分煅烧的，以提高石灰中的有效 CaO 含量。脱硅温度一般低于溶液沸点，此时石灰中的 SiO_2 不会与铝酸钠溶液反应。研究表明，对于不含碳酸盐的铝酸钠溶液而言，MgO 具有比 CaO 更好的脱硅作用，并且可以大大减轻设备的结垢现象。MgO 脱硅的机理和 CaO 相同，也是先形成含水铝酸镁，然后 SiO_3^{2-} 进入它的晶格，生成水化镁石榴石固溶体。仅就脱硅过程来说，采用白云石或白云石化的石灰石来代替石灰石是可行的，但是脱硅后镁渣的利用却有困难，因为它不能用于配制铝酸盐炉料和水泥炉料，MgO 含量太高会使水泥制品由于固结时体积剧烈膨胀而破坏。

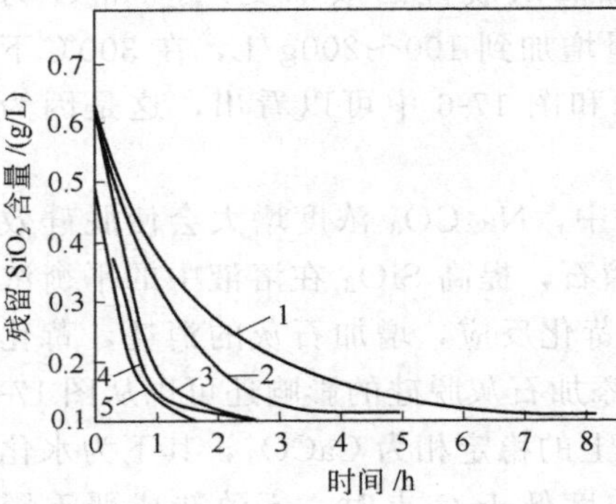

图 17-8　铝酸钠溶液添加石灰脱硅过程与温度的关系

1—60℃；2—70℃；3—80℃；4—90℃；5—98℃

(5) 温度　表 17-7 和图 17-8 表明，铝酸钠溶液添加石灰脱硅过程的速度和深度是随着温度的升高而提高的。在其他条件相同时，温度越高，水化石榴石中 SiO_2 的饱和度越大，溶液中 SiO_2 的平衡浓度也就越低，故有利于减少石灰用量和 Al_2O_3 的损失。在二段脱硅过程中，第一阶段脱硅后溶液的温度一般为 100～105℃，在沉降分离钠硅渣以后，温度下降为 95～100℃。由表 17-7 中的数据可以看出，在此温度下进行添加石灰的第二阶段的脱硅是适当的。

表 17-7　温度对于添加石灰脱硅过程的影响

温度/℃	原液成分/(g/L)					精液硅量指数		
	Na_2O_T	Al_2O_3	Na_2O_C	分子比	A/S	30min	60min	120min
80	121.8	104.8	23.09	1.55	320	326	356	420
80	120.8	104.5	23.46	1.53	368	374	418	552
100	121.9	103.6	24.2	1.55	360	1176	1800	2500
100	122.4	101.4	25.3	1.57	368	840	1280	2130

注：CaO 添加量为 10g/L。

17.3.3　从石灰脱硅渣中回收氧化铝

添加石灰脱硅得到的水化石榴石泥渣含 Al_2O_3 达 26%（见表 17-5），所以用碳酸钠溶液来提取水化石榴石渣中的 Al_2O_3 是必要的，所得石灰石渣再送去配制生料。此时发生的反应是：

$$3CaO \cdot Al_2O_3 \cdot xSiO_2 \cdot (6-2x)H_2O + 3Na_2CO_3 + 2xH_2O + aq \rightleftharpoons 3CaCO_3 + 2NaAl(OH)_4 + xNa_2(H_2SiO_4) + 2(2-x)NaOH + aq \quad (17\text{-}10)$$

图 17-9 所示的研究结果表明，用 Na_2CO_3 溶液处理水化石榴石渣时，Al_2O_3 的提取率和 CaO 的利用率都随 Na_2CO_3 溶液用量的增加而提高，而不受 Na_2CO_3 溶液浓度的影响。反应后得到的溶液中的 Al_2O_3 和 Na_2O 浓度也与 Na_2CO_3 溶液浓度无关，而且溶液的分子比总是保持为 2.6 左右。所以在图中没有标出 Na_2O_C 浓度。当 Na_2CO_3 溶液用量保持不变时，在所得溶液中只有 Na_2O_C 浓度是随 Na_2CO_3 溶液原始浓度而改变的。国外采用 Na_2O_C 为 100g/L 的溶液处理水化石榴石渣，Al_2O_3 的提取率和 CaO 利用率的最高值是在液固比≥10～11 时得到的。表 17-8 中列举了采用 Na_2CO_3 溶液处理水化石榴石渣的实验结果。在实验中每 100g 泥渣中还另外加入了 9g 石灰，这是因为在熟料溶出过程中要求补充较多的苛性碱的缘故，因此所得碱溶液的分子比大于 2.6。实验结果表明在 95℃时，采用 Na_2CO_3 溶液处理 1h，水化石榴石渣中的 Al_2O_3 提取率近 84%，而 CaO 利用率达到 95%～97%。

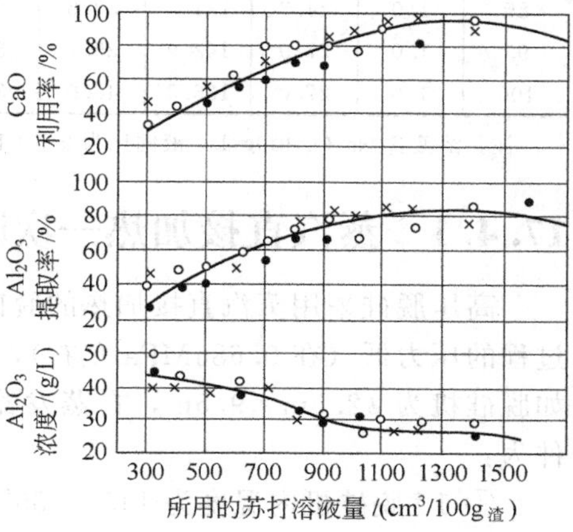

图 17-9　Na_2CO_3 溶液用量与浓度对于水化石榴石渣处理的效果

Na_2CO_3 浓度/(g/L)：•—100；×—130；○—160

17.4　铝酸钠溶液脱硅过程的工艺

各个工厂根据具体条件的不同，可以采用多种多样的脱硅方法，但大体可以分为一次脱硅和二次脱硅两种方法。

一次脱硅一般是使溶液中的 SiO_2 成为含水铝硅酸钠结晶析出。为了使精液的硅量指数达到 400 以上，一次脱硅是在 160～170℃下并添加晶种进行的。精液的分子比应高于 1.50～1.55，以保证溶液有必要的稳定性，防止氢氧化铝在叶滤时析出，堵塞滤道。

脱硅作业可以在高压下（在压煮器内）进行，也可以在常压下进行，还可以加石灰或不加石灰、加种子或不加种子等。其方法的选择，主要决定于脱硅深度，而脱硅深度又决定于碳分分解率和产品 $Al(OH)_3$ 质量的要求。

在生产上为了保证碳分分解率在 90%左右，而又不影响产品 $Al(OH)_3$ 的质量，一般都采用高压下加种子（为硅渣或拜耳法赤泥）进行脱硅。

高压脱硅的主要设备为压煮器，其结构和作用原理与拜耳法溶出铝土矿用的压煮器相同，为区别起见，前者称为脱硅机，后者常称为高压溶出器。但脱硅所用的压力一般都低于拜耳法高压溶出铝土矿所用的压力，因而脱硅机的直径比高压溶出器大，而高度则较小。

我国早期的高压脱硅是间断操作的，现在都改为连续脱硅了。

表 17-8 采用 Na_2CO_3 溶液处理水化石榴石渣的实验结果

处理条件		最终溶液成分/(g/L)		水化石榴石渣成分/%						Al_2O_3 提取率/%	CaO 利用率/%
温度/℃	时间/h	Al_2O_3	Na_2O_T	灼减	Al_2O_3	CaO	Na_2O	SiO_2	CO_2		
85	0.5	25.1	135.1	38.7	5.5	48.5	2.2	2.9	34.1	76.5	89.0
95	0.5	26.3	139.1	38.7	5.2	48.5	2.4	3.0	34.4	77.7	89.5
100	0.5	28.4	142.9	39.5	3.9	49.0	2.4	3.1	36.5	83.6	94.0
85	1.0	24.3	134.4	38.8	5.4	48.6	2.0	3.0	34.0	76.9	88.5
95	1.0	27.9	142.9	39.7	3.8	48.8	2.4	3.1	36.3	83.8	94.5
100	1.0	27.0	136.3	40.0	3.9	48.5	2.5	3.2	37.0	83.3	97.0

注：溶液含 Na_2O_c 130g/L；液固比为 9.5∶1。

17.4.1 蒸汽直接加热一次脱硅与加石灰二次脱硅

高压脱硅采用蒸汽直接加热的脱硅机，设备系统与铝土矿高压溶出器组类似。由于脱硅过程的压力低（在 0.686MPa 左右），设备系统相对说来要简单些，容器的直径也大些，例如脱硅机为 $\phi2.5m\times9.5m$，自蒸发器为 $\phi4.0m\times9.5m$，一次高压脱硅过程采用的作业条件为：

① 1[#] 脱硅机内温度为 145～155℃，2[#] 为 155～165℃（压力约 0.686MPa）；

② 脱硅时间为 1.5～2.0h；

③ 以拜耳法赤泥作晶种时，添加量为 15～25g/L；

④ 采用两级串联离心泵进料，为了防止机内溶液沸腾，进料压力应大于 0.833MPa；新蒸汽压力则应大于 0.882MPa；

⑤ 自蒸发器内的压力保持为 0.098～0.147MPa；

⑥ 要求精液 Al_2O_3 浓度大于 90g/L，分子比为 1.50～1.55，硅量指数大于 400，浮游物含量低于 0.02g/L。

为了进一步提高精液硅量指数，一次脱硅后的溶液添加石灰再一次脱硅，这就是所谓二次脱硅或深度脱硅，这时对于第一阶段脱硅的要求可以略为放低，并可在常压下进行。采用二次脱硅方法得到高硅量指数精液，提高了碳分分解率，进而使成品氧化铝的质量和总回收率都有提高，具有良好的经济效果。图 17-9 为铝酸钠溶液二次脱硅的流程图。第二阶段得到的水化石榴石渣用作在常压下进行的第一阶段脱硅过程的添加物。第一阶段脱出的硅渣主要成分仍是水化石榴石，但 SiO_2 的饱和度有了提高。这种脱硅渣用 Na_2CO_3 溶液处理，提取其中 Al_2O_3 后，得出的石灰石渣送去配制生料浆，这样可使返回烧结过程的 Al_2O_3 量减至最少。在此流程中，粗液含 Al_2O_3 约 140g/L，分子比为 1.6 左右，A/S 为 30～50。第一阶段脱硅时添加的第二阶段的泥渣量约 15g/L，在 95～98℃下经 4～5h，溶液 A/S 提高到 250～300。第二阶段脱硅时按 CaO∶SiO_2(mol)＝30 加入石灰，在 90℃下搅拌 1h，溶液 A/S 提高到 1000 以上，所得水化石榴石渣中 CaO∶Al_2O_3∶SiO_2(mol)＝(3.2～3.3)∶1∶(0.1～0.2)，Al_2O_3 含量约 0.25%。一段脱硅得出的泥渣中 SiO_2∶Al_2O_3(mol)＝0.4∶1，它用 Na_2O_C 含量为 100g/L 的碳分母液按液固比为 10 在 100℃下处理 1h，可得到含 Al_2O_3 16～17g/L，分子比约 2.25 的碱溶液，Al_2O_3 的提取率为 80%。间断作业加石灰“二次脱硅”的工艺流程如图 17-10。

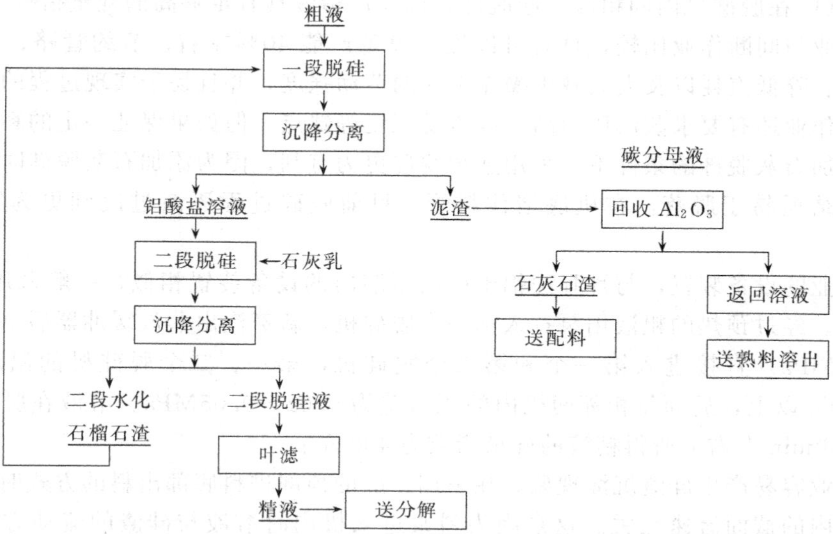

图 17-10　铝酸钠溶液二次脱硅工艺流程

粗液经过预热器加热到一定温度后，用泵打入脱硅机。用来预热的蒸汽根据要求预热温度的不同，可以用自蒸发器的二次蒸汽，也可以用缓冲槽出来的乏汽，加热方式一般用蒸汽直接加热，因为直接加热的优点是预热效果高，预热器结构简单，避免了预热器结垢，缺点是稀释了粗液，降低了脱硅机产能，增加了蒸发量。但是，稀释的结果，在其他条件不变的情况下可以促进脱硅深度增加。

加热到一定温度的粗液进入脱硅机后，用其他脱硅机内产生的乏汽提温。然后用新蒸汽将溶液加热到预定的脱硅温度。

脱硅后的料浆进入自蒸发器和缓冲槽，产生二次蒸汽用于加热赤泥洗水和预热粗液。石灰乳在缓冲槽中加入，进行“二次脱硅”，从缓冲槽出来的料浆进入硅渣沉降槽，溢流用叶滤机进行控制过滤；除去精液中的浮游物，以免悬浮粒子中的 Fe_2O_3、SiO_2 及 CaO 等杂质随同溶液进入分解过程，最后进入 $Al(OH)_3$ 中使产品质量下降。过滤后的硅渣用碳分母液混合返回配料。

前面列举的间断作业加石灰“二次脱硅”的工艺流程，是我国一些厂现行的脱硅流程。其特点是：第一是加石灰“二次脱硅”，第二是脱硅前加种分母液，以提高精液的 *MR*，使铝酸钠溶液保持足够的稳定性。

脱硅过程加种分母液的原因，是因为在熟料溶出过程中，为了防止副反应损失，提高 Al_2O_3 和 Na_2O 的净溶出率，采用低 *MR* 的溶出制度。虽然 *MR* 降低到 1.20～1.25 左右，对 SiO_2 含量较高的粗液（一般含 SiO_2 4～5g/L）来说，在赤泥分离和洗涤过程中能保持足够的稳定性，但在脱硅时，溶液中大部分 SiO_2 以硅渣形态析出，溶液中 SiO_2 含量大大降低（一般含 SiO_2 0.2～0.3g/L）。因此，在硅渣分离，特别在精液控制过滤（叶滤）过程中，低 *MR* 的铝酸钠溶液将失去足够的稳定性，而自行分解析出 $Al(OH)_3$，不仅造成 Al_2O_3 损失，同时造成叶滤机结垢，影响控制过滤作业的正常工作。为防止硅渣分离和精液控制过滤过程中铝酸钠溶液的自发分解，生产上必须加入种分母液，使溶液的 *MR* 值提高到 1.5 以上，以保持精液具有足够的稳定性。

脱硅前加种分母液会使液量增加，降低脱硅机的产能；脱硅后加种分母液会使种分母液中含有的 SiO_2 在脱硅机内同粗液一起脱硅，以保证精液具有足够高的硅量指数。

连续作业与间断作业比较，具有可以提高设备产能 40%左右、节约管路、有利于二次蒸汽的利用、降低汽耗以及大大减少操作工人的劳动强度，并且易于实现过程的自动控制等优点。连续作业还有要求蒸汽压力高、硅渣易沉淀等缺点。但如果保证一定的料浆流速，特别是在不添加石灰脱硅的条件下，采用连续脱硅更为有利，因为添加石灰脱硅时，硅渣比较松散，机壁结垢易于脱落，在机底堵住料管。目前脱硅过程逐渐过渡到更为完善的连续作业。

连续作业的设备装置，与拜耳法铝土矿高压溶出的设备装置相似，一般采用 5～7 个脱硅机为一组。经过预热的粗液用泵打入第一个脱硅机，新蒸汽出蒸汽缓冲器后（一般压力为 0.58～0.69MPa）直接进入第一个和第二个脱硅机，第一、二个脱硅机的温度分别达到 150℃和 160℃以上，后面每相邻两机内的压力差为 0.02～0.05MPa。溶液在脱硅机组内停留时间为 100min 左右，所得精液的硅量指数为 400 左右。

连续作业容易产生硅渣沉淀现象，在采用一般的顶部进料底部出料的方式时，硅渣的沉淀与否与机内的截面流速无关。这是因为料浆进入机内时溶液与硅渣的流动方向都是向下的，而在机底进入出料管后，溶液的上升速度比硅渣的下沉速度大得多，因此溶液能把硅渣带入下一个脱硅机内。但如果脱硅机的直径很大，而出料管的直径很小，则远离出料管的硅渣便沉积下来而不能排出。因此，采用连续脱硅时，脱硅机的直径应较小而出料管直径则相应的有所增加，同时脱硅机底部应是锥形，出料管口对着圆锥的尖底，这样可能避免硅渣在机内沉淀现象。

出脱硅机组的料浆，和间断作业出脱硅机的料浆一样，要经过自蒸发器和缓冲器，而后进行硅渣分离和精液的控制过滤，硅渣返回配料烧结，精液则送去分解作业。

17.4.2 间接加热连续脱硅

脱硅工艺就加热方式而言，有全部间接加热脱硅、全部直接加热脱硅和部分间接部分直接加热混合脱硅等几种，在 1994 年以前，一直沿用的是直接加热脱硅工艺。

采用间接加热连续脱硅的作业方式，脱硅产物硅渣在换热表面结疤是影响生产顺利进行的关键，实际生产中影响硅渣析出因素复杂，很难保证硅渣绝对不析出，但可以使硅渣尽量少析出。首先粗液中硅存在介稳状态，二氧化硅在铝酸钠溶液中有一个很大的介稳溶解度，氧化铝生产脱硅原液中氧化铝含量为 120g/L 左右，硅含量为 5g/L 左右。当氧化铝浓度为 120g/L 时，在 98℃下二氧化硅的平衡浓度约为 0.3g/L，溶液中二氧化硅含量超过其平衡含量约为 17 倍。也就是说在一定的条件下，硅渣可以不析出，如果加热的速度足够快，在溶液中的二氧化硅尚处于介稳状态时就完成了加热作业，这就尽量减少了硅渣在换热面上的析出，说明间接加热脱硅可行。其次，根据粗液中二氧化硅的反应速度与温度的关系知道：粗液温度在低温段时，脱硅反应速度较慢；在高温段时，反应速度明显加快，利用这个性质可把溶液的加热分为两段进行。在低温段因二氧化硅析出速度慢而采用快速加热，即在 2～3min 内将溶液加热到 110～120℃，溶液中的二氧化硅可由原来的 5g/L 降到 1g/L，80%被脱除，二氧化硅过饱和程度大大降低，导致其后的高温加热段硅渣析出速度也相应降低，所以采用分段加热连续脱硅工艺可使低温段和高温段的换热管表面结疤程度大大减轻，延长换热器运行周期。

间接加热连续脱硅与直接加热脱硅相比，具有如下特点。

① 实现了脱硅工业连续化、自动化作业，大大降低了劳动强度，易于管理操作，设备检修工作量减少。

② 采用列管间接加热，蒸汽凝结水不进入溶液中，因此，溶液浓度不仅没有被冲淡，反而得到浓缩，使后续工序物料流量减少，提高了溶液生产率，配套设备投入减少。同时脱硅耗用蒸汽的冷凝水不带入后续蒸发工序，因此使蒸发汽耗降低。

③ 采用间接加热连续脱硅工艺蒸汽消耗量下降。因为是间接加热，蒸汽可以连续利用，所以每生产 1t 氧化铝蒸汽消耗由原来的 4.2t 降低到 3.6t 以下。

工艺流程见图 17-11。

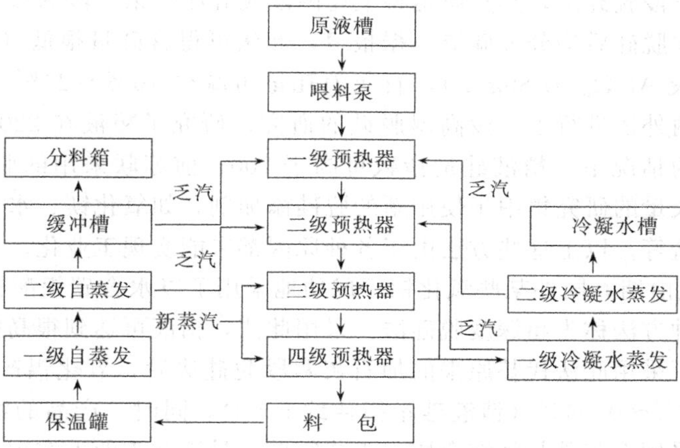

图 17-11　间接加热连续脱硅工艺流程

采用的主要技术条件和技术指标如下。

主要技术条件：

① 新蒸汽压力 0.5MPa，保温罐温度 140℃（第一罐），保温时间 45～50min；

② 脱硅时间 48min；

③ 混合硅渣一次脱硅晶种量 28g/L；

④ 较低的换热管内流速 1.2m/s；

⑤ 采用 170MPa 水力清洗技术；

⑥ 新蒸汽和自蒸发（包括缓冲槽）乏汽全部用于间接加热脱硅。

主要技术指标：

① 该装置通过液量大于或等于 $300m^3/h$；

② 浆液通过该装置浓缩倍数达 1.095；

③ 一次脱硅量指数大于或等于 300；

④ 实现连续运转。

间接加热连续脱硅工艺具有节省蒸汽、减少蒸发工序蒸水量、增大后续工序的氧化铝生产能力等优点。

17.4.3 铝酸钠溶液的深度脱硅

铝酸钠溶液脱硅是决定烧结法氧化铝产品质量及碳分分解度的关键工序，并对生产能耗等项指标有一定影响。多年来国内外对脱硅过程进行了大量的研究，工艺不断改进。20 世纪 60 年代以前，工业上采用一段高压脱硅，精液硅量指数仅约 400 左右。60 年代以来广泛采用以石灰为添加剂的两段深度脱硅方式，精液硅量指数可提高到 1000～1200，氧化铝质量明显提高。两段深度脱硅工艺上的一个重大革新，至今仍为不少烧结法和联合法厂所采用。但这一方法也存在一些缺点，产品质量仍然不高。据前苏联 1982 年对不同生产方法所得氧化铝质量统计表明，以霞石精矿为原料的烧结法产品，其中 71.4% 为 Γ-1 级（含 SiO_2 0.05%）；而以高硅铝土矿为原料的烧结法产品，94.6% 为 Γ-2 级（含 SiO_2 0.08%），远不及拜耳法产品质量。另外，此法石灰添加量大，精液稀释（石灰乳带入水），生产能耗增加，氧化铝回收率降低，因此改进脱硅工艺的研究一直在继续进行。

有关文献提出三段脱硅法，其实质是将上述两段脱硅法中第二段的石灰分两次加入，即增加一次脱硅，每次脱硅后均分离硅渣。据报道，此法可得含硅量很低（0.002～0.004g/L SiO_2）的精液（原液 Al_2O_3 为 89g/L），石灰消耗量可减少 10%～20%，Al_2O_3 损失降低 1.5%～3.0%。国内外还进行了一段高温脱硅的研究，研究了粗液在 220℃下的脱硅过程，在没有任何添加剂的情况下，精液硅量指数可高于 700；前苏联采用的脱硅温度为 240℃，并添加少量石灰。大量的研究集中于使用新的脱硅添加剂，如氧化镁、水合铝酸镁以及各种碱土金属的偏硅酸盐等。以上这些方法由于各种原因都未能实现工业化。

20 世纪 80 年代前期，国外某些氧化铝厂成功地采用了以水合碳铝酸钙代替石灰作第二段脱硅添加剂，这种方法称为超深度脱硅法。采用此法，精液可达到很高的硅量指数，以霞石为原料的烧结法厂采用此法代替原来的加石灰两段脱硅法后，氧化铝产品质量大大提高，SiO_2 含量仅为 0.02%～0.03%（精液硅量指数约 5000），同时，产品的物理性质也大为改善。水合碳铝酸钙采用石灰乳与精液合成，工艺简单，易于在工业上实现。

从前苏联文献得知，水合碳铝酸钙脱硅工艺包括两个步骤：首先合成水合碳铝酸钙，然后以它作为脱硅添加剂，经过一段高压脱硅。

(1) 水合碳铝酸钙合成工艺　在这里，分别考察了三个主要因素，即合成温度、合成时间及石灰乳（V_1）与铝酸钠溶液（V_2）的体积比例对合成水合碳铝酸钙作晶种脱硅效果的影响，然后来确定最佳合成工艺条件。脱硅控制的条件：温度 90℃，时间 2h，水合碳铝酸钙添加量折算成 CaO 均为 9.2g/L。

水合碳铝酸钙的最佳合成温度为 60～70℃、时间为 40～60min、$V_1:V_2$ 为 1:3。改变石灰乳与铝酸钠溶液的体积比例，其实质是改变合成体系中 $CaO:Al_2O_3$ 摩尔比和 $CO_2:CaO$ 摩尔比。$V_1:V_2$ 为 1:3 时，体系中 $CaO:Al_2O_3$ 摩尔比为 1.60，$CO_2:CaO$ 摩尔比为 0.195，$CO_2:Al_2O_3$ 摩尔比为 0.31。

(2) 水合碳铝酸钙脱硅工艺条件　在温度 65℃、时间 50min、$V_1:V_2=1:3$ 条件下合成水合碳铝酸钙，然后进行脱硅工艺试验，确定最佳脱硅工艺条件。

无论是以石灰乳还是以水合碳铝酸钙形式加入，脱硅后的溶液硅量指数均随 CaO 量的增加而升高，但添加水合碳铝酸钙具有明显优于添加石灰的脱硅效果；在同样的 CaO 添加量下，可以获得更高的精液硅量指数，在达到同样的脱硅深度情况下，则可以大大降低 CaO 的消耗量。而且实验结果表明，添加脱硅后的水化石榴石硅渣（称返渣），能进一步提高水合碳铝酸钙的脱硅效果。

随着脱硅原液浓度的提高，无论是添加水合碳铝酸钙，还是添加石灰，脱硅效果均变差。在较低浓度下，添加水合碳铝酸钙的脱硅效果明显优于石灰；在高浓度下，这种优势大为减弱。根据实验结果，添加水合碳铝酸钙脱硅，适宜的溶液浓度为 Al_2O_3＜110g/L。

随着脱硅时间的延长脱硅深度增加，当脱硅时间为 120min 时，添加石灰的脱硅反应接近于平衡，此时添加水合碳铝酸钙脱硅的精液硅量指数也达到了最大值。当脱硅温度为 90℃时，脱硅时间以 2h 为宜。

在较低温度下（如 70℃），精液硅量指数较低（＜2000），而在较高的温度下（如 100℃），脱硅效果也变差。因此，添加水合碳铝酸钙脱硅，最佳脱硅温度是 80～90℃。

（3）用工业溶液合成水合碳铝酸钙及其脱硅　取工业粗液，调整并进行脱硅，得到成分为：Al_2O_3 103.0g/L、Na_2O_c 16.35g/L、*MR*1.61、*A*∶*S* 为 2000 的铝酸钠溶液，以此溶液与石灰在温度 65℃、时间 50min、石灰乳与铝酸钠溶液体积比 1∶3 条件下合成水合碳铝酸钙，然后进行脱硅试验。脱硅条件为：温度 90℃、时间 2h、添加量折合 CaO 9.2g/L。脱硅原液由工业粗液经高压脱硅制得，其成分为：Al_2O_3 96.54g/L、*MR*1.56、*A*∶*S* 为 377。脱硅后精液硅量指数提高到 3000，当另加返渣 10g/L 时，精液硅量指数达到 8300。

另外，取三次精液和石灰乳在前述条件下合成水合碳铝酸钙，然后与石灰乳进行脱硅做对比实验，结果列于表 17-9。

在上面两组试验中，水合碳铝酸钙的合成均不是在最佳合成条件下进行，主要是溶液 *MR* 较高，后一组试验中 Al_2O_3 浓度、特别是 *A*∶*S* 过低，影响了合成效果，使其脱硅效果变差。尽管如此，上述试验仍表明，水合碳铝酸钙脱硅新工艺应用于我国以铝土矿为原料的烧结法铝酸钠溶液脱硅是可行的，它具有明显优于石灰的脱硅效果。

表 17-9　合成水合碳铝酸钙与石灰乳脱硅实验对比

物　料	溶液成分/(g/L)				*MR*	*A*∶*S*
	Al_2O_3	Na_2O_T	Na_2O_C	SiO_2		
三次精液	83.70	101.1	19.23	0.122	1.60	680
(工业)脱硅原液	101.2	106.4	16.45	0.306	1.46	330
加石灰脱硅精液	101.4	109.8	17.46	0.152	1.50	670
加水合碳铝酸钙脱硅精液	98.10	103.7	17.72	0.074	1.44	1330

注：脱硅条件　温度 90℃、时间 2h、CaO 添加量为 7.2g/L。

脱硅试验表明，用水合碳铝酸钙脱硅比用石灰脱硅效果要好；而根据对脱硅后硅渣所做的物相分析得知，两种硅渣中的含硅物相都是水化石榴石。脱硅效果不同归结于不同的脱硅机理。添加石灰脱硅时，首先在溶液中很快生成水合铝酸三钙 C_3AH_6，然后硅酸根离子通过 C_3AH_6 颗粒表面扩散进去，生成 $C_3AS_nH_{6-2n}$ 水化石榴石型固溶体。外层 $C_3AS_nH_{6-2n}$ 中 SiO_2 的饱和系数 n 值可达 0.6～0.8，高饱和程度的水化石榴石固溶体外层阻碍了溶液中的 SiO_2 继续向内层 C_3AH_6 扩散。这样，在加石灰脱硅过程中形成的固溶体粒子中，中心为 CaO，内层为 C_3AH_6，外表层为 $C_3AS_nH_{6-2n}$，SiO_2 的饱和系数 n 在同一固体粒子的内外层以及不同粒子间都是不同的。因此，添加石灰脱硅难以达到很高的脱硅深度，石灰消耗量相对也较多。

添加水合碳铝酸钙脱硅是一个复杂的过程，其脱硅机理与加石灰脱硅不同。水合碳铝酸钙是一种不稳定的六方晶系的晶体，它会向稳定的立方晶系 C_3AH_6 转变。这一转变是通过液相实现的，即水合碳铝酸钙首先溶解，Ca^{2+} 进入溶液，溶液中的 SiO_2 可加速这一转变。在晶型的转变过程中，同时进行 $(SiO_4)^{4-}=4(OH)^-$ 的离子交换反应，同时，这种通过液相的晶型转变也给硅酸根离子进入新的 C_3AH_6 晶体中形成 $C_3AS_nH_{6-2n}$ 固溶体创造了很有利的条件。对水合碳铝酸钙脱硅后的钙硅渣进行物相分析，结果表明，粒子内外的 SiO_2 饱和系数是一致的、均匀的。因此这种方法的脱硅效果比添加石灰要好，可以达到更高的脱硅深度。如果脱硅深度相同，则可减少石灰用量，硅渣数量和 Al_2O_3 损失也相应降低。

17.4.4 粗液两段常压脱硅工艺

烧结法生产氧化铝在我国氧化铝工业中占有重要的地位，其产量占我国整个氧化铝产量的 40%以上。在烧结法生产氧化铝过程中，由于熟料溶出时发生二次反应，使粗液中含有一定的 SiO_2（3～6g/L）。为保证产品质量，提高铝酸钠溶液碳分分解率，烧结法得到的粗液需经过脱硅处理，以提高精液的硅量指数。目前较为常用的脱硅工艺为两段脱硅：第一段为中压脱硅，第二段为添加石灰乳（或含钙添加剂）深度脱硅。一段采用中压脱硅时蒸汽消耗较大，流程复杂、大量的钠硅渣等在加热管壁上析出形成结疤，这将严重影响传热，增加了蒸汽的消耗，也使得设备维护的工作量加大。二段深度脱硅形成的钙硅渣中 SiO_2 饱和系数小，硅渣产出量过大，随钙硅渣返回的氧化铝量也大，现有工艺中存在不足。

某氧化铝厂脱硅工艺经过技术改造，采用常压脱硅工艺成功地代替目前生产上采用的中压脱硅工艺，这对于简化操作，延长设备寿命，节能降耗有着重要的意义。

（1）一段常压脱硅理论分析　硅铝酸钠溶液中主要的离子是 $Al(OH)_4^-$ 和 $[SiO_2(OH)_2]^{2-}$，随着溶液中碱浓度和 Al_2O_3 浓度的增大，由于各离子水化能力不同，使得铝酸钠溶液中铝酸根离子的聚合程度增大，形成结构复杂的铝酸根络合离子；同时由于 SiO_2 的浓度随之增大，且在浓碱体系中铝、硅在化学性质上存在一定的共性，硅酸根离子以 $(SiO_3)^{2-}$ 取代复杂铝酸根离子中的 AlO_2^-，容易形成铝硅复杂络合离子。这些复杂的各级铝硅络合离子增大了含硅铝酸钠溶液的介稳性，提高了硅在铝酸钠溶液中的介稳浓度。但是这种介稳性仍处在热力学不稳定状态，在体系的外部环境发生变化后，容易由热力学不稳定状态转变为热力学稳定状态，即生成热力学上处于稳定状态的钠硅渣：

$$2Na^+ + 2Al(OH)_4^- + 1.7[H_2SiO_4]^{2-} \longrightarrow$$
$$Na_2O \cdot Al_2O_3 \cdot 1.7SiO_2 \cdot xH_2O + 3.4OH^- (4-x)H_2O \quad (17\text{-}11)$$

生产现场粗液中 SiO_2 浓度对于铝酸钠溶液中钠硅渣的平衡浓度而言是处于过饱和状态，为了使这种粗液中的硅以钠硅渣的形式除去，可采用加入晶种、强化搅拌、升高温度、溶液改性等措施破坏这种热力学上的介稳定状态，加速钠硅渣的形成。

（2）二段常压脱硅理论分析　在烧结法二段添加石灰乳深度脱硅过程中，石灰乳首先与铝酸钠溶液反应生成水合铝酸三钙（C_3AH_6），然后 C_3AH_6 再与溶液中的 SiO_3^{2-} 结合形成水化石榴石［$C_3AS_xH_{(6-2x)}$］。反应方程如下：

$$CaO + H_2O \longrightarrow Ca(OH)_2 \quad (17\text{-}12)$$

$$3Ca(OH)_2 + 2Al(OH)_4^- \longrightarrow 3CaO \cdot Al_2O_3 \cdot 6H_2O + 2OH^- \quad (17\text{-}13)$$

$$3CaO \cdot Al_2O_3 \cdot 6H_2O + x[H_2SiO_4]^{2-} \longrightarrow$$
$$3CaO \cdot Al_2O_3 \cdot xSiO_2 \cdot (6-2x)H_2O + 2xOH^- + 2xH_2O \quad (17\text{-}14)$$

如此反应形成的脱硅渣（钙硅渣）结构如图 17-12 所示，最内层为尚未反应的 $Ca(OH)_2$，中间为 C_3AH_6，外层为 $C_3AS_xH_{(6-2x)}$。

由于钙硅渣中含有一部分未结合 SiO_2 的 $Ca(OH)_2$ 和 C_3AH_6，且它们具有较强的结合 SiO_2 的能力，因此可利用钙硅渣作为晶种，返回一段粗液进行常压脱硅。这样可以提高粗液的预脱硅效果，大大降低随钙硅渣返回熟料窑的氧化铝量。

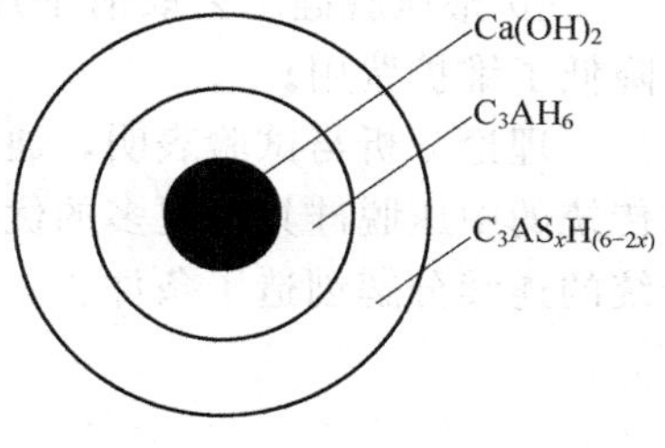

图 17-12　钙硅渣结构示意图

（3）改进后的常压脱硅工艺流程　改进后的粗液两段常压脱硅工艺流程如图 17-13 所示。上述工艺流程与传统的脱硅工艺流程相比有如下特点：

① 由于取消了粗液的中压脱硅工序，可以明显降低能耗，同时可以降低设备维护、清理的难度；

② 一段常压脱硅渣（钠硅渣）比中压脱硅渣更容易处理，可回收钠硅渣中的碱后直接弃之；二段常压深度脱硅渣（水化石榴石）可送去拜耳法溶出系统，以代替石灰石，回收其中的氧化铝；

③ 相对于原来的脱硅工艺，常压脱硅多了一道分离工序，并延长了脱硅时间，从整体上来考虑，该工艺是合理可行的。

对两段常压脱硅工艺实行了全流程连续工业试验：第一段对溶液进行改性处理，添加钠硅渣作为晶种，在常压下进行两段连续脱硅；分离钠硅渣后，溶液添加含钙添加剂进行第二段常压脱硅。两段全流程试验的目的主要是考察在工业连续生产条件下的第一段常压脱硅和第二段常压脱硅效果。

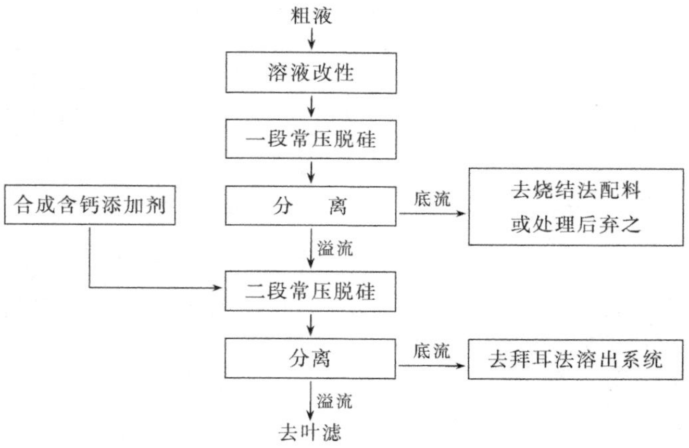

图 17-13　粗液两段常压脱硅工艺流程

试验结果如下。

① 在两段连续常压脱硅的情况下，第一段常压脱硅指数为 200～300，第二段常压脱硅指数为 600～800，完全可满足生产要求。

② 由于常压脱硅多了一道分离工序，导致脱硅时间比原工艺要长，故采用常压脱硅工艺时应使用多槽连续脱硅，以保证脱硅时间，同时尽量减少或避免溶液返混。

③ 在生产中第二段脱硅指数希望控制在 600～700，而试验中的脱硅指数稍高，这是由于常压脱硅时间较中压脱硅要长，溶液温度较低的时候容易导致系统发生水解。为避免出现溶液水解，应适当提高溶液温度及苛性比。

④ 采用常压脱硅工艺每立方米溶液加热所需蒸汽量为 35kg，而采用传统中压脱硅工艺每立方米溶液加热（间接加热）需要 75～80kg 蒸汽（直接加热需要 100kg 左右的蒸汽量）。因此采用常压脱硅的工艺可大大降低蒸汽消耗，减少烧结法生产氧化铝的成本。

⑤ 常压脱硅工艺取消了加压脱硅过程，简化了工艺操作，同时设备的结疤大大减少，降低了维护费用。

理论分析与试验表明，通过合理组织生产流程，在烧结法生产氧化铝中采用常压脱硅比传统的中压脱硅具有更多的优点，可以有效地降低生产成本，简化操作工艺，为实现碳分系统的连续分解创造了条件。

第18章 铝酸钠溶液的碳酸化分解

碳酸化分解是决定烧结法氧化铝产品质量的重要过程之一。

为制取优质的 $Al(OH)_3$，要求铝酸钠溶液具有较高的硅量指数和适宜的碳酸化分解制度，因为 $Al(OH)_3$ 质量是根据杂质（SiO_2、Fe_2O_3 及 Na_2O）含量和 $Al(OH)_3$ 的粒度决定的。如碳酸化分解的条件不利，便可能得到结构恶劣而含碱量高的 $Al(OH)_3$；如果分解条件控制适宜，甚至对含 SiO_2 量较高的铝酸钠溶液，也可以得到优质的 $Al(OH)_3$ 产品。因此，铝酸钠溶液碳酸化分解过程和脱硅过程是提高氧化铝质量的两个重要工序。

另一方面，碳酸化分解过程分解率的大小，对生产过程的产能也有很大影响。因此，要求碳分过程在保证产品质量的前提下，尽量提高产品的数量，产品的质量和数量二者必须同时兼顾。

碳酸化分解所以能用于烧结法，除了分解率较高以外，更主要的是在制得产品 $Al(OH)_3$ 的同时，可以得到矿石配料用的循环的碳分母液，以减少生产过程中的物料流量。

18.1 碳酸化分解过程的原理

18.1.1 碳酸化分解过程中的铝酸钠溶液的结构

在碳酸化分解过程中，研究铝酸钠溶液中铝酸根离子的存在形式，是非常重要的。

利用 FTIR 光谱仪跟踪铝酸钠溶液的碳酸化过程，结果表明：在诱导期初期，1409cm^{-1} 处的红外吸收峰主要与 CO_3^{2-} 离子的吸收有关。随着分解的进行，1409cm^{-1} 处的吸收峰转变为 1443cm^{-1} 吸收峰。在诱导期的后半段，1019cm^{-1} 左右出现红外吸收峰，并认为这与 $Al(OH)_6^{3-}$ 的多聚离子的形成有关。在分解过程中，725cm^{-1} 处的红外吸收峰代表 $Al(OH)_{10}^{4-}$ 离子的反对称伸缩峰，其逐步缩小，而 530cm^{-1} 处的红外吸收峰逐渐变大。530cm^{-1} 位于"缩合的 $Al(OH)_6^{3-}$ 基团"红外光谱主峰吸收范围（500～680cm^{-1}），表明 530cm^{-1} 可能来于 $Al(OH)_6^{3-}$ 基团缩合产生的离子，即 $Al(OH)_{10}^{4-}$ 等多铝酸根离子。这与文献中关于铝酸钠溶液分解机理的假说是一致的。还观察到该过程的红外光谱呈现振荡现象和非重现性；在拉曼光谱图和紫外光谱图上也发现过这种混沌现象和化学动力学的非重现性。

用 NIR FT-Raman 光谱仪研究了铝酸钠溶液的碳酸化过程，观察到此过程的 Raman 光谱也呈现振荡现象和非重现性，这可以认为在碳酸化过程中，可能产生 $Al(OH)_{10}^{4-}$ 离子和进一步缩聚形成的离子。在碳酸化分解初期，625cm^{-1} 处的 Raman 峰［代表 $Al(OH)_4^-$ 的振动峰］逐步减小，而 430cm^{-1} 和 540cm^{-1} 处的 Raman 峰则逐渐增大，这两个振动峰的位

置与固体化合物 $Ba_2[Al_2(OH)_{10}]$ 的两个 Raman 振动峰的位置相同。这表明在碳酸化过程中，产生了 $Al(OH)_{10}^{4-}$ 离子和进一步缩聚形成离子，可以认为铝酸钠溶液分解的第一步是其中的 $Al(OH)_6^{3-}$ 缩聚成 $Al(OH)_{10}^{4-}$ 离子，然后再进一步缩聚形成更大的多铝酸根离子，直到形成三水铝石晶种，如下式所示：

$$Al(OH)_6^{3-} + Al(OH)_6^{3-} \longrightarrow Al_2(OH)_{10}^{4-} + 2OH^- \quad (18\text{-}1)$$

在三维和二维的 Raman 光谱上可以看出在碳酸化过程中，$540cm^{-1}$ 的 Raman 振动峰有不规则的振荡和非重现性。可认为铝酸钠溶液的分解过程，事实上包括一系列缩聚反应，且可能有自催化现象，上述混沌和非重现性等非线性现象是可以理解的。

考察溶液条件为 $MR=1.5$，Al_2O_3 浓度为 102g/L 的碳酸化过程中铝酸钠溶液的紫外光谱，根据光谱在碳酸化过程中随时间变化的规律，探讨碳酸化过程中化学反应的机理。发现在紫外光谱显著变动的同样条件下，拉曼光谱变化较少，标志着 $Al(OH)_4^-$ 存在的 $620cm^{-1}$ 峰始终存在且高度变化不大；此外，$460 \sim 480cm^{-1}$ 附近的峰有较小变化，这表明在碳酸化初期，出现沉淀前，$Al(OH)_4^-$ 仍是铝酸阴离子的主要形式。鉴于种子分解和碳酸化分解都是复杂的离子缩聚过程，且有自催化“放大”效应，混合或稀释过程中溶液瞬间局部组成可能各不相同，这种微小差异经自催化“放大”，很可能是非重现性现象的原因。

18.1.2 铝酸钠溶液碳酸化分解机理

在烧结法生产中，从脱硅精液中析出氢氧化铝是采用向其中通入二氧化碳气体的方法，即碳酸分解的方法。铝酸钠溶液的碳酸化分解是一个气、液、固三相参加的复杂的多相反应，它包括二氧化碳被铝酸钠溶液吸收以及二者间的化学反应和氢氧化铝的结晶析出，并生成丝钠（钾）铝石一类化合物。

在碳酸化分解初期，溶液中的苛性碱不断被中和，但氢氧化铝并不随着溶液的苛性系数的降低而相应析出。从开始通入 CO_2 中和苛性碱到氢氧化铝的析出有一诱导期。普遍认为当有反应产物 $Al(OH)_3$ 析出作为催化剂时，分解反应才能较快地进行。但是在不加晶种的条件下，由于铝酸钠溶液与氢氧化铝间的界面张力大，分解时产生的氢氧化铝新相将成为晶核，其比表面积极大，分解过程实际提供不了这么大的表面能，氢氧化铝晶核难以自发生成，因而存在一个诱导期。但当 CO_2 继续通入，苛性比下降到一定程度时，溶液处于极大不稳定状态，氢氧化铝从溶液中猛烈析出，形成自动催化过程。在工业碳分槽上进行的测定表明，在初始分解的诱导期内，溶液中的氧化铝浓度没有或只有很小的变化，此后在整个碳分期间，Al_2O_3 和 Na_2O 的浓度连续地下降。

（1）氢氧化铝的结晶析出机理　碳酸化分解氢氧化铝结晶形成同晶种分解一样包括四个过程：次生晶核（二次晶核）的形成；$Al(OH)_3$ 晶粒的破裂和磨蚀；$Al(OH)_3$ 晶体的长大和 $Al(OH)_3$ 晶粒的附聚。

由于连续通入二氧化碳气体，使溶液始终维持较大的过饱和度，所以碳分过程氢氧化铝的结晶析出速度远远快于种分过程。尽管前人已做了大量的研究，与晶种分解过程相比，碳酸化分解的机理还不是非常明确。碳分过程中氢氧化铝的结晶析出机理存在一些不同的观点。

一般认为，二氧化碳的作用在于中和溶液中的苛性碱，使溶液的分子比降低，造成介稳定界限扩大，从而降低溶液的稳定性，引起溶液的分解：

$$NaAl(OH)_4 + aq = Al(OH)_3 + NaOH + aq \quad (18\text{-}2)$$

反应产生的 NaOH 不断为通入的 CO_2 所中和，从而使上述反应的平衡向右移动。

和它相似且被大多数人承认的观点还有：随着二氧化碳不断往铝酸钠溶液中通入，由于羟基离子同二氧化碳反应，溶液的 pH 值降低，结果铝酸盐离子分解，并析出氢氧化铝。过去认为，铝酸钠溶液碳酸化分解时，氢氧化铝是以三水铝石或拜耳石形式呈固相析出，后来又证实了在某些条件下亦可以假一水软铝石形式的一水氢氧化铝析出。

Мазеgb 认为二氧化碳通过铝酸钠溶液时，首先按下式和氢氧化钠发生反应：

$$2NaOH + CO_2 \longrightarrow Na_2CO_3 + H_2O \tag{18-3}$$

在氢氧化钠变为碳酸钠的过程中，溶液的苛性比逐渐下降，因此，铝酸钠溶液的稳定性降低，随后铝酸钠溶液按照种子分解的机理分解，析出氢氧化铝；即在碳酸化初期，主要是二氧化碳和氢氧化钠的作用以及由此引起的种子分解，而在碳酸化末期，可能有二氧化碳直接和铝酸根离子作用。

Лидеев 则认为二氧化碳与氢氧化钠、铝酸钠同时反应：

$$2NaOH + CO_2 \longrightarrow Na_2CO_3 + H_2O \tag{18-4}$$

$$2NaAlO_2 + 3H_2O + CO_2 \longrightarrow Na_2CO_3 + 2Al(OH)_3 \tag{18-5}$$

初期生成的无定形氢氧化铝重新溶入溶液中：

$$Al(OH)_3 + NaOH + aq \longrightarrow NaAlO_2 + 2H_2O + aq \tag{18-6}$$

由于苛性比不断下降，使铝酸钠水解产生铝酸，后者形成氢氧化铝结晶：

$$NaAlO_2 + H_2O + aq \longrightarrow NaOH + HAlO_2 + aq \tag{18-7}$$

$$HAlO_2 + H_2O + aq \longrightarrow Al(OH)_3 + aq \tag{18-8}$$

由于氢氧化铝结晶的析出，引起剧烈的种子分解，使苛性比不但不降低反而升高，因此引起氢氧化铝析出减少；此后苛性比又因吸收二氧化碳而逐渐降低，引起氢氧化铝重新析出。

热夫诺瓦特认为，碳分过程中溶液分子比的降低对于氢氧化铝的开始析出和整个碳分过程不起决定性作用，碳分过程中氢氧化铝析出是二氧化碳与铝酸钠溶液直接作用以及铝酸钠水解这两个反应平行进行的结果。

$$2NaAl(OH)_4 + CO_2 + aq = 2Al(OH)_3 + Na_2CO_3 + H_2O + aq \tag{18-9}$$

$$NaAl(OH)_4 + aq = Al(OH)_3 + NaOH + aq \tag{18-10}$$

巴祖欣认为，由于 CO_2 作用的结果，溶液中的 OH^- 离子的活度大大降低：

$$OH^- + CO_2 = HCO_3^-, OH^- + HCO_3^- = H_2O + CO_3^{2-} \tag{18-11}$$

于是，溶液中铝酸根络合离子缔合而生成氢氧化铝结晶的速度将大大增加。

还有文献报道称：当 CO_2 气泡通过铝酸钠溶液层时，苛性碱在气泡和溶液界面薄膜里化合生成碳酸钠，同时生成 $HAlO_2$；$HAlO_2$ 最初呈铝胶态，与生成的碳酸钠相互反应，而在很多情况下，还与生成的碳酸氢钠相互反应；所以固相除铝胶外，可能还有含水铝碳酸钠。这个假设已被结晶光学分析和红外光谱分析结果证实。

Vadim A. Lipin 等人认为碳酸化分解过程氢氧化铝的析出存在下列反应：

$$[Al(OH)]_4^- + H_3O^+ = AlOOH + 3H_2O \tag{18-12}$$

$$AlOOH + OH^- + H_2O = [Al(OH)]_4^- \tag{18-13}$$

$$[Al(OH)]_4^- = Al(OH)_3 + OH^- \tag{18-14}$$

综上所述，可以认为在铝酸钠溶液碳酸化分解过程中，通入 CO_2 气体使溶液保持了较高的过饱和度，克服了铝酸钠溶液强稳定性的瓶颈，为氢氧化铝从铝酸钠溶液中析出提供了界面能，一旦产生微细晶核，就使氢氧化铝的结晶过程成为快速的晶种分解过程。

(2) 水合铝硅酸钠的析出机理　研究碳分过程中二氧化硅的行为具有重要意义，因为它关系到氢氧化铝中的 SiO_2 含量，从而极大地影响到氧化铝成品的质量。过去人们对二氧化硅在碳酸化分解过程中的行为研究得比较多。已经发现产品二氧化硅的含量，与铝酸钠精液的分解周期、碳分制度、搅拌强度和碳酸钠等杂质浓度有关，且液相苛性钠浓度是主导因素。

关于 SiO_2 的析出也存在着不同的观点。其中观点之一如下。①二氧化硅随同氢氧化铝的析出是一条近似"U"字形曲线，认为在分解初期 Al_2O_3 和 SiO_2 共同沉淀，分解原液硅量指数越高，与氢氧化铝共沉淀的 SiO_2 量就越少。在反应中期，二氧化硅析出很少，这一段的时间随分解原液硅量指数的提高而延长。在第三阶段，随着氢氧化铝的析出和 Na_2O 浓度的降低，含水铝硅酸钠在溶液中的溶解度也随之不断降低，SiO_2 过饱和度大大增加，故铝硅酸钠又强烈析出。②可以用吸附作用来解释分解过程二氧化硅的析出。试验表明，碳分初期析出 SiO_2 是由于分解出来的氢氧化铝粒度细，比表面积大，因而从溶液中吸附了部分氧化硅，而且碳分原液的硅量指数越低，吸附的氧化硅数量就越多。铝酸钠溶液继续分解，氢氧化铝颗粒增大，比表面积减小，因而吸附能力降低，这时只有氢氧化铝析出，SiO_2 析出极少。最后，当溶液中苛性钠几乎全部变成碳酸钠时，SiO_2 的过饱和度大到一定程度后，SiO_2 开始迅速析出，而使分解产物中的 SiO_2 含量急剧增加，这主要是因为铝硅酸钠在碳酸钠溶液中的溶解度非常小的缘故。结晶光学表明，碳分初期析出的氧化硅集中于氢氧化铝集晶的中心部分，第二阶段析出的氧化硅位于晶间空隙中，而第三阶段析出的氧化硅则分布于氢氧化铝晶体的表面。

也有人认为：①二氧化硅的析出量在分解初期和末期少，分解中期多；②溶液中的 SiO_2 是呈含水铝硅酸钠形态存在的，二氧化硅的析出主要不是吸附作用的结果，而是随氢氧化铝一起析出。

试验研究表明，预先往精液中添加一定数量的晶种，在碳酸化分解初期不致生成分散度大、吸附能力强的氢氧化铝，减少它对 SiO_2 的吸附，所得氢氧化铝的杂质含量少而晶体结构和粒度组成也有改善。碳分温度对 SiO_2 的行为也有一定影响，当温度低时，生成的氢氧化铝晶体不完善、粒度小，对 SiO_2 的吸附能力强。同时细粒氢氧化铝晶体包裹着更多的母液，从而也增加了分解产物中的氧化硅含量。在减少粗液二氧化硅浓度、提高精液硅量指数的前提下，据此引出可改善烧结法 Al_2O_3 产品质量的两条措施，其一待出料的碳分槽提前停止通入 CO_2，提高碳分母液的苛性钠浓度，借以升高二氧化硅平衡浓度，减少其析出量；其二碳分 $Al(OH)_3$ 作晶种分解的种子，使碳分末期析出的二氧化硅返回液相。

现在已取得共识的是铝酸盐溶液深度脱硅是从根本上改进氧化铝生产的关键因素，随着深度脱硅工艺的发展和应用，二氧化硅对产品质量的影响得到了有效的控制。

(3) 水合碳铝酸钠的形成机理　研究表明在碳酸化分解末期还将生成 $(Na,K)_2O \cdot Al_2O_3 \cdot 2CO_2 \cdot 2H_2O$ 杂质。碳分时，在通入的二氧化碳气泡与铝酸钠溶液的界面上，生成丝钠铝石，其反应如下：

$$Na_2CO_3 + H_2O + aq = NaHCO_3 + NaOH + aq \quad (18\text{-}15)$$

$$2NaAl(OH)_4 + 4NaHCO_3 + aq = Na_2O \cdot Al_2O_3 \cdot 2CO_2 \cdot nH_2O + 2Na_2CO_3 + (6-n)H_2O + aq \quad (18\text{-}16)$$

$$Al_2O_3 \cdot nH_2O + 2NaHCO_3 + aq = Na_2O \cdot Al_2O_3 \cdot 2CO_2 \cdot nH_2O + H_2O + aq \quad (18\text{-}17)$$

$$Al_2O_3 \cdot nH_2O + 2Na_2CO_3 + H_2O + aq = Na_2O \cdot Al_2O_3 \cdot 2CO_2 \cdot nH_2O + 2NaOH + aq \quad (18\text{-}18)$$

在碳分初期，当溶液中还含有大量游离苛性碱时，丝钠铝石与苛性碱反应生成 Na_2CO_3 和 $NaAl(OH)_4$：

$$Na_2O \cdot Al_2O_3 \cdot 2CO_2 \cdot nH_2O + 4NaOH + aq = 2NaAl(OH)_4 + 2Na_2CO_3 + (n-2)H_2O + aq \quad (18\text{-}19)$$

在碳分第二阶段，当溶液中苛性碱减少时，丝钠铝石为 NaOH 分解而生成氢氧化铝，其分解的速度取决于含水碳酸钠晶格中离子的有序程度，还与温度和搅拌强度等有关，随着铝酸钠碱溶液中苛性碱含量的减少和碳酸碱含量的增多，分解过程减慢：

$$Na_2O \cdot Al_2O_3 \cdot 2CO_2 \cdot nH_2O + 2NaOH + aq = Al_2O_3 \cdot 3H_2O + 2Na_2CO_3 + (n-2)H_2O + aq \quad (18\text{-}20)$$

在碳分末期，当溶液中苛性碱含量已相当低时，则丝钠铝石呈固相析出。最终产品中含水碳铝酸钠的含量将随着原始溶液中碳酸碱含量的增加而增多，当溶液全碱含量相同时，氧化铝浓度降低时，含水碳铝酸钠析出更多。

试验证明，当溶液中碳酸钠和碳酸氢钠含量高、Al_2O_3 含量较低、碳分温度低，或添加含水碳铝酸钠晶种时，有利于丝钠（钾）铝石的生成。添加氢氧化铝晶种以及降低碳分速度时，可以大大减少丝钠（钾）铝石的生成，因为在此条件下得到的粒度较粗、活性较小的氢氧化铝，不易与 $NaHCO_3$ 或 Na_2CO_3 反应生成丝钠（钾）铝石，这和生成的 $HAlO_2$ 初始化合物以三水铝石的形态在氢氧化铝晶体上结晶消耗的能量小于生成含水碳铝酸钠所需要的能量有关。国外有铝厂为了避免生产出的氢氧化铝被含水碳铝酸钠污染，采用了两段分解工艺。还有的铝厂采用减少二氧化碳供气量和延长分解时间的办法来延缓铝酸钠溶液碳分最后阶段的时间，这样可以明显降低含水碳铝酸钠的含量。另外，把碳酸化分解制取的氢氧化铝作为晶种送往混联系统，完全可以从碳分氢氧化铝中除掉含水碳铝酸钠。

总之，通过研究氢氧化铝的结晶析出机理，可以为改善产品的粒度和强度提供理论依据；研究水合铝硅酸钠和水合碳铝酸钠的形成机理是改善碳分产品质量的关键。

18.2　影响碳分过程的主要因素

衡量碳分作业效果的主要标准是氢氧化铝的质量、分解率、分解槽的产能以及电能消耗等。氢氧化铝质量取决于脱硅和碳分两个工序。降低产品中氧化硅含量的主要途径是提高脱硅深度，但在精液硅量指数一定时，则取决于碳分作业条件。分解槽产能取决于分解时间和分解率等因素，而适宜的分解时间与分解率又受产品质量的制约，并与原液的硅量指数高低密切相关。碳分是一个大量消耗电能（压缩二氧化碳气体）的工序，其量取决于使用的二氧化碳气体浓度、二氧化碳利用率以及碳分槽结构等项因素。

碳分过程的 Al_2O_3 分解率（$\eta_{Al_2O_3}$）按如下公式计算：

$$\eta = \frac{Aa - Am \times (N_T / N'_T)}{Aa} \times 100\% \quad (18\text{-}21)$$

式中　Aa——精液中的氧化铝浓度，g/L；

Am——母液中的氧化铝浓度，g/L；

N_T——精液中的总碱浓度，g/L；

N'_T——母液中的总碱浓度，g/L。

18.2.1 精液的成分与碳酸化深度（分解率）

精液的成分和碳分深度是影响氢氧化铝质量的主要因素。

（1）精液的硅量指数　精液的硅量指数越高，可以分解出来质量合格的氢氧化铝越多。在硅量指数一定的条件下，则氢氧化铝的质量取决于碳分条件，特别是分解率。

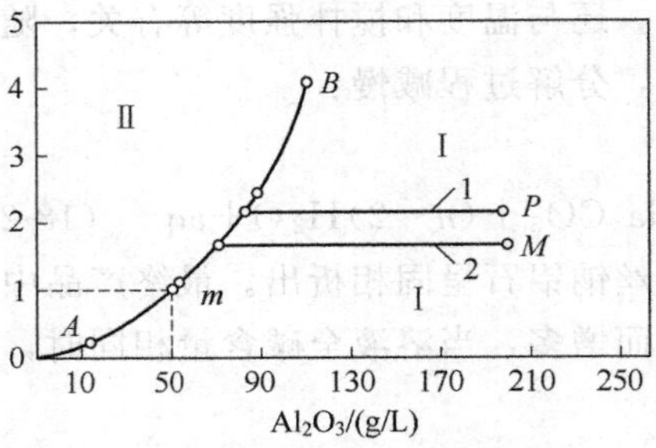

图 18-1　根据 SiO_2 介隐平衡曲线确定分解率

图 18-1 中 AB 为 SiO_2 的介稳溶解度曲线，它将图分成两个区域：Ⅰ区为纯氢氧化铝区；Ⅱ区为铝硅酸钠污染的氢氧化铝区。当Ⅰ区的溶液进行碳分时，其成分应沿水平线变化直至与 AB 线相交为止，然后再沿 AB 线变化。实验证明，由于 SiO_2 有部分析出，因而碳分线实际上有一定斜度，但在到达 AB 线以前 SiO_2 析出数量很少。当溶液继续碳分至其成分超出 AB 线后，溶液中的 SiO_2 将成为铝硅酸钠迅速析出，分解率越高，SiO_2 析出越多。比较碳分线 1 和 2 可知，要得到 SiO_2 含量相同的产品，硅量指数低的精液的分解率应比硅量指数较高的精液的分解率低。因此，提高精液硅量指数是提高产品质量和分解率的前提，当精液硅量指数一定时，就要掌握一定的分解率，以保证产品质量，由上图可以确定制取一定 SiO_2 含量的氢氧化铝所应控制的分解率。

各厂都是根据各自的具体情况，确定分解率与硅量指数的关系，如山东铝厂精液硅量指数一般为 400～450，碳分分解率控制在 87%～89%。

（2）精液中总碱（Na_2O_T）和 K_2O 的含量　对精液中总碱（Na_2O_T）和 K_2O 的含量研究表明，总碱浓度对氢氧化铝中不可洗碱含量有显著影响，原液中总碱浓度提高，氢氧化铝中不可洗碱含量随之增加，当碳分时间短时，这一影响更为明显。

在以霞石为原料的烧结法铝酸钠溶液中含有大量 K_2O，K_2O 含量可以在很大的范围内变化，有的情况下其含量甚至大大超过 Na_2O 而成为以铝酸钾为主的溶液。以铝土矿为原料的烧结法溶液中，也往往含有一定数量的 K_2O，因为铝土矿中 K_2O 含量虽低，但它在生产流程中有所积累。

许多试验证明，K_2O 对降低碳分氢氧化铝中杂质含量及改善氢氧化铝粒度有良好作用，它使氢氧化铝中 SiO_2、Na_2O 含量减少，粒度均匀，细粒部分大大减少。

哈娜密诺娃（ханамирова）等进行了 K_2O 含量不同的铝酸盐溶液的碳分对比试验。结果表明，当原液中总碱浓度相同时，K_2O 相对含量越高，留在分解母液中的 SiO_2 也越多。无论分解率高低，从纯铝酸钾溶液和以铝酸钾为主的溶液中析出的氢氧化铝中的碱和氧化硅等杂质的含量，要比从纯铝酸钠溶液中析出的氢氧化铝中的相应杂质含量少得多，这是因为随着铝酸盐溶液中 K_2O 含量比例增大，溶液中 SiO_2 的平衡浓度增加，在其他条件相同的情况下，碳分时 SiO_2 的过饱和度降低；此外，氢氧化铝的粒度亦较粗，从而既减少了碳分后期以铝硅酸盐固相析出的 SiO_2 量，也减少了分解初期 SiO_2 的析出。

从铝酸钾溶液中析出的氢氧化铝，其碱含量比从铝酸钠溶液中析出的氢氧化铝低，其原因可解释如下：碳分母液中的碳酸钾在水中的溶解度大于碳酸钠，故从铝酸钾溶液分解出来的氢氧化铝，其可洗碱含量低于从铝酸钠溶液中析出的氢氧化铝。例如，在一定条件下，将以铝酸钾为主的溶液（K_2O∶Na_2O＝8∶2）进行碳分，得到的氢氧化铝在用水洗涤以前含

1.35% K_2O 和 0.68% Na_2O，而在洗涤后则含 0.22% K_2O 和 0.26% Na_2O。同时，由于这种氢氧化铝的粒度较粗，故以母液形式含于氢氧化铝晶间空隙中的不可洗碱也少些。此外，由于铝硅酸钾在铝酸盐溶液中的溶解度比铝硅酸钠大，而且它在过饱和溶液中比后者更稳定，即比较不容易从过饱和溶液中结晶出来，因此，氢氧化铝中以铝硅酸盐形态存在的不可洗钾碱也比不可洗钠碱为少。

铝酸盐溶液与由此溶液碳分析出的氢氧化铝二者之中，钾碱（K_2O）与钠碱（Na_2O）的比例是不同的。例如，从 K_2O : Na_2O 为 2 : 8 的溶液中碳分得到的氢氧化铝，其中 K_2O : Na_2O=0.9 : 8；从 K_2O : Na_2O 为 5 : 5 的溶液中碳分得到的氢氧化铝，其中 K_2O : Na_2O=2 : 5。对于以铝酸钾为主的溶液也是这样，碳分得到的氢氧化铝中的 K_2O 少于 Na_2O，而且溶液的硅量指数越高，氢氧化铝中钾碱的相对含量（与钠碱相比）越低。

溶液浓度对产物粒度分布影响很大，不同浓度溶液的产物氢氧化铝的粒度分布、<45μm 粒子数量分数和平均粒度见表 18-1。

表 18-1 Al_2O_3 浓度对粒度分布的影响 单位：%

$C_{Al_2O_3}$ /(g/L)	<20 μm	20～40 μm	40～60 μm	60～80 μm	80～100 μm	>100 μm	<45 μm	平均粒径 /μm
107.3	2.14	4.29	27.14	36.47	26.43	3.57	11.43	68.96
135.0	5.84	5.11	22.38	49.64	13.62	3.41	12.90	64.58
137.3	20.13	9.62	44.30	21.25	4.48	0.22	36.91	46.15
165.3	8.59	7.88	42.24	36.52	4.77	0.00	23.63	54.24
166.2	19.46	17.45	39.63	22.46	0.73	0.00	43.27	43.91

从表 18-1 中不同浓度的数据可以看出，碳分氢氧化铝的平均粒度随着溶液浓度的增加而降低；<45μm 粒子数量分数则随浓度的增加有明显增大。这除与溶液浓度有关外，也可能与分解浓度的差别有关。对比表中相同浓度水平的数据可以看出，对高浓度溶液，在分解深度提高后，平均粒度都有了显著提高，<45μm 数量分数也有了较大降低；但纵向比较分解深度变化后高、低浓度的溶液，仍然可以看出随着浓度的升高，碳分产物的平均粒度降低，<45μm 粒子数量分数增加。这从粒度分布的情况也可以看出，随着溶液浓度增加，细粒子部分（<20μm、20～40μm、40～60μm）含量增加，而粗粒子部分（60～80μm、80～100μm）含量显著减少。

一般无机盐溶液二次成核的不利条件是高浓度以及由此引起的高密度、高黏度和高表面张力。铝酸钠溶液与其他无机盐溶液区别较大，其密度、黏度和表面张力随着溶液浓度的提高而急剧升高，进而使晶体表面反应速度降低，使附聚发生困难，晶体长大速度变慢，产物粒度变细。同时根据铝酸根离子析出的聚合可知：在铝酸钠溶液分解时，对于低浓度铝酸钠溶液，单体 $Al(OH)_4^-$ 离子易于在晶体上直接生长；然而对于高浓度铝酸钠溶液，由于 $Al(OH)_4^-$ 离子之间的大量氢键，溶液中存在着体积庞大、活动能力小的阴离子群，而铝酸阴离子群则易于生成次生晶核，这也是随着溶液浓度升高，产物中细粒子的含量增多的另一个原因。

溶液浓度对产物氢氧化铝<45μm 粒级质量分数和磨损系数的影响见表 18-2。

表 18-2 Al_2O_3 浓度对<45μm 质量分数和磨损系数的影响

$C_{Al_2O_3}$ /(g/L)	107.3	137.3	166.2	135.0	165.3
<45μm 质量分数/%	8.44	21.06	52.24	13.18	24.52
磨损系数/%	36.71	41.90	59.70	38.66	49.14

从表 18-2 中数据可以看出，在上述分解条件下，产物的磨损系数随着溶液浓度的增加而增大，尤其达到 160g/L 左右时，产物的磨损系数增加明显，即产物的强度显著降低。对比表 18-2 中数据可以看出对于高浓度铝酸钠溶液，随着溶液的分解深度的提高，对于相同浓度水平的溶液，产物磨损系数明显降低，尤其对氧化铝浓度为 160g/L 左右时更为显著，但在相同分解深度水平时，同低浓度溶液相比，高浓度铝酸钠溶液的产物强度仍然较低。这是因为溶液浓度升高，引起过饱和度降低，从而不利于氢氧化铝的长大和附聚过程，所以难以得到粒度粗、强度大的氢氧化铝。因此，为了实现高浓度铝酸钠溶液碳酸化分解，必须解决高浓度溶液得到的不稳定的、机械强度小的氢氧化铝晶体这一问题，在可行的情况下提高分解温度、加强搅拌应该会有所改善。但对实际生产来说这会增加能耗，是不利的。

18.2.2 原液分子比 *MR*

在铝酸钠溶液晶种分解过程中，原液分子比是影响分解速度的最重要的因素之一。根据文献报道，分解原液的分子比每降低 0.1，分解率一般约提高 3%，降低分子比对提高分解速度的作用，在分解初期尤为明显。因为分子比降低，引起溶液过饱和度的增大，而分解速度受过饱和度的平方项影响，对一定分子比的溶液来说，有其适宜的溶液浓度，分子比越低，适宜的浓度越高。但在碳酸化分解过程中，随着 CO_2 的连续通入，溶液始终保持较高的过饱和度。分子比对产物粒度的分布有影响，不同原液分子比的产物氢氧化铝的粒度分布、<45μm 粒子质量分数和平均粒度见表 18-3。

表 18-3　原液分子比对粒度分布的影响　　单位：%

原液分子比 *MR*	<20μm	20～40μm	40～60μm	60～80μm	80～100μm	>100μm	<45μm	平均粒径/μm
1.435	16.20	7.98	20.19	37.79	14.79	3.05	28.17	57.39
1.497	9.32	6.22	27.50	36.51	15.83	4.62	20.10	61.53
1.561	2.44	4.41	34.71	35.21	16.87	6.36	11.98	65.63

从表 18-3 中数据可以看出，随着分子比的增加，碳分产物的平均粒度增加，<45μm 质量分数从 28.17%下降到 11.98%。从粒度分布也可以看出，<20μm 和 20～40μm 的细粒子的含量逐渐减少，40～60μm 和 80～100μm 的粗粒子含量逐渐增加，分析这是因为在分解初期低分子比的溶液氢氧化铝的析出速度大于高分子比溶液的析出速度，在没有外界晶种存在的情况下，分解初期以细晶核的生成为主，当分解初期生成的细晶核在后期得不到有效附聚和全面长大，就会造成产物细化，可见初期析出的细晶核数量只有和分解体系相适应才能增加产物粒度，这里所指分解体系应该包括内因如溶液浓度、分子比和外因如温度、通气制度等。

精液分子比对氢氧化铝<45μm 粒级质量分数和磨损系数的影响见表 18-4。

表 18-4　原液分子比对<45μm 质量分数和磨损系数的影响

原液分子比 *MR*	1.435	1.497	1.561
<45μm 质量分数/%	11.94	5.04	4.56
磨损系数/%	52.38	45.71	43.89

从表 18-4 中数据可以看出，随着溶液分子比的提高，<45μm 粒子质量分数的变化规律与粒子质量分数的规律基本一致；碳分产物的磨损系数有一定的降低，产物的强度有了一定的提高，造成氢氧化铝强度差别的原因只有一个，即低分子溶液在分解初期的相对快速分

解，使得大量的细晶粒难以在后期的分解过程得到有效附聚和长大。所以在碳酸化分解均匀通气过程中，在没有晶种存在的情况下，控制初始晶粒生成的速度和合理的分解温度对改善产物的粒度和强度是非常必要的。

18.2.3　二氧化碳气体的纯度、浓度和通气时间

石灰炉炉气（含 CO_2 约 38%～40%）和熟料窑窑气（含 CO_2 12%～14%）都可作为碳分的 CO_2 来源。我国氧化铝厂采用石灰炉炉气，国外则采用熟料窑窑气，因我国烧结法厂采用石灰配料，而国外则采用石灰石配料。我国因拜耳法系统的铝土矿高压溶出过程必须添加石灰，因而碳分利用石灰炉炉气。

二氧化碳气的纯度是指它的含尘量。炉气在进入碳分槽前需经清洗，使其含尘量降至 0.03g/m 以下。

二氧化碳气体的浓度与通入的速度决定分解速度，它们对碳分槽的产能、二氧化碳的利用率与压缩机的动力消耗以及碳分温度都有很大影响。

我国的实践证明，采用高浓度的石灰炉炉气进行碳分，分解速度快、分解槽产能高，在其他条件相同的情况下，氢氧化铝中的 SiO_2 含量较采用低浓度 CO_2 气时低，而且由 CO_2 与 NaOH 的中和反应及氢氧化铝结晶所放出的热量，能维持较高的碳分温度，这对于氢氧化铝晶体的长大是有利的。采用 CO_2 含量低的熟料窑窑气分解时，二氧化碳气体压缩的动力消耗将大大增加。

碳分速度除影响分解槽产能外，对氢氧化铝质量也有较大的影响。因为铝酸钠溶液中处于过饱和状态的 SiO_2 析出比较缓慢，因此提高通气速度、缩短分解时间、并使分解出来的氢氧化铝迅速与母液分离，就可以减少 SiO_2 的析出数量，降低产品的二氧化硅含量。试验与工业生产都证明了这一点。

用成分为 Al_2O_3 93g/L、Na_2O 83.5g/L（Na_2O_c + K_2O_c）21.6g/L、SiO_2 0.17g/L，分子比为 1.48 的铝酸钠溶液分别进行快速（2h）和缓慢（8h）碳分试验，分解温度为 80℃，实验结果示于图 18-2。

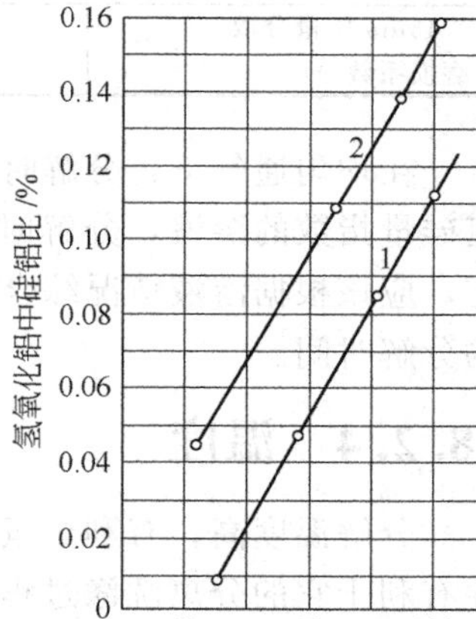

图 18-2　碳分速度对氢氧化铝中二氧化硅含量的影响

1—快速碳分（2h）；
2—缓慢碳分（8h）

由图可知，当分解率相同时，快速碳分所得氢氧化铝中的 SiO_2 含量较缓慢碳分所得者显著减少。例如，分解率为 80%时，快速碳分获得的氢氧化铝的 $\frac{SiO_2}{Al_2O_3}$（质量）为 0.05%，而缓慢碳分时则为 0.095%。由此可见，采用快速碳分，有利于降低产品中的 SiO_2 含量。

试验表明，快速碳分时，氢氧化铝中不可洗碱含量有所增加，这是由于晶间碱含量增加的原因。

我国氧化铝厂的碳分通气时间为 3h 左右，由于分解速度快，氢氧化铝中细粒子含量多，这是快速碳分带来的缺点。为了克服上述缺点，需要控制通气速度，特别是在分解末期，氢氧化铝粒度往往明显变细，便需降低通气速度。至于产品中氧化硅含量可以采取添加晶种以及提高精液的硅量指数等措施来降低。

通气时间对产物粒度分布有影响，不同通气时间下产物氢氧化铝的粒度分布、<45μm

粒子质量分数和平均粒度见表18-5。

从表18-5中数据可以看出，随着通气时间的延长，碳分产物氢氧化铝的平均粒度增加，尤其在3.67～4.00h之间产物的粒度增加显著，＜45μm粒子质量分数也明显减少；而在4.00～4.33h之间产物粒度变化没有前期明显。从粒度分布的变化可以看出，20～40μm、40～60μm区间的粒子随时间的延长而明显减少，60～80μm的粒子随时间的延长而明显增加，可见在适当的分解深度下随着通气时间的延长，碳分产物氢氧化铝的细粒子逐渐减少，而粗粒子逐渐增多。

表18-5　通气时间对粒度分布的影响　　单位：%

通气时间/h	＜20μm	20～40μm	40～60μm	60～80μm	80～100μm	＞100μm	＜45μm	平均粒径/μm
3.67	2.46	17.19	40.70	27.37	10.88	1.40	33.68	56.25
4.00	2.14	4.29	27.14	36.47	26.43	3.57	11.43	68.96
4.33	5.94	4.20	16.78	43.01	23.43	6.64	12.24	69.11

通气时间对产物氢氧化铝＜45μm粒级质量分数和磨损系数的影响见表18-6。

从表18-6中数据可以看出，随着通气时间的增加，产物氢氧化铝的磨损系数明显降低，即产物的强度有了提高。碳酸化分解过程中溶液的过饱和度高，有利于细粒子附聚，但附聚形成的大颗粒强度差，易破碎，随着分解深度的提高，后期析出的氢氧化铝在附聚在一起的大颗粒的缝隙中进一步填充，起到了粘接镶嵌作用，对提高产物的强度作用明显，所以适当延长反应时间，有利于改善氢氧化铝的强度。

表18-6　通气时间对＜45μm质量分数和磨损系数的影响

通气时间/h	3.67	4.00	4.33
＜45μm质量分数/%	13.42	8.44	9.44
磨损系数/%	46.74	40.78	35.78

在均匀通气下，分解时间缩短，溶液分解深度降低，产物粒度和强度也会变小；对于一定硅量指数的溶液，分解时间过长，又会增加产物中的杂质含量。所以对于特定的分解工艺，应该根据溶液情况综合考虑分解时间对产物粒度和强度以及杂质含量的影响，选择合适的分解时间。

18.2.4　温度

分解温度高，有利于氢氧化铝晶体的长大，从而可减少其吸附碱和吸附氧化硅的作用，并有利于它的分离洗涤过程。

在工业生产上，碳分控制的温度与所用的二氧化碳气体浓度有关。如果用高浓度的石灰窑窑气，则无需另外加温，即可使碳分温度维持85℃以上；如采用低浓度的熟料窑窑气，则碳分温度控制在70～80℃，一般不需另外加温，而且氢氧化铝粒度尚可保持较粗。

分解温度是影响氢氧化铝粒度的主要因素，并对分解产物中某些杂质的含量也有明显的影响。一般说来，提高温度使晶体长大速度大大增加，降低温度可以使溶液的过饱和度增加，然而温度太低又会增加二次成核的速度，使产品细化，同时，低温下溶液的黏度增大也影响分解过程的进行。碳分控制的温度与所用的二氧化碳气体的浓度有关，如果采用高浓度的二氧化碳气体，二氧化碳与氢氧化钠的中和反应及氢氧化铝结晶所放出的热量，则无须另外加温就可使分解维持在较高温度。但是提高碳分末期的温度，将显著增加与氢氧化铝一同析出的丝钠（钾）铝石的数量。

分解温度对分解过程有较大影响，不同温度下分解过程的分解率随时间变化见图 18-3，分解温度对分解率的影响见图 18-4。氧化铝平衡浓度和相对过饱和度随时间的变化见图 18-5 和图 18-6。

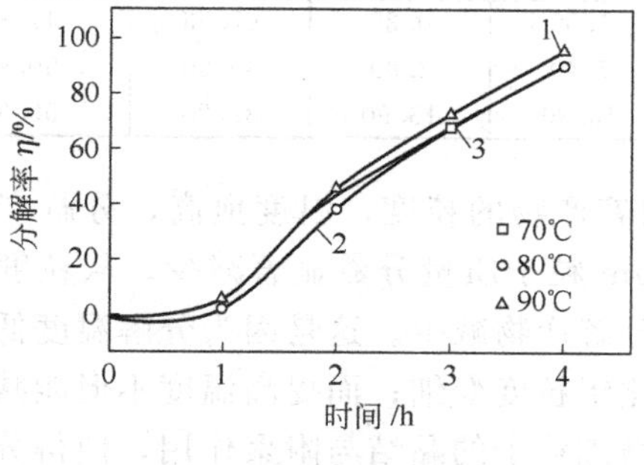

图 18-3　分解率随时间的变化

1—90℃；2—80℃；3—70℃

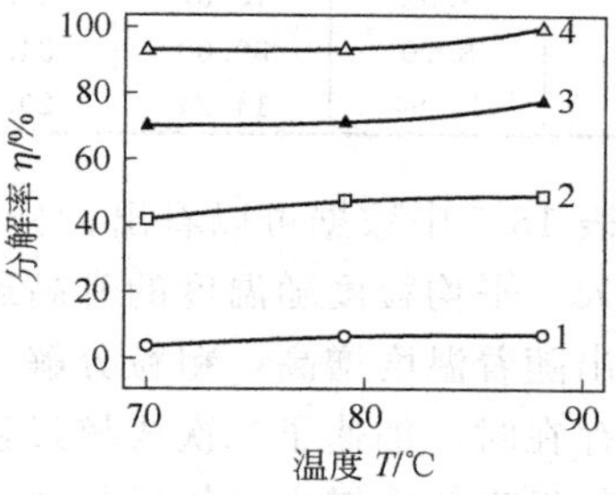

图 18-4　分解温度对分解率的影响

1—1h；2—2h；3—3h；4—4h

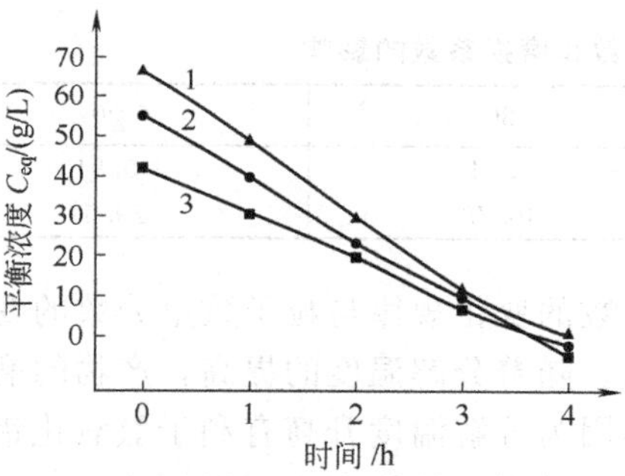

图 18-5　分解过程中氧化铝平衡浓度随时间的变化

1—90℃；2—80℃；3—70℃

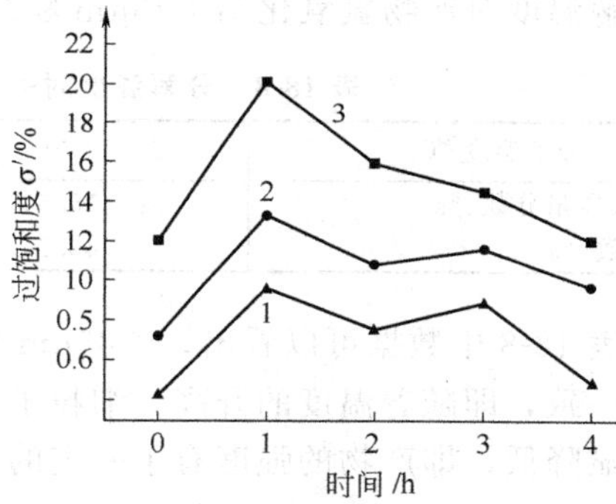

图 18-6　分解过程中溶液的相对过饱和度随时间的变化

1—90℃；2—80℃；3—70℃

从图 18-3 和图 18-4 中可以看出，分解温度影响了碳酸化分解过程的分解率的变化。在碳分前期，80℃和 90℃的分解速率基本一致，70℃的分解速率低于前二者；而在碳分后期，70℃和 80℃的分解速率基本一致，90℃的速率高于前二者，从整个分解过程可以看出 90℃时的分解速率明显大于 70℃的，可见低分解温度对提高碳分分解率不利。这是因为铝酸钠溶液的黏度较大，升高温度有利于降低溶液黏度，提高铝酸根离子的扩散速度和 CO_2 的液膜传质速度，从而加速结晶过程。从图 18-4 中还可以看出，在均匀通气时，除开始 1h 内分解较困难，之后分解过程进行得较顺利，分解梯度是先增大后变小，这可从图 18-4 中不同时间段分解梯度（$\Delta\eta$）的变化看出。

从图 18-5 和图 18-6 中可以看出，氧化铝的平衡浓度在分解过程中连续下降，在分解终点不同温度的平衡浓度基本相等。在相同分解时间内，随着温度的升高，氧化铝的平衡浓度升高；氧化铝的相对过饱和度在分解过程中发生波动变化且不同温度曲线的变化规律基本一致；同时随着温度的升高，过饱和度则明显降低，根据不同温度下 Na_2O-Al_2O_3-H_2O 系平衡状态图可以解释这一规律。

分解温度对产物粒度分布有很大影响，不同分解温度的产物氢氧化铝的粒度分布、<45μm粒子质量分数和平均粒度见表18-7。

表18-7 分解温度对粒度分布的影响 单位：%

分解温度/℃	<20μm	20～40μm	40～60μm	60～80μm	80～100μm	>100μm	<45μm	平均粒径/μm
70	4.52	45.37	39.57	9.25	1.07	0.22	67.53	41.84
80	8.70	30.00	34.23	12.59	7.49	6.99	49.50	50.90
90	12.54	14.24	29.49	15.93	13.90	13.90	32.20	59.94

从表18-5中数据可以看出，分解温度直接影响着产物的粒度，温度愈高，分解产物的粒度愈大。平均粒度随温度的升高迅速增加，<45μm粒子质量分数显著减少。从粒度分布也可看出随着温度增高，粗粒分解产物增加，细粒分解产物减少。这是因为分解温度低且没有晶种存在时，加速了二次成核过程，使产物氢氧化铝粒度变细；而提高温度不但能减少二次成核的发生并能增大晶体成长速度，而且有利于微细粒子的黏结与附聚作用，使得分解产物的结晶形状稳定；反之，细小晶粒难以粗化。另外铝酸钠溶液的黏度和表面张力随着温度的升高而减小，从而有利于扩散速度的提高，也有利于晶体长大。

分解温度对产物氢氧化铝<45μm粒级质量分数和磨损系数的影响见表18-8。

表18-8 分解温度对<45μm质量分数和磨损系数的影响

分解温度/℃	70	80	90
<45μm质量分数/%	15.64	8.44	5.84
磨损系数/%	46.24	40.78	29.59

从表18-8中数据可以看出，<45μm粒子质量分数的变化规律与粒子数量分数的变化规律基本一致，即随着温度的升高，细粒子的含量降低。随着分解温度的提高，产物的磨损系数有明显降低，即产物的强度有了一定的提高，这是因为分解温度升高有利于氢氧化铝晶体的长大，而避免和减少了新晶核的产生，同时结晶状态随温度的提高也可得到改善，氢氧化铝的结晶将更加完整。相反分解温度降低不利于微细粒子在晶体上的黏结作用，难以生成镶嵌结构的氢氧化铝。另外升高分解温度，可减少氢氧化铝吸附碱和氧化硅的能力，减少了杂质对氢氧化铝结晶结构的影响。试验结果也可以说明提高碳分温度有利于获得结晶良好、吸附能力小和强度较大的粗粒氢氧化铝。

18.2.5 晶种

许多试验以及生产实践的结果都表明，添加一定数量的晶种，能改善碳分时氢氧化铝的晶体结构和粒度组成，显著地降低氢氧化铝中氧化硅和碱的含量，并可减少槽内的结垢。关于添加晶种对碳分氢氧化铝中杂质含量的影响可见图18-7。

试验所用溶液成分为：Al_2O_3 86.7g/L、Na_2O 76.3g/L、Na_2O_c 26.2g/L、SiO_2 0.18g/L，硅量指数470，碳分时间7.5h。从图可以明显地看到晶种数量和SiO_2含量以及分解深度对溶液中SiO_2析出量的影响。SiO_2含量增加（曲线1）是由于晶种中的SiO_2溶解于脱硅精液中的结果。

图18-8表示氢氧化铝中碱含量与晶种系数的关系。从图可见，当晶种系数从0增加到0.8时，氢氧化铝中的碱含量（%）从0.69降低为0.3；继续增加晶种量对氢氧化铝中的碱含量已无影响，在生产条件下适宜的晶种系数为0.8～1.0。

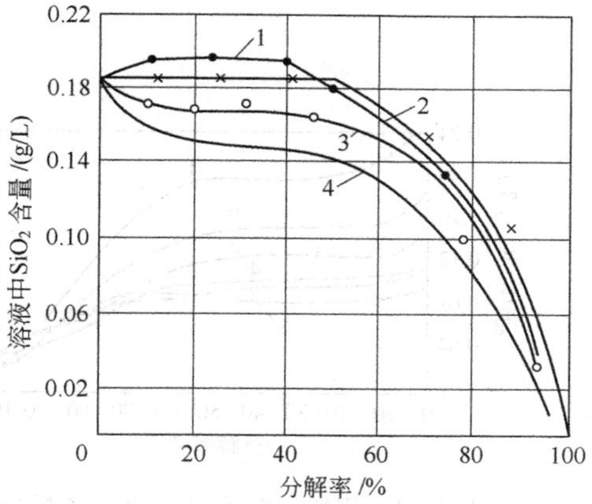

图 18-7 添加晶种对碳分过程中 SiO_2 析出的影响

1、2—晶种系数 1.0；3—晶种系数 0.4；4—不加晶种；SiO_2 含量（占晶种中 Al_2O_3%）：1—0.75%；2、3—0.05%

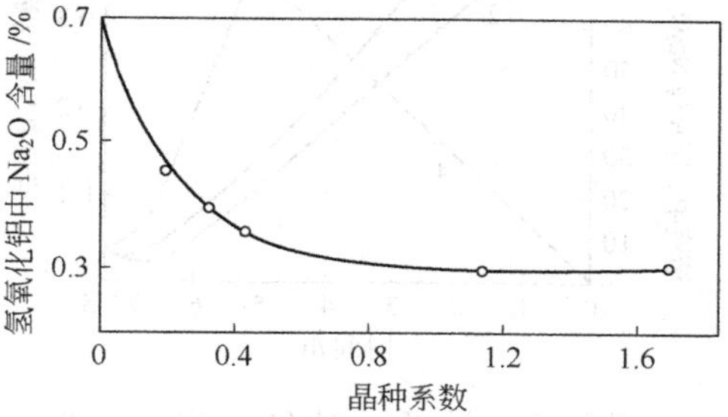

图 18-8 氢氧化铝中碱含量与碳分时晶种添加量的关系

添加晶种的缺点是部分氢氧化铝循环积压于流程中，并增加了氢氧化铝分离设备的负担。但由于它能显著提高产品质量，国外一些烧结法氧化铝厂往往采用之。

18.2.6 搅拌

搅拌可使溶液成分均匀，避免局部碳酸化，并有利于晶体成长，得到粒度较粗和碱含量较低的氢氧化铝。此外搅拌还可以减轻碳分槽内的结垢和沉淀。因此碳分过程中要有良好的搅拌，只靠通入的二氧化碳气体搅拌是不够的，还必须有机械搅拌或空气搅拌。

18.3 碳分过程中氧化硅的行为

铝酸钠溶液碳酸化分解过程中，溶液中的氧化硅基本残留于母液中。

图 18-9 为铝酸钠溶液碳酸化分解的工业试验结果。

可以看出当分解至溶液中 Na_2O_K 剩余含量达 15～20g/L（与之相应的 Al_2O_3 的剩余浓度亦为 15～20g/L）时，SiO_2 几乎全部留在溶液中，所以，控制这样的分解条件，碳酸化分解析出的氢氧化铝中 SiO_2 含量很低。

同时，分解原液中 SiO_2 含量越低，在保证$Al(OH)_3$中规定的等级 SiO_2 含量的条件下，则可以提高碳酸化分解率。

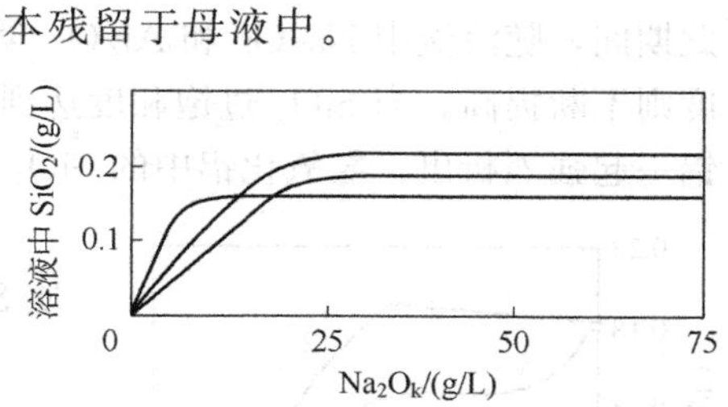

图 18-9 铝酸钠溶液中 SiO_2 含量与 Na_2O_K 浓度关系图

关于氧化硅在铝酸钠溶液碳酸化分解过程中的行为的研究，如图 18-10 和图 18-11 所示。

在碳酸化分解过程中，溶液中 SiO_2 析出变化曲线可分为三段。

第一段为分解初期，表明 Al_2O_3 和 SiO_2 共同析出，分解原液中硅量指数越高，这一段越短，与 $Al(OH)_3$ 共同析出的 SiO_2 量就越少。

第二段表明只析出氢氧化铝而不析出 SiO_2，表现为 SiO_2 析出变化曲线与横坐标平行，这一段的长度随分解原液中的硅量指数提高而延长。

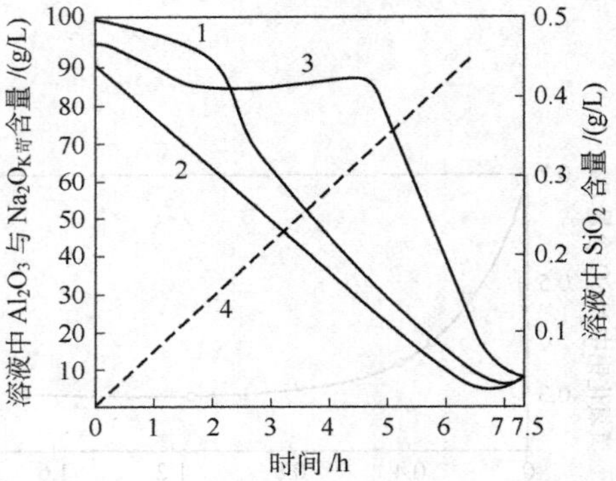

图 18-10　Na_2O、Al_2O_3、SiO_2 浓度在碳酸化分解中随时间的变化

1—Al_2O_3 含量；2—Na_2O_K 含量；3—SiO_2 含量；4—Na_2O_C 含量

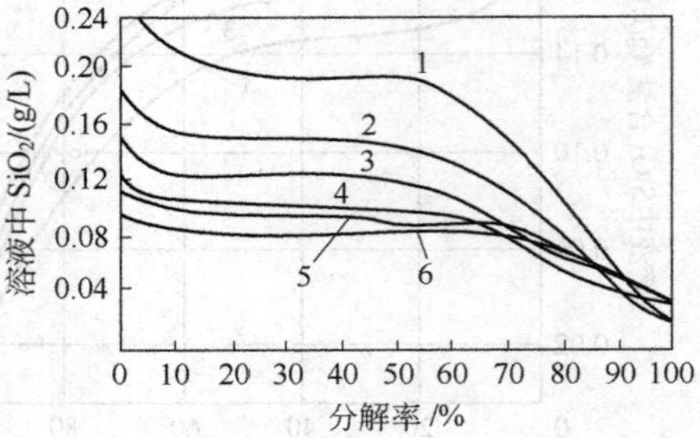

图 18-11　铝酸钠溶液中，SiO_2 含量与分解率的关系

1—A/S350；2—A/S470；3—A/S600；4—A/S710；5—A/S850；6—A/S910

第三段表明随 Al_2O_3 的析出，SiO_2 也强烈地析出。

不同硅量指数的铝酸钠溶液，碳酸化分解时产生上述 SiO_2 析出变化规律，其原因可能是，送去碳酸化分解的铝酸钠溶液，在脱硅时并未达到其平衡溶解度，SiO_2 仍未过饱和（介稳平衡状态），而且在铝酸钠溶液分解过程中，在 Al_2O_3 未析出之前，由于 Na_2O_k 浓度的降低，其过饱和度尚要稍有提高。特别是在碳酸化分解温度不超过 70～80℃时，因不具备合适的脱硅条件，这种过饱和度不易降低，只有当第一批氢氧化铝呈细分散状态析出之后，因其表面积和吸附能力都很大，这才造成降低 SiO_2 过饱和度的条件。这种活性的氢氧化铝在与 SiO_2 过饱和的溶液接触时，即从溶液中吸附部分 SiO_2。分解的溶液的过饱和度越高，吸附的 SiO_2 量就越大。这就确定了铝酸钠溶液碳酸化分解过程第一段 SiO_2 析出曲线的性质。

随铝酸钠溶液继续分解，$Al(OH)_3$ 颗粒增大，比表面积减小，吸附能力下降，这时，只有氢氧化铝单独析出，SiO_2 不再析出，析出的氢氧化铝中 SiO_2 的相对含量逐渐降低。在此期间，随溶液中 Na_2O_k 和 Al_2O_3 含量的降低，溶液中 SiO_2 的平衡溶解度下降，而其过饱和度则不断提高。当 SiO_2 过饱和度达到一定极限时，则 SiO_2 呈方钠石型化合物的形式和氢氧化铝一起强烈析出，氢氧化铝中的 SiO_2 相对含量继续增大。

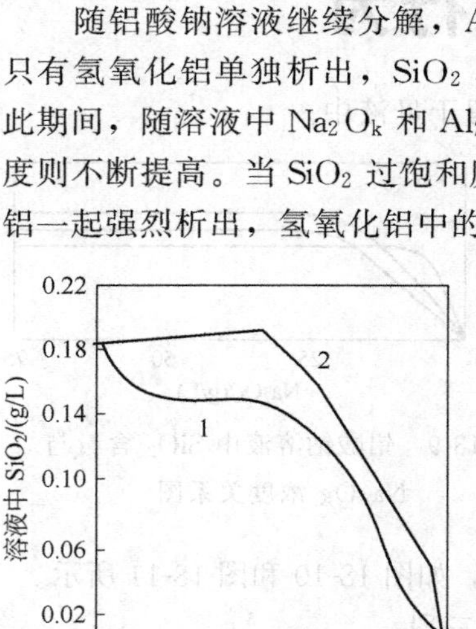

图 18-12　添加晶种时，铝酸钠溶液中 SiO_2 含量随分解率的变化

1—不加晶种；2—加入晶种

所以，铝酸钠溶液碳酸化分解过程中，氢氧化铝中杂质 SiO_2 含量在第二段终结之前为最少。

铝酸钠溶液碳酸化分解时，加入氢氧化铝种子，结果见图 18-12。

由图可见，不加晶种时，SiO_2 析出变化曲线仍由一般的三段曲线组成，而加入晶种时，则第一段曲线消失，只有后两段曲线。

试验表明，不加晶种时，在析出第一批 $Al(OH)_3$ 的同时，析出大量的 SiO_2，而在同样条件下，加入晶种，析出 40％以上的 Al_2O_3 不夹杂 SiO_2。

加入晶种后析出的第一批 $Al(OH)_3$ 不含有 SiO_2，这是因为，种子的颗粒已作为结晶中心，不再生成吸附能力大的、能降低溶液中 SiO_2 过饱和度的细分散的氢氧化铝。由此可以证明，在不加晶种时，碳酸化分解初期析出的氢氧化铝吸附了溶液中的一部分 SiO_2。

如前所述，用于碳酸化分解的铝酸钠溶液应先深度脱硅，降低其 SiO_2 的含量，同样能防止碳酸化分解时第一批氢氧化铝与 SiO_2 共同析出。

碳分过程分解率的高低，直接影响分解过程的产能，而且如前所述，对于一定纯度（A/S）的原始溶液而言，碳分过程分解率控制的高低，对产品质量也有一定影响。因此，碳分过程分解率的控制是非常重要的。

所谓碳分过程的分解率，即分解析出的 Al_2O_3 量与原始溶液中 Al_2O_3 量之比。可用下式表示：

$$\eta_A=\frac{A-A'}{A}\times 100\% \tag{18-22}$$

式中 η_A——碳分过程的分解率，%；

A——原始铝酸钠溶液中 Al_2O_3 浓度，g/L；

A'——分解母液中 Al_2O_3 的浓度，g/L。

但是，碳分过程中废气从分解槽中排出，夹带出大量水蒸气，以及 $Al(OH)_3$ 结晶结合水等使溶液浓缩。因此，在计算分解率时，上述 A' 值需用浓缩系数加以修正。

浓度系数：
$$\eta'=\frac{N_T}{N'_T} \tag{18-23}$$

式中 N_T——原始溶液中全碱浓度，g/L；

N'_T——分解母液中全碱浓度，g/L。

分析分解前后溶液中全碱浓度，即确定出浓缩系数 η'。

由此得：

$$\eta'_A=\frac{A-\eta'A'}{A}\times 100\% \tag{18-24}$$

有时用浓缩倍数 η 来表示：
$$\eta=\frac{1}{\eta'} \tag{18-25}$$

则

$$\eta_A=\frac{A-\dfrac{A'}{\eta}}{A}\times 100\% \tag{18-26}$$

生产上定时取样快速分析溶液中 Al_2O_3 和 Na_2O_T 的含量，然后按上式计算可以计算出任何一阶段的分解率。

碳分过程的分解率，是根据产品 Al_2O_3 的等级标准和原始溶液中硅量指数（A/S）来确定的。碳分分解率与原始溶液中硅量指数（A/S）的关系，可以借用图 18-13 加以说明。

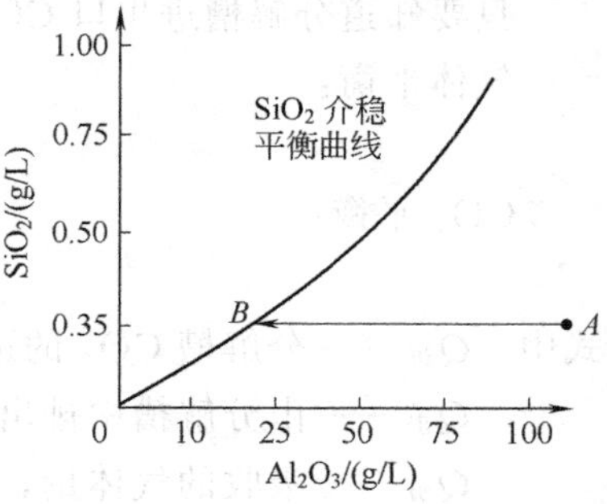

图 18-13 铝酸钠溶液中 SiO_2 平衡浓度与 Al_2O_3 含量的关系

例如原始溶液浓度为 100g/L，硅量指数为 400（即溶液中 SiO_2 为 0.25g/L），其结果相当于图中的 A 点。随着分解率的提高，溶液中 Al_2O_3 浓度不断降低，当 Al_2O_3 浓度降到 B 点时，即达到 SiO_2 介稳定溶解度平衡曲线，如果溶液中 Al_2O_3 继续降低，则溶液中 SiO_2 即沿曲线方向开始析出。因此分解率必须控制在 B 点之前，否则继续分解会使产品质量变坏。

生产上一般用试验方法或根据经验，确定出溶液硅量指数与碳分分解率的关系曲线，然后根据产品 Al_2O_3 等级标准的要求，对不同硅量指数的溶液，控制不同的碳分分解率。但是，为了兼顾分解过程的产能，碳分分解率一般控制在 80%左右，要求溶液的硅量指数不低于 400。

如要求产品 Al_2O_3 中含 SiO_2＜0.04%时，精液的硅量指数与碳分解率的关系如表 18-9 所示。

表 18-9　精液的硅量指数与碳分解率的关系

溶液的硅量指数(A/S)	＜300	301～325	326～350	351～375	376～400	401～450	451～500	＞500
碳分分解率/%	83～85	84～86	85～87	86～88	86.5～88.5	87～89	87.5～89.5	88～90

进入产品 $Al(OH)_3$ 中的 Fe_2O_3，主要是溶液中的悬浮固体粒子，在碳酸化的初期，成为 $Al(OH)_3$ 析出的结晶核心，或吸附于 $Al(OH)_3$ 颗粒表面与 $Al(OH)_3$ 一起沉淀。因此，产品 $Al(OH)_3$ 中 Fe_2O_3 杂质的控制主要决定于脱硅溶液的控制过滤，一般要求精液浮游物小于 0.02g/L。

18.4　碳酸化分解率的连续控制

为确定碳酸化分解是否达到规定的分解率，在生产中需要定时取样并快速分析溶液中 Al_2O_3 和 Na_2O 的含量。

更为简便的方法是根据分解中 CO_2 的吸收率来连续控制碳酸化分解率。

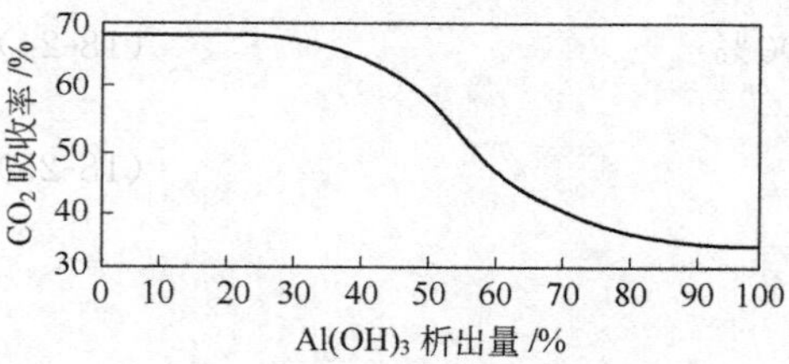

图 18-14　CO_2 的吸收率与 $Al(OH)_3$ 析出量的关系

根据前述碳酸化过程的化学反应，可以认为，CO_2 的吸收率决定于溶液中 NaOH 的浓度及铝酸钠的分解率，而后者又决定 $Al(OH)_3$ 的析出量。

碳酸化分解槽中 CO_2 的吸收率与 $Al(OH)_3$ 析出量的关系如图 18-14 所示。

随着 $Al(OH)_3$ 的析出，溶液中 Al_2O_3 浓度降低，CO_2 的吸收率亦降低，在具体生产中根据 CO_2 吸收率，可按经验确定所要求的分解率。

只要知道分解槽进出口 CO_2 的浓度，即可确定出 CO_2 的吸收率。

气体平衡：

$$Q_{进}=Q_{吸}+Q_{出} \tag{18-27}$$

CO_2 平衡：

$$Q_{进}\alpha=Q_{吸}\gamma+Q_{出}\beta \tag{18-28}$$

式中　$Q_{进}$——分解槽 CO_2 的进气量，m^3/h；

$Q_{出}$——由分解槽中排出的气体量，m^3/h；

$Q_{吸}$——吸收的气体量，m^3/h；

α——进入分解槽的气体中 CO_2 浓度，%；

γ——吸收部分气体中 CO_2 浓度，%；

β——排出气体中 CO_2 浓度，%。

如生产稳定，铝酸钠溶液，吸收的基本上全是 CO_2，由此可确定被吸收的气体 CO_2 浓度为 100%，即 $\gamma=100$：

$$Q_{吸}=\frac{Q_{吸}\ \gamma}{100} \tag{18-29}$$

将式（18-27）中的 $Q_{出}$ 值代入式（18-28）中可得：

$$Q_{进}\ \alpha=100Q_{吸}+Q_{进}\ \beta-Q_{吸}\ \beta$$

或

$$Q_{进}(\alpha-\beta)=Q_{吸}(100-\beta) \tag{18-30}$$

将式（18-30）两侧都除以 $Q_{进}(100-\beta)$ 可得

$$\frac{\alpha-\beta}{100-\beta}=\frac{Q_{吸}}{Q_{进}} \tag{18-31}$$

或 CO_2 吸收率（%）

$$\rho=\frac{Q_{吸}\ T}{Q_{进}\ \alpha}\times100=\frac{Q_{吸}}{Q_{进}\ \alpha}\times10^4 \tag{18-32}$$

或

$$\rho=\frac{\alpha-\beta}{(100-\beta)\alpha}\times10^4 \tag{18-33}$$

如 CO_2 浓度不用%，而用小数表示，则式（18-33）可写成：

$$\rho=\frac{\alpha-\beta}{(1-\beta)\alpha} \tag{18-34}$$

由上式看出，要想知道 CO_2 的吸收率，只测得分解槽进出口的 CO_2 浓度即可。

一般在分解初期，几乎全部 CO_2 均用于铝酸钠溶液的反应，分解槽出口的 CO_2 浓度很低，在 $\beta\approx0$ 时，$\rho\approx100\%$。

在分解终期，CO_2 吸收率急剧下降，进出口的 CO_2 浓度接近，当 $\beta\approx\alpha$ 时，$\rho\approx0$。

因此，可以根据 CO_2 吸收率连续控制碳酸化分解的程度。

式（18-34）尚可进一步简化，简化后仍具有足够的准确度；因为 β 远小于 1，可以假设 $(1-\beta)\approx1$，所以

$$\rho=\frac{\alpha-\beta}{\alpha}\quad 或\ \rho=1-\frac{\beta}{\alpha} \tag{18-35}$$

为确定 ρ 值，需要安装两个 CO_2 气体分析器，用以分析分解槽进出口的气体。可以采用标准仪表，直接记录 ρ 值。

18.5　碳分过程的工艺

碳酸化分解作业在碳分槽内进行。我国现在采用的是带挂链式搅拌器的圆筒形平底碳分槽（图 18-15）。二氧化碳气体经若干支管从槽的下部通入，并经槽顶的汽水分离器排出。国外有的厂采用气体搅拌分解槽，图 18-16 为气体搅拌的圆筒形锥底碳分槽示意图。槽里料浆由锥体部分的径向喷嘴系统送入的二氧化碳气体进行搅拌，而沉积在不通气体部分（喷嘴带以下）的氢氧化铝由空气升液器提升到上部区域。

现在生产上所采用的碳分槽，由于从下部通入二氧化碳气体，气体通过的液柱高，因而存在动力消耗大的缺点，所以碳分槽改进的方向是从上部导入二氧化碳气体，降低气体通过

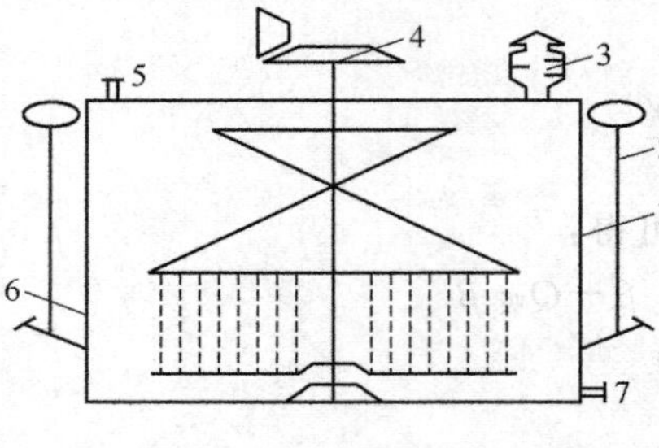

图 18-15　圆筒形平底碳分槽

1—槽体；2—进气管；3—汽液分离器；4—搅拌器；5—进料管；6—取样管；7—出料管

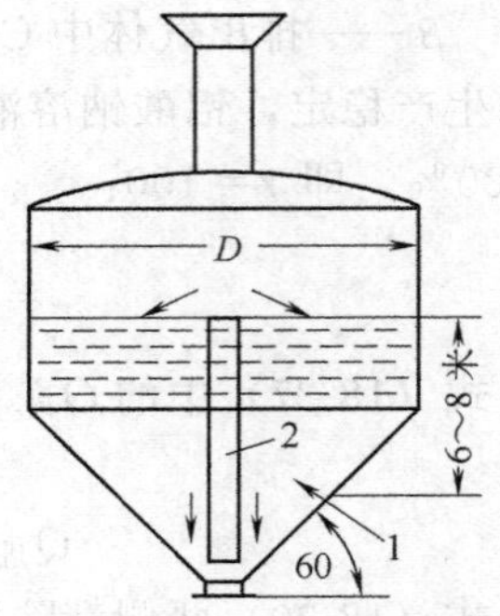

图 18-16　圆筒形锥底碳分槽

1—气体进口；2—空气升液器

的液柱高度。试验证明，二氧化碳利用率并不与液柱高度成正比。为了提高低液柱条件下二氧化碳的利用率，应使二氧化碳气体分散成细的气泡进入槽内，且在气体进入处保持溶液的不断更新，从而保证气体与溶液之间有很大的接触面积。

碳分可以间断进行，即在同一个碳分槽内完成一个作业周期，也可在一组碳分槽内连续进行，而每一个碳分槽都保持一定的操作条件。连续碳分已在国外采用，它的优点是生产过程较易实现自动化，并保持整个生产流程的连续化、设备利用率和劳动生产率高。

分解分为间断分解和连续分解两种方式。采用间断分解，该方法存在三个方面不足。

① 设备利用率低，碳分槽由于分解过程中槽壁结疤，有 1/4 槽于需用种分母液泡槽，利用率仅为 75%左右；另外，碳分作业的平均周期为 8h，在液量和 CO_2 气出现波动及其他部位出现故障时，因分解周期紧张而被迫压产，所以，碳分分解常常成为制约生产的薄弱环节。

② 采用间断分解，碳分分解率的合格率偏低，一般为 88%左右，分解不完全会造成氧化铝回头量增加，分解过头，则会降低氧化铝品级率。在作业中，用取样分析溶液试样中的成分和操作者的实践经验来控制应达到的分解率，而取样分析是掌握好分解率的主要依据。

③ 采用间断分解，劳动强度大，由于多台碳分槽交替作业，需要随时掌握进料、分解、出料、检查 CO_2 气平衡及分解率的控制，而采用连续碳分对烧结法生产氧化铝提产降耗和提高产品质量具有重要意义。

连续碳分是指在一组碳分槽内连续进行分解，每个碳分槽都保持一定的操作条件，这种方式在国外早已采用，它的优点在于生产过程易实现自动化，设备利用率和劳动生产率高，山东铝厂早在 20 世纪 50 年代就开始进行连续碳分的试验，并在 1992 年 1 月转入工业试验取得成功。由此可见，连续碳分是可行的。

连续碳分工艺流程见图 18-17。

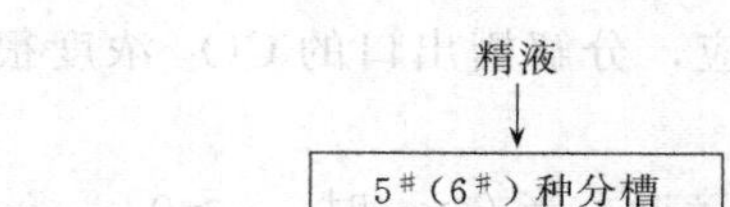

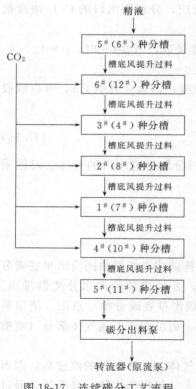

图 18-17　连续碳分工艺流程

主要技术条件和技术指标：

①一精液 A/S 800～1000；

② 通过液量 600～650m^3/h；

③ 分解槽停留时间 3～4h；

④ CO_2 浓度大于 36%；

⑤ 分解率 从首槽到末槽依次为 20%～30%、50%～55%、70%～75%、80%～85%、85%～90%、90%～92%。

氧化铝厂采用深度脱硅与连续碳分技术，对于企业提产降耗和提高产品质量具有重大意义，其经济效益是非常显著的。

第19章 富矿烧结生产氧化铝

19.1 富矿烧结工艺发展的意义

19.1.1 传统烧结法的发展限制

尽管传统烧结法通过新工艺、新装备、新材料等技术的不断进步，产品质量达到了拜耳法产品的质量水平，工艺能耗有较大幅度的降低，在世界氧化铝市场上保持一定的竞争力，并在化学品氧化铝开发方面，以其较低的杂质和较高的白度，得到快速的开发应用，并在国际市场上占有一席之地。但面对国际市场的激烈竞争，传统烧结法生产氧化铝存在的工艺缺陷，仍不可避免的暴露出来，限制了传统烧结法氧化铝的更快发展，不同生产技术结果见表19-1。传统烧结法的发展限制主要表现在以下几个方面。

① 成本偏高致使传统烧结法难以在市场经济条件下生存发展。

市场经济的发展规律决定了产品生产的生存与发展，企业经营的主要目的是盈利。没有成本的竞争优势作为基础，不能盈利企业就不能生存。

② 能耗偏高致使传统烧结法难以在世界能源缺乏的条件下生存发展。

世界资源是有限的，能源作为一种资源，为促进工业现代化起到了关键作用。能源过度开发后的短缺即将成为制约世界经济发展的重要因素，正因为如此，节约能源与开发代用能源成为越来越紧迫的任务，在这种条件下，能耗相对偏高的传统烧结法在世界氧化铝发展史上受到极大限制，未来的大发展希望也极其渺茫。表19-2为我国各氧化铝厂近年的综合能耗。

③ 废渣量偏多也严重制约着传统烧结法的发展。

氧化铝废渣即赤泥目前还没有经济的利用方式，部分赤泥用做水泥的原料替代黏土也难

表19-1 不同氧化铝生产技术对比

方　法	烧结法	联合法	拜耳法
处理矿石 A/S	4～5	8～10	15～18
工艺能耗/(kgbm/t)	1400	1200	900
碱耗/(kg/t)	70	60	40
成本(可比)	1.3	1.15	1.0
流程	复杂	复杂	简单
废渣量/(t/t)	1.6	1.2	1.0

表 19-2 1995～2002 年我国各氧化铝厂综合能耗 单位：kgbm/t

项目	1995 年	1996 年	1997 年	1998 年	1999 年	2000 年	2001 年	2002 年
山东	1588.94	1517.28	1598.95	1543.08	1503.00	1370.00	1316.70	1236.62
长城	1382.00	1658.00	1525.00	1389.00	1241.00	1175.00	1126.00	1052
贵州	1978.18	1877.28	1735.00	1614.00	1530.00	1524.00	1425.08	1370.93
山西	1967.00	1835.00	1642.00	1542.00	1274.00	1113.00	1101.09	1138.20
中州	2963.00	2710.00	2430.00	2106.00	1783.00	1642.00	1549.87	1406.46
平果			585.00	574.00	513.00	470.00	481.81	468.61

以广泛应用，处理方式仍然是堆存，大量土地被占用，这在寸土必争的时代，不仅不经济，而且对环境有重大影响。

④ 碱耗偏高也不利于传统烧结法的发展。

碱耗是氧化铝生产的综合性指标之一，它反映了氧化铝生产流程的综合技术水平，碱在氧化铝生产工艺中作为最重要的消耗材料，是碱法生产氧化铝除铝土矿原料之外第一位的材料，碱在氧化铝流程中也仅仅是一种载体，最终仍然以碱的形式排除流程（不论是进入赤泥还是进入污水或烟尘），对环境构成危害。表 19-3 为各氧化铝厂碱耗。

表 19-3 1995～2002 年各氧化铝厂碱耗 单位：kg/t

项目	1995 年	1996 年	1997 年	1998 年	1999 年	2000 年	2001 年	2002 年
山东	157.94	145.48	123.85	103.00	105.00	96.00	89.40	77.00
长城	100.00	116.61	97.25	85.00	70.34	68.00	61.68	61.46
贵州	188.00	142.47	112.81	101.50	78.61	61.00	53.98	68.40
山西	168.00	143.00	106.38	88.00	80.00	71.00	68.95	60.79
中州	215.00	180.00	165.00	109.00	85.26	76.00	70.51	64.82
平果		89.00	73.08	52.93	40.00	63.00	64.90	66.73

前面叙述了传统烧结法发展限制的几大主要因素，其根源在于传统烧结法只能处理低品位（A/S）矿石，是其发展限制的根源。

正因为矿石品位低，导致生产相同数量产品的废渣产出量大、碱耗高。

因为需要高温烧结，导致工艺能耗偏高；因此，导致烧结法生产氧化铝成本偏高。

针对我国一大半采用烧结法生产氧化铝的工艺系统，如果能够采取措施改造为富矿烧结，不仅熟料窑产能可以大幅度提高，而且熟料折合比也大幅度降低，流程循环效率得到较大的提高，具有增产近 30%的可能，将是对国家的巨大贡献。

经测算与传统的烧结法比较，富矿烧结生产氧化铝的原料消耗降低 10%～15%；动力、燃料消耗、工艺能耗将降低 20%～25%，产量增加 30%，单位氧化铝产品成本降低 130 元，经济效益显著。

19.1.2 富矿烧结工艺发展意义

富矿烧结生产氧化铝，已经在生产中得到全面应用，为企业的发展起到了巨大作用，在投资较省的前提下迅速提高了氧化铝的产量，也为满足国内氧化铝的紧缺发挥了作用，其发展意义是多方面的。

① 彻底改变了烧结法不能处理高 A/S 比矿石的传统认识，探索出我国烧结法生产氧化铝

的新路子。

传统认识，烧结法适宜处理 A/S 在 3.5 以上的铝土矿，一般为 3～5，而 A/S 在 5～7 的铝土矿适宜于联合法处理，A/S 在 8 以上的铝土矿适宜于拜耳法处理。

而富矿烧结生产氧化铝，可以处理铝土矿 A/S 达到 8～10 以上，这就彻底改变了烧结法只适宜于处理 A/S 在 3～5 之间的矿石的认识。

富矿烧结生产氧化铝新工艺的成功应用，是氧化铝生产工艺的重大变革，彻底改变了烧结法生产氧化铝的主要工艺，具有全新的概念。

② 节能降耗。采用高品位铝土矿生产氧化铝，可以使熟料折合比由 $3.8t/t_{AO}$ 降至 $2.8t/t_{AO}$，并且熟料烧成温度还可降低 100℃左右，从而较大幅度降低熟料烧结能耗，同时还可提高溶出液浓度，由此使氧化铝工艺能耗由 1480kgbm/t 降低至 1230kgbm/t。

③ 代替进口氧化铝的需要。我国的氧化铝生产长期以来一直处在短缺状态，每年需进口氧化铝 150～200 万吨，伴随着国民经济的发展对铝的需求，特别是化学品（多品种）氧化铝在石油、化工、陶瓷、电子、建材等领域的应用不断扩大，采用富矿熟料烧结生产氧化铝，可以增加氧化铝产量，减少我国进口氧化铝的数量。

④ 保护环境。通过对拜尔法与烧结法生产氧化铝系统的综合技术创新改造，由于拜尔法和烧结法矿石品位的提高，使赤泥产出量由 $1.44t/t_{AO}$ 降至 $1.18t/t_{AO}$，可以实现氧化铝增产的情况下，赤泥废渣的排放总量不增加，达到增产增效不增污的综合利用效果，而产出的砂状氧化铝又可大幅度减少各电解铝厂的氟污染，有利于保护环境。

19.1.3 富矿烧结需解决的问题

“富矿烧结”的根本问题是如何解决传统烧结法不能处理高品位铝矿石的问题，其中关键的问题如下。

配料问题　高 A/S 意味着配料中氧化铝含量大增，需要更多的碱来平衡。

烧成问题　熟料烧成温度与氧化铝含量密切相关，研究表明熟料氧化铝含量每升高 1%，熟料烧成温度应升高 10℃，烧成温度范围也相应变窄，烧成过程控制是否能够实现。

平衡问题　氧化铝生产建立在较大的液量循环之上，流程中同时进行着多个循环平衡，主要是流程液量与碱的平衡。

19.2 富矿的烧结

富矿烧结法生产氧化铝是通过采用适宜的熟料配方及相应的烧成制度生产高品位的熟料，以提高熟料烧成工序的氧化铝生产能力，降低生产热耗，降低生产成本的一种新的氧化铝生产工艺。原中州铝厂通过实验室研究，确定了熟料的配比和烧成条件是：熟料 A/S 为 8.0～9.0、碱比 1.0、钙比 1.5，熟料配方是采用低钙比的不饱和配方，此熟料烧成温度较宽（1220～1280℃）；熟料氧化铝、氧化钠的溶出率分别是 95%和 97%以上。山东铝厂熟料的 A/S 为 10.92～13.90，碱比为 1.12～1.14，钙比为 0.90～1.20，烧成温度 1100℃，取得较高的氧化铝和氧化钠的溶出率。熟料采用高 MR 溶出，溶出液 MR1.35～1.45，粗液氧化铝浓度 160g/L。同传统的碱石灰烧结法相比，富矿烧结工艺与传统碱石灰烧结法的主要技术条件及差异见表 19-4。

表 19-4　中州铝厂富矿烧结工艺与传统碱石灰烧结法的主要技术条件及指标

技术条件及指标	富矿烧结法	传统碱石灰烧结法	技术条件及指标	富矿烧结法	传统碱石灰烧结法
供矿铝硅比(质量比)	8.0	4.0～5.0	铁铝比(摩尔比)	约 0.08	约 0.07
碱比(摩尔比)	0.91	0.95～1.0	熟料折合比	3.1	3.9
钙比(摩尔比)	1.5～1.8	1.95～2.05	烧成煤耗/(kg/t_{AO})	682	858

19.2.1　富矿熟料的烧结温度

富矿熟料的烧结温度及烧结温度范围必须通过试验来确定。表 19-5 是在实验室几种典型的富矿烧结熟料的成分，碱比 1.12～1.14，不加钙熟料的钙比 0.17～0.24，加钙熟料钙比为 0.91～0.93，不同烧结温度熟料的溶出效果见表 19-6 和图 19-1。

表 19-5　几种典型富矿烧结熟料成分表　　单位：%

项目	SiO_2	Fe_2O_3	Al_2O_3	CaO	Na_2O	K_2O	TiO_2	*Ns*	*A/S*	*N/R*	*C/S*	*N/S*
1	3.54	1.51	48.5	0.8	36.89	0.20	2.67	2.72	13.70	1.14	0.24	9.69
1	4.42	2.05	48.3	0.7	36.7	0.21	2.10	2.60	10.92	1.14	0.17	8.33
2	3.40	1.50	47.4	2.9	35.02	0.27	2.27	2.41	13.90	1.12	0.91	10.35
3	4.02	2.00	46.5	3.5	35.47	0.27	2.09	2.50	11.50	1.14	0.93	8.87

注：1—原矿；2—精矿；3—原矿加钙熟料；4—精矿加钙熟料。

表 19-6　不同烧结温度熟料溶出效果表

项　目		烧结温度/℃								
		900	1000	1100	1150	1200	1250	1300	1350	1400
密度 ρ/(g/cm^3)		1.17	0.9	0.85	0.79	0.79	0.76	0.71	0.78	0.83
碱比 *N/R*		1.12	—	—	—	1.11	—	—	—	1.06
溶出率	η_N/%	96.70	99.10	98.95	99.04	99.22	99.17	98.30	99.21	98.90
	η_A/%	51.27	89.27	99.20	99.30	99.39	99.47	99.21	98.93	99.10
	η_S/%	51.00	95.20	93.42	90.44	89.00	90.50	88.30	90.40	88.51
溶液成分	Al_2O_3/(g/L)	119.4	184.8	206.1	203.4	206.1	204.6	206.1	204.0	209.7
	Na_2O_c/(g/L)	32.30	33.20	20.40	18.02	15.57	12.33	12.50	12.76	13.04
	Na_2O_T/(g/L)	163.3	176.7	175.6	169.2	171.6	170.5	165.8	161.8	165.4
	SiO_2/(g/L)	5.92	11.60	12.16	10.80	11.06	11.84	11.04	11.04	12.40
	MR	1.80	1.24	1.24	1.22	1.25	1.27	1.20	1.20	1.20
赤泥成分	Al_2O_3/%	69.8	42.9	6.0	5.2	4.6	4.1	5.4	8.4	6.4
	Na_2O/%	3.60	2.75	6.00	5.50	4.46	4.88	4.92	4.15	5.75
	Fe_2O_3/%	4.46	12.45	23.38	23.38	23.38	24.10	23.38	23.38	21.95
	A/S	13.60	10.60	1.64	1.00	0.75	0.76	0.92	1.53	1.08
	$K_{赤泥}$/%	33.90	12.13	6.46	6.40	6.46	6.27	6.46	6.46	6.90
	[*N/S*]	0.70	1.60	1.67	1.05	0.93	0.91	0.95	0.79	0.97

注：$K_{赤泥}$为赤泥产出率即赤泥的质量与熟料质量的百分比。

表 19-6 列举出熟料的烧结温度 900～1400℃范围内，烧结温度与熟料溶出效果的关系。氧化钠的溶出率在该温度范围内均很高，当温度在 1100℃以上，氧化硅的溶出率先随温度

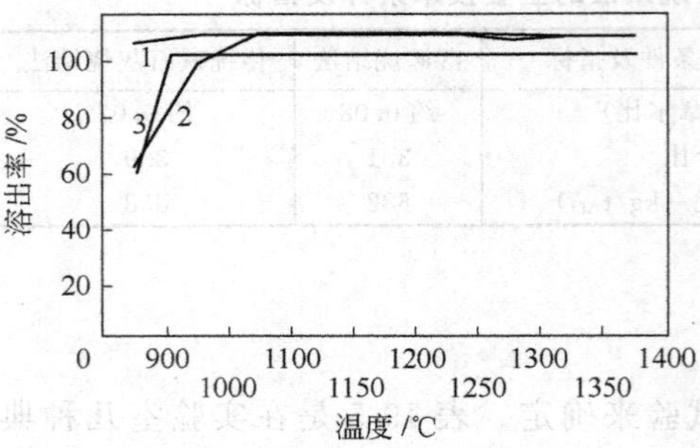

图 19-1　氧化钠、氧化铝、氧化硅溶出率与烧成温度关系图

1—η_N；2—η_A；3—η_S

的升高而升高，1100℃以上溶液中二氧化硅含量变化不大。

烧结熟料的外观颜色随烧结温度及碱比（N/R）升高而加深，熟料的烧结温度范围很宽。此物料在烧结温度提升至1350～1400℃时基本不结块，液相量很少，球粒间有黏结现象但属于膨胀区。此物料铁铝比（F/A）为0.02～0.025，明显属于低于0.075的低铁料。表19-6中烧结温度1100℃时，熟料中氧化铝与氧化钠的溶出率已达99%，表明熟料中的主反应已经完成，熟料烧成不必进入液相区，另外此熟料的烧结块容重明显低于正常铝酸钠熟料，所以此熟料有可能大大降低物料对回转窑烧成带窑壁的冲刷和腐蚀。熟料窑烧成带能否挂好窑皮可能不会严重影响回转窑的操作。试验发现，此物料急烧料块出现松散、溶出率随之下降等结果，故应注意。

工业试验表明，当碱比、钙比在一定范围内，煅烧温度对富矿熟料氧化铝标溶影响较大，烧成温度低于1100℃，氧化铝标溶明显降低。

19.2.2　富矿熟料的碱比

富矿熟料的碱比与熟料质量的关系见表19-7，这是在实验室研究的结果。

实验室研究表明，富矿熟料烧结温度1150℃、碱比（N/R）在1.0以上条件下，熟料的溶出效果较好。熟料碱比进一步升高对熟料氧化铝与氧化钠的溶出率影响不大，溶液的苛性比有一些升高，富矿熟料的碱比可以控制在1.0～1.05，以取得较好的经济效益，过多的碱不会起到多大作用，配碱量不足也是不行的。

表19-7　富矿熟料碱比与熟料质量关系

项目		碱比变化					
		0.90	1.00	1.05	1.10	1.15	1.20
密度 ρ/(g/cm^3)		0.99	0.96	0.91	1.00	1.00	1.09
碱比 N/R		0.90	1.00	1.05	1.10	1.15	1.20
溶出率	η_N/%	98.40	99.00	99.00	99.00	99.00	99.00
	η_A/%	88.10	95.74	97.22	99.00	99.14	99.14
	η_S/%	91.20	92.80	92.40	93.00	89.90	88.60
溶液成分	Al_2O_3/(g/L)	207.2	206.4	203.4	207.0	200.4	198.0
	Na_2O_c/(g/L)	12.11	11.77	12.26	12.57	14.47	15.20
	Na_2O_T/(g/L)	155.0	158.4	158.3	164.1	166.1	167.5
	SiO_2/(g/L)	12.11	12.34	11.84	11.84	11.28	11.04
	MR	1.14	1.17	1.18	1.20	1.25	1.27
赤泥成分	Al_2O_3/%	45.80	25.50	18.35	7.35	6.40	6.30
	Na_2O_T/%	3.72	4.23	4.60	5.46	4.97	4.54
	Fe_2O_3/%	12.00	18.65	20.60	23.10	23.24	22.77
	A/S	18.54	8.12	5.00	1.93	1.16	1.04
	$K_{赤泥}$/%	13.8	8.9	7.7	6.7	6.7	6.7
	N/S	1.50	1.34	1.26	1.43	0.90	0.75

注：熟料烧结温度为1150℃；$K_{赤泥}$为赤泥产出率，即赤泥的质量与熟料质量的百分比。

工业试验富矿熟料质量与碱比的关系如表 19-8 所示，烧结温度 1050～1250℃。

表 19-8　富矿熟料质量指标

N/R	C/S	A/S	A 标	N 标	相对密度	粒度<5mm
1.143	1.126	6.684	95.36	96.61	1.27	24.93
1.062	1.248	7.014	94.95	96.63	1.18	35.21
1.037	1.144	8.098	94.63	96.64	1.13	36.64

工业实验表明碱比在一定范围内对富矿熟料氧化铝标溶影响不大，但当熟料碱比低于 0.95 时，富矿熟料氧化铝标溶明显降低，但碱比高于 1.05 时，标溶变化不大。

19.2.3　富矿熟料的钙比

为保证 $Al(OH)_3$ 质量，必须减少富矿熟料溶出时 SiO_2 进入铝酸钠溶液，溶出液必须经脱硅，生成钠硅渣。在生成钠硅渣同时，将降低氧化铝与氧化钠的溶出率。所以，在富矿烧结时配入一部分氧化钙，生成部分硅酸二钙（C_2S），降低溶出液中 SiO_2，同时降低脱硅渣中 N/S 比，提高氧化铝溶出率，减少硅渣含碱量。表 19-9 为实验室加钙富矿熟料的溶出效果，原矿熟料的钙比为 0.91，精矿熟料的钙比为 0.93。

表 19-9　加钙富矿熟料的溶出效果

项目		原矿熟料		精矿熟料	
溶出条件	T/℃	80		80	
	t/min	15		15	
溶液成分/(g/L)	N_T	167.5	114.57	180.6	115.05
	Al_2O_3	200.4	126.0	202.8	123.6
	N_C	24.47	17.71	31.4	18.83
	SiO_2	12.26	6.01	11.8	6.01
	MR	1.17	1.26	1.21	1.28
	A/S	16.5	21.0	17.2	20.6
赤泥成分/%	SiO_2	7.13	9.01	7.96	11.7
	Fe_2O_3	14.45	15.10	17.1	13.83
	Al_2O_3	14.6	14.1	21.8	20.3
	CaO	25.6	25.6	25.6	22.2
	Na_2O	2.0	1.55	1.31	1.45
	K_2O	0.08	0.07	0.05	0.08
	TiO_2	20.68	25.28	16.33	14.29
	灼减	12.31	9.40	10.44	10.0
	A/S	2.05	1.56	2.73	1.74
	N/S	0.29	0.18	0.17	0.13
溶出效果/%	η_A	96.8	97.0	98.5	93.7
	η_N	99.4	99.6	99.6	99.4
	η_S	78.7	74.3	76.8	73.5
	$K_{赤泥}$	10.4	9.9	11.7	14.7

表 19-9 加钙富矿熟料溶出效果表明其特点是：①赤泥生成率由 6%～7%上升到 10%～15%，赤泥的 N/S 比由 0.5～0.7 降低到 0.2～0.3，赤泥的 A/S 比由 1.0 升高到 1.6～2.0；②赤泥含碱量下降但氧化钠溶出率不变（η_N，99%），赤泥 A/S 升高使氧化铝溶出率降低（η_A，94%～97%），氧化硅溶出率降低约 10%。

工业试验表明：

① 在水泥窑上煅烧不同钙比的氧化铝熟料就窑本身来讲均能适应，但钙比的变化对窑的工艺参数也需做相应的调整，钙比低时煅烧温度低且细料多，钙比高时煅烧温度高且细料减少；

② A/S 高低对煅烧状态有影响，中品位熟料铝矿石可以任意配制各种钙比，均能进行正烧结控制，高品位熟料铝矿石在配料时，若采用低钙比，则细料多飞扬较大，回转窑操作难度大，此时需调整钙比在 1.5 以上，煅烧温度高达 1250℃以上，富矿熟料致密，硬度增大，相对密度升高。

19.2.4 富矿熟料的主矿物

不同碱比调配物料于正常烧结温度下烧成的富矿熟料（不加 CaO），经 X 射线衍射结果如图 19-2 所示，其主矿相为 γ-$Na_2O \cdot Al_2O_3$，次相为 β-$Na_2O \cdot Al_2O_3$。其变化规律是：碱比相同变化烧结温度时，低温（<1000℃）区主要是 γ-$Na_2O \cdot Al_2O_3$，烧结温度进入高温（>1200℃）区后，β-$Na_2O \cdot Al_2O_3$ 特征峰值逐渐升高（2.68，2.69），在一定烧结温度条件下，碱比提高有利 γ-$Na_2O \cdot Al_2O_3$ 形成。

$$Al_2O_3 + Na_2CO_3 \longrightarrow Na_2O \cdot Al_2O_3 + CO_2 \uparrow \qquad (19\text{-}1)$$

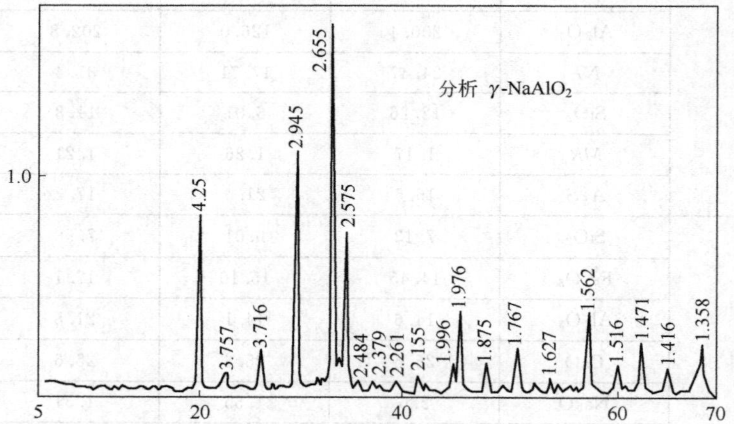

图 19-2　富矿熟料的 X 射线衍射图

该反应在 500～700℃时开始，800℃下可以完成，1100℃下反应可以在 1h 内完成。

富矿熟料中二氧化硅主要以 $Na_2O \cdot Al_2O_3 \cdot 2SiO_2$ 形态存在，部分以活性硅形态存在，在溶出过程，其溶出率随 A/S 提高而提高，二氧化硅在烧结温度 1000℃时溶出率（η_S）95.20%，但由于富矿熟料的 A/S 较高，熟料中总硅量较低，在相同溶出氧化铝浓度下，溶液中的 SiO_2 仅 11～12g/L，即进入液相中的总硅量还是减少的，脱硅时生成的硅渣量也少。

富矿熟料中氧化铁以 $Na_2O \cdot Fe_2O_3$ 形态存在，反应在主相 $Na_2O \cdot Al_2O_3$ 反应之后进行并与之形成固熔体，铁酸钠生成反应的自由能比同温度下的铝酸钠小些，但在 1000℃下反应可以在 1h 内完成。

多余的 Na_2O 以 Na_2CO_3 形态存在，在溶出过程 $Na_2O \cdot Fe_2O_3$ 分解，Na_2O 进入溶液而 Fe_2O_3 进入赤泥，由于富矿熟料中氧化钙含量较少，因此没有更多的 $2Ca_2O \cdot SiO_2$ 与 $Na_2O \cdot Fe_2O_3$ 形成三元系化合物。

如果熟料配方按 $N/R=1.0\pm0.02$，$C/S=1.3\sim1.5$，烧成温度 1250℃，熟料主要物相组成为：

$CaO \cdot TiO_2$	2.40%	$Na_2O \cdot Fe_2O_3$	4.20%	$K_2O \cdot Al_2O_3$	14.6%
$Na_2O \cdot CaO \cdot SiO_2$	8.0%	$Na_2O \cdot Al_2O_3$	58.9%	$2CaO \cdot SiO_2$	6.3%

19.2.5 富矿熟料与普矿熟料成分的对比

富矿熟料的成分与普矿熟料成分的对比如表 19-10 所示。

表 19-10 富矿熟料的成分与普矿熟料成分的对比

成分	SiO_2	Fe_2O_3	Al_2O_3	CaO	Na_2O	N_S
1#	5.49/8.21	3.81/5.17	43.74/38.11	1.04/14.24	33.86/26.67	3.72/2.76
2#	6.36/8.45	3.19/5.23	44.91/38.46	2.62/15.27	32.33/25.68	2.90/2.53
平均	5.92/8.33	3.50/5.20	44.32/38.48	1.83/14.76	33.10/26.18	3.31/2.64
成分	**S^{2-}**	**N/R**	**C/S**	**A/S**	**$A_{标溶}$**	**$N_{标溶}$**
1#	0.034/0.06	1.07/0.95	0.20/1.85	7.97/4.66	97.12/95.74	98.93/97.40
2#	0.040/0.048	1.03/0.91	0.44/1.94	7.06/4.55	94.57/95.55	97.63/97.43
平均	0.037/0.050	1.05/0.93	0.32/1.89	7.51/4.60	95.84/95.64	98.28/97.42

从富矿熟料与普矿熟料的成分对比，可以看出以下几点：

① 富矿熟料的氧化铝品位较普矿熟料高 15.17%，正是由于熟料品位的提高，使得熟料的折合比降低；

② 富矿熟料的有用成分（Al_2O_3 和 Na_2O）达到 77.42%，较普矿熟料高 12.76%，也就是相应无用成分（最终进入赤泥）减少 12.76%，这是富矿烧成生产氧化铝经济合理的重要因素之一；

③ 富矿熟料的标准溶出效果较普矿熟料好，Al_2O_3 标准溶出率高 0.20%，Na_2O 标准溶出率高 0.865%，也将进一步减少赤泥的生成量。

19.3 富矿熟料的溶出

富矿熟料的溶出采用种分原液与洗液调配方式进行，调配液成分如表 19-11。

表 19-11 调配液成分表 单位：g/L

N_T	Al_2O_3	N_K	MR	浮游物
98.58	53.58	79.71	2.45	3.53
81.64	50.79	65.22	2.11	2.74

按照工业试验的要求，溶出过程以控制溶出液的氧化铝浓度为主，调整控制溶出磨的熟料加入量。溶出液的氧化铝浓度比普通矿的高约 40g/L。溶出液成分见表 19-12。

表 19-12　溶出液成分表　　单位：g/L

N_T	Al_2O_3	N_K	MR	固含	SiO_2
166.41	174.37	143.56	1.35	39.32	12.87
157.28	162.62	140.75	1.42	33.98	12.19

19.3.1　溶出液固比（L/S）对不加钙富矿熟料溶出效果的影响

富矿熟料的溶出与普通熟料的溶出受 L/S 影响，存在差异，随着溶出 L/S 的升高，溶液中的 SiO_2 含量就有所下降，如表 19-13 所示。

表 19-13　溶出 L/S 对溶出效果的影响

项　目		原矿			选精矿		
溶出条件	T/℃	80			80		
	t/min	15			15min		
	L/S	3.00	3.88	4.60	3.00	3.88	4.60
溶液成分/(g/L)	N_k	153.27	125.28	109.52	141.00	126.59	104.99
	Al_2O_3	206.4	170.1	145.8	198.6	171.6	143.4
	SiO_2	11.84	9.40	7.76	12.84	10.40	8.36
	MR	1.22	1.21	1.24	1.17	1.21	1.20
	A/S	17.4	18.0	18.8	15.5	16.5	17.2
赤泥成分/%	SiO_2	6.22	6.70	7.19	9.14	9.75	9.63
	Fe_2O_3	20.06	23.52	24.45	27.81	27.45	27.10
	Al_2O_3	6.7	6.7	6.1	9.4	9.1	9.4
	Na_2O	5.85	4.00	3.63	4.61	3.63	3.50
	K_2O	0.25	0.25	0.28	0.25	0.28	0.25
	TiO_2	32.65	35.67	35.08	28.21	27.10	26.71
	灼减	13.45	12.81	13.09	13.63	15.15	13.80
	A/S	1.08	1.00	0.89	1.03	0.93	0.98
	N/S	0.97	0.62	0.53	0.52	0.39	0.38
溶出效果/%	η_A	98.8	99.3	99.4	99.1	99.2	99.3
	η_N	99.0	99.1	99.2	98.6	98.6	98.5
	η_S	87.2	87.9	87.4	82.6	81.2	81.2
	$K_{赤泥}$	7.3	6.4	6.2	7.37	7.47	7.56

19.3.2　溶出时间对不加钙富矿熟料溶出效果的影响

富矿熟料易于溶出，15min 氧化铝和氧化钠已完全溶出，延长溶出时间，溶液中硅含量及 A/S 变化很小，如表 19-14 所示，因此，氧化铝与氧化钠的溶出率变化也很小，均保持 99%左右。

工业试验结果也表明富矿熟料的溶出性能非常好，并且溶出的指标极易控制，调配液的指标有较宽的控制范围，可以保证富矿熟料较好的溶出性能，在溶出过程不发生水化石榴石固溶体的副反应，最终赤泥 A/S 比可以达到 1.1，较三水铝石铝土矿拜耳法生产氧化铝赤泥 A/S 比降低 30%～50%。

表 19-14　溶出时间对熟料溶出效果的影响

项　目		指标值			
时间/min		15	30	45	60
溶液成分/(g/L)	N_k	155.1	154.8	154.8	155.7
	Al_2O_3	209	209	209	209
	SiO_2	10.68	11.22	13.6	12.9
	MR	1.22	1.21	1.22	1.22
	A/S	19.67	18.60	15.40	16.2
赤泥成分/%	SiO_2				7.3
	Fe_2O_3				28.02
	Al_2O_3				10.0
	Na_2O				5.0
	K_2O				0.33
	TiO_2				27.61
	灼减				15.03
	A/S				1.05
	N/S				0.715
溶出效果/%	η_A				98.90
	η_N				99.25
	η_S				88.90
	$K_{赤泥}$				5.4

注：温度为 80℃。

19.3.3　加钙富矿熟料的溶出

为降低富矿熟料溶出过程中 SiO_2 大量进入溶液，在熟料烧结过程中，加钙烧结可生成部分 C_2S（硅酸二钙），从而降低 SiO_2 的溶出率，同时也降低了脱硅硅渣中 N/S 比，提高氧化钠的溶出率，减少了硅渣中含碱量。

从表 19-15 中可以看出，加钙富矿熟料溶出效果的特点是：①赤泥生成率由 6%～7%上升到 10%～15%，赤泥的 N/S 比由 0.5～0.7 降低到 0.2～0.3，赤泥的 A/S 比由 1.0 升高到 1.6～2.0；②赤泥含碱量下降但氧化钠溶出率不变（η_N，99%），赤泥 A/S 升高使氧化铝溶出率降低（η_A，94%～97%），氧化硅溶出率降低约 10%。

19.3.4　溶出赤泥与沉降

富矿熟料溶出赤泥的主物相见图 19-3。

富矿熟料溶出赤泥生成率 6%～8%，较普通熟料溶出赤泥生成率低约 10%，当两者溶出 L/S（$L/S=2.8$）相同时，富矿熟料溶出液中赤泥量为 27g/L，降低近 40%。

富矿熟料溶出泥浆中赤泥量的减少，降低了赤泥沉降速度及作为晶种脱硅的效果。表 19-13、表 19-14 中赤泥的灼减值 13%～15%，较普通熟料赤泥的灼减高，表明两种赤泥中含水矿物相在数量（质量）上有差异，高含水矿物相赤泥也会降低沉降速度，由此使赤泥的沉降性变差，液固分离工艺宜采用直接过滤或浓缩过滤。赤泥沉降的问题制约着富矿烧结生产氧化铝优点的发挥，沉降槽浮游物的升高制约着过滤机的效率，因此需选取更合适的絮凝剂。

表 19-15 加钙富矿熟料的溶出效果

项目		原矿熟料		精矿熟料	
溶出条件	T/℃	80		80	
	t/min	15		15	
溶液成分/(g/L)	N_T	167.5	114.57	180.6	115.05
	Al_2O_3	200.4	126.0	202.8	123.6
	N_C	24.47	17.71	31.4	18.83
	SiO_2	12.26	6.01	11.8	6.01
	MR	1.17	1.26	1.21	1.28
	A/S	16.5	21.0	17.2	20.6
赤泥成分/%	SiO_2	7.13	9.01	7.96	11.7
	Fe_2O_3	14.45	15.10	17.1	13.83
	Al_2O_3	14.6	14.1	21.8	20.3
	CaO	25.6	25.6	25.6	22.2
	Na_2O	2.0	1.55	1.31	1.45
	K_2O	0.08	0.07	0.05	0.08
	TiO_2	20.68	25.28	16.33	14.29
	灼减	12.31	9.40	10.44	10.0
	A/S	2.05	1.56	2.73	1.74
	N/S	0.29	0.18	0.17	0.13
溶出效果/%	η_A	96.8	97.0	98.5	93.7
	η_N	99.4	99.6	99.6	99.4
	η_S	78.7	74.3	76.8	73.5
	$K_{赤泥}$	10.4	9.9	11.7	14.7

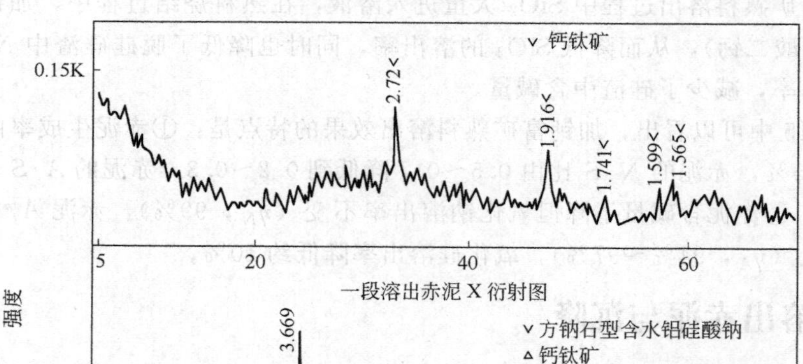

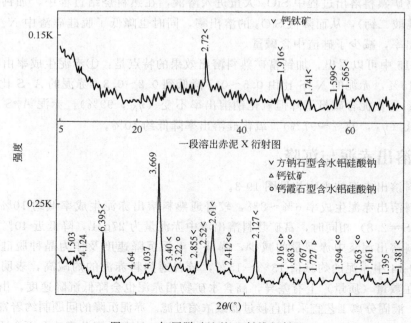

图 19-3 加压脱硅渣的 X 射线衍射图

富矿熟料成分及溶出效果可计算出熟料消耗为 2.3～2.5t/t_{AO}，赤泥排出量为 175～185kg/t_{AO}，赤泥含碱 20～25kg/t_{AO}，赤泥含 TiO_2 高达 26%～30%。

富矿熟料具有良好的可磨性，在流程之中存在细化现象，尽管给分离带来一些困难，但工业试验表明，适当调整沉降槽控制指标，选择适宜的絮凝剂，可以保持赤泥的沉降速度达到 0.2m/min 以上，满足沉降槽沉降分离的要求，特别是富矿熟料赤泥具有良好的过滤性能，同样条件下，过滤机产能可以提高 36%。溶出赤泥的泥化状况及成分见表 19-16 和表 19-17。

表 19-16 赤泥的泥化状况

取样点	细度/%					
	+60#	+80#	+120#	+200#	+320#	−320#
磨前缓冲槽	14.81	22.84	32.81	41.62	49.44	50.56
管道化进口	13.21	18.43	26.25	33.56	41.08	58.92
脱硅后浆液	1.65	3.29	6.35	10.43	15.12	84.88
分离进料	1.03	2.41	5.57	9.91	14.27	85.73
分离底流	1.26	2.09	3.01	3.95	5.48	94.52
赤泥过滤机	0.05	0.54	2.58	5.88	10.00	90
总泥化率	99.66	97.64	92.14	85.87	79.77	

表 19-17 赤泥成分

序号	SiO_2	Fe_2O_3	Al_2O_3	CaO	Na_2O	η_A	η_N
1#	6.92	22.32	18.09	8.77	6.64	92.94	96.65
2#	6.22	19.93	16.89	14.34	6.13	93.98	96.97

溶出浆液的沉降性能较差（见表 19-18），由于没有有效的絮凝剂加入，沉降的溢流浮游物很高（达 23g/L 左右），而底流液固比也不小（8.0 左右），使得沉降难以实现有效的分离。同时，尽管赤泥的过滤性能不错，但由于溶出浆液的固含不高，真空过滤设备又是以通过液量（真空量）为限制，滤饼太薄也导致真空转鼓过滤机难以控制。

表 19-18 沉降分离指标

项目	溢流浮游物/(g/L)	底流 L/S
4 月份	23.56	8.17
5 月份	22.74	7.89

加压脱硅渣中的主矿物为方钠石、钙霞石、含水铝硅酸钠，若脱硅时加入石灰乳则增加了水合铝酸三钙。

19.4 溶出浆液的脱硅

为了生产出合格的种分氢氧化铝，富矿熟料溶出浆液与普通熟料的溶出浆液一样，均需经过脱硅过程，使精液的 A/S 升高到 250～300。为了简化生产工艺或有利于加深脱硅深度，脱硅可分为分离溶出泥浆与不分离溶出泥浆脱硅两种方案。在两种方案中均可加一些晶种及添加物，以利于加深、加快脱硅效果。

19.4.1 富矿熟料溶出泥浆不分离加压脱硅

富矿熟料溶出泥浆不分离加压脱硅，在温度 170℃时脱硅时间 30～60min，可以得到

A/S230 以上的精液，能够满足精液晶种分解的要求，并且保持氧化铝与氧化钠的净溶出率 90%以上，如表 19-19 所示。

表 19-19　富矿熟料溶出泥浆不分离加压脱硅效果

项　目		原矿熟料			精矿熟料		
溶出条件	T/℃	170			170		
	t/min	30	45	60	30	45	60
溶出液成分/(g/L)	N_T	166.2	166.7	165.1	149.3	152.0	154.3
	Al_2O_3	192.45	192.3	190.0	170.1	172.2	174.9
	N_C	19.24	19.94	18.80	18.54	19.21	20.04
	SiO_2	0.84	0.84	0.77	0.70	0.71	0.61
	MR	1.76	1.26	1.27	1.26	1.27	1.26
	A/S	230	230	244	241	244	288
赤泥成分/%	SiO_2			20.8			22.43
	Fe_2O_3			7.85			10.88
	Al_2O_3			21.9			23.0
	CaO			4.8			4.6
	Na_2O			18.5			17.0
	K_2O			0.53			0.40
	TiO_2			12.27			10.72
	SO_3			3.36			
	灼减			9.5			9.83
	A/S			1.05			1.03
	N/S			0.91			0.77
溶出效果/%	η_A			91.41			91.02
	η_N			90.30			91.18
	$K_{赤泥}$			19.0			18.84

19.4.2　加钙富矿熟料溶出泥浆不分离加压脱硅

加钙富矿熟料溶出泥浆不分离加压脱硅，在温度 170℃时脱硅时间 30～60min，可以得到 A/S 230 以上的精液，甚至达到 A/S 300 以上，能够满足精液晶种分解的要求，但由于赤泥量的增加导致氧化铝的净溶出率受到的影响较大（降到 90%以下），但氧化钠的净溶出率可达到 92%以上，如表 19-20 所示。

表 19-20　加钙富矿熟料溶出泥浆不分离加压脱硅效果

项　目		加钙原矿熟料			加钙精矿熟料		
溶出条件	T/℃	170			170		
	t/min	30	45	60	30	45	60
溶出液成分/(g/L)	N_T	149.2	146.6	148.6	160.3	163.6	160.6
	Al_2O_3	165.3	163.0	164.5	175.8	178.8	174.5
	N_C	24.6	23.7	23.5	29.56	32.27	29.10
	SiO_2	0.57	0.57	0.51	0.74	0.71	0.61
	MR	1.24	1.24	1.25	1.22	1.23	1.24
	A/S	298	286	310	238	252	281

续表

项　目		加钙原矿熟料			加钙精矿熟料		
赤泥成分/%	SiO_2			18.65			18.22
	Fe_2O_3			7.45			9.10
	Al_2O_3			24.9			28.8
	CaO			14.4			14.4
	Na_2O			13.32			12.77
	K_2O			0.47			0.47
	TiO_2			11.38			8.35
	SO_3			3.26			3.10
	灼减			9.32			9.41
	A/S			1.34			1.58
	N/S			0.73			0.72
溶出效果/%	η_A			89.42			86.57
	η_N			92.20			92.03
	$K_{赤泥}$			20.1			22.0

加钙富矿加压脱硅硅渣的射线 X 衍射图见图 19-4，加压脱硅渣中的主矿物为方钠石、钙霞石、含水铝硅酸钠，若脱硅时加入石灰乳则还有水合铝酸三钙。

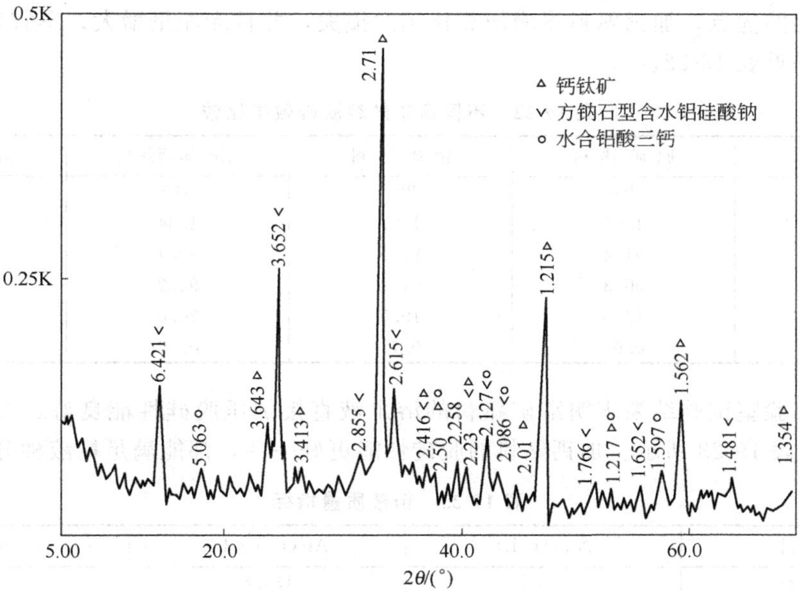

图 19-4　加钙富矿加压脱硅渣的 X 射线衍射图

19.4.3　不同晶种对溶出泥浆不分离加压脱硅的影响

富矿熟料溶出泥浆不分离加压脱硅效果，与晶种结构关系较大，采用制备的晶种脱硅精液 A/S 难以达到 200 以上的要求，采用加压脱硅生成的钠硅渣作晶种脱硅，精液很快达到 200 以上，说明晶种表面结构对于脱硅效果影响很大，如表 19-21 所示，相同的结构易于促进反应的进行。

表 19-21 不同晶种富矿熟料溶出泥浆不分离加压脱硅效果

项目		制备晶种				钠硅渣			
温度℃		170				170			
时间/min		0	30	45	60	0	30	45	60
溶出成分/(g/L)	Al_2O_3	203.7	188.0	192.0	197.0	207.0	198.3	198.9	202.8
	N_C	16.5	16.3	16.0	17.2	15.6	15.9	16.1	16.0
	SiO_2	1.21	1.60	1.21	1.14	1.15	0.94	0.87	0.97
	MR	1.24	1.28	1.29	1.29	1.26	1.26	1.27	1.27
	A/S	168	118	163	173	178	211	229	229
赤泥成分/%	SiO_2				30.83				32.91
	Al_2O_3				31.2				31.2
	Na_2O				23.2				23.2
	K_2O				0.72				0.72
	SO_3				6.15				6.40
	灼减				6.63				6.02
溶出效果/%	A/S				1.01				0.95
	N/S				0.77				0.72

19.4.4 不同富矿熟料脱硅效果对比

对不同富矿熟料脱硅效果进行比较分析，精矿熟料各项指标较好，能够充分体现富矿烧结生产氧化铝的优点，加钙熟料将增加氧化铝的损失，并且赤泥量增大，不宜发挥富矿的特点。具体效果见表 19-22。

表 19-22 不同富矿熟料脱硅效果比较

项目	原矿熟料	精矿熟料	原矿加钙熟料	精矿加钙熟料
精液 A/S	250	290	310	280
赤泥 A/S	1.05	1.03	1.34	1.58
赤泥 η_A	91.4	91.0	89.4	86.6
赤泥 η_N	90.3	91.2	92.2	92
赤泥 $K_{赤泥}$	19.0	19.0	20.0	22.0
赤泥 N/S	0.91	0.77	0.73	0.72

总之，实验室试验结果表明富矿熟料的溶出液直接加压脱硅性能良好，A/S 指数可达 230 以上，如表 19-23 所示。加钙熟料的脱硅性能更好一些，都能满足精液种分的需求。

表 19-23 精液质量指标

项目	$N_T/(g/L)$	$Al_2O_3/(g/L)$	A/S
印尼矿石	155.7	134.8	256
富矿熟料	149.5	136.8	298

工业试验也表明富矿熟料溶出液的脱硅性能非常好，自进入矿浆储槽，溶出和脱硅过程就已经开始，经过管理道化脱硅后，溶液 A/S 可以达到 200，稀释过程继续不断脱硅，分离粗液的 A/S 可以达到 250，直至精液 A/S 达到 270 以上（最高 342），从而可以获得高质量的精液，为提高产品质量、提高分解率创造较为有利的条件。脱硅硅渣过滤性能很好，浮游物可控制在 1.0g/L 以内，如果直接加压脱硅后加入 10～15g/L 石灰乳常压深度脱硅，可以获得 $A/S \geqslant 600$ 的精液。

第20章 关于我国氧化铝工业的可持续发展

随着我国铝工业的发展和电解铝产量的增加，我国氧化铝产量多年来处于供不应求的局面，进口氧化铝量逐年增加，因此，近年来我国氧化铝工业发展迅猛。仅中国铝业公司所属六大氧化铝厂，几乎每年增产 80 万吨的产量，另外，还有多个 100 万吨左右规模的氧化铝厂正在建设。

然而，我国铝土矿资源并不丰富，资源保证程度不高，而且我国铝土矿资源特点又是以中低品位的一水硬铝石矿为主，铝硅比在 9 以下的矿石量占 80%以上，这种矿石难以直接用简单的拜耳法生产氧化铝，且产品氧化铝质量较差，使得我国氧化铝工业在激烈的国际市场竞争中增加了难度。因此，如何发展我国的氧化铝工业是人们所关注的问题。

20.1 我国氧化铝工业的发展方向

为了实现我国氧化铝工业的可持续发展，提高在国际市场的竞争力，应大力开展如下工作。

① 加强我国铝土矿资源的勘查，并合理开采和利用现有铝土矿资源　表 20-1 给出了 1981～1999 年铝土矿新增储量情况。

表 20-1　铝土矿新增储量情况　　单位：万吨

年　限	1981～1985	1986～1990	1991～1995	1996～1999
新增储量	25862	34895	23577	0.26

可见，从 1996 年以来，勘查到的新资源很少。

另外，由于各氧化铝厂追求氧化铝产量，往往是采用富矿、弃掉贫矿，造成铝矿资源的浪费。所以，在勘查新的资源的同时，必须处理好提高氧化铝产量与合理开采和利用我国铝矿资源的矛盾。

② 积极开发利用国外铝土矿资源　制约氧化铝工业发展的关键因素是铝土矿资源，若近几年我国的地质勘探没有大的突破，氧化铝工业进一步发展的空间将会受到限制。因此，开发利用国外的铝土矿资源已迫在眉睫。

况且，我国铝土矿多为中低品位的一水硬铝石矿，生产氧化铝的成本和质量都无竞争优势，而国外和周边国家（如越南、印度、印度尼西亚、菲律宾等）的铝土矿十分丰富、品位优良，多为三水铝石或三水铝石-一水软铝石的混合矿，低成本生产氧化铝的优势十分明显；而且，与周边国家合作，我国铝工业具有较强的技术优势。

中国铝业公司山东分公司已经开创了利用国外（印度尼西亚）优质铝土矿生产氧化铝的先例，而且积累了经验。

③ 积极开拓新的铝矿资源　我国霞石储量有1.8亿吨，集中在河南和云南，综合利用霞石可以生产氧化铝和钾肥等。

安徽、浙江、福建、江苏等地，有丰富的明矾石资源，综合利用明矾石可以生产氧化铝、钾盐和硫酸。

另外，广西有储量丰富的所谓三水铝石矿，实际应称之为铁铝共生矿，其中三水铝石、一水铝石、针铁矿和赤铁矿占矿石的70%～80%，尚有钒、镓等金属。它的开发利用，对铁、铝资源都不丰富的我国有重要意义。

④ 优化工艺技术与装备，节能降耗、降低成本　要用系统节能的理论指导节能技术与设备的开发和应用，以最小的能耗去获得系统最大的经济效益和社会效益，从而降低氧化铝生产成本。

⑤ 针对我国铝土矿资源和生产工艺的特点，开发和完善我国砂状氧化铝生产技术，提高氧化铝质量。

⑥ 开发和选择低成本处理中低品位铝土矿的合理工艺。

20.2 低成本处理我国中低品位铝土矿合理工艺的讨论

针对我国中低品位一水硬铝石的资源特点，我国铝业界进行了大量卓有成效的研究工作，开发出成本低、效益好的生产工艺，如选矿拜尔法、石灰拜尔法、富矿烧结法。

20.2.1 选矿拜耳法

选矿拜耳法是指在拜耳法生产流程中增设一选矿过程，以处理品位较低的铝土矿的氧化铝生产方法。其工艺流程如图20-1所示。选矿拜耳法旨在应用选矿手段提高矿石 A/S，以改善拜耳法处理较低品位铝土矿生产氧化铝时的整体经济效益。

该研究成果于1999年通过鉴定，现在中国铝业公司中州分公司应用，已建成30万吨规模的选矿拜耳法的示范工程。

选矿拜耳法的原则工艺流程如图20-1。

选矿拜耳法项目的主要成果在于以下几点。

① 它突破铝土矿不宜选矿的传统观念，通过较经济的物理选矿，可将我国铝土矿资源的平均铝硅比由5～6提高到10～11，使我国中、低品位的铝土矿适应于拜耳法生产氧化铝。

铝土矿原矿和其选精矿的化学组成如表20-2。

表20-2　铝土矿与选精矿的化学组成

	Al_2O_3	SiO_2	CaO	TiO_2	Fe_2O_3	其他	灼减	共计	附水	A/S
原矿/%	64.50	11.06	0.30	3.13	4.44	2.57	14.00	100.0	4.0	5.83
精矿/%	69.70	6.27	0.67	3.08	3.94	2.03	14.31	100.0	12.0	11.12

② 以一水硬铝石富连生体为捕集目标，应用阶段磨矿、阶段选矿的合理制度和药剂，

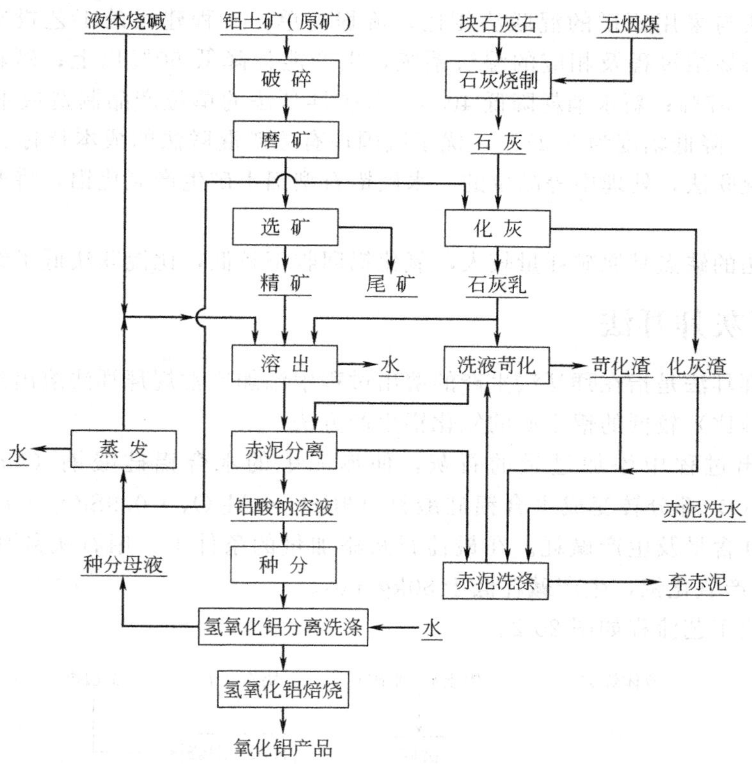

图 20-1 选矿拜耳法原则工艺流程

得到铝硅比为 11 以上、氧化铝回收率为 90%的精矿。

③ 通过选矿流程的合理选择，使铝土矿的入选粒度由−0.074mm 的 95%下降到 75%，形成了完整的处理选精矿的拜耳法生产工艺。

选矿拜耳法虽然增加了选矿过程，但由于拜耳法生产氧化铝的工艺流程简单，比原矿混联法方案的投资降低约 17%，节约投资效果十分明显。

表 20-3 和表 20-4 给出了选矿拜耳法和混联法工艺消耗指标和成本费用的比较。

表 20-3 工艺消耗指标表（生产 1 吨氧化铝）

项　目	选矿拜耳法	混联法	项　目	选矿拜耳法	混联法
铝土原矿(干)/t	2.015	1.639	回收率(以精矿中 Al_2O_3 计)/%	84.7	
精矿(干)/t	1.674	—	(以原矿中 Al_2O_3 计)/%	72.6	90.9
石灰石/t	0.348	0.812	工艺耗能/GJ	15.6	32.7
新水/t	6.0	10.0	综合耗能/GJ	17.4	35.0

表 20-4 成本费用分析比较表

序　号	项　目	选矿拜耳法	原矿混联法	选法比原法降低/%
1	规模/(万吨/年)	60	60	
2	制造成本/(万元/年)	72978.7	79561.9	8.27
3	管理费用/(万元/年)	2836.2	3303.7	14.15
4	财务费用/(万元/年)	3994.2	4796	16.72
5	销售费用/(万元/年)	1000	1000	0
6	总成本费用/(万元/年)	80809.1	88661.6	8.86
7	经营成本/(万元/年)	59266.6	62662.9	5.42
8	单位制造成本/(元/吨)	1216.3	1326	8.27

选矿拜耳法与采用原矿的混联法相比，流程简单，工程建设的工艺投资约减少 28%；无高热耗的熟料烧结过程及相应的湿法系统，生产能耗降低 50%以上；碱耗降低 1.35%，石灰石消耗减少 57%；新水消耗降低 40%。选矿拜耳法的单位产品制造成本比原矿混联法低 109.7 元/吨，降低幅度为 8.27%，优于我国现有原矿混联法的成本指标。由此说明用选矿拜耳法取代混联法，处理中等品位的一水硬铝石型铝土矿生产氧化铝，将取得较明显的经济效益。

选矿拜耳法的缺点是原矿耗量较大，氧化铝回收率较低，比混联法低了约 20%。

20.2.2 石灰拜耳法

所谓石灰拜耳法是指在拜耳法生产的溶出过程中添加比常规拜耳法溶出过量的石灰，以处理品位（铝硅比）较低的铝土矿的氧化铝生产方法。

通过在溶出过程中添加过量的石灰，使赤泥中的水合铝硅酸钠（$Na_2O\cdot Al_2O_3\cdot 1.7SiO_2\cdot nH_2O$）部分转变成水合铝硅酸钙（$3CaO\cdot Al_2O_3\cdot 0.9SiO_2\cdot 4.2H_2O$），以降低赤泥中 Na_2O 含量及生产碱耗。在最佳石灰添加量的条件下，用石灰拜耳法处理铝土矿（$A/S=11$）生产氧化铝，生产碱耗低于 80kg/t_{AO}。

石灰拜耳法工艺流程如图 20-2。

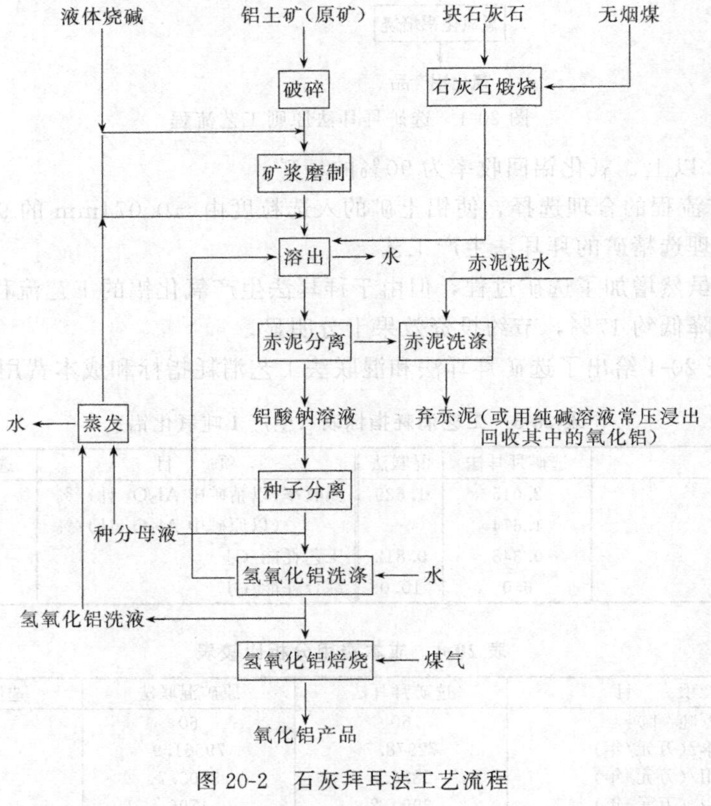

图 20-2 石灰拜耳法工艺流程

石灰拜耳法与混联法主要工艺消耗指标比较如表 20-5（以每产一吨产品氧化铝计）。

石灰拜耳法与国内外典型拜耳法的有关的消耗指标比较列于表 20-6。

石灰拜耳法与混联法的成本指标比较如表 20-7。

表 20-5 工艺消耗指标比较表

项 目	石灰拜耳法	混联法
铝矿/t	2.10	1.645
氧化铝实收率/%	71.7	91
工艺综合能耗/GJ	13～16	28～32

表 20-6 主要消耗指标比较

比较项目	石灰拜耳法	澳大利亚拟建厂(1993 年)	平果铝厂初设
铝矿成分			
Al_2O_3/%	66.4	55	63.5
SiO_2/%	10.89	5.6	4.23
A/S	6.1	9.82	15
主要矿物	一水硬铝石	含 14%一水软铝石的三水铝石	一水硬铝石
主要消耗指标			
铝矿消耗/(t/t_{AO})	2.1	2.1	1.894
碱耗(100%NaOH)/(kg/t_{AO})	65	95.3	73.9
石灰石/(t/t_{AO})	0.70	0.054	0.45
能耗/(GJ/t_{AO})	16.5	11.7	15.8

表 20-7 成本费用分析比较表

序 号	项 目	石灰拜耳法	原矿混联法	石一原	现有混联法
1	规模/(万吨/年)	60.0	60.0	0.0	45.9
2	制造成本/元	71816.8	83432.3	−11615	74501.4
6	总成本费用/元	85647.7	100450.7	−14803.0	
8	单位制造成本/元	1196.9	1390.5	−193.6	1622.3

由以上比较可知：

① 石灰拜耳法工艺流程简单，工程建设的投资费用比混联法节省；

② 由于石灰拜耳法工艺没有高热耗的熟料烧结过程及相应的湿法系统，其工艺生产能耗仅为混联法的 50%左右，大幅度节省了能源，总成本费用比原矿混联法低 13.25%，但矿石耗量较大，氧化铝的实收率较低，比混联法低了约 20%；

③ 石灰拜耳法与国内外典型的拜耳法比，在相同建设条件下的建设投资基本相当；石灰石耗量和能耗略高，碱耗较低，氧化铝生产的消耗指标基本处于同一水平。

对于利用我国中低品位铝土矿生产氧化铝来说，石灰拜耳法比混联法有很大的优势。现中国铝业公司山西分公司扩建的 80 万吨氧化铝厂和河南分公司扩大的 70 万吨氧化铝厂均采用石灰拜耳法。

20.2.3 富矿烧结法

传统的烧结法适宜处理 A/S 在 3.5 以上的低品位铝土矿，富矿烧结法生产氧化铝是通过采用适宜的熟料配方及相应的烧成制度生产高品位的熟料，以降低熟料折合比，提高熟料烧成工序的氧化铝生产能力，降低生产热耗，降低生产成本的一种新的氧化铝生产工艺。该法可以处理铝硅比 8～10 的铝土矿，熟料采用低钙比的不饱和配方，熟料采用高 MR 溶出，溶出液 MR1.35～1.45，粗液氧化铝浓度 160g/L。同传统的碱石灰烧结法相比，富矿烧结生产氧化铝的原料消耗降低 10%～15%，动力、燃料消耗、工艺能耗将降低 20%～25%，产量增加30%，单位氧化铝产品成本降低130元人民币。

富矿烧结法与传统碱石灰烧结法的主要技术条件及指标差异见表20-8。

表20-8 富矿烧结法与传统碱石灰烧结法的主要技术条件及指标的差异

序　号	技术条件及指标	富矿烧结法	传统碱石灰烧结法
1	供矿铝硅比(质量比)	8.0	4.0～5.0
2	熟料配方 碱比(摩尔比)	0.91	0.95～1.0
3	钙比(摩尔比)	1.5～1.8	1.95～2.05
	铁铝比(摩尔比)	约0.08	约0.07
4	熟料折合比	3.1	3.9
5	烧成煤耗(kg/t_{AO})	682	858

当然，现在不会按着富矿烧结工艺建设新的烧结法氧化铝厂，因为它的工艺流程复杂，能耗较高。但是，面对我国现有的传统烧结法氧化铝厂，采用富矿烧结法新工艺生产氧化铝，将带来增产降耗、降低成本的经济效益和环境效益。

20.2.4 混联法氧化铝厂的改进与优化

我国铝土矿资源的特点决定了目前我国氧化铝生产工艺以混联法为主的局面。在我国的六大氧化铝厂中有三个混联法厂，其产量已占我国氧化铝总产量的60%以上，中州铝厂也将发展为联合法。

混联法生产工艺的优点在于氧化铝的总回收率高，碱耗低。但混联法工艺流程复杂，拜耳法系统和烧结法系统互相牵制，往往某一工序的不正常情况会迅速波及到其他相关工序甚至整个生产过程，使得拜耳法系统和烧结法系统均不能最大限度地发挥各自的潜力。

那么，对我国现有混联法工艺如何改进，对其技术经济指标如何优化，以有效提高我国现有混联法工艺的产量，降低生产成本，是氧化铝界亟待解决的重要问题，对此，许多专家都提出了很好的见解。

20.2.4.1 并行法氧化铝生产工艺

并行法，也有人称为现代并联法、选矿并联法或并列法。在并行法氧化铝生产工艺中，拜耳法部分采用强化溶出技术，处理较高品位的铝土矿，拜耳法赤泥直接外排；烧结法部分采用富矿强化烧结法处理高品位铝土矿，烧结法精液全部进行碳酸化分解，烧结法赤泥也直接外排。并行法氧化铝生产新工艺的原则流程见图20-3。

在联合法生产工艺中，不论是串联法、并联法或者是混联法，“联”的实质都是需要通过烧结法系统向拜耳法系统补碱。实际上，由于电解制得的液体苛性钠与固体Na_2CO_3碱粉的价格差在逐步缩小，根据目前的价格，在联合法工艺中的拜耳法部分采用液体苛性钠补碱，比采用固体碳酸钠通过烧结法系统补碱，在经济上有明显的优越性。拜耳法系统采用液体烧碱补碱，烧结法系统精液全部进行碳酸化分解，因碳分分解率高于种分分解率，所以可提高全系统的总产量。这一点对我国目前的氧化铝产量离国民经济发展的要求有较大缺口的现状有着积极的意义。因此，并行法氧化铝生产工艺可使拜耳法系统和烧结法系统做到真正意义上的独立运行，并而不联，最大限度地发挥各自的优势。

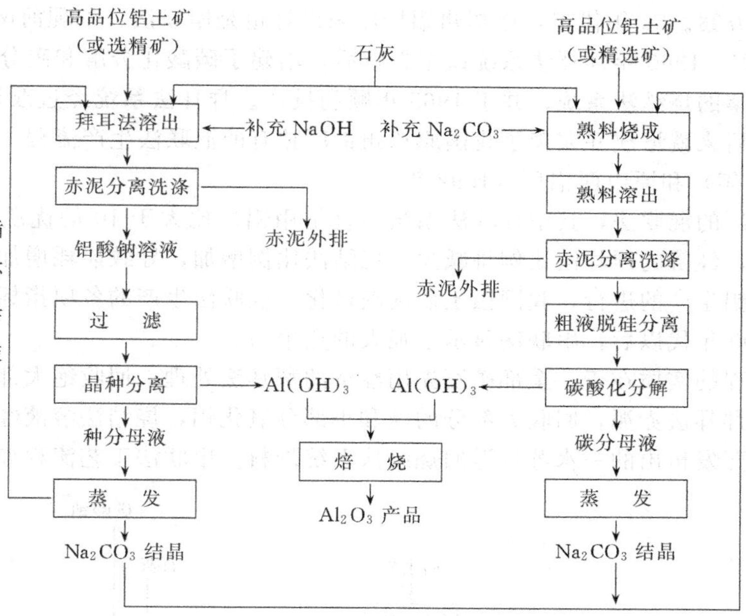

图 20-3 并行法氧化铝生产新工艺工艺原则流程

并行法氧化铝生产工艺的主要特点如下。

(1) 使产量进一步提高 在并行法氧化铝生产新工艺中，无需通过烧结法精液的晶种分解实现拜耳法系统的补碱。烧结法精液全部碳酸化分解，由于碳分分解率明显高于种分分解率，所以采用并行法新工艺，可提高烧结法系统的产量。

在并行法新工艺中，通过直接补入烧碱来实现对拜耳法系统的补碱，可使拜耳法系统配矿用母液的 N_K 浓度和 α_K 较高，进而使拜耳法配矿量增加，提高循环效率，所以采用并行法氧化铝生产工艺也可提高拜耳法产量。

(2) 使拜耳法母液中的碳酸钠及硫酸钠维持在较低水平 由于拜耳法系统直接采用液体烧碱补碱，完全避免了烧结法的 Na_2CO_3 及 Na_2SO_4 流入拜耳法系统，所以有利于拜耳法系统母液中的碳酸钠及硫酸钠维持在较低水平，进而有利于拜耳法溶出料浆自蒸发工序、晶种分解工序及种分母液蒸发工序的稳定操作，有利于种分母液蒸发工序降低能耗、提高产能。

(3) 最大限度地发挥拜耳法系统及烧结法系统各自的优势 在并行法新工艺中，拜耳法系统和烧结法系统并而不联，相对独立，互不牵制，可以充分发挥各自的优势。

(4) 拜耳法系统与烧结法系统互补 可以根据生产经营的具体情况，拜耳法系统与烧结法系统互补。如在并行法氧化铝生产新工艺中，拜耳法系统无需设立专门的碳酸盐苛化工序，可将拜耳法种分母液蒸发析出的碳酸钠直接送入烧结法系统用于生料浆的配制。又如，碳酸化分解的氢氧化铝可送去做拜耳法种分的晶种，等等。

但是，我国铝土矿主要是中低品位的，而且这些年铝土矿逐渐在贫化，并行法中拜耳法与烧结法都要求较高品位的铝土矿，这就存在资源不足的问题。如果采用选矿拜耳法与选矿烧结法并行，又存在氧化铝收率低、矿耗大、成本增加和资源浪费的问题。

20.2.4.2 串联法氧化铝生产工艺

我国对串联法的向往已经几十年了，早在 20 世纪 50 年代中期山东铝厂二期扩建时，就考虑过串联法方案。50年代末，原郑州铝厂原来设计也是串联法，处理河南巩县铝硅比4～5的小关铝土矿。1960年拜耳法系统试车失败后，增建了碳酸化分解和碳分母液蒸发两个工序，形成了完整的烧结法系统，并于1965年顺利投产。拜耳法系统经过改革后于1966年2月试车成功，后来就形成并完善了我国原郑州铝厂独有的混联法生产流程。后来推广到原贵州铝厂（1989年）和原山西铝厂（1992年）。

原郑州铝厂的混联法，其中拜耳法系统一直是用铝硅比大于10的优质铝土矿，随着其铝硅比的下降，经济的拜耳法比例将减少，烧结法比例增加，导致能耗增加，成本提高。

随着氧化铝生产的进行，我国铝土矿逐渐贫化，混联法生产的各项指标将恶化，特别是进入20世纪90年代以后，串联法显示了强大的竞争力。

串联法流程的实质在于，全部矿石先用经济的拜耳法处理，回收绝大部分氧化铝，然后用烧结法处理拜耳法赤泥，回收大部分的碱和小部分氧化铝，烧结法溶液经脱硅后进入拜耳法系统，溶液蒸发析出的一水苏打返回烧结法系统配料。串联法工艺流程如图20-4所示。

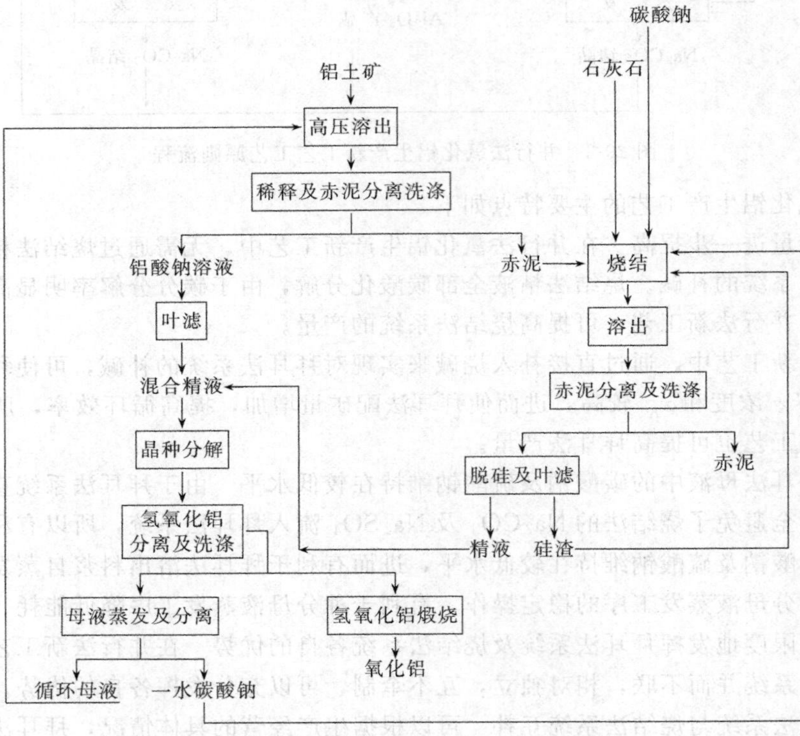

图20-4 串联法工艺流程

用串联法处理我国中等品位矿石，比混联法优越。串联法流程简单，拜耳法生产比例高，碱耗低，弃赤泥量少，投资省，成本低，操作容易。串联法与混联法各项指标的比较见表20-9。

串联法主要优点如下。

① 先以较简单的拜耳法处理矿石，最大限度地提取矿石中的氧化铝，然后再用烧结法回收拜耳法赤泥中的 Al_2O_3 和 Na_2O，能耗低的拜耳法产品比例可达70%以上。因此，可降低氧化铝生产的综合能耗，Al_2O_3 的总回收率比较高，碱耗也可降低。表20-10给出了几种氧化铝生产方法氧化铝收率和成本的比较。

表 20-9 串联法和混联法比较

名 称	混联法		串联法
	拜耳法	烧结法	
建设规模/($\times 10^4$t/a)	60		60
矿石品位 A/S	5.72	4.51	5.17
矿石氧化铝含量/%	65.19	62.57	64.12
产品比例 拜：烧/%	59：41		77：23
氧化铝总回收率/%	92.1		92.7
碱耗/(GJ/t_{AO})	85		73
能耗/(GJ/t_{AO})	32.6		27.6
弃赤泥量/(kg/t_{AO})	1.12		1.031
弃赤泥含碱/%	2.67		2.1
可比成本/(元/t_{AO})	903		849

注：可比成本是鉴定当时价格的计算值。

表 20-10 几种氧化铝生产方法氧化铝收率与成本的比较

	混联法	选矿拜耳法	石灰拜耳法	串联法
氧化铝回收率/%	91.0	72.6	71.7	91.7
矿耗/(t/t_{AO})	1.6	2.1	2.1	1.6
制造成本比较/(元/t_{AO})	1326.0	1216	1133	1272

② 由于矿石中的大部分 Al_2O_3，是由加工费用和投资费都较低的拜耳法提取，总的产品成本可大幅度降低。

③ 串联法与混联法比较，由于采用单一品位的铝土矿，易于实现矿石的调配和均化，同时也可以适当放宽拜耳法的溶出条件和要求。

串联法的主要缺点在于：拜耳法赤泥炉料的烧结比较困难，而烧结过程能否顺利进行以及熟料质量的好坏又是串联法的关键；另外，当矿石中 Fe_2O_3 含量低时，还存在烧结法系统供碱不足的问题。

郑州轻金属研究院等单位在实验室试验和千克规模的扩大试验的基础上，又进行了工业规模的试验。试验表明，用回转窑烧结低铝硅比拜耳法赤泥生料获得成功。所获得烧结熟料具有良好的溶出性能，溶出后的赤泥具有很好的沉降分离性能。研究证明，我国的中低品位铝土矿资源可以采用串联法工艺生产氧化铝。

由表可见，目前，选矿拜耳法和石灰拜耳法与混联法相比，制造成本下降了 100～200 元，但氧化铝的回收率都降低了 20%左右。而串联法与选矿拜耳法相比，制造成本高出约 50 元，比石灰拜耳法高出约 140 元，但其氧化铝的回收率却高出约 20%。对于铝土矿资源保证程度不高的我国，这一点不应被忽视。

参考文献

1 陆钦芳．关于我国氧化铝工业竞争力和发展对策的探讨．轻金属，2001，(5)：3～6

2 董春明等．2001年国内外铝市场回顾与2002年展望．中国铝业．2002，(1)：17～35

3 刘中凡．世界铝土矿资源综述．轻金属．2001，(5)：7～12

4 陈咸章．试论优先发展氧化铝的方针与运作策略．中国铝业，2002，(3)：17

5 毕诗文等．铝土矿的拜耳法溶出．北京：冶金工业出版社，1996

6 И. Г. Гринман. 二氧化硅与低苛性比碱-铝酸钠溶液的作用．Light Metals. 1987，(9)：23～26

7 顾松青．伊利石在铝土矿浆预热过程中反应机理的研究．第二届全国轻金属冶金学学术会议论文集．西宁：1990. 128～135

8 G. I. D Roach et al. 高岭石在苛性碱溶液中溶解动力学．Light Metals. 1988，42～48

9 M. Murakarmi. 用循环晶种进行脱硅动力学研究．国外轻金属译文集．1992，(26)：56

10 A. A. 阿格拉诺夫斯基．氧化铝生产手册．北京：冶金工业出版社，1993

11 杨重愚．氧化铝生产工艺学．北京：冶金工业出版社，1993

12 P. C. C. Cousineau. 几种拜耳法溶液的脱硅情况．国外氧化铝新技术文集．1989

13 杨毅宏等．工业铝酸钠溶液比热数学模型的研究．东北工学院学报．1985，(2)：6～18

14 B. Д. Рацман 等．铝土矿矿浆间接加热的试验工厂试验．Цветная металлургия，1984，(5)：27～30

15 程立等．高压溶出贵州铝土矿时硅钛矿物的相变化．轻金属．1991，(6)：18～22

16 李殿锋．广西平果铝土矿溶出过程中 Al_2O_3、SiO_2、TiO_2 溶出动力学研究：［硕士论文］．沈阳：东北大学，1993

17 杨思明．广西平果矿压煮浸出时相转化及其溶出性能初探．氧化铝生产文集．1991

18 M. Jamialahmadi. 拜耳法溶液中二氧化硅溶解度的热力学关系式．ALUMINIUM. 1992，(3)

19 B. M. Самойленко. 硫从铝土矿向铝酸盐溶液的转移．轻金属．1986，(10)：21～24

20 John T. Malito. 拜耳法溶液中硫酸钠的平衡溶解度．国外氧化铝新技术文集．1985

21 何润德．铝酸钠溶液除硫 BaO 最佳添加量的探讨．轻金属．1991，(10)：14～17

22 程立．铝酸钠溶液脱硫条件及其热力学研究．第二届轻金属冶金学术会议论文集．西宁：1990. 113～127

23 戚立宽．低品位和高硫铝土矿的处理法．轻金属．1995，(1)：14～16

24 李殿锋等．一水硬铝石溶出过程中表面化学反应的研究．辽宁省第二届青年学术会议．1995

25 毕诗文等．铝酸钠溶液密度数学模型的研究．轻金属．1983，(2)：10～13

26 毕诗文等．一水硬铝石铝土矿溶出动力学模型．东北大学学报．16，(3)：302～306

27 B. Л. Рацэман 等．赤泥晶种对矿浆预热器结疤动力学研究．国外氧化铝新技术文集．1988，(6)：18～20

28 E. Singoffer 等．匈牙利氧化铝利用管道化溶出装置改造传统的溶出系统的经验．Light Metals. 1990，27～33

29 K. R. Beck Han 等．关于拜耳法溶液中草酸盐溶解度的热力学模型．氧化铝专题文集．第四册．200～209

30 B. Г. Теслля. 碱-铝酸盐溶液净化清除草酸钠．轻金属．1991，(12)：14～15

31 N. Brown 等．拜耳法氧化铝厂中草酸钠的行为．Light Metals. 1980，105～117

32 A. D. Stuart. 用二氧化锰从拜耳法分解母液中除去有机物．Light Metals. 1988，95～102

33 S. C. Grocott. 拜耳法溶液中的杂质：铝矾土高压溶出形成的有机碳、草酸盐和碳酸盐测定．Light Metals. 1988，833～841

34 Bi Shiwen etc. The Study on the Reaction of Rutile in Bayer Liquor. Light Metals. 1996，43～48

35 毕诗文等．工业铝酸钠溶液蒸气压数学模型的研究．东北工学院学报．1986，(1)：102～106

36 顾松青．一水硬铝石矿拜耳法溶出过程的研究：［博士论文］．长沙：中南大学，1986

37 Malts. N. S. 石灰在拜耳法氧化铝生产中的应用效果．Light Metals. 1992，1337～1342

38 戚立宽．280℃以上拜耳法溶出加石灰降低碱耗的研究．轻金属．1987，(12)：10～13

39 尹中林等．石灰中 MgO 对一水硬铝石拜耳法溶出过程的影响．Light Metals. 1994，167～171

40 陈万坤．拜耳法溶出一水硬铝石矿添加活性石灰的研究．第二届轻金属冶金学术会议．论文集．西宁：1990，69～76
41 刘保伟．石灰添加量对溶出效果的影响及经济配灰量的计算．轻金属．1985，(7)：10
42 Karoly Solymar. 拜耳工艺中石灰应用的现状和趋势．轻金属文集氧化铝专辑．16，33～44
43 艾自金．不同地区铝土矿中矿浆间接加热过程中硅钛行为的研究．有色金属（冶金部分）．1995，(6)：33～36
44 陈万坤．广西平果矿拜耳法强化溶出半工业试验研究．第二届全国轻金属冶金学术会议论文集．西宁：1990. 44～49
45 申景龙等．管道化溶出结疤物相组成研究．轻金属．1996，(5)：14～19
46 Maritza Faneitte 等．PIJIGUAOS 铝土矿的预脱硅．氧化铝生产文集．1996. 19～24
47 李殿锋等．一水硬铝石铝土矿溶出过程的动力学模型．全国冶金物理化学学术会议论文集．1994，203～209
48 M. Delgado. 铝酸钠溶液浓度的增长及结垢对传热效能的影响．氧化铝生产文集．1993. 30
49 尹中林等．拜耳法过程结疤研究的进展．轻金属文集氧化铝专辑．(19)：37～41
50 顾松青等．某些添加剂在一水硬铝石矿拜耳法溶出过程中的行为．Light Matals. 1993，27～340
51 刘汝兴．广西平果铝土矿磁化预焙烧的研究．第二届全国轻金属冶金学术会议．90～95
52 刘子高等．平果铝矿拜耳法溶出实验资料．Light Matals. 1993，21～25
53 毕诗文等．铝酸钠溶液电导数学模型的研究．轻金属．1984，(69)：9～12
54 Ioannis Paspaliaris. 不同添加剂对一水硬铝石矿拜耳法溶出的影响．Light Matals. 1993，35～40
55 廖芳初等．平果铝土矿两段溶出工艺的探讨．轻金属．1986，(5)：8～13
56 李小斌等．焙烧过程对于一水硬铝石型铝土矿溶出性能的影响．轻金属．1987，(4)：9～13
57 戚立宽．一水软铝石的溶出性能．轻金属．1993，(10)：9～11
58 尹中林等．粒度对我国平果矿及山西矿溶出率的影响．轻金属．1994，(1)：12～15
59 李春荣，毕诗文，杨毅宏等．铝酸钠溶液表面张力数学模型的研究．轻金属．1986，(3)：7～10
60 张伦和等．不同添加剂对一水硬铝石型铝土矿拜耳法溶出的影响．轻金属．1995，(5)：9～14
61 曹蓉江等．拜耳法管道化溶出用的几种添加剂．Light Matals. 1990，63～65
62 王会生等．贵州铝土矿最佳溶出条件及其数学模型．轻金属．1984，(3)：8～12
63 刘今等．铝土矿高压溶出的强化．轻金属．1986，(6)：10～15
64 K，R. Sandgren 等．牙买加铝土矿在拜耳法溶出前的高温氢处理．Light Matals. 1990，21～26
65 Ede Singhoffer 等．匈牙利氧化铝厂利用管道化溶出装置改造传统的溶出系统的经验．Light Metals. 1990，27～33
66 黄聪明．一水硬铝石铝土矿管道化溶出工艺初探．轻金属．1993，(5)：10～120
67 许启梨．河南贾沟铝土矿与国外铝土矿管道化溶出的研究．轻金属．1991，(11)：11～13
68 F. Orban 等．用管道化溶出装置处理一水铝石型铝土矿．Light Metals. 1989，1027～1033
69 K. Yamada 等．拜耳法工艺的最佳化研究．Light Metals. 1987，65～67
70 仇振琢．低铁中等品位铝土矿生产氧化铝合理方案的商榷．轻金属．1987，(5)：8～14
71 Lesley Dewhurst. 拜耳法工厂模型的研究．Light Metals. 1994，1231～1236
72 许启梨．高压溶出工况波动的调查与分析．氧化铝生产文集．1991，18～22
73 何静华．低铝硅比铝土矿拜耳法溶出试验研究．氧化铝生产文集．1991，24～30
74 W. Arnswald. 用湿法氧化在管道溶出器内脱除有机碳．Light Metals. 1991，23～27
75 罗琳等．论中国高硅低铁一水硬铝型铝土矿的几种处理方法．轻金属．1996，(2)：14～17
76 B. A. Бернштен 等．铝土矿高温溶出半工业试验研究．Цветные Металлы. 1981 (2)：58～61
77 马善理．铝土矿溶出的技术改造．轻金属．1993 (7)：7～11
78 赵清杰．适合我国各地一水硬铝石矿特点的拜耳法强化溶出方法研究．轻金属．1994，(12)：5～10
79 陈岱等．我国铝工业技术进步的回顾与展望．轻金属．1987，(9)：12～19
80 廖芳初．平果铝土矿两段溶出工艺的探讨．轻金属．1986，(5)：8～13

81 H. C. Мальцов. 提高铝土矿料浆溶出前加热效率的途径. Цветные Металлы. 1989，69～71
82 S. Kumar. 拜耳法生产中铝矿浆间接加热系统. Light Metals. 1989，137～140
83 Janos Zambo. 国外氧化铝生产的发展趋势. Light Metals. 1986，483～490
84 张文晋，张艳丽，牛宏斌. 提高 $100m^2$ 真空转鼓过滤机产能的途径. 世界有色金属. 2003，(9)：17～19
85 李教，曹俊玲，王红娟等. 水平真空带式过滤机在氧化铝生产中的过滤试验. 开发应用. 2003，(4)：39～40
86 武福运. 带式过滤机在多晶种氢氧化铝生产中的应用. 过滤与分离. 2002.12 (4)：39～40
87 赵萍，张存兵. 平盘过滤机在中国氧化铝厂的应用及其工艺优化途径. 引进与消化. 世界有色金属. 2002，(5)：33～36
88 刘孟端，王龙章，娄战荒. 平果氧化铝厂平盘过滤机存在的问题及改造方案初探. 轻金属. 2001，(11)：11～14
89 乔军，于威. 山西铝厂提高 $100m^2$ 赤泥过滤机产能的经验. 世界有色金属. 2003，(9)：33～36
90 柳尧文，高贵超. $80m^2$ 立盘过滤机在拜耳法种子过滤工序上的应用. 山东冶金. 2003，25 (5)：32～34
91 何静华，秦增言，肖锭. 平盘过滤机滤布国产化试验研究及应用. 技术进步. 世界有色金属. 2002，(8)：38～41
92 张文周. 拜耳法一次洗涤沉降槽运转周期缩短的原因分析及应对措施. 轻金属. 2000，(5)：9～10
93 赵 萍，张存兵. 平盘过滤机在中国氧化铝厂的应用及其工艺优化途径. 引进与消化. 世界有色金属. 2002，(5)：32～37
94 Куэнецов СИ. 对铝酸钠溶液性质的新看法. 国外轻金属. 1964，(5)：7～12
95 Лазухин ВА. Қамнинаи М Н. Внито Металлургия. 1962 (22)：159～183
96 陈念贻. 铝酸钠溶液紫外光谱的研究. 轻金属. 1992，(1)：24
97 陈念贻. 铝酸钠溶液中 NaOH 活度的测定. 轻金属. 1993，(2)：22
98 洪梅. 铝酸钠溶液的 ^{27}Al 核磁共振诺研究. 轻金属. 1994，(5)：26
99 Watling M R. Atr-Ftir and Ft-Raman Study of Alkaline Aluminate Solutions (Synthetic Bayer Liquors). Fourth International Alumina Quality Workshop. 1996，163～171
100 János Zābó. Structure of Sodium Aluminate Liquors，Molecular Model of the Mechanism of Their Decomposition. Light Metals. 1986，199～215
101 谢雁丽等. 氧化铝生产中铝酸钠溶液结构的研究. 世界有色金属，2001，(2)：59～61
102 John Ralston. Particle-Particle Interactions and Their Relevance to the Bayer Process. Fourth International Alumina Quality Workhop. 1996，141～147
103 Fn N Ewchurch. 提高氧化铝质量的最新设计. 轻金属. 1993，(3)：14～18，22
104 Tschamper O. Improvement by the New Alushisse Process for Producing Coarse Aluminum Hydrate in the Bayer Process. Light Metals. 1981，103～115
105 张之信. 高浓度拜耳法精液制取砂状氧化铝研究. 轻金属，1988，(2)：14～18
106 Jean V. Sang. Fines Digestion and Agglomeration at High Ratio in. Bayer Precipitation. Light Metals. 1989，33～39
107 张樵青. 对拜耳法高浓度铝酸钠溶液两段分解细晶种附聚的研究. 轻金属. 1994，(4)：5～9
108 Euardo J. Evaluation of Agglomeration Stage Conditions to Control Alumina and Hydrate Particle Breakage. Light Metals. 1992，199～202
109 Brown N. Effect of Calciumions on Agglomeration of Bayer Aluminum Trihydroxide. Journals of Crystal Growth. 1988，(92)：26～32
110 周辉放. 铝酸钠溶液中不同粒度晶种的附聚行为. 世界有色金属. 1993，45 (4)：60～62
111 周辉放. 铝酸钠溶液中晶种附聚机理研究. 世界有色金属. 1994，46 (4)：54～57
112 Audet D R. Hyprod Modeling. 路会芳译. 拜耳法氧化铝分解系统产量和质量的最佳化. 氧化铝文集. 1993，(1)：62
113 Milind V. Chanbal. Physical Chemistry Considerations of Aluminum Hydroxide Precipitation. Light

Metals. 1990，85～94
114 B K Satapathy. Effect of Temperature，Impurities，Retention Time and Seeding on the Rate of Crystal Growth，Nucleation and Quality of Alumina Hydrate during Precipitation. Light Metals. 1990，105～113
115 上官正．接触成核及制取细氢氧化铝．轻金属．1990，(6)：20～24
116 Еремеев Д Н. 铝酸钠溶液中氢氧化铝二次成核机理．国外轻金属文献译文集．1992，(10)：39～40
117 Smith & Woods. The Measurerment of Very Slow Growth Rates During the Induction Period in Aluminum Trihydroxide Growth From Bayer Liquors. Light Metals. 1993，113～117
118 Rochelle Comely. Growth of Gibbsite in Bayer Liquors. Fourth International Alumina Quality Workshop. 1996，97～103
119 Randolph A D，et al. Theory of Particulate Processes Academic press. INC. 1988，(2)：122
120 Ю. А. Волохов. 铝酸钠溶液中氢氧化铝二次结晶形成机理．轻金属．1990，(4)：16～29
121 Peter Smith. Modeling the Induction in Gibbsite Precipitation. Light Metals. 1995，45～49
122 Illivski D. 过饱和铝酸钠溶液的诱导期．轻金属．1994，(8)：22～24
123 薛红．强化铝酸钠溶液种分研究：[东北大学博士论文]．沈阳：东北大学，1998
124 Milind V Chanbal. Physical Chemistry Considerations of Aluminum Hydroxide Precipi tation. Light Metals. 1990，85～94
125 Фетяев. 博戈斯洛夫铝厂生料浆排硫的工业试验．张美鸽译．国外氧化铝新技术文集，1987，(4)：14
126 A. T. Елизаров 铝酸钠溶液的物理性质．龚莉萍译．译自 Цветные металлы. 1992，(9)：39
127 Тесля В Г. 关于铝酸钠溶液种分过程晶种量的计算问题．译自 Цветные металлы. 1988，(5)：55～57
128 吴金水．氢氧化铝的晶种分级与种分工艺的改革．氧化铝文集．1992，(1)：1～11
129 Brown N. The Production of Coarse Mosaic Aluminum Trihydroxide from Ball-Milled sed. Light Metals. 1990，131～139
130 Eduardo J . Evaluation of Agglomeration Stage Conditions to Control Alumina and Hydrate Particle Breakage. Light Metals. 1992，199～202
131 谢雁丽，毕诗文．氢氧化铝晶种表面的酸性及其对铝酸钠溶液分解过程的影响．中国有色金属学报．2000，10 (6)：896～898
132 В. Г. Теслев 铝酸钠溶液分解时氢氧化铝晶体附聚的动力学．上官正译．见：Цветные металлы. 1989，(6)：72～74
133 Тетля В Т. 氢氧化铝从不同碳酸盐含量铝酸钠溶液中结晶的动力学模型．Цветные металлы. 1988，(6)：54～57
134 山田兴一．氢氧化铝从铝酸钠溶液中析出反应过程中晶核的产生及附聚．轻金属．1982，(4)：18～20
135 Steemson M L. Mathematical Model of the Precipitation of A Bayer Plant. Light Metals. 1984，237～253
136 Hudson L K. Evaluation of Bayer process practice in the United States. Light Metals. 1988，31～36
137 周辉放．铝酸钠溶液晶体附聚动力学及机理研究：[硕士论文]. 长沙：中南工业大学，1992
138 刘勇，陈晓银，杨竹仙等．BaO 改性 Al_2O_3 的高温热稳定性．复旦学报（自然科学版）．2000，39 (4)：374～378
139 张斌．DCS 系统在氧化铝焙烧过程控制中的应用．有色冶炼．设备与自控．2002，(6)：161～162
140 杨清河，李大东，庄福成等．NH_4HCO_3 对氧化铝孔结构的影响．催化学报．1999，20 (2)：139～143
141 卜天梅，薛志远，赵志英．焙烧炉电收尘物料中 $Al(OH)_3$ 及 α-Al_2O_3 含量的分析．理化检验．物理分册．2004，40 (4)：187～189，207
142 黄肖容，吕扬效，黄仲涛．焙烧温度对氧化铝膜孔性能的影响．无机材料学报．1999，14 (5)：751～755
143 桂康，江新民，郝百顺等．采用气态悬浮焙烧技术改造老式回转窑．有色冶金节能．2001，5：40～45
144 郭胜华．超声乳化重油在氧化铝焙烧窑上的应用．有色冶金节能．1996，3：28～31
145 董维阳，王文祥，宰云霄．活性氧化铝的制备与研究．河南化工．1995，(12)：13～14
146 王天庆．降低气态悬浮焙烧炉热耗成本的实践．有色冶金节能．2004，21 (4)：91～94
147 冯文洁，白永民，樊俊钊．流态化焙烧技术与国内发展情况．山西冶金．2004，(2)：65～67

148 樊英峰，李云中．流态化在氧化铝焙烧中的应用．2002，(6)：15～16
149 郝向阳．煤气热值对焙烧氧化铝粒度的影响．山西焦煤科技．2004，(9)：5～6
150 刘家瑞．气体悬浮焙烧炉在氧化铝生产中的应用及改造．轻金属．1995，(1)：17～20
151 张阳春．我国多晶种氧化铝生产的发展．轻金属．1996，(8)：7～12
152 孙克萍，先晋聪，程立．循环流态化焙烧在氧化铝生产中应用效能分析．轻金属．2001，(4)：3～4
153 陈尔宏，王志超．氧化铝焙烧工序节能工程财务后评价．化工技术经济．2002，20 (5)：51～54
154 孙克萍，先晋聪，曹瑞清．氧化铝焙烧炉热耗分析及应用前景研讨．现代机械．2001 (1)：57～59
155 孙克萍，卢锦德，曹瑞清．氧化铝焙烧窑炉节能途径的研讨．现代机械．2001，(1)：51～53
156 彭关才，高新录，顾晓勇．氧化铝焙烧窑窑尾烟气中二氧化碳浓度的在线检测．轻金属．1998，(1)：71～73
157 樊英峰，王誓学，廉晓霞．氧化铝流态化焙烧炉的应用及优化．设备及自动化．2003，(04)：42～45
158 曹广和．氧化铝流态化焙烧炉内衬设计及材料的国产化．轻金属．2005，(1)：71～75
159 赵东亮．氧化铝气态悬焙烧炉返灰系统工艺流程的改进．轻金属．2001，(11)：17～19
160 李传淮，吕文义．氧化铝生产过程中的燃烧控制．自动化仪表．2002，123 (3)：48～50
161 李红梅，赵东亮．氧化铝悬浮焙烧炉多级流化床冷却器创新改造．轻金属．2002，(8)：41～44
162 李玉宏，姚昌仁，周加贵．氧化铝循环焙烧炉的节能实践．有色冶金节能．1998，(6)：26～28
163 代关锋．应用气体悬浮焙烧炉降低氧化铝焙烧温度的经济效益．世界有色金属 2002，(4)：18～20
164 孙树举，申恩华，马仁修．用工业回转窑烧制高温氧化铝的实践．有色冶炼．2002，(6)：46～47
165 王克岳，余勇．用普通氧化铝焙烧窑烧高温氧化铝．有色设备．1998，(6)：34～35
166 刘元望，徐进良，张鸣运等．进液方式对降膜蒸发管流动和传热的影响．化工机械．20 (4)：193～197
167 孙平，林载祁．引入蒸汽对垂直管内降膜蒸发传热及流动的影响．化学工程．1993，21 (5)：15～19
168 赵元军．降膜蒸发器布膜器的设计．化工设备与管道．1999，(2)：11～13
169 许晓莲，甘国耀．氧化铝降膜蒸发器组的问题及改进措施．铝镁通讯．2000，(2)：12～14
170 马达卡．新型板式降膜蒸发器在氧化铝生产中的应用．有色冶炼．2000，29 (4)：10～12
171 丁安平，皮溅清，王仰俊．板式降膜蒸发器在氧化铝碱液蒸发上的应用．轻金属．2000，(7)：25～28
172 崔德成，陈德．平果氧化铝二期扩建蒸发设备选择．铝镁通讯．2000，(4)：14～15
173 王永福，周荣琪，段占庭．垂直管降膜蒸发传热研究进展．2001，(4)：25～30
174 杨宏杰．浅析竖管降膜蒸发器与板式外流自由降膜蒸发器．铝镁通讯．2002，(1)：10～13
175 陈巧英，文振江，梁乐善等．板式降膜蒸发器在山西铝厂的应用．轻金属．2002，(7)：13～15
176 汤世泰．管式降膜蒸发器在生产中的应用．世界有色金属工业．2002，(8)：58
177 朱玉峰，彭宝成．竖管降膜蒸发器内液体分布器的研究进展．河北工业科技．2003，120 (2)：52～55
178 赵延棋．提高外热自然循环蒸发效率的途径．轻金属．1994，(8)：10～12
179 江新民，劳家余．强制循环蒸发是提高蒸发能力的有效途径．轻金属．1997，(5)：19～23
180 杨巧芳，赵清杰．氧化铝生产中排除硫酸钠的研究．河南冶金．1998，(3)：14～18
181 田兴久．铝酸钠溶液蒸发用板式蒸发器材质的选择．轻金属．1999，(1)：12～17
182 五效降膜蒸发工艺的研究及应用．世界有色金属．1999，(5)：20～23
183 李小斌，谷建军，彭志宏．氧化铝生产蒸发系统分析．矿冶工程．1999，19 (1)：44～46
184 郭绪功．800m² 强制循环蒸发器大修换管技术．轻金属．2000，(6)：13～15
185 韩清怀．山西铝厂五蒸发控制系统开发与应用．中国仪器仪表．2000，(5)：27～28
186 崔德成，陈德．平果氧化铝二期扩建蒸发设备选择．铝镁通讯．2000，(4)：14～15
187 周韶峰．强化拜耳法蒸发的措施．铝镁通讯．2000，(4)：22～24
188 先晋聪，孙克萍，程立．我国氧化铝工艺蒸发装置效能分析及应用前景研讨．贵州科学．1999，17 (4)：291～295
189 闫述春．1100m² 自然循环蒸发器的设计与应用．轻金属．2001，(1)：16～20
190 尹中林，顾松青，秦正．发展我国氧化铝工业应注意的几个问题．铝镁通讯．2001，(1)：1～6
191 李鑫金，卢晓东．山西铝厂板式蒸发器结垢防治措施的探讨．轻金属．2001，(6)：25～26

192 刘国红．拜耳过程中洗液苛化的影响因素．有色金属（冶炼部分）．2001，（4）：24～26

193 许晓莲，甘国耀．氧化铝降膜蒸发器组的问题及改进措施．铝镁通讯．2001，（2）：8～10

194 陈向红，陈勇军．论 1100m^2 蒸发器提产节能的有效途径．有色冶金节能．2002，19（1）：14～17，9

195 陈巧英，文振江，梁乐善等．板式降膜蒸发器在山西铝厂的应用．轻金属．2002，（7）：13～15

196 冯国政，李志刚．碳分母液高浓度蒸发技术的研究与应用．世界有色金属．2002，（8）：26～30

197 吕鲜翠，赵培生，贺誉清，独翔．拜耳法种分母液蒸发过程中的盐析规律分析．铝镁通讯．2002，（3）：1～3

198 杨越，贾传宝．降低山西铝厂蒸发汽耗的途径探讨．世界有色金属．2002，（11）：43～46

199 王洪玉．氧化铝厂 1100m^2 自然循环蒸发器制造技术．工业安全与环保．2003，29（2）：25～26

200 许矛良，王生林．六体六效管板结合工艺流程在氧化铝分解母液蒸发浓缩中的应用．化工装备技术．2002，23（6）：27～29

201 师树英，马文选．母液化灰的氧化铝生产实践．有色冶金．2003，（5）：24～26

202 娄世彬，杨桂丽．综合苛化工艺在氢化铝生产中的应用．铝镁通讯．2003，（2）：4～9

203 韩潼奎．深度脱硅与连续碳分技术在生产上的应用．世界有色金属．2001，（8）：32～34

204 王志．铝酸钠溶液碳酸化分解的研究：[博士论文]．沈阳：东北大学，2000

205 温金德．富矿烧结生产氧化铝研究：[硕士论文]．沈阳：东北大学，2003

206 杨群太，吕子剑．烧结法生产氧化铝中粗液两段常压脱硅工艺的研究．轻金属．2004，（4）：10～13

207 刁克建，刘俊东．间接加热连续脱硅在烧结法氧化铝生产上的应用．轻金属．2000，（8）：14～16

208 H. N. 叶列明等著．氧化铝生产过程与设备．北京：冶金工业出版社，1987

209 毕诗文等．21 世纪初中国氧化铝工业的发展．中国有色金属学会第五届学术年会论文集．2003，33～35

210 尹中林等．并行法氧化铝生产新工艺——我国混联法氧化铝生产工艺的发展方向．有色金属．2001，（7）：4～8

211 申慧．世界铝土矿及氧化铝的发展趋势．有色金属工业．2003，（8）：24～25，28

内 容 提 要

本书全面介绍了拜耳法和烧结法生产氧化铝的基本理论、工艺和新技术，总结和归纳了氧化铝研究领域的新成果，根据我国铝土矿资源状况，提出了我国氧化铝工业可持续发展的方向。

主要内容包括：世界和我国氧化铝工业的发展状况及我国铝土矿资源的特点；铝酸钠溶液特性、拜耳法和烧结法生产氧化铝的原理及其工艺；影响拜耳法生产氧化铝的溶出过程、赤泥沉降性能、晶种分解过程、蒸发过程和氢氧化铝焙烧过程的因素及工艺优化；烧结法熟料烧成、熟料浸出、铝酸钠溶液脱硅以及碳酸化分解等技术；拜耳法和烧结法生产氧化铝最新技术的开发与应用；我国氧化铝工业可持续发展的方向。

本书适合从事氧化铝生产的科研人员和工程技术人员阅读，也可作为有色冶金专业的大学本科生教材。